# méthodes quantitatives

Applications à la recherche en sciences humaines

# méthodes quantitatives

## Applications à la recherche en sciences humaines

3e édition

LUC AMYOTTE

Cégep de Drummondville

Matériel complémentaire dans l'Édition en ligne réalisé par Luc Amyotte et Pascale Boucher.

ÉDITION EN LIGNE

ERPI Éducation • Innovation • Passion

5757, rue Cypihot, Saint-Laurent (Québec) H4S 1R3 • erpi.com

TÉLÉPHONE : 514 334-2690 TÉLÉCOPIEUR : 514 334-4720 • erpidlm@erpi.com

Développement de produits
Sylvain Giroux

Supervision éditoriale
Sylvie Chapleau

Révision linguistique
François Morin

Correction d'épreuves
Dominique Johnson

Recherche iconographique et demandes de droits
Chantal Bordeleau et Marie-Chantal Masson

Direction artistique
Hélène Cousineau

Supervision de la production
Muriel Normand

Conception graphique de l'intérieur et de la couverture
Frédérique Bouvier

Infographie
Info GL

Dans cet ouvrage, le générique masculin est utilisé sans aucune discrimination et uniquement pour alléger le texte.



Dépôt légal : 2011
Bibliothèque et Archives nationales du Québec
Bibliothèque nationale du Canada
Imprimé au Canada

34567890 SO 14 13
ISBN 978-2-7613-2751-0 20516 ABCD SM9

# Avant-propos

L'auteur de science-fiction H. G. Wells a écrit que le jugement statistique serait un jour aussi nécessaire pour exercer ses fonctions de citoyen efficace que la capacité de lire et d'écrire. Aujourd'hui, personne ne saurait mettre en doute la réalisation de cette prédiction, notamment en sciences humaines. L'objectif premier de ce manuel est donc d'initier les élèves aux principaux outils statistiques permettant de décrire quantitativement des réalités humaines afin de les mieux comprendre.

## Considérations pédagogiques

La démarche pédagogique de la troisième édition de ce manuel est sensiblement la même que celle adoptée dans les deux premières éditions. Parmi les considérations pédagogiques qui ont été reprises, signalons :

- l'emploi d'une approche intuitive ;
- l'utilisation de la démarche scientifique comme lien entre les méthodes quantitatives et les sciences humaines ;
- la présentation de chaque sujet par une mise en situation, suivie d'un bref exposé théorique, puis d'un exemple et d'un exercice à faire en classe ;
- l'accent mis sur l'analyse et l'interprétation de données numériques ;
- l'illustration des principaux concepts à l'aide d'exemples et d'exercices nombreux, variés et issus des différentes disciplines des sciences humaines ;
- l'utilisation de données récentes tirées de recherches, d'articles de journaux et de sources gouvernementales ;
- la présence d'exercices exigeant des élèves qu'ils écrivent de courts textes ;
- la présence d'un exercice de synthèse à la fin de chaque chapitre[1] ;
- la définition des mots clés en marge du texte et dans un glossaire à la fin du manuel ;
- la présence d'un résumé et d'une liste de mots clés à la fin de chaque chapitre ;
- l'utilisation d'une calculatrice permettant le traitement statistique à deux variables ;
- l'utilisation d'Internet comme outil de recherche de données ;
- une présentation en parallèle de la confection des tableaux et des graphiques ;
- une présentation détaillée de la loi normale ;
- des réponses à tous les exercices récapitulatifs.

---

1. Afin de mieux illustrer la pertinence des méthodes quantitatives en sciences humaines, de soutenir l'intérêt des étudiants pour l'apprentissage nécessaire de la statistique et de favoriser l'acquisition de véritables compétences, le manuel comporte des exercices de synthèse à la fin de chaque chapitre du livre et du cahier d'exercices. Véritables études de cas, les exercices de synthèse sont des exercices thématiques substantiels qui permettent à l'étudiant de vérifier non seulement s'il maîtrise bien les concepts exposés dans un chapitre, mais également ceux présentés dans les chapitres antérieurs. Parmi les thèmes proposés dans ces exercices, on trouve notamment les suivants : les travailleurs fatigués ; la cyberintimidation en milieu scolaire ; les comportements délinquants chez les enfants ; la démence chez les personnes âgées ; les habitudes de sommeil des Nord-Américains ; un portrait du paysage politique québécois ; l'indice de masse corporelle ; un portrait des activités caritatives au Canada ; le tabagisme chez les jeunes Québécois ; les caractéristiques du marché du travail au Québec ; les technologies de l'information : la réalité canadienne et des comparaisons entre pays ; l'alimentation, la santé et l'activité physique chez les jeunes Québécois.

## Nouveautés de la troisième édition

Afin de donner suite aux remarques formulées par les utilisateurs des deux premières éditions, la troisième édition comporte des changements et des nouveautés:

- le livre est en couleur;
- chaque chapitre commence par une introduction, un sommaire et une liste d'objectifs d'apprentissage;
- les exercices récapitulatifs que les étudiants peuvent effectuer après chaque section sont clairement signalés aux endroits opportuns;
- le champ d'application des exercices récapitulatifs (administration et économie, droit et justice, sciences politiques, santé, géographie, sociologie, démographie, nouvelles technologies, sciences de l'éducation, psychologie) est signalé par une icône évocatrice;
- la présentation de la démarche scientifique a été simplifiée;
- la présentation des chapitres portant sur les sondages et sur les données construites a été resserrée;
- des données réelles tirées d'une plus grande variété de contextes rendent le texte plus pertinent;
- un chapitre portant sur un test d'hypothèse sur une moyenne et un test d'hypothèse sur une proportion a été ajouté;
- l'étude de la cote $R$ est introduite dans le chapitre portant sur les mesures de dispersion et de position;
- l'estimation d'une moyenne et d'une proportion peut faire l'objet d'une présentation complète ou simplifiée;
- une section porte sur le calcul de la taille d'échantillon pour obtenir une marge d'erreur dans l'estimation d'une moyenne ou d'une proportion;
- chaque chapitre se termine par un réseau de concepts;
- le livre est disponible dans une Édition en ligne.

## Matériel offert dans l'Édition en ligne

L'Édition en ligne propose du matériel complémentaire aux utilisateurs de *Méthodes quantitatives*.

### Pour les étudiants

- Cahier d'exercices.
- Exercice de synthèse à la fin de chaque chapitre du cahier d'exercices.
- Aide-mémoire.
- Mots entrecroisés.
- Réseaux de concepts en format JPEG et PDF.
- *Excel et le traitement statistique des données*: huit laboratoires accompagnés chacun d'un fichier Excel.

### Pour l'enseignant

- Plan de cours.
- Banque d'examens.
- *Excel et le traitement statistique des données*: solution des laboratoires.
- Solutions des exercices et des examens.
- Version du maître du cahier d'exercices.

- Planches à reproduire.
- Figures et tableaux du manuel en format JPEG et PDF.
- Tous les documents offerts aux étudiants.

## Remerciements

Un ouvrage de cette envergure est le fruit de la collaboration de plusieurs personnes. Je veux souligner tout particulièrement l'aide précieuse de Carole Côté et de Ginette Villiard, deux collègues retraitées du Département de mathématiques du Cégep de Drummondville. Ces deux personnes ont lu le manuscrit, vérifié les réponses et fait de nombreuses suggestions qui ont grandement contribué à la qualité de l'ouvrage.

Tout comme Carole Côté et Ginette Villiard, Maude Lemay, du Cégep Limoilou, a été une collaboratrice hors pair. Elle a lu le manuscrit, a revu les corrigés de tous les exercices et m'a fait plusieurs recommandations des plus pertinentes. Grâce à son efficacité et à sa sagacité, *Méthodes quantitatives. Applications à la recherche en sciences humaines* est vraisemblablement exempt d'erreurs.

Pascale Boucher, du Cégep Limoilou, a conçu les huit laboratoires Excel qu'on trouve dans l'Édition en ligne. Je lui en suis très reconnaissant.

Jo-Annie Bédard et Julie Drouin, du Cégep de Drummondville, ont également participé à la révision de plusieurs documents disponibles dans l'Édition en ligne. J'ai grandement apprécié la diligence dont elles ont fait preuve dans l'exécution de ce travail.

Je tiens également à remercier les professeurs de cégep qui ont apporté leur contribution à l'une ou l'autre des éditions de ce manuel et du matériel complémentaire : Chantal Baril, Maria Baruffaldi, Yvonne Bolduc, Hélène Bouchard, Johanne Demers, Philippe Desrosiers, Yves Dupont, Josée Hamel, Cindy Lafrenière, Nicole Laurin, Christiane Malo, Lise Quenneville, Pierre Ripeau, Nora Robichaud, Ginette Sheehy, Suzanne Tousignant et Cécile Viel. Leurs commentaires et leurs suggestions ont été très utiles.

Merci aussi à Sylvain Giroux, qui m'a transmis le fruit de ses consultations auprès de professeurs de cégep, qui m'a prodigué de nombreux conseils et qui a su répondre avec enthousiasme à toutes mes demandes, tout en me rappelant les échéances incontournables à respecter.

Je veux également signaler l'excellent travail de François Morin à la révision linguistique. Ses suggestions furent toujours à propos et ont rendu l'ouvrage beaucoup plus agréable à lire.

Je veux aussi souligner la qualité du travail de Sylvie Chapleau à la coordination du projet, qui a su m'épauler tout au long de la réalisation de ce livre comme elle l'avait fait pour les éditions précédentes.

Le mot de la fin est pour ma conjointe Carole. Je veux lui dire encore une fois combien sa patience et ses nombreux encouragements me sont précieux.

Luc Amyotte

# Guide visuel

À l'instar de Stendhal, beaucoup de gens considèrent que les mathématiques sont « la patrie du bâillement et du raisonnement triste ». À l'encontre de cette opinion très répandue, *Méthodes quantitatives. Applications à la recherche en sciences humaines* comporte des caractéristiques qui facilitent l'étude des méthodes quantitatives et la rendent plus agréable.

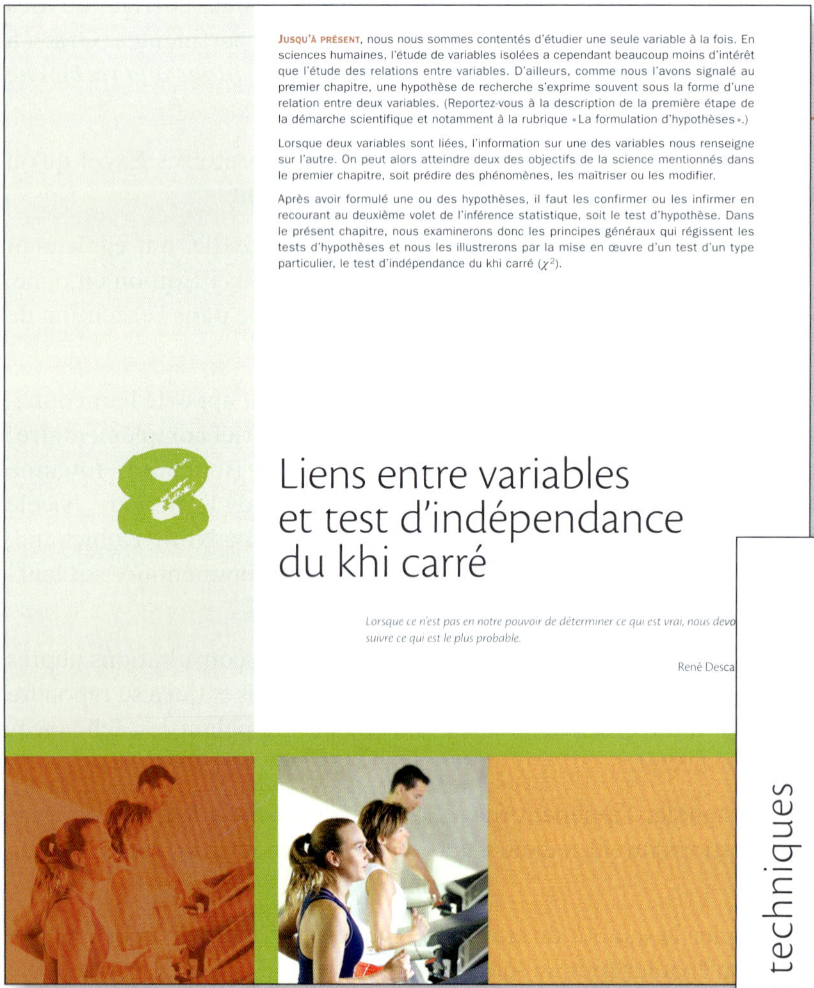

JUSQU'À PRÉSENT, nous nous sommes contentés d'étudier une seule variable à la fois. En sciences humaines, l'étude de variables isolées a cependant beaucoup moins d'intérêt que l'étude des relations entre variables. D'ailleurs, comme nous l'avons signalé au premier chapitre, une hypothèse de recherche s'exprime souvent sous la forme d'une relation entre deux variables. (Reportez-vous à la description de la première étape de la démarche scientifique et notamment à la rubrique « La formulation d'hypothèses ».)

Lorsque deux variables sont liées, l'information sur une des variables nous renseigne sur l'autre. On peut alors atteindre deux des objectifs de la science mentionnés dans le premier chapitre, soit prédire des phénomènes, les maîtriser ou les modifier.

Après avoir formulé une ou des hypothèses, il faut les confirmer ou les infirmer en recourant au deuxième volet de l'inférence statistique, soit le test d'hypothèse. Dans le présent chapitre, nous examinerons donc les principes généraux qui régissent les tests d'hypothèses et nous les illustrerons par la mise en œuvre d'un test d'un type particulier, le test d'indépendance du khi carré ($\chi^2$).

8

Liens entre variables et test d'indépendance du khi carré

*Lorsque ce n'est pas en notre pouvoir de déterminer ce qui est vrai, nous devo*
*suivre ce qui est le plus probable.*

René Desca

Les chapitres commencent par une **introduction** qui établit un lien avec les chapitres précédents.

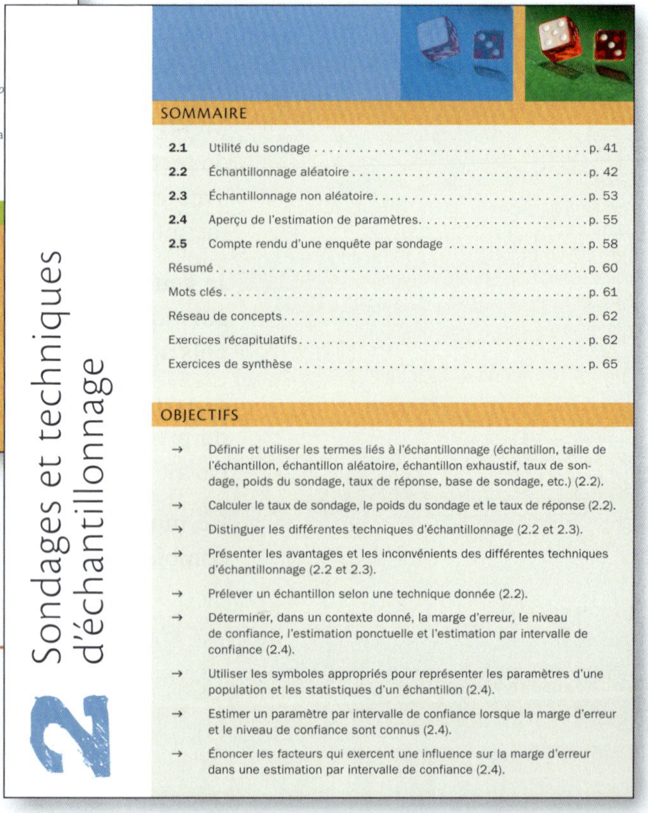

2 Sondages et techniques d'échantillonnage

SOMMAIRE



OBJECTIFS

- → Définir et utiliser les termes liés à l'échantillonnage (échantillon, taille de l'échantillon, échantillon aléatoire, échantillon exhaustif, taux de sondage, poids du sondage, taux de réponse, base de sondage, etc.) (2.2).
- → Calculer le taux de sondage, le poids du sondage et le taux de réponse (2.2).
- → Distinguer les différentes techniques d'échantillonnage (2.2 et 2.3).
- → Présenter les avantages et les inconvénients des différentes techniques d'échantillonnage (2.2 et 2.3).
- → Prélever un échantillon selon une technique donnée (2.2).
- → Déterminer, dans un contexte donné, la marge d'erreur, le niveau de confiance, l'estimation ponctuelle et l'estimation par intervalle de confiance (2.4).
- → Utiliser les symboles appropriés pour représenter les paramètres d'une population et les statistiques d'un échantillon (2.4).
- → Estimer un paramètre par intervalle de confiance lorsque la marge d'erreur et le niveau de confiance sont connus (2.4).
- → Énoncer les facteurs qui exercent une influence sur la marge d'erreur dans une estimation par intervalle de confiance (2.4).

Chaque chapitre comporte un **sommaire** et une **liste d'objectifs** d'apprentissage mis en relation avec les sections correspondantes du chapitre.

Les **exemples** illustrant un concept sont généralement suivis d'**exercices** qui permettent à l'étudiant de vérifier son degré de compréhension et d'établir un lien durable entre une nouvelle notion et ses connaissances antérieures.

**EXEMPLE 2.9**

Dans un rapport de 2009, le Conseil de la radiodiffusion et des télécommunications canadiennes (CRTC) publiait les résultats d'un sondage effectué en 2008 auprès de 12 000 Canadiens âgés de 18 ans et plus portant sur les comportements en ce qui a trait aux médias et aux technologies connexes. On y apprend notamment que, chaque semaine, les Canadiens francophones passent en moyenne 11,1 h (l'estimation ponctuelle : $\bar{x}$ = 11,1 h) dans Internet. Si cette estimation est précise à ±0,8 h, 19 fois sur 20, on peut en conclure que la marge d'erreur sur cette estimation est de 0,8 h et qu'il y a 95 % de chances que le véritable temps moyen hebdomadaire (noté $\mu$) se situe entre 10,3 h et 11,9 h. L'intervalle compris entre ces deux dernières valeurs porte le nom d'intervalle de confiance.

**EXERCICE 2.5**

Une grande centrale syndicale qui compte 120 000 membres a voulu évaluer la prévalence de la discrimination (race, sexe, orientation sexuelle, religion, âge, etc.) au travail. Elle a demandé à une firme de sondage de prélever un échantillon aléatoire simple de 2 400 personnes à partir de la liste des membres de la centrale. En plus des questions habituelles portant sur des caractéristiques personnelles du répondant (âge, sexe, ancienneté, statut d'emploi, taille de l'entreprise où il travaille, etc.), la firme de sondage a demandé aux répondants s'ils savaient qu'il existait une loi québécoise protégeant les travailleurs contre la discrimination, s'ils auraient peur de porter plainte contre un collègue ou leur employeur s'ils étaient victimes de discrimination, s'ils avaient déjà été victimes ou témoins d'un cas de discrimination dans leur milieu de travail, etc.

Dans le rapport présenté à la centrale syndicale, la maison de sondage affirme qu'un échantillon de la taille choisie est précis à 2 points de pourcentage près, 99 fois sur 100. De plus, elle affirme que 20 % des personnes interrogées ont déclaré avoir été victimes ou témoins d'un cas de discrimination dans leur milieu de travail.

a) Quelle est la population étudiée ?
b) Quelle est la taille de la population étudiée ? Utilisez le symbole approprié pour désigner ce nombre.
c) Quelle est la base de sondage ?
d) Quelle est la taille de l'échantillon ? Utilisez le symbole approprié pour désigner ce nombre.
e) Quelle est l'estimation ponctuelle de la proportion des membres de la centrale ayant été témoins ou victimes de discrimination ?
f) Quelle est la marge d'erreur sur cette estimation ?
g) Estimez la proportion des membres de la centrale ayant été témoins ou victimes de discrimination par un intervalle de confiance.
h) Écrivez un court texte qui reprend les réponses obtenues en *e*, *f* et *g*, et qui les explique. (Indice : Inspirez-vous des exemples 2.8 et 2.9.)

**EXERCICE 3.6**

Représentez par un diagramme à bandes rectangulaires les résultats consignés dans le tableau 3.12. Commentez le graphique obtenu.

TABLEAU | **3.12**

**RÉPARTITION EN POURCENTAGE DES PERSONNES DE 15 ANS ET PLUS, PAR SEXE, SELON LE PLUS HAUT NIVEAU DE SCOLARITÉ ATTEINT, QUÉBEC, 2006**

| Niveau de scolarité | Sexe | |
|---|---|---|
| | Hommes (%) | Femmes (%) |
| De 0 à 8 années | 11,8 | 13,7 |
| Études secondaires partielles | 14,1 | 13,3 |
| Études secondaires terminées | 14,7 | 15,9 |
| Études postsecondaires partielles | 7,5 | 6,5 |
| Certificat ou diplôme d'études postsecondaires | 34,2 | 33,4 |
| Grade universitaire | 17,7 | 17,2 |
| Total | 100,0 | 100,0 |

Source : Institut de la statistique du Québec, *Données sociales du Québec. Édition 2009*, Québec, janvier 2009, p. 81.

- **Vous pouvez maintenant faire les exercices récapitulatifs 1 à 6.**

Les **exercices récapitulatifs** que les étudiants peuvent faire après chaque section sont clairement signalés aux endroits opportuns.

Des **graphiques** en couleur et de nombreuses **illustrations** enrichissent l'exposé et le rendent plus dynamique et visuellement plus attrayant.

FIGURE | 3.26

**PROPORTION DES HOMMES ET DES FEMMES QUI SE SONT DÉCLARÉS EN TRÈS BONNE OU EN EXCELLENTE SANTÉ, SELON LA CATÉGORIE DE REVENU DU MÉNAGE, PAR SEXE**

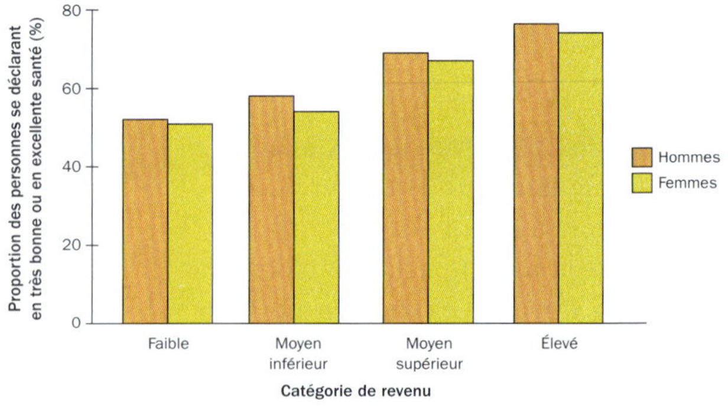


FIGURE | 3.25

**POURCENTAGE DU PIB CONSACRÉ AUX DÉPENSES DE SANTÉ, PAYS DU G-7, 2006**

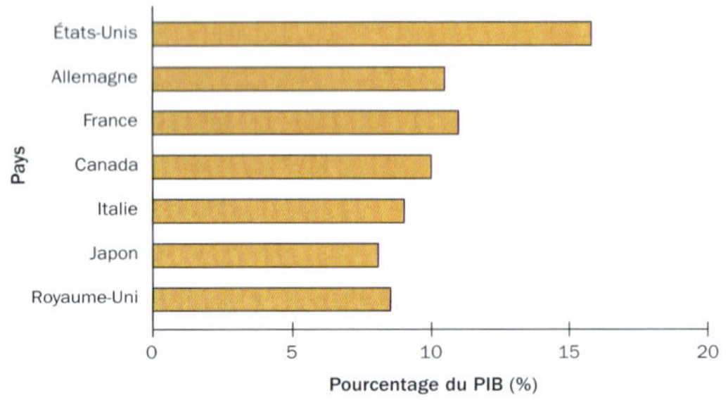


Source : http://stats.oecd.org/Index.aspx?DataSetCode=DECOMP&Lang=fr (2009-11-01).

FIGURE | 3.27

**TAUX DE CONSOMMATION DU TABAC, PAR SEXE, SELON LE NIVEAU DE SCOLARITÉ, CANADIENS DE 20 ANS ET PLUS**

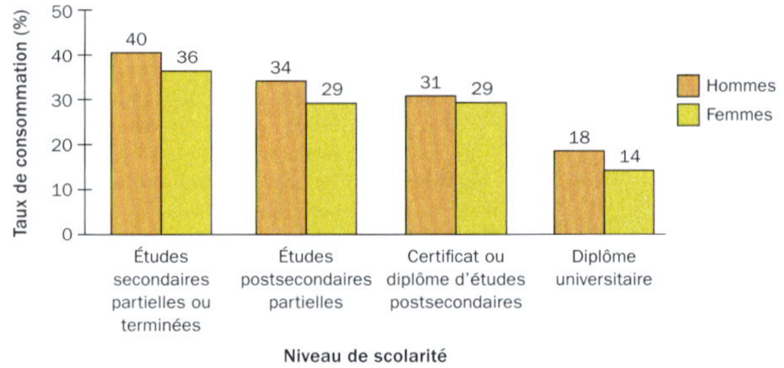

FIGURE | 3.28

**TEMPÉRATURES ET PRÉCIPITATIONS MOYENNES, MONTRÉAL, 1971–2000**

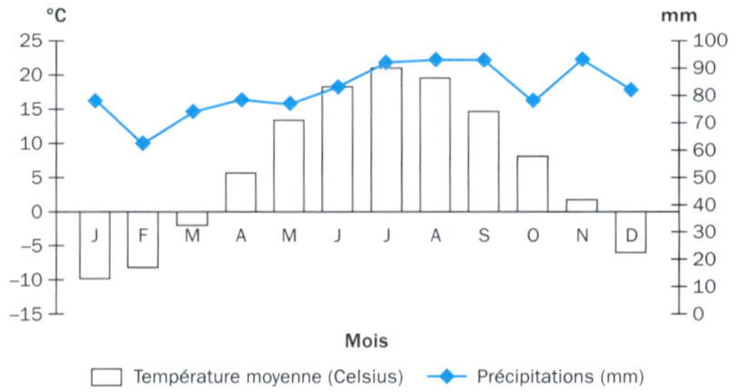

**TEMPÉRATURES ET PRÉCIPITATIONS MOYENNES, VANCOUVER, 1971–2000**

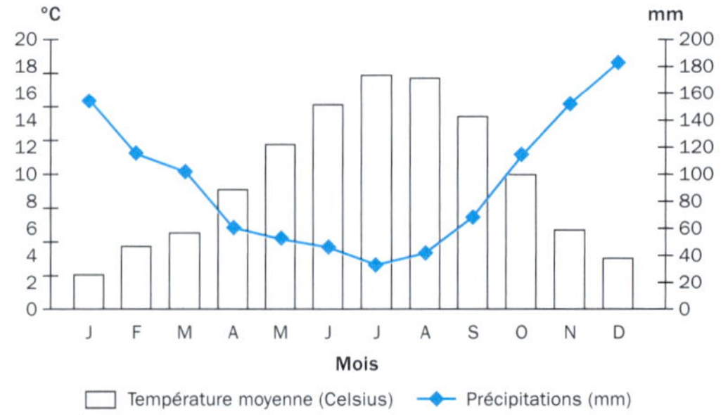


Source : http://www.climate.weatheroffice.ec.gc.ca/climate_normals/results_f.html (2009-11-02).

Les **définitions des mots clés** (en gras dans le texte) sont bien mises en évidence dans les marges et sont reprises dans un **glossaire** à la fin du livre.

**Taux de sondage**
Proportion de la population qui fait partie de l'échantillon. Il correspond au quotient de la taille de l'échantillon par la taille de la population, soit $n/N$. On l'exprime généralement en pourcentage.

f) Le **taux de sondage** correspond à la proportion de la population qui fait partie de l'échantillon. Quel est le taux de sondage ?
g) Le **poids du sondage** donne le nombre d'individus de la population que représente chaque unité statistique de l'échantillon. Quel est le poids du sondage ?
h) Dans ce contexte, combien d'échantillons différents serait-il possible d'obtenir ?

## Glossaire

**Amplitude de classe** (p. 94)
Largeur de l'intervalle que délimite une classe fermée. Elle correspond à la différence entre la borne supérieure et la borne inférieure de la classe.

**Asymétrie négative** (p. 226)
Se dit d'une distribution de données dans laquelle quelques valeurs nettement inférieures aux autres déplacent la moyenne vers la gauche de la médiane.

**Asymétrie nulle** (p. 226)
Se dit d'une distribution de données dans laquelle la médiane et la moyenne coïncident.

**Asymétrie positive** (p. 226)
Se dit d'une distribution de données dans laquelle quelques valeurs nettement supérieures aux autres déplacent la moyenne vers la droite de la médiane.

**Base** (p. 165)
Référence temporelle ou géographique à partir de laquelle on calcule des indices à base.

**Base aréolaire** (p. 52)
Base de sondage issue d'un découpage géographique de la population.

**Classe modale** (p. 202)
Classe qui présente la plus forte fréquence lorsque les données ont été groupées par classes de même amplitude. Le milieu de la classe modale est souvent utilisé comme mode.

**Coefficient de corrélation linéaire** (p. 372)
Mesure de la force de la relation linéaire entre deux variables quantitatives mesurées à l'aide d'une échelle d'intervalles ou de rapports.

**Coefficient de variation** (p. 257)
Mesure relative de dispersion symbolisée par *c.v.* Le coefficient de variation exprime l'écart type en pourcentage de la moyenne.

**Concept** (p. 7)
Représentation mentale d'un objet, d'une réalité ou d'un phénomène.

**Cote *R*** (p. 268)
Mesure établie à partir de la cote $z$. Les établissements universitaires québécois s'en servent pour sélectionner les candidatures reçues, notamment dans les programmes contingentés.

## EXERCICES RÉCAPITULATIFS

### Sections 3.1 et 3.2

1. Dans le cadre d'un travail de recherche sur l'avortement, un étudiant a construit un tableau adapté d'une étude de Statistique Canada (*Statistiques sur les avortements provoqués 2005*, nº 82-223-X au catalogue, mai 2008, p. 10). Ce tableau, le troisième de son travail, est censé nous renseigner sur le nombre de femmes ayant subi un avortement thérapeutique au Canada, en 2005, selon la province de résidence de la patiente.

| | |
|---|---|
| Terre-Neuve-et-Labrador | 883 |
| Île-du-Prince-Édouard | 126 |
| Nouvelle-Écosse | 1 897 |
| Nouveau-Brunswick | 941 |
| Québec | 29 259 |
| Ontario | 33 546 |
| Manitoba | 2 236 |
| Saskatchewan | 1 824 |
| Alberta | 10 859 |
| Colombie-Britannique | 14 444 |

Les nombreux **exercices récapitulatifs** à la fin de chaque chapitre illustrent l'utilisation des méthodes quantitatives en sciences humaines, chaque domaine d'application étant désigné par une icône évocatrice.

**ICÔNES REPRÉSENTANT LES APPLICATIONS DANS LES EXERCICES**

- Psychologie
- Géographie
- Droit et justice
- Administration et économie
- Santé
- Sciences politiques
- Démographie
- Sociologie
- Sciences de l'éducation
- Nouvelles technologies

## Résumé

Après avoir recueilli des données, il faut les organiser pour permettre leur analyse. Les tableaux sont employés de manière courante pour présenter des données ; ils constituent un condensé figuratif. Parce qu'ils décrivent de manière synthétique une masse de données, les tableaux présentent l'information sous une forme plus compréhensible pour le chercheur ou le lecteur. Ils permettent de faire ressortir les caractéristiques importantes d'un phénomène et peuvent être à l'origine de nouvell

Les tableaux offrent donc

son des renseignements c

pour les questions qu'ils s

essentielles d'un phénomène. Les normes de présentation d'un graphique, énoncées à la page 78, sont similaires à celles d'un tableau.

Les principales représentations graphiques pour des données groupées par modalités sont :

- le **diagramme à secteurs** ;
- le **diagramme linéaire** ;

## Mots clés

Amplitude de classe, p. 94
Classe, p. 91
Courbe des fréquences relatives cumulées, p. 1
Diagramme à bandes rectangulaires, p. 82
Diagramme à bâtons, p. 89
Diagramme à secteurs, p. 78
Diagramme linéaire, p. 80
Étendue, p. 94
Historigramme, p. 117
Ligne brisée, p. 119
Polygone de fréquences, p. 98
Tableau de fréquences, p. 74
Variable dépendante, p. 124
Variable indépendante, p. 124

## Réseau de concepts

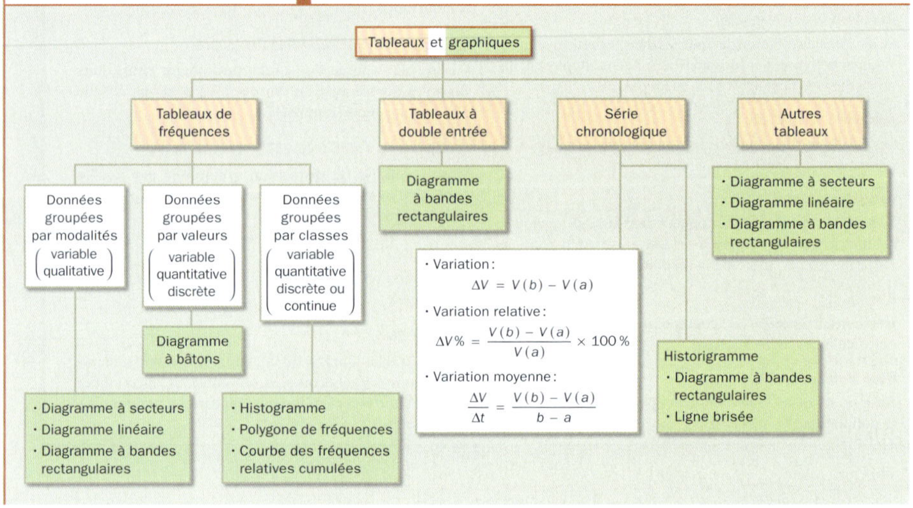


La partie théorique de chaque chapitre se termine par un **résumé**, une **liste des mots clés** et un **réseau de concepts**.

## Exercice de synthèse

Les Canadiens ont la réputation d'être des gens généreux et prêts à rendre service. Ils contribuent à la vie sociale du pays en effectuant des dons à des œuvres caritatives, en travaillant bénévolement pour des organismes sans but lucratif ou encore en venant directement en aide à des personnes dans le besoin.

Du 10 septembre au 8 décembre 2007, Statistique Canada a mené l'Enquête canadienne sur le don, le bénévolat et la participation (ECDBP)[5]. L'ECDBP est la quatrième enquête canadienne portant sur le don et le bénévolat depuis 1997, les deux autres ayant été menées en 2000 et en 2004 respectivement.

Avec l'enquête de 2007, les chercheurs de Statistique Canada tentaient d'établir un portrait des activités caritatives au Canada, à comprendre l'étendue et la profondeur des comportements prosociaux (dons, bénévolat, aide directe à autrui), à déterminer les facteurs sociodémographiques qui

Les **exercices de synthèse** qui suivent les exercices récapitulatifs à la fin d'un chapitre portent sur l'ensemble du contenu de ce chapitre et de celui des chapitres qui le précèdent. Ainsi, l'exercice de synthèse du chapitre 9 permet aux étudiants de mieux se préparer à un examen terminal cumulatif.

## Réponses aux exercices récapitulatifs

### Chapitre 1

1. Une hypothèse est une proposition théorique que l'on avance à titre de réponse provisoire à une question de recherche et que l'on projette de vérifier.
2. a) L'opérationnalisation d'un concept consiste à définir un concept abstrait par un indicateur, soit une manifestation quantifiable et mesurable de ce concept.
   b) L'organisation et le traitement des données est l'étape de la démarche scientifique qui consiste à présenter les données à l'aide de tableaux, de figures (graphiques) ou de mesures.
   c) L'analyse et l'interprétation des résultats est l'étape de la démarche scientifique qui consiste à tirer des conclusions à partir des données recueillies. Il s'agit essentiellement de déterminer si les résultats obtenus infirment ou confirment les hypothèses de départ.
3. Un indicateur est une manifestation quantifiable et mesurable d'un concept abstrait, souvent multidimensionnel.
4. a) Prix des repas, variété du menu, rapidité du service, propreté des lieux, etc.
   b) Nombre de livres disponibles, nombre de nouvelles acquisitions de volumes au cours de la dernière année, nombre de personnes au service des usagers, durée des prêts, etc.

Les **réponses** de tous les exercices récapitulatifs se trouvent à la fin du manuel.

L'**aide-mémoire** qui accompagne le manuel apparaît dans le matériel complémentaire de l'Édition en ligne. C'est un précieux outil de référence pour l'exécution des exercices et la préparation des examens.

## L'auteur

**Luc Amyotte** est un professeur à la retraite. Il a enseigné les mathématiques au Cégep de Drummondville de 1977 à 2010. Il est titulaire d'un brevet d'enseignement, d'un certificat en sciences sociales, d'un baccalauréat en mathématiques, d'un baccalauréat en administration des affaires, d'un baccalauréat en sciences économiques, d'une maîtrise en mathématiques et d'une maîtrise en didactique des mathématiques. Il est l'auteur de plusieurs ouvrages couronnés par de nombreux prix:

- *Méthodes quantitatives – Formation complémentaire* (ERPI, 1998). Mention au concours des prix du ministre de l'Éducation (1999) et prix Adrien-Pouliot de l'Association mathématique du Québec (AMQ) (1999).
- *Introduction à l'algèbre linéaire et à ses applications* (3e édition, ERPI, 2009). Prix du ministre de l'Éducation – Notes de cours (1999).
- *Introduction au calcul avancé et à ses applications en sciences* (ERPI, 2004). Prix Frère-Robert de l'AMQ (2002) et prix du ministre de l'Éducation (2003).
- *Calcul différentiel* (avec Josée Hamel, ERPI, 2007). Prix Adrien-Pouliot de l'AMQ (2007) et prix de la ministre de l'Éducation, du Loisir et du Sport (2007).
- *Calcul intégral* (ERPI, 2008). Mention (notes de cours) au concours des prix du ministre de l'Éducation, du Loisir et du Sport (2005), et prix Frère-Robert de l'AMQ (2006).

En 2004, le Cégep de Drummondville l'honorait en lui décernant le prix Roch-Nappert pour la qualité de son enseignement. En 2005, l'Association québécoise de pédagogie collégiale lui décernait une mention d'honneur pour souligner l'excellence et le professionnalisme de son travail dans l'enseignement collégial. En 2010, le Cégep de Drummondville l'honorait à nouveau en lui décernant le prix de la réussite en enseignement en raison de ses méthodes pédagogiques novatrices, de son engagement auprès de ses étudiants et de ses actions axées sur les valeurs éducatives. Il a été le premier lauréat de ce prix.

# Table des matières

**Les sciences humaines** ont pour objet la connaissance de l'être humain et de son environnement social. Étant donné le caractère multidimensionnel de l'être humain, elles comprennent plusieurs disciplines qui apportent chacune leur contribution à la connaissance de celui-ci : la psychologie s'intéresse aux comportements humains et aux processus mentaux ; la sociologie, aux fondements d'une société et aux rapports humains qui s'y nouent ; l'économie, aux activités de production, de consommation et de répartition des biens et des services ; la science politique, à l'exercice du pouvoir dans une société ; la géographie, aux interactions entre l'être humain et la planète ; l'anthropologie, au patrimoine culturel des sociétés contemporaines ou anciennes ; l'histoire, à l'évolution des sociétés passées dans toutes leurs dimensions (économique, scientifique, démographique et autres). Bien qu'elles n'observent pas l'être humain sous le même angle, les sciences humaines se rejoignent par leur commun recours à la méthode scientifique et aux outils quantitatifs. La formulation d'une hypothèse et l'opérationnalisation de concepts constituent deux des étapes importantes de la démarche scientifique. Pour les mener à terme, il faut notamment choisir des indicateurs appropriés et effectuer des mesures. Il faut également définir les variables à considérer, c'est-à-dire déterminer ce qu'on veut mesurer, ainsi que l'échelle de mesure à utiliser, soit le degré de précision souhaité de la mesure. Il va sans dire que ces deux opérations (la définition des variables et le choix de l'échelle de mesure) influeront sur le choix de l'instrument de mesure à utiliser. Ainsi, à titre d'exemple, selon qu'on recourra à un questionnaire ou qu'on mènera une expérience, les variables ne seront pas nécessairement de même nature et elles ne seront pas mesurées avec le même type d'échelle de mesure.

# 1 Méthode scientifique et variables

*Les grandes personnes aiment les chiffres. Quand vous leur parlez d'un nouvel ami, elles ne vous questionnent jamais sur l'essentiel : « Quel est le son de sa voix ? Quels sont les jeux qu'il préfère ? Est-ce qu'il collectionne les papillons ? » Elles vous demandent : « Quel âge a-t-il ? Combien a-t-il de frères ? Combien pèse-t-il ? Combien gagne son père ? » Alors seulement elles croient le connaître.*

Antoine de Saint-Exupéry

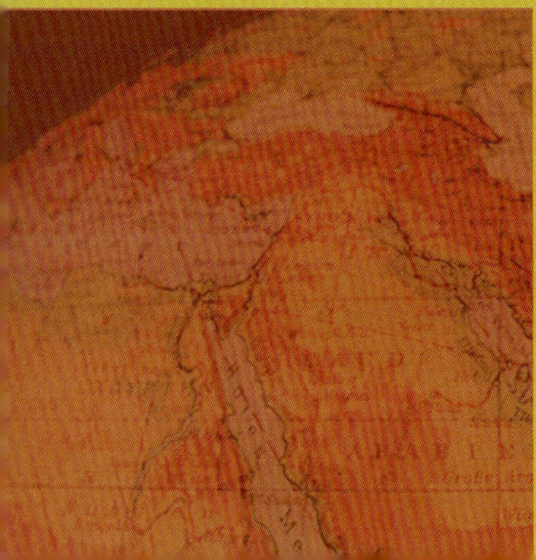

# 1 Méthode scientifique et variables

## SOMMAIRE



## OBJECTIFS

- → Expliquer le rôle de la méthode scientifique en sciences humaines (1.1).
- → Utiliser à bon escient le vocabulaire propre à la démarche scientifique (1.2).
- → À partir d'un extrait de texte, d'un tableau ou d'une figure, déterminer une hypothèse (formulée, confirmée ou infirmée), une question de recherche ou un indicateur (1.2).
- → Énumérer les fonctions que remplit la statistique dans la démarche scientifique en sciences humaines (1.3).
- → Distinguer les concepts de recensement et de sondage (1.4).
- → Expliquer les principaux avantages d'un recensement et d'un sondage, de même que les principales difficultés qu'ils comportent. (1.4).
- → Qualifier la nature d'un énoncé statistique : descriptif ou inférentiel (estimation [ponctuelle ou par intervalle] d'une moyenne ou d'une proportion, ou encore test d'hypothèse) (1.5).
- → Définir les concepts de variable, de donnée, de population, d'échantillon et d'unité statistique (1.8).
- → Déterminer une unité statistique, l'échantillon ou la population (1.8).
- → Distinguer les notions de valeur, de modalité et de donnée (1.9).
- → Déterminer la nature d'une variable (1.9).
- → Déterminer les modalités ou les valeurs possibles d'une variable (1.9).
- → Distinguer les différents types d'échelles de mesure (1.10).
- → Déterminer l'échelle de mesure utilisée ou à utiliser (1.11).

# 1.1 MÉTHODE SCIENTIFIQUE EN SCIENCES HUMAINES

**Dans cette section :** méthode scientifique • échantillon • population • unité statistique • variable.

Les disciplines des sciences humaines servent à appréhender l'être humain en tant qu'individu, à connaître son fonctionnement en groupe ou en société, à expliquer les différences qui distinguent les individus et à bien d'autres fins. Pour atteindre ces objectifs, les sciences humaines, comme toutes les autres sciences, s'appuient sur l'observation de certains faits pertinents pour tenter de trouver des réponses aux questions qu'elles soulèvent.

À titre d'exemple, considérons l'affirmation suivante : « Les filles réussissent mieux leurs études que les garçons. »

Cette proposition suppose des différences entre des individus (les garçons et les filles) dans leur environnement social (l'école). Elle relève donc des sciences humaines.

On peut certes se demander si cette affirmation est vraisemblable. On peut également avoir une opinion à son sujet, mais toute opinion repose sur le sens commun : nos valeurs, nos perceptions, notre intuition, les généralisations que nous fondons sur nos expériences de vie. Or, on devrait être en mesure de se prononcer à partir de faits. Devant de telles affirmations, il faut dépasser le « Moi, je pense que... » pour atteindre « Les faits montrent que... ».

Les sciences humaines permettent de confirmer ou d'infirmer de telles assertions moyennant une observation et une analyse systématiques et rigoureuses de faits bien choisis. Quels sont donc les renseignements à obtenir pour porter un jugement éclairé sur l'affirmation précitée ? Quelles questions un chercheur se poserait-il avant de se prononcer sur sa validité ? En voici quelques-unes :

Quelles sont les sources de cette affirmation ? A-t-on des données pour la confirmer ? D'où proviennent les données et comment ont-elles été recueillies ? À quel ordre d'enseignement cette affirmation s'applique-t-elle ? S'agit-il du secteur public ou du secteur privé ? Pourrions-nous appliquer une telle remarque à tous les programmes d'études ? Peut-on comparer la réussite scolaire des garçons et des filles et, si oui, comment ? Les filles ont-elles de meilleures notes, un taux d'abandon scolaire plus faible, un meilleur taux de réussite aux cours, un meilleur taux de diplomation ou un meilleur taux d'obtention du diplôme dans les délais prévus ?

Dans l'affirmation de départ, un lien est postulé entre la réussite scolaire et le sexe. Est-il possible de montrer l'existence d'un tel lien ? Existe-t-il d'autres facteurs qui expliqueraient mieux la réussite scolaire ?

Une affirmation somme toute banale soulève donc bien des questions, et il faudra procéder à une analyse plus approfondie pour pouvoir l'accepter ou la rejeter. Ce type d'analyse est de nature scientifique.

La science poursuit les objectifs suivants :

1. Mettre au jour la régularité de certains phénomènes ;
2. Décrire ces phénomènes (sociaux ou naturels) ;
3. Expliquer ces phénomènes ;
4. Prédire des phénomènes ;
5. Dans certains cas, maîtriser ou modifier des phénomènes.

## Les liens entre phénomènes

Les questions sur l'existence d'un lien entre certains phénomènes sont fondamentales en sciences humaines. Considérons les deux exemples suivants.

1. Existe-t-il un lien entre la scolarité et le chômage? Entre la scolarité et le revenu? Quels sont les facteurs explicatifs du salaire? En ce qui concerne cette dernière question, on peut prendre en considération les facteurs suivants: scolarité, expérience, sexe, syndicalisation, risques associés à l'emploi, nombre d'heures travaillées, degré de responsabilité.
2. Existe-t-il un lien entre le rendement au travail et la rémunération? Le rendement des travailleurs est-il seulement fonction du salaire ou du mode de rémunération (au mérite, fixe, à la pièce, à la commission)? À première vue, on pourrait penser que c'est le cas. Pourtant, cette prémisse doit être testée avant d'être retenue, car d'autres facteurs pourraient expliquer le rendement. Ainsi, aux usines Hawthorne de la Western Electric, Elton Mayo mena une expérience qui montra que le rendement et l'état de satisfaction des travailleurs ne peuvent s'expliquer uniquement par des incitations d'ordre monétaire. Les travailleurs trouveraient aussi leur motivation dans un climat de rapports sociaux, dont un sentiment d'appartenance sociale et un besoin d'affiliation.

Il va de soi que, en ce qui concerne les sciences humaines, les prédictions ne peuvent généralement pas avoir la même précision qu'en sciences de la nature: on ne peut pas prédire le comportement des individus ni la date d'un effondrement boursier avec la même précision que l'endroit, l'heure ou la durée d'une éclipse solaire. Les comportements individuels sont parfois imprévisibles, parce que l'être humain est créatif, spontané et qu'il fait preuve de libre arbitre, ce qui est sans équivalent dans la nature. En dépit de cela, on peut tout de même observer une certaine régularité dans les comportements humains: tout n'y est pas arbitraire. Une analyse scientifique fait ressortir certains aspects de cette régularité.

Lorsqu'il procède à une analyse scientifique, le chercheur élabore des théories, accumule des faits afin de les vérifier et, s'il y a lieu, effectue des expériences bien contrôlées pour les valider. Il s'agit là d'un procédé reconnu qui réduit au minimum les risques d'erreur et l'incertitude, sans toutefois les éliminer totalement. C'est dans cet esprit que nous allons traiter des méthodes quantitatives en sciences humaines.

**Méthode scientifique**
Démarche logique d'une science, c'est-à-dire l'ensemble des moyens mis en œuvre afin de répondre à une question. Il s'agit d'un procédé explicite et reproductible, d'une série de règles à observer dans l'étude d'un problème précis.

La **méthode scientifique** est un ensemble d'opérations destinées à obtenir des résultats valides et reproductibles. C'est la démarche logique d'une science, c'est-à-dire l'ensemble des moyens mis en œuvre afin de répondre à une question. Il s'agit d'un procédé explicite et reproductible, d'une série de règles à observer dans l'étude d'un problème précis.

L'application d'une méthode est donc essentielle à la crédibilité des conclusions d'une recherche scientifique.

> Sans elle [la méthode], les réflexions sur le monde iraient dans toutes les directions, au gré des préjugés, des humeurs et des individus; les travaux ne seraient pas uniformément encadrés, de sorte qu'il n'y aurait pas d'institution de la recherche, pas de circulation systématique des résultats, pas de possibilité de mettre la science au service des humains, pas de possibilité pour les sociétés de porter un regard objectivement sur elles-mêmes[1].

1. J. M. Fontan et S. Laflamme, «La méthodologie sociologique», dans D. G. Tremblay, *Travail et société. Évolution et enjeux*, Québec, Télé-université, 2004, p. 49.

**Échantillon**

Sous-ensemble d'une population formé des éléments de cette population (les unités statistiques) prélevés pour être analysés ou observés.

**Population**

Ensemble de tous les individus, de tous les objets ou de tous les groupes, c'est-à-dire de toutes les unités statistiques sur lesquelles on peut effectuer des mesures ou sur lesquelles porte une recherche, et duquel on peut prélever un échantillon.

**Unité statistique**

Élément de la population étudiée, sur lequel on mesure une variable.

**Variable**

Caractéristique pouvant présenter des formes différentes pour chaque unité statistique observée. Également appelée *caractère* ou *facteur*.

Toute méthode recourt à des procédures ou à des techniques rigoureuses de collecte d'information, fondées sur l'observation systématique de faits et utilisées afin de répondre à un dessein précis (la connaissance objective du monde qui nous entoure) ou de vérifier une théorie. Ces techniques sont des opérations limitées, liées aux aspects pratiques d'une activité de recherche, telles les techniques de sélection d'un **échantillon** (un sous-ensemble d'une **population**), les techniques d'entrevue ou les techniques d'enregistrement des résultats d'observations. Ces techniques servent à assurer la validité des résultats; elles visent à diminuer, sinon à éliminer, les erreurs en matière de saisie, de traitement ou d'interprétation des données.

Lorsqu'on effectue une recherche, on s'intéresse à un ensemble de faits, d'objets ou de personnes sur lesquels on cherche de l'information précise. Cet ensemble de faits, d'objets ou de personnes porte le nom de population; chaque élément de la population est appelé **unité statistique**; quant aux renseignements qu'on veut obtenir auprès des éléments de la population, on les appelle variables. Une **variable** constitue donc une caractéristique des unités statistiques qu'on veut mesurer et qui est susceptible de prendre une forme différente pour chaque unité statistique observée. Le sexe, l'âge, la durée de vie d'un bien et l'opinion sur un sujet sont des variables, parce qu'ils constituent des caractéristiques qui varient selon l'unité statistique observée.

## 1.2 ÉTAPES DE LA DÉMARCHE SCIENTIFIQUE EN SCIENCES HUMAINES

**Dans cette section:** problématique • hypothèse • opérationnalisation d'un concept • concept • indicateur.

Les différentes disciplines des sciences humaines se distinguent par la facette de l'être humain qu'elles étudient et par les techniques qu'elles emploient, mais elles se rejoignent sur le plan de la méthode scientifique et de la démarche suivie pour mettre en œuvre cette méthode. Il existe plusieurs façons de concevoir la démarche scientifique en sciences humaines. Nous avons choisi de vous proposer un modèle en six étapes:

1. La formulation d'une problématique et d'une ou plusieurs questions de recherche;
2. Le choix d'une méthode d'investigation et l'élaboration d'un instrument de mesure;
3. La collecte des données;
4. L'organisation et le traitement des données;
5. L'analyse et l'interprétation des résultats;
6. La diffusion des résultats.

### 1 | Formulation d'une problématique et d'une ou plusieurs questions de recherche

**Problématique**

Formulation détaillée des questions auxquelles un chercheur désire apporter une réponse, des hypothèses que ce dernier propose comme réponses aux questions de recherche et des moyens mis en œuvre pour confirmer ou infirmer ces hypothèses.

Toute recherche scientifique a pour objet un problème ou une question soulevés par un chercheur. En exposant le problème qu'il entend résoudre, le chercheur établit une **problématique**, dans laquelle il précise son sujet de recherche et les questions auxquelles il désire apporter une réponse. De plus, dans une problématique, on trouve généralement:

- une recension des écrits pour déterminer les connaissances scientifiques accumulées sur le sujet de la recherche et établir ce qu'on appelle l'« état de la question »;

- des hypothèses, c'est-à-dire des réponses provisoires à une ou plusieurs questions de recherche ;
- les indicateurs des concepts que le chercheur entend utiliser ;
- une description sommaire des moyens que le chercheur entend mettre en œuvre pour répondre à la ou aux questions de recherche.

Décrivons les principales composantes de cette première étape de la démarche scientifique.

### Recension des écrits et état de la question

La recension des écrits se fait par une consultation de documents sur le sujet de la recherche. Ainsi, dans le contexte de notre affirmation initiale, on dressera un inventaire de ce qui a été écrit sur le lien entre la réussite scolaire et le sexe, ou sur tout autre sujet apparenté. On pourra alors consulter des répertoires ou des banques de données informatiques pour repérer les résultats d'autres recherches menées sur le sujet. On pourra également consulter des études produites par des organismes de statistique.

Une fois la recension des écrits terminée, le chercheur doit produire un état de la question, c'est-à-dire une synthèse de l'information recueillie, avec indication des sources, pour en faire un tout cohérent. Après avoir exploré les connaissances existantes, il sera à même d'en produire de nouvelles.

### Formulation d'hypothèses

**Hypothèse**

Proposition théorique que l'on avance à titre de réponse provisoire à une question de recherche et que l'on projette de vérifier.

Une **hypothèse** est une proposition théorique que l'on avance à titre de réponse provisoire à une question de recherche et que l'on projette de vérifier. Le rôle d'une hypothèse est de proposer une ou des réponses possibles aux questions soulevées dans une recherche. Une hypothèse tire son origine de sources diverses ; elle peut être le fruit d'une observation, d'une découverte fortuite, d'une théorie et parfois même de l'imagination d'un chercheur chevronné. Elle doit être plausible, vérifiable, claire, précise, et elle doit exprimer une relation entre des variables, c'est-à-dire entre des caractéristiques qui peuvent prendre différentes formes selon les unités statistiques observées.

L'affirmation que nous avons formulée précédemment – les filles réussissent mieux leurs études que les garçons – constitue une hypothèse que l'on cherche à confirmer (accepter) ou à infirmer (rejeter) au moyen d'une recherche. Cette hypothèse établit un lien entre deux variables, soit la réussite scolaire et le sexe.

## Les organismes de statistique

Selon le sujet de recherche, on peut recourir aux études effectuées par des organismes gouvernementaux spécialisés dans le domaine de la statistique, comme Statistique Canada et l'Institut de la statistique du Québec. Ces deux organismes publient régulièrement des études fort intéressantes, notamment dans Internet (statcan.gc.ca et stat.gouv.qc.ca). Les grandes enquêtes menées par Statistique Canada constituent une source impressionnante d'information pour les chercheurs. Statistique Canada s'est acquis une réputation internationale, non seulement pour la quantité, la qualité et la fiabilité de ses études, mais également pour son indépendance à l'égard du pouvoir politique. La réputation de Statistique Canada et de l'Institut de la statistique du Québec est sûrement un des facteurs qui expliquent le choix que l'Organisation des Nations Unies pour l'éducation, la science et la culture (UNESCO) a fait de Montréal pour établir son prestigieux Institut de statistique.

L'hypothèse de travail doit être plausible, mais le chercheur ne s'efforce pas de la défendre envers et contre tous. L'objectif poursuivi est d'obtenir un énoncé qui ne soit pas démenti par les faits. L'hypothèse doit aussi bien pouvoir être retenue que rejetée ; elle doit être réfutable *a priori*. Ainsi, dans notre exemple, il est possible que nous ne puissions pas établir un lien entre le sexe et la réussite scolaire.

### Opérationnalisation des concepts

**Opérationnalisation d'un concept**

Définition d'un concept abstrait par un indicateur mesurable.

**Concept**

Représentation mentale d'un objet, d'une réalité ou d'un phénomène.

**Indicateur**

Manifestation quantifiable et mesurable d'un concept abstrait, souvent multidimensionnel. L'indicateur est une variable.

L'**opérationnalisation** consiste à indiquer comment sera mesuré un **concept** abstrait et généralement multidimensionnel (la réussite scolaire de notre affirmation initiale). On choisira des **indicateurs**, c'est-à-dire des manifestations quantifiables ou mesurables de ce concept. Ces indicateurs sont souvent associés à la notion mathématique de variable, que nous aborderons un peu plus loin dans le présent chapitre.

*Les données obtenues ne seront fiables que si l'indicateur retenu est défini sans ambiguïté, s'il ne prête pas à l'interprétation et s'il décrit adéquatement le concept étudié.* Les notes, les taux de réussite aux examens, les taux de réussite aux cours, les taux de diplomation, les taux de réinscription en troisième trimestre pourraient servir d'indicateurs de réussite scolaire. Notons que chacun de ces indicateurs n'évalue qu'une dimension du concept étudié.

Une fois le concept défini de manière opérationnelle, on peut raffiner l'hypothèse générale et la rendre plus concrète. Ainsi, notre affirmation initiale pourrait devenir : « Les filles présentent un taux de diplomation plus élevé que les garçons » ou encore « Les filles présentent un taux de réussite aux cours plus élevé que les garçons ». On pourrait également s'intéresser à l'évolution de l'écart entre les taux de diplomation. Notre affirmation initiale pourrait alors se formuler ainsi : « Les taux de diplomation des filles sont plus élevés que ceux des garçons depuis de nombreuses années. »

## 2 | Choix d'une méthode d'investigation et élaboration d'un instrument de mesure

Il faut ensuite choisir une méthode pour recueillir des données et élaborer un instrument de mesure (questionnaire, grille d'observation ou d'évaluation, appareils spécialisés) qui permettrait de vérifier l'hypothèse de recherche. Allons-nous faire un inventaire exhaustif des dossiers des étudiants ou simplement étudier un échantillon de dossiers ? Allons-nous procéder à une enquête ou à une consultation des données publiques des établissements scolaires ou du ministère de l'Éducation, du Loisir et du Sport ?

Les sciences humaines ont recours à plusieurs méthodes d'investigation, notamment l'enquête, l'expérience, la recherche documentaire, l'étude de cas, l'entrevue, l'observation directe, l'histoire de vie, l'analyse de contenu, etc. On en trouve une description dans tout bon ouvrage de méthodologie des sciences humaines[2]. Au cours d'une recherche, on peut recourir conjointement à plusieurs de ces méthodes. Parmi celles-ci, l'enquête et l'expérience, qui produisent des données nécessitant un traitement statistique, sont utiles à plusieurs disciplines des sciences humaines.

2. Les chapitres 4 à 8 tirés de l'ouvrage de Sylvain Giroux et de Ginette Tremblay (*Méthodologie des sciences humaines. La recherche en action*, 3e éd., Saint-Laurent, ERPI, 2009, 324 p.) présentent simplement et éloquemment plusieurs méthodes d'investigation propres aux sciences humaines.

# L'enquête

Il existe des phénomènes qu'on ne peut pas observer directement et qui sont pourtant intéressants pour le chercheur. Ainsi, on ne peut pas observer des intentions (comme les intentions de vote), ni des événements du passé d'un individu (comme la relation d'un adulte avec ses parents lorsqu'il était adolescent), ni encore des comportements de la vie privée ou intime (comme la fréquence des rapports sexuels dans un couple). Il faut donc interroger les individus sur ces réalités à l'aide d'un questionnaire afin d'obtenir l'information recherchée. On effectue alors une enquête par questionnaire.

Lorsqu'il recourt à un questionnaire, le chercheur n'observe pas lui-même les comportements, les pensées, le passé de la personne; il ne fait que recueillir le témoignage libre d'un répondant à qui il a demandé de s'observer lui-même.

L'enquête par questionnaire est une méthode d'investigation très flexible et très polyvalente. Elle est employée dans la plupart des disciplines des sciences humaines. Les médias rapportent souvent des résultats d'enquête. Pas une semaine ne se passe sans que l'on publie les résultats d'enquêtes sur une foule de sujets (la popularité des partis politiques, les tendances de l'emploi, les comportements ou les préférences des consommateurs) auprès de divers groupes (les électeurs, les personnes de moins de 35 ans, les membres d'une association). Malgré ses avantages, l'enquête, comme toutes les autres méthodes d'investigation, comporte des limites. Ainsi, elle ne peut servir que dans les situations où les individus peuvent être joints et où ils possèdent une information qu'ils sont prêts à livrer de bonne foi à un enquêteur.

Dans la mesure où l'on veut obtenir, à l'aide d'un questionnaire, des résultats qui soient fidèles et valides, c'est-à-dire qui reflètent bien la réalité, il est important de respecter certaines règles élémentaires dans la formulation des questions. Ces règles sont généralement énoncées dans un cours de méthodologie des sciences humaines. Si on enfreint ces règles, les données recueillies seront sans valeur, parce qu'elles seront mal fondées. Aucune opération mathématique effectuée sur des données ne pourra rendre les résultats valables si les questions sont mal posées, d'où l'importance d'utiliser un questionnaire adéquat.

Quelle que soit la qualité des questions posées, il faut être conscient que plus un sujet d'enquête est délicat, moins les résultats seront fiables. Voici ce que disait, certes avec humour, le chroniqueur Pierre Foglia, du journal *La Presse*, à propos d'une enquête portant sur les habitudes sexuelles:

> Ce qui m'étonne le plus dans les sondages sur les habitudes sexuelles des gens, c'est moins les résultats obtenus que l'idée elle-même du sondage, sa démarche, sa méthodologie, comme ils disent...
>
> Ainsi, il y a vraiment des gens qui téléphonent, à l'heure du souper, à de parfaits inconnus, pour leur poser des questions aussi saugrenues que:
>
> – Excusez-moi, monsieur, avez-vous une maîtresse?
>
> – Combien de fois vous masturbez-vous par semaine, mademoiselle?
>
> [...]
>
> Et ici, ce qui m'étonne le plus, ce n'est pas que les gens répondent, c'est que les sondeurs tiennent ces réponses pour vraies. Que dis-je, pour vraies, pour scientifiques, à la restriction de la marge d'erreur habituelle de 3,2 %.
>
> [...]
>
> Vous êtes drôles, Léger et Léger, avec vos 16 % de Québécois qui ont un amant ou une maîtresse. Nonos! Naïfs! Pour ne parler que des hommes, mon sondage personnel, étalé sur 50 ans de vie, me dit que 7 hommes sur 10 couraillent, ont couraillé, ou courailleront quand l'occasion se présentera. Et de ceux-là, 10 sur 10 mentent quand on leur demande s'ils couraillent, ont couraillé ou courailleront.
>
> Tout ça pour vous dire que les sondages sur les habitudes sexuelles des Québécois, des Bulgares ou des Moldaves, c'est toujours de la foutaise. Je ne vois pas pourquoi ce que les hommes ne disent pas à leur blonde, et ne se disent même pas entre eux, ni à eux-mêmes, je ne vois pas pourquoi ils iraient le dire à des inconnus, au téléphone, à l'heure du souper*.

Ainsi, même si les questions sont adéquates, la nature d'un sujet d'enquête peut faire en sorte que les répondants refusent de répondre au questionnaire ou donnent des réponses qui ne seront pas authentiques. Il faut alors traiter les résultats avec beaucoup de circonspection.

* P. Foglia, «Le bonheur sondé», *La Presse*, 24 janvier 1994, p. A5.

## La méthode expérimentale

La méthode expérimentale est une méthode de recherche qui vient des sciences de la nature, mais elle est également employée en sciences humaines, notamment en psychologie. Elle permet de vérifier si une variable, une caractéristique des individus observés, exerce une influence sur une autre variable. Cette méthode consiste à provoquer un phénomène en vue de l'étudier, c'est-à-dire à modifier délibérément une variable (la cause) afin de mesurer l'influence que celle-ci exerce sur une autre variable (l'effet). On peut par exemple faire boire différentes quantités d'alcool à un groupe de personnes et observer ensuite les variations de la capacité d'accomplir une tâche selon la quantité d'alcool ingurgitée: la cause est la quantité d'alcool; l'effet, les variations comportementales. De la même façon, on pourrait tenter de mesurer l'effet du bruit sur la capacité de mémoriser de l'information.

Dans le contexte d'une expérience, on cherche généralement à contrôler tous les autres facteurs qui pourraient influer sur le phénomène étudié. La méthode expérimentale peut alors permettre d'établir une relation causale entre les deux variables. C'est surtout pour sa faculté de démonstration de la causalité que la méthode expérimentale est largement employée en sciences de la nature; il est cependant beaucoup plus difficile d'en tirer parti en sciences humaines.

L'expérimentation en sciences humaines se heurte à des difficultés de deux ordres: des problèmes d'ordre éthique (on ne doit pas effectuer des expériences qui auraient des effets négatifs sur des sujets humains) et des problèmes d'ordre technique (difficulté d'isoler le facteur à étudier, multiplicité des facteurs qui entrent en jeu, impossibilité de provoquer un changement de la variable étudiée, nécessité de contrôles complexes). Ainsi, on ne peut pas utiliser la méthode expérimentale pour étudier une société ancienne ni pour observer les effets de la guerre sur une population. De la même façon, on ne peut pas modifier les taux d'intérêt pour en observer les effets sur la consommation; on ne peut pas plus placer des enfants dans un cadre familial malsain pour pouvoir observer les troubles dont ils souffriront.

Le recours à la méthode expérimentale en sciences humaines est également problématique du fait de la complexité de l'objet d'observation; l'être humain est doué de réflexion et il est donc difficilement manipulable dans un cadre expérimental. Lorsqu'ils sont soumis à une expérience, les individus ne sont pas passifs ni nécessairement dociles. Ainsi, ils réfléchissent et jaugent les actions de l'expérimentateur. L'individu soumis à une expérience peut modifier son comportement pour plaire à l'expérimentateur ou encore pour s'opposer à lui. De plus, comme le cadre expérimental est un cadre artificiel, il n'est pas dit que les résultats d'une expérience seront généralisables au monde réel.

Malgré ces limites, la méthode expérimentale occupe une place de premier plan en sciences humaines, parce qu'elle permet d'établir des relations de cause à effet.

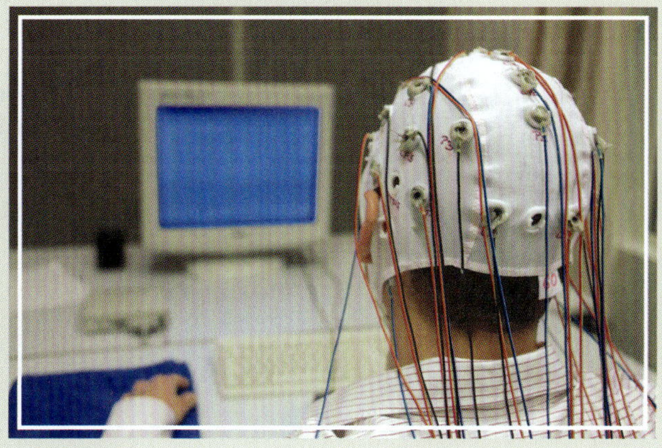

### 3 | Collecte des données

On recueille ensuite l'information selon la méthode choisie: c'est la collecte des données. Il faut au préalable avoir défini la population étudiée (le groupe d'individus ou d'objets sur lequel porte la recherche), les éléments d'information à recueillir et le degré de précision souhaité.

La population étudiée pourrait être, dans l'exemple choisi, les étudiants et les étudiantes inscrits au collégial de 2004 à 2006. Nous aurions pu nous intéresser à la durée des études avant l'obtention du diplôme ou encore au taux de diplomation. Nous aurions pu choisir de déterminer avec précision la durée des études avant l'obtention du diplôme en dénombrant, pour chaque étudiant ou étudiante, le nombre de trimestres entre la première inscription et l'obtention du diplôme, ou encore nous contenter de vérifier si un diplôme a été obtenu moins de cinq ans après la première inscription. La première mesure, plus précise, aurait permis d'évaluer la durée moyenne des études avant l'obtention du diplôme, alors que la deuxième n'aurait permis que d'établir le pourcentage des étudiants qui réussissent leurs études en cinq années ou moins.

## 4 | Organisation et traitement des données

À la quatrième étape, on organise et on traite les données afin de les représenter de façon compréhensible. Allons-nous dresser des tableaux, construire des graphiques, calculer des moyennes, des pourcentages ou d'autres mesures ? À titre d'exemple, le tableau 1.1 et la figure 1.1 présentent une comparaison des garçons et des filles en ce qui concerne le taux de réussite aux cours au trimestre d'automne.

TABLEAU | **1.1**

**TAUX (%) DE RÉUSSITE GLOBAL AUX COURS AU TRIMESTRE D'AUTOMNE, PAR SEXE, ORDRE COLLÉGIAL, QUÉBEC, 2004 À 2006**

| Année | Taux (%) de réussite | |
|---|---|---|
| | Garçons | Filles |
| 2004 | 82,1 | 89,3 |
| 2005 | 81,4 | 88,7 |
| 2006 | 82,3 | 88,9 |

Source : Fédération des cégeps, *Les indicateurs de l'enseignement collégial*, Montréal, 2009, section IV, p. 4.

FIGURE | **1.1**

**TAUX (%) DE RÉUSSITE GLOBAL AUX COURS AU TRIMESTRE D'AUTOMNE, PAR SEXE, ORDRE COLLÉGIAL, QUÉBEC, 2004 À 2006**

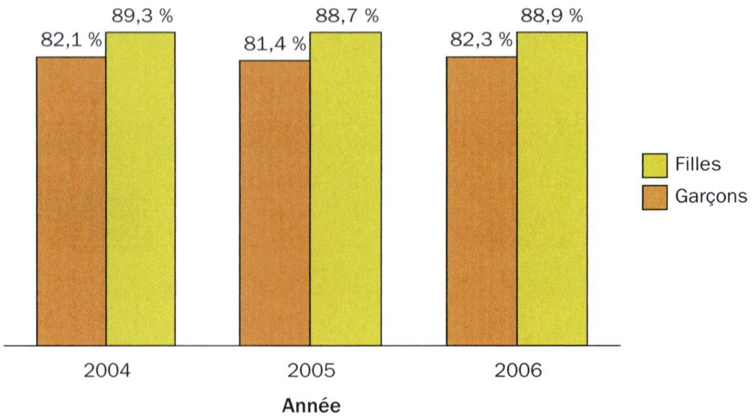


Source : Fédération des cégeps, *Les indicateurs de l'enseignement collégial*, Montréal, 2009, section IV, p. 4.

## 5 | Analyse et interprétation des résultats

L'analyse et l'interprétation des résultats consistent à tirer des conclusions. Il s'agit de dégager l'information pertinente des tableaux ou des graphiques, de prêter un sens aux différentes mesures calculées à partir des données, de vérifier si les résultats obtenus confirment (totalement ou partiellement) ou infirment les hypothèses de départ, par exemple à l'aide d'un test statistique.

Ainsi, le tableau et le graphique précédents semblent indiquer que, peu importe l'année considérée, le taux de réussite des filles aux cours au trimestre d'automne est plus élevé que celui des garçons.

Par contre, le graphique de la figure 1.2 montre que la différence entre les sexes, à la faveur des filles en ce qui a trait au taux de réinscription au troisième trimestre (automne 2007), n'cxiste que chez les élèves dont la moyenne générale au secondaire était inférieure à 80 %.

FIGURE 1.2

**TAUX (%) DE RÉINSCRIPTION AU TROISIÈME TRIMESTRE, SELON LA MOYENNE GÉNÉRALE AU SECONDAIRE, PAR SEXE, ORDRE COLLÉGIAL, QUÉBEC, AUTOMNE 2007**

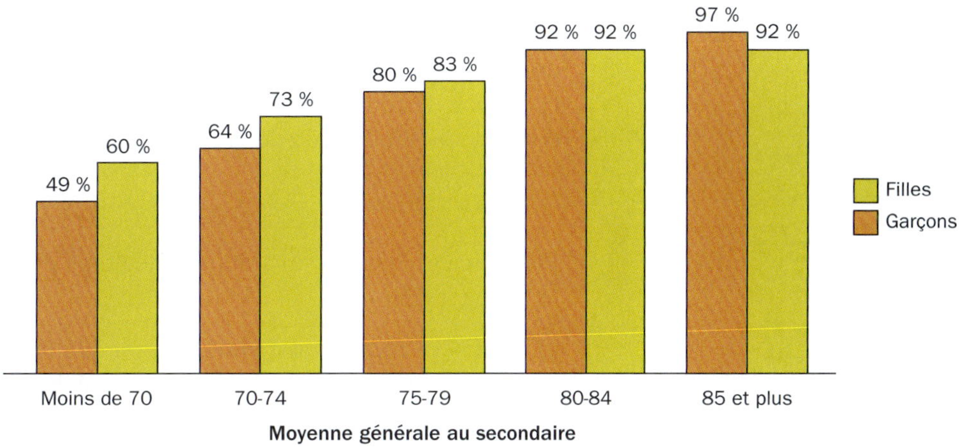


Source : Fédération des cégeps, *Les indicateurs de l'enseignement collégial*, Montréal, 2009, section IV, p. 10.

Si nous avions choisi le taux de réinscription au troisième trimestre comme indicateur de la réussite scolaire, et que notre hypothèse de départ supposait que les garçons sont moins persévérants que les filles, il aurait fallu nuancer nos conclusions et dire que les différences n'existent que pour les étudiants dont la moyenne au secondaire était inférieure à 80 %. Ce résultat n'est pas aussi clair que l'hypothèse initiale, mais il n'est pas dénué d'intérêt.

L'analyse des résultats permet généralement de dresser un portrait pouvant aboutir à des gestes concrets. Ainsi, les résultats apparaissant dans le tableau 1.1 et les figures 1.1 et 1.2 interpellent le ministère de l'Éducation, du Loisir et du Sport, qui cherche à mettre en œuvre des stratégies visant à favoriser la réussite des garçons à tous les ordres d'enseignement. La connaissance incite à l'action, alors que l'ignorance la réfrène.

## 6 | Diffusion des résultats

Une fois la recherche terminée, il reste à en faire connaître les résultats en les publiant : c'est la diffusion des résultats. Les résultats publiés servent à alimenter de nouvelles recherches. Ainsi, prenant connaissance des résultats de la recherche, d'autres chercheurs seront peut-être tentés de la pousser plus loin. Publier, c'est rendre ses résultats accessibles afin que d'autres puissent les reproduire et les utiliser, ou encore les contester et les réfuter.

La démarche scientifique est donc une action consciente, systématique et réfléchie dont le but est d'obtenir et de faire connaître des résultats vérifiables qui font avancer l'état des connaissances sur un sujet. C'est pourquoi, à chacune des étapes de la démarche scientifique, le chercheur doit également vérifier s'il n'a pas commis d'erreurs. Ainsi, à titre d'exemple, il doit s'assurer d'avoir utilisé une technique adéquate pour prélever ses échantillons, que le questionnaire était bien conçu, qu'il obtiendrait des résultats similaires s'il reprenait sa recherche, que les données ont été traitées correctement, que les calculs effectués sont exacts, que la présentation des résultats ne comporte pas d'erreurs de transcription. Il se peut que les erreurs de transcription, de calcul ou d'un autre ordre n'aient aucun effet sur les résultats, mais elles dévaluent néanmoins une recherche et contribuent à en discréditer les conclusions.

À la lecture de cette section, vous avez pu constater que, dans une recherche, les méthodes quantitatives entrent en jeu principalement à l'étape de l'organisation et du traitement des données, ainsi qu'à celle de l'analyse et de l'interprétation des résultats. Le but premier de ce manuel est de vous initier à l'exécution de ces deux étapes. Au cours de votre formation en sciences humaines, vous aurez amplement l'occasion de vous familiariser avec les autres étapes, notamment dans le cadre d'un cours de méthodologie de la recherche.

**EXERCICE 1.1**

Dans chacun des cas suivants, quelle étape de la démarche scientifique correspond le mieux à l'énoncé ?

a) Utiliser l'enquête statistique plutôt que la recherche documentaire afin d'obtenir de l'information sur le nombre d'échecs subis par les étudiants.

b) Affirmer, à la suite d'une recherche expérimentale, que les garçons ont une meilleure perception spatiale que les filles.

c) Les études américaines de Byers et Wheeler prétendent que le travail rémunéré a un effet négatif sur la réussite scolaire. Ces chercheurs ont cependant négligé de considérer la variable « secteur d'études » comme variable explicative. Nous allons tenter de montrer que, en milieu collégial québécois, le travail rémunéré n'a pas les mêmes effets sur la réussite scolaire dans tous les secteurs d'études. Le travail rémunéré chez les étudiants du secteur technique serait plutôt source de motivation et de réussite scolaire.

d) Représenter par des tableaux et des graphiques les données recueillies au sujet du nombre d'heures de travail rémunéré des étudiants.

e) Faire remplir un questionnaire à 50 étudiants pour connaître leur opinion sur la qualité des repas de la cafétéria d'un cégep.

f) Publier l'information recueillie au cours d'une enquête portant sur la collecte sélective des déchets domestiques.

- **Vous pouvez maintenant faire les exercices récapitulatifs 1 à 6.**

## 1.3 Complémentarité des approches quantitatives et qualitatives

Les approches utilisées en sciences humaines pour étudier l'être humain peuvent être de nature qualitative ou quantitative. Recourant aux mesures, les méthodes d'investigation de nature quantitative sont particulièrement employées dans des domaines tels que la démographie, l'économétrie, la sociométrie, la psychométrie, le sondage d'opinion ou les études de marché. Il s'agit alors de recourir à une branche des mathématiques, la statistique, pour:

1. Décrire des phénomènes à l'aide de tableaux, de graphiques et de mesures;
2. Établir l'existence de liens entre certains phénomènes, les expliquer par un modèle mathématique et faire des prédictions à partir de ce modèle;
3. Généraliser à l'ensemble de la population les résultats tirés d'échantillons.

Il existe plusieurs définitions de la statistique. Malgré leurs différences, elles partagent des éléments communs:

1. La statistique est une branche des mathématiques. Elle utilise donc les nombres, les mesures et les graphiques;
2. La statistique concerne l'étude de grands ensembles de faits, d'objets, de personnes; elle néglige cependant les cas particuliers et les individus pris isolément. Elle dispose de techniques de collecte, de classification, de présentation et de traitement des données;
3. La statistique permet d'effectuer des mesures. À cette fin, la population étudiée et les indicateurs retenus doivent être définis avec rigueur et sans ambiguïté;
4. La statistique permet de généraliser des résultats provenant d'un petit ensemble (l'échantillon) à un ensemble plus vaste (la population).

On trouve dans cette énumération certains éléments de la démarche scientifique: l'opérationnalisation des concepts, le choix d'une technique de collecte des données et la collecte elle-même, la présentation des données (organisation et traitement des données) ainsi que l'analyse et l'interprétation des données. En ce sens, la statistique s'accorde aux buts de la science.

## 1.4 ÉTUDES STATISTIQUES

**Dans cette section :** recensement • sondage • enquête par sondage.

La population constitue l'ensemble de référence d'une recherche ou d'une étude. Une population peut être numériquement très grande, comme la population d'un pays, ou encore très petite, comme les gagnants du gros lot d'une loterie en 2010 ou les premiers ministres du Québec depuis 1867. Une population, au sens statistique, ne correspond pas nécessairement à des personnes physiques. Il peut s'agir de groupes (les familles, les syndicats, les cégeps, les pays) ou d'objets (les ampoules électriques, les voitures, etc.). Le tableau 1.2 présente quelques exemples d'objets d'étude et de populations y correspondant.

**Recensement**

Dénombrement complet ou inventaire exhaustif d'une population.

Une étude statistique peut porter sur toute une population ou sur une partie de celle-ci. Lorsqu'on réalise une étude en effectuant un dénombrement complet ou un inventaire exhaustif de la population, on procède par **recensement**.

Les recensements permettent notamment:

1. De déterminer la taille d'une population;
2. D'établir la composition réelle d'une population au regard de certaines caractéristiques;
3. De disposer d'une référence pour vérifier si des sous-ensembles de la population, appelés échantillons, constituent des répliques fidèles de la population.

TABLEAU 1.2

**OBJETS D'ÉTUDE ET POPULATIONS CORRESPONDANTES**

| Objet d'étude | Population |
|---|---|
| Profession des députés avant leur entrée à l'Assemblée nationale. | L'ensemble de tous les députés de l'Assemblée nationale. |
| Durée de vie des ampoules électriques produites dans une usine au cours d'une journée. | L'ensemble de toutes les ampoules électriques produites dans cette usine au cours de cette journée. |
| Résultats scolaires au cégep en 2010. | L'ensemble de tous les étudiants de cégep en 2010. |
| Différences de revenu des familles monoparentales selon le sexe du chef de famille au Québec en 2010. | L'ensemble de toutes les familles monoparentales au Québec en 2010. |
| Ventes au détail dans les dépanneurs du Québec en avril. | L'ensemble de tous les dépanneurs du Québec. |
| Part du budget national consacré à l'éducation en 2010. | L'ensemble de tous les pays du monde. |
| Nombre de membres de chaque syndicat au Québec en 2010. | L'ensemble de tous les syndicats au Québec. |
| Potentiel de taxation résidentielle d'une ville en 2010. | L'ensemble de toutes les résidences de cette ville. |

**Sondage**

Prélèvement d'un échantillon dans une population. On utilise aussi couramment le mot *sondage* pour désigner une enquête effectuée auprès d'un échantillon de la population ; on parle d'ailleurs d'*enquête par sondage* ou de *sondage d'opinion.*

**Enquête par sondage**

Méthode d'investigation fondée sur l'étude des réponses à un questionnaire soumis à un échantillon prélevé dans une population.

- **Vous pouvez maintenant faire les exercices récapitulatifs 7 et 8.**

Toutefois, dans certaines circonstances, les recensements ne sont pas souhaitables ou réalisables pour un ou plusieurs des motifs suivants :

1. Les coûts en sont généralement très élevés ;
2. La population étudiée est souvent très grande, ce qui a pour conséquence de prolonger indûment les délais de réalisation et le traitement des données ;
3. Une étude peut comporter des tests destructifs (comme dans une étude sur la durée de vie d'ampoules électriques). Le recours au recensement aurait alors pour effet de détruire la population observée ;
4. L'organisation d'un recensement peut être très complexe et exiger des procédures et des contrôles très poussés.

À défaut de procéder par recensement, on peut effectuer un **sondage**. À l'origine, le mot *sondage* désignait le prélèvement d'un échantillon dans une population. Son sens s'est toutefois étendu, et il désigne aujourd'hui une enquête effectuée auprès d'un sous-ensemble de la population (un échantillon). On entend couramment les expressions **enquête par sondage** ou *sondage d'opinion*. L'étude ne porte alors que sur les individus sélectionnés plutôt que sur toute la population, ce qui est généralement beaucoup moins coûteux qu'un recensement et d'une précision comparable.

## 1.5 UTILISATION DES DONNÉES STATISTIQUES

**Dans cette section :** statistique descriptive • inférence statistique • estimation • test d'hypothèse.

Que fait-on des données recueillies dans le cadre d'une recherche scientifique ? Elles servent à deux fins différentes mais complémentaires, soit la description et l'inférence.

## Les recensements quinquennaux de la population au Canada

C'est en 1666 qu'eut lieu, sous Jean Talon, le premier recensement en Nouvelle-France, mais ce n'est qu'en 1871 que fut effectué le premier recensement du Canada en vertu de la Loi du recensement promulguée peu après l'Acte de l'Amérique du Nord britannique de 1867. Le but de ce recensement était de connaître la taille de la population des provinces afin d'assurer à chacune une représentation équitable au Parlement.

Au Canada, on a procédé à un recensement tous les 10 ans de 1871 à 1951, et tous les 5 ans depuis. La publication de l'ensemble des données recueillies est généralement terminée environ 18 mois après la tenue du recensement, ce qui confirme un des inconvénients du recensement par rapport au sondage, à savoir l'importance du délai exigé par le traitement des données.

Par souci d'uniformité historique entre les données recueillies, les questions sont sensiblement les mêmes d'un recensement à l'autre.

Le recensement canadien sert de référence pour assurer une représentation équitable de l'ensemble des Canadiens au Parlement, délimiter les circonscriptions électorales et calculer le montant des transferts fédéraux accordés aux provinces. Il permet également de dénombrer la population selon la langue officielle parlée. Enfin, il permet d'établir des tendances ou des points de repère sur des questions de nature socioéconomique ou d'actualité.

Les utilisateurs des données du recensement sont nombreux : municipalités, commissions scolaires, entreprises, chercheurs. Les recensements canadiens donnent des renseignements sur la population qui permettent de mieux planifier les allocations budgétaires destinées notamment aux écoles, aux hôpitaux, aux parcs et aux infrastructures urbaines.

**Statistique descriptive**

Branche de la statistique qui a pour objet de représenter des données par des tableaux, des graphiques et des mesures, que ces données proviennent d'un échantillon ou de la population. ■

**Inférence statistique**

Branche de la statistique qui a pour objet de généraliser à l'ensemble de la population les résultats tirés des échantillons. L'estimation et le test d'hypothèse sont les deux volets de l'inférence statistique. ■

**Estimation**

Volet de l'inférence statistique qui consiste à déterminer la valeur d'un paramètre d'une population d'après la mesure correspondante (la statistique) provenant d'un échantillon. ■

**Test d'hypothèse**

En inférence statistique, procédé servant à faire un choix entre deux hypothèses à partir de renseignements tirés d'un échantillon. ■

La **statistique descriptive** a pour objet de représenter des données par des tableaux, des graphiques ou des mesures, que ces données proviennent d'un échantillon ou de la population. L'**inférence statistique** permet de généraliser les données tirées des échantillons à un ensemble plus vaste, la population. Bien sûr, il n'y a pas lieu d'employer l'inférence si on effectue un recensement, puisqu'on obtient alors des données sur toute la population.

L'inférence comporte deux volets, soit l'**estimation** et le **test d'hypothèse**.

L'estimation joue un grand rôle dans les sondages d'opinion et les études de marché. Dans ces deux cas, l'objectif est d'obtenir rapidement une idée précise de l'opinion ou des goûts d'une grande population. Un recensement étant hors de question en raison de son coût et de la lenteur du processus, on recueille l'information voulue auprès d'un échantillon jugé représentatif et on généralise les résultats obtenus à l'ensemble de la population.

Ainsi, lorsque les médias annoncent que « 38 % des électeurs ont l'intention de voter pour le Parti $X$ aux prochaines élections », il s'agit d'une estimation tirée d'un sondage ; on a fait une inférence.

Pour tester une hypothèse, on applique une procédure qui permet de déterminer, sur la base d'un échantillon, si elle doit être retenue ou rejetée. Les énoncés suivants constituent des exemples d'hypothèses que l'on pourrait tester :

1. Dans le cours de méthodes quantitatives au cégep, la note moyenne des étudiantes est plus élevée que celle des étudiants.
2. Le médicament $X$ est plus efficace que le médicament $Y$ pour traiter telle maladie.
3. Il y a une relation entre le tabagisme et la prévalence du cancer du poumon.

■ **Vous pouvez maintenant faire les exercices récapitulatifs 9 à 12.**

## 1.6 QUANTIFICATION : UTILITÉ ET LIMITES

**Dans cette section :** validité • fidélité.

La quantification permet de dépasser le sens commun en introduisant dans le processus une part d'objectivité sous la forme de mesures.

La quantification est utile pour les raisons suivantes :

1. *Précision de la mesure*

   Il est plus précis de mesurer le chômage à l'aide d'un indicateur comme le taux de chômage (exprimé en pourcentage) défini par Statistique Canada qu'avec des termes vagues tels que « peu de chômage » ou « chômage élevé ».

2. *Objectivité de la mesure*

   La quantification rend nécessaire l'opérationnalisation des concepts (définir les concepts et les rendre mesurables). Ainsi, on peut mesurer de manière objective la réussite scolaire par la moyenne des notes, le taux de réussite ou encore le taux de diplomation.

3. *Comparabilité des données*

   Par exemple, on pourra comparer la réussite scolaire des individus selon le sexe, les établissements ou les époques.

4. *Généralisation*

   Des résultats tirés d'un échantillon adéquat, soit un sous-ensemble de la population, sont généralisables à toute la population par des procédés statistiques.

5. *Capacité de dégager des tendances générales*

   Sur la base d'un grand nombre d'événements individuels, on pourra faire ressortir les caractéristiques fondamentales d'un phénomène à l'aide de mesures simples. On réduit alors la masse de données pour faciliter la compréhension de l'information recueillie.

6. *Vérification*

   On pourra vérifier systématiquement une hypothèse de recherche et obtenir des résultats fiables, contrairement aux opinions ou aux intuitions.

Malgré ces avantages indéniables, la quantification comporte certaines difficultés. La plus importante est sans doute celle de l'opérationnalisation adéquate d'un concept. La conversion d'une information de nature essentiellement qualitative (le concept : la réussite scolaire) en une mesure quantitative (l'indicateur : les notes) n'est pas toujours conforme à la réalité (problèmes de validité et de fidélité). Par conséquent, il est possible que les résultats obtenus par la quantification soient discutables malgré leur apparente objectivité.

> Opposer dans les sciences sociales l'imprécision et le subjectivisme du qualitatif à la rigueur et à l'objectivité du quantitatif, c'est oublier que l'on n'obtient du quantitatif qu'à partir du qualitatif[3].

**Validité**

Représentation conforme d'un concept qu'on veut mesurer.

**Fidélité**

Constance qu'on obtient dans les résultats lorsqu'on effectue la même mesure sur le même objet à plusieurs reprises.

On parle d'indicateur **valide** lorsque celui-ci constitue une représentation conforme au concept qu'on veut mesurer et d'indicateur **fidèle** lorsqu'on obtient une constance dans les résultats en effectuant la même mesure sur le même objet à plusieurs reprises.

---

3. M. Grawitz, *Méthodes des sciences sociales*, 11e éd., Paris, Dalloz, 2001, p. 367.

En mesurant la masse d'une personne à l'aide d'un pèse-personne mal réglé, on obtient une mesure fidèle mais non valide. On observe une masse identique à chaque pesée, mais cette masse est erronée. Il en est de même si nous nous servons du critère d'appartenance à une religion en vue de mesurer la ferveur religieuse : l'indicateur est fidèle, mais il n'est pas valide. Des indicateurs tels que la fréquentation d'offices religieux et l'observance des prescriptions religieuses seraient probablement plus valables.

La quantification des concepts par des indicateurs mesurables comporte donc deux pièges majeurs :

1. La description de phénomènes complexes multidimensionnels par des mesures simplifiées à l'excès : un indicateur ne mesure généralement qu'une facette du concept étudié. La mesure de l'intelligence par le quotient intellectuel (QI) en constitue un exemple ;
2. L'apparence d'objectivité trop sécurisante que procurent les mesures. Des calculs complexes, des résultats comportant une, deux ou trois décimales ne devraient pas être considérés comme une garantie de vérité scientifique.

## 1.7 Esprit critique face aux données numériques

Les sociétés industrielles sont de plus en plus friandes d'information quantitative. On veut tout mesurer, évaluer, comparer et classer. Pourtant, les comparaisons fondées sur les nombres peuvent être trompeuses. Il faut s'assurer que les phénomènes mesurés sont vraiment comparables et que les conditions environnantes sont similaires. Il serait ridicule de dire que les États-Unis constituent une société plus libérale à l'égard du mariage que le Canada sous prétexte qu'on y observe plus de divorces et d'unions libres. Il serait tout aussi farfelu de comparer le rendement des travailleurs forestiers du début du XX^e^ siècle avec celui des travailleurs du début du XXI^e^ siècle. Comparer l'incidence du plagiat dans deux établissements d'enseignement serait également hasardeux si ces organismes n'ont pas la même définition du plagiat et s'ils ne le sanctionnent pas avec la même rigueur. Dans ces trois derniers exemples, les conditions environnantes (dans chaque cas, la taille des populations, le niveau de mécanisation de l'industrie, les définitions et les mécanismes de contrôle) sont très différentes.

De plus, les indicateurs ne sont pas totalement neutres : ils reflètent, d'une certaine manière, le cadre théorique dans lequel se situe le chercheur. À titre d'exemple, on pourrait considérer deux façons de définir la pauvreté. Le texte qui suit, tiré de l'article de Gilles Toupin paru dans l'édition du 16 mars 1999 du quotidien *La Presse* (« Une réflexion sur la façon de mesurer la pauvreté », p. A18), est encore d'actualité[4]. Il définit deux indicateurs de la pauvreté : la pauvreté relative et la pauvreté absolue.

> Qu'est-ce que la pauvreté ? Est-ce que c'est lorsque Statistique Canada affirme que vous êtes sous les seuils de faible revenu (pauvreté relative) ou lorsque vous n'arrivez pas à remplir votre panier de consommation (pauvreté absolue) ?

4. À cet égard, nous vous renvoyons à Havi Echenberg, *Le prisme de la pauvreté – Approches multiples de la pauvreté*, Service d'information et de recherche parlementaires. Bibliothèque du Parlement, 20 octobre 2009, et Chris Sarlo, *What is Poverty? Providing Clarity for Canada*, Fraser Institute, mai 2008.

> Car il faut bien savoir que l'une de ces situations n'est pas nécessairement tributaire de l'autre. Une famille peut avoir des revenus qui la situent au-dessus des seuils de faible revenu (SFR) mais ne pas arriver, dans certains cas, à joindre les deux bouts. Ou encore la même famille peut être en deçà des SFR et parvenir à remplir son panier de consommation. Autrement dit, selon que l'on utilise l'une ou l'autre de ces méthodes d'évaluation, il n'est pas dit qu'elles puissent déterminer avec certitude si votre niveau de vie est acceptable.
>
> Le Conseil national du bien-être social, cet organisme chargé de conseiller le gouvernement sur les questions de pauvreté, a donc lancé hier un document de travail qui se veut le début d'une vaste réflexion sur la façon dont la pauvreté devrait être mesurée au Canada. Partant du principe que le gouvernement fédéral a développé une allergie chronique à toute reconnaissance officielle de l'existence de la pauvreté, il va sans dire que les Canadiens sont en droit de s'interroger sur les méthodes utilisées pour jauger celle-ci. Statistique Canada, par exemple, refuse de conclure que les personnes se situant sous les SFR sont nécessairement pauvres.
>
> En démontrant que le seuil de pauvreté ou SFR est relatif et déterminé bien souvent de façon arbitraire, le Conseil reconnaît cependant qu'il puisse être «un outil approprié de recherche». Mais il ne réussira jamais à mesurer, ajoute-t-il, le bien-être individuel.
>
> Quant au calcul de la pauvreté à partir du panier de consommation, là encore, les avis sont partagés. Il faudra bien sûr s'entendre sur les articles que devrait contenir un panier type. Mais la principale crainte des groupes contre la pauvreté face à l'utilisation de cette méthode de mesure de la pauvreté, c'est qu'elle pourrait servir aux gouvernements de moyen pour amplifier l'invisibilité de la pauvreté et, du même coup, les délester de la responsabilité de mettre fin à celle-ci.
>
> [...]
>
> Au Québec, par exemple, substituer les paniers de consommation aux SFR ferait baisser de façon importante le taux de pauvreté dans la province. Il passerait de 21,2 % à 10,8 % avant les impôts, ce qui ferait reculer le taux de pauvreté d'un incroyable 49 %. Et l'Ontario, province longtemps considérée comme la plus riche des provinces soi-disant nanties, se retrouverait avec un taux de pauvreté plus élevé que celui du Québec et de cinq autres provinces.

Comme on peut le constater à la lecture de cet extrait, le choix d'une mesure absolue de la pauvreté ferait disparaître, comme par enchantement, un très grand nombre de personnes considérées comme pauvres sans qu'elles aient vu leur revenu augmenter pour autant. Il faut donc rester critique face aux données numériques; il est plus prudent de considérer non seulement la mesure numérique, mais également la façon dont cette mesure a été obtenue, c'est-à-dire la façon de mesurer le concept.

Il arrive donc que les chiffres ne reflètent pas toute la vérité et ne servent qu'à véhiculer la vision de la personne ou du groupe qui les fait publier. Les données numériques jouent alors un rôle de désinformation ou de propagande. Par conséquent, faire preuve d'un certain scepticisme à l'endroit des données numériques est une attitude saine, car il ne faut pas nécessairement les considérer comme l'expression de la vérité. Ainsi, comme nous l'avons souligné à plusieurs reprises, la quantification s'inscrit dans une démarche scientifique beaucoup plus large; elle n'a de sens que si un cadre théorique qualitatif lui sert de référence.

- **Vous pouvez maintenant faire les exercices récapitulatifs 13 à 17.**

# 1.8 Notion de variable

**Dans cette section :** donnée.

Comme nous l'avons indiqué précédemment, la collecte de données au cours d'une recherche se fait souvent à l'aide d'une enquête par sondage; on n'observe alors qu'un échantillon de la population. Les individus sont interrogés à l'aide d'un questionnaire élaboré de façon à obtenir des renseignements sur le sujet de la recherche.

Quel que soit le type de recherche, toute caractéristique que l'on mesure porte le nom de variable, précisément parce qu'elle varie d'une observation à l'autre. Les termes *caractère* et *facteur* s'emploient également comme synonymes du mot *variable*. L'individu ou l'objet sur lequel on mesure la variable porte le nom d'unité statistique. Le résultat d'une mesure effectuée sur une unité statistique est une **donnée**. L'ensemble de toutes les unités statistiques concernées par une recherche porte le nom de population, alors que l'ensemble des unités statistiques prélevées pour être analysées ou observées est appelé échantillon.

**Donnée**
Résultat d'une mesure effectuée sur une unité statistique.

Au cours d'une enquête, on mesure généralement plusieurs variables sur chacune des unités statistiques.

**EXEMPLE 1.1**

Une enquête a été menée auprès de cégépiens. On a interrogé 120 étudiants. On leur a demandé leur âge, leur langue maternelle, leur sexe, leur masse, leur taille, leur revenu, le nombre de leurs frères et sœurs, le nombre de cigarettes consommées en une journée, le mode de transport utilisé pour se rendre au collège, leur programme d'études, leur degré de satisfaction à l'égard de ce programme, l'intérêt qu'ils portent à leurs études et le temps qu'ils consacrent aux activités sportives, aux activités culturelles ainsi qu'aux études.

Dans ce contexte, la population correspond à l'ensemble des étudiants de ce cégep; un étudiant, à une unité statistique; les 120 étudiants interrogés, à l'échantillon. L'âge, le sexe, la masse, le programme d'études, etc., constituent les variables. Pour chacune de ces variables, nous aurons 120 données, puisque notre échantillon comporte 120 unités statistiques.

# 1.9 Nature des variables

**Dans cette section :** variable qualitative • modalité • modalités exhaustives • modalités mutuellement exclusives • variable qualitative nominale • variable qualitative ordinale • variable quantitative • variable quantitative continue • variable quantitative discrète • valeur.

## 1.9.1 Variables qualitatives

Une **variable** est **qualitative** si ses différentes formes sont des catégories ou des attributs. Les variables suivantes sont qualitatives : « sexe », « programme d'études », « intérêt pour les études », « degré de satisfaction à l'égard du programme d'études ».

**Variable qualitative**
Variable dont les différentes formes sont des catégories ou des attributs.

**Modalité**

Forme que peut revêtir une variable qualitative.

**Modalités exhaustives**

Modalités qui représentent toutes les formes que peut prendre une variable qualitative.

Les différentes formes que peut revêtir une variable qualitative sont appelées **modalités**. La variable «sexe» présente deux modalités: masculin ou féminin; la variable «opinion sur un sujet» pourrait en comporter quatre: tout à fait en désaccord, en désaccord, d'accord ou tout à fait d'accord.

Les **modalités** d'une variable qualitative doivent être **exhaustives** et **mutuellement exclusives**: à toute unité statistique doit correspondre une (exhaustivité) et une seule (exclusivité) modalité pour chaque variable.

**EXEMPLE 1.2**

**Modalités mutuellement exclusives**

Modalités qui garantissent qu'aucune des données ne peut figurer dans plus d'une modalité.

Pour obtenir, à partir d'un questionnaire, le pays d'origine des étudiants d'une université, on devrait utiliser une liste qui regroupe tous les pays possibles (les modalités), de façon que chaque étudiant puisse y inscrire son pays de naissance[5]: les modalités sont alors exhaustives. Les modalités sont aussi mutuellement exclusives, puisque tous les pays sont distincts: un individu ne pourra indiquer qu'un seul pays.

**Variable qualitative nominale**

Variable qualitative dont les modalités ne peuvent pas être ordonnées.

La langue maternelle, le sexe et le programme d'études sont des exemples de **variables qualitatives nominales**, parce qu'il n'y a pas de relation d'ordre entre les différentes modalités de la variable, c'est-à-dire que ces dernières ne peuvent pas être classées de la plus petite à la plus grande. Les modalités d'une variable qualitative nominale ne présentent donc pas de hiérarchie.

**Variable qualitative ordinale**

Variable qualitative dont les modalités peuvent être ordonnées.

Par contre, la variable «degré de satisfaction» pour un cours de psychologie, mesurée selon un éventail de quatre réponses (très insatisfait; insatisfait; satisfait; très satisfait), est une **variable qualitative ordinale**, puisqu'il existe une relation d'ordre entre ces modalités.

## 1.9.2 Variables quantitatives

**Variable quantitative**

Variable qui s'exprime sous la forme d'une valeur numérique.

**Variable quantitative continue**

Variable quantitative qui peut, en théorie, couvrir toutes les valeurs d'un intervalle.

**Variable quantitative discrète**

Variable quantitative qui ne peut pas, en théorie, couvrir toutes les valeurs d'un intervalle.

Une **variable** est **quantitative** si la caractéristique observée s'exprime sous la forme d'une valeur numérique. Il en est ainsi des variables suivantes: «âge», «masse», «revenu», «nombre de frères et sœurs».

Les **variables quantitatives** sont dites **continues** si elles peuvent en théorie couvrir toutes les valeurs d'un intervalle, à l'instar des variables suivantes: «âge», «temps consacré à une tâche», «masse». Les **variables quantitatives** non continues sont dites **discrètes**; c'est le cas des variables suivantes: «nombre de frères et sœurs», «revenu», «nombre de cigarettes consommées en une journée». À l'occasion, certaines variables discrètes sont traitées comme des variables continues lorsqu'elles peuvent prendre un très grand nombre de valeurs, comme dans le cas d'une variable monétaire (tel le revenu).

**Valeur**

Forme prise par une variable quantitative.

Que ce soit pour une variable quantitative continue ou discrète, les formes prises par la variable sont de nature numérique et portent le nom de **valeur** plutôt que celui de modalité.

**EXEMPLE 1.3**

La variable quantitative discrète «nombre de voitures que possède un ménage» pourrait prendre les valeurs 0, 1, 2, 3, 4 ou 5; la variable quantitative continue

5. Si l'on souhaite utiliser une liste assez courte, on peut la dresser en n'y mentionnant que les pays que l'on pense être les plus courants et y ajouter une catégorie «Autre pays».

« taille d'un individu » pourrait se situer entre 0 m et 2,5 m ; la variable quantitative continue « température en été » pourrait s'échelonner de 0 °C à 35 °C ; la variable quantitative discrète « année civile au XX$^{e}$ siècle » pourrait prendre une valeur entière comprise entre 1900 et 1999.

**EXERCICE 1.2**

Quelle est la nature de la variable ?

a) Le nombre de fautes d'orthographe dans un texte de cinq pages.
b) Le degré de difficulté d'un texte (du point de vue du lecteur) mesuré selon un éventail de cinq réponses.
c) La profession d'un individu.
d) Le temps consacré à la préparation d'un examen.
e) Le type de démence dont souffre une personne (maladie d'Alzheimer, démence vasculaire, autre forme de démence).
f) La superficie d'un territoire.
g) Le nombre de personnes dans un ménage.
h) La formation politique à laquelle appartient un député.

▪ **Vous pouvez maintenant faire les exercices récapitulatifs 18 à 21.**

## 1.10 ÉCHELLES DE MESURE

**Dans cette section :** échelle nominale • échelle ordinale • échelle d'intervalles • zéro relatif • échelle de rapports • zéro absolu.

Mesurer est une opération qui consiste à attribuer une valeur numérique à la caractéristique étudiée d'une unité statistique de manière à fixer l'état, l'intensité ou la grandeur de cette caractéristique. Le but de la mesure n'est pas toujours le même : classer par catégories, ordonner selon différents degrés ou encore évaluer. Ainsi, il n'est pas possible de mesurer les émotions de la même façon qu'on mesure la taille d'un individu. C'est pourquoi il existe différents types d'échelles de mesure qui tiennent compte de cette diversité.

### 1.10.1 Échelle nominale

**Échelle nominale**
Échelle de mesure qui attribue des codes arbitraires distincts aux différentes formes d'une variable. Cette échelle ne sert qu'à distinguer les formes de la variable ; c'est l'échelle de mesure la plus faible. ▪

Lorsque les modalités d'une variable ne présentent pas de hiérarchie, on utilise une **échelle nominale**, et on attribue à chacune de façon arbitraire un code numérique distinct.

Illustrons cela avec les variables « sexe » et « langue maternelle » (tableau 1.3).

TABLEAU | **1.3**

**CODIFICATION DE LA VARIABLE « SEXE »**

| Sexe | Code |
|---|---|
| Masculin | 0 |
| Féminin | 1 |

**CODIFICATION DE LA VARIABLE « LANGUE MATERNELLE »**

| Langue maternelle | Code |
|---|---|
| Français | 0 |
| Anglais | 1 |
| Italien | 2 |
| Espagnol | 3 |
| Autre langue | 4 |

L'échelle de mesure nominale permet de classer des individus selon des catégories qui ne présentent pas de relations quantitatives entre elles. Les codes numériques d'une échelle nominale ne servent qu'à particulariser les différentes modalités en les associant à des nombres distincts. Lorsqu'on utilise ce type d'échelle, on ne peut pas effectuer d'opérations arithmétiques sur les codes ni comparer les codes au moyen d'une relation d'ordre. L'échelle nominale ne permet que la distinction des modalités entre elles. C'est pourquoi on considère qu'elle est l'échelle de mesure la plus faible.

## 1.10.2 Échelle ordinale

**Échelle ordinale**
Échelle de mesure qui classe selon une hiérarchie les différentes formes d'une variable. Elle distingue et ordonne ces formes.

Lorsque les modalités d'une variable qualitative présentent une hiérarchie (il existe une relation d'ordre entre les modalités, relation permettant de les classer de la plus petite à la plus grande), on recourt à une **échelle ordinale**. Ainsi, pour la variable «opinion sur un sujet», on pourrait associer des codes aux quatre modalités de la manière montrée dans le tableau 1.4.

TABLEAU 1.4

**CODIFICATION DE LA VARIABLE «OPINION SUR UN SUJET»**

| Opinion sur un sujet | Code |
|---|---|
| Tout à fait en désaccord | 1 |
| En désaccord | 2 |
| D'accord | 3 |
| Tout à fait d'accord | 4 |

Les codes employés respectent la hiérarchie des modalités. On applique alors une propriété additionnelle des nombres; ils permettent non seulement de distinguer des modalités (utilisation de nombres distincts pour chacune des modalités), mais également d'établir une différence de degré, un ordre, une hiérarchie, entre les modalités. Celles-ci peuvent donc être ordonnées selon la grandeur des codes associés.

Pour représenter ces modalités, on aurait pu utiliser d'autres codes qui en auraient préservé l'ordre: 1, 3, 5, 7 ou encore 1, 4, 6, 12. Il reste donc une part d'arbitraire dans le choix des codes. Par conséquent, l'emploi d'une échelle ordinale ne permet pas d'établir un écart constant entre des modalités consécutives. On ne peut pas interpréter les écarts, puisqu'on ne possède pas une unité de mesure uniforme et normalisée. L'écart entre «tout à fait en désaccord» et «en désaccord» ne correspond pas nécessairement à l'écart entre «d'accord» et «tout à fait d'accord», que ce soit pour un individu ou pour un groupe d'individus, même si, dans le tableau 1.4, l'écart entre les codes associés à ces modalités est de 1 dans les deux cas. Par conséquent, on ne peut pas effectuer d'opérations arithmétiques sur les codes désignant les modalités lorsqu'on utilise une échelle ordinale.

Parce que les échelles nominale et ordinale autorisent le dénombrement des unités statistiques appartenant à chacune des modalités, ces échelles de mesure permettent de calculer le pourcentage des unités statistiques qui présentent une modalité donnée. Ainsi, on pourra calculer le pourcentage des individus favorables à une mesure, le pourcentage des femmes ou des francophones dans un groupe, etc.

### 1.10.3 Échelle d'intervalles

**Échelle d'intervalles**

Échelle de mesure caractérisée par la présence d'une unité de mesure normalisée et d'un zéro relatif. Cette échelle permet de distinguer et de comparer des valeurs ; elle permet également d'évaluer des écarts. Seules les opérations d'addition et de soustraction sont possibles avec cette échelle.

**Zéro relatif**

Point de référence fixé de manière arbitraire, par convention. Également appelé *zéro conventionnel*.

Pour mesurer une variable quantitative, nous disposons, en plus de l'échelle ordinale, de deux autres types d'échelles de mesure, soit l'échelle d'intervalles et l'échelle de rapports. Ces deux types d'échelles font intervenir des propriétés additionnelles des nombres. Outre qu'elles permettent de distinguer, de comparer et d'ordonner, ces échelles de mesure permettent d'évaluer (donner la valeur d'une variable) et d'effectuer certaines opérations arithmétiques de base.

L'**échelle d'intervalles** sert à quantifier des écarts. Cette échelle est caractérisée par la présence d'une unité de mesure normalisée et d'un point de référence fixé de manière arbitraire (par convention), appelé **zéro relatif** (ou *zéro conventionnel*). Ainsi, dans une échelle d'intervalles, des écarts égaux représentent des distances égales entre les points de l'échelle. *Le zéro relatif (l'origine de l'échelle) est fixé de manière arbitraire. Il ne sert que de point de repère et ne signifie pas l'absence totale de la caractéristique mesurée.*

**EXEMPLE 1.4**

La mesure du temps à l'aide du calendrier grégorien (le calendrier en vigueur au Canada et dans la plupart des pays du monde) emploie une échelle d'intervalles. Le point de référence, le zéro relatif, est l'année de la naissance du Christ, et l'unité de mesure normalisée est l'année.

**EXEMPLE 1.5**

La mesure de la température à l'aide d'un thermomètre gradué en degrés Celsius emploie une échelle d'intervalles. Le point de référence correspond au point de congélation de l'eau (0 °C), et l'unité de mesure normalisée est le degré Celsius.

**EXEMPLE 1.6**

On mesure l'altitude par la hauteur (en mètres) au-dessus du niveau de la mer. Le zéro relatif correspond au niveau de la mer, et le mètre constitue l'unité de mesure normalisée.

Dans les exemples 1.4 à 1.6, le zéro est relatif, parce qu'il n'indique pas une absence de quantité : 0 °C ne veut pas dire absence de température et année 0 ne signifie pas absence de temps. Le zéro sert de point de repère fixe à partir duquel on mesure des écarts. Nous pourrions aussi bien utiliser un calendrier dont l'origine ne correspond pas à la naissance du Christ, une échelle de mesure de la température dont l'origine ne correspond pas au point de congélation de l'eau (les degrés Fahrenheit, par exemple) ou un point de repère autre que le niveau de la mer (le sommet du mont Royal, par exemple) pour mesurer l'altitude.

Par contre, l'écart de un an entre 1990 et 1991 est égal à celui entre 2010 et 2011. La période correspondant à une année constitue l'unité de mesure normalisée. Qu'elle représente la différence entre 700 m et 500 m ou encore entre 1 000 m et 800 m, une différence d'altitude de 200 m est la même, parce que le mètre est l'unité de mesure normalisée de l'altitude. Ainsi, comme il existe une unité de mesure normalisée dans l'échelle d'intervalles, il est possible de faire des additions et des soustractions. Il est donc possible d'affirmer que 10 années après 2015 nous serons en 2025, ou encore qu'il s'est écoulé 100 années entre le début et la fin du xx$^{e}$ siècle.

**Échelle de rapports**

Échelle de mesure caractérisée par la présence d'un zéro absolu. Outre qu'elle possède toutes les propriétés des autres échelles de mesure, l'échelle de rapports permet la multiplication et la division. C'est l'échelle de mesure la plus précise, donc la plus puissante.

**Zéro absolu**

Zéro qui indique une absence totale de la caractéristique mesurée.

### 1.10.4 Échelle de rapports

La dernière échelle de mesure utilisée, la plus puissante ou la plus précise, porte le nom d'**échelle de rapports**. Ce type d'échelle se caractérise par la présence d'un **zéro absolu**, ce qui permet d'effectuer d'autres opérations sur les mesures (des multiplications et des divisions). *Le zéro absolu indique une absence totale de la caractéristique mesurée.*

**EXEMPLE 1.7**

Le nombre d'enfants d'une famille est mesuré selon une échelle de rapports, puisque la quantité « 0 enfant » indique l'absence d'enfants. Il en est de même pour la mesure de l'âge d'un individu, où le zéro dénote l'absence d'âge. De la même manière, « 0 m » indique une taille nulle. Tel n'était pas le cas pour « 0 °C » : cette mesure n'indiquait pas l'absence de température.

L'échelle de rapports autorise des comparaisons du type : tel individu est deux fois plus grand ou trois fois plus âgé que tel autre ; telle famille a trois fois plus d'enfants que telle autre. C'est pourquoi on considère que cette échelle de mesure est la plus puissante.

En ce qui concerne la température (mesurée selon une échelle d'intervalles), on ne peut soutenir que 30 °C équivaut à une température trois fois plus élevée qu'une température de 10 °C. Si tel était le cas, la relation devrait être vérifiée quelle que soit l'unité de mesure de la température. Or, 30 °C = 86 °F et 10 °C = 50 °F, mais 86 °F $\neq$ 3 $\times$ 50 °F, même si 30 = 3 $\times$ 10 sur le plan numérique. Dans ce contexte, on doit se contenter de dire que l'écart entre les deux températures est de 20 °C.

**EXERCICE 1.3**

Un terrain d'une largeur de 20 m et d'une longueur de 40 m est-il deux fois plus long que large ? Justifiez votre réponse. Vérifiez que cette proportion ne varie pas si on mesure les dimensions du terrain en pieds (1 m = 3,281 pieds) ou en verges (1 m = 1,094 verge).

## 1.11 Choix d'une échelle de mesure

On comprendra facilement que, selon les objectifs poursuivis, un chercheur doive accorder une importance primordiale au type d'échelle qu'il utilisera. Ainsi, s'il veut tirer profit de toutes les opérations arithmétiques de base sur des données, il devra se servir d'une échelle de rapports. La nature de la variable, le type de traitement mathématique qu'on voudra faire subir aux données et le degré de précision qu'on désire obtenir imposeront le type d'échelle de mesure à utiliser et, par conséquent, influeront sur le plan de la recherche.

Ainsi, si un chercheur s'intéresse à « la famille québécoise », et plus spécifiquement au nombre d'enfants mineurs des répondants, il pourrait employer l'une des questions suivantes :

- Combien d'enfants mineurs avez-vous ?

  0–1. ( )$_1$
  2–3. ( )$_2$
  4 et plus. ( )$_3$

- Combien d'enfants mineurs avez-vous ? ______

Dans ces deux cas, on s'intéresse au nombre d'enfants mineurs, mais le degré de précision de la question varie. Plus le degré de précision est élevé, plus l'échelle de mesure utilisée est puissante. Dans la première formulation, on utilise une échelle ordinale (un code est associé à chacune des réponses proposées) pour classer les familles selon le nombre de leurs enfants mineurs. La deuxième formulation illustre l'usage d'une échelle de rapports en vue de mesurer de manière précise le nombre d'enfants mineurs dans chaque famille. Bien plus que la nature de la variable, c'est l'échelle utilisée qui importe, puisque c'est elle qui détermine le degré de précision des résultats.

De la même façon, dans un questionnaire, on pourrait mesurer la variable « salaire » à l'aide d'une des deux questions suivantes :

- Situez votre salaire annuel brut de 2010 dans une des catégories suivantes :

  Moins de 10 000 $. ( )$_1$
  De 10 000 $ à 19 999,99 $. ( )$_2$
  De 20 000 $ à 39 999,99 $. ( )$_3$
  De 40 000 $ à 59 999,99 $. ( )$_4$
  De 60 000 $ à 99 999,99 $. ( )$_5$
  100 000 $ et plus. ( )$_6$

- Quel a été votre salaire annuel brut en 2010 ? ____________ $

La première formulation fournit une échelle ordinale où le salaire est échelonné par ordre croissant. La deuxième formulation, elle, met en œuvre une échelle de rapports.

Considérant que la deuxième formulation constitue une intrusion dans leur vie privée, beaucoup de personnes refusent d'y répondre, alors qu'elles auraient volontiers accepté de situer leur salaire dans l'une des catégories de la première formulation.

À moins d'avoir besoin d'une mesure très précise, il est préférable de choisir une échelle ordinale (classes salariales) pour mesurer le salaire. Il en va de même d'autres variables sur lesquelles des questions trop précises seraient jugées indiscrètes, tels l'âge ou la masse, et des variables au sujet desquelles le répondant ne peut qu'estimer la valeur recherchée, tel le nombre d'heures de sommeil au cours de la dernière semaine. Il est inutile de tenter d'obtenir une mesure plus précise que celle que le répondant peut ou veut bien donner.

Le tableau 1.5 présente une comparaison des échelles de mesure.

TABLEAU | 1.5

**COMPARAISON DES ÉCHELLES DE MESURE**

| Échelle de mesure | Variable | Origine de l'échelle | Unité de mesure | Rôle des nombres | Relations possibles | Opérations arithmétiques permises |
|---|---|---|---|---|---|---|
| Nominale | Qualitative | Aucune | Aucune | Coder | $=, \neq$ | Aucune |
| Ordinale | Qualitative ou quantitative | Première modalité | Unité non normalisée : les écarts entre les unités ne sont pas égaux. | Ordonner | $<, >, =, \neq$ | Aucune |
| D'intervalles | Quantitative | Zéro relatif | Unité normalisée : les écarts entre les unités sont égaux. | Évaluer | $<, >, =, \neq$ | $+, -$ |
| De rapports | Quantitative | Zéro absolu | Unité normalisée : les écarts entre les unités sont égaux. | Évaluer | $<, >, =, \neq$ | $+, -, \times, \div$ |

## EXERCICE 1.4

Dans chacun des cas suivants, déterminez la population, la variable, la nature de la variable, ses modalités ou ses valeurs, l'échelle de mesure utilisée, l'origine de l'échelle, les relations possibles et les opérations permises.

a)

TABLEAU | 1.6

**RÉPARTITION DES QUÉBÉCOIS, SELON LA LANGUE MATERNELLE (RÉPONSES UNIQUES), QUÉBEC, 2006**

| Langue maternelle | Code | Nombre de Québécois |
|---|---|---|
| Français | 1 | 5 877 660 |
| Anglais | 2 | 575 555 |
| Italien | 3 | 124 820 |
| Espagnol | 4 | 108 790 |
| Arabe | 5 | 108 105 |
| Autre langue | 6 | 544 565 |
| **Total** | | **7 339 495** |

Source : Adapté de Statistique Canada, *Population selon la langue maternelle, par province et territoire (Recensement de 2006)*, http://www40.statcan.ca/l02/cst01/demo11b-fra.htm (2009-10-09).

b) Une chercheuse a effectué une étude auprès de femmes ayant donné naissance à un enfant au Québec en 2010. Elle a interrogé 122 femmes sur leur état matrimonial et leur âge (mesuré en années) au moment de l'accouchement. Attention : il y a deux variables.

- **Vous pouvez maintenant faire les exercices récapitulatifs 22 à 30.**

# Résumé

Le chapitre 1 propose un tour d'horizon rapide au cours duquel nous avons constaté la nécessité de la **méthode scientifique** et de la quantification. Ainsi, nous avons vu que la science poursuit plusieurs objectifs :

1. Mettre au jour la régularité de certains phénomènes ;
2. Décrire ces phénomènes (sociaux ou naturels) ;
3. Expliquer ces phénomènes ;
4. Prédire des phénomènes ;
5. Dans certains cas, maîtriser ou modifier des phénomènes.

Pour atteindre ces objectifs, nous avons proposé une démarche en six étapes :

1. Formulation d'une **problématique** et d'une ou plusieurs questions de recherche ;
2. Choix d'une méthode d'investigation et élaboration d'un instrument de mesure ;
3. Collecte des données ;
4. Organisation et traitement des données ;
5. Analyse et interprétation des résultats ;
6. Diffusion des résultats.

Dans sa problématique, le chercheur formule une **hypothèse** qui exprime généralement une relation entre des **variables** et il voit à **l'opérationnalisation des concepts** étudiés à l'aide d'**indicateurs**.

Nous avons vu comment la statistique, la branche des mathématiques qui étudie les grands ensembles de nombres, s'intègre à la démarche scientifique. Nous avons examiné les différentes fonctions qu'elle y remplit :

1. Organiser, traiter, analyser et interpréter des données afin de décrire une **population**, soit l'ensemble des unités statistiques.
2. Rendre compte des résultats d'un **recensement** ou d'un sondage par le recours à la **statistique descriptive** pour dresser des tableaux, tracer des graphiques ou effectuer des mesures.
3. Généraliser, s'il y a lieu, les résultats d'un **échantillon**, souvent prélevé au cours d'une **enquête par sondage**, à l'ensemble de la population, par le recours à l'un des deux volets de l'**inférence statistique**, soit le **test d'hypothèse** ou l'**estimation**.

La quantification est donc utile pour les raisons suivantes :

1. Précision de la mesure ;
2. Objectivité de la mesure ;
3. Comparabilité des données ;
4. Généralisation des résultats ;
5. Capacité de dégager des tendances générales ;
6. Vérification des résultats.

Toutefois, la quantification ne mène pas toujours à des vérités absolues en sciences humaines. En effet, il est difficile de trouver des indicateurs **valides** et **fidèles** pour décrire des concepts complexes et multidimensionnels. L'incapacité de mesurer directement un concept social, la possibilité d'erreurs de mesure volontaires (notamment pour enjoliver les chiffres) ou involontaires, la variété des définitions et des façons de mesurer un concept présentent donc des défis importants à tout chercheur en sciences humaines. La quantification constitue un moyen de dépasser l'intuition, mais comme elle permet seulement de refléter de façon parcellaire la réalité sociale, il est recommandé d'exercer son sens critique et de s'interroger sur la manière dont les données ont été obtenues ainsi que sur les raisons de leur publication.

Le questionnaire utilisé dans une enquête (un sondage ou un recensement) est un instrument de collecte de données employé de façon courante dans plusieurs disciplines des sciences humaines. Chaque question constitue un excellent moyen d'obtenir l'information désirée (la **valeur** ou la **modalité** d'une variable, c'est-à-dire une **donnée**) au sujet de certaines caractéristiques (les variables) de chaque élément (l'**unité statistique**) de l'ensemble observé (l'échantillon ou la population). On recourt au questionnaire pour recueillir des données notamment sur l'opinion ou la pensée des individus, les événements passés de leur vie et leurs comportements dans la vie privée. Dans la mesure où l'on veut obtenir des résultats qui soient fidèles et valides, c'est-à-dire qui reflètent bien la réalité, il importe de suivre certaines règles élémentaires dans la formulation des questions. Ces règles sont généralement étudiées dans un cours de méthodologie des sciences humaines.

Les différentes formes que peut présenter une variable qualitative portent le nom de **modalités**. Ces dernières doivent être **exhaustives** et **mutuellement exclusives**. Dans le cas d'une variable quantitative, les formes de la variable prennent plutôt le nom de valeurs.

Le tableau 1.7 fournit une comparaison des types de variables.

La nature de la variable, le degré de précision souhaité dans la mesure, de même que les opérations qu'on désire effectuer sur les données obtenues déterminent le type d'échelle de mesure à utiliser. Les échelles de mesure sont classées selon leur puissance. L'**échelle nominale** est la plus faible et les opérations arithmétiques de base n'y sont pas applicables. L'**échelle ordinale** permet non seulement de distinguer des modalités, mais également de les hiérarchiser. L'**échelle d'intervalles** permet les comparaisons mais ne permet pas de recourir aux opérations arithmétiques de multiplication et de division, parce que son **zéro** est **relatif**. L'**échelle de rapports** est la plus puissante et toutes les opérations arithmétiques y sont permises, puisque son **zéro** est **absolu**. Les principales caractéristiques des échelles de mesure sont résumées au tableau 1.5 (p. 26).

TABLEAU 1.7

**NATURE DES VARIABLES**

| Nature | Définition | Exemples |
|---|---|---|
| **Qualitative nominale** | Variable dont les différentes formes (modalités) sont des qualités ou des attributs qui ne sont pas hiérarchisés. | Sexe, profession, langue maternelle. |
| **Qualitative ordinale** | Variable dont les différentes formes (modalités) sont des qualités ou des attributs qui sont hiérarchisés. | Degré de satisfaction, résultats scolaires exprimés sous forme littérale. |
| **Quantitative discrète** | Variable qui s'exprime sous la forme d'une valeur numérique. Elle ne peut pas *a priori* couvrir toutes les valeurs d'un intervalle. | Nombre d'échecs, nombre d'enfants, revenu. |
| **Quantitative continue** | Variable qui s'exprime sous la forme d'une valeur numérique. Elle peut *a priori* couvrir toutes les valeurs d'un intervalle. | Âge, taille, masse. |

## Mots clés

Concept, p. 7
Donnée, p. 19
Échantillon, p. 5
Échelle de rapports, p. 24
Échelle d'intervalles, p. 23
Échelle nominale, p. 21
Échelle ordinale, p. 22
Enquête par sondage, p. 14
Estimation, p. 15
Fidélité, p. 16
Hypothèse, p. 6
Indicateur, p. 7
Inférence statistique, p. 15
Méthode scientifique, p. 4
Modalité, p. 20
Modalités exhaustives, p. 20
Modalités mutuellement exclusives, p. 20
Opérationnalisation d'un concept, p. 7
Population, p. 5
Problématique, p. 5
Recensement, p. 13
Sondage, p. 14
Statistique descriptive, p. 15
Test d'hypothèse, p. 15
Unité statistique, p. 5
Valeur, p. 20
Validité, p. 16
Variable, p. 5
Variable qualitative, p. 19
Variable qualitative nominale, p. 20
Variable qualitative ordinale, p. 20
Variable quantitative, p. 20
Variable quantitative continue, p. 20
Variable quantitative discrète, p. 20
Zéro absolu, p. 24
Zéro relatif, p. 23

## Réseau de concepts

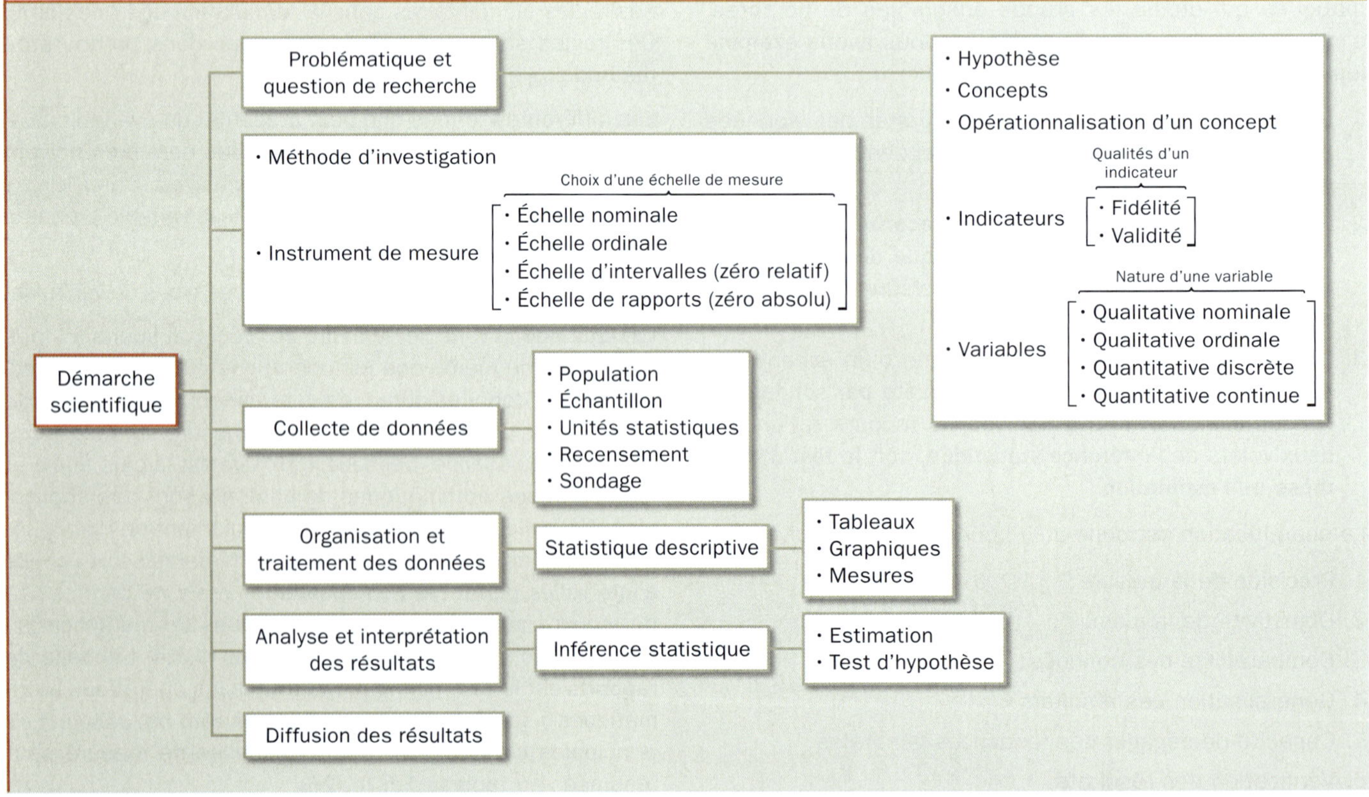

# Exercices récapitulatifs

## Sections 1.1 et 1.2

**1.** Qu'est-ce qu'une hypothèse ?

**2.** Expliquez en quoi consiste l'expression.
- a) Opérationnalisation d'un concept.
- b) Organisation et traitement des données.
- c) Analyse et interprétation des résultats.

**3.** Qu'est-ce qu'un indicateur ?

**4.** Donnez trois indicateurs de la qualité des services de :
- a) la cafétéria d'un cégep ;
- b) la bibliothèque d'un cégep.

**5.** Définissez le terme.
- a) Population.
- b) Échantillon.
- c) Unité statistique.

**6.** À quel terme ou expression correspond l'énoncé ?
- a) Manifestation quantifiable servant à mesurer un concept.
- b) Caractéristique étudiée qui peut prendre différentes formes selon les unités statistiques.
- c) Méthode d'investigation qui permet d'établir une relation causale.

## Sections 1.3 et 1.4

**7.** Définissez le terme.
- a) Recensement.
- b) Sondage.

**8.** Quels motifs peuvent être invoqués pour utiliser le sondage plutôt que le recensement ?

## Section 1.5

**9.** Quels sont les deux volets de l'inférence statistique ? Illustrez chacun d'eux par un exemple.

**10.** Les résultats d'un récent sondage auprès de 1 000 cégépiens et cégépiennes nous apprennent que 82 % des étudiants du secteur collégial sont satisfaits de l'enseignement reçu. Cet énoncé se rapporte-t-il à la description ou à l'inférence ? Expliquez votre réponse.

**11.** En quoi consiste l'estimation ?

**12.** Quel terme ou expression correspond à l'énoncé ?
- a) Généralisation de résultats d'échantillons à l'ensemble de la population.
- b) Branche de la statistique qui a pour objet de représenter des données par des tableaux, des graphiques et des mesures.
- c) Procédé employé en inférence statistique qui permet de faire un choix entre deux hypothèses à partir de renseignements fournis par des échantillons.

## Sections 1.6 et 1.7

**13.** Une personne affirme que les États-Unis se préoccupent moins des nouveau-nés que le Canada. Elle avance pour preuve qu'il y a plus de décès d'enfants de moins de un an aux États-Unis qu'au Canada. Cette comparaison est-elle bien fondée ? Justifiez votre réponse.

**14.** Une personne affirme que les secrétaires sont meilleures en 2010 qu'elles ne l'étaient en 1950. Elle avance pour preuve que les secrétaires de 2010 peuvent produire 100 pages de documents en une journée, alors que ce nombre n'était que de 60 en 1950. Cette comparaison est-elle bien fondée ? Justifiez votre réponse.

**15.** Une règle est mal graduée. Cette particularité pose-t-elle un problème de validité ou de fidélité ? Expliquez votre réponse.

**16.** On dénombre les personnes qui sont entrées dans un cégep par la porte principale, pendant une journée de la semaine entre 8 h et 16 h, afin de déterminer le nombre d'étudiants inscrits à ce cégep. Cette mesure est-elle valide ? Est-elle fidèle ? Justifiez votre réponse.

**17.** On interroge des étudiants sur leur degré de satisfaction à l'égard de leur professeure de méthodes quantitatives. On a posé la question suivante :

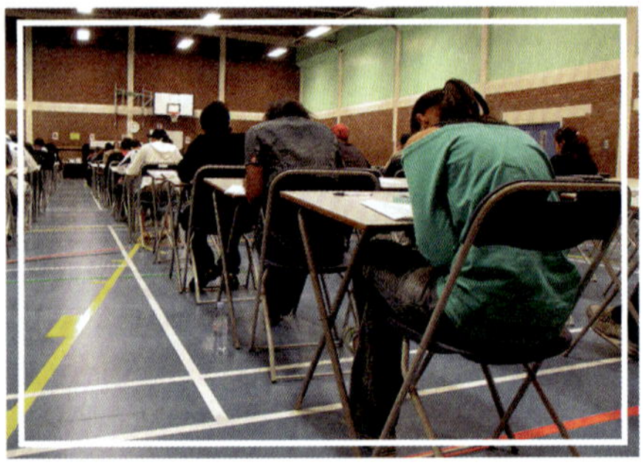

Quel est votre degré de satisfaction à l'égard de l'enseignement de votre professeure ?

Très satisfait. ( )
Satisfait. ( )
Insatisfait. ( )
Très insatisfait. ( )

On a interrogé les étudiants à la sortie d'un examen particulièrement difficile. La mesure est-elle valide ? Est-elle fidèle ? Justifiez votre réponse.

## Sections 1.8 et 1.9

**18.** Quelle est la nature de la variable ?

a) Le nombre d'heures de sommeil d'un individu au cours d'une nuit.
b) Le nombre de téléviseurs dans la résidence principale.
c) Le rendement scolaire des individus selon la classification suivante :

| Excellent | Très bien | Bien | Passable | Insuffisant |
|---|---|---|---|---|
| A | B | C | D | E |

d) Le nombre de langues parlées par un individu.
e) La langue maternelle d'un individu.
f) L'origine ethnique d'un individu.
g) Le degré de satisfaction à l'égard du chef du gouvernement.
h) La température de l'eau d'une piscine, mesurée en degrés Celsius.
i) La religion d'un individu.
j) Le degré d'approbation à l'égard d'une mesure sociale.

**19.** Déterminez quelles sont l'unité statistique, la variable, la nature de celle-ci ainsi que ses modalités ou ses valeurs pour chacun des tableaux.

a) TABLEAU | **1.8**

**RÉPARTITION DE 50 ÉTUDIANTS, SELON LE NOMBRE D'ÉCHECS AU DERNIER TRIMESTRE**

| Nombre d'échecs | Nombre d'étudiants |
|---|---|
| 0 | 28 |
| 1 | 9 |
| 2 | 5 |
| 3 | 4 |
| 4 | 2 |
| 5 | 1 |
| 6 | 1 |
| **Total** | **50** |

b) TABLEAU | **1.9**

**RÉPARTITION EN POURCENTAGE DE 600 JEUNES QUÉBÉCOIS ÂGÉS DE 15 À 29 ANS, SELON LE DEGRÉ DE SATISFACTION À L'ÉGARD DES COURS ET DES PROGRAMMES D'ÉTUDES**

| Degré de satisfaction | Pourcentage des jeunes (%) |
|---|---|
| Très satisfait | 28,7 |
| Assez satisfait | 53,4 |
| Peu satisfait | 14,0 |
| Pas du tout satisfait | 3,9 |
| **Total** | **100,0** |

c) TABLEAU | **1.10**

**RÉPARTITION DES QUÉBÉCOIS, SELON LE SEXE, 2008**

| Sexe | Nombre de Québécois (milliers) |
|---|---|
| Féminin | 3 912,5 |
| Masculin | 3 838,1 |
| **Total** | **7 750,5** |

Source : Institut de la statistique du Québec, *Le Québec chiffres en main*, mars 2009, p. 11.
Note : En raison de l'arrondissement des données, le total ne correspond pas nécessairement à la somme des parties.

**20.** Définissez le terme.

a) Variable.
b) Modalité.
c) Valeur.
d) Donnée.

**21.** Que suis-je ?

a) Nature d'une variable qui peut couvrir toutes les valeurs d'un intervalle.
b) Nature des modalités qui représentent toutes les formes que peut prendre une variable qualitative.
c) Autre nom utilisé pour désigner une variable.
d) Nature d'une variable dont les modalités ne présentent pas de hiérarchie.
e) Caractéristique des unités statistiques, qui est mesurée au cours d'une étude.

## Sections 1.10 et 1.11

**22.** Quelles sont les relations possibles et les opérations arithmétiques permises si l'échelle utilisée pour mesurer une variable est :

a) nominale ?

b) ordinale ?

c) d'intervalles ?

d) de rapports ?

**23.** Qu'est-ce qui différencie :

a) une échelle de mesure ordinale d'une échelle nominale ?

b) une échelle d'intervalles d'une échelle ordinale ?

c) une échelle d'intervalles d'une échelle de rapports ?

**24.** Que suis-je ?

a) Échelle de mesure qui permet d'utiliser le plus grand nombre possible d'opérations arithmétiques.

b) Nature du zéro qui désigne une absence de la caractéristique mesurée.

c) Point de référence qui constitue l'origine d'une échelle d'intervalles et qui est fixé arbitrairement.

d) Échelle de mesure qui ne présente pas de hiérarchie.

**25.** On détermine la position des lieux sur la surface de la Terre à l'aide de la latitude et de la longitude. (Consultez un dictionnaire ou un atlas pour savoir de quelle façon on procède.)

a) Quelle sera l'échelle de mesure utilisée pour déterminer la latitude ?

b) Où situera-t-on une région dont la latitude est 0° ?

c) Quelle sera l'échelle de mesure utilisée pour déterminer la longitude ?

**26.** Qu'est-ce qu'un zéro relatif ? Un zéro absolu ?

**27.** Quelle échelle de mesure a été utilisée ?

a) Jean Piaget, le célèbre psychologue réputé pour ses travaux sur le développement de la pensée chez l'enfant, est mort en 1980.

b) Montréal reçoit en moyenne 763,8 mm de pluie par année.

c) Le sommet le plus élevé du Canada est le mont Logan, qui s'élève à 5 959 m au-dessus du niveau de la mer.

d) À la dernière saison, les Voltigeurs de Drummondville ont terminé au 1er rang de leur division.

e) Le numéro d'assurance sociale de Jean Tremblay est 239 476 349.

**28.** Après avoir consulté les relevés météorologiques de 1941 à 2009 pour les mois d'octobre à Montréal, un géographe vous présente les données suivantes sur le régime météorologique de cette ville. Il sait par ailleurs que la température moyenne en octobre se situe entre 0 °C et 15 °C et que la quantité de précipitations n'excède pas 250 mm.

TABLEAU 1.11

**STATISTIQUES MÉTÉOROLOGIQUES, MONTRÉAL, MOIS D'OCTOBRE, 2000-2009**

| Année | Nombre de jours avec 1 mm ou plus de précipitations | Quantité de précipitations (mm) | Température moyenne (°C) |
|---|---|---|---|
| 2000 | 8 | 24,7 | 9,1 |
| 2001 | 11 | 77,5 | 10,5 |
| 2002 | 6 | 70,0 | 7,0 |
| 2003 | 9 | 156,4 | 8,0 |
| 2004 | 7 | 36,0 | 8,9 |
| 2005 | 14 | 198,2 | 10,1 |
| 2006 | 15 | 179,4 | 7,9 |
| 2007 | 9 | 113,0 | 11,4 |
| 2008 | 8 | 105,0 | 8,1 |
| 2009 | 12 | 112,6 | 6,9 |

a) Quelle est la population étudiée ?

b) Pour chacune des variables apparaissant dans le tableau 1.11, déterminez sa nature, ses valeurs possibles dans la population étudiée, l'échelle de mesure utilisée, l'origine de l'échelle, les relations possibles et les opérations permises.

**29.** Dans le cadre d'une enquête portant sur les habitudes alimentaires des étudiants de cégep, un questionnaire a été soumis à 200 d'entre eux. Dans ce contexte, déterminez :

a) la population ;

b) l'unité statistique ;

c) l'échantillon.

Voici une série de questions extraites de ce questionnaire. Pour chacune de ces questions, déterminez la variable considérée, sa nature (qualitative nominale ou ordinale, quantitative discrète ou continue) et le type d'échelle de mesure utilisé.

d) De quel sexe êtes-vous ?

Masculin. ( )
Féminin. ( )

e) À quelle fréquence déjeunez-vous le matin ?

Jamais. ( )
Rarement. ( )
Souvent. ( )
Toujours. ( )

f) Quelle somme avez-vous personnellement dépensée au cours de la dernière semaine pour votre alimentation (épicerie, restaurants, friandises ou autre) ?

0 \$–19,99 \$. ( )
20 \$–39,99 \$. ( )
40 \$–59,99 \$. ( )
60 \$ et plus. ( )

g) Combien d'animaux domestiques possédez-vous ?

0. ( )
1. ( )
2. ( )
3 et plus. ( )

h) Combien pesez-vous ? ______ kg.

i) Quel rang occupez-vous parmi les enfants de votre famille ? (1 : premier, 2 : deuxième, etc.). ______

**30.** Une société de transport demande à ses chauffeurs de remplir le questionnaire suivant après avoir effectué le trajet Montréal-Québec. Les autocars de cette compagnie comptent 60 places et le parcours dure entre 120 et 200 minutes, selon les conditions climatiques.

a) Combien de passagers y avait-il au départ de Montréal ? ______.

b) Avez-vous pu partir à l'heure prévue ?

Oui. ( )
Non. ( )

c) Quelles étaient les conditions climatiques au départ de Montréal ?

Soleil. ( )
Ciel couvert. ( )
Pluie. ( )
Neige. ( )
Autre. ( )

d) Quelle a été la durée du trajet ? ______ minutes.

e) Quelles étaient les conditions de circulation sur l'autoroute ?

Très bonnes. ( )
Bonnes. ( )
Mauvaises. ( )
Très mauvaises. ( )

Dans ce contexte, déterminez, pour chacune des questions :

- la variable étudiée ;
- la nature de la variable ;
- les modalités ou valeurs de la variable ;
- l'échelle de mesure utilisée.

## EXERCICES DE SYNTHÈSE

**1.** Répondez aux questions portant sur le texte suivant.

***Les chiffres : d'accessoires à arguments massue***[6]

*Taux de chômage, taux d'inflation, taux de croissance, taux de popularité : les chiffres sont désormais omniprésents dans les pages des journaux, les discours des politiciens et les écrits des penseurs. Depuis quand ? Comment ? Pourquoi ? C'est à ces questions que cherchent à répondre Jean-Pierre Beaud et Jean-Guy Prévost, professeurs de science politique à l'Université du Québec à Montréal (UQAM). Depuis une dizaine d'années, ils fouillent l'histoire de la statistique, en particulier celle de la statistique canadienne du XIXe siècle. La Presse les a rencontrés la semaine dernière, à l'Université d'Ottawa, en marge du congrès de l'Association francophone pour le savoir (ACFAS).*

*LA PRESSE : Parlez-nous de l'origine du mot « statistique ».*

*JEAN-PIERRE BEAUD : Le mot est d'origine allemande. Dans l'Allemagne des XVIIe et XVIIIe siècles, la* statistik, *c'était l'équivalent de la science politique d'aujourd'hui. Faire de la statistique, c'était décrire la situation d'un État, généralement avec peu, voire pas du tout de chiffres. Ce sens a été englobé par le sens moderne.*

*LA PRESSE : Si j'en crois la communication que vous avez présentée à l'ACFAS, l'emprise des statistiques sur nos sociétés est moins nouvelle qu'on ne le pense généralement.*

---

6. A. Pratte, « Les chiffres : d'accessoires à arguments massue. Deux politologues québécois cherchent à comprendre l'invasion statistique », *La Presse*, 5 juin 1999, p. B4.

*Jean-Pierre Beaud : Le grand tournant s'est produit plutôt au cours du XIXe que du XXe siècle. On peut dégager diverses phases de cette emprise croissante du chiffre. C'est vrai qu'aujourd'hui, il est difficile de penser un objet sans le penser à travers la statistique. Le concept de chômage paraît évident à tout le monde, sauf que c'est une construction relativement récente. Il y a tout un tas d'objets avec lesquels on analyse le monde qui sont le produit d'un travail dans lequel la statistique a joué un certain rôle.*

*C'est clair qu'au XXe siècle le chiffre joue un rôle plus important qu'au XIXe siècle. Mais il y a eu d'abord un changement du statut du chiffre. Avant le XIXe siècle, il y avait des chiffres, sauf qu'ils ne jouaient pas le même rôle.*

*Lorsqu'on veut convaincre quelqu'un aujourd'hui, on va faire référence à des chiffres. Avant le XIXe siècle, la rhétorique politique s'appuyait peu sur des chiffres. D'abord parce qu'il y avait effectivement peu de chiffres. Et lorsqu'il y en avait, ils n'étaient pas publiés. Le chiffre n'était pas la référence ultime, on avait plutôt tendance à invoquer l'autorité d'un individu. Et si on invoquait un chiffre, ce chiffre n'avait de crédit que par le crédit qu'on accordait à la personne. Et c'est ça qui change au XIXe siècle, le chiffre acquiert dans l'argumentaire un statut particulier.*

*Aujourd'hui, cela paraît évident : on dit qu'un chiffre est un résumé d'un tas d'informations, qu'il est économique, qu'il permet de prendre des décisions rapidement, qu'il constitue une sorte de langage. La grande question, c'est de savoir pourquoi ce langage économique ne s'est pas imposé avant le XIXe siècle. La réponse, c'est qu'il y a un certain nombre de conditions qui ont fait que le chiffre s'est imposé : l'émergence de la science, l'industrialisation, l'étatisation, l'inquiétude des élites à l'égard de certains problèmes sociaux, et la circulation des idées entre les sociétés qui ont permis par exemple à des outils nés en Grande-Bretagne d'émigrer vers le Canada au gré des flux de population.*

*Entre 1800 et 1900, c'est donc le jour et la nuit. En 1800, il y a des chiffres, sauf qu'ils sont rarement diffusés. En 1900, les données de recensement sont diffusées, les journalistes commencent à en parler. J'ai retrouvé un texte du* Journal de Québec *daté de 1880 où le journaliste plaide pour un usage du chiffre au Québec parce que le chiffre est pour lui un complément du système représentatif. C'est-à-dire que non seulement les gouvernants prendront de meilleures décisions, mais les gouvernés sauront pourquoi on prend ces décisions. La démocratie s'appuie sur le chiffre. Au XIXe siècle, dans bien des milieux, on avait une vision optimiste du rôle du chiffre, alors qu'aujourd'hui on tend plutôt à le redouter.*

*La Presse : C'est vrai qu'aujourd'hui, le chiffre est partout, mais qu'en même temps, on se méfie de lui.*

*Jean-Guy Prévost : On va remettre en cause les statistiques sur la pauvreté, mais on va proposer d'en faire de meilleures, de redéfinir le seuil, le panier de subsistance. On reste à l'intérieur d'une logique de chiffres. On peut penser que pour vraiment comprendre un phénomène comme la violence faite aux femmes, il faut faire des entrevues, connaître l'expérience vécue par les victimes. Mais ultimement, si on veut agir sur ce phénomène-là, il va falloir avoir une idée de l'ampleur, il va falloir le quantifier.*

*Jean-Pierre Beaud : Le soupçon à l'égard du chiffre prend davantage la forme d'une critique de la complexité du discours statistique actuel. Au XIXe siècle, le chiffre est relativement proche des réalités individuelles, du concret. Aujourd'hui, quand on parle du chômage, des indices qui rassemblent tout un tas d'informations, ça devient extrêmement complexe, difficile à saisir pour le commun des mortels. Qu'est-ce que c'est que le taux de chômage ? Y en a-t-il un seul ou plusieurs ? Comment se situent-ils les uns par rapport aux autres ? Qu'est-ce qu'un revenu moyen ? Le produit intérieur brut ? Le produit national brut ? Que veulent dire toutes ces choses-là ? Cette complexité rend l'exercice démocratique assez difficile.*

[...]

*La presse : Où se situe, dans cette évolution, la prolifération des sondages ?*

*Jean-Pierre Beaud : L'introduction des techniques de sondage et l'informatisation représentent une deuxième révolution statistique. On peut non seulement avoir un résumé habile de la réalité, on l'a rapidement avec un coût beaucoup moindre. Les agences statistiques ont vite compris qu'elles pouvaient faire sensiblement la même chose avec parfois moins d'erreurs que dans un recensement. C'est ce que les gens ont du mal à comprendre : « Si je ne suis pas compté, comment se fait-il que c'est bon ? » C'est bon parce qu'on a de bonnes techniques d'estimation, mais aussi parce qu'on a besoin de moins d'employés (que pour faire le recensement), donc qu'on va mieux contrôler leur travail. On peut penser qu'au XXI^e siècle, le recensement perdra une grande partie de son importance dans certains pays parce qu'on utilisera de plus en plus les techniques de sondage.*

a) Quelle est l'origine du mot *statistique* et quel était initialement le rôle de cette science ?
b) Au Canada, à partir de quelle époque les données numériques commencent-elles à faire partie du discours politique ?
c) À partir des propos de Jean-Pierre Beaud, donnez quelques-uns des avantages de l'utilisation de données numériques.
d) Selon J.-P. Beaud, pourquoi le langage des chiffres (le langage économique) ne s'est-il pas imposé avant le XIX^e siècle ?
e) Selon l'article de journal de 1880 mentionné par J.-P. Beaud, comment les données numériques contribuent-elles à la démocratie ?
f) Citez un extrait de cette entrevue qui met en évidence la nécessaire complémentarité des approches qualitatives et quantitatives.
g) Quelle critique J.-P. Beaud formule-t-il à propos du « discours statistique » ?
h) J.-P. Beaud relève quelques avantages du sondage sur le recensement. Quels sont-ils ?
i) Selon J.-P. Beaud, pourquoi les sondages peuvent-ils être aussi précis que les recensements ?

**2.** Répondez aux questions portant sur le texte suivant.

***Les meilleurs films américains de tous les temps***

*En 2007, 10 ans après son premier classement des 100 meilleurs films, l'American Film Institute (AFI) a réalisé un nouveau sondage auprès de 1 500 professionnels du cinéma. On a demandé à ces personnes de classer leurs 100 films américains préférés à partir d'une liste de 400 films américains produits de 1896 à 2006. L'AFI a ensuite établi une liste des meilleurs films.* Citizen Kane, *réalisé par Orson Welles en 1941, remporta la palme, suivi du* Parrain. La liste de Schindler *fut le seul film des années 1990 à se classer parmi les 10 premiers. Voici la liste des 10 films considérés comme les meilleurs.*

TABLEAU 1.12

**LES 10 MEILLEURS FILMS**

| Titre | Rang | Année |
|---|---|---|
| Citizen Kane | 1 | 1941 |
| Le parrain | 2 | 1972 |
| Casablanca | 3 | 1942 |
| Raging bull | 4 | 1980 |
| Chantons sous la pluie | 5 | 1952 |
| Autant en emporte le vent | 6 | 1939 |
| Lawrence d'Arabie | 7 | 1962 |
| La liste de Schindler | 8 | 1993 |
| Sueurs froides (Vertigo) | 9 | 1958 |
| Le magicien d'Oz | 10 | 1939 |

Source : American Film Institute, *AFI's 100 years 100 movies — 10th Anniversary Edition, 2007,* http://connect.afi.com/site/DocServer/100Movies.pdf?docID=301.

a) À partir de quelle population a-t-on prélevé l'échantillon de répondants ?

b) Quelle est la taille de cet échantillon ?

c) Quelles sont les trois variables apparaissant dans le tableau ?

d) Quelle est la nature de chacune de ces variables ?

e) Quelles étaient les modalités ou les valeurs possibles de ces trois variables avant la compilation établie par l'AFI ?

f) Quelle échelle de mesure a-t-on employée pour le rang ? Pour l'année ?

g) L'énoncé « En vertu du sondage réalisé par l'AFI, *Citizen Kane* est considéré par l'ensemble des professionnels du cinéma comme le meilleur film de tous les temps » est-il descriptif ou inférentiel ? Justifiez votre réponse.

**Au chapitre 1,** nous nous sommes penchés sur tout ce qui a trait au concept de variable (définition, nature, échelle de mesure, etc.). Comme une variable est une caractéristique qu'on souhaite mesurer sur les unités statistiques, nous devons nous intéresser au choix de ces dernières, c'est-à-dire à la manière de les prélever pour former un échantillon. On doit donc aborder la notion de sondage proprement dit.

Les « sondages » publiés par les médias représentent davantage que le simple prélèvement d'un échantillon de la population étudiée. Ainsi, on y trouve, dans une section généralement appelée « Méthodologie », des renseignements sur le questionnaire, le moment où le sondage a eu lieu, la technique de sélection de l'échantillon utilisée, la taille de l'échantillon, le taux de réponse au sondage. Par ailleurs, le sondeur présente souvent les résultats obtenus sous forme de tableaux ou de graphiques, et donne également une brève analyse des résultats. Vous avez sans doute reconnu certaines étapes de la démarche scientifique dans cette énumération : l'élaboration de l'instrument de mesure, l'organisation et le traitement des données, l'analyse et l'interprétation des résultats.

Dans le présent chapitre, nous examinerons les types d'échantillons, les techniques de prélèvement des échantillons (ou techniques d'échantillonnage) de même que le contenu du compte rendu de l'enquête par sondage. Nous verrons également comment interpréter les résultats d'un sondage.

# 2 Sondages et techniques d'échantillonnage

*Le hasard fait bien les choses.*

# 2 Sondages et techniques d'échantillonnage

## SOMMAIRE



## OBJECTIFS

→ Définir et utiliser les termes liés à l'échantillonnage (échantillon, taille de l'échantillon, échantillon aléatoire, échantillon exhaustif, taux de sondage, poids du sondage, taux de réponse, base de sondage, etc.) (2.2).

→ Calculer le taux de sondage, le poids du sondage et le taux de réponse (2.2).

→ Distinguer les différentes techniques d'échantillonnage (2.2 et 2.3).

→ Présenter les avantages et les inconvénients des différentes techniques d'échantillonnage (2.2 et 2.3).

→ Prélever un échantillon selon une technique donnée (2.2).

→ Déterminer, dans un contexte donné, la marge d'erreur, le niveau de confiance, l'estimation ponctuelle et l'estimation par intervalle de confiance (2.4).

→ Utiliser les symboles appropriés pour représenter les paramètres d'une population et les statistiques d'un échantillon (2.4).

→ Estimer un paramètre par intervalle de confiance lorsque la marge d'erreur et le niveau de confiance sont connus (2.4).

→ Énoncer les facteurs qui exercent une influence sur la marge d'erreur dans une estimation par intervalle de confiance (2.4).

# 2.1 Utilité du sondage

**Dans cette section :** échantillon représentatif.

**Échantillon représentatif**
Échantillon qui rend compte de la diversité de la population d'où il a été tiré et qui en reproduit les principales caractéristiques.

« Le sondage est né d'une impossibilité pratique : interroger individuellement toute une population à laquelle on s'intéresse, et d'une possibilité statistique : décrire le tout par la partie[1]. » Toutefois, le prélèvement d'un échantillon (la partie) n'a d'intérêt que si cet **échantillon** est **représentatif** de la population (le tout) étudiée. On pourra alors généraliser à l'ensemble de la population les résultats tirés d'un échantillon. Le cas échéant, l'enquête par sondage constitue une façon rapide et peu coûteuse de connaître certaines caractéristiques d'une population.

Au cours de notre vie, nous avons tous fait l'expérience du sondage. Ainsi :

> Avant de servir un mets, il est un geste que nous faisons généralement : nous le goûtons. Le principe même du sondage et des techniques qu'il implique (dont celles de l'échantillonnage) se trouve ainsi posé : nous recueillons de l'information sur une fraction (échantillon) de l'ensemble (population) que nous voulons étudier, puis nous généralisons, parfois à tort il est vrai, à cet ensemble ce que nous avons mesuré sur le sous-ensemble. Dans l'exemple précédent, la cuillerée que nous avalons constitue l'échantillon, le plat, la population. Tout comme il n'est point besoin de manger tout le plat pour savoir si nous pouvons le servir (heureusement), il n'est point nécessaire, ni souhaitable, ni possible parfois d'étudier toute la population (que ce soient les électeurs canadiens, les composants électroniques sortant d'une usine, etc.), c'est-à-dire de recourir à un recensement, pour la bien connaître.
>
> Cependant, l'échantillon ne peut pas être choisi sans précaution ! Ainsi, dans le cas d'un potage, ce n'est que lorsque les ingrédients sont bien mélangés, lorsque la préparation est homogène, que l'on goûte le plat. Dans le cas d'un mets plus complexe, constitué d'éléments différents et ne pouvant être mélangés, ce n'est qu'après avoir testé chacun de ces éléments (la viande ou le poisson, les légumes, la sauce, etc.) que l'on peut porter un jugement sur l'ensemble. En théorie de l'échantillonnage, en fait, les choses se présentent un peu de la même façon : on sait, par exemple, que plus la population est homogène, moins l'échantillon aura besoin, à précision constante, d'être de taille importante ; on sait aussi que lorsqu'on a affaire à une population composée d'éléments distincts, il est préférable de la découper en sous-ensembles relativement homogènes, de la stratifier. Le lecteur aura sans doute compris que ce qui est recherché, aussi bien dans la pratique spontanée que dans la pratique plus méthodique de l'échantillonnage, c'est la représentativité : l'échantillon, dont la taille variera en fonction de l'homogénéité de la population, devra être représentatif de cette dernière. Ce que nous apprenons concernant l'échantillon, nous devrons pouvoir le généraliser à l'ensemble de la population[2].

Abordons maintenant les différentes techniques d'échantillonnage ainsi que les règles qui les régissent.

1. M. Grawitz, *Méthodes des sciences sociales*, 11e éd., Paris, Dalloz, 2001, p. 533.
2. J.-P. Beaud, « L'échantillonnage », dans B. Gauthier, *Recherche sociale, de la problématique à la collecte des données*, 5e éd., Québec, Presses de l'Université du Québec, 2009, p. 253.

# 2.2 ÉCHANTILLONNAGE ALÉATOIRE

**Dans cette section :** échantillonnage aléatoire • échantillonnage exhaustif • base de sondage • taux de sondage • poids du sondage • pas du sondage • strate • grappe • base aréolaire.

**Échantillonnage aléatoire**
Technique d'échantillonnage qui recourt au hasard afin que chaque élément de la population ait une probabilité connue et non nulle de faire partie de l'échantillon. Également appelé *échantillonnage probabiliste*. Il existe plusieurs techniques de sélection d'un échantillon aléatoire, notamment l'échantillonnage aléatoire simple, l'échantillonnage aléatoire systématique, l'échantillonnage stratifié et l'échantillonnage par grappes. ■

Les techniques d'**échantillonnage aléatoire** (ou *probabiliste*) reposent sur le hasard[3] : ce n'est pas l'enquêteur qui sélectionne arbitrairement les individus, c'est le hasard qui les désigne. Chaque élément de la population doit être susceptible d'être choisi selon une probabilité connue et non nulle. Il est alors possible d'évaluer l'erreur commise au cours de la généralisation à l'ensemble de la population des résultats tirés d'un échantillon. *Seules les techniques aléatoires permettent de procéder à cette évaluation.* Pour cette raison, certains auteurs affirment qu'on devrait toujours utiliser des techniques aléatoires plutôt que non aléatoires, alors que d'autres considèrent qu'elles sont quelquefois incontournables.

> Ainsi, des procédures non probabilistes, que bon nombre d'auteurs de manuels de méthodes jugent peu dignes d'intérêt, peuvent être plus adaptées, dans certains cas, aux conditions de la recherche que des techniques probabilistes, considérées généralement comme plus fiables : un bon chercheur saura reconnaître ces cas et, malgré les injonctions de certains méthodologues, faire le choix qui s'impose. Il est clair que dans le domaine de l'échantillonnage en particulier, la quête de la perfection méthodologique constitue souvent plus un frein à la recherche qu'un véritable moteur, et qu'il vaut mieux faire de la recherche avec un outil imparfait que de ne pas faire de la recherche du tout, faute d'avoir trouvé l'outil parfait[4].

Toutefois, comme nous le verrons plus loin, il n'est pas toujours possible de recourir aux techniques aléatoires.

## 2.2.1 Table de nombres aléatoires

Pour construire un échantillon aléatoire, il faut sélectionner des nombres de manière aléatoire. Cette sélection peut se faire à partir d'une table de nombres aléatoires ou à l'aide d'un générateur de nombres « aléatoires » (beaucoup de calculatrices possèdent une touche RAN, pour *random*, qui permet de générer des nombres aléatoires). De nos jours, les tables de nombres aléatoires ne sont plus d'une grande utilité, les échantillons étant choisis à partir de fichiers électroniques à l'aide d'un ordinateur. Il n'en demeure pas moins que l'utilisation d'une table de nombres aléatoires s'avère pertinente pour bien comprendre les différentes techniques de sélection d'échantillons. C'est donc essentiellement à des fins pédagogiques plutôt que pratiques que nous recourrons à une table de nombres aléatoires pour illustrer les différentes techniques d'échantillonnage aléatoire.

3. Le mot *aléatoire* vient du latin *alea*, « jeu de dés » (l'un des premiers jeux de hasard). Les lecteurs des albums d'*Astérix* reconnaîtront ce mot dans la fameuse phrase attribuée à Jules César : « *Alea jacta est* », qui veut dire « Les dés sont lancés » ou « Le sort en est jeté ». De même, le mot *hasard* est aussi lié au jeu, puisqu'il tire son origine de l'arabe *az-zahr* : « le dé ».

4. J.-P. Beaud, « L'échantillonnage », dans B. Gauthier, *Recherche sociale, de la problématique à la collecte des données*, 5e éd., Québec, Presses de l'Université du Québec, 2009, p. 252.

Une table de nombres aléatoires est un tableau de chiffres dans lequel tous les chiffres apparaissent avec sensiblement la même fréquence et sans ordre préétabli. Le tableau 2.1 (p. 44) constitue une table de nombres aléatoires comptant 45 lignes et 50 colonnes numérotées de 0 à 44 et de 0 à 49 respectivement.

Pour sélectionner des nombres de manière aléatoire, il suffit de choisir arbitrairement un point d'entrée dans la table (se placer à l'intersection d'une ligne et d'une colonne) et une direction de lecture (de gauche à droite, de haut en bas ou dans toute autre direction). On sélectionne ensuite autant de nombres qu'on le désire.

**EXEMPLE 2.1**

Pour sélectionner 6 nombres compris entre 01 et 49 de manière aléatoire, on procède de la façon suivante :

- Choisir arbitrairement un point d'entrée : la ligne 11 et la colonne 5 ;
- Choisir arbitrairement une direction de lecture : de gauche à droite ;
- Déterminer le nombre de chiffres que doivent comporter les nombres aléatoires sélectionnés : 2 chiffres, puisque les nombres doivent être inférieurs ou égaux à 49, un nombre à deux chiffres ;
- Prélever la quantité de nombres souhaitée : 6.

Dans cet exemple, on ne retiendra donc que les nombres compris entre 01 et 49 dans une lecture séquentielle continue commençant à l'intersection de la ligne 11 et de la colonne 5.

Voici la ligne 11 de la table de nombres aléatoires, où on a retenu, à partir de la colonne 5, les nombres à deux chiffres compris entre 01 et 49.

5
↓
11 → 85120 **25** **27**7 85552 **30** **34**9 8**27**67 94635 3**48**94 **28**997 7**10** **44** 85962

Si le tirage est non exhaustif, c'est-à-dire si on permet la répétition du même nombre dans la sélection, on obtient les 6 nombres suivants : 25, 27, 30, 34, 27 et 48.

Si le tirage est exhaustif, c'est-à-dire si on ne permet pas la répétition du même nombre dans la sélection, on obtient les 6 nombres suivants : 25, 27, 30, 34, 48 et 28.

Si nous avions pris un autre point d'entrée ou une autre direction de lecture, nous aurions obtenu des nombres différents.

## 2.2.2 Échantillonnage aléatoire simple

L'échantillonnage aléatoire simple consiste à sélectionner des individus de telle sorte que tous aient la même probabilité de faire partie de l'échantillon. On peut comparer cette technique à un tirage au sort d'individus dont les noms ont été mis dans une urne. On tire les noms, un à la fois, jusqu'à ce qu'on ait obtenu le nombre voulu d'individus pour constituer l'échantillon. Si, après chaque tirage, on remet dans l'urne le nom de l'individu sélectionné, il s'agit d'un tirage avec remise, ou non exhaustif ; dans le cas contraire, il s'agit d'un tirage sans remise, ou exhaustif. L'**échantillonnage exhaustif** (ou *sans remise*) garantit qu'une même unité statistique ne pourra être retenue plus d'une fois.

**Échantillonnage exhaustif**
Prélèvement d'un échantillon tel qu'une même unité statistique ne peut pas être choisie plus d'une fois. Également appelé *échantillonnage sans remise*.

TABLEAU | **2.1**

**TABLE DE NOMBRES ALÉATOIRES**

| | 0 | 5 | 10 | 15 | 20 | 25 | 30 | 35 | 40 | 45 |
|---|---|---|---|---|---|---|---|---|---|---|
| **0** | 56363 | 94873 | 52144 | 43681 | 70861 | 02923 | 95302 | 53079 | 94987 | 28150 |
| **1** | 06214 | 17704 | 94297 | 60986 | 61476 | 65886 | 45062 | 49427 | 59897 | 36325 |
| **2** | 70719 | 42259 | 93548 | 21691 | 98100 | 68703 | 95265 | 35020 | 94343 | 76402 |
| **3** | 76271 | 23925 | 76176 | 11709 | 98558 | 08983 | 79342 | 99805 | 97538 | 63647 |
| **4** | 39001 | 49656 | 82185 | 97262 | 99427 | 41825 | 41282 | 08562 | 71553 | 79525 |
| **5** | 53943 | 43779 | 41863 | 24984 | 59962 | 60987 | 35853 | 90792 | 80833 | 34145 |
| **6** | 87629 | 79548 | 27029 | 64937 | 39832 | 88882 | 60594 | 66131 | 18203 | 07256 |
| **7** | 27333 | 48653 | 94396 | 27343 | 38123 | 10417 | 78431 | 27040 | 38035 | 25990 |
| **8** | 11318 | 27597 | 37331 | 98986 | 52586 | 10992 | 00639 | 02862 | 13172 | 31514 |
| **9** | 90249 | 18804 | 37390 | 32146 | 41904 | 14128 | 43236 | 03559 | 28154 | 88229 |
| **10** | 96306 | 09979 | 52089 | 75926 | 53673 | 53847 | 06338 | 19986 | 25448 | 37052 |
| **11** | 85120 | 25277 | 85552 | 30349 | 82767 | 94635 | 34894 | 28997 | 71044 | 85962 |
| **12** | 17442 | 73079 | 19679 | 13939 | 64788 | 40096 | 95992 | 80775 | 44219 | 23542 |
| **13** | 64572 | 54261 | 85354 | 37514 | 73620 | 50571 | 64832 | 90434 | 64151 | 80159 |
| **14** | 99205 | 79948 | 23041 | 26330 | 67556 | 93596 | 47483 | 29555 | 21828 | 43115 |
| **15** | 16710 | 64268 | 98313 | 62183 | 41873 | 20402 | 95891 | 51833 | 57226 | 96627 |
| **16** | 29180 | 64278 | 74160 | 28416 | 04264 | 79219 | 51159 | 10689 | 60977 | 53157 |
| **17** | 35266 | 86961 | 16503 | 57503 | 77559 | 55302 | 61084 | 14357 | 55086 | 24816 |
| **18** | 57662 | 26064 | 83351 | 74418 | 96149 | 46034 | 35266 | 30526 | 64905 | 67606 |
| **19** | 24216 | 41565 | 76306 | 99510 | 44764 | 51555 | 59103 | 98466 | 06056 | 03810 |
| **20** | 91710 | 36225 | 54198 | 06499 | 94753 | 51850 | 37439 | 50699 | 43205 | 83344 |
| **21** | 31568 | 17974 | 61352 | 60325 | 26433 | 39600 | 75631 | 78548 | 97983 | 29430 |
| **22** | 42115 | 34090 | 85514 | 49720 | 99285 | 60621 | 09434 | 81100 | 75515 | 01309 |
| **23** | 28533 | 52650 | 41743 | 18591 | 23798 | 91879 | 29742 | 49930 | 28124 | 38707 |
| **24** | 32335 | 89147 | 53169 | 74623 | 25292 | 00366 | 43584 | 02640 | 42785 | 17914 |
| **25** | 12353 | 53584 | 22712 | 15189 | 14636 | 74939 | 37478 | 57098 | 32552 | 53714 |
| **26** | 79300 | 31922 | 47334 | 34902 | 86100 | 71833 | 86059 | 21079 | 37602 | 23132 |
| **27** | 84723 | 92222 | 40539 | 45210 | 40651 | 22158 | 63851 | 21011 | 83802 | 43566 |
| **28** | 24976 | 75635 | 42823 | 16226 | 47002 | 94083 | 89260 | 84858 | 32887 | 69089 |
| **29** | 05511 | 05858 | 78253 | 98023 | 85316 | 22699 | 82579 | 91997 | 95991 | 65552 |
| **30** | 25238 | 53915 | 63713 | 25033 | 78927 | 83580 | 17730 | 62011 | 70848 | 15155 |
| **31** | 65561 | 65013 | 45033 | 65986 | 04708 | 75041 | 75139 | 92982 | 89295 | 96571 |
| **32** | 56089 | 35531 | 83569 | 90389 | 07057 | 87716 | 79415 | 63567 | 61226 | 29172 |
| **33** | 33961 | 30453 | 55308 | 18793 | 54820 | 13414 | 74819 | 69837 | 50017 | 90627 |
| **34** | 19110 | 46037 | 90291 | 14661 | 67600 | 15161 | 32378 | 92281 | 49681 | 02892 |
| **35** | 56329 | 57726 | 25914 | 77525 | 99933 | 39245 | 79951 | 65036 | 06487 | 18954 |
| **36** | 98342 | 65418 | 46964 | 25857 | 63058 | 25078 | 93793 | 63676 | 39396 | 35252 |
| **37** | 35926 | 32938 | 81243 | 00217 | 37729 | 64965 | 27293 | 98438 | 32662 | 77776 |
| **38** | 15554 | 86208 | 22008 | 63289 | 76311 | 65705 | 10349 | 19097 | 97635 | 58385 |
| **39** | 00458 | 15182 | 92031 | 11475 | 00953 | 82903 | 50493 | 22507 | 88045 | 04384 |
| **40** | 07177 | 85745 | 56824 | 23600 | 78144 | 48958 | 05031 | 12897 | 81604 | 57554 |
| **41** | 93945 | 62685 | 54070 | 61015 | 55109 | 48853 | 65188 | 26064 | 17761 | 24884 |
| **42** | 54161 | 81133 | 95426 | 22789 | 17136 | 20034 | 05174 | 20531 | 85288 | 03041 |
| **43** | 34816 | 58130 | 32592 | 02880 | 31835 | 82553 | 58048 | 81354 | 38676 | 93507 |
| **44** | 30432 | 13761 | 70948 | 15909 | 49325 | 93660 | 93470 | 91449 | 48754 | 98360 |

Le nombre d'échantillons aléatoires simples différents qu'on peut obtenir au moyen d'un tirage sans remise est de :

$$\frac{N \times (N-1) \times (N-2) \times \cdots \times (N-n+1)}{n \times (n-1) \times (n-2) \times \cdots \times (1)}$$

où $N$ correspond à la taille de la population et $n$ à la taille de l'échantillon. Nous reprendrons cette dernière notation (soit $N$ pour la taille d'une population et $n$ pour la taille d'un échantillon) partout dans l'ouvrage.

**EXEMPLE 2.2**

Si on veut sélectionner, par échantillonnage aléatoire simple exhaustif, 6 nombres compris entre 01 et 49, le nombre de sélections possibles est donné par l'expression suivante :

$$\frac{(49) \times (48) \times (47) \times (46) \times (45) \times (44)}{(6) \times (5) \times (4) \times (3) \times (2) \times (1)} = 13\,983\,816$$

Comme une telle sélection correspond à un tirage du Lotto 6/49, il y a 13 983 816 combinaisons différentes dans cette loterie. Un individu qui achète une seule combinaison n'a donc que 1 chance sur 13 983 816 de gagner le gros lot !

**Base de sondage**

Liste des individus à partir de laquelle on prélève un échantillon. Cette liste représente la population observée.

Pour procéder à un échantillonnage aléatoire simple, il faut posséder la liste de tous les individus de la population que l'on veut étudier, c'est-à-dire la population cible. Une telle liste est rarement disponible. On fait plutôt appel à la liste la plus complète possible, qu'on appelle **base de sondage** et qui représente la population observée. Il se peut que la base de sondage ne représente pas adéquatement la population cible : certains individus ne s'y trouvent pas et d'autres ne devraient pas y figurer. Ainsi, la base de sondage peut être incomplète, désuète ou inexacte. L'annuaire téléphonique, les registres paroissiaux, une liste électorale ou la liste des membres d'une association peuvent servir de base de sondage.

Pour obtenir un échantillon aléatoire simple de taille $n$ à partir d'une population de taille $N$, il suffit de :

1. Numéroter[5] les éléments de la base de sondage de 0 à $N - 1$ ;
2. Sélectionner $n$ nombres (la taille de l'échantillon), compris entre 0 et $N - 1$, de manière aléatoire, grâce à un générateur ou à une table de nombres aléatoires, selon la méthode décrite précédemment ;
3. Former l'échantillon avec les unités statistiques associées à ces nombres aléatoires.

5. Tous les numéros doivent comporter le même nombre de chiffres. Ainsi, on numérote à partir de 0, de 00 ou de 000 selon qu'on doit utiliser 1, 2 ou 3 chiffres. Cette remarque est valable pour toutes les techniques d'échantillonnage aléatoire. On pourrait également numéroter de 1 à $N$. Toutefois, dans certaines circonstances, cette façon de procéder pourrait faire en sorte qu'on doive utiliser un nombre plus élevé de nombres. Dans l'exemple 2.3, il faudrait ainsi utiliser des nombres à 4 chiffres ; cela entraînerait un grand nombre de rejets dans la sélection des nombres.

## EXEMPLE 2.3

Si nous avions une population de taille 1 000 et que nous voulions prélever un échantillon aléatoire simple de taille 5, il faudrait :

1. Numéroter les individus de la population de 000 à 999 ;
2. Choisir de manière aléatoire 5 nombres de 3 chiffres compris entre 000 et 999 ;
3. Former l'échantillon avec les unités statistiques associées à ces 5 nombres.

Prélevons des nombres dans la table de nombres aléatoires (tableau 2.1). Partons de la colonne 5 et de la ligne 10. Nous reproduisons à droite une partie de la colonne 5, à partir de la ligne 10. Sélectionnons des nombres de 3 chiffres en faisant une lecture séquentielle continue sur cette seule colonne, de haut en bas. On obtient alors les nombres suivants : 027, 576, 682, 431 et 358 (mis en évidence par l'alternance des chiffres ombrés et des chiffres ordinaires).

Notre échantillon serait constitué des 5 individus associés à ces nombres dans la base de sondage numérotée de 000 à 999.

| |
|---|
| **0** |
| **2** |
| **7** |
| 5 |
| 7 |
| |
| 6 |
| **6** |
| **8** |
| **2** |
| 4 |
| |
| 3 |
| 1 |
| **3** |
| **5** |
| **8** |

Malgré la simplicité de sa réalisation et la bonne qualité de l'échantillon qu'il procure, l'échantillonnage aléatoire simple a l'inconvénient de nécessiter une liste des individus de la population. Or, il est souvent difficile de dresser une liste complète des individus d'une population. C'est pourquoi on utilise une base de sondage déjà établie.

Signalons également que l'échantillonnage aléatoire simple est long et fastidieux s'il est réalisé manuellement et si l'échantillon ainsi que la population sont de grande taille. Lorsqu'on dispose d'une liste informatisée, cette tâche peut être considérablement réduite par l'emploi d'un programme qui prélève automatiquement l'échantillon.

## EXERCICE 2.1

Le tableau 2.2 donne la liste des 60 étudiants qui ont réussi un cours de sociologie à l'université. Nous avons regroupé les étudiants selon le sexe et selon la note obtenue (A : excellent, B : bien, C : moyen, D : passable).

a) Quelle est la population étudiée ?

b) Quelle est la proportion (le pourcentage) des étudiants qui sont des garçons ?

c) Quelle est la proportion des étudiants qui ont obtenu un A ?

d) On désire sélectionner 10 étudiants parmi ceux qui ont réussi ce cours pour les interroger sur leur appréciation de la qualité générale du cours. On décide de prélever un échantillon aléatoire simple, sans remise. Quelle est la première chose à faire ?

e) Prélevez cet échantillon. Utilisez la table de nombres aléatoires (tableau 2.1, p. 44) pour sélectionner des nombres de manière aléatoire.

f) Le **taux de sondage** correspond à la proportion de la population qui fait partie de l'échantillon. Quel est le taux de sondage ?

g) Le **poids du sondage** donne le nombre d'individus de la population que représente chaque unité statistique de l'échantillon. Quel est le poids du sondage ?

h) Dans ce contexte, combien d'échantillons différents serait-il possible d'obtenir ?

i) Dans l'échantillon que vous avez prélevé, quelle est la proportion de garçons ? Comparez cette proportion avec celle qui a été obtenue en *b*.

j) Comparez la proportion de garçons que vous avez obtenue dans votre échantillon avec les proportions obtenues par les autres étudiants de votre classe.

**Taux de sondage**

Proportion de la population qui fait partie de l'échantillon. Il correspond au quotient de la taille de l'échantillon par la taille de la population, soit $n/N$. On l'exprime généralement en pourcentage.

**Poids du sondage**

Nombre d'éléments de la population que représente chaque unité statistique de l'échantillon. On l'obtient en faisant le quotient de la taille de la population par la taille de l'échantillon, soit $N/n$.

TABLEAU 2.2

BASE DE SONDAGE

| Nom | Note | Nom | Note | Nom | Note |
|---|---|---|---|---|---|
| Aline | A | Luc | A | Émile | C |
| Claudette | A | Pierre | A | Jules | C |
| Julie | A | Sylvain | A | Simon | C |
| Carole | B | Yvon | B | Réjean | C |
| Jennifer | B | Yves | B | François | C |
| Kathia | B | Marc | B | Paul | C |
| Denise | B | Jean | B | Alain | C |
| Ginette | B | Raymond | B | Jean-Marc | C |
| Céline | B | René | B | Mathieu | C |
| Diane | C | Léo | B | Cédrick | C |
| Monique | C | Denis | B | Jérémie | D |
| Suzanne | C | Christian | B | Alexis | D |
| Isabelle | C | Pascal | B | Éric | D |
| Francine | C | Louis | B | Guy | D |
| Martine | C | Robert | B | André | D |
| Josée | C | Henri | C | Gaston | D |
| Johanne | C | Roch | C | Gérard | D |
| Chantale | C | Antoine | C | Joseph | D |
| Carmen | D | Hugues | C | Étienne | D |
| Hélène | D | Gilles | C | Olivier | D |

Dans l'exercice 2.1, vous avez constaté que la proportion de garçons obtenue dans l'échantillon varie selon l'échantillon. De plus, vous avez vu que la proportion de garçons dans votre échantillon diffère de celle de la population d'origine. L'échantillonnage aléatoire n'élimine donc pas la variabilité : les observations faites sur l'échantillon peuvent différer de celles qu'on aurait faites sur la population.

## 2.2.3 Échantillonnage aléatoire systématique

On peut aussi choisir un échantillon aléatoire en recourant à l'échantillonnage aléatoire systématique. Le principe en est fort simple et il peut facilement être mécanisé. L'échantillon est constitué d'individus pris à intervalle fixe dans la base de sondage. La longueur de l'intervalle équivaut presque au quotient de la taille de la population ($N$) et de la taille de l'échantillon ($n$), soit l'expression $\frac{N}{n}$ (qui correspond au poids du sondage). On sélectionne de manière aléatoire un premier nombre compris entre 0 et $\frac{N}{n} - 1$, puis on se déplace dans la base de sondage en faisant des pas, ou des sauts, de longueur $\frac{N}{n}$ à partir de ce nombre.

**EXEMPLE 2.4**

Pour prélever un échantillon aléatoire systématique de taille 20 dans une population de taille 100, il faut numéroter la base de sondage (de 00 à 99), sélectionner un nombre entre 0 et 4 de manière aléatoire parce que le pas de sondage est 5 (soit $N/n = 100/20$), se déplacer dans la base de sondage en faisant des sauts de longueur 5 (soit $N/n = 100/20$) et former l'échantillon avec les individus associés à ces nombres. Ainsi, chaque individu retenu aura un poids de 5.

Si le point de départ, déterminé aléatoirement, est 3, les unités sélectionnées seront associées aux nombres 03, 08, 13, 18, ..., 93 et 98 dans la base de sondage numérotée.

**Pas du sondage**

Distance entre deux unités statistiques consécutives dans la base de sondage lorsqu'on effectue un échantillonnage systématique. Le pas du sondage ($d$) est un entier voisin du quotient de la taille de la population par la taille de l'échantillon, soit $N/n$.

Pour prélever un échantillon aléatoire systématique, il faut suivre la démarche ci-dessous:

1. Numéroter les éléments de la base de sondage de 0 à $N - 1$.
2. Déterminer le **pas du sondage** ($d$). Ce nombre est un entier voisin du quotient $N/n$. Il donne la distance entre deux unités sélectionnées consécutives dans la base de sondage ainsi que le poids du sondage.
3. Sélectionner, de manière aléatoire, un nombre $a$ compris entre 0 et $d - 1$. Le nombre $a$ est celui à partir duquel on se déplace dans la base de sondage: c'est le point de départ.
4. Former l'échantillon avec les unités statistiques associées aux nombres suivants:

$$a, a + d, a + 2d, a + 3d, \ldots, a + (n - 1)d$$

**EXEMPLE 2.5**

On veut prélever un échantillon systématique de taille 25 dans une population de taille 250. Dans ce cas, $N = 250$, $n = 25$ et $d = N/n = 250/25 = 10$. Il faut donc choisir un nombre aléatoire, $a$, compris entre 0 et 9 (soit $d - 1 = 10 - 1$). Si nous utilisons, pour ce faire, la table de nombres aléatoires (tableau 2.1) et si nous lisons les chiffres de gauche à droite, à partir de l'intersection de la ligne 1 et de la colonne 5, le premier chiffre compris entre 0 et 9 est 1. Notre échantillon sera donc composé des individus associés aux nombres suivants:

$$1, 1 + 10, 1 + 2 \times 10, 1 + 3 \times 10, \ldots, 1 + 24 \times 10$$

soit: 001, 011, 021, 031, 041, 051, 061, 071, 081, 091, 101, 111, 121, 131, 141, 151, 161, 171, 181, 191, 201, 211, 221, 231 et 241.

Cette technique est très simple et très rapide, puisqu'il n'y a qu'un seul nombre aléatoire à sélectionner.

Toutefois, comme l'échantillonnage aléatoire simple, cette technique d'échantillonnage nécessite l'emploi d'une base de sondage. De plus, la sélection du premier individu détermine celle des autres individus de l'échantillon. Par conséquent, cette technique ne permet pas le prélèvement de certains échantillons. Ainsi, dans l'exemple précédent, on ne peut pas obtenir un échantillon dont feront partie les individus associés aux nombres 1, 12, 15 et 16, alors que cela était possible avec l'échantillonnage aléatoire simple. Il y a donc beaucoup moins d'échantillons différents: il n'y a que $d$ (soit $N/n$) échantillons possibles.

Le fait de produire moins d'échantillons différents ne constitue pas nécessairement un désavantage: il n'y a pas d'inconvénient à éliminer des échantillons non représentatifs. Puisque l'échantillonnage systématique répartit bien l'échantillon dans la base de sondage, il pourrait donner des échantillons plus représentatifs que l'échantillonnage aléatoire simple, notamment lorsque les unités ont été classées selon la caractéristique étudiée.

Toutefois, l'échantillonnage aléatoire systématique ne devrait pas servir à étudier un phénomène cyclique. Ainsi, dans une usine qui fonctionne selon un régime de travail continu (sur 24 heures et sur 7 jours), la production varie en qualité et en quantité selon l'heure du jour et le jour de la semaine. Si le pas du sondage ($d$) est voisin du cycle ($d = 8$ heures ou $d = 7$ jours), on risque d'introduire un biais (on choisirait toujours le même horaire de travail ou le même jour de la semaine) et d'obtenir ainsi un échantillon non représentatif.

**EXERCICE 2.2**

À partir du tableau 2.2 de l'exercice 2.1 (p. 47), répondez aux questions.

a) On désire sélectionner 10 étudiants qui ont réussi le cours afin de les interroger sur leur appréciation de la qualité générale du cours. On décide de prélever un échantillon systématique aléatoire. Quelle est la première chose à faire ?

b) Que valent $N$, $n$ et $d$ ?

c) Quel nom donne-t-on à $d$ ?

d) Sélectionnez un nombre entre 0 et $d - 1$ de manière aléatoire à l'aide de la table de nombres aléatoires (tableau 2.1, p. 44).

e) Prélevez l'échantillon systématique demandé. Quels individus en font partie ?

f) Aline et Luc pourraient-ils faire partie du même échantillon ?

g) Combien d'échantillons différents serait-il possible d'obtenir ? Comparez ce nombre avec celui des échantillons aléatoires simples, sans remise.

h) Dans ce contexte, y a-t-il un risque que l'échantillon ne soit pas représentatif ? Expliquez votre réponse.

## 2.2.4 Échantillonnage stratifié

**Strate**

Groupe d'individus relativement homogène au sein d'une population, défini par une ou plusieurs caractéristiques communes et précises.

La troisième technique aléatoire porte le nom d'échantillonnage stratifié. On suppose ici que la population peut être divisée en groupes distincts, appelés **strates**, qui présentent chacun une ou plusieurs caractéristiques communes. De plus, on doit connaître le nombre d'individus dans chacune de ces strates, c'est-à-dire la composition de la population selon les caractéristiques qui ont servi à définir les strates. Enfin, les strates doivent être relativement homogènes, c'est-à-dire qu'on doit retrouver une variabilité plus faible à l'intérieur de chaque strate que dans l'ensemble de la population.

L'échantillonnage stratifié consiste à prélever un échantillon ayant la même composition que la population ; on parle alors d'échantillon stratifié avec allocation proportionnelle. Un tel échantillon constitue un véritable modèle réduit de la population.

Cette technique est surtout employée pour comparer des sous-populations au regard des variables étudiées (le sexe, la religion, le lieu de résidence, le groupe d'âge, le niveau de revenu) ou, comme nous le verrons plus loin, en vue de réduire la marge d'erreur.

**EXEMPLE 2.6**

On veut prélever un échantillon de 50 élèves parmi les 2 500 élèves d'une école secondaire, qui se répartissent selon l'année de la manière indiquée au tableau 2.3.

TABLEAU | **2.3**

**RÉPARTITION DES ÉLÈVES D'UNE ÉCOLE SECONDAIRE, SELON L'ANNÉE**

| Année | Nombre d'élèves | Pourcentage des élèves (%) |
|---|---|---|
| $1^{re}$ secondaire | 600 | 24 |
| $2^{e}$ secondaire | 550 | 22 |
| $3^{e}$ secondaire | 500 | 20 |
| $4^{e}$ secondaire | 450 | 18 |
| $5^{e}$ secondaire | 400 | 16 |
| **Total** | **2 500** | **100** |

Si on prend l'année comme critère de stratification, on constate que 24 % des individus $\left(\frac{600}{2\,500} \times 100\ \%\right)$ sont en $1^{re}$ secondaire. La strate des élèves de $1^{re}$ secondaire a donc un poids de 24 % dans la population de tous les élèves de cette école, poids qu'on devrait également retrouver dans l'échantillon. Un échantillon fidèle à la population devrait donc comprendre 24 % d'élèves de $1^{re}$ secondaire. Le même raisonnement s'applique aux autres années.

Ainsi, l'échantillon comprendra 12 élèves de $1^{re}$ secondaire $\left(\frac{24}{100} \times 50\right)$, 11 de $2^{e}$ secondaire, 10 de $3^{e}$ secondaire, 9 de $4^{e}$ secondaire et 8 de $5^{e}$ secondaire. On prélèvera donc un sous-échantillon de la taille voulue dans chacune des strates par échantillonnage aléatoire simple. À cette fin, il faut numéroter, de manière indépendante, les individus de chaque année (de chaque strate) et prélever 12 élèves parmi les 600 de $1^{re}$ secondaire, 11 élèves parmi les 550 de $2^{e}$ secondaire, et ainsi de suite.

Plus les strates sont homogènes, c'est-à-dire plus les unités statistiques à l'intérieur d'une même strate se ressemblent, meilleures sont les chances que l'échantillon prélevé soit représentatif de la population, parce que chaque sous-groupe se trouve représenté dans l'échantillon selon son poids dans l'ensemble de la population.

Bien qu'il soit plus précis (il comporte une marge d'erreur plus faible pour un échantillon de même taille), l'échantillonnage stratifié se révèle plus coûteux et plus exigeant que les deux précédents. En effet, il faut posséder de l'information supplémentaire sur la composition de la population (sa décomposition en strates) afin de dresser plusieurs listes (une par strate), et il faut sélectionner un sous-échantillon dans chaque strate.

**EXERCICE 2.3**

On désire sélectionner 10 étudiants qui ont réussi un cours de sociologie pour les interroger sur leur appréciation de ce cours. On décide de prélever un échantillon stratifié selon la note obtenue (critère de stratification).

À partir du tableau 2.2 de l'exercice 2.1 (p. 47), répondez aux questions.

a) Formez les strates en respectant l'ordre dans lequel les noms apparaissent dans la liste originale et numérotez les individus dans chacune des strates.

b) Remplissez le tableau 2.4.

TABLEAU 2.4

**COMPOSITION DE LA POPULATION ET DE L'ÉCHANTILLON, SELON LE CRITÈRE DE STRATIFICATION**

| Strate | Nombre d'individus de la population dans la strate ($a$) | Poids de la strate dans la population ($b = a/N$) | Nombre d'individus à sélectionner dans chaque strate ($c = b \times n$) |
| --- | --- | --- | --- |
| A | | | |
| B | | | |
| C | | | |
| D | | | |
| Total | $N = 60$ | | $n = 10$ |

c) Quel est l'échantillon prélevé ? Utilisez la table de nombres aléatoires (tableau 2.1, p. 44) pour sélectionner des nombres de manière aléatoire.

d) Dans ce contexte, le critère de stratification vous paraît-il adéquat ? Expliquez votre réponse.

e) Proposez d'autres critères de stratification possibles.

## 2.2.5 Échantillonnage par grappes

**Grappe**
Sous-groupe d'une population défini selon la proximité (dans la base de sondage) des éléments qui en font partie. On cherche généralement à former des grappes hétérogènes.

Dans la technique d'échantillonnage par **grappes** (ou par *amas*), les individus sont réunis en groupes hétérogènes de taille semblable, et l'échantillon se compose de certains de ces groupes sélectionnés par échantillonnage aléatoire simple. Cette technique consiste donc à choisir des groupes (toute une grappe de raisins) plutôt que des unités statistiques isolées (raisin par raisin).

**EXEMPLE 2.7**

Un organisme de charité veut tracer un portrait type de ses donateurs en prélevant un échantillon de taille 1 000 à partir d'un annuaire de donateurs comprenant 500 pages, dont chacune comporte 100 noms. Le responsable du sondage pourrait sélectionner aléatoirement 10 pages parmi les 500 et former l'échantillon avec les individus dont les noms paraissent sur ces 10 pages; il aurait alors choisi 1 000 individus (soit $10 \times 100 = 1\ 000$). En procédant de cette façon, il aurait sélectionné les individus non pas sur une base individuelle, mais sur une base collective (les individus dont les noms paraissent sur une page de l'annuaire); il aurait sélectionné les individus par grappes (les pages de l'annuaire).

Lorsqu'on utilise l'échantillonnage par grappes, on numérote les grappes plutôt que les individus, puisque c'est parmi les grappes qu'on opère une sélection. Pour former l'échantillon avec des grappes, on applique le procédé d'échantillonnage aléatoire simple aux grappes et non aux individus.

L'échantillonnage par grappes présente un inconvénient. On risque en effet de fausser les résultats si les groupes utilisés sont homogènes, car certains groupes peuvent alors être surreprésentés. Dans le cas de l'exemple 2.7, il n'aurait pas été approprié de regrouper les donateurs selon l'importance de leur don, puisque cette variable constitue probablement un élément du portrait type recherché. Des grappes formées de cette façon auraient vraisemblablement été relativement homogènes, ou à tout le moins plus homogènes que la population en général, au regard de la variable « valeur du don ». En prenant ces grappes, nous n'aurions pas pu retrouver dans l'échantillon la diversité qui existe dans la population : l'échantillon n'aurait pas été représentatif.

**Base aréolaire**

Base de sondage issue d'un découpage géographique de la population.

La technique d'échantillonnage par grappes peut s'appliquer à un découpage géographique (on utilise alors une base dite **base aréolaire**), de sorte qu'il n'est pas requis de posséder une liste des individus de la population. On numérote alors chaque sous-région et on sélectionne aléatoirement autant de sous-régions qu'il est nécessaire pour obtenir un échantillon de la taille désirée. Il faut être conscient que cette façon de procéder peut introduire un biais, dans la mesure où les groupes sélectionnés risquent d'être homogènes. La proximité géographique s'accompagne souvent d'une ressemblance des individus quant aux principales caractéristiques socioéconomiques, puisque le dicton veut que « qui se ressemble s'assemble ». Certains groupes pourraient alors être surreprésentés, de sorte que l'échantillon ne constituerait pas un portrait adéquat de la population.

**EXERCICE 2.4**

À partir du tableau 2.2 de l'exercice 2.1 (p. 47), répondez aux questions.

a) On désire sélectionner 10 élèves qui ont réussi le cours afin de les interroger sur leur appréciation de ce cours. On décide de prélever un échantillon de deux grappes. Quelle devrait être la taille de chaque grappe ?

b) Formez les grappes en groupant les individus selon l'ordre dans lequel ils apparaissent (de haut en bas) dans la liste. Numérotez les grappes et prélevez l'échantillon aléatoire demandé.

c) Obtenez-vous un échantillon qui reflète la diversité de la population par rapport aux variables « sexe » et « note » ?

d) Pourquoi cette manière de former les grappes n'est-elle pas appropriée ?

e) Proposez une meilleure façon de former les grappes.

f) Prélevez un échantillon en utilisant ces nouvelles grappes. Obtenez-vous un échantillon plus représentatif ?

- **Vous pouvez maintenant faire les exercices récapitulatifs 1 à 10.**

## La méthodologie*

L'industrie du sondage a beaucoup évolué au cours des dernières années avec l'arrivée des sondages Internet. Au cours des dernières élections américaines, canadiennes et québécoises, la démonstration a été faite quant à la qualité et à la précision des sondages Internet. À cet égard, Léger Marketing a élaboré le plus grand panel Internet aléatoire et probabiliste comptant plus de 300 000 personnes. L'utilisation de techniques de recrutement aléatoire éprouvées, combinée à un processus d'inscription rigoureux en trois étapes assure le caractère hautement représentatif du panel. Chaque fois qu'ils participent à un sondage, les internautes doivent décliner leur identité et leurs caractéristiques personnelles, protégées par un code secret leur garantissant l'anonymat. Les sondeurs ont ainsi l'assurance d'obtenir des données fiables et mises à jour à chaque utilisation.

Les sondages en ligne sont réputés pour produire des résultats d'une grande qualité, notamment parce qu'ils sont plus attrayants, interactifs et visuels, et parce que le répondant peut lire attentivement les questions et prendre le temps de répondre au moment de son choix. Les sondages en ligne permettent aussi d'utiliser des images fixes ou animées, du son et des techniques de mesure avancées, ce qui en fait un instrument de collecte plus performant que les sondages traditionnels par téléphone.

* « La méthodologie », *Le Devoir*, 5 et 6 septembre 2009, p. A10.

2.3

# ÉCHANTILLONNAGE NON ALÉATOIRE

**Dans cette section :** échantillonnage non aléatoire.

**Échantillonnage non aléatoire**
Technique d'échantillonnage qui consiste à prélever un échantillon de manière arbitraire. Il existe plusieurs façons de former un échantillon non aléatoire, notamment l'échantillonnage à l'aveuglette, l'échantillonnage de volontaires, l'échantillonnage par quotas, l'échantillonnage au jugé et l'échantillonnage systématique non aléatoire. On parle aussi d'*échantillonnage non probabiliste*.

Contrairement aux techniques aléatoires, les techniques d'**échantillonnage non aléatoire** ou *non probabiliste* ne sont pas essentiellement fondées sur le hasard. Le choix des unités de l'échantillon y est arbitraire ; les unités statistiques n'ont pas toutes une chance connue et non nulle d'être sélectionnées. Ces techniques ne permettent pas de généraliser de manière rigoureuse à l'ensemble de la population les résultats tirés d'un échantillon ni d'évaluer la marge d'erreur.

Parce qu'elles risquent de fournir des échantillons non représentatifs, les techniques non aléatoires sont moins fiables que les techniques aléatoires. Elles peuvent cependant être utilisées dans les études exploratoires lorsqu'on veut réduire les coûts, lorsque la population étudiée est relativement homogène, lorsqu'une expérimentation comporte des risques pour la santé (voir l'encadré sur la randomisation, p. 54) ou encore lorsqu'il est impossible de disposer d'une base de sondage (par exemple dans une étude sur les gangs de rue[6]).

Nous examinerons dans cette section cinq techniques d'échantillonnage non aléatoire, soit l'échantillonnage à l'aveuglette (ou *accidentel*), l'échantillonnage systématique non aléatoire, l'échantillonnage par quotas, l'échantillonnage au jugé et l'échantillonnage de volontaires.

Un enquêteur procède à un *échantillonnage à l'aveuglette* (ou *accidentel*) lorsqu'il se place au coin d'une rue pour interroger des passants qu'il sélectionne arbitrairement. C'est la technique employée par les journalistes pour obtenir l'opinion de monsieur et madame Tout-le-monde. Elle peut être d'une grande validité lorsque la population étudiée est homogène ; dans un tel cas, même un petit échantillon est représentatif, puisque toutes les unités statistiques se ressemblent. C'est également la technique utilisée lorsqu'on subit un prélèvement sanguin ou lorsque, au restaurant, on goûte un vin avant d'accepter la bouteille.

On procède à un *échantillonnage systématique non aléatoire* lorsqu'on interroge des individus choisis à intervalle fixe. La technique est non aléatoire parce que le premier individu est sélectionné arbitrairement plutôt qu'aléatoirement. Il en est ainsi lorsqu'on interroge le premier individu de chaque groupe de 10 personnes à l'entrée d'un magasin ou dans une file d'attente.

L'*échantillonnage par quotas* est similaire à l'échantillonnage stratifié en ce sens qu'il vise, dans la plupart des cas, à prélever un échantillon constituant un modèle réduit de la population quant à sa composition au regard de certaines caractéristiques. C'est le cas lorsqu'on observe un échantillon comprenant 50 % d'hommes et 25 % d'anglophones, alors que la population compte 50 % d'hommes

6. Signalons à nouveau que l'utilisation d'échantillons probabilistes n'est pas toujours possible, particulièrement dans un cadre expérimental où on fait appel à des sujets humains. Dans ces circonstances, les règles d'éthique exigent qu'on recoure à des volontaires. Il faut cependant être conscient que l'emploi de volontaires peut être problématique. En effet, les sujets qui acceptent de se soumettre à une expérience sont généralement des personnes plus instruites, plus sociables et moins traditionnelles que les personnes qui refusent. L'échantillon obtenu risque donc de ne pas être représentatif de la population globale.

et 25 % d'anglophones. La différence fondamentale entre l'échantillonnage stratifié et l'échantillonnage par quotas réside surtout dans la façon de sélectionner les unités de l'échantillon : dans un cas, la sélection est aléatoire ; dans l'autre, elle est arbitraire. L'enquêteur remplit donc son quota comme bon lui semble : il pourrait n'interroger que ses parents, ses amis ou ses relations. Un échantillon construit de cette manière risque de ne pas être représentatif de la population.

Dans l'*échantillonnage au jugé*, l'échantillon est formé des éléments qu'on considère comme typiques de la population. C'est le chercheur (ou un expert) qui décidera de ce qui est typique, souvent selon ses connaissances sur la composition de la population. Les enquêteurs de Statistique Canada emploient cette technique lorsqu'ils sélectionnent des commerces et des marques de produits pour l'Enquête sur les prix à la consommation (EPC).

## La randomisation

L'échantillonnage non aléatoire peut être utilisé au cours d'expériences, notamment lorsqu'on veut comparer l'efficacité d'un nouveau traitement médical avec celle du traitement habituel. Dans ce contexte, on invite des personnes (échantillonnage de volontaires) atteintes d'une maladie donnée à participer à une expérience. Afin de déterminer quel est le traitement le plus efficace, le chercheur devra séparer les volontaires en deux groupes appelés groupe de contrôle et groupe expérimental. Il soumet les individus du groupe de contrôle au traitement habituel et les individus du groupe expérimental au nouveau traitement.

Le chercheur doit s'assurer de répartir les individus dans les deux groupes de telle façon que la seule différence entre les groupes soit le traitement administré. Si, à la suite des traitements, il observe des dissemblances entre les deux groupes, il pourra alors les attribuer au traitement plutôt qu'aux caractéristiques des individus.

Pour répartir les individus entre les groupes, le chercheur se servira du procédé de randomisation, qui consiste à affecter les individus de manière aléatoire à chacun des groupes. La randomisation, tout comme le prélèvement d'un échantillon aléatoire, permet d'éliminer les biais en réintroduisant le hasard dans un échantillon non aléatoire. Par la randomisation des sujets, le chercheur forme des groupes semblables, à l'exception du traitement reçu. En effet, le hasard favorisera un partage des caractéristiques des individus entre les deux groupes. Le chercheur sera alors en mesure d'attribuer la différence dans les effets observés non pas aux dissemblances entre les personnes, mais bien au traitement. Il pourra ainsi montrer l'existence d'un lien de causalité.

## L'échantillonnage de volontaires

Le « rapport Kinsey » sur la sexualité masculine (1948) est considéré comme une étude classique basée sur l'échantillonnage de volontaires. L'emploi de cette technique d'échantillonnage pour l'étude a suscité des controverses. Des critiques ont fait valoir que de nombreuses personnes avaient accepté d'y participer parce qu'elles avaient des questions ou des problèmes d'ordre sexuel auxquels elles espéraient trouver une réponse. Ainsi, les individus qui participent à un sondage fondé sur un échantillon de volontaires porteraient souvent un intérêt particulier au sujet de l'enquête.

L'étude de Kinsey concluait, entre autres choses, que 10 % des hommes étaient homosexuels. Ce nombre est aujourd'hui remis en question par des études portant sur des échantillons aléatoires : la proportion d'homosexualité masculine oscillerait plutôt autour de 2 %. Cette différence ne tient probablement pas au fait que l'homosexualité était plus courante, mieux acceptée ou plus facilement avouée en 1948, mais plutôt au fait que les homosexuels auraient été surreprésentés dans l'échantillon de volontaires. Les volontaires ne constituaient donc pas un échantillon représentatif de la population.

Lorsqu'on invite des personnes à participer à une recherche ou à une enquête, on procède à un *échantillonnage de volontaires.* Les tribunes téléphoniques, les appels téléphoniques pour enregistrer une opinion, le recrutement de volontaires pour une expérience médicale en sont des exemples.

**Vous pouvez maintenant faire les exercices récapitulatifs 11 à 14.**

Somme toute, les échantillons non aléatoires sont généralement moins fiables que les échantillons aléatoires. De plus, on ne devrait pas faire de l'inférence statistique (une estimation ou un test d'hypothèse) à partir de tels échantillons.

## 2.4 Aperçu de l'estimation de paramètres

**Dans cette section :** paramètre • statistique • estimation ponctuelle • estimation par intervalle de confiance • niveau de confiance • marge d'erreur.

Dans cette section, nous abordons brièvement le concept d'estimation de paramètres, afin de nous familiariser avec le vocabulaire employé dans les comptes rendus d'enquêtes par sondage. Au chapitre 7, nous verrons plus en détail comment se fait l'estimation à partir de données provenant d'un échantillon.

Une enquête par sondage sert à obtenir des renseignements sur toute une population. Le sondeur traite l'échantillon comme un modèle réduit de la population. Il prend donc des mesures sur cet échantillon et les généralise à l'ensemble de la population. Si, dans un échantillon de 1 500 électeurs, il dénombre 300 personnes qui déclarent avoir l'intention de voter pour le Parti Z aux prochaines élections, il estime que 20 % de tous les électeurs $\left(\text{soit } \frac{300}{1\,500} \times 100\ \%\right)$ voteront pour ce parti. Le sondeur pourrait également estimer le revenu moyen des électeurs à partir de celui des unités de l'échantillon. Ainsi, s'il avait obtenu un revenu moyen de 50 000 $ pour les unités de l'échantillon, il aurait conclu que celui de tous les électeurs est aussi de 50 000 $.

**Paramètre**

Mesure – par exemple une moyenne ou une proportion – tirée d'une population. Dans un sondage, on estime généralement un paramètre par la mesure correspondante (la statistique) effectuée sur l'échantillon.

**Statistique**

Mesure tirée d'un échantillon. Une statistique sert notamment à estimer la valeur d'un paramètre d'une population.

**Estimation ponctuelle**

Estimation de la valeur d'un paramètre d'une population faite à partir de la statistique correspondante mesurée sur un échantillon.

**Estimation par intervalle de confiance**

Estimation de la valeur d'un paramètre d'une population au moyen d'un intervalle construit autour de la statistique correspondante de l'échantillon. La probabilité qu'un intervalle de confiance englobe la valeur réelle du paramètre correspond au niveau de confiance.

**Niveau de confiance**

Probabilité qu'un intervalle de confiance contienne la valeur réelle d'un paramètre d'une population.

Dans ces exemples, le sondeur estime un **paramètre** de la population (une proportion ou une moyenne) à l'aide d'une valeur numérique unique : la **statistique** correspondante dans l'échantillon. Comme il travaille à partir d'une seule valeur, il effectue une **estimation ponctuelle** du paramètre de la population.

On utilise les symboles $\bar{x}$ (moyenne) et $p$ (proportion) pour désigner les statistiques calculées à partir de l'échantillon, et les symboles $\mu$ (prononcer « mu ») et $\pi$ pour les valeurs correspondantes des paramètres de la population[7]. La vraie proportion $\pi$ et la vraie moyenne $\mu$, qu'on aurait obtenues par recensement, ne sont pas connues et diffèrent probablement des estimations faites à partir des données de l'échantillon.

Le sondeur désire tout de même avancer une affirmation qui puisse se vérifier dans la plupart des cas, et c'est pourquoi il précise une marge d'erreur en construisant un intervalle autour de la statistique obtenue ; il effectue alors une **estimation par intervalle de confiance**. Le **niveau de confiance** associé à un intervalle de confiance correspond à la probabilité que cet intervalle contienne la valeur réelle du paramètre estimé. Dans la plupart des sondages, il est fixé à 95 % (soit 19 fois sur 20),

7. Les symboles utilisés pour désigner la proportion de l'échantillon et celle de la population varient selon les auteurs. Ainsi, certains utilisent $\hat{p}$ pour noter la proportion de l'échantillon et $p$ pour indiquer la proportion de la population. Il faut donc toujours prêter attention à la notation utilisée dans un document afin de ne pas commettre d'erreur dans l'interprétation des résultats.

mais on peut également trouver des niveaux de confiance de 90 % ou de 99 %. Rappelons ici que l'estimation par intervalle n'est possible que si l'échantillon a été prélevé au moyen d'une méthode d'échantillonnage aléatoire.

**Marge d'erreur**

Dans une estimation par intervalle de confiance d'une moyenne ou d'une proportion, la marge d'erreur correspond à la moitié de la largeur de l'intervalle. ■

Le niveau de confiance est un des facteurs qui permettent de déterminer la **marge d'erreur** dans une estimation par intervalle de confiance. Dans le cas d'une estimation par intervalle de confiance d'une moyenne ou d'une proportion, la marge d'erreur correspond à la moitié de la largeur de l'intervalle de confiance.

Ainsi, lorsqu'on lit dans le compte rendu d'une enquête par sondage la phrase « D'un point de vue statistique, un échantillon de cette taille est précis à ±1 000 $ quant au revenu moyen de 50 000 $ observé dans l'échantillon, 19 fois sur 20 », on doit comprendre que la marge d'erreur dans l'estimation du revenu moyen de la population est de 1 000 $, et que le niveau de confiance est de 95 % (soit 19 fois sur 20). On dira alors qu'il y a 95 % de chances que le véritable revenu moyen (noté $\mu$) diffère d'au plus 1 000 $ de la moyenne (notée $\overline{x}$) de 50 000 $ (soit l'estimation ponctuelle) trouvée dans l'échantillon, c'est-à-dire qu'il se situe entre 49 000 $ et 51 000 $ (soit l'intervalle de confiance)[8]. On estime donc le revenu moyen par un intervalle plutôt que par une valeur unique, et c'est pourquoi on parle alors d'estimation par intervalle de confiance plutôt que d'estimation ponctuelle.

Illustrons à nouveau à l'aide de deux exemples les concepts liés à l'estimation.

### EXEMPLE 2.8

En avril 2009, la maison de sondage CROP a préparé un rapport pour l'Ordre des conseillers en ressources humaines agréés (CRHA) conséquemment à un sondage portant sur la *Notoriété d'une loi sur le harcèlement psychologique*. La méthodologie présentée dans le rapport révèle que l'échantillon des ménages a été tiré selon une méthode probabiliste parmi les abonnés du téléphone de l'ensemble du Québec, âgés de 18 ans et plus. À la question : « Avez-vous déjà été victime ou témoin d'un cas de harcèlement psychologique dans votre milieu de travail ? », 167 des 539 personnes interrogées ont répondu oui. De plus, on a pu établir que ce résultat était précis à ±5,7 points de pourcentage, 19 fois sur 20.

L'estimation ponctuelle de la proportion des Québécois adultes qui ont été victimes ou témoins d'un cas de harcèlement psychologique au travail est donc de 31 % (puisque $p = \frac{167}{539} = 31{,}0\ \%$). Comme la marge d'erreur sur cette estimation est de ±5,7 points de pourcentage au niveau de confiance de 95 % (soit 19 fois sur 20), on peut en conclure qu'il y a 95 % de chances que la véritable proportion (notée $\pi$) des personnes victimes ou témoins d'un cas de harcèlement psychologique au travail se situe entre 25,3 % (soit 31,0 − 5,7) et 36,7 % (soit 31,0 + 5,7). Notez qu'on a pu faire cette estimation par intervalle de confiance, puisque l'échantillon a été prélevé de manière aléatoire.

### EXEMPLE 2.9

Dans un rapport de 2009, le Conseil de la radiodiffusion et des télécommunications canadiennes (CRTC) publiait les résultats d'un sondage effectué en 2008 auprès de 12 000 Canadiens âgés de 18 ans et plus portant sur les comportements en ce

8. Quoique déficiente, cette formulation très répandue est tolérée ; on devrait plutôt dire « qu'il y a 19 chances sur 20 qu'un intervalle obtenu de cette manière contienne le vrai revenu moyen », puisque c'est l'intervalle qui est variable, et non le paramètre de la population.

qui a trait aux médias et aux technologies connexes. On y apprend notamment que, chaque semaine, les Canadiens francophones passent en moyenne 11,1 h (l'estimation ponctuelle : $\bar{x}$ = 11,1 h) dans Internet. Si cette estimation est précise à ±0,8 h, 19 fois sur 20, on peut en conclure que la marge d'erreur sur cette estimation est de 0,8 h et qu'il y a 95 % de chances que le véritable temps moyen hebdomadaire (noté $\mu$) se situe entre 10,3 h et 11,9 h. L'intervalle compris entre ces deux dernières valeurs porte le nom d'intervalle de confiance.

Plusieurs facteurs peuvent modifier la marge d'erreur.

Ainsi, la marge d'erreur augmente avec le niveau de confiance : toutes choses étant égales par ailleurs, plus le niveau de confiance est élevé, plus la marge d'erreur est grande, et plus le niveau de confiance est faible, plus la marge d'erreur l'est également.

Plus l'échantillon est petit, plus la marge d'erreur est grande, car les valeurs extrêmes des données individuelles modifient davantage les caractéristiques d'un petit échantillon. À titre d'exemple, imaginons qu'on veuille évaluer la masse moyenne des étudiants d'un cégep. Si on prend un échantillon de taille $n = 1$, on peut tomber sur un joueur de l'équipe de football dont la masse est de 90 kg ; notre estimation se situera probablement très loin de la réalité. Si notre échantillon est de plus grande taille, $n = 100$, il est probable qu'il contiendra des personnes de toutes les catégories, des poids plume aux poids lourds, et que l'effet des valeurs extrêmes sera ainsi atténué dans le calcul de la moyenne. La marge d'erreur sera donc plus faible. À la limite, si $n = N$, la moyenne de l'échantillon sera celle de la population et la marge d'erreur sera nulle. À un niveau de confiance donné, la marge d'erreur diminue donc lorsque la taille de l'échantillon augmente.

Enfin, la technique d'échantillonnage peut également modifier la marge d'erreur. Ainsi, l'échantillonnage stratifié est généralement plus précis que l'échantillonnage aléatoire simple qui, à son tour, se révèle plus précis que l'échantillonnage par grappes. Pour un échantillon de même taille et un même niveau de confiance, la marge d'erreur la plus faible s'obtient avec l'échantillonnage stratifié.

Dans les exemples et les exercices précédents, nous avons indiqué la marge d'erreur, comme c'est couramment le cas dans le compte rendu d'un sondage. Sachez toutefois qu'il est possible de calculer cette marge d'erreur lorsqu'on connaît la technique d'échantillonnage utilisée, la taille de l'échantillon et le niveau de confiance. Nous verrons dans un chapitre ultérieur comment calculer une marge d'erreur.

## EXERCICE 2.5

Une grande centrale syndicale qui compte 120 000 membres a voulu évaluer la prévalence de la discrimination (race, sexe, orientation sexuelle, religion, âge, etc.) au travail. Elle a demandé à une firme de sondage de prélever un échantillon aléatoire simple de 2 400 personnes à partir de la liste des membres de la centrale. En plus des questions habituelles portant sur des caractéristiques personnelles du répondant (âge, sexe, ancienneté, statut d'emploi, taille de l'entreprise où il travaille, etc.), la firme de sondage a demandé aux répondants s'ils savaient qu'il existait une loi québécoise protégeant les travailleurs contre la discrimination, s'ils auraient peur de porter plainte contre un collègue ou leur employeur s'ils étaient victimes de discrimination, s'ils avaient déjà été victimes ou témoins d'un cas de discrimination dans leur milieu de travail, etc.

Dans le rapport présenté à la centrale syndicale, la maison de sondage affirme qu'un échantillon de la taille choisie est précis à 2 points de pourcentage près, 99 fois sur 100. De plus, elle affirme que 20 % des personnes interrogées ont déclaré avoir été victimes ou témoins d'un cas de discrimination dans leur milieu de travail.

a) Quelle est la population étudiée ?

b) Quelle est la taille de la population étudiée ? Utilisez le symbole approprié pour désigner ce nombre.

c) Quelle est la base de sondage ?

d) Quelle est la taille de l'échantillon ? Utilisez le symbole approprié pour désigner ce nombre.

e) Quelle est l'estimation ponctuelle de la proportion des membres de la centrale ayant été témoins ou victimes de discrimination ?

f) Quelle est la marge d'erreur sur cette estimation ?

g) Estimez la proportion des membres de la centrale ayant été témoins ou victimes de discrimination par un intervalle de confiance.

h) Écrivez un court texte qui reprend les réponses obtenues en *e*, *f* et *g*, et qui les explique. (Indice : Inspirez-vous des exemples 2.8 et 2.9.)

## 2.5 Compte rendu d'une enquête par sondage

**Dans cette section :** taux de réponse.

Le compte rendu d'une enquête par sondage doit obéir à des exigences méthodologiques qui permettent d'évaluer la validité des résultats et de porter un jugement éclairé sur le caractère scientifique de l'enquête. Les éléments suivants devraient apparaître dans le compte rendu d'une enquête par sondage :

1. L'*énoncé de chacune des questions*. Il doit permettre de vérifier si les critères de qualité (clarté, pertinence et neutralité) ont été remplis et si l'interprétation des résultats est convenable.
2. Le *mode d'utilisation* du questionnaire (téléphone, poste, entrevue en face à face) et la *période* au cours de laquelle il a été soumis.
3. La *population cible*, la *base de sondage* ainsi que la *technique d'échantillonnage*.
4. La *taille de l'échantillon* ($n$). Dans certains cas, il est nécessaire d'utiliser un échantillon aléatoire simple de plus de 1 000 individus pour obtenir une estimation adéquate d'un paramètre avec une marge d'erreur tolérable.
5. Le *taux de réponse*. Si le **taux de réponse** est inférieur à 60 %, il faut s'interroger sur la validité des résultats, particulièrement lorsqu'il y a lieu de penser que les non-répondants sont très différents des répondants. Il arrive que le sondeur indique les moyens qu'il a pris pour augmenter le taux de réponse.
6. Les *résultats*. Ils peuvent être présentés sous la forme d'un graphique, d'un tableau, d'une estimation (ponctuelle ou par intervalle) d'une moyenne ou d'une proportion.
7. La *marge d'erreur* et le *niveau de confiance*. Ces données ne sont connues que dans le cas d'un échantillonnage aléatoire.
8. La *répartition des indécis*. Il arrive que les indécis soient répartis en fonction de certaines caractéristiques qu'ils ont en commun avec d'autres répondants ou en fonction des réponses données à d'autres questions. La méthodologie du sondage devrait indiquer comment cette répartition a été effectuée.

**Taux de réponse**
Proportion des personnes sélectionnées dans une enquête par sondage et qui ont accepté d'y participer.

Si un ou plusieurs de ces éléments sont omis ou sont mal présentés, on peut mettre en question la validité des résultats de l'enquête.

## Sondages : c'est démontré, la rigueur paie*

Une nouvelle rassurante nous arrive du monde encombré de chiffres dans lequel vivent les experts en sondages : les enquêtes d'opinion publique les plus rigoureuses produisent des données plus précises que celles dont les responsables tournent les coins ronds.

En analysant les sondages publiés au Québec durant la dernière campagne électorale fédérale, trois chercheurs de l'Université de Montréal ont découvert que les sondages menés dans le respect pointilleux des règles de l'art ont estimé à deux ou trois points de pourcentage près les intentions de vote des électeurs. Les enquêtes moins rigoureuses ont en moyenne raté la cible de neuf points.

Ces résultats confirment un certain nombre de vérités trop souvent ignorées par les gens qui s'intéressent aux résultats des enquêtes d'opinion publique. Premièrement, tous les sondages ne sont pas égaux. Dit autrement : ce n'est pas parce qu'il y a des chiffres que c'est précis.

Deuxièmement, il ne suffit pas de connaître l'importance de l'échantillon et la marge d'erreur pour juger de la fiabilité d'un sondage. Un échantillon considérable, produisant théoriquement une marge d'erreur minuscule, peut ne pas être fiable du tout.

Voici pourquoi. Pour qu'un échantillon soit représentatif de toute une population, il ne suffit pas qu'il compte des proportions fidèles de différents groupes : femmes, hommes, francophones, anglophones, etc. Il faut surtout qu'il soit constitué de manière aléatoire.

Les interviewers font leurs appels à partir de listes de numéros de téléphone choisis au hasard. Composons un premier numéro : 450 351-4824. Pas de réponse. Dans une telle situation, certaines maisons de sondage demandent à l'interviewer de passer à un autre numéro sur la liste. La règle du hasard est alors faussée puisque les personnes qui sont rarement à la maison seront sous-représentées dans l'échantillon final. Or, ces personnes possèdent des caractéristiques bien particulières : jeunes, scolarisés, actifs. Idéalement, il faudrait rappeler et rappeler, et rappeler encore.

Supposons qu'à la question « Bonjour, je suis de la maison SOM, et nous faisons un sondage sur… » on réponde au 450 351-4824 : – Foutez-moi la paix !

Certaines firmes vont tout de suite classer ce numéro dans la catégorie « Refus », et passer à un autre numéro. Mais les personnes qui fuient les sondeurs – notamment les personnes âgées – seront alors sous-représentées. Pour réduire ce biais, un autre interviewer, spécialisé dans la récupération des refus, devrait rappeler au 450 351-4824 et tenter d'amadouer la personne au bout du fil.

Une fois qu'une personne a répondu au téléphone, le sondeur demandera de parler à un membre du ménage, choisi au hasard par l'ordinateur : le plus jeune, le plus vieux, celui du milieu… Certaines firmes fonctionnent plutôt par « quotas ». Elle fixent comme objectif de rejoindre tant de personnes de chaque catégorie démographique, et appellent jusqu'à ce que ces « quotas » soient satisfaits. Encore ici, le hasard est faussé.

Broutilles que tout cela ? C'est ce que prétendent certains sondeurs, notamment au Canada anglais, pour qui le purisme des maisons québécoises coûte cher sans produire de meilleurs résultats. Les sociologues Sébastien Vachon et Claire Durand, et le politologue André Blais viennent de démontrer le contraire. Des 17 enquêtes publiées au Québec pendant la campagne fédérale de 1997, celles qui se sont écartées le moins de la réalité sont celles où le sondeur n'a pas utilisé de quotas, n'a pas substitué de numéros et a fait l'impossible pour récupérer les refus.

Les sondages qui ont produit les données les moins précises et les plus variables sont ceux pour lesquels l'« effort échantillonnal » a été le moins important. Conséquence ? Claire Durand : « Tu as un sondage qui montre le Parti conservateur à 35 %. Un autre sondage est publié et montre les conservateurs à 45 %. Les journalistes s'empressent alors de dire : les conservateurs ont monté de dix points. » En réalité, le second sondage a tout simplement été mal fait.

Compliqué, tout ça. Comment le commun des mortels peut-il distinguer l'ivraie du bon grain ? Deux indices. D'abord le taux de réponse, c'est-à-dire la proportion de la liste initiale de numéros de téléphone qui a abouti à des entrevues. Ce taux devrait atteindre au moins 60 %. S'il est plus bas, cela indique qu'il y a eu utilisation de quotas, substitution de numéros ou non-récupération des refus.

---

* A. Pratte, « Sondages : c'est démontré, la rigueur paie », *La Presse*, 6 novembre 1999, p. A22.

**EXERCICE 2.6**

La National Sleep Foundation réalise régulièrement un sondage sur les habitudes de sommeil des États-Uniens. La dernière enquête a été menée du 22 septembre au 30 octobre 2008, et les résultats ont été publiés le 2 mars 2009. Voici quelques renseignements tirés du rapport de cette enquête:

- 1 000 des 3 600 personnes sélectionnées ont participé à des entrevues téléphoniques dont la durée moyenne a été de 21 minutes.
- Les répondants devaient être des États-Uniens âgés d'au moins 18 ans et résider aux Etats-Unis.

- Les numéros de téléphone utilisés pour rejoindre les répondants ont été générés aléatoirement de façon que les quatre régions géographiques retenues (Nord-Est, Midwest, Sud, Ouest) soient représentées selon leur importance démographique.
- On a posé la question suivante: « Combien de temps dormez-vous normalement la nuit précédant une journée typique de travail ? »
- Chez les répondants, la durée moyenne du sommeil la nuit précédant une journée typique de travail est de 6 h 40 min. Avec un échantillon de 1 000 individus, ce résultat est précis à 15 min près, dans 95 % des cas.

a) Quelle est la population cible ?

b) Quelle est la technique d'échantillonnage utilisée ?

c) Quel est le taux de réponse au sondage ?

d) Quelle est l'estimation ponctuelle de la durée moyenne de sommeil la nuit précédant une journée typique de travail chez les États-Uniens ?

e) Quelle est la marge d'erreur sur cette estimation ?

f) Quel est le niveau de confiance ?

g) Indiquez deux facteurs qui auraient provoqué une réduction de la marge d'erreur.

h) Quelle est l'estimation par intervalle de confiance de la durée moyenne de sommeil la nuit précédant une journée typique de travail chez les États-Uniens ?

i) Aviez-vous suffisamment d'information pour vous prononcer sur la valeur scientifique du sondage et pour accorder de la crédibilité aux résultats ?

- **Vous pouvez maintenant faire les exercices récapitulatifs 15 et 16.**

## Résumé

Dans ce chapitre, nous avons étudié les différents éléments associés au sondage, soit les types d'**échantillons** (aléatoires et non aléatoires), la sélection des unités statistiques, le compte rendu d'une enquête par sondage et l'estimation de paramètres.

Le sondage, soit le prélèvement d'un échantillon en vue d'étudier une population, est une méthode simple et peu coûteuse d'obtenir de l'information à propos de toute une population. Il permet notamment d'effectuer l'**estimation** d'un **paramètre** d'une population (telle une proportion, $\pi$, ou une moyenne, $\mu$), de manière **ponctuelle** (soit par une seule valeur) ou par **intervalle de confiance**, à partir de la valeur (ou **statistique**) correspondante dans l'échantillon ($p$ ou $\bar{x}$).

On utilise généralement les lettres $N$ et $n$ pour désigner respectivement les tailles de la population et de l'échantillon. Le **taux de sondage** correspond alors au rapport $n/N$ et le **poids du sondage**, à $N/n$.

Pour que l'information obtenue soit de bonne qualité, l'**échantillon** doit être **représentatif** de la population. On peut prélever un **échantillon** de manière **aléatoire** (la sélection des individus est fondée sur le hasard) ou de manière **non aléatoire** (la sélection des individus est arbitraire). L'**échantillonnage** est **exhaustif** (*sans remise*) lorsqu'une même unité statistique ne doit pas être sélectionnée plus d'une fois, autrement on le qualifie d'échantillonnage avec remise.

Le tableau 2.5 présente une comparaison des techniques d'échantillonnage aléatoire.

Les techniques aléatoires (échantillonnage aléatoire simple, systématique, stratifié, par grappes) sont généralement plus fiables que les techniques non aléatoires (échantillonnage à l'aveuglette, systématique non aléatoire, par quotas, au jugé, de volontaires), et elles permettent d'évaluer la marge d'erreur.

Les techniques non aléatoires sont cependant moins coûteuses, plus rapides et plus simples. Elles peuvent être utilisées pour des études exploratoires, lorsque la population étudiée est homogène, lorsque l'étude comporte des risques pour la santé ou encore lorsqu'on ne dispose pas d'une base de sondage. Toutefois, on ne peut pas généraliser de manière rigoureuse à l'ensemble de la population les résultats de l'observation d'un échantillon non aléatoire.

Le compte rendu d'une enquête par sondage devrait contenir les éléments suivants :

- l'énoncé des questions,
- le mode d'utilisation du questionnaire,
- la période de réalisation du sondage,
- la population cible,
- la **base de sondage**,
- la technique d'échantillonnage,
- la taille de l'échantillon,
- le **taux de réponse**,
- les résultats,
- la **marge d'erreur**,
- le **niveau de confiance**,
- s'il y a lieu, les modalités de répartition des indécis.

TABLEAU | **2.5**

**COMPARAISON DES TECHNIQUES D'ÉCHANTILLONNAGE ALÉATOIRE**

| Technique | Construction de l'échantillon | Avantages | Inconvénients | Limites |
|---|---|---|---|---|
| **Échantillonnage aléatoire simple** | Sélection aléatoire de *n* individus. | • Simplicité ;<br>• Bonne qualité de l'échantillon. | • Nécessité d'une base de sondage ;<br>• Long et fastidieux. | |
| **Échantillonnage aléatoire systématique** | Sélection aléatoire d'un seul individu. Tous les autres éléments sont pris à intervalle fixe dans la base de sondage. | • Sélection d'un seul nombre aléatoire ;<br>• Rapidité ;<br>• Bonne répartition de l'échantillon dans la base de sondage. | • Nécessité d'une base de sondage. | On ne peut l'utiliser pour étudier des phénomènes cycliques. |
| **Échantillonnage stratifié** | Sélection d'échantillons aléatoires simples à l'intérieur des **strates**. Le rapport entre la taille de chaque sous-échantillon et la taille de l'échantillon total doit être égal au rapport entre la taille de la strate et la taille de la population. | • Grande précision ;<br>• Échantillon conçu pour être un modèle réduit de la population ;<br>• Permet de comparer des sous-populations par rapport aux variables étudiées. | • Coûteux ;<br>• Nécessite une connaissance de la population selon des critères de stratification ;<br>• Il faut décomposer la base de sondage en plusieurs listes. | Les strates devraient être relativement homogènes. |
| **Échantillonnage par grappes** | Sélection aléatoire de **grappes.** L'échantillon est formé de tous les individus compris dans les grappes sélectionnées. | • Rapidité ;<br>• Possibilité d'utiliser une **base aréolaire.** | • Échantillon non représentatif si les grappes sont homogènes. | Les grappes doivent être hétérogènes et de taille similaire. |

## MOTS CLÉS

## Réseau de concepts

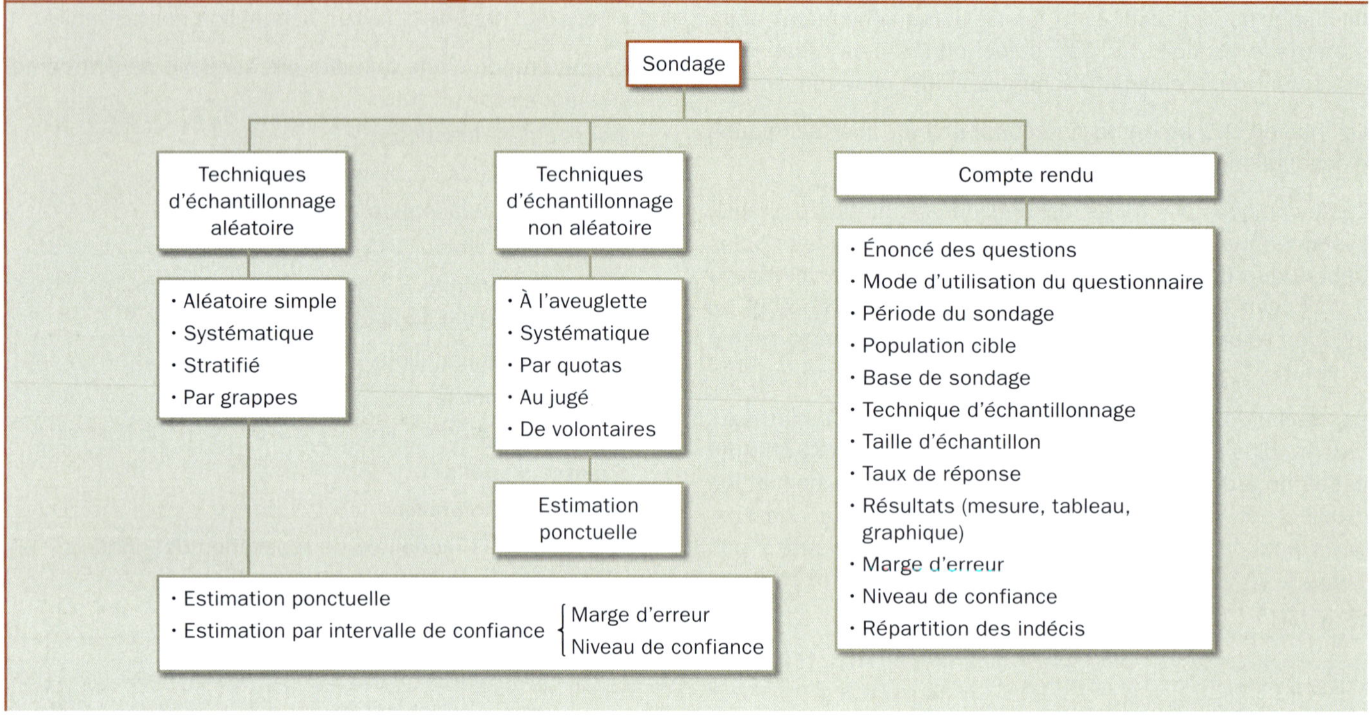


## Exercices récapitulatifs

### Sections 2.1 et 2.2

**1.** Quelle qualité recherche-t-on dans un échantillon ?

**2.** Qu'est-ce qui caractérise un échantillon aléatoire ?

**3.** Définissez le terme.

a) Échantillonnage exhaustif.

b) Poids du sondage.

c) Taux de sondage.

**4.** Combien de combinaisons différentes y a-t-il à la loterie Sélect 42, dans laquelle on choisit, sans remise et de manière aléatoire, 6 nombres compris entre 1 et 42 ?

**5.** Quel document concernant une population faut-il posséder pour procéder par échantillonnage aléatoire simple ? Quel peut être le défaut de ce document ?

**6.** Un club vidéo désire comparer les habitudes de consommation de ses 10 000 membres selon le sexe et le groupe d'âge afin de mieux connaître leurs goûts. Il décide de procéder à une enquête auprès de ses membres par voie de sondage. Les abonnés sont répartis dans quatre catégories (tableau 2.6).

TABLEAU 2.6

**RÉPARTITION DES MEMBRES, SELON LA CATÉGORIE**

| Catégorie | Nombre de membres |
|---|---|
| Hommes de moins de 30 ans | 4 000 |
| Femmes de moins de 30 ans | 3 000 |
| Hommes de 30 ans ou plus | 2 000 |
| Femmes de 30 ans ou plus | 1 000 |
| Total | 10 000 |

a) Quelle technique d'échantillonnage conseilleriez-vous d'employer ? Expliquez votre choix.

b) Si la taille de l'échantillon est de 50 personnes, combien d'hommes de moins de 30 ans devrait-on interroger ?

**7.** Quel est l'avantage de l'échantillonnage stratifié par rapport à l'échantillonnage aléatoire simple ? Quel en est l'inconvénient ?

**8.** Une commission scolaire en milieu urbain qui compte 30 écoles primaires, toutes de taille similaire, décide de mener une enquête sur les habitudes alimentaires des élèves de sixième année. Le chercheur embauché décide de sélectionner aléatoirement cinq écoles et de soumettre un questionnaire à tous les élèves de sixième année de ces écoles.

a) Quelle est la technique d'échantillonnage utilisée ?

b) Cette technique est-elle appropriée dans le contexte de cette enquête ? Justifiez votre réponse.

**9.** Qu'est-ce qui distingue les grappes des strates ?

**10.** Quel problème peut être occasionné par l'emploi d'une base aréolaire ?

## Sections 2.2 et 2.3

**11.** Nommez la technique d'échantillonnage qui possède la caractéristique indiquée.

a) On ne devrait pas l'utiliser dans l'étude de phénomènes cycliques.

b) L'échantillon est constitué à partir de l'avis d'experts.

c) Quand on l'utilise, on ne sélectionne pas les individus un à la fois.

d) Cette technique aléatoire nécessite la sélection aléatoire d'un seul nombre.

e) Cette technique nécessite plusieurs listes.

f) Cette technique aléatoire permet à chaque groupe d'être représenté dans l'échantillon selon son importance numérique dans la population.

g) On se sert de cette technique aléatoire lorsqu'on ne dispose pas d'une liste des individus composant la population.

**12.** Déterminez la technique d'échantillonnage associée à l'énoncé et indiquez s'il s'agit d'une technique probabiliste ou non probabiliste.

a) On demande à chaque enquêteur d'interroger 10 hommes de moins de 20 ans, 30 hommes de 20 ans à 60 ans et 15 hommes de plus de 60 ans. Chaque enquêteur doit également interroger respectivement 15, 35 et 20 femmes dans ces catégories d'âge.

b) On interroge, à son gré, 50 personnes au coin d'une rue.

c) Un comptable décide de faire la vérification de ses comptes en prélevant la quatrième facture de chaque groupe de 20 factures.

d) On sélectionne de manière aléatoire 20 pages de l'annuaire des étudiants et on interroge tous ceux dont les noms apparaissent sur ces pages.

e) On invite des gens à téléphoner pour donner leur opinion sur la compétence du gouvernement.

f) Cléopâtre demande à son goûteur de prendre une bouchée de chaque mets qu'on lui sert.

g) On utilise la touche RAN d'une calculatrice pour choisir 50 noms sur une liste électorale.

**13.** Un distributeur de films se rend à un grand festival pour y acheter des films. Évidemment, il désire se procurer des films qui plairont au public. Il vient d'en voir un qu'il a aimé, mais il n'est pas convaincu que ses goûts correspondent à ceux du grand public. Il décide d'effectuer une enquête par sondage auprès de personnes qui ont vu ce film au festival.

a) Peut-il réaliser son sondage par échantillonnage aléatoire simple ? Expliquez votre réponse.

b) Quel problème un échantillon de volontaires pourrait-il soulever ?

c) Le distributeur pense à se poster à la sortie du cinéma et à interroger les 20 premières personnes qui sortiront de la salle. Expliquez pourquoi il ne devrait pas procéder de la sorte.

d) Il décide plutôt d'interroger la $3^{e}$ personne qui sort de la salle, puis la $8^{e}$, la $13^{e}$, et ainsi de suite. Quelle technique d'échantillonnage utilise-t-il ? Quel est le pas du sondage ?

e) Les commentaires des personnes faisant partie de l'échantillon sont tous très favorables. Le distributeur décide donc d'acheter le film. Quelques semaines plus tard, alors qu'il projette le film en salle, beaucoup de spectateurs sortent avant la fin de la représentation. À la fin du film, d'autres quittent la salle en maugréant. Expliquez pourquoi ces faits ne sont pas en contradiction avec les résultats obtenus auprès des personnes de l'échantillon.

**14.** L'échantillonnage non aléatoire peut être utilisé à bon escient dans certaines circonstances. Indiquez-en quatre.

## Sections 2.4 et 2.5

**15.** Quels facteurs exercent une influence sur la marge d'erreur ? Expliquez l'effet de chacun de ces facteurs.

**16.** En septembre 2008, le ministère de la Sécurité publique rendait publics les résultats du premier sondage sur le vol d'identité et la cybercriminalité au Québec. Lors de ce sondage téléphonique, 1 100 résidants du Québec âgés de plus de 19 ans ont été choisis au hasard à partir d'un CD-ROM de la société InfoCanada qui contient des renseignements détaillés sur 12 millions de Canadiens, de façon telle que tous les membres de la population cible ont une probabilité identique de faire partie de l'échantillon. Le questionnaire utilisé comprenait 36 questions. Voici quelques données tirées du rapport :

- Cinq catégories de vol d'identité ont été retenues :
  - l'utilisation frauduleuse d'une carte de débit ou de crédit ;
  - l'obtention d'une nouvelle carte de crédit, de débit ou d'un prêt financier grâce à de l'information personnelle de la victime ;
  - l'accès frauduleux à un compte bancaire de la victime ;
  - l'obtention frauduleuse de services téléphoniques, d'électricité ou autres grâce à l'information de la victime ;
  - l'information personnelle compromise sans fraude consécutive.

- 63 des 1 100 répondants ont été victimes d'un vol d'identité au cours des 12 derniers mois.
- Les 63 victimes de vol d'identité ont subi 90 incidents, c'est-à-dire que chacune de ces victimes a pu subir un vol d'identité à plus d'une reprise ou de plus d'un type. La moyenne annuelle du nombre d'incidents est donc de 1,4 incident par victime.
- 68,5 % des 1 100 répondants ont déclaré avoir confiance aux institutions financières pour prévenir et réprimer la cybercriminalité et le vol d'identité.
- Dans un échantillon de 1 100 répondants, l'estimation d'une proportion est précise à 2,9 points de pourcentage, 19 fois sur 20.

a) La méthode d'échantillonnage utilisée est-elle aléatoire ou non aléatoire ? Justifiez votre réponse en citant un extrait du texte.

b) Quelle est la population étudiée ?

c) Quelle est la base de sondage ?

d) Quelle est la taille de l'échantillon prélevé ? Utilisez le symbole approprié pour désigner ce nombre.

e) Quelle est l'estimation ponctuelle de la proportion des Québécois de plus de 19 ans ayant été victimes d'un vol d'identité au cours des 12 derniers mois ?

f) Quelle est l'estimation par intervalle de confiance de la proportion des Québécois de plus de 19 ans ayant été victimes d'un vol d'identité au cours des 12 derniers mois ?

g) Quelle est l'estimation par intervalle de confiance de la proportion des Québécois de plus de 19 ans qui ont confiance aux institutions financières pour prévenir et réprimer la cybercriminalité et le vol d'identité ?

h) Si la marge d'erreur, à un niveau de confiance de 95 %, est de 0,2 incident par victime, quelle est l'estimation par intervalle de confiance du nombre annuel moyen d'incidents de vol d'identité par victime chez les Québécois de plus de 19 ans ?

## Exercices de synthèse

**1.** Internet est un outil technologique extrêmement puissant qui favorise la communication. Il peut être utilisé pour faire de la recherche, pour envoyer des courriels, pour clavarder, etc. Toutefois, certains y recourent de façon malicieuse pour faire de la cyberintimidation. Cette pratique est généralement définie comme l'envoi ou l'affichage d'images embarrassantes ou de messages textuels cruels, menaçants ou insultants par l'entremise d'Internet ou de tout autre moyen de communication électronique. Un récent sondage auprès d'élèves du secondaire révélait que plus du quart d'entre eux avaient déjà été victimes de cyberintimidation.

Mais qu'en est-il des professeurs et des autres membres du personnel de l'éducation ? Sont-ils au courant du phénomène ? En connaissent-ils la prévalence ? Connaissent-ils des personnes qui en ont été victimes ?

La firme de sondage CROP a réalisé un sondage sur le phénomène de la cyberintimidation pour le compte de la Centrale des syndicats du Québec (CSQ), qui est la plus grande organisation syndicale de professeurs du Québec. La maison de sondage a mené 1 200 entrevues téléphoniques auprès d'un échantillon stratifié prélevé à partir de la liste des 82 000 membres de la CSQ. Le questionnaire comportait 18 questions portant sur le phénomène de la cyberintimidation. La CSQ voulait notamment en déterminer la prévalence (le nombre d'actes), ainsi que les perceptions et les attitudes de ses membres à l'égard de ce phénomène.

a) Quelle méthode d'échantillonnage la maison CROP a-t-elle utilisée ? Indiquez si cette méthode est aléatoire.

b) Quelle est la population étudiée ?

c) Quelle est la base de sondage ?
d) Quelle est la taille de la population étudiée ? Utilisez le symbole approprié pour désigner ce nombre.
e) Quelle est la taille de l'échantillon prélevé ? Utilisez le symbole approprié pour désigner ce nombre.
f) Quel est le taux de sondage ?
g) Quel est le poids du sondage ?
h) À partir des éléments contenus dans le texte, formulez une question de recherche à laquelle la CSQ tentait d'obtenir une réponse.
i) À partir de l'information contenue dans le tableau 2.7, déterminez combien de membres de la CSQ ayant moins de cinq ans d'ancienneté auraient dû faire partie de l'échantillon, si la stratification a été effectuée en fonction du critère de l'ancienneté.

TABLEAU | **2.7**

**RÉPARTITION DES MEMBRES, SELON L'ANCIENNETÉ**

| Ancienneté (années) | Nombre de membres |
|---|---|
| Moins de 5 | 14 760 |
| 5 ou plus mais moins de 16 | 34 440 |
| 16 ou plus mais moins de 25 | 18 860 |
| 25 ou plus | 13 940 |
| **Total** | **82 000** |

La firme de sondage a posé la question suivante :

« En général, comment qualifieriez-vous votre perception des conséquences de la cyberintimidation pour la victime ? Diriez-vous qu'elles sont... »

Très graves ? ( )
Graves ? ( )
Pas tellement graves ? ( )
Pas graves du tout ? ( )

Dans le rapport remis à la CSQ, la firme de sondage affirmait que la très grande majorité des répondants (soit 92 %) estiment que les conséquences de la cyberintimidation sont graves ou très graves pour la victime.

Dans la présentation de sa méthodologie, la maison CROP affirmait également que « d'un point de vue statistique, un échantillon de cette taille est précis à 3 points près, 19 fois sur 20 ».

j) Quelle est la variable étudiée dans cette question ?
k) Quelle est la nature de cette variable ?
l) Quelle est l'estimation ponctuelle de la proportion des membres de la CSQ qui estiment que les conséquences de la cyberintimidation sont graves ou très graves pour la victime ?
m) Quelle est la marge d'erreur sur l'estimation de cette proportion ?
n) Quel est le niveau de confiance associé à cette estimation ?
o) Quelle est l'estimation par intervalle de confiance de cette proportion ?
p) Écrivez un court texte qui reprend les réponses obtenues en *l*, *m*, *n* et *o* et les explique. (Indice : Inspirez-vous des exemples 2.8 et 2.9.)

Une autre question portait sur la nature de la fonction (élève, professeur, employé de soutien, membre de la direction, etc.) de la victime du cas de cyberintimidation le mieux connu du répondant.

q) Quelle est la variable étudiée dans cette question ?

r) Quelle est la nature de cette variable ?

s) L'échantillon de répondants à cette question n'était formé que de 324 personnes. La marge d'erreur sur l'estimation d'une proportion aurait-elle été plus faible, identique ou plus élevée que celle (3 points de pourcentage) qui a été indiquée précédemment ? Justifiez votre réponse.

La firme de sondage s'est également intéressée aux nombres d'événements de cyberintimidation qu'ont eu à subir les victimes. Elle a donc posé la question suivante :

« À combien de reprises environ cette personne a-t-elle été victime de cyberintimidation ? » (Nombre d'événements différents.)

1. ( )<br>
2 ou 3. ( )<br>
De 4 à 9. ( )<br>
10 et plus. ( )

t) Quelle est la variable étudiée dans cette question ?

u) Quelle est la nature de cette variable ?

v) Quelle échelle de mesure a été utilisée ?

w) La firme de sondage concluait que les victimes avaient vécu en moyenne trois incidents distincts de cyberintimidation. Si la marge d'erreur sur cette estimation est de 0,2 reprise, 19 fois sur 20, quelle est l'estimation par intervalle de confiance du nombre moyen de reprises distinctes de cyberintimidation ?

**2.** Vous voulez dresser un portrait des universités canadiennes. Vous disposez de la liste des 95 universités membres de l'Association des universités et collèges du Canada. Dans cette liste, les universités sont regroupées d'abord par province, et dans chaque province, par ordre alphabétique. Vous décidez de procéder à partir d'un échantillon de 20 établissements obtenu au moyen d'un échantillonnage par grappes. Vous décidez de former des grappes de taille 5.

a) Quel nom donne-t-on à la liste à partir de laquelle on prélève un échantillon ?

b) Dans le contexte, que représente une unité statistique ?

c) La technique d'échantillonnage par grappes est-elle aléatoire ou non aléatoire ?

d) Combien de grappes devrez-vous former ?

e) Parmi celles-ci, combien devrez-vous en sélectionner ?

f) Serait-il approprié de former les grappes en suivant l'ordre dans lequel les universités apparaissent sur la liste, c'est-à-dire par province ? Justifiez votre réponse.

g) Quel est le taux de sondage ?

h) Que nous apprend ce nombre dans le contexte ?

i) Quel est le poids du sondage ?

j) Que nous apprend ce nombre dans le contexte ?

**3.** En 2010, le Service aux étudiants d'un cégep a mené une enquête auprès des diplômés de 2008 provenant du domaine des techniques de la gestion : techniques administratives (A), bureautique (B) et informatique (I). On veut connaître la principale occupation des diplômés deux ans après la fin de leurs études : travail à temps plein, travail à temps partiel, chômage, études, autre. Le Service dispose d'une liste mise à jour des 80 diplômés de 2008 et décide de procéder par sondage. On désire sonder 25 % des diplômés. Le tableau 2.8 donne la liste alphabétique des prénoms des diplômés ainsi que leur domaine d'études.

TABLEAU | **2.8**

| Nom | Domaine | Nom | Domaine | Nom | Domaine |
|---|---|---|---|---|---|
| Alain | A | Gaston | A | Marie | A |
| Alexis | A | Gérard | A | Mariette | A |
| Aline | B | Gilles | B | Martine | B |
| André | A | Ginette | B | Mathieu | A |
| Andrée | A | Guy | A | Maude | A |
| Anita | A | Hélène | I | Maurice | B |
| Antoine | I | Henri | I | Monique | A |
| Bernard | A | Hugues | B | Olivier | A |
| Carmen | I | Isabelle | B | Pascale | I |
| Carole | B | Jean-Marc | A | Paul | A |
| Caroline | A | Jeanne | I | Pierre | I |
| Cédrick | A | Jennifer | B | Pierrette | A |
| Céline | B | Jérémie | A | Rachel | A |
| Chantal | B | Johanne | B | Raymond | I |
| Chantale | A | Josée | B | Régine | A |
| Christiane | I | Joseph | A | Réjean | A |
| Claire | A | Josianne | A | Renée | I |
| Claudette | B | Jules | A | Robert | I |
| Denis | I | Julie | B | Roxanne | I |
| Denise | B | Juliette | A | Serge | A |
| Diane | B | Kathia | B | Simon | A |
| Donna | A | Léo | I | Suzanne | B |
| Émile | A | Lise | A | Sylvain | I |
| Éric | A | Louison | I | Tania | A |
| Étienne | A | Luc | A | Yves | I |
| Francine | B | Lucie | I | Yvon | I |
| François | A | Marc | I | | |

a) Quelle est la population étudiée ?

b) Quelle est la taille de la population ?

c) Combien y a-t-il de diplômés en techniques administratives ? En bureautique ? En informatique ?

d) Parmi ces diplômés, quelle est la proportion des diplômés en techniques administratives ?

e) Quelle est la base de sondage ?

f) Quel est le taux de sondage ?

g) Quelle est la taille de l'échantillon ?

h) Quelles sont les deux variables présentées dans l'énoncé ?

i) De quelle nature sont-elles ?

j) Pour chacune de ces variables, déterminez les valeurs ou les modalités possibles.

k) Utilisez la table de nombres aléatoires fournie au tableau 2.1 de la page 44 (point de départ : ligne 5, colonne 5 ; direction : de haut en bas, sur une seule colonne ; on recommence au haut de la colonne immédiatement à droite lorsqu'on arrive au bas d'une colonne) pour sélectionner un échantillon aléatoire simple avec remise.

l) Après avoir sélectionné votre échantillon, vous compilez vos résultats et vous constatez que 12 diplômés sélectionnés occupent un emploi à temps plein.

- Quelle proportion des diplômés sélectionnés occupent un emploi à temps plein ?

- Quel symbole utilise-t-on pour représenter ce nombre ?
- Complétez : « Ce nombre constitue l'estimation _______________ de la proportion ($\pi$) des 80 diplômés de 2008 qui occupent un emploi à temps plein deux ans après la fin de leurs études. »

m) Vous estimez qu'il aurait été intéressant de comparer les différents domaines d'études quant à l'occupation principale des diplômés.
- Quelle technique d'échantillonnage aurait-il été préférable d'utiliser ?
- Quelle aurait été alors la première chose à faire pour sélectionner un échantillon ?
- Prélevez un échantillon de taille 20, sans remise. Utilisez le même parcours qu'en $k$ dans la table de nombres aléatoires.

**4.** Une de vos amies effectue une expérience sur la perception au cours de laquelle elle demande à des sujets d'indiquer la forme géométrique (cercle, rectangle ou triangle) d'un symbole. Elle présente six symboles à chacun des sujets. Les symboles sont choisis aléatoirement, l'un après l'autre, parmi la liste des 24 symboles apparaissant dans le tableau 2.9. Votre amie souhaite que son échantillon soit représentatif de sa population de symboles.

TABLEAU | **2.9**

**LISTE DES SYMBOLES**

a) Remplissez le tableau 2.10.

TABLEAU | **2.10**

**RÉPARTITION DES SYMBOLES, SELON LEUR FORME**

| Forme du symbole | Nombre de symboles |
|---|---|
| | |
| Total | |

b) Les symboles sélectionnés à partir de la liste pour le premier sujet sont ombrés dans le tableau 2.11. D'après vous, quelle technique d'échantillonnage aléatoire a servi pour obtenir cette sélection ? Expliquez sommairement la technique utilisée et vérifiez si votre amie a respecté les conditions d'utilisation de cette technique.

TABLEAU | **2.11**

**SYMBOLES SÉLECTIONNÉS**

c) Les symboles sélectionnés à partir de la liste pour le deuxième sujet sont ombrés dans le tableau 2.12. D'après vous, quelle technique d'échantillonnage aléatoire a servi pour obtenir cette sélection ?

TABLEAU 2.12

**SYMBOLES SÉLECTIONNÉS**

d) Votre amie a disposé les éléments de sa population d'une autre façon et a obtenu l'échantillon représenté dans le tableau 2.13. D'après vous, quelle technique d'échantillonnage aléatoire a servi pour obtenir cette sélection ? L'emploi de cette technique est-il approprié ? Justifiez votre réponse.

TABLEAU 2.13

**SYMBOLES SÉLECTIONNÉS**

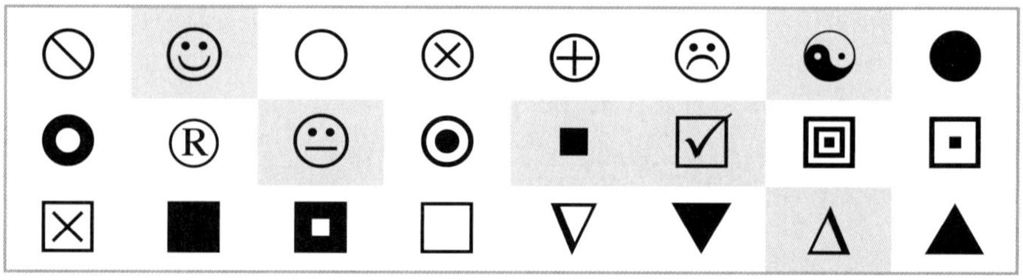

e) Votre amie numérote les éléments de la nouvelle disposition de sa population de symboles de gauche à droite à partir de zéro. Elle veut maintenant prélever un échantillon de taille 4 par la méthode d'échantillonnage aléatoire systématique. Encadrez les éléments manquants de son échantillon (tableau 2.14) et dites pourquoi il est approprié d'utiliser cette méthode avec cette disposition de la population.

TABLEAU 2.14

**SYMBOLES SÉLECTIONNÉS**

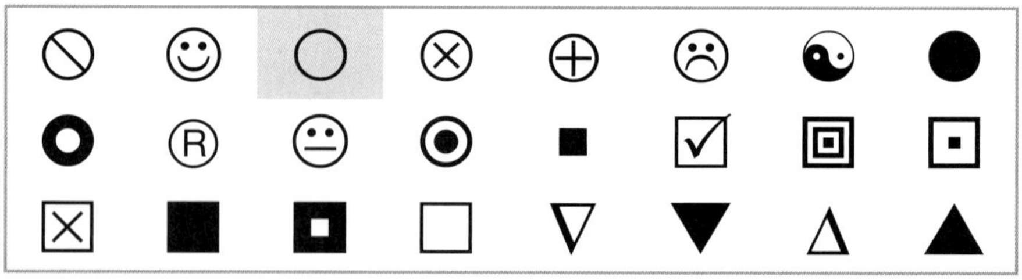

**Après avoir formulé sa problématique**, ses questions de recherche et ses hypothèses, après avoir choisi sa méthode d'investigation, construit son instrument de mesure et colligé ses données, un chercheur doit organiser et traiter l'information recueillie.

Dans un premier temps, il verra vraisemblablement à représenter cette information par des tableaux ou des graphiques afin de dégager les éléments susceptibles d'apporter des réponses à ses questions de recherche. Le choix d'une représentation dépendra notamment de la nature de la ou des variables étudiées, de l'échelle de mesure utilisée et de la forme de regroupement des données. Bien sûr, pour construire ses tableaux ou ses graphiques, le chercheur devra se soumettre aux normes de présentation destinées à en faciliter la lecture, la compréhension et l'interprétation.

Dans le présent chapitre, nous construirons donc des tableaux, notamment des tableaux de fréquences pour des données groupées par modalités, par valeurs ou par classes. Nous examinerons également les différents graphiques (diagramme à secteurs, diagramme linéaire, diagramme à bandes rectangulaires, diagramme à bâtons, histogramme, polygone de fréquences, courbe de fréquences relatives cumulées) à employer selon le type de regroupement de données utilisé. Nous analyserons en outre des séries chronologiques, ainsi que leurs différentes représentations graphiques, que nous commenterons avec des mesures dites de variation.

# 3 Tableaux et graphiques

*Aucun être humain n'est en mesure de saisir toute l'information contenue dans une grande quantité de données numériques.*

*L'utilisation de graphiques facilite la compréhension des données. Les graphiques ne prouvent rien, mais ils permettent de mettre en évidence des faits importants enfouis dans une masse de données.*

Sir Ronald A. Fischer

# 3 Tableaux et graphiques

## SOMMAIRE



## OBJECTIFS

→ Appliquer les normes de présentation des tableaux et des graphiques (3.2).

→ Grouper un ensemble de données sous forme de tableau de fréquences (par modalités, par valeurs ou par classes) (3.3 et 3.4).

→ Lire, analyser et commenter des tableaux de fréquences à une entrée (3.2 à 3.4).

→ Choisir une représentation graphique appropriée pour des données tirées d'un tableau de fréquences (3.2 à 3.5).

→ Construire une représentation graphique à partir d'un ensemble de données tirées d'un tableau de fréquences (3.2 à 3.5).

→ Nommer, distinguer, analyser et commenter les diverses représentations graphiques associées à des tableaux de fréquences (3.2 à 3.5).

→ Lire, construire, analyser et commenter des tableaux de fréquences à double entrée (3.5).

→ Représenter graphiquement une série chronologique (3.6).

→ Commenter une série chronologique (3.6).

→ Représenter graphiquement des données tirées de tableaux qui ne sont pas des tableaux de fréquences ni des séries chronologiques (3.7).

# 3.1 Collecte de données

**Dans cette section :** série statistique.

Pendant les campagnes électorales, les médias publient des sondages sur les intentions de vote des électeurs. Les questionnaires servant à ces sondages comportent habituellement une quinzaine de questions auxquelles environ 1 000 personnes répondent. Toutes les questions portent un numéro ($Q_1$, $Q_2$, …, $Q_{15}$), de même que tous les sujets interrogés ($S_1$, $S_2$, …, $S_{1\,000}$). Chaque question porte sur une variable comme le sexe du répondant, son âge, son niveau de revenu, son intention de vote, son opinion sur une politique, etc. Comme l'indique la quatrième étape de la démarche scientifique, il faut organiser les données recueillies pour les présenter sous une forme intelligible. Dans un premier temps, les réponses au sondage sont colligées dans un tableau comme le tableau 3.1.

TABLEAU 3.1

**COMPILATION DES RÉPONSES À UN QUESTIONNAIRE D'ENQUÊTE**

| Sujets | Questions | | | |
|---|---|---|---|---|
| | $Q_1$ | $Q_2$ | … | $Q_{15}$ |
| $S_1$ | | | | |
| $S_2$ | | | | |
| ⋮ | | | | |
| ⋮ | | | | |
| ⋮ | | | | |
| $S_{1\,000}$ | | | | |

Chaque ligne de ce tableau contient les réponses d'un sujet aux questions et chaque colonne représente les réponses de tous les sujets à une question. La construction d'un tel tableau constitue une forme primitive d'organisation et de traitement des données. Sous cette forme, les données ne sont pas encore analysables et ne peuvent apporter une ébauche de réponse à des hypothèses, parce que l'information n'y est pas présentée de façon suffisamment succincte. À cette fin, le sondeur, ou le chercheur, peut décider de ne considérer à la fois qu'une seule variable (une des colonnes). Il peut également choisir deux variables – et même parfois quelques-unes –, qu'il tentera de mettre en relation.

**Série statistique**
Liste des données brutes relatives à une variable recueillies au cours d'une étude.

Chaque colonne d'un tableau comme le tableau 3.1 constitue une **série statistique**, soit une liste des données brutes recueillies au cours d'une étude statistique et portant sur une seule variable. On peut extraire une telle liste du tableau pour former un nouveau tableau qui permettra l'étude d'une seule variable en particulier.

Il est difficile, voire impossible, d'analyser une série statistique dans sa forme brute, parce qu'elle contient une masse d'information trop dense. Pour dégager l'information pertinente, il faut organiser les données et les présenter sous une forme simplifiée. On peut y arriver notamment :

- en groupant les données dans un tableau de fréquences ;
- en présentant les données à l'aide d'un graphique ;
- en calculant des mesures statistiques appropriées.

Les tableaux de fréquences servent à classer les données et à les présenter de manière à en faire ressortir les principales caractéristiques. Celles-ci peuvent également être mises en évidence par une représentation graphique appropriée. Dans le présent chapitre, nous allons voir comment dresser, lire et commenter des tableaux et les graphiques qui s'y rapportent.

## 3.2 Traitement d'une variable qualitative

**Dans cette section :** tableau de fréquences • fréquence absolue • fréquence relative • diagramme à secteurs • diagramme linéaire • diagramme à bandes rectangulaires.

Selon la variable étudiée, on pourra grouper les données par modalités, par valeurs ou par classes dans un tableau à partir duquel on sera en mesure de construire une ou plusieurs représentations graphiques.

### 3.2.1 Tableau de fréquences : données groupées par modalités

L'exemple 3.1 illustre comment dresser un tableau de fréquences dans le cas où les données sont groupées par modalités.

**EXEMPLE 3.1**

Supposons qu'un enquêteur ait interrogé 125 personnes dans un sondage mené au cours d'une campagne électorale. Le tableau 3.2 montre à quoi pourrait ressembler la série statistique donnant le sexe des personnes interrogées.

TABLEAU 3.2

**SEXE DE 125 PERSONNES AYANT RÉPONDU À UN QUESTIONNAIRE D'ENQUÊTE**

| | | | | | | | | | | | | | | | | | | | | | | | | |
|---|---|---|---|---|---|---|---|---|---|---|---|---|---|---|---|---|---|---|---|---|---|---|---|---|
| M | M | F | F | M | M | F | F | F | M | M | F | M | F | M | M | F | F | M | M | M | M | M | F | F |
| F | M | F | M | M | M | M | M | F | M | F | F | M | F | M | M | F | F | M | F | F | F | F | F | M |
| F | F | M | M | M | M | M | M | M | F | F | F | M | F | M | M | F | M | F | F | F | M | F | F | F |
| F | M | F | M | F | F | M | M | F | F | M | M | M | M | F | F | M | M | F | M | F | M | M | F | M |
| M | F | M | M | M | F | M | F | M | M | F | M | M | F | F | F | M | F | M | M | F | F | F | M | F |

Cette série comporte 125 données (le sexe de chacun des répondants) qui prennent deux modalités : masculin ou féminin (représentées par les lettres M et F). Ces données sont nombreuses et présentées dans le désordre, de sorte qu'il nous est impossible de déterminer d'un seul coup d'œil si, parmi les personnes interrogées, les hommes sont plus nombreux que les femmes. Imaginez la difficulté si la série comportait 1 000 ou 10 000 données !

**Tableau de fréquences**

Tableau, aussi appelé *tableau de distribution*, qui sert à grouper des données selon leur fréquence d'apparition dans une série statistique. On groupe les données par modalités lorsqu'on étudie une variable qualitative nominale ou ordinale ; par valeurs lorsqu'on étudie une variable quantitative discrète qui présente un petit nombre de valeurs distinctes ; par classes lorsqu'on étudie une variable quantitative continue ou une variable quantitative discrète qui présente un grand nombre de valeurs distinctes.

Pour faciliter la compréhension de l'information contenue dans cette masse de données, il faut procéder à l'organisation et au traitement de celles-ci. Nous allons donc grouper les données de cette série statistique dans un **tableau de fréquences** (ou *tableau de distribution*).

**EXEMPLE 3.2**

La série statistique (tableau 3.2, p. 74) portant sur le sexe des 125 répondants comporte 125 données. On dénombre 65 hommes et 60 femmes parmi les répondants, information qu'on peut consigner dans un tableau de fréquences (tableau 3.3).

TABLEAU | **3.3**

**RÉPARTITION DE 125 RÉPONDANTS, SELON LE SEXE**

| Sexe | Nombre de répondants |
|---|---|
| Masculin | 65 |
| Féminin | 60 |
| **Total** | **125** |

Comme le montre le tableau 3.3, on groupe les données par modalités dans le cas d'une variable qualitative en comptant le nombre de fois que chaque modalité apparaît dans la série statistique. La première colonne d'un tel tableau de fréquences contient alors les différentes modalités considérées. Les deux modalités que peut prendre la variable dans notre exemple (masculin ou féminin) sont donc inscrites dans cette colonne qui porte le nom de la variable (sexe).

**Fréquence absolue**

Nombre de données qui présentent une modalité, qui prennent une valeur ou qui appartiennent à une classe. On l'appelle aussi l'*effectif*. ■

**Fréquence relative**

Proportion des données qui présentent une modalité, qui prennent une valeur ou qui appartiennent à une classe. Elle s'exprime le plus souvent en pourcentage. ■

La deuxième colonne d'un tableau de fréquences donne généralement la **fréquence absolue** (qu'on appelle aussi l'*effectif*) ou la **fréquence relative** de la modalité, soit le nombre de données (la fréquence absolue) ou la proportion des données (la fréquence relative) qui présentent la modalité apparaissant dans la première colonne. Cette colonne est intitulée « Nombre [des unités statistiques] » ou « Pourcentage [des unités statistiques] (%) », selon le cas.

**EXEMPLE 3.3**

Voici comment dresser un tableau des fréquences relatives à partir du tableau 3.3 (ci-dessus). Les entrées de la colonne des fréquences relatives correspondent au pourcentage de l'ensemble des données qui se trouvent dans chaque modalité. Les fréquences relatives sont obtenues en divisant les fréquences absolues associées à chaque modalité par le nombre total de données et en multipliant le résultat par 100 %. Dans notre exemple, la fréquence relative pour la modalité « Masculin » représente le pourcentage des personnes de sexe masculin, obtenu au moyen du calcul suivant :

$$\frac{65}{125} \times 100\ \% = 52\ \%$$

Par conséquent, 52 % des répondants sont des hommes et 48 % sont des femmes, information qu'on peut consigner dans le tableau 3.4.

TABLEAU | **3.4**

**RÉPARTITION EN POURCENTAGE DES RÉPONDANTS, SELON LE SEXE**

| Sexe | Pourcentage des répondants (%) |
|---|---|
| Masculin | 52 |
| Féminin | 48 |
| **Total** | **100** |

Lorsqu'on utilise des fréquences relatives, on arrondit les pourcentages, s'il y a lieu. La règle d'arrondissement généralement reconnue propose d'arrondir un nombre au nombre à une décimale le plus proche. Ainsi 22,56 % et 22,64 % sont tous deux arrondis à 22,6 %, parce que 22,6 % est le pourcentage à une décimale qui est le plus proche de ces deux nombres. Qu'en sera-t-il de 22,55 % ? Ce pourcentage est aussi proche de 22,5 % que de 22,6 %. Dans un tel cas, la décimale du nombre arrondi sera le plus petit entier pair supérieur ou égal à la première décimale du nombre de départ. Ainsi, 22,55 % et 22,65 % seront tous deux arrondis à 22,6 %.

**EXERCICE 3.1**

Arrondissez le pourcentage à une décimale.

a) 0,15 %

b) 5,8513 %

c) 64,25 %

d) 81,42 %

e) 36,88 %

Une fois les fréquences relatives arrondies, il peut arriver que leur somme diffère de 100 %. On inscrit malgré tout un total de 100 %, mais on ajoute au bas du tableau une remarque telle que: « En raison de l'arrondissement des données, le total ne correspond pas nécessairement à la somme des parties. »

## 3.2.2 Normes de présentation des tableaux

Avant d'étudier les autres types de groupement des données dans les tableaux de fréquences, penchons-nous sur les normes de présentation des tableaux. Le respect de ces normes s'avère fort utile lorsque vient le temps de lire et d'interpréter l'information contenue dans un tableau.

1. Le tableau doit être surmonté d'un titre centré. Dans le cas d'un tableau de fréquences, nous suggérons le titre: « Répartition [en pourcentage] de(s) [unité(s) statistique(s)], selon [la (les) variable(s) étudiée(s)] ». L'usage veut également que le titre comporte la mention du lieu et du moment où l'étude a été menée, quand le contexte s'y prête.
2. Chaque colonne d'un tableau porte généralement un titre qui indique ce qu'elle représente. Dans le cas d'un tableau de fréquences, la première colonne a pour titre le nom de la variable (accompagné, s'il y a lieu, de l'unité de mesure). La deuxième colonne a pour titre « Nombre des [unités statistiques] » ou « Pourcentage des [unités statistiques] (%) », selon qu'on a utilisé des fréquences absolues ou des fréquences relatives.
3. Dans un tableau de fréquences, on inscrit le total au bas de la colonne des fréquences. Lorsque la somme des fréquences relatives n'égale pas 100 % (à cause des arrondissements), on place une note à cet effet au bas du tableau: « En raison de l'arrondissement des données, le total ne correspond pas nécessairement à la somme des parties. »
4. Lorsque les données sont tirées d'une autre étude, on mentionne la source au bas du tableau.
5. Dans un rapport qui présente les résultats d'une recherche, tous les tableaux devraient être numérotés et répertoriés dans une liste apparaissant au début du rapport.

6. Un commentaire accompagne généralement le tableau. Ce commentaire décrit et analyse les renseignements réunis dans le tableau. Il peut aussi servir à émettre des hypothèses ou à soulever des questions que le tableau fait ressortir.

Le tableau 3.5 se conforme à toutes ces normes de présentation.

TABLEAU | **3.5**

*Unités statistiques* ↓

*Titre* → **RÉPARTITION EN POURCENTAGE DES JEUNES QUÉBÉCOIS ÂGÉS DE 18 À 35 ANS, SELON LE DEGRÉ DE CONFIANCE QU'ILS ACCORDENT AUX GROUPES ENVIRONNEMENTAUX, QUÉBEC, 2007**

↑ *Variable* ↑ *Lieu* ↑ *Moment*

| Degré de confiance | Pourcentage des jeunes Québécois (%) |
|---|---|
| Très confiance | 16 |
| Assez confiance | 60 |
| Peu confiance | 19 |
| Pas du tout confiance | 5 |
| **Total** | **100** |

*Variable* → (Degré de confiance) ; *Modalités* → (Très confiance, Assez confiance, Peu confiance, Pas du tout confiance) ; ← *Signification des fréquences* ; ← *Fréquences relatives* ; ← *Total*

Source : CROP, « Les valeurs des jeunes Québécois et leur perception de l'avenir », http://www.slideshare.net/cguy/sondage-crop-les-valeurs-des-jeunes-qubcois, mars 2007, p. 55 (2009-10-20).

↑ *Mention de la source*

Ce tableau est numéroté ; il porte un titre ; la variable « degré de confiance » de même que ses différentes modalités sont bien précisées ; on a indiqué que la colonne des fréquences représente le pourcentage des jeunes Québécois âgés de 18 à 35 ans ; le total est inscrit et la source, mentionnée.

Pour terminer, on aurait pu ajouter un commentaire tel que : « Plus de 3 jeunes Québécois sur 4 (soit 16 % + 60 % = 76 %) ont confiance aux groupes environnementaux, seulement 1 sur 20 (soit 5 %) n'a pas du tout confiance en ces groupes, les autres déclarant, dans une proportion de 19 %, avoir peu confiance aux groupes environnementaux. »

## EXERCICE 3.2

Le tableau 3.6 donne les notes de 80 étudiants inscrits à un cours de sociologie à l'université.

TABLEAU | **3.6**

**NOTES DE 80 ÉTUDIANTS INSCRITS À UN COURS DE SOCIOLOGIE**

| | | | | | | | | | | | | | | | | | | | |
|---|---|---|---|---|---|---|---|---|---|---|---|---|---|---|---|---|---|---|---|
| A | B | C | E | D | A | C | E | B | B | C | A | D | E | C | C | B | B | B | A |
| A | A | C | D | A | E | B | B | B | C | A | B | A | D | C | C | C | B | D | E |
| C | D | D | E | A | B | B | B | C | D | A | B | B | C | A | D | E | B | E | C |
| D | A | E | B | B | B | C | A | B | A | A | B | C | E | D | A | C | E | B | B |

Groupez ces données dans un tableau de fréquences. Utilisez les fréquences relatives et les fréquences absolues. N'oubliez pas d'appliquer les normes de présentation.

## 3.2.3 Représentations graphiques : données groupées par modalités

Comme les tableaux, les graphiques servent à organiser et à traiter des données ainsi qu'à les présenter sous une forme permettant de saisir au premier coup d'œil les principales caractéristiques d'un phénomène.

Tout comme dans le cas des tableaux, on doit appliquer certaines normes dans la présentation des graphiques :

1. Le graphique porte un titre. Ce titre est le même que celui du tableau à partir duquel on construit le graphique[1].
2. Lorsque les données sont tirées d'une autre étude, on mentionne la source au bas du graphique.
3. Dans un rapport de recherche, tous les graphiques sont numérotés indépendamment des tableaux. Ils sont répertoriés dans une liste apparaissant au début du rapport.
4. Un commentaire accompagne généralement le graphique pour décrire et analyser les principaux renseignements qu'on y trouve.

Nous expliquerons en temps opportun d'autres règles spécifiques à certains types de graphiques. Voyons maintenant les principales représentations graphiques utilisées dans le cas d'un tableau de fréquences où les données ont été groupées par modalités.

### A | Diagramme à secteurs

**Diagramme à secteurs**

Représentation graphique employée notamment pour des données groupées par modalités. Elle est formée d'une surface circulaire qu'on a divisée en autant de secteurs que la variable présente de modalités. La part de chaque secteur par rapport à l'ensemble du disque correspond à la fréquence relative de la modalité que le secteur représente.

Le **diagramme à secteurs** sert surtout à représenter graphiquement des données groupées par modalités dans un tableau de fréquences relatives.

Le diagramme à secteurs est une surface circulaire, un disque, qu'on a découpée en autant de secteurs qu'il y a de modalités pour la variable. La part de la surface totale occupée par chaque secteur correspond à la fréquence relative de la modalité qu'il représente. En principe, on ne devrait pas utiliser un diagramme à secteurs pour représenter une variable qui comporte plus de sept modalités. En effet, si l'on utilise un trop grand nombre de secteurs, il est difficile de saisir au premier coup d'œil l'information représentée, et le graphique est alors moins efficace.

**EXEMPLE 3.4**

Dans le tableau 3.5 (p. 77) portant sur le degré de confiance des jeunes Québécois accordé aux groupes environnementaux, on peut lire que 16 % d'entre eux ont déclaré avoir très confiance en ces groupes. Le secteur circulaire associé à la modalité « Très confiance » doit donc couvrir 16 % de la surface du disque. Étant donné que la somme des angles formés par les secteurs circulaires est de 360°, l'angle du secteur associé à « Très confiance » sera de 57,6° (soit 0,16 × 360°). Les angles des autres secteurs sont calculés de la même manière, et on obtient respectivement pour les autres modalités : 216° ; 68,4° et 18°.

1. La position du titre des graphiques peut varier, contrairement à celle du titre des tableaux. Certains proposent que le titre soit placé au bas du graphique (notamment dans un rapport de recherche) et d'autres, qu'il soit situé au-dessus. Dans les journaux et les publications de Statistique Canada et de l'Institut de la statistique du Québec, le titre est généralement placé au-dessus du graphique, tout comme dans le chiffrier Excel. Nous avons choisi de placer tous les titres de cette façon, même si cette norme n'est pas universelle.

Le diagramme à secteurs de la figure 3.1 permet de représenter graphiquement les renseignements contenus dans le tableau 3.5.

FIGURE 3.1

**RÉPARTITION EN POURCENTAGE DES JEUNES QUÉBÉCOIS ÂGÉS DE 18 À 35 ANS, SELON LE DEGRÉ DE CONFIANCE QU'ILS ACCORDENT AUX GROUPES ENVIRONNEMENTAUX, QUÉBEC, 2007**

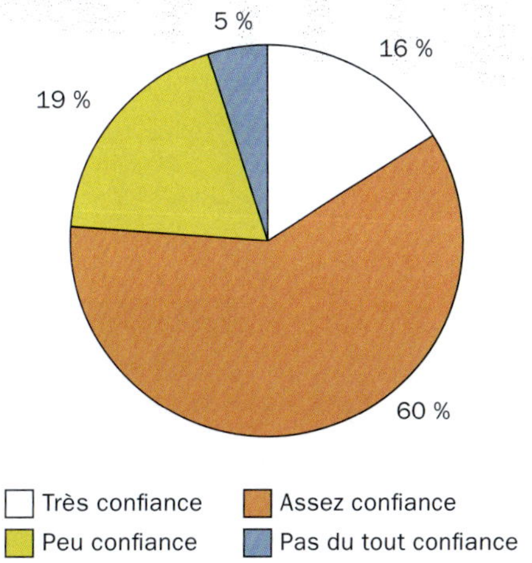


Source : CROP, « Les valeurs des jeunes Québécois et leur perception de l'avenir », http://www.slideshare.net/cguy/sondage-crop-les-valeurs-des-jeunes-qubcois, mars 2007, p. 55 (2009-10-20).

Dans un diagramme à secteurs, on doit indiquer à côté de chaque secteur ou à l'aide d'une légende la modalité que ce secteur représente. On peut ne pas y inscrire les pourcentages, mais la représentation graphique n'est alors pas aussi explicite, comme il est facile de le constater dans l'exemple 3.5.

## EXEMPLE 3.5

Le diagramme à secteurs de la figure 3.2 permet de représenter graphiquement la répartition des travailleurs québécois selon le moyen de transport qu'ils utilisent pour se rendre au travail. À la lecture de ce graphique, il est facile de constater que les travailleurs québécois prennent très majoritairement l'automobile pour se rendre au travail.

FIGURE 3.2

**RÉPARTITION EN POURCENTAGE DES TRAVAILLEURS, SELON LE MOYEN DE TRANSPORT UTILISÉ POUR SE RENDRE AU TRAVAIL, QUÉBEC, 2006**

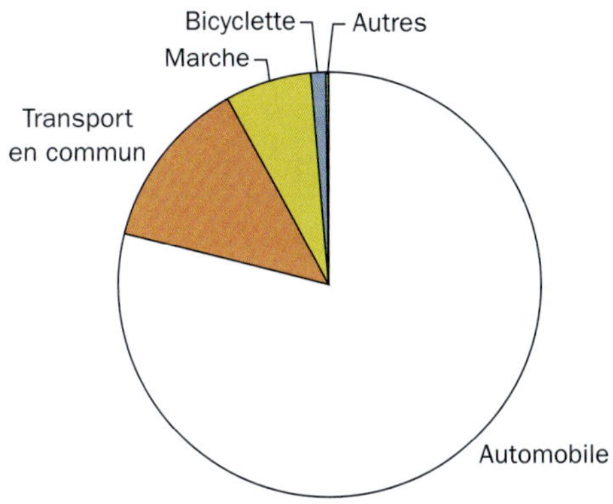


Source : Adapté de Statistique Canada, *Habitudes de navettage et lieux de travail des Canadiens, Recensement de 2006 : résultats*, 97-561-XWF2006001 Année de recensement 2006, paru le 9 avril 2008, p. 10 à 12.

Pour estimer la proportion des travailleurs québécois qui utilisent le transport en commun, il suffit de mesurer, avec un rapporteur d'angles, l'angle formé par le secteur qui lui est associé et de le diviser par 360°. Ainsi, l'angle associé à « Transport en commun » mesure environ 46°. Par conséquent, environ 12,8 % $\left[\text{soit } \frac{46}{360} \times 100\,\%\right]$ des travailleurs québécois utilisent le transport en commun pour se rendre au travail.

## EXERCICE 3.3

Construisez un diagramme à secteurs pour représenter les résultats consignés dans le tableau 3.7.

TABLEAU | **3.7**

**RÉPARTITION EN POURCENTAGE DE LA MAIN-D'ŒUVRE DU QUÉBEC, SELON LE NIVEAU DE SCOLARITÉ, QUÉBEC, 2008**

| Niveau de scolarité | Pourcentage des personnes (%) |
|---|---|
| 0 à 8 ans de scolarité | 11,4 |
| Études secondaires partielles | 13,5 |
| Études secondaires complétées | 15,1 |
| Études postsecondaires partielles | 7,9 |
| Diplôme ou certificat d'études postsecondaires | 34,4 |
| Grade universitaire | 17,7 |
| **Total** | **100,0** |

Source : Ministère des Finances du Québec, *Le profil économique et financier du Québec. Édition 2009*, Québec, juin 2009, p. 3.

**Diagramme linéaire**
Représentation graphique employée notamment pour des données groupées par modalités. Elle est formée d'un rectangle qu'on divise en autant de parties que la variable présente de modalités, chaque partie occupant une proportion du rectangle correspondant à la fréquence relative de la modalité qu'elle représente. On peut se servir de cette représentation graphique pour comparer plusieurs groupes par rapport aux mêmes modalités ; on trace alors autant de rectangles qu'il y a de groupes.

## B | Diagramme linéaire

Plutôt que d'utiliser un disque, on peut employer un rectangle : on dresse alors un **diagramme linéaire**. On divise le rectangle en autant de parties qu'il y a de modalités. On accorde ensuite à chacune de ces parties l'importance qui lui revient par rapport à l'ensemble.

## EXEMPLE 3.6

Les renseignements contenus dans le tableau 3.5 (p. 77) portant sur le degré de confiance que les jeunes accordent aux groupes environnementaux peuvent être consignés dans le diagramme linéaire apparaissant à la figure 3.3.

FIGURE | **3.3**

**RÉPARTITION EN POURCENTAGE DES JEUNES QUÉBÉCOIS ÂGÉS DE 18 À 35 ANS, SELON LE DEGRÉ DE CONFIANCE QU'ILS ACCORDENT AUX GROUPES ENVIRONNEMENTAUX, QUÉBEC, 2007**

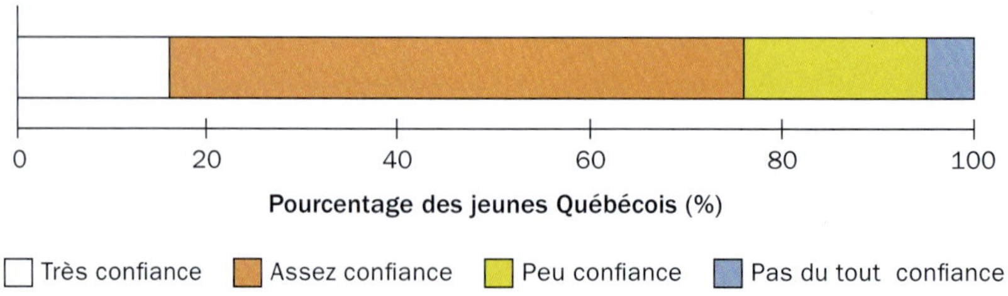


Source : CROP, « Les valeurs des jeunes Québécois et leur perception de l'avenir », http://www.slideshare.net/cguy/sondage-crop-les-valeurs-des-jeunes-qubcois, mars 2007, p. 55 (2009-10-20).

Dans le diagramme linéaire précédent (figure 3.3), on a tracé l'axe des pourcentages. Dès lors, on peut facilement trouver le pourcentage correspondant à chaque modalité. Lorsqu'on n'a pas fait figurer un axe des pourcentages dans un diagramme linéaire, on peut évaluer la part relative d'une modalité en comparant avec la longueur totale du rectangle la longueur de la portion du rectangle qui la représente. Ainsi, dans l'exemple 3.6, la portion du rectangle qui correspond à la modalité « Très confiance » mesure environ 1,6 cm de longueur et le rectangle en entier mesure environ 10 cm de longueur. On peut alors estimer que 16 % $\left[\text{soit } \frac{1{,}6}{10} \times 100\,\%\right]$ des jeunes Québécois âgés de 18 à 35 ans ont très confiance aux groupes environnementaux.

Dans un diagramme linéaire, on lit plus facilement les pourcentages qui correspondent aux deux rectangles situés aux extrémités. Comme les extrémités constituent des points de référence fixes, on peut en tirer profit pour comparer visuellement certains faits.

**EXEMPLE 3.7**

Dans la figure 3.4, il est facile de comparer l'évolution de la proportion des hommes dont le niveau de formation était de 0 à 8 années de scolarité. Il en est de même pour la proportion des hommes titulaires d'un grade universitaire. Les rectangles représentant ces deux modalités se situent tous deux à une des extrémités du grand rectangle. On constate aisément que la proportion des hommes dont le niveau de formation était de 0 à 8 années de scolarité a diminué entre 1990 et 2006, alors que la proportion des hommes titulaires d'un grade universitaire a augmenté. La comparaison des autres modalités est moins évidente visuellement.

FIGURE 3.4

**RÉPARTITION EN POURCENTAGE DES HOMMES DE 15 ANS ET PLUS, SELON LE PLUS HAUT NIVEAU DE SCOLARITÉ ATTEINT, QUÉBEC, 1990 ET 2006**

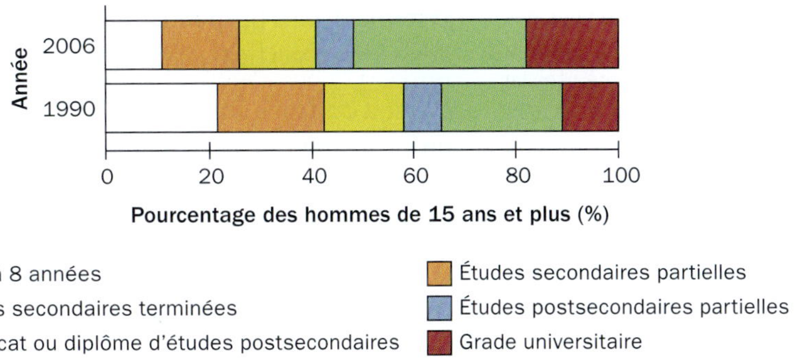


Source : Institut de la statistique du Québec, *Données sociales du Québec. Édition 2009*, Québec, janvier 2009, p. 81.

L'exemple 3.7 illustre bien un des avantages du diagramme linéaire sur le diagramme à secteurs, c'est-à-dire la facilité de comparer plusieurs diagrammes. Les comparaisons de diagrammes à secteurs ne sont pas aussi simples à faire. Pour vous en convaincre, vous pourriez tracer les diagrammes à secteurs pour les données de l'exemple 3.7 et constater combien les comparaisons sont difficiles à effectuer.

## EXERCICES 3.4

1. À partir des données consignées dans la figure 3.4, estimez le pourcentage des hommes de 15 ans et plus qui avaient, en 2006, de 0 à 8 années de scolarité ainsi que le pourcentage des hommes de 15 ans et plus qui étaient titulaires d'un grade universitaire.

2. Utilisez une représentation graphique appropriée pour comparer les moyens de transport utilisés pour se rendre au travail selon la province de résidence. Commentez votre graphique.

TABLEAU | **3.8**

**RÉPARTITION EN POURCENTAGE DES TRAVAILLEURS, SELON LE MOYEN DE TRANSPORT UTILISÉ POUR SE RENDRE AU TRAVAIL, QUÉBEC ET NOUVEAU-BRUNSWICK, 2006**

| Moyen de transport | Province de résidence | |
|---|---|---|
| | Québec (%) | Nouveau-Brunswick (%) |
| Automobile | 78,3 | 89,0 |
| Transport en commun | 12,8 | 2,0 |
| Marche | 6,6 | 6,6 |
| Bicyclette | 1,4 | 0,7 |
| Autres | 0,9 | 1,7 |
| **Total** | **100,0** | **100,0** |

Source: Adapté de Statistique Canada, *Habitudes de navettage et lieux de travail des Canadiens, Recensement de 2006: résultats*, 97-561-XWF2006001 Année de recensement 2006, paru le 9 avril 2008, p. 10 à 12.

## C | Diagramme à bandes rectangulaires

**Diagramme à bandes rectangulaires**

Représentation graphique employée notamment pour des données groupées par modalités. On le forme en élevant, en face de chaque modalité dans un graphique cartésien, un rectangle dont la hauteur (ou la longueur) correspond à la fréquence absolue ou relative de cette modalité. Selon la ou les variables étudiées, on utilisera des rectangles horizontaux (pour une variable qualitative nominale), verticaux (pour une variable qualitative ordinale) ou chevauchés (pour la comparaison de deux groupes).

Le **diagramme à bandes rectangulaires** utilise un graphique cartésien pour représenter une ou plusieurs variables qualitatives. Un graphique cartésien recourt à un système d'axes perpendiculaires. L'axe horizontal s'appelle axe des abscisses ou axe des $x$; l'axe vertical s'appelle axe des ordonnées ou axe des $y$.

Lorsqu'on trace un diagramme à bandes rectangulaires, ou toute autre représentation graphique cartésienne, il faut nommer les axes. On place sur un des axes les différentes modalités de la variable étudiée (la première colonne du tableau). La fréquence absolue ou la fréquence relative est placée sur l'autre axe.

Il existe plusieurs variantes du diagramme à bandes rectangulaires. Nous en verrons trois: le diagramme à bandes rectangulaires horizontales, le diagramme à bandes rectangulaires verticales et le diagramme à bandes rectangulaires chevauchées. Examinons chacune de ces variantes.

### Le diagramme à bandes rectangulaires horizontales

Pour construire un diagramme à bandes rectangulaires horizontales, on trace, en face de chaque modalité placée sur l'axe des ordonnées, une bande rectangulaire dont la longueur correspond à la fréquence de la modalité. Tous les rectangles doivent avoir la même largeur et il faut laisser un espace égal entre chacun.

Cette représentation graphique permet de visualiser l'importance relative de chacune des modalités d'une manière plus efficace qu'avec un diagramme à secteurs ou un diagramme linéaire.

**EXEMPLE 3.8**

Dans un sondage mené auprès d'élèves de la cinquième année du primaire à la cinquième année du secondaire, on a posé la question suivante :

Avec qui habites-tu ?
- Avec ton père et ta mère. ( )1
- Avec ton père et ta mère (garde partagée). ( )2
- Avec ta mère seulement. ( )3
- Avec ton père seulement. ( )4
- Avec ta mère et ton beau-père. ( )5
- Avec ton père et ta belle-mère. ( )6
- Autre. ( )7

Le tableau 3.9 et le diagramme à bandes rectangulaires horizontales (figure 3.5) donnent la répartition des répondants par rapport au type de milieu familial.

TABLEAU 3.9

**RÉPARTITION EN POURCENTAGE D'ÉLÈVES QUÉBÉCOIS, SELON LE TYPE DE MILIEU FAMILIAL DANS LEQUEL ILS HABITENT, 2008**

| Milieu familial | Pourcentage des élèves (%) |
|---|---|
| Père et mère | 65,0 |
| Père et mère (garde partagée) | 12,4 |
| Mère seulement | 7,0 |
| Père seulement | 2,1 |
| Mère et beau-père | 8,4 |
| Père et belle-mère | 1,9 |
| Autre | 3,2 |
| **Total** | **100,0** |

Source : Gilles Pronovost, *Sondage sur les attitudes des jeunes à l'égard de l'environnement et de l'avenir*, février 2009, p. 8.

FIGURE 3.5

**RÉPARTITION EN POURCENTAGE D'ÉLÈVES QUÉBÉCOIS, SELON LE TYPE DE MILIEU FAMILIAL DANS LEQUEL ILS HABITENT, 2008**

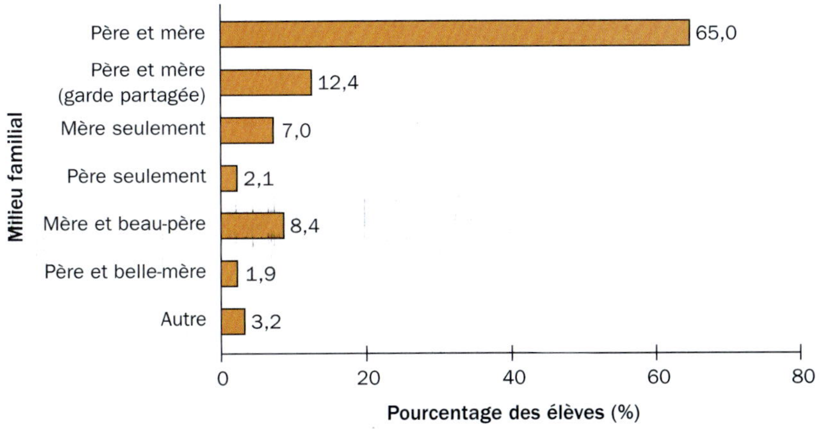


Source : Gilles Pronovost, *Sondage sur les attitudes des jeunes à l'égard de l'environnement et de l'avenir*, février 2009, p. 8.

Cette représentation graphique met en évidence le fait qu'au Québec, en 2008, une très grande majorité (soit 65 %) des élèves vivaient avec leurs deux parents (père et mère), mais également qu'une proportion assez substantielle d'entre eux, c'est-à-dire près de 1 élève sur 8 (soit 12,4 %), vivait en garde partagée.

Ce graphique se conforme aux normes de présentation, car :

- il comporte un titre ;
- les axes sont nommés ;
- les pourcentages associés aux modalités sont indiqués ;
- la source est mentionnée ;
- un commentaire l'accompagne.

**EXERCICE 3.5**

Dans un sondage mené auprès d'élèves de la cinquième année du primaire à la cinquième année du secondaire, on a posé la question suivante :

Jusqu'où penses-tu poursuivre tes études ?

Je ne pense pas terminer mon secondaire. ( )$_1$
Diplôme d'études secondaires. ( )$_2$
Diplôme d'études professionnelles au secondaire. ( )$_3$
Diplôme d'études collégiales. ( )$_4$
Diplôme universitaire. ( )$_5$

Le tableau 3.10 donne la répartition des répondants à cette question.

TABLEAU 3.10

**RÉPARTITION EN POURCENTAGE D'ÉLÈVES QUÉBÉCOIS, SELON LEUR ASPIRATION SCOLAIRE, 2008**

| Aspiration scolaire | Pourcentage des élèves (%) |
|---|---|
| Ne pas terminer le secondaire | 2 |
| Diplôme d'études secondaires | 8 |
| Diplôme d'études professionnelles au secondaire | 10 |
| Diplôme d'études collégiales | 24 |
| Diplôme universitaire | 56 |
| **Total** | **100** |

Source : Gilles Pronovost, *Sondage sur les attitudes des jeunes à l'égard de l'environnement et de l'avenir*, février 2009, p. 12.

Représentez graphiquement les données consignées dans le tableau 3.10. N'oubliez pas d'appliquer les normes de présentation.

### Le diagramme à bandes rectangulaires verticales

Les bandes rectangulaires horizontales se prêtent bien à la représentation d'une variable qualitative nominale. Toutefois, lorsqu'on traite une variable qualitative ordinale, il est conseillé d'opter pour des bandes verticales afin de bien marquer la hiérarchie entre les différentes modalités ; on trace alors un diagramme à bandes rectangulaires verticales. Dans un tel graphique, on place par ordre croissant les différentes modalités de la variable sur l'axe des abscisses (l'axe des $x$). On utilise l'axe des ordonnées (l'axe des $y$) pour les fréquences absolues ou relatives.

**EXEMPLE 3.9**

Nous avons tracé le diagramme à bandes rectangulaires verticales de la figure 3.6 à partir des renseignements contenus dans le tableau 3.5 (p. 77).

FIGURE 3.6

**RÉPARTITION EN POURCENTAGE DES JEUNES QUÉBÉCOIS ÂGÉS DE 18 À 35 ANS, SELON LE DEGRÉ DE CONFIANCE QU'ILS ACCORDENT AUX GROUPES ENVIRONNEMENTAUX, QUÉBEC, 2007**

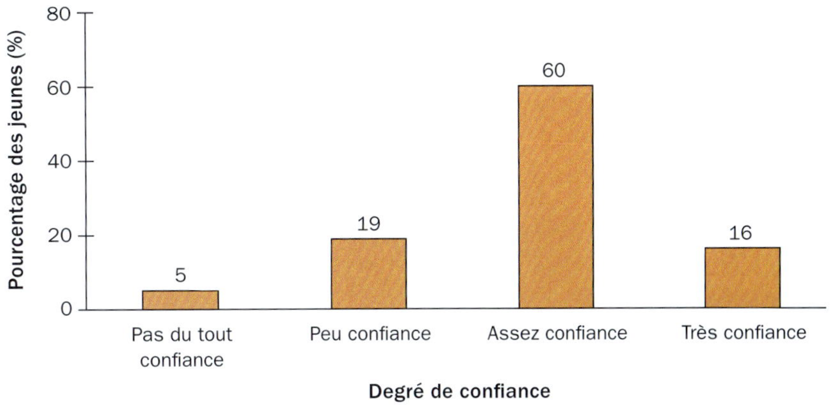


Source : CROP, « Les valeurs des jeunes Québécois et leur perception de l'avenir », http://www.slideshare.net/cguy/sondage-crop-les-valeurs-des-jeunes-qubcois, mars 2007, p. 55 (2009-10-20).

## Le diagramme à bandes rectangulaires chevauchées

Le diagramme à bandes rectangulaires permet également de comparer deux ou plusieurs groupes différents par rapport aux modalités d'une variable. Lorsqu'on compare ainsi deux groupes, on utilise un diagramme à bandes rectangulaires chevauchées. On emploie généralement des barres horizontales lorsque la variable est qualitative nominale et des barres verticales lorsque la variable est qualitative ordinale.

**EXEMPLE 3.10**

Le tableau 3.11 et le diagramme à bandes rectangulaires verticales chevauchées (figure 3.7) permettent de comparer les hommes et les femmes au regard des différentes catégories de masse corporelle.

TABLEAU 3.11

**RÉPARTITION EN POURCENTAGE DE LA POPULATION DE 18 ANS ET PLUS, PAR SEXE, SELON LA CATÉGORIE DE MASSE CORPORELLE, QUÉBEC, 2003**

| Catégorie de masse corporelle | Sexe | |
|---|---|---|
| | Hommes (%) | Femmes (%) |
| Poids insuffisant | 1,2 | 4,6 |
| Poids normal | 43,1 | 55,9 |
| Embonpoint | 41,4 | 25,6 |
| Obésité | 14,3 | 13,9 |
| **Total** | **100,0** | **100,0** |

Source : J. Aubin et I. Traoré, « L'excès de poids en France et au Québec en 2003 : un regard sur les caractéristiques socioéconomiques associées », *Zoom santé*, Institut de la statistique du Québec, juin 2007, p. 10.

FIGURE | 3.7

**RÉPARTITION EN POURCENTAGE DE LA POPULATION DE 18 ANS ET PLUS, PAR SEXE, SELON LA CATÉGORIE DE MASSE CORPORELLE, QUÉBEC, 2003**

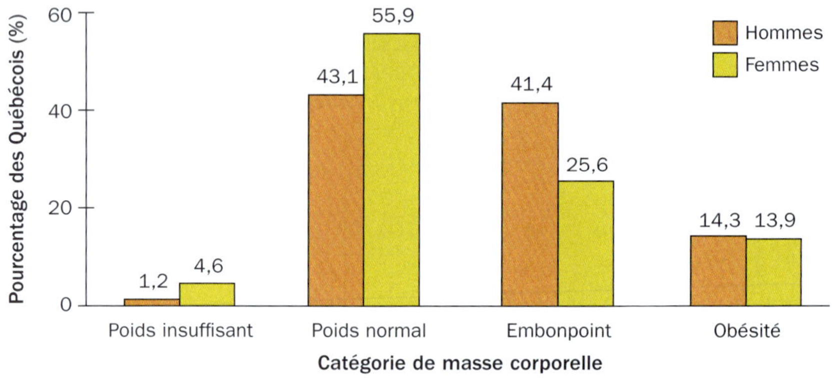


Source : J. Aubin et I. Traoré, « L'excès de poids en France et au Québec en 2003 : un regard sur les caractéristiques socioéconomiques associées », *Zoom santé*, Institut de la statistique du Québec, juin 2007, p. 10.

Afin de distinguer les hommes des femmes dans la figure 3.7, nous avons employé des motifs différents pour remplir les rectangles qui les représentent. Une légende indique le sexe que chaque rectangle désigne.

À la lecture du graphique, on constate que les femmes sont nettement plus susceptibles que les hommes d'avoir un poids normal ou insuffisant, tandis que la prévalence de l'embonpoint et de l'obésité est plus forte chez les hommes. Ainsi, plus de 1 femme sur 2 (soit 55,9 %) contre seulement un peu plus de 2 hommes sur 5 (soit 43,1 %) présentent un poids normal. Par conséquent, il semble y avoir un lien entre les deux variables, soit le sexe et la masse corporelle. En fait, l'excès de poids semble un problème particulièrement important chez les hommes, puisque la proportion d'hommes souffrant d'embonpoint ou d'obésité (55,7 %, soit 41,4 % + 14,3 %) est nettement supérieure à la proportion des hommes ayant un poids normal (43,1 %).

Une remarque importante s'impose ici. Les termes employés dans un commentaire doivent être bien choisis. Ainsi, à partir des données consignées dans le tableau 3.11, on ne doit pas dire ou écrire qu'il y a plus d'hommes que de femmes qui souffrent d'obésité, parce que ce tableau ne donne pas cette information. En effet, le tableau présente des pourcentages (fréquences relatives) et non pas des nombres (fréquences absolues). On ne peut donc pas conclure qu'il y a plus (nombre) d'hommes que de femmes qui souffrent d'obésité. Il faut plutôt conclure que la proportion (fréquence relative) d'hommes souffrant d'obésité est plus forte que celle observée chez les femmes, ou que les hommes sont plus susceptibles que les femmes de souffrir d'obésité, ou encore que la prévalence d'obésité, exprimée en pourcentage (fréquence relative), est plus forte chez les hommes que chez les femmes.

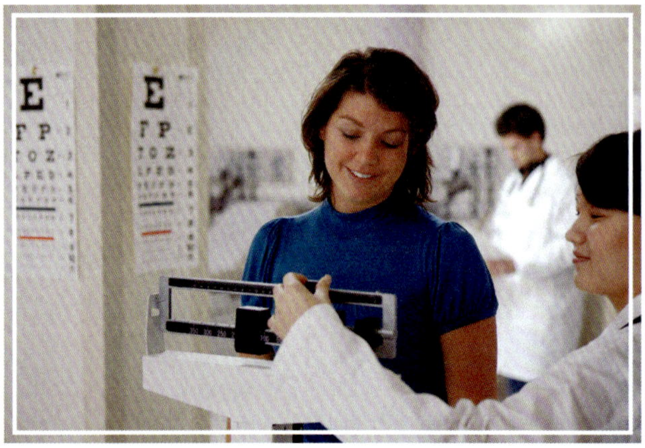

Lorsqu'on compare des fréquences relatives d'une même modalité dans deux groupes, le commentaire ne doit pas porter sur des nombres (plus nombreux, en moins grand nombre, etc.) mais plutôt sur des proportions (proportionnellement plus nombreux, en plus faible proportion, plus susceptibles de, etc.).

**EXERCICE 3.6**

Représentez par un diagramme à bandes rectangulaires les résultats consignés dans le tableau 3.12. Commentez le graphique obtenu.

TABLEAU | **3.12**

**RÉPARTITION EN POURCENTAGE DES PERSONNES DE 15 ANS ET PLUS, PAR SEXE, SELON LE PLUS HAUT NIVEAU DE SCOLARITÉ ATTEINT, QUÉBEC, 2006**

| Niveau de scolarité | Sexe | |
|---|---|---|
| | Hommes (%) | Femmes (%) |
| De 0 à 8 années | 11,8 | 13,7 |
| Études secondaires partielles | 14,1 | 13,3 |
| Études secondaires terminées | 14,7 | 15,9 |
| Études postsecondaires partielles | 7,5 | 6,5 |
| Certificat ou diplôme d'études postsecondaires | 34,2 | 33,4 |
| Grade universitaire | 17,7 | 17,2 |
| **Total** | **100,0** | **100,0** |

Source: Institut de la statistique du Québec, *Données sociales du Québec. Édition 2009*, Québec, janvier 2009, p. 81.

- **Vous pouvez maintenant faire les exercices récapitulatifs 1 à 6.**

# 3.3 TRAITEMENT D'UNE VARIABLE QUANTITATIVE DISCRÈTE (PEU DE VALEURS DISTINCTES)

**Dans cette section:** diagramme à bâtons.

## 3.3.1 Tableau de fréquences: données groupées par valeurs

Les tableaux peuvent être utilisés pour grouper des données, quelle que soit la nature de la variable. Nous avons déjà montré comment présenter un tableau pour une variable qualitative nominale («sexe») et pour une variable qualitative ordinale («degré de confiance»); il s'agissait de grouper les données par modalités.

Le cas d'une variable quantitative discrète est similaire. Il s'agit de compter le nombre de fois (la fréquence absolue) que la variable prend une valeur, ou encore de calculer le pourcentage (la fréquence relative) des données de l'échantillon (ou de la population) qui prennent cette valeur. On dira alors que les données ont été groupées par valeurs dans un tableau de fréquences. Illustrons le procédé de groupement à l'aide d'un exemple.

**EXEMPLE 3.11**

On a interrogé 30 enseignantes et enseignants de cégep. On leur a demandé le nombre de cours différents qu'ils ont donnés durant l'année scolaire 2009-2010. On a obtenu une série statistique comportant 30 données qui prennent les valeurs de 1 à 5 (tableau 3.13).

TABLEAU | **3.13**

**NOMBRE DE COURS DIFFÉRENTS DONNÉS DURANT L'ANNÉE SCOLAIRE 2009-2010**

| | | | | | | | | | |
|---|---|---|---|---|---|---|---|---|---|
| 5 | 4 | 5 | 5 | 1 | 2 | 2 | 1 | 5 | 2 |
| 1 | 2 | 3 | 5 | 4 | 3 | 3 | 5 | 3 | 2 |
| 2 | 5 | 4 | 3 | 4 | 4 | 3 | 5 | 5 | 2 |

Le « nombre de cours différents donnés durant l'année scolaire 2009-2010 » est une variable quantitative discrète mesurée selon une échelle de rapports. Pour dresser un tableau de fréquences, on lit chaque donnée et on la consigne en traçant un trait à côté de sa valeur dans un tableau de dénombrement tel que le tableau 3.14. Comme le tableau 3.14 est un tableau de travail, il n'est pas nécessaire d'appliquer toutes les normes de présentation dont celle qui consiste à lui donner un titre.

TABLEAU | **3.14**

| Nombre de cours différents | Dénombrement |
|---|---|
| 1 | /// |
| 2 | ~~////~~ // |
| 3 | ~~////~~ / |
| 4 | ~~////~~ |
| 5 | ~~////~~ //// |

Ce procédé de dénombrement peut être employé quelle que soit la nature de la variable étudiée. Ainsi, nous aurions pu l'utiliser pour dénombrer les différentes modalités d'une variable qualitative. Signalons qu'il est aussi possible d'utiliser un chiffrier électronique (comme Excel) pour faire un dénombrement, pour dresser des tableaux et pour faire des graphiques directement à partir des renseignements contenus dans un tableau comme le tableau 3.1 (p. 73). L'utilisation d'outils informatiques s'avère donc très utile pour le traitement des données.

Une fois que la série statistique est dénombrée, on présente les données dans un tableau de fréquences absolues (tableau 3.15) ou de fréquences relatives (tableau 3.16).

TABLEAU | **3.15**

**RÉPARTITION DE 30 ENSEIGNANTES ET ENSEIGNANTS DE CÉGEP, SELON LE NOMBRE DE COURS DIFFÉRENTS DONNÉS EN 2009-2010**

| Nombre de cours différents | Nombre d'enseignantes et d'enseignants |
|---|---|
| 1 | 3 |
| 2 | 7 |
| 3 | 6 |
| 4 | 5 |
| 5 | 9 |
| Total | 30 |

TABLEAU | **3.16**

**RÉPARTITION EN POURCENTAGE DES ENSEIGNANTES ET DES ENSEIGNANTS DE CÉGEP INTERROGÉS, SELON LE NOMBRE DE COURS DIFFÉRENTS DONNÉS EN 2009-2010**

| Nombre de cours différents | Pourcentage des enseignantes et des enseignants (%) |
|---|---|
| 1 | 10,0 |
| 2 | 23,3 |
| 3 | 20,0 |
| 4 | 16,7 |
| 5 | 30,0 |
| Total | 100,0 |

Dans ces tableaux, les données ont été groupées par valeurs. On utilise un tel groupement pour une variable quantitative discrète lorsque les données prennent un nombre restreint de valeurs distinctes. Lorsque la variable prend un grand nombre de valeurs, on groupe plutôt les données dans un tableau montrant des classes, comme nous le verrons sous peu.

Que nous apprennent les tableaux de cet exemple ? On observe que 3 enseignants sur 10 (soit 30 %) ont donné 5 cours différents en 2009-2010, alors que seulement 1 enseignant sur 10 (soit 10 %) n'a donné qu'un seul cours. Il existe donc des écarts importants dans la charge de travail des enseignants en ce qui a trait au nombre de cours différents à préparer. Un chercheur curieux s'interrogerait sûrement sur les facteurs explicatifs de ces écarts. Peut-on les expliquer par le nombre d'étudiants rencontrés chaque semaine ? Par le secteur d'enseignement (préuniversitaire ou technique) ? Par l'ancienneté des enseignants ? Par le nombre d'heures d'enseignement par semaine ? Par le sexe (homme ou femme) de l'enseignant ?

En rendant l'information intelligible au chercheur curieux, le tableau amène celui-ci à pousser plus loin ses recherches. Les tableaux de fréquences sont donc intéressants non seulement pour les renseignements qu'ils contiennent, mais également pour les questions qu'ils permettent de soulever.

## 3.3.2 Représentation graphique : le diagramme à bâtons

**Diagramme à bâtons**
Représentation graphique employée pour des données groupées par valeurs. Dans un graphique cartésien, on élève, au-dessus de chaque valeur placée en abscisse, un segment de droite dont la hauteur correspond à la fréquence absolue ou à la fréquence relative associée à cette valeur.

Lorsqu'une variable quantitative discrète ne prend qu'un petit nombre de valeurs distinctes, on groupe les données par valeurs dans un tableau de fréquences. On dresse habituellement un **diagramme à bâtons** pour représenter ce tableau sous une forme graphique. Cette représentation graphique est similaire au diagramme à bandes rectangulaires. Toutefois, on y dessine un segment de droite plutôt qu'un rectangle. On élève donc, au-dessus de chaque valeur, un segment de droite dont la hauteur correspond à la fréquence absolue ou à la fréquence relative de la valeur en question.

**EXEMPLE 3.12**

La figure 3.8 montre le diagramme à bâtons construit à partir du tableau 3.15.

FIGURE | **3.8**

**RÉPARTITION DE 30 ENSEIGNANTES ET ENSEIGNANTS DE CÉGEP, SELON LE NOMBRE DE COURS DIFFÉRENTS DONNÉS EN 2009-2010**

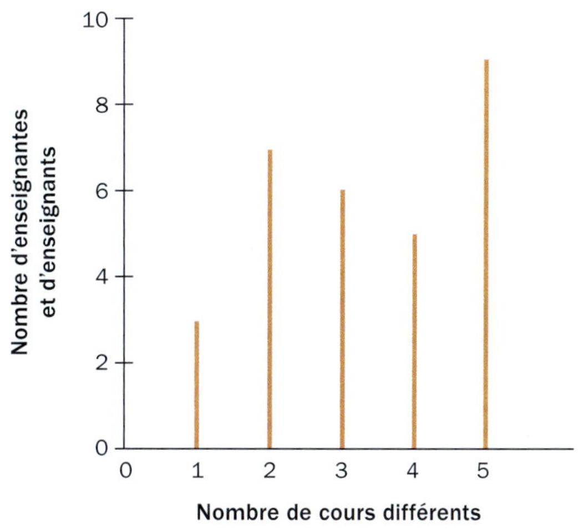

**EXERCICE 3.7**

Tracez le diagramme à bâtons de la série statistique représentée dans le tableau 3.17, qui donne le nombre de bonnes réponses obtenues par 56 étudiants d'un cégep à un test objectif de 10 questions. Utilisez les fréquences absolues.

TABLEAU | **3.17**

**NOMBRE DE BONNES RÉPONSES SUR 10 DE 56 ÉTUDIANTS**

| | | | | | | | | | | | | | |
|---|---|---|---|---|---|---|---|---|---|---|---|---|---|
| 3 | 5 | 6 | 7 | 7 | 7 | 3 | 4 | 8 | 10 | 9 | 8 | 7 | 6 |
| 5 | 8 | 9 | 10 | 8 | 7 | 8 | 5 | 6 | 4 | 8 | 9 | 9 | 7 |
| 6 | 8 | 10 | 5 | 6 | 7 | 8 | 9 | 8 | 6 | 4 | 8 | 8 | 6 |
| 5 | 8 | 7 | 4 | 10 | 9 | 8 | 6 | 7 | 5 | 10 | 9 | 8 | 7 |

## 3.3.3 Utilisation de catégories ouvertes

Il peut arriver qu'une variable quantitative discrète prenne des valeurs marginales, c'est-à-dire des valeurs qui s'éloignent nettement des autres ou dont les fréquences sont relativement faibles. On peut alors se servir de catégories du type « et plus » ou « moins de ». Cependant, il est clair que l'emploi de telles catégories, qu'on dit « ouvertes », est associé à une perte d'information.

**EXEMPLE 3.13**

Le tableau 3.18 indique le nombre d'ordinateurs au domicile d'un échantillon de 400 étudiants de cégep.

TABLEAU | **3.18**

**RÉPARTITION DE 400 ÉTUDIANTS DE CÉGEP, SELON LE NOMBRE D'ORDINATEURS À LEUR DOMICILE**

| Nombre d'ordinateurs | Nombre d'étudiants |
|---|---|
| 0 | 15 |
| 1 | 140 |
| 2 | 200 |
| 3 | 40 |
| 4 et plus | 5 |
| **Total** | **400** |

L'expression « 4 et plus » ne représente pas une valeur, mais bien une catégorie. Ce tableau ne permet pas de savoir combien d'étudiants ont 4, 5 ou 6 ordinateurs à leur domicile. Il n'indique même pas le plus grand nombre d'ordinateurs obtenu. En outre, ce tableau ne permet pas d'effectuer certaines opérations arithmétiques. Ainsi, nous ne sommes pas en mesure de calculer le nombre moyen d'ordinateurs au domicile d'un étudiant. Toutefois, l'utilisation d'une catégorie ouverte est appropriée, puisque selon toute vraisemblance seul un petit nombre d'étudiants ont plus de 4 ordinateurs à leur domicile.

Pour représenter graphiquement les données d'un tableau comportant des catégories ouvertes, on peut utiliser les mêmes représentations graphiques que celles employées pour les données groupées par modalités, soit le diagramme à secteurs, le diagramme linéaire ou encore le diagramme à bandes rectangulaires.

**EXERCICE 3.8**

Le tableau 3.19 donne le nombre de frères et sœurs de 48 étudiants d'un cégep.

TABLEAU 3.19

**NOMBRE DE FRÈRES ET SŒURS DE 48 ÉTUDIANTS**

| | | | | | | | | | | | |
|---|---|---|---|---|---|---|---|---|---|---|---|
| 0 | 1 | 1 | 7 | 3 | 2 | 0 | 1 | 1 | 2 | 1 | 1 |
| 0 | 2 | 1 | 3 | 1 | 2 | 4 | 3 | 3 | 1 | 0 | 1 |
| 2 | 3 | 4 | 2 | 1 | 5 | 0 | 1 | 3 | 3 | 1 | 2 |
| 1 | 3 | 2 | 0 | 0 | 1 | 2 | 0 | 0 | 1 | 1 | 2 |

a) Groupez ces données dans un tableau de fréquences. Utilisez la catégorie « 4 et plus ». Expliquez pourquoi il est pertinent d'utiliser cette catégorie.

b) Représentez par un graphique approprié les renseignements contenus dans le tableau construit en *a*.

- **Vous pouvez maintenant faire les exercices récapitulatifs 7 à 9.**

# 3.4 TRAITEMENT D'UNE VARIABLE QUANTITATIVE DISCRÈTE (GRAND NOMBRE DE VALEURS) OU CONTINUE

**Dans cette section :** classe • amplitude de classe • étendue • histogramme • polygone de fréquences • courbe des fréquences relatives cumulées.

## 3.4.1 Tableau de fréquences : données groupées par classes de même amplitude

Une variable quantitative continue mesurée selon une échelle d'intervalles ou de rapports prend généralement un très grand nombre de valeurs. En fait, il est même peu probable qu'on obtienne plus d'une fois la même valeur. Par conséquent, grouper les données par valeurs reviendrait simplement à les classer en ordre croissant. Si la masse de données est importante, ce travail n'est pas suffisant pour nous éclairer sur la variable étudiée. C'est pourquoi il faut grouper les données par **classes**, c'est-à-dire dans des intervalles. On utilisera également cette méthode pour étudier une variable quantitative discrète qui prend un très grand nombre de valeurs. Recourons à un exemple pour expliquer ce procédé.

**Classe**
Intervalle utilisé pour le groupement des données d'une variable quantitative continue ou discrète. La classe est fermée si les deux bornes de l'intervalle sont déterminées. Sinon, elle est ouverte.

**EXEMPLE 3.14**

Le tableau 3.20 présente la série statistique des quantités annuelles de neige (en centimètres) à Montréal (station météorologique de l'aéroport international Pierre-Elliott-Trudeau) de 1960 à 2008.

TABLEAU 3.20

**QUANTITÉ ANNUELLE DE NEIGE (cm), MONTRÉAL, 1960-2008**

| | | | | | | |
|---|---|---|---|---|---|---|
| 304,4 | 197,3 | 316,4 | 248,4 | 176,0 | 207,3 | 228,4 |
| 167,1 | 228,1 | 174,3 | 222,1 | 348,1 | 327,2 | 193,9 |
| 190,5 | 249,0 | 262,4 | 236,2 | 239,2 | 151,3 | 139,2 |
| 153,7 | 151,1 | 253,6 | 175,7 | 215,3 | 206,9 | 201,7 |
| 174,2 | 205,6 | 178,9 | 194,7 | 173,7 | 284,0 | 253,6 |
| 272,6 | 131,6 | 351,6 | 160,4 | 171,7 | 296,9 | 225,5 |
| 205,7 | 181,7 | 133,8 | 188,8 | 122,6 | 325,9 | 342,2 |

Source : *Données des observations mensuelles. Archives climatiques nationales du Canada*, http://www.climate.weatheroffice.ec.gc.ca/climateData/monthlydata_f.html (2009-04-20).

Rappelons ici qu'une population se définit comme l'ensemble de tous les individus, de tous les objets ou de tous les groupes, c'est-à-dire toutes les unités statistiques, sur lesquels on effectue des mesures, et qu'une variable représente la caractéristique mesurée sur les unités statistiques. Il importe de bien déterminer ces deux éléments, puisqu'ils doivent apparaître à des endroits précis dans le titre d'un tableau de fréquences. Dans le contexte, la mesure (la quantité de neige) est effectuée sur une année (une unité statistique). Les unités statistiques, soit les éléments de la population, sont donc les différentes années à Montréal, et la quantité annuelle de neige constitue la variable. Comme la quantité de neige est une variable quantitative continue, nous allons dresser un tableau de fréquences où les données sont groupées par classes.

Utilisons des intervalles de largeur 50 en commençant par l'intervalle 100–150. Dans la présentation des classes, on emploie par convention un intervalle fermé à gauche et ouvert à droite lorsque les bornes des intervalles se chevauchent. Ainsi, la classe « 100–150 » représente l'ensemble des valeurs supérieures ou égales à 100, mais inférieures à 150. D'autres notations peuvent également représenter cette classe, par exemple « $[100; 150[$ », « $100 \leq x < 150$ », « 100 à 150 » ou « 100 et plus, mais moins de 150 ». Dans le présent manuel, nous emploierons surtout la notation « 100–150 », qui est relativement courante.

En procédant de cette façon, nous obtenons un tableau de dénombrement (tableau 3.21). Comme il s'agit d'un tableau de travail, il n'est pas nécessaire de lui donner un titre. Notez que la valeur 150 serait dénombrée dans l'intervalle 150–200 et non pas dans l'intervalle 100–150, puisque chaque intervalle est fermé à gauche et ouvert à droite.

TABLEAU 3.21

| Quantité de neige (cm) | Dénombrement |
|---|---|
| 100-150 | //// |
| 150-200 | ~~////~~ ~~////~~ ~~////~~ /// |
| 200-250 | ~~////~~ ~~////~~ //// |
| 250-300 | ~~////~~ / |
| 300-350 | ~~////~~ / |
| 350-400 | / |

En respectant les normes de présentation des tableaux de fréquences, on peut dresser les tableaux 3.22 ou 3.23 pour représenter la série statistique portant sur la quantité annuelle de neige sur Montréal.

TABLEAU 3.22

**RÉPARTITION DE 49 ANNÉES, SELON LA QUANTITÉ ANNUELLE DE NEIGE (cm), MONTRÉAL, 1960-2008**

| Quantité de neige (cm) | Nombre d'années |
|---|---|
| 100-150 | 4 |
| 150-200 | 18 |
| 200-250 | 14 |
| 250-300 | 6 |
| 300-350 | 6 |
| 350-400 | 1 |
| **Total** | **49** |

Source: *Données des observations mensuelles. Archives climatiques nationales du Canada,* http://www.climate.weatheroffice.ec.gc.ca/climateData/monthlydata_f.html (2009-04-20).

TABLEAU 3.23

**RÉPARTITION EN POURCENTAGE DE 49 ANNÉES, SELON LA QUANTITÉ ANNUELLE DE NEIGE (cm), MONTRÉAL, 1960-2008**

| Quantité de neige (cm) | Pourcentage (%) des années |
|---|---|
| 100-150 | 8,2 |
| 150-200 | 36,7 |
| 200-250 | 28,6 |
| 250-300 | 12,2 |
| 300-350 | 12,2 |
| 350-400 | 2,0 |
| **Total** | **100,0** |

Source: *Données des observations mensuelles. Archives climatiques nationales du Canada,* http://www.climate.weatheroffice.ec.gc.ca/climateData/monthlydata_f.html (2009-04-20).

Note: En raison de l'arrondissement des données, le total ne correspond pas nécessairement à la somme des parties.

Dans la littérature, on trouve également des tableaux où les bornes des intervalles ne se chevauchent pas. Dans ce cas, on détermine, d'après le contexte, ce que représente chaque classe. Par exemple, si on groupe des personnes selon leur âge, on peut utiliser des catégories comme «0-19», «20-29» et «30-39». Il est clair que tous les individus de moins de 20 ans seront placés dans la première classe. De la même façon, si on groupe des personnes selon le salaire horaire, on peut utiliser les catégories «0,00 \$-9,99 \$», «10,00 \$-19,99 \$» et «20,00 \$-29,99 \$». On peut facilement déterminer dans quelle classe ranger chaque salaire observé. Ainsi, toutes les personnes dont le salaire horaire est inférieur à 10,00 \$ seront placées dans la première classe. Ce qui importe, c'est de définir les classes d'une manière qui ne soit pas équivoque.

## 3.4.2 Construction d'un tableau de fréquences avec des classes de même amplitude

Lorsqu'on décide de grouper des données par classes, on doit déterminer le nombre de classes à utiliser, la largeur de celles-ci et la limite inférieure de la première classe. C'est un souci de clarté et de précision qui doit guider le choix du nombre de classes, de leur largeur et de la borne inférieure de la première classe.

### A | Choix du nombre de classes

Il s'agit de choisir un nombre de classes suffisamment petit pour faciliter la lecture du tableau et suffisamment grand pour que le tableau soit révélateur. Nous suggérons d'appliquer la règle donnée au tableau 3.24 pour déterminer, de manière provisoire, le nombre de classes à utiliser. Toutefois, ***cette règle n'est pas absolue***: un chercheur peut, pour des raisons précises, déterminer autrement le nombre de classes. Ainsi, il pourrait décider d'utiliser beaucoup plus ou beaucoup moins de classes que ne l'indique le tableau 3.24. Ce tableau est donc fourni à ***titre indicatif et non à titre prescriptif***.

TABLEAU | **3.24**

**NOMBRE DE CLASSES EN FONCTION DU NOMBRE DE DONNÉES**

| Nombre de données: *n* | Nombre de classes: *k* |
|---|---|
| 0–9 | 0 |
| 10–19 | 5 |
| 20–39 | 6 |
| 40–79 | 7 |
| 80–159 | 8 |
| 160–319 | 9 |
| 320–639 | 10 |
| 640–1 279 | 11 |
| 1 280–2 559 | 12 |
| 2 560–5 119 | 13 |
| 5 120–10 239 | 14 |
| 10 240 et plus | 15 |

### B | Choix de l'amplitude de classe

**Amplitude de classe**

Largeur de l'intervalle que délimite une classe fermée. Elle correspond à la différence entre la borne supérieure et la borne inférieure de la classe. ■

**Étendue**

Notée $E$, l'étendue mesure l'écart entre la plus grande et la plus petite valeur d'une série statistique quantitative, soit $E = V_{max} - V_{min}$. ■

La largeur de chaque intervalle est appelée **amplitude de classe** et est désignée par la lettre $A$. Elle correspond à la différence entre les bornes supérieure et inférieure de la classe. Dans l'exemple 3.14 (p. 91) portant sur la quantité annuelle de neige tombée sur Montréal, toutes les classes ont une même amplitude: $A = 50$ cm.

L'**étendue** d'une série statistique quantitative, désignée par la lettre $E$, correspond à la différence entre la plus grande valeur de la série et la plus petite, soit:

$$E = V_{max} - V_{min}$$

Dans l'exemple 3.14 sur la quantité annuelle de neige sur Montréal, l'étendue est:

$$\begin{aligned} E &= V_{max} - V_{min} \\ &= 351{,}6 \text{ cm} - 122{,}6 \text{ cm} \\ &= 229{,}0 \text{ cm} \end{aligned}$$

L'étendue d'un tableau correspond à l'écart entre ses bornes supérieure et inférieure. Dans le tableau 3.22 (p. 93), elle est de 300 cm (soit 400 cm − 100 cm). Cette mesure constitue une approximation de l'étendue de la série, qu'elle surestime systématiquement.

Si on choisit de représenter les données dans un tableau où toutes les classes ont la même amplitude, la largeur ($A$) de chaque intervalle sera un nombre voisin de l'expression $E \div k$, où $E$ représente l'étendue de la série et $k$ le nombre de classes établi selon la règle donnée dans le tableau 3.24. On utilise souvent comme amplitude de classe les valeurs 5, 10, 25, 50, 100, des multiples de ces valeurs ou toute autre valeur qui, selon le contexte, faciliterait la lecture du tableau.

## C | Choix de la borne inférieure de la première classe

C'est l'expérience qui guidera le chercheur dans le choix de la borne inférieure de la première classe ; il s'agit de nouveau de choisir un nombre qui facilite la lecture du tableau et permet d'y inscrire toutes les données.

Le choix de l'amplitude des classes et celui de la borne inférieure de la première classe déterminent le nombre de classes qui seront effectivement utilisées pour grouper les données.

### EXEMPLE 3.15

Illustrons le procédé de groupement en trois étapes à l'aide de la série statistique des revenus d'emploi d'été, exprimés en dollars, de 50 étudiants inscrits à temps plein au cégep (tableau 3.25).

TABLEAU | **3.25**

**REVENUS ($) D'EMPLOI D'ÉTÉ DE 50 ÉTUDIANTS**

| | | | | | | | | | |
|---|---|---|---|---|---|---|---|---|---|
| 4 250 | 3 660 | 3 467 | 4 823 | 2 900 | 2 987 | 5 450 | 2 567 | 3 548 | 4 896 |
| 4 147 | 3 456 | 4 327 | 4 398 | 3 564 | 3 987 | 4 321 | 4 112 | 3 765 | 3 256 |
| 3 478 | 3 987 | 4 065 | 2 050 | 3 098 | 5 007 | 2 609 | 4 987 | 3 645 | 3 874 |
| 4 654 | 3 541 | 3 076 | 2 806 | 4 123 | 4 008 | 3 976 | 3 467 | 4 651 | 2 341 |
| 3 334 | 4 655 | 3 075 | 3 275 | 3 864 | 3 598 | 2 964 | 4 632 | 2 964 | 4 123 |

La variable « revenu » est une variable quantitative discrète. Comme elle peut prendre un très grand nombre de valeurs, nous grouperons les données par classes. En vertu de la règle fournie par le tableau 3.24 (p. 94), nous devrions utiliser 7 classes, puisque $k = 7$ lorsque $n = 50$. Le nombre de classes pourrait cependant être différent, selon l'amplitude de classe et la borne inférieure de la première classe que nous choisirons.

L'étendue de la série est $E = 5\,450\,\$ - 2\,050\,\$ = 3\,400\,\$$. Nos classes (de même largeur) devraient avoir une amplitude voisine de $E \div k$, soit $3\,400 \div 7 \approx 485{,}7$. Afin de faciliter la lecture du tableau, nous utiliserons une amplitude de 500 $. Étant donné que la valeur minimale de la série est 2 050 $, nous prendrons 2 000 $ comme limite inférieure de la première classe. Nous pouvons alors établir le tableau de dénombrement de la série statistique (tableau 3.26). Il n'est pas nécessaire de donner un titre à ce tableau.

TABLEAU | **3.26**

| Revenu ($) | Dénombrement |
|---|---|
| 2 000–2 500 | // |
| 2 500–3 000 | 卌 // |
| 3 000–3 500 | 卌 卌 |
| 3 500–4 000 | 卌 卌 // |
| 4 000–4 500 | 卌 卌 |
| 4 500–5 000 | 卌 // |
| 5 000–5 500 | // |

Nous pouvons ensuite dresser le tableau 3.27 ou 3.28 pour représenter les données.

TABLEAU | **3.27**

**RÉPARTITION DE 50 ÉTUDIANTS, SELON LE REVENU D'EMPLOI D'ÉTÉ**

| Revenu ($) | Nombre d'étudiants |
|---|---|
| 2 000–2 500 | 2 |
| 2 500–3 000 | 7 |
| 3 000–3 500 | 10 |
| 3 500–4 000 | 12 |
| 4 000–4 500 | 10 |
| 4 500–5 000 | 7 |
| 5 000–5 500 | 2 |
| Total | 50 |

TABLEAU | **3.28**

**RÉPARTITION EN POURCENTAGE DE 50 ÉTUDIANTS, SELON LE REVENU D'EMPLOI D'ÉTÉ**

| Revenu ($) | Pourcentage des étudiants (%) |
|---|---|
| 2 000–2 500 | 4 |
| 2 500–3 000 | 14 |
| 3 000–3 500 | 20 |
| 3 500–4 000 | 24 |
| 4 000–4 500 | 20 |
| 4 500–5 000 | 14 |
| 5 000–5 500 | 4 |
| Total | 100 |

**EXERCICE 3.9**

Groupez dans un tableau de fréquences les données du tableau 3.29 représentant l'âge de 84 enseignantes et enseignants d'histoire qui ont participé à un colloque de pédagogie.

TABLEAU | 3.29

**ÂGE DE 84 ENSEIGNANTS AYANT PARTICIPÉ À UN COLLOQUE DE PÉDAGOGIE**

| | | | | | | | | | | | | | |
|---|---|---|---|---|---|---|---|---|---|---|---|---|---|
| 21 | 22 | 22 | 23 | 23 | 25 | 25 | 26 | 27 | 28 | 28 | 29 | 30 | 30 |
| 30 | 31 | 31 | 31 | 32 | 32 | 32 | 33 | 33 | 34 | 35 | 36 | 36 | 37 |
| 37 | 38 | 38 | 39 | 39 | 40 | 40 | 41 | 41 | 42 | 42 | 42 | 43 | 43 |
| 43 | 45 | 45 | 46 | 46 | 47 | 48 | 48 | 49 | 49 | 49 | 50 | 50 | 50 |
| 50 | 51 | 51 | 52 | 53 | 53 | 54 | 54 | 55 | 55 | 55 | 56 | 56 | 56 |
| 57 | 57 | 58 | 59 | 59 | 59 | 60 | 61 | 61 | 62 | 64 | 65 | 65 | 68 |

## 3.4.3 Représentations graphiques : données groupées par classes d'égale amplitude

L'histogramme, le polygone de fréquences et la courbe des fréquences relatives cumulées sont les représentations graphiques les plus usuelles pour des données groupées par classes dans un tableau de fréquences. Étudions maintenant chacune de ces représentations graphiques.

### A | Histogramme

**Histogramme**
Représentation graphique employée pour des données groupées par classes. On la construit en élevant, dans un graphique cartésien, des rectangles juxtaposés, dressés sur les intervalles de classes. La hauteur du rectangle correspond à la fréquence absolue ou relative de la classe.

L'**histogramme** sert à représenter graphiquement une variable quantitative, discrète ou continue, dont les données ont été groupées par classes dans un tableau de fréquences. On peut y faire figurer les fréquences absolues ou les fréquences relatives.

Comme le diagramme à bandes rectangulaires et le diagramme à bâtons, l'histogramme est tracé dans un graphique cartésien. On place la variable sur l'axe des abscisses et les fréquences sur l'axe des ordonnées. On marque, sur l'axe des abscisses, les bornes des différents intervalles de classes (ou les milieux[2] de classe) et on élève sur chaque intervalle un rectangle dont la hauteur correspond à la fréquence absolue ou à la fréquence relative associée à la classe. Contrairement au diagramme à bandes rectangulaires, les rectangles se touchent, puisque les bornes des intervalles de classes se chevauchent. Il faut également noter que tous les rectangles ont une base de même largeur, puisque toutes les classes ont la même amplitude.

**EXEMPLE 3.16**

À partir des données des tableaux 3.27 et 3.28 (p. 96), on peut établir deux histogrammes. Dans le premier (figure 3.9), on a utilisé les bornes d'intervalles, les fréquences absolues et un axe des ordonnées. De plus, on a brisé l'axe des abscisses (/ /) pour marquer la compression de cet axe entre 0 et 2 000. Dans le second (figure 3.10), on s'est servi des milieux de classe et des fréquences relatives. On y a éliminé l'axe des ordonnées, puisqu'on a inscrit les fréquences relatives au sommet de chaque rectangle.

2. Le milieu d'une classe est donné par la demi-somme des deux bornes de la classe.

FIGURE | 3.9

**RÉPARTITION DE 50 ÉTUDIANTS, SELON LE REVENU D'EMPLOI D'ÉTÉ**

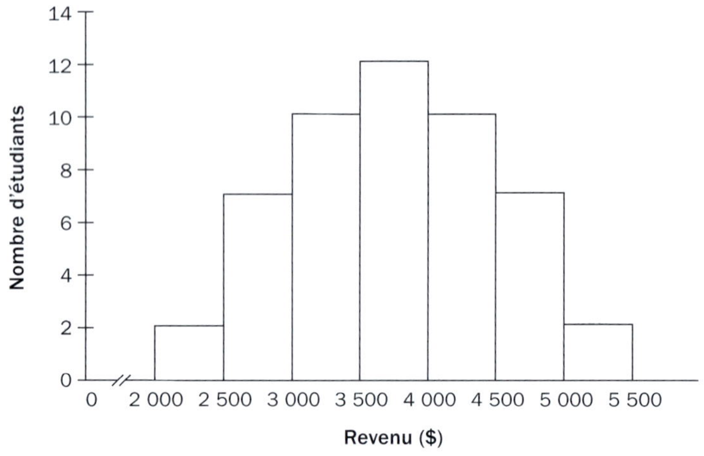


FIGURE | 3.10

**RÉPARTITION EN POURCENTAGE DE 50 ÉTUDIANTS, SELON LE REVENU D'EMPLOI D'ÉTÉ**

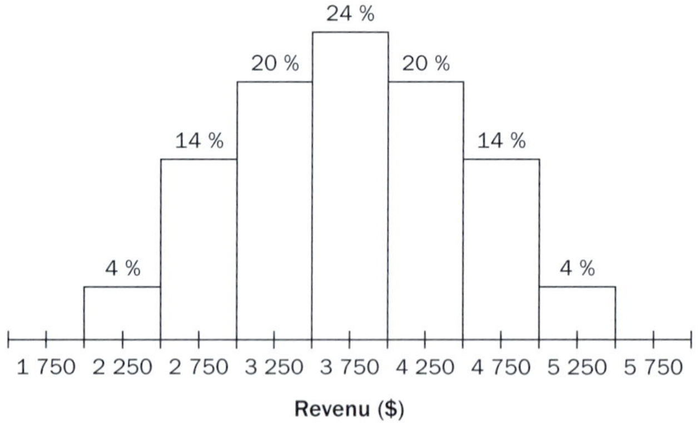


**EXERCICE 3.10**

Tracez un histogramme à partir du tableau 3.22 (p. 93).

## B | Polygone de fréquences

**Polygone de fréquences**

Représentation graphique employée pour des données groupées par classes. On la construit en reliant, dans un graphique cartésien, les points dont les coordonnées sont données par (milieu de classe ; fréquence de la classe). Il ne faut pas oublier de fermer le polygone, aux deux extrémités, sur l'axe des abscisses.

La représentation des données à l'aide d'un histogramme semble indiquer que la variable étudiée fluctue par bonds entre les différentes classes. Elle donne une impression de discontinuité, ce qui paraît anormal dans un graphique censé représenter une variable continue. Pour atténuer cette impression, pour lisser notre graphique, nous tracerons un **polygone de fréquences**.

Pour tracer un polygone de fréquences dans un graphique cartésien, nous vous suggérons de suivre la démarche ci-dessous :

1. Ajouter deux classes au tableau de fréquences : une classe avant la première et une autre après la dernière. Les fréquences associées à ces classes seront évidemment nulles.

2. Insérer, dans le tableau, une colonne qui représente les milieux de classe.
3. Relier les points dont les coordonnées ($x$ ; $y$) sont (milieu de la classe ; fréquence de la classe).

**EXEMPLE 3.17**

Voici comment nous procéderions pour tracer le polygone de fréquences à partir du tableau 3.23 (p. 93).

On ajoute d'abord une classe à chacune des extrémités du tableau, puis on insère la colonne des milieux de classe afin d'obtenir le tableau 3.30. Il n'est pas nécessaire de donner un titre à ce tableau.

TABLEAU | **3.30**

| Classes | Milieu de classe | Fréquence relative de classe (%) |
|---|---|---|
| 50–100 | 75 | 0,0 |
| 100–150 | 125 | 8,2 |
| 150–200 | 175 | 36,7 |
| 200–250 | 225 | 28,6 |
| 250–300 | 275 | 12,2 |
| 300–350 | 325 | 12,2 |
| 350–400 | 375 | 2,0 |
| 400–450 | 425 | 0,0 |

On trace ensuite le polygone en joignant les points dont les coordonnées sont (milieu de la classe ; fréquence de la classe). Dans le contexte de cet exemple, il s'agit des points (75 ; 0,0), (125 ; 8,2), (175 ; 36,7) et ainsi de suite jusqu'à (425 ; 0,0). On obtient alors le graphique de la figure 3.11.

FIGURE | **3.11**

**RÉPARTITION EN POURCENTAGE DE 49 ANNÉES, SELON LA QUANTITÉ ANNUELLE DE NEIGE, MONTRÉAL, 1960–2008**

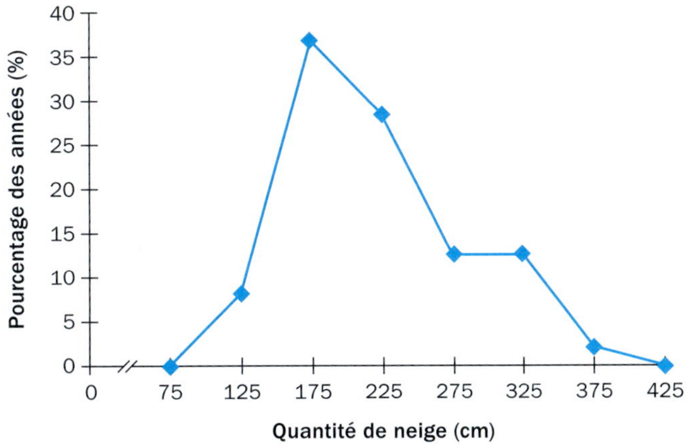


Source : *Données des observations mensuelles. Archives climatiques nationales du Canada*, http://www.climate.weatheroffice.ec.gc.ca/climateData/monthlydata_f.html (2009-04-20).

Comme vous pourrez le constater dans l'exercice 3.11, on peut superposer deux ou plusieurs polygones de fréquences dans le même graphique et ainsi comparer deux ou plusieurs groupes. Cette possibilité constitue un avantage du polygone de fréquences sur l'histogramme.

**EXERCICE 3.11**

a) Complétez le tableau 3.31.

TABLEAU | **3.31**

**RÉPARTITION DES NAISSANCES VIVANTES (EN MILLIERS), SELON L'ÂGE DE LA MÈRE AU MOMENT DE LA NAISSANCE, QUÉBEC, 1974 ET 2008**

| Âge | 1974 | 2008 |
|---|---|---|
| 15–20 | 5,4 | 2,5 |
| 20–25 | 26,5 | 12,8 |
| 25–30 | 33,7 | 30,7 |
| 30–35 | 14,5 | 28,2 |
| 35–40 | 4,2 | 11,3 |
| 40–45 | 1,1 | 2,0 |
| 45–50 | 0,3 | 0,1 |
| **Total** | | |

Sources : Adapté de Statistique Canada, *Santé périnatale : Grossesses et taux, Canada*, 1974-1993, 82-568-XPB1993001, paru le 28 octobre 1996 (pour l'année 1974), et Institut de la statistique du Québec, http://www.stat.gouv.qc.ca/donstat/societe/demographie/naisn_deces/naissance/406.htm (pour l'année 2008) (2009-10-17).

b) Sur un même graphique, consignez les données du tableau avec des polygones de fréquences.

c) Commentez le tableau et le graphique.

d) Aurait-il été possible de superposer deux histogrammes pour comparer la distribution des âges des mères en 1974 et en 2008 ? Justifiez votre réponse.

**Courbe des fréquences relatives cumulées**

Également appelée *ogive*, la courbe des fréquences relatives cumulées est une représentation graphique employée pour des données groupées par classes. On la trace en reliant, dans un graphique cartésien, les points dont les coordonnées sont données par (borne supérieure ; fréquence relative cumulée associée à la borne supérieure d'une classe). Il ne faut pas oublier de fermer la courbe sur l'axe des abscisses en ajoutant le point (borne inférieure de la première classe ; 0). Le titre d'un tel graphique est « Répartition cumulée [des unités statistiques], selon [la variable étudiée] ». Le titre de l'axe des ordonnées est « Pourcentage cumulé [des unités statistiques] (%) ». Cette courbe sert notamment à estimer le pourcentage des données qui sont inférieures à une valeur particulière.

## C | Courbe des fréquences relatives cumulées

Combien de personnes sont âgées de moins de 40 ans ? Quel pourcentage des résidences d'une municipalité sont évaluées à moins de 250 000 $ ? Sous quel seuil se situe le salaire d'au moins 80 % des travailleurs ? Voilà des questions auxquelles il sera facile de répondre après avoir construit la **courbe des fréquences relatives cumulées**, ou *ogive*, qui correspond à chacune de ces variables.

Comme son nom l'indique, cette courbe repose sur le cumul, donc la somme, des fréquences associées aux différentes classes. On obtient les fréquences cumulées en additionnant la fréquence de chaque classe aux fréquences de toutes les classes qui la précèdent. Le nombre ou le pourcentage ainsi obtenu indique la quantité ou la fréquence relative des données qui sont inférieures à la borne supérieure de la classe. Nous ne nous intéresserons qu'aux fréquences relatives cumulées.

**EXEMPLE 3.18**

À partir du tableau 3.22 (p. 93) donnant la quantité annuelle de neige tombée sur Montréal de 1960 à 2008, on peut construire le tableau 3.32, qui montre comment on a effectué le cumul des fréquences relatives afin de dresser le tableau de fréquences relatives cumulées (tableau 3.33). Comme le tableau 3.32 est un tableau de travail, il n'est pas nécessaire de lui donner un titre.

TABLEAU **3.32**

| Quantité | Nombre d'années | Cumul | Pourcentage cumulé (%) |
|---|---|---|---|
| 100-150 | 4 | 4/49 = 8,2 % | 8,2 |
| 150-200 | 18 | (4 + 18)/49 = 44,9 % | 44,9 |
| 200-250 | 14 | (4 + 18 + 14)/49 = 73,5 % | 73,5 |
| 250-300 | 6 | (4 + 18 + 14 + 6)/49 = 85,7 % | 85,7 |
| 300-350 | 6 | (4 + 18 + 14 + 6 + 6)/49 = 98,0 % | 98,0 |
| 350-400 | 1 | (4 + 18 + 14 + 6 + 6 + 1)/49 = 100,0 % | 100,0 |
| **Total** | **49** | | |

TABLEAU **3.33**

**RÉPARTITION CUMULÉE DE 49 ANNÉES, SELON LA QUANTITÉ ANNUELLE DE NEIGE (cm), MONTRÉAL, 1960-2008**

| Quantité de neige (cm) | Pourcentage cumulé des années (%) |
|---|---|
| 100-150 | 8,2 |
| 150-200 | 44,9 |
| 200-250 | 73,5 |
| 250-300 | 85,7 |
| 300-350 | 98,0 |
| 350-400 | 100,0 |

Source : *Données des observations mensuelles. Archives climatiques nationales du Canada*, http://www.climate.weatheroffice.ec.gc.ca/climateData/monthlydata_f.html (2009-04-20).

Ce dernier tableau révèle que, pour 8,2 % des années échantillonnées, Montréal a reçu moins de 150 cm de neige, pour 44,9 % des années, moins de 200 cm de neige, et ainsi de suite. Par ailleurs, pour les années échantillonnées, Montréal n'a jamais reçu moins de 100 cm de neige.

C'est à partir du tableau 3.33 qu'est tracée la courbe des fréquences relatives cumulées dans un graphique cartésien. L'axe des abscisses est employé pour la variable (la quantité de neige), l'axe des ordonnées pour la fréquence relative cumulée. On obtient la courbe des fréquences relatives cumulées en reliant les points dont les coordonnées sont données par les couples (borne supérieure de la classe ; fréquence relative cumulée associée à cette borne). On ajoute également à cette liste le couple (borne inférieure de la première classe ; 0). À partir des données provenant du tableau 3.33, on trace la courbe joignant les points (150 ; 8,2), (200 ; 44,9), (250 ; 73,5), (300 ; 85,7), (350 ; 98,0) et (400 ; 100,0). On ajoute également le point dont les coordonnées sont données par le couple (borne inférieure de la première classe ; 0), de façon à fermer la courbe sur l'axe des abscisses. Dans notre exemple, ce couple est (100 ; 0). Le graphique de la figure 3.12 montre à quoi ressemblerait la courbe des fréquences relatives cumulées pour la quantité annuelle de neige tombée sur Montréal.

FIGURE 3.12

**RÉPARTITION CUMULÉE DE 49 ANNÉES, SELON LA QUANTITÉ ANNUELLE DE NEIGE (cm) TOMBÉE SUR MONTRÉAL, 1960–2008**

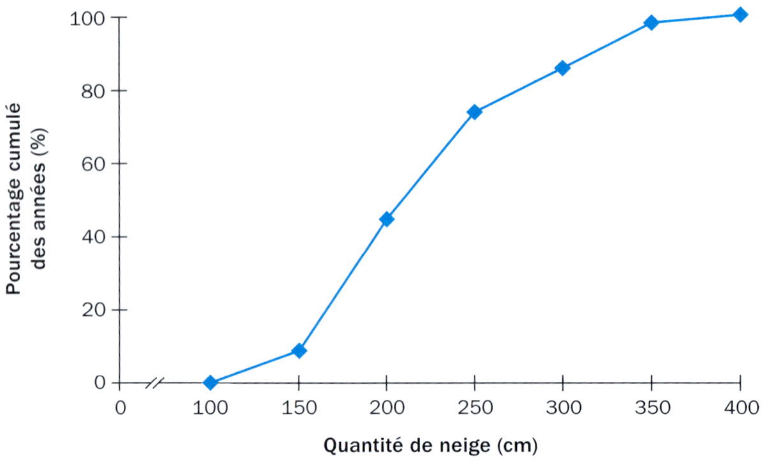


Source : *Données des observations mensuelles. Archives climatiques nationales du Canada*, http://www.climate.weatheroffice.ec.gc.ca/climateData/monthlydata_f.html (2009-04-20).

Ce graphique nous permet, par exemple, d'estimer le pourcentage des années où Montréal a reçu moins de 160 cm de neige. En suivant la direction de la flèche rouge dans le graphique de la figure 3.13, on constate que la proportion des années où Montréal a reçu moins de 160 cm de neige est d'environ 19 %. Ce graphique permettrait également d'estimer la quantité de neige en deçà de laquelle se trouvent 80 % des années : en suivant la direction de la flèche verte, on constate que pour environ 80 % des années échantillonnées, Montréal a reçu moins de 275 cm de neige. Par conséquent, dans environ 61 % des années, Montréal a reçu annuellement entre 160 et 275 cm de neige.

FIGURE 3.13

**RÉPARTITION CUMULÉE DE 49 ANNÉES, SELON LA QUANTITÉ ANNUELLE DE NEIGE (cm) TOMBÉE SUR MONTRÉAL, 1960–2008**

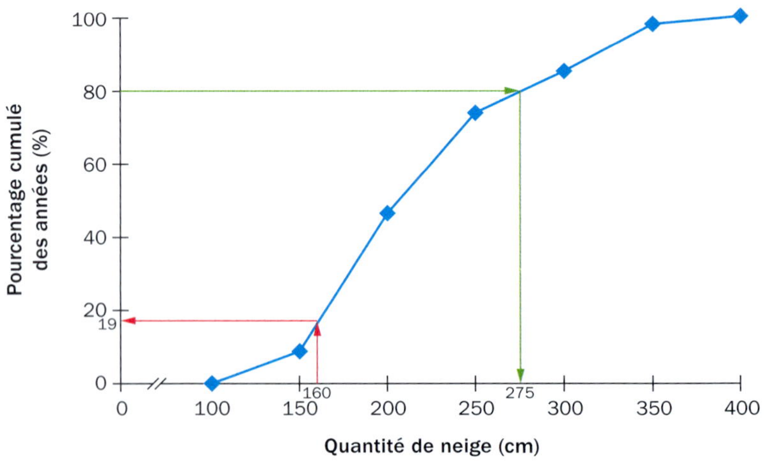


Source : *Données des observations mensuelles. Archives climatiques nationales du Canada*, http://www.climate.weatheroffice.ec.gc.ca/climateData/monthlydata_f.html (2009-04-20).

**EXERCICE 3.12**

Utilisez la représentation graphique appropriée pour répondre aux questions sur le revenu d'emploi d'été des étudiants. Indiquez sur le graphique comment vous avez obtenu vos réponses.

TABLEAU | **3.34**

**RÉPARTITION EN POURCENTAGE DES ÉTUDIANTS, SELON LE REVENU D'EMPLOI D'ÉTÉ**

| Revenu ($) | Pourcentage des étudiants (%) |
|---|---|
| 2 000–2 500 | 4 |
| 2 500–3 000 | 14 |
| 3 000–3 500 | 20 |
| 3 500–4 000 | 24 |
| 4 000–4 500 | 20 |
| 4 500–5 000 | 14 |
| 5 000–5 500 | 4 |
| **Total** | **100** |

a) Quelle est la proportion des étudiants gagnant moins de 3 200 $ ?

b) Complétez : « Environ 50 % des étudiants gagnent moins de _________ $. »

## 3.4.4 Tableau de fréquences : données groupées par classes ouvertes ou d'amplitudes inégales

Jusqu'à présent, nous avons dressé des tableaux de fréquences dans lesquels toutes les classes avaient la même amplitude. Il arrive toutefois qu'on veuille présenter les données selon des classes de largeurs inégales ou selon des classes ouvertes (« 65 ans et plus », « moins de 15 ans »), et ce, pour se conformer à l'usage ou encore pour des raisons d'ordre théorique ou technique (données marginales, classes comportant un trop grand nombre de données par rapport aux autres, classes non pertinentes, classes représentant des divisions « naturelles » pour le chercheur, données concentrées à une des extrémités de la première ou de la dernière classe). Dans de tels cas, c'est l'expérience du chercheur qui permet de déterminer le nombre de classes et les largeurs de classe appropriés.

**EXEMPLE 3.19**

La masse (en grammes) d'un bébé à la naissance constitue un indicateur de son état de santé et de développement. C'est pourquoi la masse des nouveau-nés est enregistrée.

Comme l'indique le tableau 3.35, on fixe généralement quatre catégories de masse pour classer les nouveau-nés, soit « moins de 2 500 » (faible masse), « 2 500–3 500 » (masse normale inférieure), « 3 500–4 500 » (masse normale supérieure) et « 4 500 et plus » (masse élevée). Ces catégories constituent des divisions naturelles pour les services de santé.

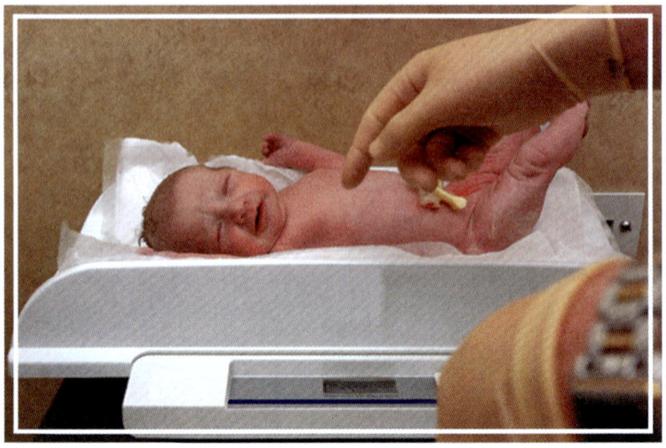

TABLEAU | **3.35**

**RÉPARTITION DES NOUVEAU-NÉS, SELON LEUR MASSE À LA NAISSANCE, QUÉBEC, 2007**

| Masse (g) | Nombre de nouveau-nés |
|---|---|
| Moins de 2 500 | 4 799 |
| 2 500–3 500 | 45 426 |
| 3 500–4 500 | 33 058 |
| 4 500 et plus | 1 166 |
| **Total** | **84 449** |

Source : Institut de la statistique du Québec, *Naissances selon le poids à la naissance, l'âge de la mère et le sexe, Québec, 2006 et 2007*, http://www.stat.gouv.qc.ca/donstat/societe/demographie/naisn_deces/naissance/409.htm (2009-10-19).

Note : Ce tableau donne la masse des bébés lorsque cette dernière a été déclarée. En 2007, la masse de 4 bébés n'a pas été déclarée.

L'emploi de catégories ouvertes est pertinent, parce que ces dernières comptent un faible nombre d'individus. En fait, des 4 799 nouveau-nés de faible masse (moins de 2 500 g), un peu plus de 4 000 présentaient une masse comprise entre 1 500 et 2 500 g ; de même, un peu plus de 1 100 nouveau-nés présentaient une masse comprise entre 4 500 et 5 500 g. Il n'aurait donc pas été utile de créer des catégories de 500 à 1 500 g ni de 5 500 à 6 500 g, puisque ces catégories n'auraient contenu que de très petits nombres de nouveau-nés.

**EXERCICE 3.13**

Un directeur du personnel prépare un tableau sur l'âge des salariés de l'entreprise pour laquelle il travaille afin de planifier les besoins en matière de main-d'œuvre (renouvellement du personnel, formation, encadrement des nouveaux salariés, départs à la retraite). Il décide de répartir les salariés en quatre catégories d'âge : « moins de 25 ans », « de 25 à 44 ans », « de 45 à 54 ans », « 55 ans et plus ». Dressez le tableau de fréquences pour les données consignées dans le tableau 3.36.

TABLEAU | **3.36**

**ÂGE DES SALARIÉS**

| | | | | | | | | | | | |
|---|---|---|---|---|---|---|---|---|---|---|---|
| 21 | 22 | 23 | 26 | 27 | 28 | 28 | 32 | 34 | 35 | 36 | 36 |
| 37 | 37 | 38 | 39 | 40 | 41 | 41 | 42 | 43 | 45 | 45 | 46 |
| 47 | 50 | 51 | 51 | 54 | 55 | 56 | 57 | 58 | 60 | 62 | 64 |

## 3.4.5 Histogramme de données groupées par classes ouvertes ou d'amplitudes inégales

Pour représenter graphiquement des données groupées dans un tableau de fréquences comportant des classes ouvertes ou d'amplitudes inégales, on peut utiliser un histogramme. L'emploi d'un rectangle dans un histogramme semble indiquer une distribution uniforme des données à l'intérieur d'une classe, puisque sa hauteur est constante sur tout l'intervalle considéré. C'est cette hypothèse que nous retiendrons pour tracer un histogramme représentant des données groupées selon des classes ouvertes ou d'amplitudes inégales.

**EXEMPLE 3.20**

Illustrons la confection d'un histogramme (classes ouvertes ou d'amplitudes inégales) à l'aide des données réunies dans le tableau 3.37. Ce tableau comporte une classe ouverte (« 65 et plus ») et des classes de largeurs inégales (5 ans, 10 ans et 20 ans).

TABLEAU | **3.37**

**RÉPARTITION DES CHÔMEURS, SELON L'ÂGE, CANADA, 2008**

| Âge (années) | Nombre de chômeurs (milliers) |
|---|---|
| 15–20 | 187,9 |
| 20–25 | 154,5 |
| 25–35 | 215,4 |
| 35–45 | 213,2 |
| 45–65 | 336,2 |
| 65 et plus | 12,1 |
| **Total** | **1 119,3** |

Source : Adapté de Statistique Canada, *Caractéristiques de la population active selon l'âge et le sexe*, http://www40.statcan.gc.ca/l02/cst01/labor20a-fra.htm (2009-10-22).

La comparaison des groupes d'âge à partir des fréquences absolues est difficile, car les classes d'âge n'ont pas la même amplitude ; nous n'avons donc aucune base de comparaison. Par conséquent, il faut créer artificiellement des classes qui auront la même amplitude. À cette fin, nous divisons chacune des classes de largeur 10 en 2 classes de largeur 5, et la classe de largeur 20 en 4 classes de largeur 5. Puis, nous fermerons la classe ouverte en lui attribuant une largeur 5. En théorie, nous aurions pu fermer cette classe à 75 ou 80 ans plutôt qu'à 70. Dans le contexte, notre choix s'explique : nous considérons que peu de personnes sont susceptibles d'être au chômage au-delà de 70 ans.

Parce que nous avançons l'hypothèse que les données se répartissent de manière uniforme dans une classe, il faut ajuster les fréquences. Ainsi, comme la classe « 25–35 » compte 215 400 chômeurs et que nous ajoutons une cloison au milieu de cette classe pour en faire deux (« 25–30 » et « 30–35 »), chaque côté de la cloison devrait réunir la moitié de ces chômeurs. Il y aura toujours 215 400 chômeurs âgés de 25 à 35 ans, mais ils seront répartis en deux groupes égaux de 107 700 chômeurs. De la même façon, la classe « 45–65 » sera décomposée en 4 classes (« 45–50 » ; « 50–55 » ; « 55–60 » ; « 60–65 ») comprenant chacune 84 050 (soit 336 200/4) chômeurs. Nous obtiendrons ainsi un tableau de fréquences régularisé (tableau 3.38).

Ce tableau régularisé présente maintenant des classes de même amplitude, et nous pouvons en tracer l'histogramme (figure 3.14).

L'hypothèse de l'uniformité de la répartition des données est la meilleure que nous puissions faire, mais elle peut avoir pour effet de déformer quelque peu la réalité. Il faut donc une remarque au bas du graphique pour préciser que les données sont régularisées.

Nous suggérons d'éviter de tracer des lignes pleines entre les classes ainsi créées : on peut tracer des lignes pointillées ou encore laisser un vide, comme dans la figure 3.14.

TABLEAU 3.38

**RÉPARTITION DES CHÔMEURS, SELON L'ÂGE, CANADA, 2008**

| Âge (années) | Nombre de chômeurs (milliers) |
|---|---|
| 15–20 | 187,90 |
| 20–25 | 154,50 |
| 25–30 | 107,70 |
| 30–35 | 107,70 |
| 35–40 | 106,60 |
| 40–45 | 106,60 |
| 45–50 | 84,05 |
| 50–55 | 84,05 |
| 55–60 | 84,05 |
| 60–65 | 84,05 |
| 65–70 | 12,10 |
| **Total** | **1 119,30** |

Source: Adapté de Statistique Canada, *Caractéristiques de la population active selon l'âge et le sexe*, http://www40.statcan.gc.ca/l02/cst01/labor20a-fra.htm (2009-10-22) (tableau régularisé).

FIGURE 3.14

**RÉPARTITION DES CHÔMEURS, SELON L'ÂGE, CANADA, 2008**

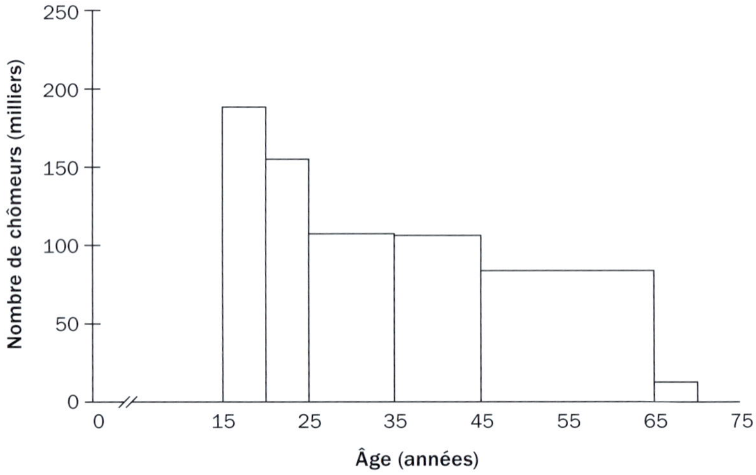


Source: Adapté de Statistique Canada, *Caractéristiques de la population active selon l'âge et le sexe*, http://www40.statcan.gc.ca/l02/cst01/labor20a-fra.htm (2009-10-22) (tableau régularisé).

## EXERCICE 3.14

a) Complétez le tableau de fréquences 3.39.

b) Régularisez ce tableau.

c) Tracez l'histogramme correspondant au tableau régularisé.

d) Quelle est la proportion des membres de la population active (chômeurs et personnes occupant un emploi) qui sont âgés de moins de 35 ans ?

e) En vous référant au tableau 3.37 (p. 105), donnez la proportion des chômeurs âgés de moins de 35 ans.

f) En comparant les proportions obtenues en *d* et en *e*, analysez la situation des personnes de moins de 35 ans sur le marché de l'emploi.

TABLEAU 3.39

**RÉPARTITION DE LA POPULATION ACTIVE, SELON L'ÂGE, CANADA, 2008**

| Âge (années) | Population active (milliers) |
|---|---|
| 15–20 | 1 207,1 |
| 20–25 | 1 742,5 |
| 25–35 | 3 861,8 |
| 35–45 | 4 214,7 |
| 45–65 | 6 790,3 |
| 65 et plus | 428,6 |
| Total | |

Source: Adapté de Statistique Canada, *Caractéristiques de la population active selon l'âge et le sexe*, http://www40.statcan.gc.ca/l02/cst01/labor20a-fra.htm (2009-10-22).

- **Vous pouvez maintenant faire les exercices récapitulatifs 10 à 15.**

# 3.5 TABLEAUX À DOUBLE ENTRÉE

**Dans cette section:** tableau à double entrée.

## 3.5.1 Lecture d'un tableau à double entrée

Lorsqu'on effectue une enquête, on recueille souvent des renseignements sur plus d'une caractéristique des unités statistiques. Il n'est pas rare, par exemple, qu'on interroge des personnes sur leur revenu, leur niveau de scolarité, leurs opinions politiques, leur sexe ou leur langue maternelle. Dans de tels cas, on peut utiliser les tableaux pour répartir les unités statistiques selon deux variables. On dresse alors un **tableau à double entrée** (ou *tableau à deux entrées* ou *tableau de contingence*). Ce genre de tableau permet de faire des comparaisons ou d'établir des liens entre deux variables. Il est possible d'y utiliser les fréquences absolues ou relatives (%), comme dans tout tableau de fréquences.

**Tableau à double entrée**
Tableau de fréquences qui met en relation deux variables. Aussi appelé *tableau à deux entrées* ou *tableau de contingence*.

**EXEMPLE 3.21**

Le directeur du Service du personnel d'un cégep veut savoir s'il existe une différence entre les salariés de sexe masculin et ceux de sexe féminin sur le plan de l'ancienneté. Il a dressé le tableau 3.40.

TABLEAU 3.40

**RÉPARTITION DES SALARIÉS D'UN CÉGEP, SELON L'ANCIENNETÉ ET LE SEXE**

| Ancienneté (années) | Sexe | | Total |
|---|---|---|---|
| | Masculin | Féminin | |
| Moins de 5 | 20 | 20 | 40 |
| 5–10 | 20 | 10 | 30 |
| 10–15 | 25 | 15 | 40 |
| 15 et plus | 75 | 25 | 100 |
| **Total** | **140** | **70** | **210** |

Ce tableau révèle que 140 salariés sont des hommes, que 100 salariés ont 15 années et plus d'ancienneté, qu'il y a autant de nouvelles salariées que de nouveaux salariés (moins de 5 années d'ancienneté) et que les nouvelles salariées constituent les 2/7 (soit 20/70) des salariés de sexe féminin, tandis que les nouveaux salariés ne constituent que le 1/7 (soit 20/140) des salariés de sexe masculin. Enfin, on constate que ce cégep compte deux fois plus de salariés de sexe masculin que de salariés de sexe féminin.

À partir des mêmes données, on peut dresser un tableau de fréquences relatives (tableau 3.41) en exprimant les données en pourcentage du nombre total de données, soit 210.

TABLEAU **3.41**

**RÉPARTITION EN POURCENTAGE DES SALARIÉS D'UN CÉGEP, SELON L'ANCIENNETÉ ET LE SEXE**

| Ancienneté (années) | Sexe | | Total (%) |
|---|---|---|---|
| | Masculin (%) | Féminin (%) | |
| Moins de 5 | 9,5 | 9,5 | 19,0 |
| 5–10 | 9,5 | 4,8 | 14,3 |
| 10–15 | 11,9 | 7,1 | 19,0 |
| 15 et plus | 35,7 | 11,9 | 47,6 |
| **Total (%)** | **66,6** | **33,3** | **100,0** |

Note : En raison de l'arrondissement des données, le total ne correspond pas nécessairement à la somme des parties.

Ce tableau montre que seulement 33,3 % des salariés sont des femmes et que 47,6 % de tous les salariés ont 15 années et plus d'ancienneté. On peut également constater que la proportion des salariés de sexe masculin ayant moins de 5 années d'ancienneté est la même que celle des salariés de sexe féminin ayant moins de 5 années d'ancienneté (soit 9,5 %). Dans les autres catégories d'ancienneté, la proportion des hommes est nettement supérieure à celle des femmes. Cette égalité des sexes pour les derniers embauchés est-elle imputable à une modification des modalités d'embauche ? Il serait intéressant de vérifier cette hypothèse.

Les tableaux à double entrée qui répartissent des individus selon le sexe et selon une autre variable (salaire, ancienneté, années de scolarité, expérience ou autre) sont souvent employés pour représenter la division du travail selon le sexe et pour effectuer des analyses relatives à l'équité en matière d'emploi.

On aurait également pu répartir les salariés masculins et féminins selon leur ancienneté (tableau 3.42). Les données auraient alors été exprimées en pourcentage du total du nombre d'individus de chaque sexe, soit par rapport au total de chaque colonne, c'est-à-dire par rapport à 140 pour les hommes et à 70 pour les femmes.

À partir des renseignements contenus dans le tableau 3.42, on pourrait construire un diagramme à bandes rectangulaires chevauchées (figure 3.15) et constater des écarts dans la composition de la main-d'œuvre masculine et féminine en matière d'ancienneté. Ainsi, on peut constater que plus de la moitié du personnel de sexe masculin (53,6 %) a 15 ans et plus d'ancienneté, contre seulement un peu plus du tiers (35,7 %) du personnel de sexe féminin.

TABLEAU 3.42

**RÉPARTITION EN POURCENTAGE DES SALARIÉS, PAR SEXE, SELON L'ANCIENNETÉ**

| Ancienneté (années) | Sexe | |
|---|---|---|
| | Masculin (%) | Féminin (%) |
| Moins de 5 | 14,3 | 28,6 |
| 5–10 | 14,3 | 14,3 |
| 10–15 | 17,9 | 21,4 |
| 15 et plus | 53,6 | 35,7 |
| **Total** | **100,0** | **100,0** |

Note : En raison de l'arrondissement des données, le total ne correspond pas nécessairement à la somme des parties.

FIGURE 3.15

**RÉPARTITION EN POURCENTAGE DES SALARIÉS, PAR SEXE, SELON L'ANCIENNETÉ**

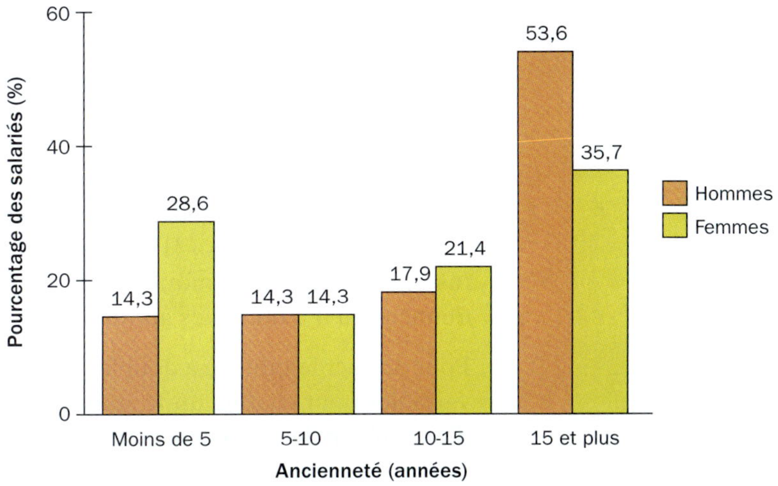


Note : En raison de l'arrondissement des données, le total ne correspond pas nécessairement à la somme des parties.

On aurait également pu répartir les salariés de chaque catégorie d'ancienneté selon leur sexe, en exprimant le nombre de sujets de chaque catégorie d'ancienneté en pourcentage du total de cette catégorie. On aurait alors obtenu le tableau 3.43, qui pourrait, lui aussi, faire l'objet d'une représentation graphique.

TABLEAU 3.43

**RÉPARTITION EN POURCENTAGE DES SALARIÉS, PAR CATÉGORIE D'ANCIENNETÉ, SELON LE SEXE**

| Ancienneté (années) | Sexe | | Total |
|---|---|---|---|
| | Masculin | Féminin | |
| Moins de 5 (%) | 50,0 | 50,0 | 100,0 |
| 5–10 (%) | 66,7 | 33,3 | 100,0 |
| 10–15 (%) | 62,5 | 37,5 | 100,0 |
| 15 et plus (%) | 75,0 | 25,0 | 100,0 |

À partir de ce dernier tableau, on constate que les deux tiers des employés ayant entre 5 et 10 ans d'ancienneté sont des hommes et que seulement le quart des employés de 15 ans et plus d'ancienneté sont des femmes.

Remarquez les titres des tableaux 3.42 et 3.43. Ils diffèrent de ceux que nous avons vus jusqu'ici. Ainsi, dans le tableau 3.42, on dit qu'il s'agit d'une répartition ***par*** sexe, ***selon*** l'ancienneté et non selon le sexe et l'ancienneté. On utilise la préposition ***par*** pour indiquer qu'en réalité, il y a deux répartitions, une pour les hommes et l'autre pour les femmes. Le tableau 3.43, quant à lui, illustre la répartition ***par*** catégorie d'ancienneté, ***selon*** le sexe, pour indiquer qu'il compte quatre répartitions, soit une pour chacune des catégories d'ancienneté.

## 3.5.2 Procédé de dénombrement et de construction d'un tableau à double entrée

La méthode employée pour dresser un tableau à double entrée est similaire à celle qui est utilisée pour un tableau de fréquences d'une seule variable. On doit toutefois connaître la valeur ou la modalité que prend chacune des variables pour chacune des unités statistiques.

**EXEMPLE 3.22**

Un enseignant de cégep désire établir le profil de ses étudiants au regard des variables « secteur d'études » (P : préuniversitaire ; T : technique) et « nombre de cours inscrits à l'horaire » (moins de 4 ; 4 à 6 ; 7 et plus). Le tableau 3.44 présente les données qu'il a obtenues auprès d'un groupe de 30 étudiants.

Pour dresser le tableau à double entrée, il faut lire la modalité et la valeur des deux variables pour chaque unité statistique et inscrire un trait dans la case appropriée d'un tableau de dénombrement. Ainsi, la case située à l'intersection de la colonne « préuniversitaire » et de la ligne « moins de 4 » devrait contenir un trait, puisqu'un seul étudiant inscrit au secteur préuniversitaire a moins de quatre cours inscrits à l'horaire. On peut alors établir le tableau de dénombrement (tableau 3.45) et le tableau à double entrée (tableau 3.46) correspondant aux données.

Signalons à nouveau que, pour dénombrer les données, on aurait pu avantageusement utiliser un chiffrier électronique plutôt que de procéder manuellement.

TABLEAU | **3.44**

| Étudiant | Secteur d'études | Nombre de cours | Étudiant | Secteur d'études | Nombre de cours | Étudiant | Secteur d'études | Nombre de cours |
|---|---|---|---|---|---|---|---|---|
| 1 | P | 5 | 11 | T | 7 | 21 | P | 7 |
| 2 | T | 6 | 12 | T | 6 | 22 | T | 6 |
| 3 | T | 2 | 13 | P | 5 | 23 | T | 8 |
| 4 | T | 3 | 14 | P | 7 | 24 | P | 6 |
| 5 | P | 1 | 15 | T | 8 | 25 | P | 5 |
| 6 | P | 7 | 16 | T | 5 | 26 | T | 7 |
| 7 | P | 7 | 17 | T | 3 | 27 | T | 7 |
| 8 | P | 8 | 18 | P | 4 | 28 | P | 6 |
| 9 | T | 5 | 19 | P | 7 | 29 | P | 6 |
| 10 | P | 7 | 20 | T | 7 | 30 | T | 7 |

TABLEAU 3.45

| Nombre de cours | Secteur d'études | |
|---|---|---|
| | Préuniversitaire | Technique |
| Moins de 4 | / | /// |
| 4 à 6 | ~~////~~ // | ~~////~~ |
| 7 et plus | ~~////~~ // | ~~////~~ // |

TABLEAU 3.46

**RÉPARTITION DE 30 ÉTUDIANTS, SELON LE SECTEUR D'ÉTUDES ET LE NOMBRE DE COURS INSCRITS À L'HORAIRE**

| Nombre de cours | Secteur d'études | | Total |
|---|---|---|---|
| | Préuniversitaire | Technique | |
| Moins de 4 | 1 | 3 | 4 |
| 4 à 6 | 7 | 5 | 12 |
| 7 et plus | 7 | 7 | 14 |
| **Total** | **15** | **15** | **30** |

## EXERCICE 3.15

Le tableau 3.47 donne la liste des notes des étudiants qui ont réussi un cours de sociologie à l'université. Présentez ces données dans un tableau à double entrée selon la note et le sexe.

TABLEAU 3.47

**NOTES D'ÉTUDIANTS AYANT RÉUSSI UN COURS DE SOCIOLOGIE**

| Nom | Note | Nom | Note | Nom | Note |
|---|---|---|---|---|---|
| Aline | A | Luc | A | Émile | C |
| Claudette | A | Pierre | A | Jules | C |
| Julie | A | Sylvain | A | Simon | C |
| Carole | B | Yvon | B | Réjean | C |
| Jennifer | B | Yves | B | François | C |
| Kathia | B | Marc | B | Paul | C |
| Denise | B | Jean | B | Alain | C |
| Ginette | B | Raymond | B | Jean-Marc | C |
| Céline | B | René | B | Mathieu | C |
| Diane | C | Léo | B | Cédrick | C |
| Monique | C | Denis | B | Jérémie | D |
| Suzanne | C | Christian | B | Normand | D |
| Isabelle | C | Daniel | B | Éric | D |
| Francine | C | Louis | B | Guy | D |
| Martine | C | Robert | B | André | D |
| Josée | C | Henri | C | Gaston | D |
| Johanne | C | Roch | C | Gérard | D |
| Chantale | C | Antoine | C | Joseph | D |
| Carmen | D | Hugues | C | Étienne | D |
| Hélène | D | Gilles | C | Olivier | D |

- **Vous pouvez maintenant faire les exercices récapitulatifs 16 à 20.**

# 3.6 Séries chronologiques

**Dans cette section :** série chronologique • variation • variation relative • variation moyenne • historigramme • ligne brisée.

**Série chronologique**
Tableau décrivant l'évolution d'une variable dans le temps.

On étudie souvent l'évolution d'une variable dans le temps : on établit alors une **série chronologique**. On peut représenter une série chronologique au moyen d'un tableau dans lequel la première colonne désigne le temps, et les autres colonnes la ou les variables qui évoluent en fonction du temps.

Les tableaux 3.48 et 3.49 montrent deux séries chronologiques pour des variables qualitatives.

TABLEAU 3.48

**ÉQUIPE GAGNANTE DE LA COUPE STANLEY, 2006-2010**

| Année | Équipe gagnante |
|---|---|
| 2006 | Hurricanes |
| 2007 | Ducks |
| 2008 | Red Wings |
| 2009 | Penguins |
| 2010 | Blackhawks |

Source : http://www.nhl.com.

TABLEAU 3.49

**RANG DES CANADIENS DE MONTRÉAL DANS LA LNH À LA FIN DE LA SAISON, 2006-2010**

| Année | Rang |
|---|---|
| 2006 | 15 |
| 2007 | 19 |
| 2008 | 3 |
| 2009 | 13 |
| 2010 | 19 |

Source : http://www.nhl.com.

Lorsqu'une série chronologique porte sur une variable mesurée selon une échelle d'intervalles ou de rapports, le tableau qui la représente s'intitule généralement : « Évolution de [la variable étudiée]... ».

**EXEMPLE 3.23**

Le tableau 3.50 montre l'évolution, de 1956 à 2006, de la proportion des personnes âgées de 65 ans et plus par rapport à la population du Québec.

On constate que, en 1956, 5,7 % de la population était âgée de 65 ans et plus. Cette proportion a augmenté progressivement jusqu'en 2006, pour atteindre 14,0 %.

Ce tableau constitue davantage qu'une liste de données : il révèle un phénomène de croissance de la variable dans le temps. Il montre l'accroissement de la proportion de personnes âgées dans la population totale depuis 1956. Toutefois, ce tableau de nature quantitative ne révèle rien des facteurs qui pourraient expliquer cette tendance. Celle-ci est-elle attribuable à la baisse du taux de natalité ? À l'augmentation de l'espérance de vie ? Aux progrès de la médecine ? À une meilleure alimentation ? Ce tableau invite en fait le chercheur à poursuivre ses travaux.

TABLEAU | **3.50**

**ÉVOLUTION DE LA PROPORTION DES PERSONNES ÂGÉES DE 65 ANS ET PLUS DANS LA POPULATION, QUÉBEC, 1956-2006**

| Année | Pourcentage (%) de la population âgée de 65 ans et plus |
|---|---|
| 1956 | 5,7 |
| 1966 | 6,1 |
| 1976 | 7,6 |
| 1986 | 9,8 |
| 1996 | 12,0 |
| 2006 | 14,0 |

Source : Institut de la statistique du Québec, *Le bilan démographique du Québec. Édition 2009*, décembre 2009, p. 27.

## 3.6.1 Mesures sur les séries chronologiques

Dans le cas d'une série chronologique où la variable est mesurée selon une échelle de rapports ou d'intervalles, il est intéressant d'étudier les fluctuations de la variable entre deux moments donnés. C'est pourquoi nous définirons ici trois concepts clés qui permettront de commenter et de décrire de manière quantitative des séries chronologiques : la variation, la variation relative et la variation moyenne.

### A | La variation

**Variation**

Mesure de l'augmentation ou de la diminution de la valeur d'une variable entre deux moments donnés. La variation est notée $\Delta V$ et est donnée par $\Delta V = V(b) - V(a)$. Elle s'exprime en points (ou points de pourcentage) lorsque la variable est exprimée en pourcentage, sinon elle s'exprime dans les mêmes unités que la variable.

La **variation** mesure l'augmentation ou la diminution de la valeur d'une variable entre deux moments donnés $a$ et $b$. L'ordre alphabétique correspond ici à l'ordre chronologique, c'est-à-dire que $b > a$. Si nous désignons les valeurs d'une variable au temps $t$ par $V(t)$, la variation d'une variable entre le temps $a$ et le temps $b$, désignée par $\Delta V$, se calcule au moyen de la formule suivante :

$$\Delta V = V(b) - V(a)$$

La variation s'exprime en points (ou points de pourcentage) lorsque la variable est mesurée en pourcentage, sinon elle s'exprime dans les mêmes unités que la variable. Elle mesure l'augmentation ($\Delta V > 0$) ou la diminution ($\Delta V < 0$) de la variable au cours de la période étudiée, soit dans l'intervalle de temps $[a; b]$.

**EXEMPLE 3.24**

Examinons le tableau 3.51.

Le tableau 3.51 nous apprend qu'au Québec la rémunération hebdomadaire moyenne des salariés a augmenté de 131,34 $ entre 2000 et 2008. Cette variation se calcule ainsi :

$$\begin{aligned}\Delta V &= V(b) - V(a)\\ &= V(2008) - V(2000)\\ &= 711{,}00 - 579{,}66\\ &= 131{,}34\,\$\end{aligned}$$

TABLEAU | 3.51

**ÉVOLUTION DE LA RÉMUNÉRATION HEBDOMADAIRE MOYENNE DES SALARIÉS, QUÉBEC, 2000-2008**

| Année | Rémunération moyenne ($) |
|---|---|
| 2000 | 579,66 |
| 2001 | 596,29 |
| 2002 | 606,06 |
| 2003 | 619,25 |
| 2004 | 641,41 |
| 2005 | 656,63 |
| 2006 | 671,97 |
| 2007 | 687,19 |
| 2008 | 711,00 |

Source : Institut de la statistique du Québec, http://stat.gouv.qc.ca/donstat/societe/march_travl_remnr/remnr_condt_travl/index.htm (2009-10-25).

**EXERCICE 3.16**

Le tableau 3.52 donne l'espérance de vie à la naissance au Québec, par sexe, en 1985 et en 2008. Lequel des deux sexes a connu la plus forte augmentation d'espérance de vie entre ces deux années ?

TABLEAU | 3.52

**ESPÉRANCE DE VIE (ANNÉES) À LA NAISSANCE, PAR SEXE, QUÉBEC, 1985 ET 2008**

| | Sexe | |
|---|---|---|
| Année | Hommes | Femmes |
| 1985 | 72,16 | 79,65 |
| 2008 | 78,61 | 83,26 |

Source : Institut de la statistique du Québec, *Le bilan démographique du Québec. Édition 2009*, décembre 2009, p. 47.

**EXEMPLE 3.25**

En s'appuyant sur le tableau 3.50 (p. 113), qui décrit l'évolution de la proportion des personnes âgées de 65 ans et plus au Québec de 1956 à 2006, on dira que cette proportion a augmenté de 8,3 points (soit 14,0 − 5,7) entre 1956 et 2006.

Il serait erroné de dire que l'augmentation a été de 8,3 %. Cette erreur était très courante dans les médias il y a quelques années ; on la rencontre encore, mais de moins en moins fréquemment. Il faut se rappeler qu'une augmentation exprimée en pourcentage représente toujours une variation relative, concept que nous étudierons dans la section suivante.

**Variation relative**

Mesure du pourcentage d'augmentation ou de diminution de la valeur d'une variable entre deux moments donnés. La variation relative, notée $\Delta V\%$, est donnée par :

$$\Delta V\% = \frac{V(b) - V(a)}{V(a)} \times 100\%.$$

## B | La variation relative

La **variation relative** mesure le pourcentage d'augmentation ou de diminution de la valeur de la variable entre deux moments donnés. Certains auteurs l'appellent aussi « taux de variation ». Toutefois, nous éviterons cette appellation pour ne pas la confondre avec le taux de variation que vous avez peut-être étudié en calcul différentiel.

La variation relative, exprimée en pourcentage et désignée par $\Delta V\,\%$, est donnée par la formule suivante :

$$\Delta V\,\% = \frac{V(b) - V(a)}{V(a)} \times 100\,\%$$

**EXEMPLE 3.26**

Selon les données du tableau 3.51 (p. 114), qui porte sur la rémunération hebdomadaire moyenne, on peut dire que cette dernière a augmenté de 22,7 % entre 2000 et 2008. Il s'agit du pourcentage de variation (d'augmentation, dans ce cas-ci) :

$$\Delta V\,\% = \frac{V(b) - V(a)}{V(a)} \times 100\,\%$$
$$= \frac{711{,}00 - 579{,}66}{579{,}66} \times 100\,\%$$
$$= 22{,}7\,\%$$

**EXEMPLE 3.27**

Le tableau 3.50 (p. 113) portant sur la proportion des personnes âgées dans la population du Québec montre que la variation relative entre 1956 et 2006 est de 145,6 %, soit :

$$\Delta V\,\% = \frac{V(b) - V(a)}{V(a)} \times 100\,\%$$
$$= \frac{14{,}0 - 5{,}7}{5{,}7} \times 100\,\%$$
$$= 145{,}6\,\%$$

La proportion des personnes âgées de 65 ans et plus dans la population du Québec a donc augmenté de 145,6 % entre 1956 et 2006.

**EXERCICE 3.17**

Reprenez le tableau 3.52 de l'exercice 3.16 (p. 114), qui donne l'espérance de vie à la naissance, par sexe, en 1985 et en 2008. Lequel des deux sexes a connu le plus grand pourcentage d'augmentation d'espérance de vie au cours de la période étudiée ?

**Variation moyenne**

Mesure de l'augmentation ou de la diminution de la valeur d'une variable par unité de temps. La variation moyenne, notée $\frac{\Delta V}{\Delta t}$, est donnée par $\frac{\Delta V}{\Delta t} = \frac{V(b) - V(a)}{b - a}$. Elle s'exprime en points (ou points de pourcentage) par unité de temps lorsque la variable est exprimée en pourcentage, sinon elle s'exprime dans les unités de la variable par unité de temps.

## C | La variation moyenne

La **variation moyenne**[3] (ou *variation par unité de temps*) d'une variable sur un intervalle de temps $[a\,;\,b]$ représente l'augmentation ou la diminution de la valeur

3. Nous rappelons à ceux et celles qui ont étudié la géométrie analytique ou le calcul différentiel que la variation moyenne représente la pente de la droite qui relie les points $(a, V(a))$ et $(b, V(b))$, ce qu'on appelle aussi le *taux moyen de variation*. Voilà qui explique pourquoi nous avons évité l'expression « taux de variation » pour désigner la variation relative.

de la variable, au cours de la période considérée, par unité de temps. Elle est mesurée en points (ou points de pourcentage) par unité de temps lorsque la variable est exprimée en pourcentage, sinon elle s'exprime dans les unités de la variable par unité de temps. La variation moyenne est calculée par la formule suivante:

$$\frac{\Delta V}{\Delta t} = \frac{V(b) - V(a)}{b - a}$$

**EXEMPLE 3.28**

La variation moyenne de la rémunération hebdomadaire moyenne au Québec entre 2000 et 2008 (tableau 3.51, p. 114) a été de 16,42 $/an, soit:

$$\begin{aligned}\frac{\Delta V}{\Delta t} &= \frac{V(b) - V(a)}{b - a}\\ &= \frac{711{,}00 - 579{,}66}{2008 - 2000}\\ &= 16{,}42\ \$/\text{an}\end{aligned}$$

La rémunération hebdomadaire moyenne des Québécois a donc augmenté, en moyenne, de 16,42 $ par année entre 2000 et 2008.

La variation, la variation relative et la variation moyenne sont utiles pour décrire et commenter en détail une série chronologique. Quelle que soit la mesure utilisée, une valeur positive de variation indiquera toujours une augmentation de la valeur de la variable, et une valeur négative de la variation, une diminution de la valeur de cette variable.

Le commentaire d'une série chronologique comprend généralement les détails suivants:

- Le lieu;
- La période;
- La nature du phénomène (croissance, décroissance, stabilité, oscillation);
- Les valeurs extrêmes pertinentes de la variable (début et fin de période, maximum, minimum);
- La valeur des différentes mesures de variation.

**EXEMPLE 3.29**

Examinons le tableau 3.53.

TABLEAU 3.53

**ÉVOLUTION DU NOMBRE ANNUEL DE NAISSANCES DE FAIBLE POIDS (MOINS DE 2 500 g), QUÉBEC, 1977-2007**

| Année | Nombre de naissances (faible poids) |
|---|---|
| 1977 | 6 491 |
| 1982 | 5 858 |
| 1987 | 5 042 |
| 1992 | 5 418 |
| 1997 | 4 744 |
| 2002 | 4 015 |
| 2007 | 4 799 |

Source: Institut de la statistique du Québec, http://www.stat.gouv.qc.ca/donstat/societe/demographie/naisn_deces/naissance/418.htm (2009-10-19).

Voici comment on pourrait commenter ce tableau: « Au Québec (le lieu), entre 1977 et 2007 (la période), le nombre annuel de naissances de faible poids a diminué de manière importante (le phénomène). De 6 491 qu'il était en 1977, le nombre de naissances de faible poids est passé à 4 799 en 2007 (les valeurs de début et de fin de période). Ainsi, en 2007, on a dénombré 1 692 naissances de faible poids de moins qu'en 1977 (la variation), ce qui représente une baisse moyenne de 56,4 naissances de faible poids par année (la variation moyenne), soit une baisse de 26,1 % pour cette période (la variation relative). »

Il aurait toutefois été préférable de connaître également le nombre de naissances à chacune de ces années pour déterminer si cette baisse est principalement attribuable à une chute du nombre de naissances ou à d'autres facteurs.

Pour avoir un portrait plus réaliste, il aurait été intéressant de produire la série chronologique exprimant le nombre de naissances de faible poids en pourcentage du nombre de naissances, plutôt que le nombre brut de naissances de faible poids.

**EXERCICE 3.18**

Commentez le tableau suivant. Dans votre commentaire, faites intervenir la variation, la variation relative et la variation moyenne.

TABLEAU | **3.54**

**ÉVOLUTION DE LA RÉMUNÉRATION HEBDOMADAIRE MOYENNE DES FEMMES EXPRIMÉE EN POURCENTAGE DE CELLE DES HOMMES, CHEZ LES PERSONNES TRAVAILLANT À TEMPS PLEIN, QUÉBEC, 2000–2008**

| Année | Rémunération des femmes en pourcentage (%) de celle des hommes |
|---|---|
| 2000 | 78,3 |
| 2001 | 78,1 |
| 2002 | 79,3 |
| 2003 | 80,0 |
| 2004 | 81,5 |
| 2005 | 81,8 |
| 2006 | 82,0 |
| 2007 | 83,4 |
| 2008 | 83,3 |

Source: Institut de la statistique du Québec, http://stat.gouv.qc.ca/donstat/societe/march_travl_remnr/remnr_condt_travl/index.htm (2009-10-25).

Note: Les calculs des pourcentages ont été effectués à partir de plusieurs tableaux sur le site de l'Institut de la statistique du Québec.

## 3.6.2 Représentations graphiques des séries chronologiques

**Historigramme**
Représentation graphique d'une série chronologique. On l'appelle également *chronogramme*. Pour construire un historigramme, on peut se servir d'un diagramme à bandes rectangulaires ou d'une ligne brisée.

Comme son nom l'indique, l'**historigramme**, ou *chronogramme*, est un graphique historique. Il sert à décrire l'évolution d'une variable dans le temps. Il convient donc tout à fait pour représenter une série chronologique.

### A | Le diagramme à bandes rectangulaires

Le diagramme à bandes rectangulaires peut être employé comme historigramme lorsque la variable étudiée est accompagnée d'un repère temporel.

**EXEMPLE 3.30**

Le tableau 3.50 (p. 113) donne des renseignements sur l'évolution de la population âgée au Québec. Il peut être représenté graphiquement par un historigramme sous forme de diagramme à bandes rectangulaires (figure 3.16).

FIGURE | **3.16**

**ÉVOLUTION DE LA PROPORTION DES PERSONNES ÂGÉES DE 65 ANS ET PLUS DANS LA POPULATION, QUÉBEC, 1956-2006**

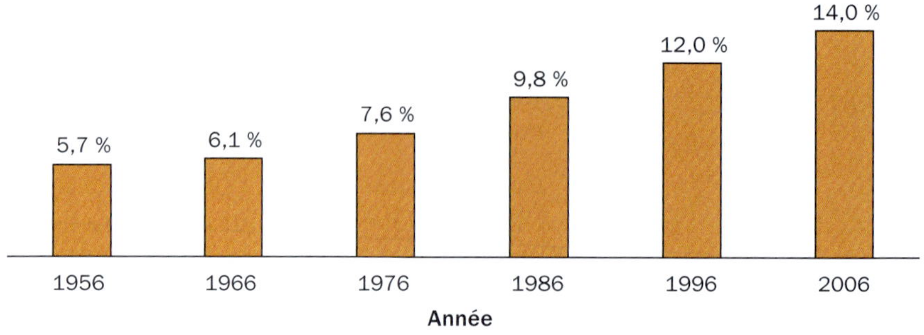


Source: Institut de la statistique du Québec, *Le bilan démographique du Québec. Édition 2009*, décembre 2009, p. 27.

Les remarques que nous avons faites en page 114 sur la croissance de la proportion des personnes âgées dans la population totale peuvent maintenant être visualisées grâce à ce graphique.

Si on veut comparer l'évolution de plus de deux groupes distincts au cours de la même période, le diagramme à bandes rectangulaires n'est pas la représentation graphique la mieux adaptée. En effet, il ne permet pas d'étudier à la fois l'évolution d'un des groupes pendant toute la période considérée et les différences entre les groupes à un moment précis dans le temps.

**EXEMPLE 3.31**

La figure 3.17 décrit l'évolution du rapport de masculinité.

FIGURE | **3.17**

**ÉVOLUTION DU RAPPORT DE MASCULINITÉ POUR CERTAINS GROUPES D'ÂGE, QUÉBEC, 1966-2006**

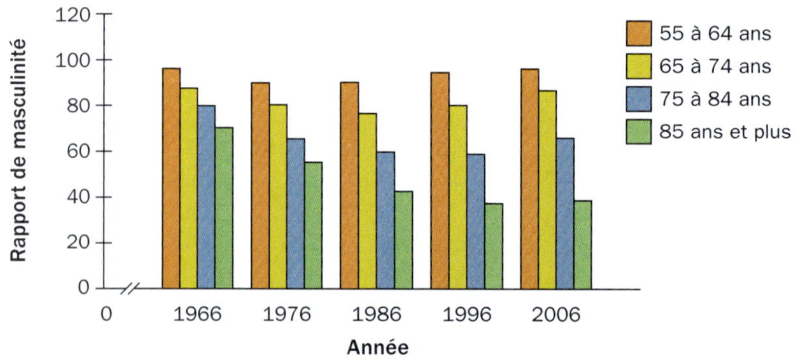


Note: Le rapport de masculinité représente le nombre d'hommes d'un groupe d'âge pour 100 femmes de ce groupe d'âge. Un rapport inférieur à 100 indique une sous-représentation des hommes dans un groupe d'âge; un rapport supérieur à 100 indique une surreprésentation; un rapport de 100 indique l'égalité numérique des deux sexes.

Sources: Adapté de Statistique Canada, *Âge, sexe et état matrimonial (produits de données: série «Le pays», Recensement de la population de 1991)*, 93-310-XPB1991000 1991, paru le 6 juillet 1992; *Profil des divisions et subdivisions de recensement du Québec (produits de données: «Profils de secteurs», Recensement de la population de 1996)*, 95-186-XPB1996000 Année de recensement 1996, paru le 24 février 1999; *Profils des communautés de 2006*, 92-591-XWF2006001 Année de recensement 2006, paru le 24 juillet 2008 (2009-10-10).

À partir de ce graphique, il est facile de constater, pour une année donnée, les différences entre les groupes d'âge quant au rapport de masculinité. Ainsi, pour chacune des années désignées, on peut constater que ce rapport diminue avec l'âge. Toutefois, il est beaucoup plus difficile de suivre l'évolution du rapport de masculinité pour un groupe d'âge donné pendant toute la période allant de 1966 à 2006.

**Ligne brisée**

Représentation graphique de l'évolution d'une variable dans le temps (historigramme). On forme une ligne brisée en reliant, dans un graphique cartésien, les points dont les coordonnées sont (temps ; valeur de la variable).

## B | La ligne brisée

Pour surmonter la difficulté précitée, on peut faire ressortir les renseignements voulus grâce à une **ligne brisée**.

### EXEMPLE 3.32

Si on veut représenter par une ligne brisée l'évolution du rapport de masculinité, il suffit de relier avec des segments de droite les points dont les coordonnées sont (année ; rapport de masculinité) et qui appartiennent au même groupe d'âge, et cela pour chacun des groupes d'âge. On obtient alors le graphique de la figure 3.18.

FIGURE | **3.18**

**ÉVOLUTION DU RAPPORT DE MASCULINITÉ POUR CERTAINS GROUPES D'ÂGE, QUÉBEC, 1966-2006**

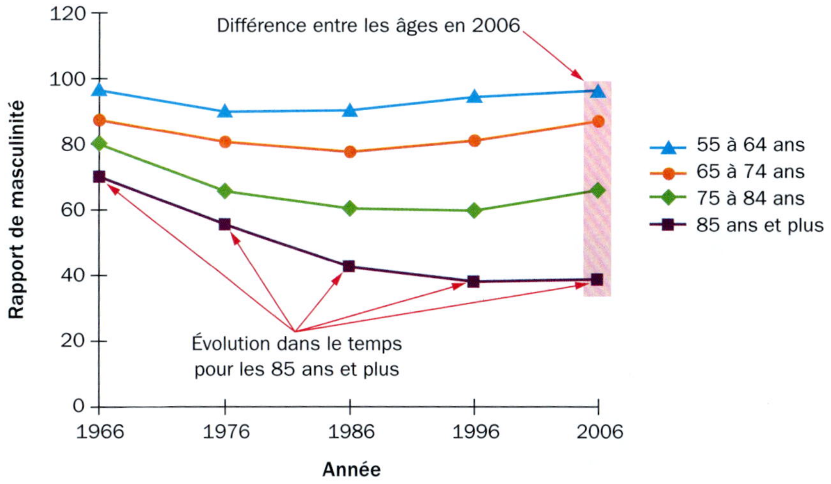


Sources : Adapté de Statistique Canada, *Âge, sexe et état matrimonial (produits de données : série « Le pays », Recensement de la population de 1991)*, 93-310-XPB1991000 1991, paru le 6 juillet 1992 ; *Profil des divisions et subdivisions de recensement du Québec (produits de données : « Profils de secteurs », Recensement de la population de 1996)*, 95-186-XPB1996000 Année de recensement 1996, paru le 24 février 1999 ; *Profils des communautés de 2006*, 92-591-XWF2006001 Année de recensement 2006, paru le 24 juillet 2008 (2009-10-10).

À partir de ce graphique, pour une année donnée, on peut facilement comparer les différences entre les groupes d'âge en ce qui a trait au rapport de masculinité. On y observe également l'évolution du rapport de masculinité pour chacun des groupes d'âge étudiés.

D'après ce graphique, on constate que le rapport de masculinité est inférieur à 100, peu importe l'année et le groupe d'âge étudiés. On peut également s'intéresser aux différences entre les groupes d'âge pour une année donnée. À titre d'exemple, en 2006, le rapport de masculinité diminue avec l'âge ; il est plus faible chez les « 85 ans et plus » que chez les « 55 à 64 ans ». Cette constatation est également valable pour les autres années. Ce graphique souligne donc l'inégalité des sexes devant la mort : les hommes meurent plus tôt que les femmes, et ces dernières se trouvent rapidement en surnombre.

Ce graphique n'explique toutefois pas les raisons pour lesquelles les hommes meurent plus tôt que les femmes. Les explications sont-elles d'ordre physiologique ou génétique, ou bien relèvent-elles plutôt de différences entre le style de vie des hommes et celui des femmes ? Ainsi, les hommes consomment-ils plus de tabac et d'alcool ? Surveillent-ils autant leur alimentation que les femmes ? Mènent-ils une vie plus sédentaire ou plus stressante ?

Quoi qu'il en soit, on peut analyser l'évolution du rapport de masculinité pour un groupe d'âge donné. Par exemple, on constate que chez les « 85 ans et plus » le rapport de masculinité a tendance à diminuer avec les années jusqu'en 1996, puis augmente légèrement de 1996 à 2006. Cette tendance se manifeste également dans les autres groupes d'âge.

Le graphique ne nous explique pas les raisons de cette chute suivie de cette remontée. Pourrait-elle être attribuable, en partie, à l'élimination ou à la réduction de causes de mortalité typiquement féminine (mortalité maternelle, cancer du sein, etc.), suivie d'une modification des habitudes de vie des hommes et des femmes ? Des recherches plus poussées seraient nécessaires pour trouver une ou des explications à cette évolution du rapport de masculinité.

## EXERCICE 3.19

Tracez un graphique approprié pour représenter les données suivantes et commentez-le.

TABLEAU 3.55

**NOMBRE D'INFRACTIONS AU CODE CRIMINEL PAR TRANCHE DE 100 000 HABITANTS (TAUX DE CRIMINALITÉ), QUÉBEC, ONTARIO, COLOMBIE-BRITANNIQUE, 2003-2008**

| Année | Province | | |
|---|---|---|---|
| | Québec | Ontario | Colombie-Britannique |
| 2003 | 6 407 | 6 097 | 12 372 |
| 2004 | 6 493 | 5 702 | 12 522 |
| 2005 | 6 032 | 5 780 | 11 947 |
| 2006 | 5 909 | 5 689 | 11 365 |
| 2007 | 5 317 | 5 228 | 10 433 |
| 2008 | 5 064 | 4 877 | 9 580 |

Source : Adapté de Statistique Canada, Juristat 85-002-XWF2004001-85-002-XWF2009004 (inclusivement).
Note : Les taux indiqués ne tiennent pas compte des délits de la route.

Terminons cette section avec un exemple un peu plus complexe.

## EXEMPLE 3.33

La figure 3.19 présente des observations sur les salariés québécois.

Ce graphique est assez complexe. Il comporte trois variables : le sexe, le groupe d'âge et l'année. Pour faire l'analyse d'un tel graphique, il est conseillé d'isoler, à tour de rôle, les fluctuations d'une seule des variables et de considérer toutes les autres comme fixes.

Nous pouvons étudier ce graphique sous l'angle des différences entre les sexes, entre les années ou entre les groupes d'âge.

FIGURE | **3.19**

**RÉMUNÉRATION HEBDOMADAIRE MOYENNE DES SALARIÉS, SELON LE SEXE ET LE GROUPE D'ÂGE, QUÉBEC, 2000 ET 2008**

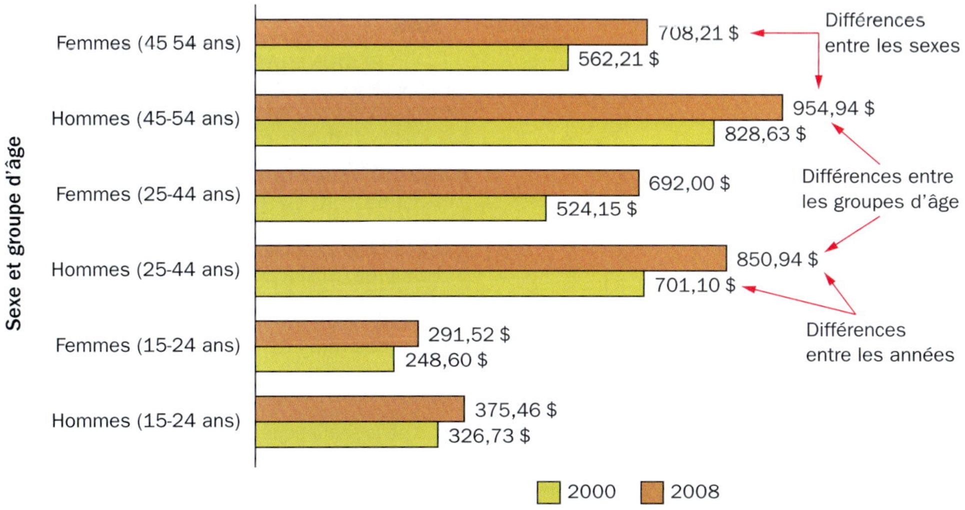


Source : Institut de la statistique du Québec, http://stat.gouv.qc.ca/donstat/societe/march_travl_remnr/remnr_condt_travl/index.htm (2009-10-25).

Dans un premier temps, analysons les différences entre les sexes. On note que, pour un groupe d'âge et une année donnés, la rémunération hebdomadaire moyenne des hommes est supérieure à celle des femmes. À titre d'exemple, en 2008, dans le groupe des « 45 – 54 ans », les hommes gagnaient 954,94 $/semaine, contre seulement 708,21 $/semaine pour les femmes. En 2000, dans le groupe des « 15 – 24 ans », ces rémunérations étaient respectivement de 326,73 $/semaine pour les hommes et de 248,60 $/semaine pour les femmes.

Dans un deuxième temps, analysons les différences observées entre 2000 et 2008. Pour un groupe d'âge et un sexe donnés, les employés gagnaient plus en 2008 qu'en 2000. Ainsi, entre 2000 et 2008, la rémunération hebdomadaire moyenne des hommes de 25 à 44 ans est passée de 701,10 $ à 850,94 $. Il s'agit d'une augmentation de 149,84 $ (soit 850,94 – 701,10) ou de 21,4 % $\left[\text{soit}\left(\frac{850{,}94 - 701{,}10}{701{,}10}\right) \times 100\ \%\right]$. Pour les femmes du même groupe d'âge, l'augmentation a été de 167,85 $ ou de 32,0 %.

On peut également analyser les différences entre les groupes d'âge. Pour une année et un sexe donnés, on observe que la rémunération hebdomadaire moyenne augmente avec l'âge. En effet, en 2008, la rémunération hebdomadaire des hommes passe de 375,46 $ (chez les 15 – 24 ans) à 850,94 $ (chez les 25 – 44 ans), puis à 954,94 $ (chez les 45 – 54 ans). On peut faire le même constat chez les femmes.

Nous aurions pu effectuer d'autres calculs, mais ils n'auraient pas expliqué les raisons des différences entre les hommes et les femmes, entre les groupes d'âge ni entre les années. Ces différences s'expliquent-elles par d'autres facteurs comme le statut d'emploi (temps plein ou partiel), le niveau d'études, la couverture syndicale, le secteur d'activité, l'ancienneté, l'expérience de travail, ou s'agit-il de discrimination salariale systémique ? Seules des études plus poussées permettraient de fournir des réponses à ces questions.

**EXERCICE 3.20**

Représentez le tableau 3.56 à l'aide du diagramme à bandes rectangulaires approprié. Commentez le graphique obtenu.

TABLEAU | **3.56**

**RÉMUNÉRATION HEBDOMADAIRE MOYENNE DES SALARIÉS, SELON LE SEXE ET LA TAILLE DE L'ÉTABLISSEMENT, QUÉBEC, 2000 ET 2008**

| Sexe et taille de l'établissement | Année | |
|---|---|---|
| | 2000 | 2008 |
| Hommes (20 à 99 salariés) | 628,58 $ | 770,73 $ |
| Femmes (20 à 99 salariés) | 486,59 $ | 593,66 $ |
| Hommes (100 à 500 salariés) | 754,35 $ | 899,28 $ |
| Femmes (100 à 500 salariés) | 568,55 $ | 731,96 $ |
| Hommes (plus de 500 salariés) | 843,85 $ | 1 038,84 $ |
| Femmes (plus de 500 salariés) | 671,21 $ | 855,64 $ |

Source : Institut de la statistique du Québec, http://stat.gouv.qc.ca/donstat/societe/march_travl_remnr/remnr_condt_travl/index.htm (2009-10-24).

- **Vous pouvez maintenant faire les exercices récapitulatifs 21 à 31.**

## 3.7 Autres tableaux et graphiques

**Dans cette section :** variable indépendante • variable dépendante.

En plus de la présentation des dénombrements et des séries chronologiques, les tableaux peuvent servir à décomposer un ensemble en ses différentes parties pour montrer des résultats de façon schématique et pour mettre en lumière un lien entre des variables. Comme on le fait pour les tableaux de fréquences et les séries chronologiques, on peut généralement représenter graphiquement les renseignements contenus dans ces autres tableaux.

**EXEMPLE 3.34**

Le tableau 3.57 présente la caractérisation des matières résiduelles de l'agglomération de Montréal en 2008.

TABLEAU | **3.57**

**CARACTÉRISATION DES MATIÈRES RÉSIDUELLES DE L'AGGLOMÉRATION DE MONTRÉAL, 2008**

| Matières résiduelles | Pourcentage de la masse totale (%) |
|---|---|
| Matières organiques | 47,2 |
| Matières recyclables | 40,9 |
| Résidus CRD résidentiels et encombrants | 8,3 |
| Textiles | 3,2 |
| Résidus domestiques dangereux | 0,4 |
| **Total** | **100,0** |

Source : http://Ville.montreal.qc.ca, Matières résiduelles (2009-10-19).

Note : CRD désigne « construction, rénovation, démolition ».

Ce tableau n'est pas un tableau de fréquences, étant donné que les matières résiduelles ne sont pas dénombrables. On a plutôt évalué leur masse, puis calculé le pourcentage de la masse totale que représentait chaque produit.

La somme des différentes proportions donne évidemment 100 %, puisque ce tableau réunit toutes les composantes d'un ensemble. C'est pourquoi un diagramme à secteurs (ou un diagramme linéaire) serait tout à fait approprié pour caractériser les matières résiduelles, le graphique illustrant alors visuellement l'importance relative de chacun des éléments (figure 3.20).

FIGURE | **3.20**

**CARACTÉRISATION DES MATIÈRES RÉSIDUELLES DE L'AGGLOMÉRATION DE MONTRÉAL, 2008**

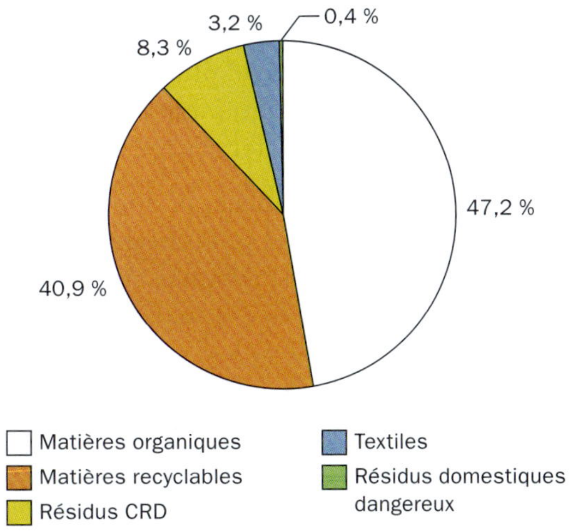


Source : http ://Ville.montreal.qc.ca, Matières résiduelles (2009-10-19).

Note : CRD désigne « construction, rénovation, démolition ».

Dans d'autres situations représentées à l'aide de tableaux comportant des pourcentages, il serait incorrect de faire un total et inconcevable de recourir à une représentation sous forme de diagramme à secteurs ou de diagramme linéaire.

**EXEMPLE 3.35**

Le tableau 3.58 présente le taux de chômage au Québec en fonction du niveau de scolarité.

TABLEAU | **3.58**

**TAUX DE CHÔMAGE, SELON LE NIVEAU D'ÉTUDES, QUÉBEC, 2006**

| Niveau d'études | Taux de chômage (%) |
|---|---|
| Sans diplôme d'études secondaires | 15,3 |
| Études secondaires complétées | 8,5 |
| Certificat ou diplôme d'études postsecondaires | 6,6 |
| Diplôme universitaire | 4,9 |

Source : Adapté de Statistique Canada, *L'emploi et le revenu en perspective*, 75-001-XIF2008105 Mai 2008, vol. 9 n° 5, paru le 23 mai 2008.

Ce tableau n'est pas un tableau de fréquences. Il exprime une relation entre les variables « niveau de scolarité » et « taux de chômage ». Les taux ne représentent pas la proportion des Québécois de chaque niveau d'études par rapport à tous les Québécois ; ils donnent la proportion des chômeurs de chaque niveau d'études par rapport à la population active (l'ensemble des Québécois qui occupent un emploi ou sont au chômage) ayant ce même niveau d'études.

Dans ce tableau, les 15,3 % ne nous disent pas que 15,3 % des Québécois n'ont pas terminé leurs études secondaires[4], ni que 15,3 % des chômeurs ne l'ont pas fait non plus[5]. Ce pourcentage nous apprend que 15,3 % des Québécois de la population active qui n'ont pas terminé leurs études secondaires sont chômeurs.

Une lecture attentive de ce tableau nous apprend que le taux de chômage diminue lorsque le niveau de scolarité augmente : les gens à scolarité élevée sont moins susceptibles d'être au chômage que ceux à scolarité faible. En effet, chez les diplômés universitaires, on ne compte que 4,9 % de chômeurs, contre 8,5 % chez les diplômés du secondaire.

Comme il y a autant de bases de comparaison que de niveaux de scolarité, on ne peut pas additionner les taux et espérer que le total donne 100 %. Il est clair que ni le diagramme à secteurs ni le diagramme linéaire ne peuvent convenir pour représenter ces renseignements.

En revanche, la diminution du taux de chômage selon l'augmentation du niveau d'études se constate aisément si on représente les renseignements par un diagramme à bandes rectangulaires (figure 3.21).

FIGURE | **3.21**

**TAUX DE CHÔMAGE, SELON LE NIVEAU D'ÉTUDES, QUÉBEC, 2006**

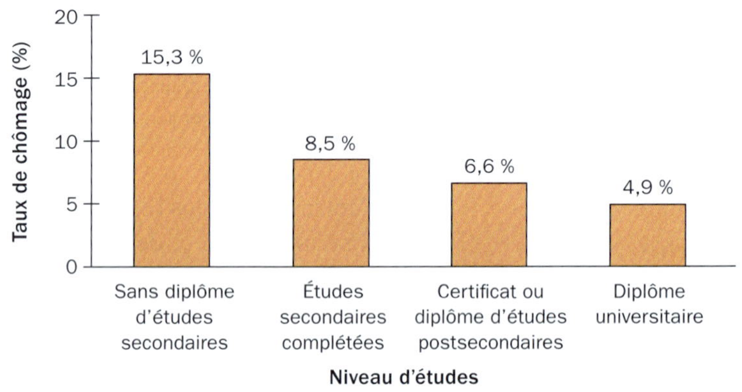


Source : Adapté de Statistique Canada, *L'emploi et le revenu en perspective*, 75-001-XIF2008105 Mai 2008, vol. 9 nº 5, paru le 23 mai 2008.

**Variable indépendante**

Variable dont dépend une autre variable lorsqu'on les met en relation. Dans un graphique, on convient de placer la variable indépendante sur l'axe horizontal.

**Variable dépendante**

Variable qu'on exprime en fonction d'une autre variable. Dans un graphique, on convient de placer la variable dépendante sur l'axe vertical.

Comme nous venons de le voir dans l'exemple précédent, le diagramme à bandes rectangulaires peut faire ressortir un lien entre deux variables. Les axes correspondent alors aux deux variables qu'on veut mettre en relation. Par convention, on place la **variable indépendante** en abscisse et la **variable dépendante** en ordonnée.

## EXEMPLE 3.36

Le tableau 3.59 présente la relation entre le niveau d'études et la rémunération hebdomadaire moyenne des salariés québécois.

Les données contenues dans le tableau 3.59 peuvent être représentées graphiquement (figure 3.22).

4. Le titre du tableau aurait alors été : « Répartition des Québécois, selon le niveau d'études, Québec, 2008 ».
5. Le titre du tableau aurait alors été : « Répartition des chômeurs, selon le niveau d'études, Québec, 2008 ».

TABLEAU 3.59

**RÉMUNÉRATION HEBDOMADAIRE MOYENNE DES SALARIÉS, SELON LE NIVEAU D'ÉTUDES, QUÉBEC, 2008**

| Niveau d'études | Rémunération hebdomadaire ($) |
|---|---|
| Sans diplôme d'études secondaires | 494,42 |
| Diplôme d'études secondaires | 620,88 |
| Études postsecondaires | 680,56 |
| Diplôme universitaire | 992,58 |

Source : Institut de la statistique du Québec, http://stat.gouv.qc.ca/donstat/societe/march_travl/remnr_condt_travl/index.htm (2009-10-25).

FIGURE 3.22

**RÉMUNÉRATION HEBDOMADAIRE MOYENNE DES SALARIÉS, SELON LE NIVEAU D'ÉTUDES, QUÉBEC, 2008**

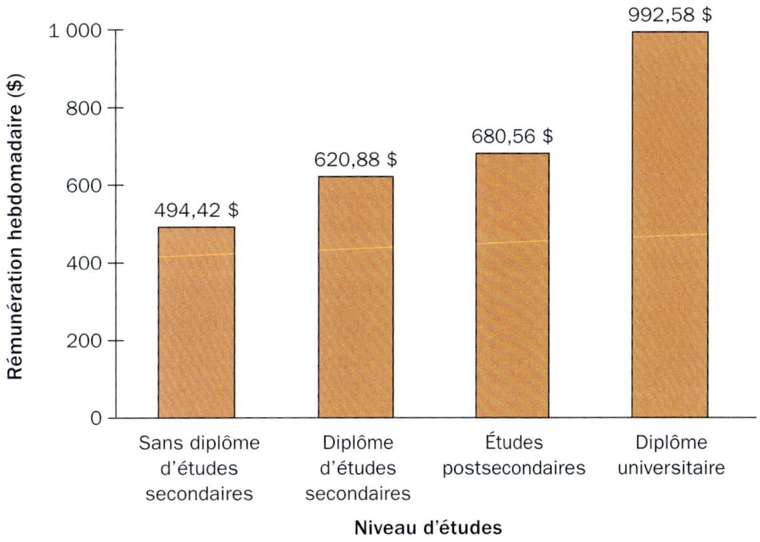


Source : Institut de la statistique du Québec, http://stat.gouv.qc.ca/donstat/societe/march_travl/remnr_condt_travl/index.htm (2009-10-25).

Parce que ce tableau ne décrit pas une population selon ses différentes composantes, il nous est impossible d'en tirer un diagramme à secteurs ou un diagramme linéaire. Ce tableau représente plutôt le lien entre deux variables, soit le niveau d'études et la rémunération hebdomadaire moyenne. Nous avons donc utilisé un diagramme à bandes rectangulaires pour illustrer ce lien.

Ce graphique nous permet de visualiser la relation qui existe entre le niveau d'études et la rémunération. On peut très bien y constater la croissance de la rémunération moyenne lorsque le niveau d'études augmente. La rémunération est considérée comme la variable dépendante, puisqu'elle est exprimée en fonction du niveau d'études : on veut expliquer les différences dans la rémunération moyenne par le niveau d'études et non l'inverse. C'est pour cette raison que le niveau d'études (variable indépendante) a été placé sur l'axe des abscisses et que la rémunération (variable dépendante) l'a été sur l'axe des ordonnées.

Étant donné que les trois derniers tableaux ne sont pas des tableaux de fréquences, le titre « Répartition des [unités statistiques], selon [la variable étudiée] » n'est pas approprié. Pour de tels tableaux, le titre doit être choisi de façon à décrire de manière concise et précise les renseignements qu'on y trouve.

Comme d'habitude, un commentaire accompagne généralement le tableau, afin d'en faire ressortir les principales caractéristiques.

**EXEMPLE 3.37**

Le tableau 3.60 comporte deux parties: la répartition des familles à faible revenu et le taux de faible revenu[6] selon le type de famille.

TABLEAU | **3.60**

**RÉPARTITION EN POURCENTAGE DES FAMILLES À FAIBLE REVENU ET TAUX DE FAIBLE REVENU, SELON LES CARACTÉRISTIQUES DE LA FAMILLE, QUÉBEC, 2006**

| Types de famille | Pourcentage des familles à faible revenu (%) | Taux de faible revenu (%) |
|---|---|---|
| Couples sans enfants | 32,6 | 5,4 |
| Couples avec enfants | 23,9 | 4,3 |
| Familles monoparentales, homme | 5,1 | 10,8 |
| Familles monoparentales, femme | 28,3 | 24,2 |
| Autres familles | 10,1 | 4,6 |
| **Total** | **100,0** | |

Source: Institut de la statistique du Québec, *Annuaire des statistiques sur l'inégalité de revenu et le faible revenu. Édition 2008*, 2008, p. 111 et 113.

Les pourcentages de la première colonne font référence à une même base: l'ensemble des familles à faible revenu. Il est donc normal d'en faire le total et d'obtenir 100 %. Ce tableau nous apprend que 32,6 % des familles à faible revenu sont des couples sans enfants et que 28,3 % des familles à faible revenu, soit plus d'une famille sur quatre, sont des familles monoparentales dirigées par une femme.

Les pourcentages de la deuxième colonne n'ont pas tous la même base de référence. Il faut comprendre que 5,4 % de toutes les familles composées d'un couple sans enfants ont un faible revenu, alors que 24,2 %, soit près d'une sur quatre, de toutes les familles monoparentales dirigées par une femme ont un faible revenu. On exprime donc une relation entre le type de famille et le taux de faible revenu. Ainsi, bien que 23,9 % des familles à faible revenu soient des familles composées d'un couple avec des enfants, on ne dénombre que 4,3 % des familles de ce type ayant un faible revenu. Une personne appartenant à une famille monoparentale dirigée par une femme court plus de risques d'être pauvre (à faible revenu) que si elle appartenait à une famille du type «couples avec enfants». Ce tableau montre donc que la pauvreté familiale est principalement le lot de la monoparentalité féminine.

**EXERCICE 3.21**

Tracez deux graphiques (un pour la répartition des familles à faible revenu et l'autre pour le taux de faible revenu) pour représenter les renseignements contenus dans le tableau 3.60.

- **Vous pouvez maintenant faire les exercices récapitulatifs 32 à 36.**

Il existe d'autres types de représentation graphique. Les connaissances que vous avez acquises dans le présent chapitre devraient vous permettre de les analyser correctement.

6. Le taux de faible revenu d'un type de famille représente le nombre de familles à faible revenu de ce type exprimé en pourcentage de l'ensemble des familles de ce type.

# Résumé

Après avoir recueilli des données, il faut les organiser pour permettre leur analyse. Les tableaux sont employés de manière courante pour présenter des données ; ils constituent un condensé figuratif. Parce qu'ils décrivent de manière synthétique une masse de données, les tableaux présentent l'information sous une forme plus compréhensible pour le chercheur ou le lecteur. Ils permettent de faire ressortir les caractéristiques importantes d'un phénomène et peuvent être à l'origine de nouvelles questions sur le sujet d'étude. Les tableaux offrent donc un intérêt non seulement en raison des renseignements qu'ils contiennent, mais également pour les questions qu'ils soulèvent.

On doit se conformer à certaines normes (p. 76) lorsqu'on dresse un tableau :

- titre du tableau ;
- titre de chaque colonne ;
- total (s'il y a lieu) au bas d'une colonne ;
- source ;
- numérotation ;
- commentaire.

Selon le type de la variable étudiée, les **tableaux de fréquences** servent à grouper les données d'une **série statistique** :

- par modalités (variable qualitative) ;
- par valeurs (variable quantitative discrète) ;
- par classes (variable quantitative discrète ou continue).

Les tableaux de fréquences (à simple ou à double entrée) permettent de dénombrer les unités statistiques qui appartiennent à chaque modalité, valeur ou classe. Le nombre de classes à utiliser (tableau 3.24, p. 94), lorsqu'on groupe des données par classes, dépend du nombre de données contenues dans la série statistique et de l'**étendue** de cette dernière. Il faut ensuite choisir une **amplitude de classe** qui facilite la lecture du tableau.

Le tableau 3.5 (p. 77) est un tableau de fréquences typique (données groupées par modalités) dans lequel on a indiqué les principaux éléments que devrait contenir tout tableau de fréquences. Si on avait groupé les données par valeurs ou par **classes**, on aurait utilisé ces valeurs ou ces classes à la place des modalités. On peut employer indifféremment des **fréquences absolues** ou des **fréquences relatives** (%).

On recourt aux **tableaux à double entrée** pour répartir les unités statistiques selon deux variables. Les tableaux 3.40 à 3.43 (p. 107-109) en constituent des exemples typiques.

Tout comme les tableaux, les graphiques sont établis au cours de la quatrième étape de la démarche scientifique, soit lorsqu'on organise et traite les données. Ils nous permettent de saisir au premier coup d'œil les caractéristiques essentielles d'un phénomène. Les normes de présentation d'un graphique, énoncées à la page 78, sont similaires à celles d'un tableau.

Les principales représentations graphiques pour des données groupées par modalités sont :

- le **diagramme à secteurs** ;
- le **diagramme linéaire** ;
- le **diagramme à bandes rectangulaires** (horizontales, verticales ou chevauchées).

On utilise un **diagramme à bâtons** pour représenter graphiquement des données groupées par valeurs lorsque ces dernières sont peu nombreuses.

Les principales représentations graphiques pour des données groupées par classes sont :

- l'**histogramme** ;
- le **polygone de fréquences** ;
- la **courbe des fréquences relatives cumulées**.

Les tableaux et les graphiques ne servent pas qu'à présenter des dénombrements. Ils sont également employés pour présenter des résultats sous une forme schématique, faire ressortir une relation entre deux **variables** (**indépendante** et **dépendante**) ou encore souligner l'évolution d'une variable dans le temps (**série chronologique**). On utilise notamment l'**historigramme** (le diagramme à bandes rectangulaires verticales ou la **ligne brisée**) pour représenter graphiquement une série chronologique.

Le tableau 3.61 (p. 128) constitue un guide pour le choix d'une représentation graphique appropriée.

Lorsqu'on commente une série chronologique, on peut recourir aux concepts de variation ($\Delta V$), de variation relative ($\Delta V\,\%$) ou de variation moyenne $\left(\frac{\Delta V}{\Delta t}\right)$. Si la valeur de ces concepts est positive, c'est que la valeur de la variable a augmenté au cours de la période étudiée ; si elle est négative, c'est qu'elle a diminué. Le tableau 3.62 (p. 130) présente une comparaison de ces trois mesures.

Lorsqu'on décrit une série chronologique, il est d'usage de la commenter. Le commentaire comprend généralement les éléments suivants :

- le lieu ;
- la période ;
- la nature du phénomène (croissance, décroissance, stabilité, oscillation) ;
- les valeurs extrêmes pertinentes de la variable (début et fin de période, maximum, minimum) ;
- la valeur des différentes mesures de variation.

TABLEAU 3.61

**GUIDE POUR LE CHOIX D'UNE REPRÉSENTATION GRAPHIQUE**

| Forme de groupement | Formes typiques du graphique | Particularités |
|---|---|---|
| Données groupées par modalités | Diagramme à secteurs<br>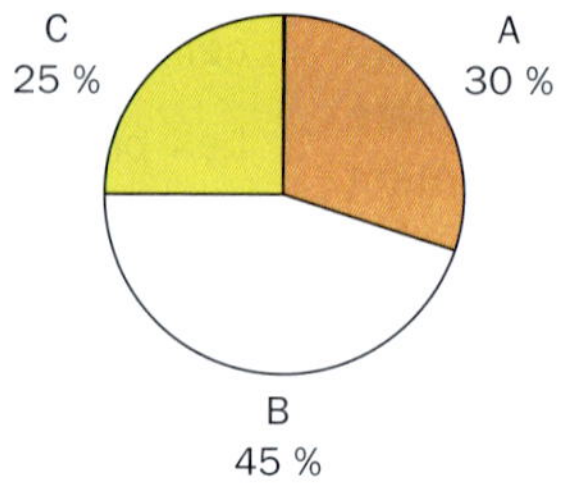<br> | Ne devrait pas être employé lorsque la variable présente plus de sept modalités. |
| | Diagramme linéaire<br>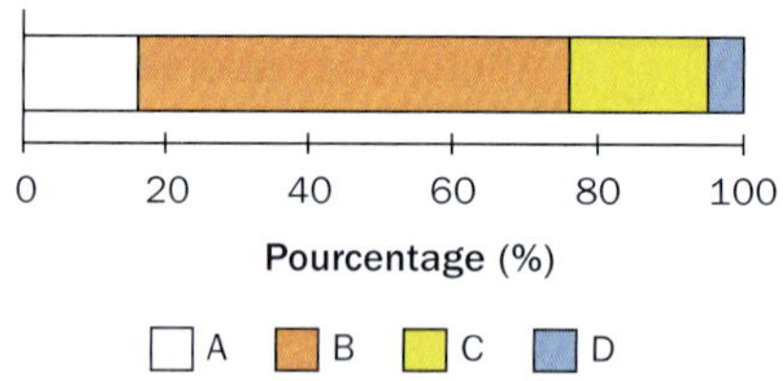<br><br>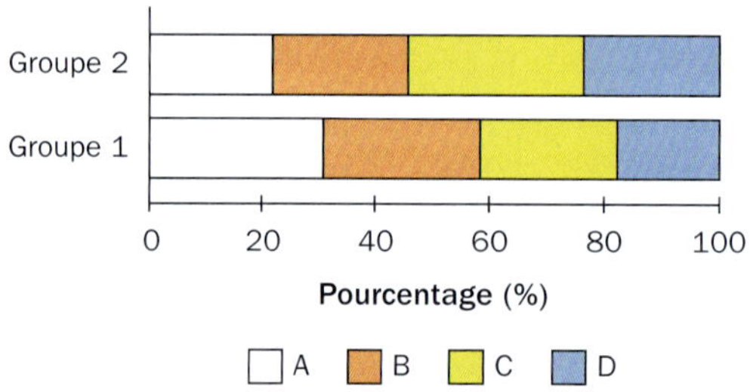<br> | Permet de comparer plusieurs groupes. |
| | Diagramme à bandes rectangulaires horizontales<br>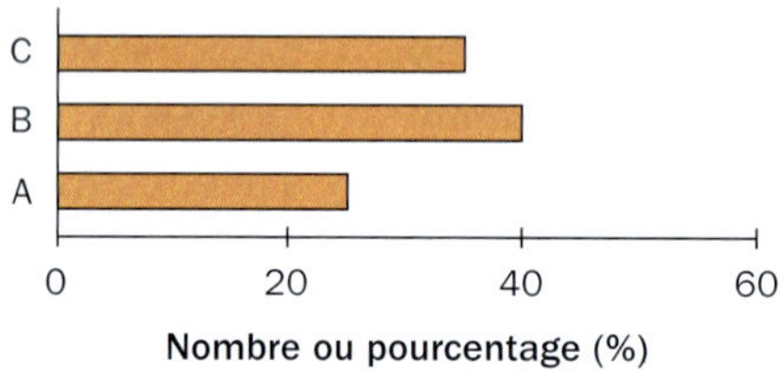<br> | Employé pour une variable qualitative nominale. |
| | Diagramme à bandes rectangulaires verticales<br>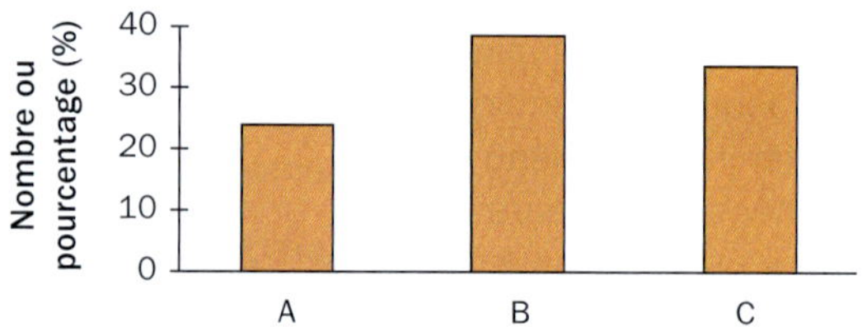<br> | Employé pour une variable qualitative ordinale. |
| | Diagramme à bandes rectangulaires chevauchées<br>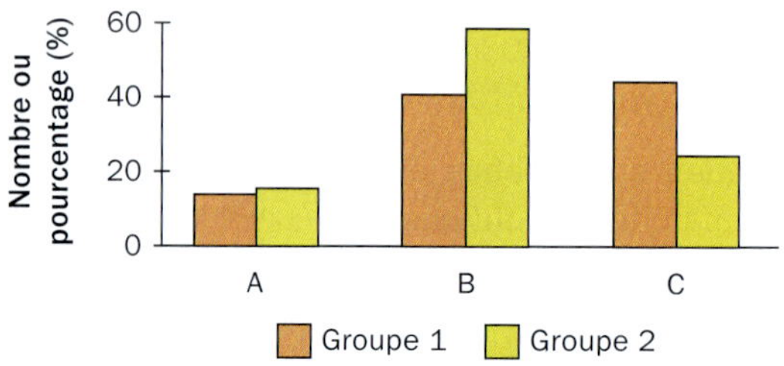<br> | Permet de comparer plusieurs groupes. |

TABLEAU 3.61 (*SUITE*)

**GUIDE POUR LE CHOIX D'UNE REPRÉSENTATION GRAPHIQUE**

| Forme de groupement | Formes typiques du graphique | Particularités |
|---|---|---|
| Données groupées par valeurs | Diagramme à bâtons<br>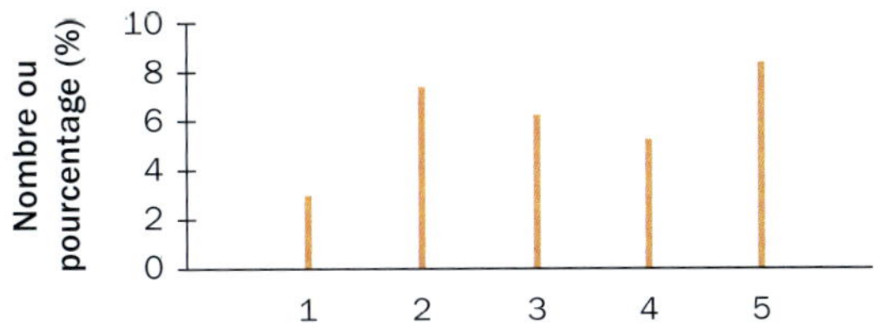 | Employé pour une variable quantitative discrète prenant peu de valeurs différentes. |
| Données groupées par classes | Histogramme<br>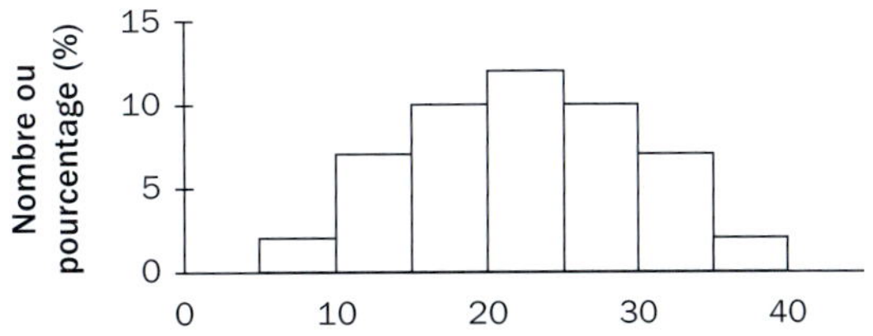 | Donne l'impression que la variable fluctue par bonds. |
| | Polygone de fréquences<br>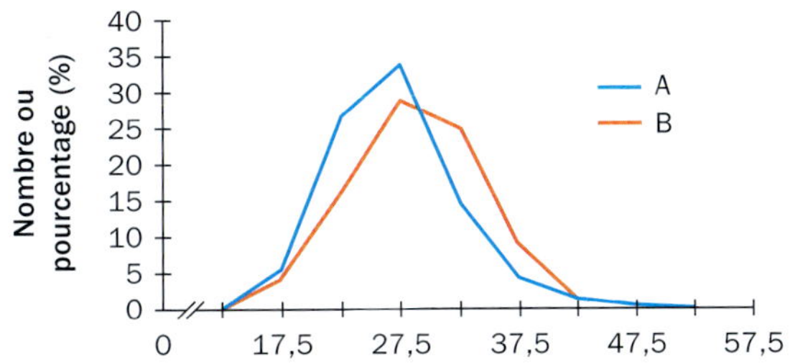 | Rend compte de la continuité de la variable et permet de comparer deux ou plusieurs groupes. |
| | Courbe des fréquences relatives cumulées<br>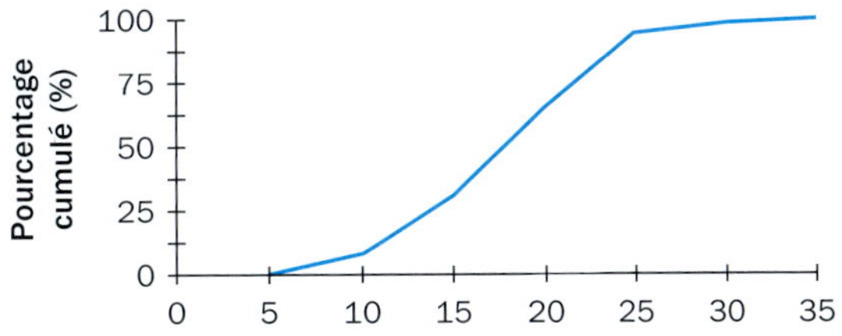 | Permet de déterminer le pourcentage des données dont la valeur est inférieure à une valeur déterminée. |
| Série chronologique | Historigramme (ou chronogramme)<br>• Diagramme à bandes rectangulaires verticales<br>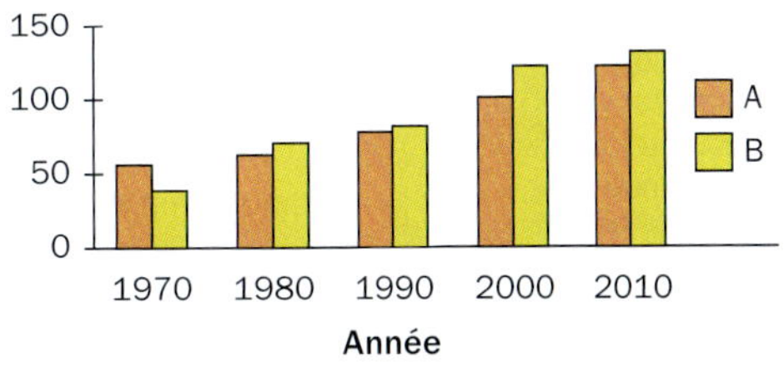 | Permet d'analyser l'évolution d'un phénomène dans le temps.<br>Permet de comparer deux ou plusieurs groupes à chaque période. |
| | • Ligne brisée<br>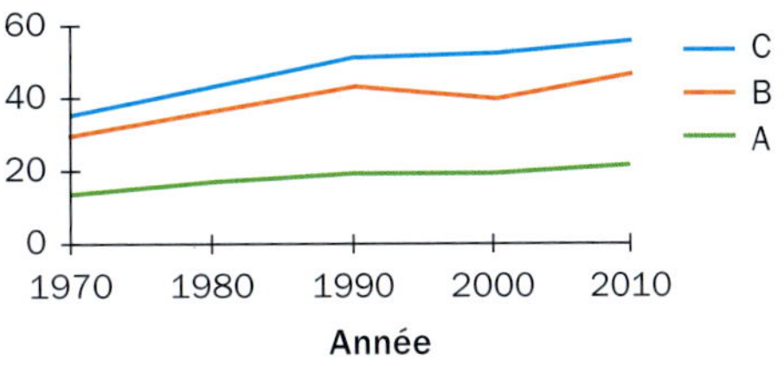 | Permet de comparer deux ou plusieurs groupes à chaque période.<br>Permet d'analyser l'évolution de chacun des groupes. |

TABLEAU | **3.62**

**COMPARAISON DES MESURES DE VARIATION**

| Mesure | Notation et calcul | Sens |
|---|---|---|
| Variation $\Delta V$ | $\Delta V = V(b) - V(a)$ | Mesure de l'augmentation ou de la diminution de la valeur de la variable sur l'intervalle de temps $[a, b]$. Elle s'exprime en points de pourcentage (points) lorsque la variable est mesurée en pourcentage. Sinon, elle s'exprime dans les mêmes unités que la variable. |
| Variation relative $\Delta V\,\%$ | $\Delta V\,\% = \dfrac{V(b) - V(a)}{V(a)} \times 100\,\%$ | Mesure du pourcentage d'augmentation ou de diminution de la valeur de la variable sur l'intervalle de temps $[a, b]$. Elle s'exprime toujours en pourcentage. |
| Variation moyenne $\dfrac{\Delta V}{\Delta t}$ | $\dfrac{\Delta V}{\Delta t} = \dfrac{V(b) - V(a)}{b - a}$ | Mesure de l'augmentation ou de la diminution moyenne par unité de temps de la valeur de la variable sur l'intervalle de temps $[a, b]$. |

## MOTS CLÉS

Amplitude de classe, p. 94
Classe, p. 91
Courbe des fréquences relatives cumulées, p. 100
Diagramme à bandes rectangulaires, p. 82
Diagramme à bâtons, p. 89
Diagramme à secteurs, p. 78
Diagramme linéaire, p. 80
Étendue, p. 94
Fréquence absolue, p. 75
Fréquence relative, p. 75
Histogramme, p. 97
Historigramme, p. 117
Ligne brisée, p. 119
Polygone de fréquences, p. 98
Série chronologique, p. 112
Série statistique, p. 73
Tableau à double entrée, p. 107
Tableau de fréquences, p. 74
Variable dépendante, p. 124
Variable indépendante, p. 124
Variation, p. 113
Variation moyenne, p. 115
Variation relative, p. 114

## RÉSEAU DE CONCEPTS

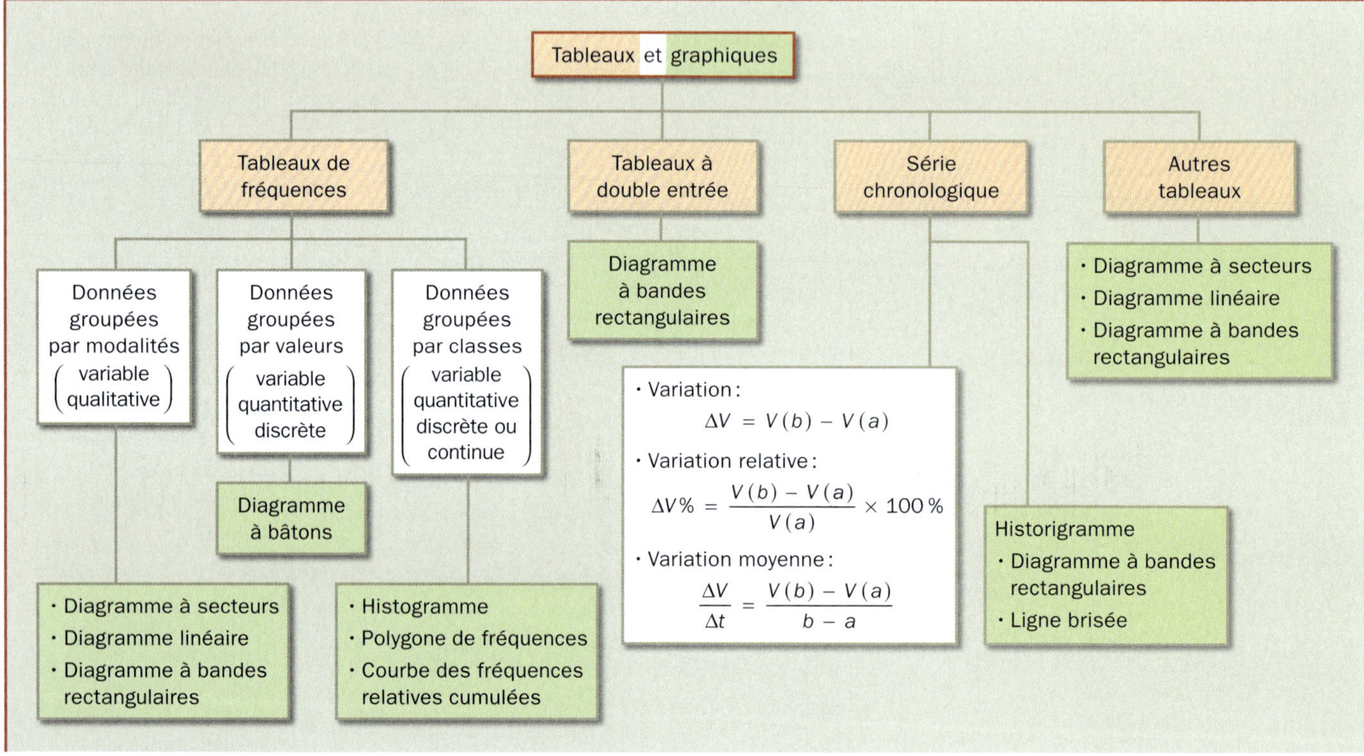

# EXERCICES RÉCAPITULATIFS

## Sections 3.1 et 3.2

1. Dans le cadre d'un travail de recherche sur l'avortement, un étudiant a construit un tableau adapté d'une étude de Statistique Canada (*Statistiques sur les avortements provoqués 2005*, nº 82-223-X au catalogue, mai 2008, p. 10). Ce tableau, le troisième de son travail, est censé nous renseigner sur le nombre de femmes ayant subi un avortement thérapeutique au Canada, en 2005, selon la province de résidence de la patiente.

| | |
|---|---|
| Terre-Neuve-et-Labrador | 883 |
| Île-du-Prince-Édouard | 126 |
| Nouvelle-Écosse | 1 897 |
| Nouveau-Brunswick | 941 |
| Québec | 29 259 |
| Ontario | 33 546 |
| Manitoba | 2 236 |
| Saskatchewan | 1 824 |
| Alberta | 10 859 |
| Colombie-Britannique | 14 444 |

a) Quelle est la population étudiée ?

b) Quelle est la variable étudiée ?

c) De quelle nature est-elle ?

d) Combien y a-t-il eu d'avortements thérapeutiques parmi les résidentes des provinces canadiennes en 2005 ?

e) Refaites ce tableau en tenant compte des normes de présentation que nous vous avons proposées. Ajoutez la colonne des fréquences relatives.

2. On a utilisé les codes suivants pour désigner la langue maternelle des personnes inscrites à un cours :

1 : Français   2 : Anglais   3 : Allemand   4 : Italien   5 : Espagnol   6 : Autre

Le tableau 3.63 présente la série statistique des résultats obtenus.

TABLEAU | **3.63**

**LANGUE MATERNELLE**

| | | | | | | | | | | | | | |
|---|---|---|---|---|---|---|---|---|---|---|---|---|---|
| 2 | 1 | 3 | 6 | 1 | 1 | 2 | 2 | 1 | 1 | 3 | 4 | 5 | 1 |
| 4 | 5 | 1 | 1 | 1 | 1 | 1 | 1 | 1 | 2 | 2 | 1 | 1 | 2 |
| 3 | 1 | 4 | 2 | 3 | 1 | 1 | 1 | 2 | 4 | 5 | 3 | 2 | 3 |
| 2 | 1 | 1 | 1 | 1 | 1 | 1 | 1 | 2 | 1 | 3 | 1 | 1 | 1 |
| 1 | 1 | 2 | 1 | 2 | 2 | 1 | 1 | 2 | 6 | 5 | 1 | 1 | 1 |

a) Que représente une unité statistique ?

b) Quelle est la variable étudiée ?

c) De quelle nature est-elle ?

d) Quelle échelle de mesure a été utilisée ?

e) Combien y a-t-il de données ?

f) À quoi correspond une donnée ?

g) Combien y a-t-il de modalités ?

h) Présentez ces données dans un tableau de fréquences.

i) Dans ce groupe de personnes, quel est le pourcentage des personnes de langue maternelle française ? anglaise ? espagnole ?

j) Quel nom donne-t-on généralement aux pourcentages dans un tableau de fréquences ?

k) Énumérez les trois types de graphiques qu'on peut utiliser pour représenter le tableau dressé en *h* et construisez un de ces graphiques.

**3.** On a interrogé 28 étudiants inscrits à un cours de philosophie sur leur degré de satisfaction à l'égard de l'enseignement reçu. On a utilisé les codes suivants :

0 : Très insatisfait   1 : Insatisfait   2 : Satisfait   3 : Très satisfait

Le tableau 3.64 présente les résultats obtenus.

TABLEAU | **3.64**

**DEGRÉ DE SATISFACTION À L'ÉGARD DE L'ENSEIGNEMENT REÇU**

| | | | | | | | | | | | | | |
|---|---|---|---|---|---|---|---|---|---|---|---|---|---|
| 0 | 1 | 2 | 2 | 3 | 1 | 1 | 1 | 0 | 1 | 0 | 1 | 0 | 2 |
| 0 | 1 | 2 | 0 | 0 | 0 | 1 | 0 | 1 | 3 | 2 | 1 | 1 | 0 |

a) Que représente une unité statistique ?

b) Quelle est la variable étudiée ?

c) De quelle nature est-elle ?

d) Quelle échelle de mesure a été utilisée ?

e) Combien y a-t-il de modalités ?

f) Présentez ces données dans un tableau de fréquences. Utilisez des fréquences relatives exprimées en pourcentage.

g) Commentez le tableau de fréquences.

h) Donnez une représentation graphique appropriée du tableau construit en *f*.

**4.** La figure 3.23 donne l'état matrimonial, au moment de leur mariage (conjoints de sexes opposés), des hommes qui se sont mariés au Québec en 2008.

FIGURE | **3.23**

**RÉPARTITION EN POURCENTAGE DES HOMMES QUI SE SONT MARIÉS EN 2008, SELON LEUR ÉTAT MATRIMONIAL AU MOMENT DU MARIAGE, QUÉBEC**

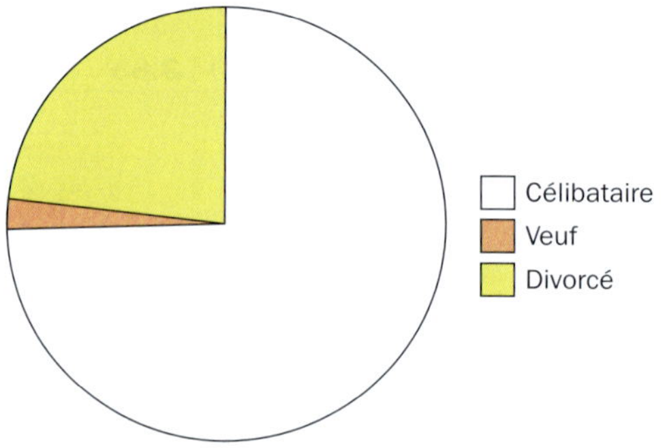


Source : Institut de la statistique du Québec, http://www.stat.gouv.qc.ca/donstat/societe/demographie/etat_matrm_marg/502.htm (2009-11-02).

a) À partir de ce graphique, estimez la proportion des hommes qui étaient divorcés au moment de leur mariage en 2008.

b) Au Québec, en 2008, on a dénombré 21 583 mariages entre conjoints de sexes opposés. Estimez le nombre d'hommes divorcés qui se sont mariés à nouveau cette année-là.

**5.** Un institut de sondage a effectué une enquête sur le degré de confiance qu'accordent les Québécois au système judiciaire en matière de délits à caractère sexuel. Représentez graphiquement les résultats obtenus (tableau 3.65) par un diagramme à bandes rectangulaires et commentez.

TABLEAU | **3.65**

**RÉPARTITION EN POURCENTAGE DES RÉPONDANTS, PAR SEXE, SELON LE DEGRÉ DE CONFIANCE ACCORDÉ AU SYSTÈME JUDICIAIRE EN MATIÈRE DE DÉLITS À CARACTÈRE SEXUEL**

| Degré de confiance | Sexe | |
|---|---|---|
| | Hommes (%) | Femmes (%) |
| Entièrement | 60 | 20 |
| Assez | 20 | 30 |
| Peu | 10 | 30 |
| Pas du tout | 10 | 20 |
| **Total** | **100** | **100** |

**6.** Un chercheur a présenté un texte de 10 000 mots à deux groupes d'étudiants qui devaient le lire. Toutefois, pour les étudiants du deuxième groupe, le texte était divisé en 10 sections d'environ 1 000 mots. À la fin de chaque section, les sujets devaient répondre à des questions portant sur l'extrait qu'ils venaient de lire. Le chercheur croit que cette façon de présenter un texte favorise la rétention de son contenu. Le lendemain, le chercheur soumettait un questionnaire aux étudiants des deux groupes et notait leur performance de la façon suivante :

A : Excellent, B : Bien, C : Moyen, D : Passable, E : Échec

Le premier groupe comptait 75 sujets dont 16 % avaient reçu la note A, 20 % la note B, 44 % la note C, 16 % la note D et les autres la note E. Le deuxième groupe comptait 50 sujets dont 10 avaient reçu la note A, 15 la note B, 20 la note C, 4 la note D et 1 la note E.

a) Quelle méthode d'investigation ce chercheur a-t-il employée ?

b) Quelle échelle de mesure ce chercheur a-t-il employée pour mesurer la performance des étudiants ?

c) Quelle est l'hypothèse du chercheur ?

d) Combien d'étudiants du premier groupe ont obtenu la note A ?

e) Présentez dans un tableau de fréquences les résultats des étudiants de chacun des groupes. Utilisez des fréquences relatives. Appliquez les normes de présentation.

f) Le deuxième groupe semble-t-il avoir eu une performance supérieure à celle du premier groupe ? Justifiez votre réponse en comparant les résultats de ces deux groupes apparaissant dans le tableau dressé en *e*.

g) Quel procédé statistique nous permettrait de généraliser les résultats de ce chercheur et d'en tirer une conclusion sur la façon de présenter un texte pour en assurer le plus possible la rétention ?

h) Présentez sous une forme graphique appropriée le tableau dressé en *e*. Appliquez les normes de présentation.

i) Quel nom donne-t-on à cette représentation graphique ?

## Section 3.3

**7.** Dans les grandes villes, on entend souvent dire que des personnes font du tapage à des heures indues, que d'autres jettent leurs déchets un peu partout, que d'autres encore sont grossières et manquent de la plus élémentaire courtoisie, que certaines autres en état d'ébriété avancé harcèlent des passants, défigurent le mobilier urbain (graffitis) ou commettent des actes de vandalisme. Ce sont là autant de formes

d'incivilités. Mais qu'en est-il dans les faits ? Dans le cadre de l'Enquête sociale générale (ESG), Statistique Canada s'est notamment intéressée aux incivilités commises dans les 12 plus grandes régions métropolitaines de recensement (RMR) pour connaître la perception des Canadiens à leur propos. À cette fin, l'échantillon se composait de 11 000 répondants représentant 13,9 millions de Canadiens de 15 ans et plus.

Statistique Canada a classé les incivilités en deux catégories, soit les incivilités physiques (ordures, graffitis, vandalisme, etc.) et les incivilités sociales (tapage nocturne, harcèlement dans la rue, itinérance, etc.), et a demandé aux répondants s'ils considéraient que ces incivilités constituaient un problème.

Dans la RMR de Montréal, 71 % des répondants ont déclaré qu'aucun des deux types d'incivilités ne constituait un problème, 17 % ont déclaré qu'un seul des deux types d'incivilités constituait un problème et 12 % ont déclaré que les deux types d'incivilités représentaient un problème.

Ces pourcentages varient selon la distance entre le quartier de résidence et le centre-ville. Ainsi, dans la zone centre de la RMR de Montréal (soit dans un rayon de 5 km du centre-ville), ces pourcentages sont respectivement de 50 %, de 20 % et de 30 %.

a) Quelle est la taille de l'échantillon du sondage portant sur les incivilités ?
b) Quelle est la taille de la population d'où a été prélevé l'échantillon ?
c) Quel est le taux de sondage ?
d) Quelle est la nature de la variable « incivilité » ?
e) Quelles sont les modalités de la variable « incivilité » ?
f) Dressez un tableau de fréquences portant sur le nombre d'incivilités qui constituent un problème dans la RMR de Montréal.
g) Représentez graphiquement les données du tableau construit en *f*.
h) Dressez un tableau de fréquences portant sur le nombre d'incivilités qui constituent un problème dans la zone centre de la RMR de Montréal.
i) Représentez graphiquement les données du tableau construit en *h*.

**8.** Le directeur des études d'un cégep désire connaître le nombre de cours auxquels ont échoué tous les diplômés de l'année 2010 du secteur préuniversitaire de l'établissement qu'il dirige. Le tableau 3.66 donne le nombre de cours auxquels ont échoué un groupe de 56 de ces diplômés.

TABLEAU | **3.66**

**NOMBRE D'ÉCHECS DE CHACUN DES 56 DIPLÔMÉS**

| | | | | | | | | | | | | | |
|---|---|---|---|---|---|---|---|---|---|---|---|---|---|
| 0 | 1 | 1 | 0 | 3 | 0 | 4 | 1 | 1 | 0 | 0 | 0 | 2 | 0 |
| 1 | 2 | 1 | 4 | 5 | 3 | 4 | 2 | 1 | 0 | 1 | 1 | 0 | 2 |
| 1 | 0 | 0 | 3 | 4 | 5 | 0 | 2 | 0 | 2 | 0 | 0 | 0 | 5 |
| 1 | 0 | 0 | 0 | 3 | 0 | 0 | 0 | 1 | 3 | 1 | 0 | 0 | 0 |

a) Quelle est la population étudiée ?
b) Les données couvrent-elles l'ensemble de la population ou s'agit-il d'un échantillon ?
c) Présentez ces données dans un tableau de fréquences. Utilisez des fréquences absolues et relatives.
d) Donnez une représentation graphique appropriée du tableau construit en *c*.

**9.** Un professeur a compté, pour chacun de ses étudiants, combien de fois ils sont venus le consulter à son bureau. Le tableau 3.67 présente les résultats obtenus.

TABLEAU 3.67

**NOMBRE DE CONSULTATIONS**

| | | | | | | | | | | | | | |
|---|---|---|---|---|---|---|---|---|---|---|---|---|---|
| 0 | 1 | 0 | 5 | 2 | 3 | 0 | 4 | 6 | 5 | 1 | 3 | 2 | 0 |
| 3 | 0 | 4 | 5 | 4 | 3 | 2 | 0 | 0 | 1 | 0 | 1 | 2 | 1 |
| 2 | 0 | 0 | 3 | 4 | 5 | 0 | 0 | 1 | 0 | 1 | 0 | 2 | 0 |
| 1 | 3 | 4 | 5 | 4 | 0 | 2 | 0 | 0 | 1 | 1 | 3 | 0 | 1 |
| 0 | 0 | 0 | 0 | 2 | 1 | 4 | 6 | 1 | 2 | 1 | 0 | 0 | 4 |

a) Quel nom donne-t-on à un tableau comme le tableau 3.67 ?
b) Quelle est la variable étudiée ?
c) De quelle nature est-elle ?
d) Quel type d'échelle de mesure a-t-on employé ?
e) Présentez ces données sous la forme d'un tableau de fréquences.
f) Représentez ces données sous une forme graphique appropriée.

## Section 3.4

**10.** Un professeur de cégep a mené une enquête portant sur le nombre d'heures que les étudiants de cégep consacrent hebdomadairement aux études en dehors des heures de cours. Le tableau 3.68 présente les résultats obtenus auprès d'un échantillon de 50 étudiants.

TABLEAU 3.68

**TEMPS (h) HEBDOMADAIRE CONSACRÉ AUX ÉTUDES**

| | | | | | | | | | |
|---|---|---|---|---|---|---|---|---|---|
| 4,0 | 6,0 | 7,4 | 8,0 | 8,4 | 9,0 | 9,5 | 10,0 | 11,0 | 12,0 |
| 4,5 | 6,0 | 7,6 | 8,0 | 8,5 | 9,0 | 9,7 | 10,0 | 11,0 | 12,5 |
| 5,2 | 6,4 | 7,7 | 8,2 | 8,6 | 9,0 | 9,8 | 10,2 | 11,2 | 12,8 |
| 5,5 | 6,8 | 7,8 | 8,2 | 8,7 | 9,5 | 9,9 | 10,3 | 11,5 | 13,0 |
| 5,8 | 7,2 | 7,9 | 8,3 | 8,7 | 9,5 | 9,9 | 10,8 | 11,7 | 13,8 |

a) Présentez cette série sous la forme d'un tableau de fréquences en fixant quatre heures comme limite inférieure de la première classe et deux heures comme amplitude des classes.
b) Tracez un histogramme et un polygone de fréquences pour représenter ce tableau.

**11.** Une municipalité a publié le tableau 3.69 sur l'évaluation des résidences de son territoire.

TABLEAU 3.69

**RÉPARTITION EN POURCENTAGE DES RÉSIDENCES, SELON L'ÉVALUATION**

| Évaluation (milliers $) | Pourcentage des résidences (%) |
|---|---|
| Moins de 75 | 5 |
| 75–100 | 25 |
| 100–125 | 30 |
| 125–150 | 20 |
| 150–200 | 15 |
| 200 et plus | 5 |
| **Total** | **100** |

a) Quelle est la population étudiée ?
b) Tracez un histogramme pour représenter ce tableau. Fermez les classes ouvertes à 50 000 $ et à 300 000 $.

**12.** La figure 3.24 donne la répartition cumulée des salariés d'une usine selon l'âge.

FIGURE | **3.24**

**RÉPARTITION CUMULÉE DES SALARIÉS D'UNE USINE, SELON L'ÂGE**

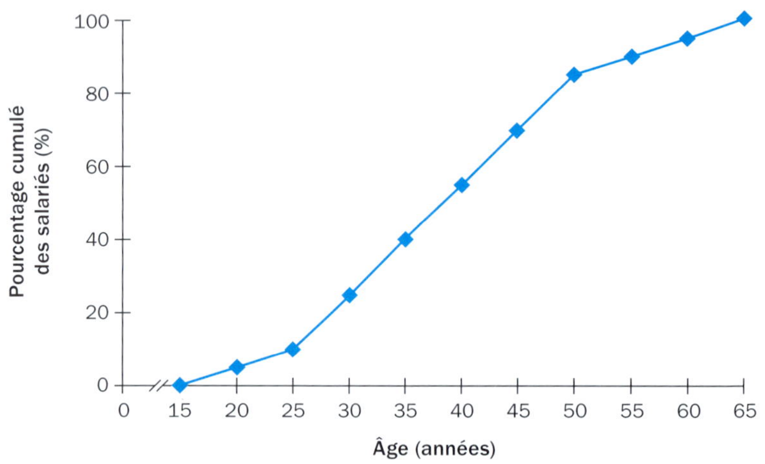


Complétez l'énoncé.
a) L'âge minimal des salariés de cette usine est approximativement de ______ ans.
b) L'âge maximal des salariés de cette usine est approximativement de ______ ans.
c) L'étendue des âges est approximativement de ______ ans.
d) Environ ______ % des salariés sont âgés de moins de 35 ans.
e) Environ 80 % des salariés ont moins de ______ ans.

**13.** Au cours d'une expérience, un psychologue chronomètre le temps (en secondes) que met chacun des sujets pour accomplir une tâche. Le tableau 3.70 présente les résultats qu'il a obtenus pour 52 sujets.

TABLEAU | **3.70**

**TEMPS (s) POUR ACCOMPLIR UNE TÂCHE**

| | | | | | | | | | | | | |
|---|---|---|---|---|---|---|---|---|---|---|---|---|
| 51 | 54 | 55 | 58 | 62 | 63 | 65 | 68 | 69 | 70 | 71 | 71 | 73 |
| 75 | 77 | 79 | 81 | 81 | 83 | 84 | 85 | 85 | 85 | 86 | 87 | 88 |
| 90 | 90 | 92 | 93 | 95 | 95 | 97 | 97 | 98 | 99 | 101 | 102 | 103 |
| 105 | 106 | 108 | 109 | 110 | 112 | 113 | 115 | 117 | 120 | 120 | 121 | 125 |

a) Quelle est la variable étudiée ?
b) De quelle nature est-elle ?
c) Quelle échelle de mesure a été utilisée ?
d) Quelle est l'étendue de la série ?
e) Groupez ces données dans un tableau de fréquences.
f) Dressez un histogramme et un polygone de fréquences à partir du tableau construit en *e*.

**14.** Examinez le tableau 3.71 donnant la superficie de 71 municipalités régionales de comté (MRC) du Québec, dont la superficie est inférieure à 6 000 km$^2$.
a) Que représente une unité statistique ?
b) Quelle est la nature de la variable « superficie » ?

TABLEAU 3.71

**SUPERFICIE DE 71 MRC, QUÉBEC, 2010**

| MRC | Superficie ($km^2$) | MRC | Superficie ($km^2$) |
|---|---|---|---|
| L'île-d'Orléans | 191,78 | Drummond | 1 599,57 |
| Thérèse-De Blainville | 202,54 | Brome-Missisquoi | 1 660,04 |
| Deux-Montagnes | 240,29 | Lotbinière | 1 661,22 |
| Les Moulins | 263,39 | Montmagny | 1 713,15 |
| L'Assomption | 265,23 | Bellechasse | 1 758,93 |
| Lajemmerais | 346,53 | Les Etchemins | 1 810,77 |
| Roussillon | 371,50 | Arthabasca | 1 903,98 |
| Joliette | 418,86 | Les Appalaches | 1 905,66 |
| La Rivière-du-Nord | 448,09 | Beauce-Sartigan | 2 013,67 |
| Beauharnois-Salaberry | 468,34 | Les Collines-de-l'Outaouais | 2 088,23 |
| Rouville | 485,00 | L'islet | 2 091,92 |
| Acton | 574,00 | Kamouraska | 2 256,07 |
| La Vallée-du-Richelieu | 579,18 | Le Haut-Saint-François | 2 276,95 |
| Pierre-De Saurel | 593,63 | La Mitis | 2 312,38 |
| La Haute-Yamaska | 643,75 | Charlevoix-Est | 2 369,88 |
| Les Pays-d'en-Haut | 692,03 | Maskinongé | 2 473,09 |
| Montcalm | 714,62 | Les Laurentides | 2 493,77 |
| Les Sources | 777,35 | Lac-Saint-Jean-Est | 2 708,81 |
| Les Jardins-de-Napierville | 796,96 | Le Granit | 2 731,80 |
| Robert-Cliche | 829,03 | Rimouski-Neigette | 2 762,44 |
| Vaudreuil-Soulanges | 855,73 | Papineau | 2 961,47 |
| Les Chenaux | 859,20 | Le Rocher-Percé | 3 256,47 |
| La Nouvelle-Beauce | 900,14 | La Jacques-Cartier | 3 310,10 |
| Le Haut-Richelieu | 932,00 | Matane | 3 376,49 |
| Nicolet-Yamaska | 1 002,52 | Abitibi-Ouest | 3 415,39 |
| Les Basques | 1 132,70 | Avignon | 3 459,82 |
| Bécancour | 1 132,81 | Charlevoix | 3 798,72 |
| Le Haut-Saint-Laurent | 1 170,20 | Témiscouata | 3 920,90 |
| D'Autray | 1 243,66 | Portneuf | 4 095,71 |
| Rivière-du-Loup | 1 267,45 | La Côte-de-Gaspé | 4 402,33 |
| Argenteuil | 1 270,51 | Bonaventure | 4 456,57 |
| L'Érable | 1 280,75 | La Côte-de-Beaupré | 4 974,01 |
| Les Maskoutains | 1 310,54 | La Haute-Gaspésie | 5 126,81 |
| Memphrémagog | 1 323,21 | La Matapédia | 5 375,03 |
| Coaticook | 1 331,83 | Mékinac | 5 606,70 |
| Le Val-Saint-François | 1 380,42 | | |

Source : Ministère des Affaires municipales, Régions et Occupation du territoire, http://www2.mamrot.gouv.qc.ca/cgi-bin/repert1.pl (2010-10-24).

c) Quelle échelle de mesure a-t-on employée pour mesurer cette variable ?

d) Présentez cette série sous la forme d'un tableau de fréquences en utilisant 0 $km^2$ comme limite inférieure de la première classe et 500 $km^2$ comme amplitude des classes. Appliquez les normes de présentation.

e) Tracez l'histogramme à partir du tableau dressé en *d*. Appliquez les normes de présentation.

f) Tracez la courbe des fréquences relatives cumulées. Appliquez les normes de présentation.

g) À partir de cette courbe, estimez le pourcentage des MRC de l'échantillon occupant une superficie inférieure à 2 250 km². Indiquez sur le graphique comment vous avez obtenu votre réponse.

h) Complétez : « Environ 40 % des MRC de l'échantillon occupent une superficie inférieure à ________ km². » Indiquez sur le graphique comment vous avez obtenu votre réponse.

i) À partir du graphique construit en *f*, estimez le pourcentage des MRC de l'échantillon occupant une superficie comprise entre 1 750 m² et 2 750 m².

**15.** Un de vos amis vous dit qu'il ne fait pas confiance aux politiciens : « Ce sont tous des vieux, ils ne comprennent pas les problèmes des jeunes. » Vous ne savez que lui répondre.

Vous décidez donc de dresser le tableau 3.72 de la structure d'âge de la députation québécoise à la Chambre des communes. Voici la liste des âges de 70 députés occupant chacun un des sièges du Québec à la Chambre des communes à partir des années de naissance tirées des fiches parlementaires des députés mises en ligne sur le site Internet du Parlement canadien. Cette liste a été consultée le 1er novembre 2009. Notez que trois députés n'avaient pas indiqué leur date de naissance sur leur fiche et que deux sièges étaient alors vacants.

TABLEAU | **3.72**

**ÂGE DE 70 DÉPUTÉS QUÉBÉCOIS SIÉGEANT À LA CHAMBRE DES COMMUNES**

| | | | | | | | | |
|---|---|---|---|---|---|---|---|---|
| 49 | 65 | 59 | 58 | 47 | 45 | 46 | 40 | 61 |
| 55 | 44 | 57 | 66 | 46 | 59 | 56 | 61 | 59 |
| 68 | 46 | 69 | 45 | 59 | 50 | 59 | 54 | 67 |
| 62 | 22 | 37 | 61 | 60 | 64 | 45 | 40 | 36 |
| 55 | 57 | 60 | 51 | 69 | 55 | 55 | 58 | 63 |
| 69 | 35 | 68 | 45 | 55 | 50 | 75 | 47 | 31 |
| 54 | 35 | 63 | 61 | 63 | 62 | 63 | 42 | 60 |
| 52 | 32 | 37 | 37 | 49 | 53 | 59 | | |

Source : http://www2.parl.gc.ca/Parlinfo/Files/Parliamentarian.aspx (2009-10-01).

a) Quelle est la population étudiée ?

b) Quelle est la variable étudiée ?

c) De quelle nature est-elle ?

d) Quelle est l'étendue de la série ?

e) Groupez ces données dans un tableau de fréquences. Prenez 20 ans comme limite inférieure de la première classe et 10 ans comme amplitude des classes. Appliquez les normes de présentation.

f) Quel est le pourcentage de ces députés qui sont âgés de 50 ans et plus ?

g) Dressez un histogramme et un polygone de fréquences à partir du tableau construit en *e*.

h) Quel groupe d'âge est le plus courant chez ces députés ?

i) Comment reconnaît-on le groupe d'âge le plus courant dans l'histogramme ?

j) Commentez le tableau de fréquences au regard des propos de votre ami.

Vous avez également recueilli des données sur l'affiliation politique, le nombre d'élections fédérales remportées et l'expérience politique fédérale de 73 députés du Québec.

Ainsi, 47 députés représentent le Bloc québécois (BQ), 14 le Parti libéral du Canada (PLC), 10 le Parti conservateur du Canada (PCC), 1 le Nouveau Parti démocratique (NPD) et 1 député est indépendant (Ind.).

k) Quelle est la nature de la variable « affiliation politique » ?

l) Construisez un tableau de fréquences pour représenter la députation selon l'affiliation politique. Appliquez les normes de présentation.

m) Représentez graphiquement par un diagramme à bandes rectangulaires le tableau construit en *l*. Appliquez les normes de présentation.

De plus, 10 députés ont remporté une seule élection fédérale, 21 en ont remporté deux, 18 en ont remporté trois, 7 en ont remporté quatre, 7 en ont remporté cinq, 8 en ont remporté six, 1 en a remporté sept et 1 en a remporté huit.

n) Quelle est la nature de la variable « nombre d'élections fédérales remportées » ?

o) Construisez un tableau de fréquences pour représenter la députation selon le nombre de victoires électorales fédérales. Appliquez les normes de présentation.

p) Représentez graphiquement le tableau construit en *o*. Appliquez les normes de présentation.

Enfin, vous produisez la série statistique sur l'expérience des députés (en jours) depuis leur élection (tableau 3.73).

TABLEAU **3.73**

**EXPÉRIENCE (JOURS) DE 73 DÉPUTÉS QUÉBÉCOIS AU PARLEMENT FÉDÉRAL**

| | | | | | | | | |
|---|---|---|---|---|---|---|---|---|
| 1 953 | 1 379 | 5 852 | 5 852 | 384 | 1 953 | 1 379 | 4 536 | 4 717 |
| 1 953 | 1 379 | 1 953 | 1 953 | 1 379 | 3 262 | 1 953 | 1 379 | 4 067 |
| 1 953 | 4 536 | 3 640 | 1 379 | 1 953 | 1 953 | 384 | 4 970 | 384 |
| 7 021 | 384 | 1 953 | 4 536 | 1 379 | 5 852 | 384 | 2 520 | 1 379 |
| 5 852 | 384 | 5 852 | 4 536 | 1 379 | 3 262 | 5 852 | 1 953 | 777 |
| 1 953 | 1 953 | 1 953 | 1 379 | 1 953 | 384 | 1 379 | 777 | 1 379 |
| 1 379 | 2 730 | 384 | 3 262 | 1 379 | 5 852 | 1 379 | 9 190 | 1 700 |
| 3 640 | 1 953 | 3 262 | 1 953 | 1 379 | 777 | 384 | 1 379 | 1 953 |
| 384 | | | | | | | | |

q) Pourquoi certaines valeurs (telles 384, 1 379, 1 953) sont-elles courantes dans cette dernière série statistique ?

r) Construisez un tableau de fréquences pour représenter la députation selon l'expérience. Prenez 0 jour comme limite inférieure de la première classe et 1 000 jours comme amplitude des classes. Appliquez les normes de présentation.

s) Tracez l'histogramme à partir du tableau construit en *r*.

## Section 3.5

**16.** Lors de l'Enquête sociale générale (ESG), Statistique Canada s'est notamment intéressée à la perception des personnes à l'endroit de leur travail. La population cible dans ce contexte était composée des Canadiens de 19 à 64 ans résidant dans une des 10 provinces et dont l'activité principale pendant l'année était le travail. Le sondage relatif à cette question a été mené auprès de 9 700 répondants représentant 13,4 millions de personnes. On a demandé aux répondants de se définir comme étant ou non des bourreaux de travail. On a par la suite essayé de voir quels étaient les facteurs qui distinguaient les bourreaux de travail des autres travailleurs.

a) Est-ce que Josée, qui est âgée de 18 ans, représente une unité statistique dans le cadre du sondage sur la perception des personnes à l'endroit de leur travail ? Justifiez votre réponse.

b) Quel est le taux de sondage ?

c) Quelles sont les deux catégories de travailleurs établies ?

d) Quelle est la nature de la variable « catégorie de travailleurs » ?

On a constaté que 27 % des bourreaux de travail étaient titulaires d'un diplôme d'études secondaires ou moins, contre 29 % chez les autres travailleurs ; 45 % des bourreaux de travail étaient titulaires d'un diplôme d'études collégiales ou avaient fait des études postsecondaires, ce qui donne une proportion qu'on trouve également chez les autres travailleurs ; enfin, 28 % des bourreaux de travail étaient titulaires d'un grade universitaire, contre 26 % pour les autres travailleurs.

e) Quelle est la nature de la variable « niveau de scolarité » ?

f) Quelles sont les modalités de la variable « niveau de scolarité » ?

g) Construisez un tableau de fréquences permettant d'établir une comparaison entre les bourreaux de travail et les autres travailleurs en ce qui a trait à leur niveau de scolarité.

h) Représentez graphiquement les résultats consignés dans le tableau construit en *g*.

i) Commentez le graphique.

À une question portant sur la fréquence à laquelle ils se sentent pressés par le temps, 86 % des bourreaux de travail ont répondu « habituellement », 12 % ont répondu « occasionnellement » et les autres « jamais ». Chez les autres travailleurs, ces proportions étaient respectivement 73 %, 24 % et 3 %.

j) Quelle est la nature de la variable « fréquence à laquelle le travailleur se sent pressé par le temps » ?

k) Quelles sont les modalités de la variable « fréquence à laquelle le travailleur se sent pressé par le temps » ?

l) Construisez un tableau de fréquences permettant d'établir une comparaison entre les bourreaux de travail et les autres travailleurs en ce qui a trait à la fréquence à laquelle ils se sentent pressés par le temps.

m) Représentez graphiquement les résultats consignés dans le tableau construit en *l*.

n) Commentez le graphique.

**17.** Une chercheuse en sciences de l'éducation s'est intéressée à la mobilité scolaire intergénérationnelle des Québécoises âgées de 20 ans et plus. En 2010, elle a demandé à 250 Québécoises de 20 ans et plus quel était leur niveau de scolarité de même que celui de leur mère. Elle a établi trois catégories pour classer les niveaux de scolarité. Elle a classé au niveau 1 les personnes qui n'avaient fait que des études primaires ou secondaires (terminées ou non) ; au niveau 2 celles qui n'avaient fait que des études collégiales (terminées ou non) et au niveau 3 celles qui avaient fait des études universitaires (terminées ou non). Cette chercheuse voulait montrer qu'il y a un lien entre la scolarité des Québécoises de 20 ans et plus et celle de leur mère. Le tableau 3.74 présente les résultats qu'elle a obtenus.

TABLEAU | **3.74**

**RÉPARTITION DE 250 QUÉBÉCOISES DE 20 ANS ET PLUS, SELON LEUR NIVEAU DE SCOLARITÉ ET CELUI DE LEUR MÈRE, QUÉBEC, 2010**

| Scolarité de la fille | Scolarité de la mère | | | Total |
|---|---|---|---|---|
| | **Niveau 1** | **Niveau 2** | **Niveau 3** | |
| Niveau 1 | 33 | 3 | 1 | 37 |
| Niveau 2 | 46 | 33 | 5 | 84 |
| Niveau 3 | 46 | 59 | 24 | 129 |
| **Total** | **125** | **95** | **30** | **250** |

a) Quelle est l'hypothèse de la chercheuse ?

b) Quelle est la population étudiée ?

c) Quelles sont les deux variables mises en relation ?

d) De quelle nature sont-elles ?

e) Quelles en sont les modalités ?

f) Quelle est la taille de l'échantillon prélevé au moment de la recherche ?

g) Quelle est la proportion des répondantes au niveau 3 ?

h) Parmi les répondantes de niveau 3, quelle est la proportion de celles dont la mère était de niveau 1 ?

i) La mobilité scolaire intergénérationnelle mesure l'écart entre le niveau de scolarité d'une fille et celui de sa mère. On dit que la mobilité est nulle lorsqu'une fille présente le même niveau de scolarité que celui de sa mère, ascendante lorsque le niveau de scolarité d'une fille est supérieur à celui de sa mère, et descendante lorsque le niveau de scolarité d'une fille est plus faible que celui de sa mère. Représentez graphiquement la répartition des répondantes selon la mobilité scolaire intergénérationnelle. Appliquez les normes de présentation.

**18.** Une chercheuse mène une étude sur les naissances en milieu hospitalier au Québec en 2010. Elle décide de procéder à une étude préliminaire. Elle choisit arbitrairement un hôpital général d'un centre urbain et consulte les dossiers des enfants nés au cours du mois de mai. Le tableau 3.75 présente les informations sur le sexe, la masse et la longueur des nouveau-nés à la naissance.

TABLEAU | **3.75**

**SEXE, MASSE ET LONGUEUR DES NOUVEAU-NÉS À LA NAISSANCE**

| Sexe | Masse (g) | Longueur (cm) | Sexe | Masse (g) | Longueur (cm) | Sexe | Masse (g) | Longueur (cm) | Sexe | Masse (g) | Longueur (cm) |
|---|---|---|---|---|---|---|---|---|---|---|---|
| F | 2 310 | 44,0 | F | 3 420 | 51,5 | M | 2 600 | 49,0 | M | 3 680 | 52,0 |
| F | 2 850 | 47,0 | F | 3 445 | 49,0 | M | 2 750 | 48,0 | M | 3 725 | 56,0 |
| F | 2 905 | 50,0 | F | 3 455 | 51,0 | M | 2 910 | 51,0 | M | 3 750 | 52,5 |
| F | 2 905 | 51,0 | F | 3 565 | 52,0 | M | 2 955 | 51,0 | M | 3 900 | 51,0 |
| F | 2 930 | 51,0 | F | 3 565 | 52,0 | M | 2 985 | 47,0 | M | 3 935 | 53,0 |
| F | 3 045 | 50,0 | F | 3 670 | 53,0 | M | 3 000 | 49,5 | M | 3 940 | 54,5 |
| F | 3 105 | 49,5 | F | 3 680 | 52,0 | M | 3 140 | 50,5 | M | 4 020 | 53,5 |
| F | 3 160 | 52,0 | F | 3 690 | 52,0 | M | 3 255 | 48,5 | M | 4 035 | 54,0 |
| F | 3 275 | 48,0 | F | 3 770 | 53,5 | M | 3 350 | 51,0 | M | 4 065 | 54,0 |
| F | 3 295 | 52,0 | F | 3 835 | 49,5 | M | 3 395 | 50,0 | M | 4 095 | 52,0 |
| F | 3 340 | 54,0 | F | 3 885 | 53,5 | M | 3 490 | 52,0 | M | 4 125 | 52,0 |
| F | 3 390 | 48,0 | F | 3 900 | 53,5 | M | 3 570 | 51,5 | M | 4 140 | 54,0 |
| F | 3 395 | 53,0 | F | 4 000 | 53,5 | M | 3 675 | 52,0 | M | 4 570 | 56,0 |

a) Quelles sont les variables étudiées ?

b) De quelle nature sont-elles ?

c) Quelle échelle de mesure a été employée pour chacune d'elles ?

d) Complétez le tableau 3.76 en respectant les normes de présentation.

TABLEAU | **3.76**

**RÉPARTITION DES NOUVEAU-NÉS À LA NAISSANCE, SELON LA MASSE ET LE SEXE,**

______________________________

| Masse (g) | Sexe | | Total |
|---|---|---|---|
| | Masculin | Féminin | |
| Moins de 2 500 | | | |
| 2 500–3 500 | | | |
| 3 500–4 500 | | | |
| 4 500 et plus | | | |
| **Total** | | | |

e) Quel est le pourcentage des nouveau-nés dont la masse se situe dans la classe « 2 500 – 3 500 » ?

f) Quel est le pourcentage de ces derniers qui sont de sexe masculin ? De sexe féminin ?

g) Quel est le pourcentage des nouveau-nés de sexe féminin qui ont une masse supérieure ou égale à 3 500 g ?

**19.** À partir du texte qui suit, construisez un tableau à double entrée mettant en relation l'âge du plus jeune enfant à la maison (moins de 6 ans ; 6 à 15 ans ; 16 ans et plus) et le régime de travail des femmes (temps partiel ; temps plein).

> Pour les travailleuses mariées ou vivant en union de fait, avoir un enfant à la maison constitue un facteur qui explique leur régime de travail (temps plein ou temps partiel). Ainsi, lors d'une enquête menée auprès de 1 085 travailleuses mariées ou vivant en union de fait, avec un enfant à la maison, on a constaté que :
>
> - 152 d'entre elles occupaient un emploi à temps partiel et avaient un enfant de moins de 6 ans à la maison ;
> - 140 d'entre elles occupaient un emploi à temps partiel et leur plus jeune enfant à la maison avait entre 6 et 15 ans ;
> - 82 d'entre elles occupaient un emploi à temps plein et leur plus jeune enfant à la maison était âgé de 16 ans ou plus ;
> - 780 d'entre elles occupaient un emploi à temps plein ;
> - 491 d'entre elles avaient un enfant de moins de 6 ans à la maison.

**20.** On a interrogé 150 étudiants inscrits en sciences de la nature, 250 en sciences humaines et 100 en arts, lettres et langues. On voulait connaître leur opinion (favorable ; défavorable ; sans opinion) sur la mise en place d'une politique d'évaluation du personnel enseignant à l'aide d'un questionnaire d'appréciation rempli par les étudiants. Parmi les étudiants en sciences de la nature, 80 % sont favorables à cette mesure et 10 % y sont défavorables. Parmi les étudiants en sciences humaines, 25 sont sans opinion et 200 sont favorables à la mesure. Parmi les étudiants en arts, lettres et langues, 10 sont sans opinion. On sait par ailleurs que 80 % des étudiants interrogés sont favorables à l'évaluation du personnel enseignant. Construisez un tableau à double entrée qui rend compte de ces données et des autres qui ne sont pas fournies de manière explicite dans le texte.

## Section 3.6

**21.** Que représente le symbole ?

a) $\Delta V$

b) $\Delta V\ \%$

c) $\dfrac{\Delta V}{\Delta t}$

**22.** Complétez la phrase.

a) Si une série chronologique porte sur des pourcentages, la variation s'exprime en ____________________ et non en pourcentage.

b) Si $\Delta V > 0$, alors la valeur de la variable a ____________________ au cours de la période considérée.

c) La variation relative mesure le ____________________ d'augmentation ou de diminution de la valeur d'une variable au cours d'un intervalle de temps.

**23.** Commentez le tableau.

a) TABLEAU 3.77

**ÉVOLUTION DU TAUX D'URBANISATION, CANADA, 1956-2006**

| Année | Taux d'urbanisation (%) |
|---|---|
| 1956 | 67 |
| 1966 | 74 |
| 1976 | 76 |
| 1986 | 76 |
| 1996 | 78 |
| 2006 | 80 |

Source : Adapté de Statistique Canada, *Recensement de 2006 : Portrait de la population canadienne en 2006 : résultats*, 97-550-XWF2006001 Année de recensement 2006, paru le 13 mars 2007 (2009-11-01).

b) TABLEAU 3.78

**ÉVOLUTION DE LA PROPORTION DES TITULAIRES D'UN CERTIFICAT, DIPLÔME OU GRADE UNIVERSITAIRE DANS LA POPULATION ÂGÉE DE 15 ANS ET PLUS, QUÉBEC, ONTARIO, 1981-2006**

| Année | Québec (%) | Ontario (%) |
|---|---|---|
| 1981 | 9,1 | 10,4 |
| 1986 | 11,1 | 12,4 |
| 1991 | 13,0 | 14,6 |
| 1996 | 15,2 | 16,8 |
| 2001 | 17,2 | 19,6 |
| 2006 | 21,3 | 24,6 |

Sources : Adapté de Statistique Canada, *Éducation, Recensement de 2006*, 97-560-XWF2006007 Année de recensement 2006, paru le 4 mars 2008 ; *Plus haut niveau de scolarité atteint (historique) (6), groupes d'âge (13B) et sexe (3) pour la population de 15 ans et plus, pour le Canada, les provinces et les territoires, recensements de 1981 à 2001, et pour les régions métropolitaines de recensement et les agglomérations de recensement, recensements de 1991 à 2001 – Données-échantillon (20 %)*, 97F0017XCB2001002, paru le 11 mars 2003, et Institut de la statistique du Québec.

**24.** Avec les nouvelles technologies de reproduction, la fréquence des naissances multiples a évolué au cours des années, comme l'illustre bien le tableau 3.79.

TABLEAU 3.79

**ÉVOLUTION DU NOMBRE DE NAISSANCES MULTIPLES, QUÉBEC, 2000-2008**

| Année | Nombre de naissances multiples |
|---|---|
| 2000 | 1 829 |
| 2001 | 1 919 |
| 2002 | 1 817 |
| 2003 | 2 092 |
| 2004 | 2 088 |
| 2005 | 2 064 |
| 2006 | 2 468 |
| 2007 | 2 423 |
| 2008 | 2 522 |

Source : Institut de la statistique du Québec, http://www.stat.gouv.qc.ca/donstat/societe/demographie/naisn_deces/naissance/450_type.htm (2009-10-19).

a) Représentez ces données dans un graphique approprié.

b) Commentez le tableau. Dans votre commentaire, recourez aux concepts de variation, de variation relative et de variation moyenne.

**25.** Répondez aux questions à partir du tableau 3.80.

TABLEAU | **3.80**

**ÉVOLUTION DU NOMBRE DE NAISSANCES, SELON L'ÉTAT MATRIMONIAL DES PARENTS, QUÉBEC, 1958–2008**

| Année | Nombre de naissances (parents mariés) | Nombre de naissances (hors mariage) |
|---|---|---|
| 1958 | 138 910 | 4 800 |
| 1968 | 93 143 | 7 405 |
| 1978 | 85 387 | 10 815 |
| 1988 | 57 808 | 28 550 |
| 1998 | 33 320 | 42 545 |
| 2008 | 32 434 | 55 166 |

Source : Institut de la statistique du Québec, http://www.stat.gouv.qc.ca/donstat/societe/demographie/naisn_deces/naissance/410.htm (2009-10-19).

a) Commentez le tableau.

b) Utilisez des lignes brisées tracées dans un même graphique cartésien pour comparer l'évolution des naissances issues de parents mariés et celle des naissances hors mariage.

c) Expliquez le fait que les deux lignes produites en *b* se croisent.

d) Combien de naissances y a-t-il eu en 1958 au Québec ?

e) Combien de naissances y a-t-il eu en 2008 au Québec ?

f) Dressez un tableau présentant l'évolution du nombre de naissances au Québec entre 1958 et 2008.

g) Quelle a été l'augmentation (ou la diminution) du nombre annuel de naissances entre 1958 et 2008 au Québec ?

h) Quelle a été l'augmentation (ou la diminution) relative du nombre annuel de naissances entre 1958 et 2008 au Québec ?

i) Quelle fraction des naissances étaient hors mariage en 1958 au Québec ?

j) Quelle fraction des naissances étaient hors mariage en 2008 au Québec ?

k) Dressez un tableau présentant l'évolution de la proportion des naissances hors mariage au Québec entre 1958 et 2008 et commentez-le.

**26.** Les familles comptant au moins un enfant de moins de 25 ans peuvent se diviser en trois groupes selon qu'elles comptent un couple marié, un couple en union libre ou un parent seul. La prévalence de ces types de familles a changé au cours des ans et varie d'une province à l'autre.

TABLEAU | **3.81**

**RÉPARTITION EN POURCENTAGE DES FAMILLES AVEC ENFANTS DE MOINS DE 25 ANS, SELON LA STRUCTURE DE LA FAMILLE, QUÉBEC, 1981 ET 2006**

| Structure | Année | |
|---|---|---|
| | **1981** | **2006** |
| Couple marié | 81,6 | 47,2 |
| Couple en union libre | 3,2 | 27,9 |
| Famille monoparentale | 15,2 | 24,9 |
| **Total** | **100,0** | **100,0** |

Source : Institut de la statistique du Québec, *Données sociales du Québec. Édition 2009*, janvier 2009, p. 40.

TABLEAU | **3.82**

**RÉPARTITION EN POURCENTAGE DES FAMILLES AVEC ENFANTS DE MOINS DE 25 ANS, SELON LA STRUCTURE DE LA FAMILLE, ONTARIO, 1981 ET 2006**

| Structure | Année | |
|---|---|---|
| | **1981** | **2006** |
| Couple marié | 82,4 | 64,4 |
| Couple en union libre | 2,9 | 12,6 |
| Famille monoparentale | 14,7 | 23,0 |
| **Total** | **100,0** | **100,0** |

Source : Institut de la statistique du Québec, *Données sociales du Québec. Édition 2009*, janvier 2009, p. 40.

a) Comparez l'évolution des structures familiales au Québec et en Ontario. Utilisez des mesures de variation.

b) Utilisez un diagramme linéaire pour comparer la répartition des familles du Québec en 1981 et en 2006. Appliquez les normes de présentation.

**27.** Répondez aux questions à partir du tableau 3.83.

TABLEAU | **3.83**

**ISSUES DES GROSSESSES D'ADOLESCENTES (15-19 ANS), QUÉBEC, 2000–2005**

| Année | Naissances vivantes | Avortements provoqués | Pertes foetales |
|---|---|---|---|
| 2000 | 3 183 | 5 852 | 164 |
| 2001 | 3 057 | 5 520 | 99 |
| 2002 | 2 775 | 5 364 | 102 |
| 2003 | 2 546 | 5 084 | 93 |
| 2004 | 2 303 | 5 197 | 88 |
| 2005 | 2 334 | 5 004 | 80 |

Source : Adapté de Statistique Canada, *Issues de la grossesse*, 82-224-XWF2005000 2005, paru le 20 octobre 2008.

a) Combien y a-t-il eu de grossesses d'adolescentes au Canada en 2005 ?

b) Commentez la série chronologique portant sur l'évolution des grossesses d'adolescentes dont l'issue est un avortement provoqué.

c) Quel pourcentage des grossesses d'adolescentes se sont terminées par un avortement provoqué en 2000 ? en 2005 ?

d) Quelles ont été la variation et la variation relative du pourcentage des grossesses d'adolescentes qui se sont terminées par un avortement provoqué au cours de la période 2000-2005 ?

e) Représentez dans un même graphique l'évolution des grossesses dont l'issue est une naissance vivante et l'évolution de celles dont l'issue est un avortement provoqué. Utilisez la ligne brisée.

**28.** Construisez l'historigramme approprié pour représenter la série chronologique suivante et commentez-le.

TABLEAU | **3.84**

**ÉVOLUTION DE LA RÉMUNÉRATION ($) HEBDOMADAIRE MOYENNE, QUÉBEC, ONTARIO ET COLOMBIE-BRITANNIQUE, 2001-2007**

| Année | Québec | Ontario | Colombie-Britannique |
|---|---|---|---|
| 2001 | 623,90 | 711,04 | 665,33 |
| 2002 | 644,64 | 725,98 | 674,42 |
| 2003 | 656,50 | 733,00 | 681,12 |
| 2004 | 670,56 | 748,10 | 696,36 |
| 2005 | 688,10 | 768,59 | 716,35 |
| 2006 | 703,70 | 781,89 | 740,71 |
| 2007 | 725,29 | 803,46 | 761,01 |

Source: Adapté de Statistique Canada, *L'Observateur économique canadien*, 11-010-XIB2003003 vol. 16, n° 3, paru le 20 mars 2003; 11-010-XIB2004009 vol. 17, n° 9, paru le 23 septembre 2004; 11-010-XIB2006004 vol. 19, n° 4, paru le 13 avril 2006; 11-010-XIB2008012 vol. 21, n° 12, paru le 11 décembre 2008.

**29.** Associez à chacune des situations ci-après la représentation graphique qui convient ci-dessous. Vous devez employer chacune de ces représentations.

- Histogramme
- Historigramme
- Diagramme à secteurs
- Diagramme à bâtons
- Diagramme à bandes rectangulaires
- Courbe des fréquences relatives cumulées

a) Évolution de l'emploi au Québec de 2000 à 2010.

b) Répartition des Québécois, selon leurs revenus afin de déterminer le pourcentage d'entre eux qui ont des revenus inférieurs à 60 000 $.

c) Répartition des Québécois, selon le groupe d'âge.

d) Répartition des Québécois, selon la langue maternelle (anglais, français, autre).

e) Répartition des familles québécoises, selon le nombre de voitures qu'elles possèdent.

f) Répartition des élèves d'un cégep, selon le secteur d'études, par sexe.

**30.** En 2009, la Fondation de recherches sur les blessures de la route a mené un sondage sur la sécurité routière et la conduite en état d'ivresse au Canada. Dans les rapports publiés par cette institution, on trouve les tableaux 3.85 et 3.86.

TABLEAU | **3.85**

**ÉVOLUTION DU NOMBRE DE DÉCÈS SUITE À UNE COLLISION ROUTIÈRE METTANT EN CAUSE UN CONDUCTEUR IVRE, CANADA, QUÉBEC, 1995-2007**

| Année | Canada | Québec |
|---|---|---|
| 1995 | 1 296 | 255 |
| 1996 | 1 097 | 236 |
| 1997 | 1 070 | 191 |
| 1998 | 986 | 168 |
| 1999 | 906 | 154 |
| 2000 | 864 | 182 |
| 2001 | 874 | 143 |
| 2002 | 850 | 152 |
| 2003 | 902 | 174 |
| 2004 | 815 | 163 |
| 2005 | 851 | 158 |
| 2006 | 907 | 175 |
| 2007 | 863 | 111 |

Source: Fondation de recherches sur les blessures de la route, *Sondage sur la sécurité routière 2009. La conduite en état d'ivresse au Canada*, décembre 2009, p. 1, et *Sondage sur la sécurité routière 2009. La conduite en état d'ivresse au Canada par région*, décembre 2009, p. 7.

TABLEAU | **3.86**

**ÉVOLUTION DU POURCENTAGE DES PERSONNES AYANT CONDUIT LEUR VÉHICULE APRÈS AVOIR CONSOMMÉ DE L'ALCOOL AU COURS DES 30 DERNIERS JOURS, ET DU POURCENTAGE DES CONDUCTEURS QUI CROYAIENT AVOIR DÉPASSÉ LA LIMITE PERMISE AU COURS DES 12 DERNIERS MOIS, CANADA, 2001-2009**

| Année | Pourcentage des personnes ayant consommé (%) | Pourcentage des conducteurs croyant avoir dépassé la limite permise |
|---|---|---|
| 2001 | 16,7 | 7,3 |
| 2002 | 16,1 | 7,9 |
| 2003 | 15,8 | 6,3 |
| 2004 | 17,8 | 5,6 |
| 2005 | 14,7 | 6,7 |
| 2006 | 17,5 | 7,7 |
| 2007 | 17,6 | 8,2 |
| 2008 | 18,1 | 5,2 |
| 2009 | 19,0 | 5,6 |

Source : Fondation de recherches sur les blessures de la route, *Sondage sur la sécurité routière 2009. La conduite en état d'ivresse au Canada*, décembre 2009, p. 2 et 3.

Commentez les tableaux 3.85 et 3.86.

**31.** Soit les tableaux 3.87 à 3.89 portant sur la taille des Québécois.

TABLEAU | **3.87**

**ÉVOLUTION DE LA TAILLE MOYENNE AUTODÉCLARÉE (cm), POPULATION DE 20 ANS ET PLUS, PAR SEXE, QUÉBEC, 1987, 1998 ET 2005**

| Année | Hommes (cm) | Femmes (cm) |
|---|---|---|
| 1987 | 174,1 | 161,0 |
| 1998 | 174,4 | 160,8 |
| 2005 | 175,4 | 161,8 |

Source : Patrick Laprise et Brigitte Beauvais, « Les Québécois de plus en plus grands », *Portraits et trajectoires*, novembre 2007.

TABLEAU | **3.88**

**TAILLE MOYENNE AUTODÉCLARÉE (cm) DES HOMMES, SELON LE GROUPE D'ÂGE, QUÉBEC, 2005**

| Âge | Taille (cm) |
|---|---|
| 20 à 29 ans | 177,5 |
| 30 à 39 ans | 176,9 |
| 40 à 49 ans | 175,8 |
| 50 à 59 ans | 174,5 |
| 60 à 69 ans | 173,3 |
| 70 à 79 ans | 172,2 |
| 80 ans et plus | 170,6 |

Source : Patrick Laprise et Brigitte Beauvais, « Les Québécois de plus en plus grands », *Portraits et trajectoires*, novembre 2007.

TABLEAU | **3.89**

**RÉPARTITION EN POURCENTAGE DES QUÉBÉCOIS DE 20 ANS ET PLUS, PAR SEXE, SELON LA TAILLE, 2005**

| Taille (cm) | Pourcentage des hommes (%) | Pourcentage des femmes(%) |
|---|---|---|
| 140–145 | | 0,4 |
| 145–150 | | 3,0 |
| 150–155 | 0,6 | 16,4 |
| 155–160 | 0,8 | 15,1 |
| 160–165 | 3,8 | 29,0 |
| 165–170 | 11,8 | 20,8 |
| 170–175 | 26,7 | 11,6 |
| 175–180 | 24,9 | 3,3 |
| 180–185 | 22,3 | 0,4 |
| 185–190 | 7,0 | |
| 190–195 | 1,6 | |
| 195–200 | 0,5 | |
| **Total** | **100,0** | **100,0** |

Source : Patrick Laprise et Brigitte Beauvais, « Les Québécois de plus en plus grands », *Portraits et trajectoires*, novembre 2007.

Note : Les hommes dont la taille est de moins de 150 cm ont été classés dans l'intervalle de 150 à 155 cm, ceux dont la taille est supérieure à 200 cm ont été classés dans l'intervalle 195 à 200 cm. Les femmes dont la taille est de moins de 140 cm ont été classées dans l'intervalle de 140 à 145 cm ; celles dont la taille est supérieure à 185 cm ont été classées dans l'intervalle 180 à 185 cm.

a) Représentez graphiquement les données du tableau 3.87.

b) Commentez le tableau 3.87.

c) Représentez graphiquement les données du tableau 3.88.

d) Formulez une hypothèse que les données du tableau 3.88 semblent confirmer.

e) Nommez la représentation graphique qui permettrait, dans un seul graphique, de réunir les données du tableau 3.89 et de faire une comparaison des hommes et des femmes en fonction de leur taille.

f) Représentez graphiquement les données du tableau 3.89.

## Section 3.7

**32.** À la suite d'une campagne de financement menée auprès de ses diplômés, la fondation d'une université a publié le tableau 3.90 présentant les dons reçus par programme d'études.

TABLEAU | **3.90**

| | Dons ($) |
|---|---|
| Administration | 500 000 |
| Arts et lettres | 90 000 |
| Éducation | 300 000 |
| Ingénierie | 250 000 |
| Sciences humaines | 210 000 |
| Sciences pures | 150 000 |
| **Total** | |

a) Complétez le tableau. Appliquez les normes de présentation.

b) Quelle proportion de l'ensemble des dons provient des diplômés d'administration ? Laquelle provient des sciences humaines ?

c) Représentez les renseignements contenus dans le tableau sous la forme d'un diagramme à secteurs et commentez.

**33.** À partir de la figure 3.25, donnez, sous forme de tableau, une valeur approximative de la part du produit intérieur brut (PIB) consacrée aux dépenses de santé pour chacun des pays industrialisés du G-7.

FIGURE | **3.25**

**POURCENTAGE DU PIB CONSACRÉ AUX DÉPENSES DE SANTÉ, PAYS DU G-7, 2006**

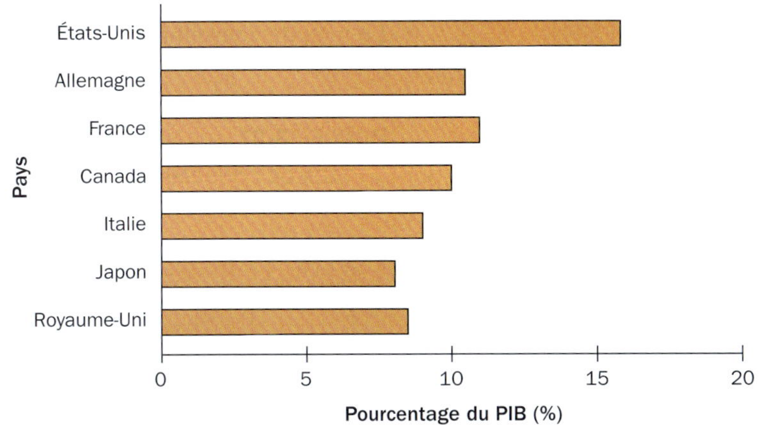


Source : http://stats.oecd.org/Index.aspx?DataSetCode=DECOMP&Lang=fr (2009-11-01).

**34.** Lors d'une enquête nationale sur la santé de la population, des chercheurs se sont intéressés aux déterminants de la santé. Les résultats de cette enquête ont mis en évidence un lien entre l'état de santé perçu et le revenu du ménage auquel la personne appartient.

FIGURE | **3.26**

**PROPORTION DES HOMMES ET DES FEMMES QUI SE SONT DÉCLARÉS EN TRÈS BONNE OU EN EXCELLENTE SANTÉ, SELON LA CATÉGORIE DE REVENU DU MÉNAGE, PAR SEXE**

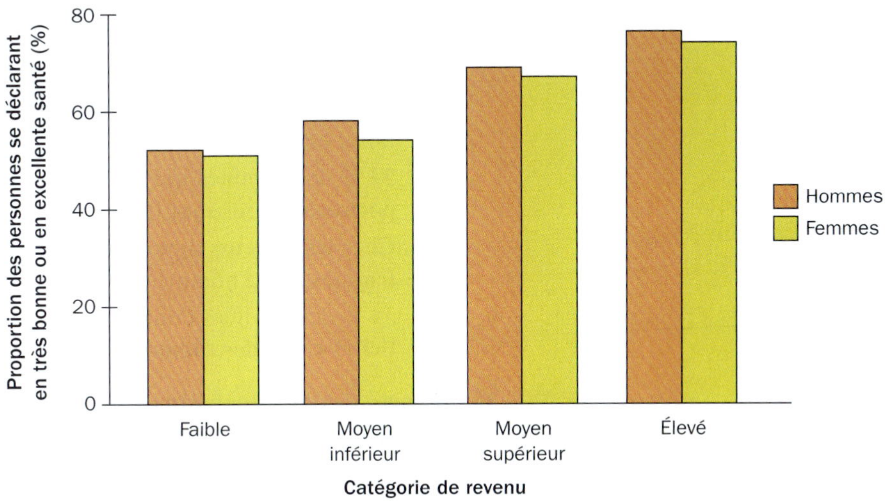


a) Quelles sont les variables représentées dans le graphique ?

b) Quelles sont les modalités utilisées pour classer les ménages selon le revenu ?

c) À partir de la figure 3.26, estimez le pourcentage des hommes faisant partie d'un ménage dont le revenu est élevé qui se sont déclarés en très bonne ou en excellente santé.

d) À partir de la figure 3.26, estimez le pourcentage des femmes faisant partie d'un ménage dont le revenu est faible qui se sont déclarées en très bonne ou en excellente santé.

e) En vertu des renseignements contenus dans la figure 3.26, quel semble être l'impact du revenu sur la perception de son état de santé ?

f) À partir des renseignements du graphique, comparez la perception des hommes et des femmes en ce qui a trait à leur état de santé.

**35.** Parmi la liste des énoncés portant sur les Canadiens de 20 ans et plus, indiquez clairement ceux qui semblent confirmés par les données apparaissant dans la figure 3.27. Le taux de consommation du tabac représente la proportion des fumeurs dans un groupe.

FIGURE | **3.27**

**TAUX DE CONSOMMATION DU TABAC, PAR SEXE, SELON LE NIVEAU DE SCOLARITÉ, CANADIENS DE 20 ANS ET PLUS**

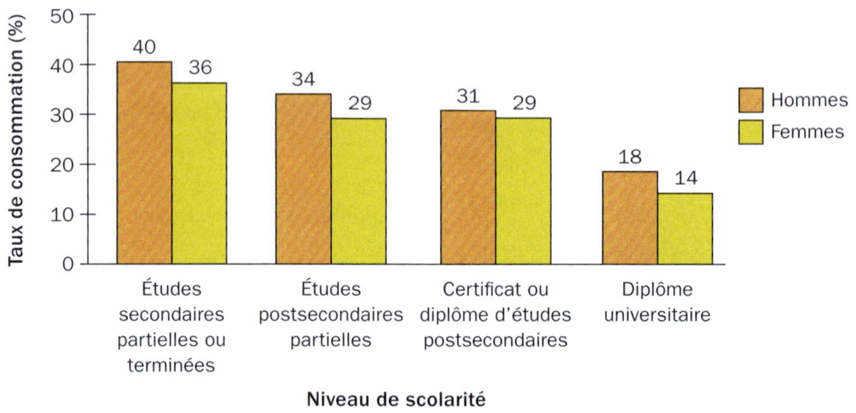


i. Le taux de consommation du tabac chez les hommes diminue lorsque le niveau de scolarité de ces derniers augmente.
ii. Les hommes consomment plus de cigarettes que les femmes.
iii. La proportion d'hommes titulaires d'un diplôme universitaire est plus élevée que la proportion de femmes titulaires d'un diplôme universitaire.
iv. Les hommes sont plus nombreux à fumer que les femmes.
v. À un même niveau de scolarité, la proportion des femmes qui consomment du tabac est plus faible que celle des hommes qui font de même.
vi. 29 % des hommes qui sont titulaires d'un certificat ou d'un diplôme d'études postsecondaires sont fumeurs.
vii. Chez les fumeurs diplômés universitaires, on retrouve un plus petit nombre de femmes que d'hommes.
viii. 34 % des hommes dont le niveau de scolarité est « Études postsecondaires partielles » sont des fumeurs.

**36.** À partir des climatogrammes des villes de Montréal et de Vancouver, faites ressortir les principales différences entre les régimes météorologiques de ces deux villes.

FIGURE 3.28

**TEMPÉRATURES ET PRÉCIPITATIONS MOYENNES, MONTRÉAL, 1971–2000**

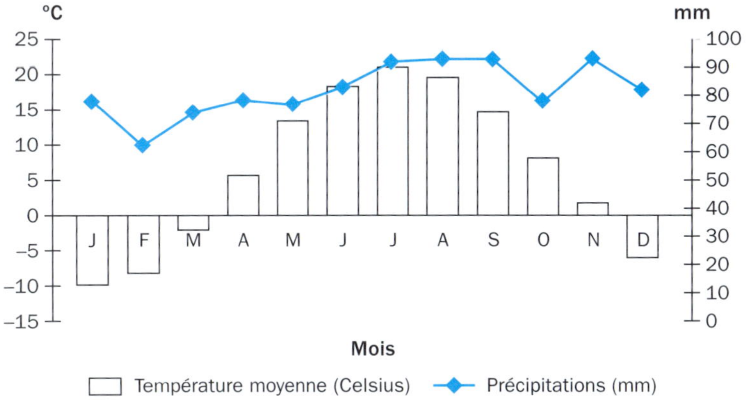


**TEMPÉRATURES ET PRÉCIPITATIONS MOYENNES, VANCOUVER, 1971–2000**

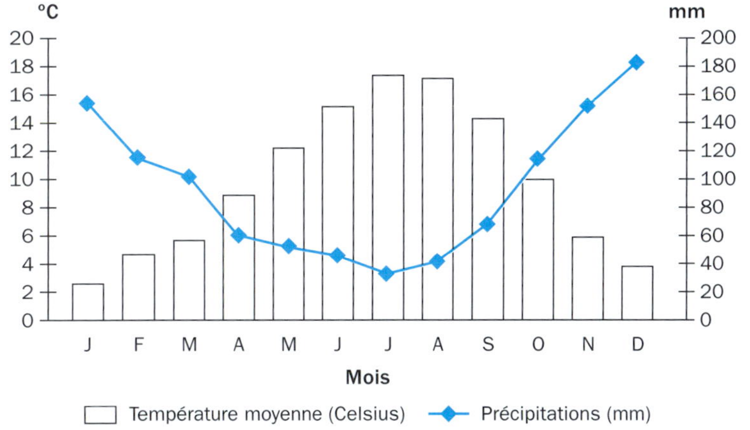


Source : http ://www.climate.weatheroffice.ec.gc.ca/climate_normals/results_f.html (2009-11-02).

## Exercices de synthèse

**1.** Répondez aux questions portant sur le texte suivant.

***Les habitudes de sommeil des Nord-Américains***[7]

**Les conséquences du manque de sommeil**

*Nous vivons à un rythme effréné dans une société où des exigences conflictuelles (travail, famille, études, loisirs, etc.) peuvent provoquer des troubles du sommeil. Nous avons tous besoin de sommeil, mais dans quelle mesure ? Certains pensent que le sommeil est une perte de temps, qu'il n'est pas nécessaire d'y consacrer beaucoup*

---

7. L'information contenue dans ce texte a été adaptée de Matt Hurst, « Qui dort la nuit de nos jours ? Les habitudes de sommeil des Canadiens », *Tendances sociales canadiennes*, 11-008-XIF2008001 Été 2008, n° 85, paru le 3 juin 2008, p. 42 à 48, et du communiqué « 2009 "Sleep in America" Poll » du 2 mars 2009 de la National Sleep Foundation, publié sur son site Internet (www.sleepfoundation.org).

*de temps et que ceux qui dorment beaucoup sont paresseux. Pourtant, les spécialistes s'entendent généralement pour dire que la plupart des adultes ont besoin de 7 à 9 heures, voire jusqu'à 10 heures de sommeil par nuit pour se reposer adéquatement et pour pouvoir accomplir leurs tâches quotidiennes de manière efficace. Ces recommandations s'avèrent judicieuses à la lumière de graves accidents (comme ceux de Tchernobyl, de Three Mile Island et de l'*Exxon Valdez *ainsi que nombre d'accidents de la route) attribués notamment à un déficit de sommeil. Il y a tout lieu de s'interroger sur les modes de travail qui ne permettent pas aux travailleurs de bénéficier d'un nombre suffisant d'heures de sommeil. Le manque de sommeil est aussi associé à de nombreux problèmes de santé (maladie cardiaque, accident vasculaire, dépression, obésité etc.) et de comportement (irritabilité, sautes d'humeur, somnolence au travail, niveau de vigilance réduit, erreurs de jugement, augmentation du temps de réaction, etc.).*

**Quelques statistiques**

*D'ailleurs, un article du* Devoir *(p. B6, week-end de Noël 2004) nous apprenait que la durée quotidienne moyenne du sommeil aux États-Unis a été réduite de près de 2 h depuis les années soixante et que le manque de sommeil serait un des facteurs explicatifs de l'épidémie de surpoids dans les pays industrialisés. Dans sa livraison du dimanche 5 avril 2009 (p. 2, cahier* Actuel*), le journal* La Presse *rapportait qu'un adulte sur trois se réveille la nuit au moins trois fois par semaine, qu'un adulte sur quatre se réveille toutes les nuits, que 14 % des personnes âgées de 65 ans et plus prennent régulièrement des somnifères, qu'une personne sur dix souffre d'insomnie, que les femmes sont plus sujettes à l'insomnie et que l'impact financier de l'insomnie (et de la perte de productivité qu'elle entraîne) est de 6,6 milliards $ au Québec.*

**Collecte des données: enquêtes de Statistique Canada et de la National Sleep Foundation**

*Deux organismes, Statistique Canada et la National Sleep Foundation (NSF), se sont intéressés au phénomène du sommeil et ont mené des études (Statistique Canada [Enquête sociale générale de 2005], National Sleep Foundation [2009 Sleep in America Poll]) sur le sujet afin de dégager des facteurs (sexe, âge, occupation, présence d'enfants, horaires de travail, niveau de stress, satisfaction au travail, consommation de café, d'alcool ou de tabac, etc.) qui expliqueraient les habitudes de sommeil (durée du sommeil, heure de lever et de coucher, insomnie, etc.) et les problèmes associés au manque de sommeil (somnolence durant le jour, difficulté de concentration, irritabilité, etc.).*

*Ainsi, entre le 22 septembre et le 30 octobre 2008, la NSF a réalisé des entrevues téléphoniques qui ont duré 21 minutes, en moyenne, auprès d'un échantillon stratifié (selon le sexe et le lieu de résidence) de 1 000 adultes de 18 ans et plus résidant aux États-Unis, de sorte que, lorsqu'ils sont exprimés en pourcentage, les résultats de l'enquête sont précis à ± 3,1 points (de pourcentage), 19 fois sur 20.*

*L'Enquête sociale générale (ESG) de Statistique Canada a été menée en 2005 auprès d'un échantillon de 19 500 personnes âgées de 15 ans ou plus et vivant au sein de ménages privés dans une des dix provinces. Ces personnes représentent 26,1 millions de Canadiens.*

**Habitudes de sommeil**

*Les résultats du sondage de la NSF (p. 8 du communiqué) montrent que, durant la semaine (du lundi au vendredi), 22 % des répondants dormaient moins de 6 h par nuit, 23 % des répondants dormaient 6 h ou plus mais moins de 7 h, 27 % des répondants dormaient 7 h ou plus, mais moins de 8 h, les autres déclarant dormir au moins 8 h par nuit. Selon le sondage de la NSF, la durée moyenne du sommeil est de 6 h 40 min.*

*Les résultats de l'Enquête sociale générale (ESG) de Statistique Canada révèlent une durée moyenne de sommeil de 492 min, soit 8 h 12 min.*

*Lors du sondage de 2009, la NSF a posé la question suivante:*

*À quelle fréquence diriez-vous avoir une bonne nuit de sommeil?*

*Toujours ou presque.* $( )_1$
*Habituellement.* $( )_2$
*Occasionnellement.* $( )_3$
*Rarement.* $( )_4$
*Jamais.* $( )_5$

*Les pourcentages obtenus à chacun de ces choix (dans l'ordre où ils apparaissent) sont respectivement 49 %, 27 %, 8 %, 12 % et 4 % (p. 9 du communiqué).*

**Somnolence et conduite automobile**

*La somnolence est une des conséquences possibles des troubles du sommeil. Lors du sondage mené par la NSF, de nombreux détenteurs d'un permis de conduire ont déclaré avoir été somnolents au volant lorsqu'ils conduisaient leur véhicule au cours de la dernière année (p. 42 du communiqué). Ainsi, 5,2 % d'entre eux ont déclaré avoir été très souvent somnolents au volant, 6,2 % souvent, 17,5 % occasionnellement, 27 % rarement et les autres jamais.*

**Lien entre la durée du sommeil et l'âge, le sexe et la durée du navettage**

*L'ESG de Statistique Canada a également mis en évidence le fait que l'âge et le sexe sont des facteurs associés à la durée du sommeil, comme on peut le constater à la lecture de la figure 3.29.*

FIGURE | **3.29**

**DURÉE QUOTIDIENNE MOYENNE DE SOMMEIL, PAR SEXE, SELON L'ÂGE, CANADA, 2005**

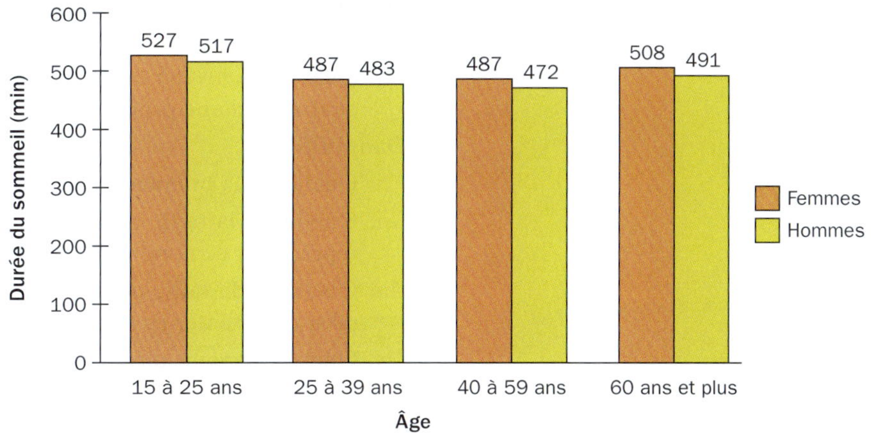


Source: Adapté de Matt Hurst, « Qui dort la nuit de nos jours? Les habitudes de sommeil des Canadiens », *Tendances sociales canadiennes*, 11-008-XIF2008001 Été 2008, n° 85, paru le 3 juin 2008, p. 43.

*Le navettage, soit le déplacement pour se rendre au travail, a aussi une influence négative sur le sommeil. Ainsi, des chercheurs américains ont découvert que certains de leurs concitoyens réduisaient leur temps de sommeil pour gérer le navettage quotidien. Il en est de même au Canada, comme on peut le constater à la lecture de la figure 3.30.*

FIGURE 3.30

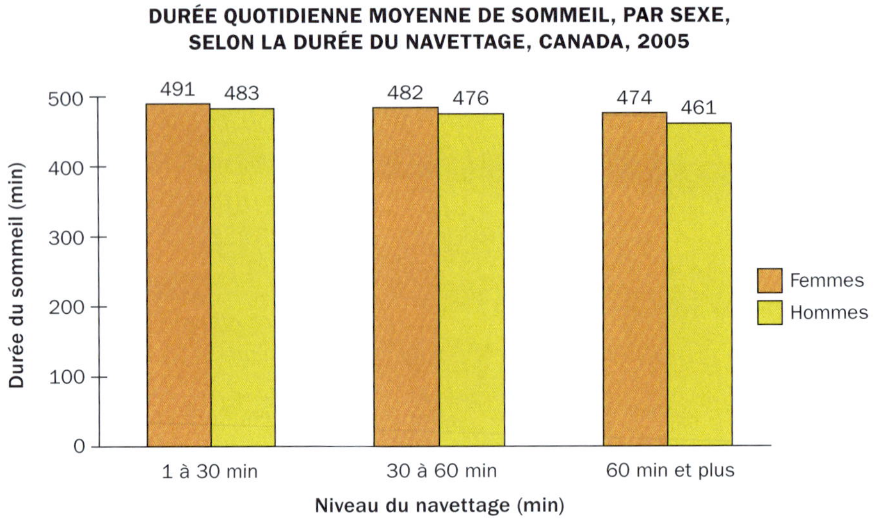


Source : Adapté de Matt Hurst, « Qui dort la nuit de nos jours ? Les habitudes de sommeil des Canadiens », *Tendances sociales canadiennes*, 11-008-XIF2008001 Été 2008, n° 85, paru le 3 juin 2008, p. 43.

a) À quelle étape de la démarche scientifique pouvez-vous associer les trois premiers paragraphes du texte ?

b) À quelle question de recherche (objectif de la recherche) la NSF et Statistique Canada ont-ils tenté de répondre ?

c) Dans le sondage de la NSF :
   i. Quelle est la population cible ?
   ii. Quelle est la taille de l'échantillon ? (Utilisez un symbole approprié pour représenter ce nombre.)
   iii. Quelle est la marge d'erreur sur l'estimation d'une proportion ?
   iv. Quel aurait été l'effet sur la marge d'erreur d'une augmentation de la taille de l'échantillon ?
   v. Quel est le niveau de confiance associé à une estimation par intervalle de confiance d'une proportion ?

d) Dans l'ESG :
   i. Quelle est la population cible ?
   ii. Quelle est la taille de l'échantillon ? (Utilisez un symbole approprié pour représenter ce nombre.)
   iii. Quelle est la taille de la population cible ? (Utilisez un symbole approprié pour représenter ce nombre.)
   iv. Quel est le poids du sondage ? (Donnez le sens de ce nombre.)

e) Quelle est la nature de la variable « durée du sommeil » ?

f) Construisez un tableau de fréquences pour consigner l'information contenue dans la section intitulée *Habitudes de sommeil* portant spécifiquement sur la durée du sommeil (*Les résultats du sondage de la NSF…*). Appliquez les normes de présentation.

g) Construisez un diagramme à bandes rectangulaires pour représenter les données consignées dans le tableau de fréquences construit en *f*.

h) Quelles sont les modalités de la variable « fréquence d'une bonne nuit de sommeil » ?

i) Estimez par un intervalle de confiance la proportion des États-Uniens qui ont rarement une bonne nuit de sommeil.

j) Quelle est la nature de la variable « fréquence de somnolence au volant » ?

k) Construisez un tableau de fréquences pour consigner l'information contenue dans la section intitulée *Somnolence et conduite automobile* et portant spécifiquement sur la fréquence de somnolence au volant (*La somnolence est une des conséquences* ...). Appliquez les normes de présentation.

l) Dressez un diagramme à secteurs pour représenter les données consignées dans le tableau de fréquences construit en *k*.

m) Parmi la liste des énoncés suivants, indiquez celui ou ceux qui seraient confirmés par les données apparaissant dans la figure 3.29.

   i. En 2005, au Canada, la durée quotidienne moyenne de sommeil diminue avec l'âge.

   ii. En 2005, au Canada, dans chacun des groupes d'âge, la durée quotidienne moyenne de sommeil des femmes est plus élevée que celle des hommes.

   iii. En 2005, au Canada, c'est entre 15 et 24 ans que la durée quotidienne moyenne de sommeil est la plus élevée tant chez les hommes que chez les femmes.

   iv. En 2005, au Canada, la durée quotidienne moyenne de sommeil des femmes de 40 à 59 ans est de 472 min.

n) En mettant en relation le temps de navettage avec la durée quotidienne de sommeil et le sexe, formulez deux hypothèses qui seraient vraisemblablement confirmées par les données apparaissant dans la figure 3.30.

Les données de Statistique Canada ont révélé que la durée quotidienne moyenne de sommeil des Canadiens de 15 ans et plus est de 492 min. Supposez que cette estimation est précise à 10 min près, 9 fois sur 10.

o) Quelle est l'estimation par intervalle de confiance de la durée quotidienne moyenne de sommeil des Canadiens de 15 ans et plus ?

p) Quels sont la marge d'erreur et le niveau de confiance associés à cette estimation ?

**2.** Répondez aux questions portant sur le texte suivant.

*Quatre étudiants du programme de Sciences humaines ont appris dans leur cours de psychologie que la privation de sommeil pouvait avoir des effets néfastes sur la santé physique et psychologique. Ils ont pris connaissance des études présentées dans le texte de la question précédente. Ils ont donc décidé, dans le cadre de leur cours d'initiation à la recherche, de mener une enquête portant sur le sommeil auprès des étudiants du cégep qu'ils fréquentent. Voici des extraits des discussions qu'ils ont eues lors d'une rencontre de planification.*

*« Afin de déterminer la durée du sommeil, nous allons demander aux répondants de tenir un cahier de sommeil dans lequel ils vont consigner, pour une semaine complète (dite semaine de référence), l'heure où ils se sont endormis et celle où ils se sont réveillés. À partir de ces deux éléments, nous pourrons calculer la durée du sommeil et la durée quotidienne moyenne du sommeil de chaque répondant. On devrait aussi comptabiliser le nombre de jours dans la semaine où le répondant a dormi moins de 7 h. » (Dave)*

*« On a juste 24 h dans une journée ! Ceux qui ont un travail rémunéré doivent y consacrer du temps. Je pense qu'ils vont écourter leur temps de sommeil pour consacrer du temps à leur travail. Les étudiants du secteur technique ont plus d'heures de cours que ceux du secteur préuniversitaire. Il me semble vraisemblable qu'eux aussi vont rogner sur leur temps de sommeil. » (Jo-Annie)*

*« Le temps consacré au sommeil n'est pas le même à toutes les périodes dans le trimestre. Quand arrive la période des examens, plusieurs de mes amis passent des nuits blanches à étudier. Il faut absolument tenir compte de cette réalité. Il faudrait notamment vérifier s'il y a une différence entre les gars et les filles dans la réduction du temps de sommeil en vue de préparer un examen à la dernière minute. Enfin, il*

*faudrait peut-être tenir compte de la personnalité de chacun. Certains de mes amis sont très stressés et ils me disent souvent mal dormir. Je pense qu'il y a un lien entre le degré de stress ressenti par une personne et sa capacité à bien dormir. » (Julie)*

*« Si je résume, il faudra consigner l'information suivante pour chaque étudiant : sexe, durée du sommeil, nombre de jours de la semaine de référence où le répondant a déclaré dormir moins de 7 h, temps consacré au travail rémunéré, programme d'études, nombre d'examens durant la semaine de référence, degré de stress ressenti. » (Josée)*

*Après plusieurs rencontres, nos quatre amis ont construit leur questionnaire et l'ont soumis à un échantillon de 250 étudiants, dont 100 filles, inscrits à temps plein à l'enseignement ordinaire dans leur cégep. Leur cégep compte 2 000 étudiants inscrits à temps plein à l'enseignement ordinaire. Nos quatre chercheurs en herbe ont prélevé un échantillon stratifié selon le sexe et le secteur d'études des étudiants (technique ou préuniversitaire).*

*Après compilation des données, Josée a constaté qu'au cours de la semaine de référence, 60 répondants n'avaient pas subi d'examen, 125 répondants avaient subi un examen, 40 en avaient subi deux et les autres en avaient subi trois.*

*Josée était chargée de produire des tableaux. Mais elle n'a pas eu le temps de tous les achever. Voici deux de ces tableaux (3.91 et 3.92) incomplets.*

TABLEAU | **3.91**

**RÉPARTITION DES RÉPONDANTS, SELON LE SEXE ET LE DEGRÉ DE STRESS**

| Degré de stress | Sexe | | Total |
|---|---|---|---|
| | Masculin | Féminin | |
| Très élevé | 27 | 14 | |
| Élevé | 30 | 20 | |
| Moyen | 45 | 36 | |
| Faible | 33 | 18 | |
| Très faible | | | |
| **Total** | | | |

TABLEAU | **3.92**

**RÉPARTITION DES RÉPONDANTS,**
**SELON ____________________, DURANT LA SEMAINE D'OBSERVATION**

| Durée quotidienne moyenne du sommeil (h) | Sexe | | Total |
|---|---|---|---|
| | Masculin | Féminin | |
| 5–6 | 6 | 6 | |
| 6–7 | 21 | 24 | |
| 7–8 | 63 | 52 | |
| 8–9 | 57 | 17 | |
| 9–10 | | | |
| **Total** | | | |

a) À quelle étape de la démarche scientifique correspondent les propos de Dave ?

b) À quelle étape de la démarche scientifique correspondent les propos de Jo-Annie ?

c) Quelle est la taille de l'échantillon prélevé ? Utilisez un symbole approprié pour représenter ce nombre.

d) Quel est le taux de sondage ? Interprétez ce nombre.

e) Quel est le poids du sondage ? Interprétez ce nombre.

f) Si le cégep compte 200 garçons inscrits au secteur technique, combien de ceux-ci feront partie de l'échantillon ?

g) Soit la variable « nombre d'examens subis au cours de la semaine de référence ».
   i. Quelle est la nature de cette variable ?
   ii. Quelle échelle de mesure a été utilisée pour mesurer cette variable ?
   iii. Quelles sont les différentes valeurs prises par cette variable ?

h) Construisez un tableau de fréquences (absolues) pour représenter la répartition des répondants en fonction du nombre d'examens subis au cours de la semaine de référence. Appliquez les normes de présentation.

i) Représentez graphiquement les données figurant dans le tableau construit en *h*. Appliquez les normes de présentation.

j) Complétez les tableaux 3.91 et 3.92.

k) Soit la variable « sexe » dans le tableau 3.91.
   i. Quelle est la nature de cette variable ?
   ii. Quelles sont les modalités de cette variable ?

l) Soit la variable « degré de stress » dans le tableau 3.91.
   i. Quelle est la nature de cette variable ?
   ii. Quelles sont les modalités de cette variable ?

m) Remplissez le tableau 3.93 à partir des données consignées dans le tableau 3.91.

TABLEAU | **3.93**

**RÉPARTITION EN POURCENTAGE DES RÉPONDANTS, PAR SEXE, SELON LE DEGRÉ DE STRESS**

| Degré de stress | Sexe | |
|---|---|---|
| | **Masculin** | **Féminin** |
| Très élevé | | |
| Élevé | | |
| Moyen | | |
| Faible | | |
| Très faible | | |
| **Total** | | |

n) Représentez graphiquement les données consignées dans le tableau 3.93.

o) Remplissez le tableau 3.94 à partir des données consignées dans le tableau 3.91.

TABLEAU | **3.94**

**RÉPARTITION EN POURCENTAGE DES RÉPONDANTS, SELON LE DEGRÉ DE STRESS**

| Degré de stress | Pourcentage (%) des répondants |
|---|---|
| Très élevé | |
| Élevé | |
| Moyen | |
| Faible | |
| Très faible | |
| **Total** | |

p) Nommez tous les types de graphiques que vous auriez pu utiliser pour représenter les données consignées dans le tableau 3.94.

q) Quelle est la nature de la variable « durée quotidienne moyenne de sommeil » ?

r) Remplissez le tableau 3.95 à partir des données consignées dans le tableau 3.92.

TABLEAU | **3.95**

**RÉPARTITION ET RÉPARTITION EN POURCENTAGE DES RÉPONDANTS, SELON LA DURÉE QUOTIDIENNE MOYENNE DU SOMMEIL, AU COURS DE LA SEMAINE DE RÉFÉRENCE**

| Durée quotidienne moyenne du sommeil (h) | Nombre de répondants | Pourcentage (%) des répondants |
|---|---|---|
| | | |
| | | |
| | | |
| | | |
| | | |
| **Total** | | |

s) On vous dit que, pour l'échantillon choisi, la marge d'erreur sur l'estimation d'une proportion est de ±2,5 points de pourcentage lorsque le niveau de confiance est de 95 %. Quelle est l'estimation par intervalle de confiance de la proportion des étudiants de cégep dont la durée quotidienne moyenne de sommeil est inférieure à 7 h ?

t) Dressez un histogramme pour représenter graphiquement les données consignées dans le tableau 3.95. Utilisez les fréquences relatives. Appliquez les normes de présentation.

u) Construisez la courbe des fréquences relatives cumulées à partir de l'information consignée dans le tableau 3.95.

v) À partir de la courbe tracée en *u*, estimez le pourcentage des répondants qui ont eu une durée quotidienne moyenne de sommeil inférieure à 7,5 h.

w) Josée a produit la figure 3.31. Commentez cette figure à la lumière des propos de Jo-Annie tenus au cours de la rencontre de planification.

FIGURE | **3.31**

**DURÉE QUOTIDIENNE MOYENNE DE SOMMEIL, SELON LA DURÉE HEBDOMADAIRE DU TRAVAIL RÉMUNÉRÉ**

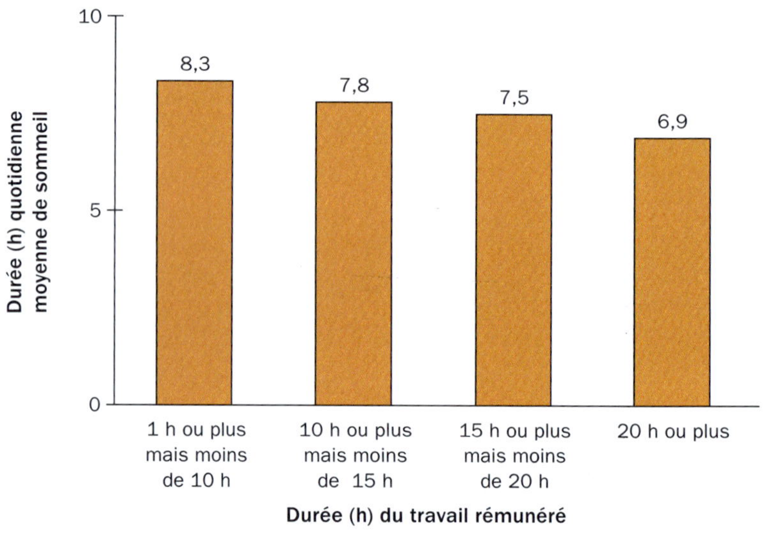

**Comme on l'a déjà mentionné**, on peut trouver des renseignements de nature statistique dans des journaux, dans des revues spécialisées, dans des publications gouvernementales ou dans Internet. La consultation de telles sources d'information permet de recueillir des données (la troisième étape de la démarche scientifique) en économisant temps et argent.

Certaines données telles que le taux de chômage, le taux de natalité, l'indice synthétique de fécondité et l'indice des prix à la consommation (IPC) sont d'usage courant en sciences humaines. Ces données sont construites : on a fait des calculs pour les obtenir. Il faut savoir décoder les opérations arithmétiques permettant de produire ces données pour bien comprendre l'information qu'elles recèlent et pour être en mesure de les interpréter et de les utiliser correctement.

Après avoir défini quelques concepts (proportion, taux, rapport, indice) employés pour calculer des indicateurs, nous allons étudier certaines des mesures construites courantes.

# 4 Données construites

*À chaque instant, un homme meurt.*
*À chaque instant, un homme naît.*

Alfred Tennyson

*À chaque instant, un homme meurt.*
*À chaque instant,* $1\frac{1}{16}$ *homme naît.*

Réplique de Charles Babbage

# 4 Données construites

## SOMMAIRE



## OBJECTIFS

→ Définir, calculer et interpréter différents types de données (proportion, taux, rapport et indice) (4.1).

→ Définir, calculer et interpréter les principales mesures de population (4.2).

→ Définir, calculer et interpréter les principales mesures de l'emploi (4.3).

→ Définir, calculer et interpréter les principales mesures des prix (4.2).

# 4.1 Proportion, taux, rapport et indice

**Dans cette section :** proportion • taux • rapport • rapport de masculinité • indice à base • base • indice élémentaire • indice synthétique.

Les nombres absolus ne constituent pas toujours une mesure utile d'un phénomène. Ainsi, savoir qu'au 1er juillet 2009 le Québec comptait 1 170 411 personnes âgées de 65 ans et plus n'est peut-être pas aussi révélateur que de savoir que ces personnes représentaient 14,9 % de la population[1].

Même si on trouve un plus grand nombre d'ordinateurs branchés au réseau Internet dans un pays que dans un autre, cela ne signifie pas que le taux de pénétration des technologies de l'information y est plus élevé ; la prévalence des hôtes Internet, soit le nombre de postes branchés par 10 000 habitants, en constitue une bien meilleure mesure.

Ce n'est pas parce qu'on sait qu'un établissement scolaire compte 200 enseignants qu'on est renseigné sur l'encadrement des élèves. En revanche, il est utile de savoir qu'on y dénombre 1 enseignant pour 13,6 élèves.

Savoir que la population active a augmenté de 12,6 % entre 2000 et 2008 nous informe bien plus sur l'évolution du marché du travail que de savoir qu'il y avait un peu plus de 4,2 millions de Québécois actifs en 2008[2].

Il ne faut donc pas hésiter à faire appel aux mesures relatives que sont les proportions, les taux, les rapports et les indices pour décrire des phénomènes.

**Proportion**

Comparaison numérique entre une partie et le tout, autrement dit entre la taille d'un sous-ensemble et celle de l'ensemble. On l'obtient en divisant la taille du sous-ensemble par la taille du tout. On l'exprime souvent en pourcentage.

## 4.1.1 Proportion

Lorsqu'on compare la taille d'un sous-ensemble avec celle de l'ensemble, on calcule une **proportion**. On obtient une proportion en divisant la taille d'un sous-ensemble par la taille du tout. On l'exprime souvent en pourcentage. Les fréquences relatives d'un tableau de fréquences constituent des exemples de proportions.

**EXEMPLE 4.1**

Dans le tableau 4.1, on constate que la proportion des enseignantes et des enseignants d'un cécep ayant moins de 17 années de scolarité est de 26 % $\left(\text{soit } \frac{52}{200} \times 100\,\%\right)$.

TABLEAU 4.1

**RÉPARTITION DES ENSEIGNANTES ET DES ENSEIGNANTS D'UN CÉGEP, SELON LA SCOLARITÉ**

| Catégorie de scolarité (années) | Nombre d'enseignantes et d'enseignants | Pourcentage des enseignantes et des enseignants (%) |
|---|---|---|
| Moins de 17 | 52 | 26 |
| 17 | 30 | 15 |
| 18 | 50 | 25 |
| 19 et plus | 68 | 34 |
| **Total** | **200** | **100** |

1. Institut de la statistique du Québec, *Le bilan démographique du Québec. Édition 2009*, décembre 2009, p. 23.
2. Institut de la statistique du Québec, *Annuaire québécois des statistiques du travail. Portrait des principaux indicateurs du travail 2000-2008*, vol. 5, nº 1, juin 2009, p. 164.

La part d'une composante d'un ensemble par rapport au tout est également une proportion.

**EXEMPLE 4.2**

Le tableau 4.2 décrit la source des émissions de gaz à effet de serre (GES) au Québec en 2006.

TABLEAU | 4.2

**SOURCE DES ÉMISSIONS DE GES, QUÉBEC, 2006**

| Source | Pourcentage de la masse totale (%) |
|---|---|
| Résidentiel et commercial | 12,5 |
| Industrie | 33,6 |
| Transport | 40,0 |
| Électricité | 0,5 |
| Déchets | 5,9 |
| Agriculture | 7,5 |
| **Total** | **100,0** |

Source : *Le Devoir*, « Le Canada et le réchauffement », 12 et 13 décembre 2009, p. A16.

Le transport représentait donc la principale source des émissions de GES au Québec en 2006, avec 40 % de l'ensemble des émissions.

**EXERCICE 4.1**

Au 1er juillet 2009, le Québec comptait 7 828 874 habitants, dont 1 233 704 personnes de moins de 15 ans[3]. Quelle était la proportion des moins de 15 ans dans la population totale au Québec au 1er juillet 2009 ?

**Taux**

Un taux donne la valeur relative d'une quantité en fonction d'une autre. On l'obtient en divisant les deux quantités et en multipliant le résultat par une puissance de 10. Un taux s'exprime souvent en « pour cent » (%), en « pour mille » (‰) ou en « pour dix mille » ($^0/_{000}$), selon que le quotient est multiplié par 100, par 1 000 ou par 10 000. Le choix du multiplicateur dépend de la fréquence du phénomène mesuré : plus le phénomène est rare, plus le multiplicateur est grand.

## 4.1.2 Taux

Un **taux** donne la valeur relative d'une quantité en fonction d'une autre. On l'obtient en divisant les deux quantités et en multipliant le résultat par une puissance de 10. Un taux s'exprime souvent en « pour cent » (%), en « pour mille » (‰) ou en « pour dix mille » ($^0/_{000}$), selon que le quotient est multiplié par 100, par 1 000 ou par 10 000.

**EXEMPLE 4.3**

Le taux d'intérêt nominal représente le quotient, exprimé en pourcentage, du montant d'intérêt versé et du capital. Un investissement de 440 $ qui procure un intérêt de 22 $ offre un taux d'intérêt de 5 % $\left(\text{soit } \frac{22}{440} \times 100\,\%\right)$. Pour chaque tranche de 100 $ de capital, on versera un intérêt de 5 $. La base de comparaison est donc 100.

3. Institut de la statistique du Québec, *Le bilan démographique du Québec. Édition 2009*, décembre 2009, p. 23.

**EXEMPLE 4.4**

Le taux de chômage représente le nombre de chômeurs exprimé en pourcentage de la population active. En 2008, au Canada, la population active était estimée à 18 245 100 personnes, et le nombre de chômeurs à 1 119 300. Le taux de chômage était donc de 6,1 % $\left(\text{soit } \frac{1\,119\,300}{18\,245\,100} \times 100\,\%\right)$. Ainsi, on comptait en moyenne 6,1 chômeurs pour chaque groupe de 100 personnes actives.

Lorsque le pourcentage est trop faible, on change la base de comparaison : on passe de 100 à 1 000, à 10 000 ou même à 100 000. Par conséquent, dans l'expression d'un taux, le choix du multiplicateur (100, 1 000, 10 000, 100 000) dépend généralement de la fréquence du phénomène mesuré : plus le phénomène est rare, plus le multiplicateur est grand. On utilise les taux parce qu'ils nous donnent une base de comparaison, soit 100, 1 000, 10 000 ou 100 000.

Ainsi, une comparaison du nombre absolu de médecins au Québec avec celui de l'Ontario ou de l'Île-du-Prince-Édouard n'offre guère d'intérêt, parce que ces provinces n'ont pas des populations de taille identique. Une telle comparaison ne nous apprendrait pas dans quelle province il est le plus facile ou le plus difficile d'avoir accès à un médecin. C'est pourquoi on s'en remet à une base de comparaison – le nombre de médecins pour 100 000 habitants – qui permet de comparer avec plus de justesse la dotation en médecins.

## La dotation en médecins au Canada*

On entend souvent dire qu'il est de plus en plus difficile d'avoir accès à un médecin. Pourtant, le Canada et le Québec comptaient plus de médecins en 2008 qu'en 2004. Ainsi, entre 2004 et 2008, le nombre de médecins au Canada passait de 60 612 à 65 440, ce qui représente une hausse de 8,0 %. Au cours de la même période, le nombre de médecins n'augmentait que de 5,6 % au Québec, passant de 16 145 à 17 057. Pourtant, la position relative du Québec est particulièrement enviable, puisque ce dernier se classe au troisième rang derrière la Nouvelle-Écosse et le Yukon avec 219 médecins par tranche de 100 000 habitants en 2008, alors que ce taux n'est que de 177 en Ontario (tableau 4.3).

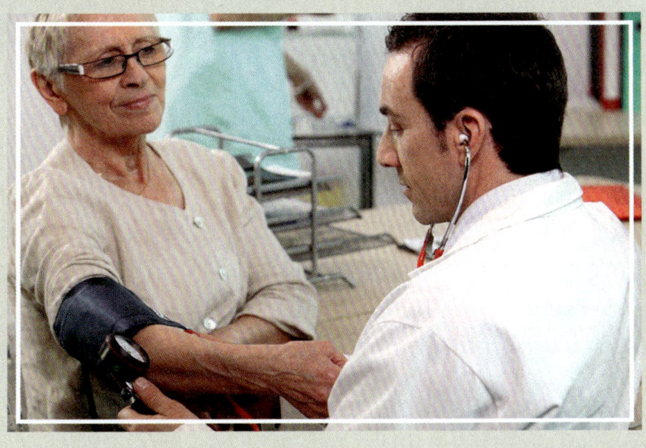

Le tableau 4.3 ne nous révèle rien sur le nombre de médecins par province. Il nous renseigne plutôt sur le taux de médecins par province. Ainsi, à partir de ce tableau, on ne peut pas dire que la Nouvelle-Écosse compte plus de médecins que le Québec. Il faut plutôt dire que le taux de médecins par 100 000 habitants est plus élevé en Nouvelle-Écosse qu'au Québec.

Au Québec, entre 2004 et 2008, le nombre de médecins par tranche de 100 000 habitants est passé de 213 à 219, ce qui représente une augmentation de 2,8 %, tandis qu'au cours de la même période, ce nombre demeurait inchangé en Ontario.

* Institut canadien d'information sur la santé (ICIS), *Nombre, répartition et migration des médecins canadiens 2008*, 2009, p. 62 à 74.

TABLEAU 4.3

**ÉVOLUTION DU NOMBRE DE MÉDECINS PAR 100 000 HABITANTS, CANADA, PROVINCES ET TERRITOIRES, 2004-2008**

| Lieu | 2004 | 2005 | 2006 | 2007 | 2008 |
|---|---|---|---|---|---|
| Canada | 189 | 190 | 190 | 192 | 195 |
| Terre-Neuve-et-Labrador | 192 | 194 | 200 | 206 | 218 |
| Île-du-Prince-Édouard | 152 | 144 | 150 | 157 | 165 |
| Nouvelle-Écosse | 213 | 218 | 219 | 228 | 233 |
| Nouveau-Brunswick | 168 | 173 | 177 | 185 | 193 |
| Québec | 213 | 215 | 215 | 217 | 219 |
| Ontario | 177 | 176 | 174 | 176 | 177 |
| Manitoba | 177 | 180 | 180 | 177 | 183 |
| Saskatchewan | 154 | 156 | 159 | 163 | 162 |
| Alberta | 184 | 187 | 192 | 197 | 201 |
| Colombie-Britannique | n.d. | 198 | 199 | 198 | 205 |
| Yukon | 197 | 205 | 226 | 230 | 227 |
| Territoires du Nord-Ouest | 119 | 103 | 113 | 115 | 112 |
| Nunavut | 24 | 46 | 36 | 29 | 35 |

**EXERCICE 4.2**

En 2008, on a dénombré 6 974 vols qualifiés au Québec, contre 11 920 en Ontario. Au cours de la même année, on a dénombré 92 homicides au Québec, contre 176 en Ontario. En 2008, le Québec comptait 7 750 504 habitants et l'Ontario, 12 928 996[4].

a) Calculez le nombre de vols qualifiés pour 10 000 habitants dans chacune des deux provinces et dites ce que nous apprend ce résultat.

b) Dans laquelle des deux provinces le vol qualifié est-il relativement le plus répandu ?

c) Calculez le taux d'homicides pour 100 000 habitants dans chacune des deux provinces.

d) Dans laquelle des deux provinces le crime d'homicide est-il relativement le plus répandu ?

**Rapport**
Expression de la taille d'un ensemble par comparaison avec la taille d'un autre ensemble servant de référence. Également appelé *ratio*.

## 4.1.3 Rapport

Le **rapport**, ou *ratio*, est l'expression de la taille d'un ensemble par comparaison avec la taille d'un autre ensemble servant de référence.

**EXEMPLE 4.5**

En comptabilité, on parle du ratio Actif : Passif. Si le ratio est de 2 pour 1, ce qui est désigné par « 2 : 1 », la valeur de l'actif (ensemble des éléments d'un patrimoine qui ont une valeur économique) est deux fois plus importante que celle du passif (dettes).

4. Juristat (Statistique Canada), *Statistiques sur les crimes déclarés par la police au Canada, 2008*, juillet 2009, n° 85-002-X, vol. 29, n° 3 au catalogue, p. 29 et 30.

**EXEMPLE 4.6**

**Rapport de masculinité**

Rapport qui représente le nombre d'hommes pour 100 femmes.

Un **rapport de masculinité** de 110 dans un groupe indique que, dans ce groupe, il y a 110 hommes pour 100 femmes. Le rapport Hommes:Femmes serait donc 110:100. Le rapport de masculinité exprime toujours le nombre d'hommes pour 100 femmes.

**EXERCICE 4.3**

Dans une école primaire, il y a 20 professeurs et 260 élèves. Quel est le ratio Élèves:Professeur ($x$ élèves:1 professeur)?

## 4.1.4 Indices

**Indice à base**

Comparaison entre la valeur d'une variable à une période ou en un lieu donné et la valeur de cette même variable à une période ou en lieu de référence appelé base. Par convention, la base a un indice fixé à 100. Les indices à base temporelle permettent de mesurer la variation relative d'une variable dans le temps.

**Base**

Référence temporelle ou géographique à partir de laquelle on calcule des indices à base.

**Indice élémentaire**

Indice calculé pour une variable composée d'un seul élément.

**Indice synthétique**

Indice calculé pour une variable composée de plusieurs éléments. Également appelé *indice composite*.

Il existe plusieurs types d'indices. Le plus courant est l'**indice à base**, qui représente la comparaison entre la valeur d'une variable à une période ou en un lieu donné et la valeur de cette même variable à une période ou en un lieu de référence appelé **base**. Par convention, la base a un indice fixé à 100. Un indice à base temporelle permet de comparer des quantités en un lieu donné à des périodes différentes, alors qu'un indice à base géographique permet de comparer des quantités à un moment donné en des lieux différents.

On parle d'**indice élémentaire** ou d'**indice synthétique** (également appelé *indice composite*) selon que la variable se compose d'un ou de plusieurs éléments. Les indices élémentaires les plus courants sont les indices de population et d'emploi. L'indice des prix à la consommation (IPC) constitue un exemple d'indice synthétique.

Voici la formule à utiliser pour calculer un indice élémentaire à base temporelle:

$$I(t) = \frac{V(t)}{V(0)} \times 100$$

où:

$I(t)$ = Indice au temps $t$

$V(t)$ = Valeur de la variable au temps $t$

$V(0)$ = Valeur de la variable à la période de base

Les indices à base temporelle permettent de mesurer l'importance de la variation relative d'une variable dans le temps. Ainsi, un indice à base temporelle de 112 signifie que la valeur de la variable à ce moment est de 12 % supérieure à la valeur de cette même variable à la période de référence, dont l'indice a été fixé à 100. Un indice de 80 signifierait que la valeur de la variable est de 20 % inférieure à sa valeur de référence.

**EXEMPLE 4.7**

La population étudiante d'un cégep était de 1 600 en 2000 et de 2 400 en 2010. Si on choisit l'année 2000 comme année de référence (la base), l'indice de population en 2010 était:

$$\begin{aligned} I(2010) &= \frac{V(2010)}{V(2000)} \times 100 \\ &= \frac{2\,400}{1\,600} \times 100 \\ &= 150 \end{aligned}$$

L'indice de 150 nous apprend que la population étudiante de 2010 était supérieure de 50 % à celle de 2000 ou, de manière équivalente, que cette population a augmenté de 50 % au cours de la période 2000–2010, ou encore qu'elle était 1,5 fois plus grande en 2010 qu'en 2000. Pour indiquer que 2000 est la base, on écrit 2000 = 100.

**EXEMPLE 4.8**

Dans le tableau 4.4, la base est 2000 (soit 2000 = 100), et toutes les comparaisons sont effectuées par rapport à cette année.

TABLEAU | **4.4**

**ÉVOLUTION DU NOMBRE D'EMPLOIS À TEMPS PLEIN ET INDICE DE L'EMPLOI À TEMPS PLEIN CHEZ LES 15-54 ANS, QUÉBEC, 2000-2008**

| Année | Nombre d'emplois à temps plein (milliers) | Indice (2000 = 100) |
|---|---|---|
| 2000 | 301,2 | 100,0 |
| 2001 | 307,4 | 102,1 |
| 2002 | 313,9 | 104,2 |
| 2003 | 313,5 | 104,1 |
| 2004 | 302,2 | 100,3 |
| 2005 | 294,7 | 97,8 |
| 2006 | 289,5 | 96,1 |
| 2007 | 289,0 | 95,9 |
| 2008 | 293,8 | 97,5 |

Source : Institut de la statistique du Québec, *Annuaire québécois des statistiques du travail. Portrait des principaux indicateurs du travail, 2000-2008*, vol. 5, nº 1, 2e trimestre 2009, p. 78.

L'indice de 104,2 observé en 2002 signifie qu'au Québec, en 2002, le nombre d'emplois à temps plein chez les 15-24 ans était de 4,2 % supérieur à ce qu'il était en 2000. L'indice de 97,5 observé en 2008 signifie qu'en 2008 le nombre d'emplois à temps plein chez les 15-24 ans était de 2,5 % inférieur à ce qu'il était en 2000.

**EXERCICE 4.4**

Le nombre d'emplois à temps partiel chez les 15-24 ans au Québec était de 210 500 en 2000 et de 276 800 en 2008[5].

a) Quel était l'indice de l'emploi à temps partiel chez les 15-24 ans au Québec en 2008 selon une base de 2000 = 100 ?

b) Que signifie cet indice ?

Il existe d'autres indices que les indices à base, par exemple l'indice synthétique de fécondité (ISF), ou encore l'indice de développement humain (IDH). De tels indices ne sont souvent que des mesures d'un phénomène, construites à partir d'indicateurs. Nous étudierons brièvement l'indice synthétique de fécondité à la section 4.2.

- **Vous pouvez maintenant faire les exercices récapitulatifs 1 à 8.**

Penchons-nous maintenant sur les principales mesures en matière d'emploi, de population et de prix.

5. Institut de la statistique du Québec, *Annuaire québécois des statistiques du travail. Portrait des principaux indicateurs du travail, 2000-2008*, vol. 5, nº 1, 2e trimestre 2009, p. 78.

# 4.2 Mesures de population

**Dans cette section :** taux de natalité • taux de fécondité • indice synthétique de fécondité • taux de mortalité • taux d'accroissement naturel • pyramide des âges • rapport de dépendance.

Une mesure unique ne saurait, à elle seule, décrire la dynamique des populations humaines : l'étude des populations humaines est multidimensionnelle. Dans les sections qui suivent, nous traiterons des mesures démographiques courantes telles que les taux de natalité, de mortalité et de fécondité, ainsi que de l'indice synthétique de fécondité et du rapport de dépendance.

## 4.2.1 Évolution de la taille de la population du Québec et du Canada

Dans un premier temps, penchons-nous sur l'évolution de la taille de la population du Québec entre 1931 et 2009 (tableau 4.5).

En s'appuyant sur les données de ce tableau, on peut calculer que la croissance moyenne annuelle de la population du Québec entre 1931 et 2009 a été d'un peu plus de 63 500 personnes par année.

Toutefois, cette croissance n'a pas été constante. En effet, elle a été particulièrement forte au cours de la période 1951–1961 et plus faible par la suite. Le graphique de la figure 4.1 représente le tableau 4.5. On constate que la pente de la courbe est plus forte au cours de la période 1951–1961 qu'à n'importe quelle autre période. D'ailleurs, entre 1951 et 1961, la population a augmenté de 29,7 %, tandis qu'elle n'a augmenté que de 6,9 % entre 1999 et 2009, le Québec comptant 7 323 250 habitants en 1999.

TABLEAU | **4.5**

**ÉVOLUTION DE LA TAILLE DE LA POPULATION DU QUÉBEC, 1931–2009**

| Année | Population (milliers) |
|---|---|
| 1931 | 2 874,7 |
| 1941 | 3 331,9 |
| 1951 | 4 055,7 |
| 1961 | 5 259,2 |
| 1971 | 6 137,3 |
| 1981 | 6 547,2 |
| 1991 | 7 067,4 |
| 2001 | 7 396,3 |
| 2006 | 7 631,6 |
| 2007 | 7 687,1 |
| 2008 | 7 753,5 |
| 2009 | 7 828,9 |

Sources : Institut de la statistique du Québec, *La situation démographique au Québec. Bilan 1999. Rétrospective du 20ᵉ siècle*, 2000, p. 132, et *Le bilan démographique du Québec. Édition 2009*, décembre 2009, p. 18.

FIGURE 4.1

**ÉVOLUTION DE LA TAILLE DE LA POPULATION DU QUÉBEC, 1931-2009**

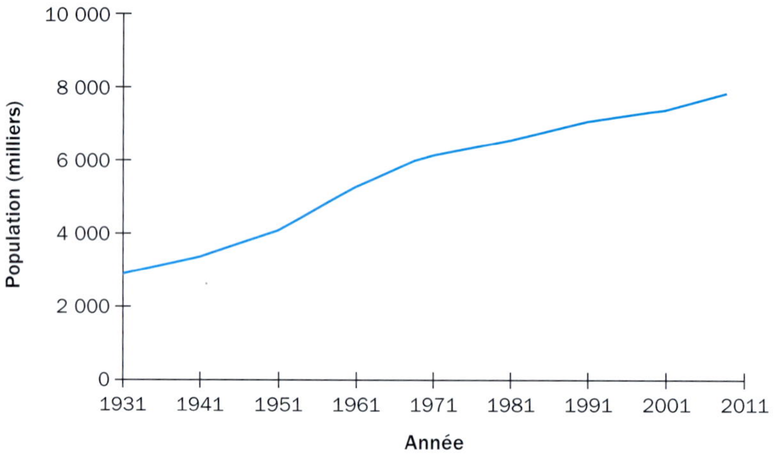


Sources : Institut de la statistique du Québec, *La situation démographique au Québec. Bilan 1999. Rétrospective du 20e siècle*, 2000, p. 132, et *Le bilan démographique du Québec. Édition 2009*, décembre 2009, p. 18.

**EXERCICE 4.5**

Répondez aux questions à partir de l'information consignée dans le tableau 4.6.

TABLEAU 4.6

**ÉVOLUTION DE LA TAILLE DE LA POPULATION DU CANADA, 1931-2009**

| Année | Population (milliers) |
|---|---|
| 1931 | 10 376,8 |
| 1941 | 11 506,7 |
| 1951 | 14 009,4 |
| 1961 | 18 238,2 |
| 1971 | 21 962,0 |
| 1981 | 24 819,9 |
| 1991 | 28 037,4 |
| 2001 | 31 019,0 |
| 2006 | 32 576,1 |
| 2007 | 32 932,0 |
| 2008 | 33 327,3 |
| 2009 | 33 739,9 |

Sources : Institut de la statistique du Québec, *La situation démographique au Québec. Bilan 1999. Rétrospective du 20e siècle*, 2000, p. 132, et *Le bilan démographique du Québec. Édition 2009*, décembre 2009, p. 21.

a) Représentez ce tableau par un graphique.

b) Quelles ont été la variation, la variation relative et la variation moyenne de la population canadienne entre 1931 et 2009 ?

c) Quelle proportion de la population canadienne la population du Québec (tableau 4.5) représentait-elle pour chacune des années du tableau 4.6 ?

d) Commentez la nouvelle série chronologique obtenue en *c*.

## 4.2.2 Mesures associées à la natalité

Considérons à présent les gains et les pertes naturelles au sein de la population : les naissances et les décès. Dans un premier temps, nous analyserons le phénomène de la natalité.

Le tableau 4.7 donne le nombre de naissances vivantes pour certaines années au Québec. Il montre une tendance à la baisse du nombre de naissances.

TABLEAU 4.7

**ÉVOLUTION DE LA TAILLE DE LA POPULATION ET DU NOMBRE DE NAISSANCES VIVANTES, QUÉBEC, 1971-2008**

| Année | Population (milliers) | Nombre de naissances (milliers) |
|---|---|---|
| 1971 | 6 137,3 | 93,7 |
| 1981 | 6 547,2 | 95,2 |
| 1991 | 7 067,4 | 97,3 |
| 2001 | 7 396,3 | 73,7 |
| 2006 | 7 631,6 | 82,0 |
| 2007 | 7 687,1 | 84,5 |
| 2008 | 7 753,5 | 87,6 |

Source : Institut de la statistique du Québec, *Le bilan démographique du Québec. Édition 2009*, décembre 2009, p. 21 et 30.

Cette baisse est d'autant plus importante que la population de 1971 était moins nombreuse que celle de 2008. Afin de pouvoir comparer la natalité pour des populations de tailles différentes, les démographes tiennent compte de plusieurs mesures, dont le taux de natalité, le taux de fécondité et l'indice synthétique de fécondité.

### A | Taux de natalité

**Taux de natalité**
Nombre de naissances vivantes au cours d'une année pour 1 000 habitants. Ce taux s'exprime en « pour mille » (‰).

Le **taux de natalité** représente le nombre de naissances vivantes au cours d'une année pour 1 000 habitants. Il est donné par la formule suivante :

$$\text{Taux de natalité} = \frac{\text{Nombre de naissances vivantes}}{\text{Taille de la population}} \times 1\,000\ ‰$$

Comme le quotient est multiplié par 1 000, ce taux s'exprime en « pour mille » (‰).

**EXEMPLE 4.9**

À partir du tableau 4.7, on constate qu'en 1971 le taux de natalité au Québec était de 15,3 ‰ $\left(\text{soit } \frac{93{,}7}{6\,137{,}3} \times 1\,000\ ‰\right)$. Au cours de cette année-là, on a donc observé en moyenne 15,3 naissances dans chaque groupe de 1 000 habitants du Québec.

**EXERCICE 4.6**

a) À partir du tableau 4.7, calculez le taux de natalité au Québec pour chacune des années.

b) Représentez par un graphique la série chronologique du taux de natalité.

c) Commentez la série chronologique du taux de natalité.

Afin de mieux apprécier la situation du Québec en matière de natalité, il est révélateur de la comparer avec celle des différentes régions du monde (tableau 4.8).

TABLEAU | 4.8

**TAUX DE NATALITÉ (ESTIMATIONS 2009)**

| Région | Taux de natalité (‰) |
|---|---|
| Afrique | 35,6 |
| Amérique latine et Caraïbes | 19,4 |
| Amérique septentrionale | 13,6 |
| Europe | 10,2 |
| Océanie | 16,4 |
| Asie | 18,7 |
| Monde | 20,1 |

Source : http://www.ined.fr/fr/pop_chiffres/pays_du_monde (2009-12-09).

## B | Taux de fécondité

Les démographes se servent également d'une autre mesure de la natalité, soit le taux de fécondité. Ce taux mesure le nombre de naissances non pas en fonction de la population totale, mais plutôt en fonction de la population qui est la plus susceptible de mettre des enfants au monde, soit les femmes âgées de 15 à 49 ans. Il nous donne une idée de la propension à enfanter des femmes d'une population.

**Taux de fécondité**

Nombre de naissances vivantes au cours d'une année pour 1 000 femmes âgées de 15 à 49 ans. On peut également calculer le taux de fécondité par groupe d'âge, qui représente le nombre de naissances vivantes au cours d'une année pour 1 000 femmes d'un groupe d'âge donné. Le taux de fécondité s'exprime en « pour mille » (‰).

Le **taux de fécondité** représente le nombre de naissances vivantes au cours d'une année pour 1 000 femmes âgées de 15 à 49 ans dans la population. Il est donné par la formule suivante :

$$\text{Taux de fécondité} = \frac{\text{Nombre de naissances vivantes}}{\text{Nombre de femmes (15 à 49 ans)}} \times 1\ 000\ ‰$$

Ce taux peut se calculer par groupe d'âge. Le taux de fécondité par groupe d'âge est fourni par la formule suivante :

$$\begin{array}{c}\text{Taux de fécondité}\\ \text{par groupe d'âge}\end{array} = \frac{\begin{array}{c}\text{Nombre de naissances vivantes dans}\\ \text{le groupe d'âge de la mère}\end{array}}{\begin{array}{c}\text{Nombre de femmes dans}\\ \text{le même groupe d'âge}\end{array}} \times 1\ 000\ ‰$$

Le taux de fécondité par groupe d'âge représente le nombre de naissances vivantes au cours d'une année pour 1 000 femmes d'un groupe d'âge donné. Le tableau 4.9 donne le taux de fécondité par groupe d'âge au Québec, de 1976 à 2008.

TABLEAU | 4.9

**TAUX DE FÉCONDITÉ PAR GROUPE D'ÂGE (‰), QUÉBEC, 1976-2008**

| Année | Groupe d'âge (années) | | | | | | |
|---|---|---|---|---|---|---|---|
| | 15-19 | 20-24 | 25-29 | 30-34 | 35-39 | 40-44 | 45-49 |
| 1976 | 20,6 | 97,1 | 135,1 | 67,8 | 21,9 | 4,5 | 0,3 |
| 1981 | 14,4 | 85,0 | 128,4 | 66,8 | 17,5 | 2,6 | 0,2 |
| 1986 | 14,6 | 69,3 | 112,3 | 59,0 | 17,0 | 2,4 | 0,1 |
| 1991 | 17,6 | 80,0 | 129,3 | 78,0 | 22,7 | 3,0 | 0,1 |
| 1996 | 16,6 | 72,8 | 119,0 | 82,6 | 27,3 | 3,8 | 0,2 |
| 2001 | 13,3 | 57,7 | 109,3 | 85,1 | 29,1 | 4,4 | 0,1 |
| 2006 | 9,7 | 51,8 | 113,8 | 106,6 | 41,3 | 6,2 | 0,2 |
| 2007 | 10,1 | 52,7 | 114,8 | 108,2 | 44,4 | 7,0 | 0,2 |
| 2008 | 10,1 | 53,6 | 117,4 | 111,4 | 46,7 | 7,5 | 0,3 |

Source : Institut de la statistique du Québec, *Le bilan démographique du Québec. Édition 2009*, décembre 2009, p. 38.

Ainsi, en 1986, le taux de fécondité des femmes âgées de 25 à 29 ans était de 112,3 ‰. Ce taux signifie qu'au Québec, en 1986, chaque groupe de 1 000 femmes âgées de 25 à 29 ans a mis au monde 112,3 enfants, en moyenne. En 1991, pour le même groupe d'âge, le taux de fécondité passait à 129,3 ‰. On a donc assisté à une augmentation du nombre de naissances pour 1 000 femmes âgées de 25 à 29 ans.

## C | Indice synthétique de fécondité

**Indice synthétique de fécondité**

Valeur prédictive du nombre d'enfants qu'aurait une femme au cours de sa vie si, en matière de reproduction, elle se comportait, entre 15 et 49 ans, comme se comportent, au cours d'une année, toutes les femmes âgées de 15 à 49 ans. Cet indice mesure la productivité d'une génération fictive de femmes, soit le nombre moyen d'enfants par femme dans une génération qui connaîtrait, au cours de sa vie féconde, les taux de fécondité observés une année donnée. On le calcule à partir des taux de fécondité de toutes les femmes âgées de 15 à 49 ans au cours d'une année.

Les démographes essaient de prédire l'avenir d'une population en calculant l'**indice synthétique de fécondité** d'après les taux de fécondité. Cet indice mesure la productivité d'une génération fictive de femmes, soit le nombre d'enfants qu'aurait une femme au cours de sa vie si, entre 15 et 49 ans, elle se comportait en matière de reproduction comme se comportent, au cours d'une année, toutes les femmes âgées de 15 à 49 ans. Selon l'Institut de la statistique du Québec, l'indice synthétique de fécondité représente donc le nombre moyen d'enfants par femme dans une génération qui connaîtrait, au cours de sa vie féconde, les taux de fécondité observés une année donnée. On le calcule à partir des taux de fécondité de toutes les femmes âgées de 15 à 49 ans au cours d'une année.

Si les comportements de reproduction étaient ceux de 1976, 1 000 jeunes filles âgées de 15 ans auraient eu, en moyenne, 20,6 enfants à cet âge ; 20,6 enfants à l'âge de 16 ans ; 20,6 enfants à l'âge de 17 ans ; 20,6 enfants à l'âge de 18 ans ; 20,6 enfants à l'âge de 19 ans. Elles auraient donc eu, au total, 103 enfants (soit 20,6 × 5) entre 15 et 19 ans. De la même manière, entre 20 et 24 ans, elles auraient eu, en moyenne, 485,5 enfants (soit 97,1 × 5). Ces 1 000 femmes auraient donc eu, entre 15 et 49 ans, un total de :

$$5 \times (20{,}6 + 97{,}1 + 135{,}1 + 67{,}8 + 21{,}9 + 4{,}5 + 0{,}3) = 1\,736{,}5 \text{ enfants}$$

En moyenne, chacune de ces 1 000 femmes aurait donc eu 1,7365 enfant $\left(\text{soit } \frac{1\,736{,}5}{1\,000}\right)$. Ce nombre correspond à l'indice synthétique de fécondité pour l'année 1976. Ainsi, cet indice est donné par l'expression suivante :

$$\frac{5 \times (20{,}6 + 97{,}1 + 135{,}1 + 67{,}8 + 21{,}9 + 4{,}5 + 0{,}3)}{1\,000} = 1{,}7365 \text{ enfant}$$

On obtient donc l'indice synthétique de fécondité en divisant par 1 000 la somme des taux de fécondité par groupe d'âge multipliés par le nombre d'années que compte chaque groupe d'âge.

En s'appuyant sur le tableau 4.9, on peut calculer l'indice synthétique de fécondité de 1981 :

$$\frac{5 \times (14{,}4 + 85{,}0 + 128{,}4 + 66{,}8 + 17{,}5 + 2{,}6 + 0{,}2)}{1\,000} = 1{,}5745 \text{ enfant}$$

Cet indice signifie que, si l'activité reproductrice des femmes était restée la même qu'en 1981, les jeunes femmes âgées de 15 ans cette année-là auraient eu chacune, en moyenne, près de 1,6 enfant au cours de leur vie.

**EXERCICE 4.7**

Calculez l'indice synthétique de fécondité de 2008 et dites ce qu'il nous révèle.

Il va de soi que l'indice synthétique de fécondité ne sera pas nécessairement conforme à la réalité. En effet, l'évolution des mœurs, de l'environnement socio-économique, des méthodes de régulation des naissances ou des modes de vie peuvent provoquer des changements dans les comportements reproducteurs des femmes. En d'autres termes, les jeunes femmes au début de leurs années de fécondité ne se comporteront peut-être pas comme leurs aînées. Ainsi, le nombre d'enfants (la descendance finale) qu'auront réellement les femmes au cours de leur vie peut différer de la valeur prédite par l'indice synthétique de fécondité.

## D | Renouvellement des générations

Les démographes considèrent que, pour assurer le renouvellement des générations au Québec, chaque femme devrait en moyenne engendrer une fille qui puisse à son tour procréer. Ils avancent qu'un indice synthétique de fécondité de 2,1 est nécessaire pour assurer ce renouvellement. Cet indice doit être supérieur à 2 pour plusieurs raisons, dont la plus importante est sans doute que le rapport de masculinité à la naissance oscille autour de 105 au Québec depuis de nombreuses années. Rappelons que le rapport de masculinité représente le nombre d'hommes pour 100 femmes. Ainsi, selon l'Institut de la statistique du Québec, on dénombrait 84 453 naissances en 2007, dont 43 244 naissances masculines et 41 209 naissances féminines, pour un rapport de masculinité à la naissance de 104,9 $\left(\text{soit } \frac{43\,244}{41\,209} \times 100\right)$.

Ainsi, la probabilité d'avoir une fille à la naissance est plus faible que celle d'avoir un garçon. Pour obtenir 100 naissances féminines, il faut avoir eu 205 naissances (100 filles + 105 garçons). Par conséquent, pour qu'une femme engendre une fille, il faudrait qu'elle ait en moyenne 2,05 enfants. En outre, si on tient compte du fait que toutes les jeunes filles n'atteindront pas l'âge où elles seront en mesure de procréer, on comprend pourquoi l'indice synthétique de fécondité doit être supérieur à 2,05 pour assurer le renouvellement des générations. Il faut donc environ 210 naissances par 100 femmes pour permettre à une nouvelle génération de 100 femmes d'arriver à l'âge de la fécondité, ou encore il faut une moyenne de 2,1 naissances par femme pour permettre qu'une fille nouvellement née puisse atteindre ses années de fécondité, remplacer sa mère et assurer le renouvellement des générations.

## E | Régime démographique du Québec

Une population peut continuer à croître, sans immigration, pendant un certain temps, même si l'indice synthétique de fécondité reste au-dessous de 2,1. En effet, le nombre de naissances au cours d'une période est fonction non seulement du nombre de naissances par femme, mais également du nombre de femmes en âge de procréer. De plus, si on observe une augmentation de l'espérance de vie, la population peut continuer à croître malgré une baisse des taux de natalité et de fécondité. Cette croissance est cependant éphémère. À long terme, à moins d'un apport migratoire suffisant, un pays verra sa population décroître tôt ou tard si l'indice de fécondité se maintient sous le seuil de 2,1.

Selon les données de l'Institut de la statistique du Québec, l'indice synthétique de fécondité du Québec a chuté de façon quasi systématique depuis le milieu du siècle dernier. Il est passé au-dessous de 2,1 en 1970, a atteint son plus bas niveau (1,359) en 1987, a connu par la suite un léger redressement jusqu'en 1992, et a ensuite diminué à nouveau jusqu'en 2002. Depuis, l'indice synthétique de fécondité a connu une croissance régulière.

Comme le Québec, la plupart des pays industrialisés connaissent un faible indice de fécondité (tableau 4.10).

TABLEAU | **4.10**

**INDICE SYNTHÉTIQUE DE FÉCONDITÉ PAR PAYS, 2007**

| Pays | Indice de fécondité |
|---|---|
| Allemagne | 1,37 |
| Belgique | 1,81 |
| Canada | 1,66 |
| Espagne | 1,40 |
| États-Unis | 2,12 |
| France | 1,96 |
| Italie | 1,38 |
| Japon | 1,34 |
| Royaume-Uni | 1,90 |
| Suède | 1,88 |
| Suisse | 1,46 |

Source : Institut de la statistique du Québec, *Le bilan démographique du Québec. Édition 2009*, décembre 2009, p. 38.

Plusieurs facteurs sont susceptibles d'avoir provoqué la chute du taux de natalité et de l'indice synthétique de fécondité depuis le milieu du siècle dernier : l'urbanisation, la généralisation de l'instruction, la montée de l'individualisme, les changements dans les systèmes de valeurs, le recul des valeurs religieuses, l'introduction de méthodes de contraception efficaces, l'amélioration générale du niveau de vie, la modification du rôle des femmes dans la société.

## 4.2.3 Taux de mortalité et taux d'accroissement naturel

Les mesures de la natalité ne suffisent pas pour évaluer l'accroissement naturel de la population. Il faut en outre connaître le nombre des pertes naturelles de la population, c'est-à-dire les décès.

En l'absence de mouvements migratoires, une population croît lorsque le nombre de naissances est supérieur au nombre de décès. Les démographes s'intéressent donc également à la mesure du taux de mortalité et à celle du taux d'accroissement naturel.

**Taux de mortalité**

Nombre de décès pour 1 000 habitants au cours d'une année. Le taux de mortalité s'exprime en « pour mille » (‰).

**Taux d'accroissement naturel**

Mesure de l'augmentation de la taille de chaque groupe de 1 000 habitants au cours d'une année, en l'absence d'apports migratoires. Le taux d'accroissement naturel s'exprime en « pour mille » (‰).

Le **taux de mortalité** représente le nombre de décès pour 1 000 habitants au cours d'une année ; on l'obtient au moyen de la formule suivante :

$$\text{Taux de mortalité} = \frac{\text{Nombre de décès}}{\text{Taille de la population}} \times 1\,000\ ‰$$

Le **taux d'accroissement naturel** mesure l'augmentation de la taille de chaque groupe de 1 000 habitants au cours d'une année, en l'absence d'apports migratoires :

$$\text{Taux d'accroissement naturel} = \frac{\text{Nombre de naissances} - \text{Nombre de décès}}{\text{Taille de la population}} \times 1\,000\ ‰$$

**EXERCICE 4.8** Complétez et commentez le tableau 4.11.

TABLEAU | 4.11

**POPULATION ; NAISSANCES ; DÉCÈS ; TAUX DE NATALITÉ, DE MORTALITÉ ET D'ACCROISSEMENT NATUREL, QUÉBEC, 1976-2008**

| Année | Population | Nombre de naissances | Nombre de décès | Taux de natalité (‰) | Taux de mortalité (‰) | Taux d'accroissement naturel (‰) |
|---|---|---|---|---|---|---|
| 1976 | 6 396 761 | 98 022 | 43 801 | | | |
| 1986 | 6 708 170 | 84 579 | 46 964 | | | |
| 1996 | 7 246 897 | 85 130 | 52 278 | | | |
| 2006 | 7 604 200 | 81 962 | 54 434 | | | |
| 2008 | 7 718 372 | 87 600 | 56 800 | | | |

Source : Institut de la statistique du Québec, *Le bilan démographique du Québec. Édition 2009*, décembre 2009, p. 18.

## 4.2.4 Structure d'âge de la population

### A | Pyramide des âges

**Pyramide des âges**
Représentation graphique de la composition d'une population selon le sexe et l'âge. Elle est formée de deux histogrammes (un pour les hommes et un autre pour les femmes) adossés l'un à l'autre.

La façon habituelle de présenter la structure d'âge d'une population est de construire une **pyramide des âges** (figure 4.2), c'est-à-dire une représentation graphique formée de deux histogrammes adossés l'un à l'autre. Par convention, les hommes sont représentés à gauche de la pyramide et les femmes à droite. L'effectif le plus jeune forme la base de la pyramide et le plus vieux, le sommet.

La pyramide de 2009 montre un phénomène de vieillissement de la population québécoise : la plus forte concentration des individus ne se situe pas à la base de la

FIGURE | 4.2

**PYRAMIDE DES ÂGES, QUÉBEC, 2009**

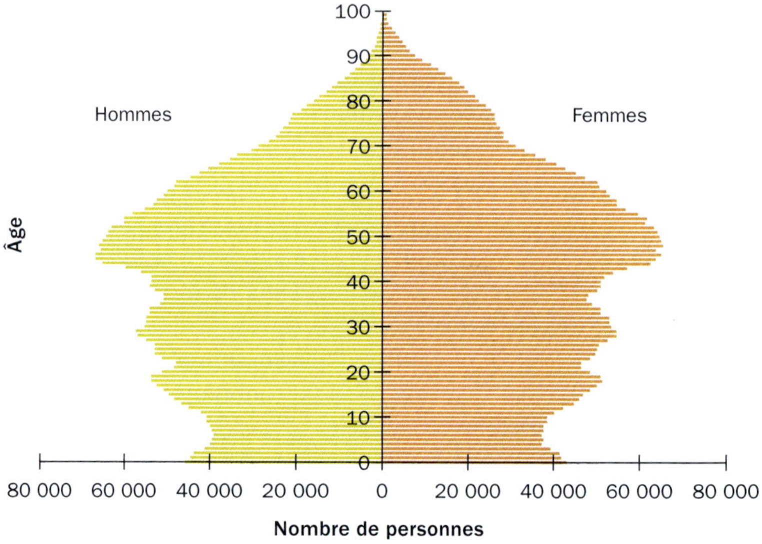


Source : Institut de la statistique du Québec, *Le bilan démographique du Québec. Édition 2009*, décembre 2009, p. 25.

pyramide, mais dans le groupe des 45 à 65 ans, où se trouvent les enfants du baby-boom. Par ailleurs, la pyramide illustre bien le phénomène de féminisation de la vieillesse : la répartition des individus au sommet de la pyramide présente une asymétrie en faveur des femmes. En revanche, à la base de la pyramide, le nombre de garçons dépasse celui des filles, le rapport de masculinité à la naissance étant supérieur à 100.

La pyramide des âges présente donc en un seul graphique une image du passé et de l'avenir, la base de la pyramide définissant l'importance des générations adultes de demain, et son sommet, le poids du troisième âge.

## B | Rapport de dépendance

**Rapport de dépendance**
Nombre de personnes dépendantes (celles de moins de 15 ans et celles de 65 ans et plus) pour 100 personnes du groupe des 15 à 64 ans.

La pyramide des âges permet également de visualiser le poids, dans la population, des personnes âgées de 15 à 64 ans. Ces personnes constituent la population active de la pyramide, celle qui a principalement la charge de la production des biens et des services. Les démographes s'intéressent beaucoup au poids relatif des personnes dites dépendantes (les personnes âgées de moins de 15 ans ou de plus de 65 ans), parce que celles-ci participent moins aux activités de production que les personnes âgées de 15 à 64 ans. Ils mesurent le **rapport de dépendance**, soit le nombre de personnes dépendantes pour 100 personnes du groupe des 15 à 64 ans. Ce rapport donne donc le nombre de personnes additionnelles pour lesquelles les personnes non dépendantes doivent produire.

### EXEMPLE 4.10

Étudions le rapport de dépendance à l'aide des données consignées dans le tableau 4.12.

TABLEAU | **4.12**

**RAPPORT DE DÉPENDANCE, QUÉBEC, 1991, 1996 ET 2009**

| Année | Groupe d'âge | | | Rapport de dépendance $[(a + c)/b] \times 100$ |
|---|---|---|---|---|
| | Moins de 15 ans $a$ | 15-64 ans $b$ | 65 ans et plus $c$ | |
| 1991 | 1 396 775 | 4 885 631 | 792 329 | 45 |
| 1996 | 1 382 635 | 5 021 180 | 870 204 | |
| 2009 | 1 233 704 | 5 424 764 | 1 170 411 | |

Sources : Institut de la statistique du Québec, *La situation démographique au Québec. Bilan 1999. Rétrospective du 20e siècle*, 2000, p. 155, et *Le bilan démographique du Québec. Édition 2009*, décembre 2009, p. 25.

Le rapport de dépendance en 1991 est de 45 : 100, rapport qu'on obtient en effectuant le calcul suivant :

$$\frac{1\,396\,775 + 792\,329}{4\,885\,631} \times 100 = 45$$

Ainsi, en 1991, 100 personnes dans le groupe des 15 à 64 ans devaient produire pour 145 personnes, soit pour elles-mêmes et pour 45 autres personnes dépendantes.

### EXERCICE 4.9

- **Vous pouvez maintenant faire les exercices récapitulatifs 9 à 18.**

a) Complétez le tableau 4.12 portant sur le rapport de dépendance.

b) À partir de la pyramide des âges de 2009, expliquez pourquoi, à défaut d'une hausse de la natalité et d'un apport migratoire, le rapport de dépendance devrait croître au cours des prochaines années.

# 4.3 MESURES DE L'EMPLOI

**Dans cette section :** chômeur • population active • inactifs • taux de chômage • taux d'activité • taux d'emploi.

## 4.3.1 Enquête sur la population active

Au Canada, Statistique Canada recueille les données sur l'emploi au moyen d'une vaste enquête appelée Enquête sur la population active (EPA). Lancée en novembre 1945, elle a été menée tous les trois mois jusqu'à novembre 1952, mois à partir duquel elle est devenue mensuelle. Plusieurs des résultats de cette enquête se trouvent sur le site Internet de Statistique Canada (statcan.gc.ca) et sur celui de l'Institut de la statistique du Québec (stat.gouv.qc.ca.). Lors de cette enquête, les répondants étaient classés dans différents groupes.

**Chômeur**
Personne disponible pour travailler, qui est sans emploi et qui se cherche activement un emploi.

**Population active**
Membres de la population civile, hors institution, âgés de 15 ans ou plus, qui occupent un emploi (personnes occupées) ou sont chômeurs.

**Inactifs**
Membres de la population civile, âgés de 15 ans ou plus, qui ne sont ni occupés ni chômeurs.

**Taux de chômage**
Nombre de chômeurs exprimé en pourcentage de la population active.

**Taux d'activité**
Population active exprimée en pourcentage de la population de 15 ans et plus.

**Taux d'emploi**
Nombre de personnes occupées exprimé en pourcentage de la population de 15 ans et plus.

Un **chômeur** est une personne disponible pour travailler, qui est sans emploi et qui se cherche activement un emploi.

Les membres de la population civile, hors institution, âgés de 15 ans ou plus, qui occupent un emploi (personnes occupées) ou sont chômeurs constituent la **population active**.

Les membres de la population civile, âgés de 15 ans ou plus, qui ne sont ni occupés ni chômeurs sont appelés **inactifs**.

C'est à partir du dénombrement, dans l'échantillon, des individus appartenant à chacun de ces groupes que Statistique Canada estime :

- le **taux de chômage**, soit le nombre de chômeurs exprimé en pourcentage de la population active ;
- le **taux d'activité**, soit la population active exprimée en pourcentage de la population de 15 ans et plus ;
- le **taux d'emploi**, soit le nombre de personnes occupées (ayant un emploi) exprimé en pourcentage de la population de 15 ans et plus.

Le tableau 4.13 fait le lien entre ces différentes définitions.

TABLEAU 4.13

**RELATIONS ENTRE LES INDICATEURS DE L'EMPLOI**

| Population de 15 ans et plus | Personnes occupées | Chômeurs | Population active | Inactifs | Taux d'activité (%) | Taux de chômage (%) | Taux d'emploi (%) |
|---|---|---|---|---|---|---|---|
| $a$ | $b$ | $c$ | $d = b + c$ | $e = a - d$ | $f = \frac{d}{a}$ | $g = \frac{c}{d}$ | $h = \frac{b}{a}$ |

**EXEMPLE 4.11**

Statistique Canada a estimé, pour novembre 2009 au Québec[6], les valeurs suivantes :

| | | |
|---|---|---|
| Population de 15 ans et plus | 6 465 600 | (*a*) |
| Personnes occupées | 3 849 500 | (*b*) |
| Chômeurs | 341 000 | (*c*) |

6. Statistique Canada, *Information sur la population active*, nº 71-001-X au catalogue, 4 décembre 2009, p. 27.

À partir de ces données, on peut calculer les valeurs suivantes :

Population active

$$d = b + c$$
$$= 3\,849\,500 + 341\,000$$
$$= 4\,190\,500$$

Inactifs

$$e = a - d$$
$$= 6\,465\,600 - 4\,190\,500$$
$$= 2\,275\,100$$

Taux d'activité

$$f = \frac{d}{a}$$
$$= \frac{4\,190\,500}{6\,465\,600} \times 100\ \%$$
$$= 64{,}8\ \%$$

Taux de chômage

$$g = \frac{c}{d}$$
$$= \frac{341\,000}{4\,190\,500} \times 100\ \%$$
$$= 8{,}1\ \%$$

Taux d'emploi

$$h = \frac{b}{a}$$
$$= \frac{3\,849\,500}{6\,465\,600} \times 100\ \%$$
$$= 59{,}5\ \%$$

## EXERCICE 4.10

Complétez les données suivantes portant sur le marché du travail de Montréal en novembre 2009[7].

| | |
|---|---|
| Population de 15 ans et plus | 3 118 400 |
| Population active | 2 060 700 |
| Personnes occupées | 1 896 200 |
| Chômeurs | ________ |
| Inactifs | ________ |
| Taux d'activité | ________ |
| Taux de chômage | ________ |
| Taux d'emploi | ________ |

7. Statistique Canada, *Information sur la population active*, n° 71-001-X au catalogue, 4 décembre 2009, p. 44.

### 4.3.2 Taux de chômage : une mesure lacunaire

Les médias se contentent souvent d'annoncer le taux de chômage. Cette seule information ne permet pas de se faire une opinion juste au sujet du marché du travail.

Par exemple, le taux de chômage ne nous apprend rien sur le chômage partiel, car Statistique Canada ne considère pas comme chômeur une personne travaillant à temps partiel qui voudrait travailler à temps plein. De plus, le taux de chômage ne tient pas compte des sans-emploi qui ont renoncé à chercher du travail. Le taux de chômage peut donc diminuer sans que le marché du travail se soit véritablement amélioré. C'est ce qui se produit lorsqu'on remplace un emploi à temps plein par des emplois à temps partiel ou lorsque des personnes n'occupant pas un emploi renoncent à chercher du travail.

Signalons que le taux de chômage ne varie pas nécessairement dans le même sens que le nombre d'emplois. Ainsi, il est possible que le taux de chômage baisse alors que le nombre de personnes occupées, c'est-à-dire le nombre d'emplois, diminue et vice versa. On observe souvent une baisse du chômage au milieu d'une récession et une augmentation de celui-ci au début d'une reprise économique : le déplacement de la population active vers la population inactive ou l'inverse explique ces variations pour le moins surprenantes.

Enfin, il serait tentant de faire des comparaisons entre les taux de chômage de différents pays. Toutefois, ces comparaisons sont parfois difficiles, parce que les pays n'ont pas tous les mêmes définitions des paramètres de l'emploi.

- **Vous pouvez maintenant faire les exercices récapitulatifs 19 à 21.**

Comme tout indicateur, le taux de chômage n'est donc pas parfait : il réduit une réalité très complexe à une mesure peut-être trop simple. Il ne suffit pas à lui seul à rendre compte de la vigueur du marché du travail.

## 4.4 Mesures des prix

**Dans cette section :** indice des prix à la consommation • pouvoir d'achat • valeur réelle • dollar constant • valeur nominale • dollar courant • taux d'inflation.

Inflation. Dollars courants. Dollars constants. Autant d'expressions liées à la notion de prix. Comme le prix des biens et des services est un facteur déterminant de la consommation, il nous paraît important d'en traiter maintenant.

### 4.4.1 Indice élémentaire des prix

Le prix d'un bien de consommation varie généralement dans le temps. Une façon de mesurer cette variation consiste à utiliser un indice élémentaire des prix. On obtient cet indice en divisant le prix de ce bien par le prix du même bien à un temps fixe appelé *période de référence* ou *base*. Par convention, ce quotient est généralement multiplié par 100 et arrondi à une décimale.

**EXEMPLE 4.12**

Le tableau 4.14 présente une série fictive du prix d'une boîte de biscuits soda de 450 g, de 2000 à 2009.

TABLEAU 4.14

**PRIX ET INDICE DE PRIX D'UNE BOÎTE DE BISCUITS SODA DE 450 g, 2000–2009**

| Année | Prix ($) | Indice (2002 = 100) |
|---|---|---|
| 2000 | 2,49 | 96,1 |
| 2001 | 2,49 | 96,1 |
| 2002 | 2,59 | 100,0 |
| 2003 | 2,59 | — |
| 2004 | 2,69 | — |
| 2005 | 2,59 | 100,0 |
| 2006 | 2,79 | 107,7 |
| 2007 | 2,89 | — |
| 2008 | 2,89 | — |
| 2009 | 2,99 | 115,4 |

Si on prend le prix de 2002 comme base, l'indice de prix d'une boîte de biscuits soda en 2000 est de 96,1 $\left(\text{soit } \frac{2{,}49}{2{,}59} \times 100\right)$. En 2009, il est de 115,4 $\left(\text{soit } \frac{2{,}99}{2{,}59} \times 100\right)$. L'indice de 2002 est évidemment de 100,0, puisque cette année sert de référence. Ce choix de la base est indiqué par l'expression « 2002 = 100 » dans le tableau.

L'indice de prix d'une boîte de biscuits soda permet de dire que la boîte de biscuits coûtait 3,9 % (soit 100 − 96,1) de moins en 2000 qu'en 2002, et 15,4 % de plus en 2009 qu'en 2002.

**EXERCICE 4.11**

a) Complétez le tableau 4.14.

b) Si l'indice de prix d'une boîte de biscuits soda de 450 g était de 116,0 en 2010, quel était alors le prix de cette boîte de biscuits ?

Si on désire changer l'année de référence, par exemple passer de « 2002 = 100 » à « 2006 = 100 », il suffit de diviser l'indice de chaque année par l'indice (2002 = 100) de 2006 et de le multiplier par 100. On obtient alors le tableau 4.15 pour l'indice de prix d'une boîte de biscuits soda de 450 g.

TABLEAU 4.15

**INDICE DE PRIX D'UNE BOÎTE DE BISCUITS SODA DE 450 g, 2000–2009**

| Année | Indice (2002 = 100) | Indice (2006 = 100) |
|---|---|---|
| 2000 | 96,1 | 89,2 |
| 2001 | 96,1 | 89,2 |
| 2002 | 100,0 | 92,9 |
| 2003 | 100,0 | 92,9 |
| 2004 | 103,9 | 96,5 |
| 2005 | 100,0 | 92,9 |
| 2006 | 107,7 | 100,0 |
| 2007 | 111,6 | 103,6 |
| 2008 | 111,6 | 103,6 |
| 2009 | 115,4 | 107,1 |

**EXERCICE 4.12**

D'après le tableau 4.15, quel aurait été l'indice de prix d'une boîte de biscuits soda de 450 g en 2010 (2006 = 100) si l'indice de 2010 (2002 = 100) était de 116,0 ?

## 4.4.2 Indice des prix à la consommation (IPC)

### A | Définition de l'IPC

Les consommateurs achètent un grand nombre de biens et, par conséquent, on souhaite disposer d'un indice qui tienne compte des dépenses effectuées pour l'ensemble des biens de consommation courante. Comme les dépenses dépendent non seulement du prix des biens, mais également de la quantité achetée, l'indice devrait aussi considérer la quantité. En d'autres termes, si une banane coûte le même prix qu'une pomme, mais que nous consommons deux fois plus de pommes que de bananes, une variation de 0,10 $ du prix des pommes devrait provoquer une variation plus importante de l'indice qu'une variation de 0,10 $ du prix des bananes.

**Indice des prix à la consommation**
Mesure de l'évolution des prix qu'on obtient en comparant, dans le temps, le prix d'un panier fixe de biens et de services de consommation courante avec son prix à une période de référence.

Afin de suivre l'évolution des prix au Canada, Statistique Canada effectue mensuellement une enquête sur les prix des principaux biens et services de consommation courante. L'**indice des prix à la consommation** (IPC) se définit comme une mesure de l'évolution des prix qu'on obtient en comparant, dans le temps, le prix d'un panier fixe de biens et de services de consommation courante avec son prix à une période de référence. Le panier est dit « fixe » parce qu'il est constitué de produits dont les quantités et la qualité sont invariables ou équivalentes au cours d'une période. L'indice des prix à la consommation mesure donc le mouvement pur des prix.

Plusieurs facteurs peuvent modifier les habitudes de consommation des individus, notamment le lancement d'un nouveau produit sur le marché, les variations de prix des produits, les modes, les changements dans les styles de vie, l'évolution de la structure d'âge de la population et la situation économique en général. Le panier est donc mis à jour périodiquement – généralement tous les quatre ans – pour refléter ces variations dans la répartition des dépenses courantes des consommateurs.

Dans le panier servant à calculer l'IPC, les différents produits se classent en huit composantes principales (Aliments ; Logement ; Dépenses courantes, ameublement et équipement du ménage ; Habillement et chaussures ; Transports ; Santé et soins personnels ; Loisirs, formation et lecture ; Boissons alcoolisées et produits du tabac). Pour calculer l'IPC, Statistique Canada accorde un poids fixe à chacune des composantes du panier. L'IPC tient donc compte, en principe, de l'ensemble des prix et de l'importance relative des articles dans le budget d'un « ménage typique ». Ainsi, les poids (les pourcentages) sont introduits dans le calcul de l'IPC de façon que cette mesure soit sensible aux prix des biens selon leur importance relative dans l'ensemble des dépenses. Statistique Canada révise régulièrement les poids employés dans le calcul de l'IPC.

La plupart des prix des biens et des services servant au calcul de l'IPC sont relevés chaque mois. En revanche, les prix les plus stables, comme ceux de l'impôt foncier ou de l'électricité, le sont à des intervalles supérieurs à un mois.

L'échantillonnage des points de vente et des marques de produits est fait au jugé, mais il est conçu de manière à représenter les établissements à grand volume de vente.

### B | Interprétation de l'IPC

Le tableau 4.16 donne l'IPC annuel au Canada de 2000 à 2008.

TABLEAU | **4.16**

**IPC, MOYENNE ANNUELLE, CANADA, 2000–2008**

| Année | IPC (2002 = 100) |
|---|---|
| 2000 | 95,4 |
| 2001 | 97,8 |
| 2002 | 100,0 |
| 2003 | 102,8 |
| 2004 | 104,7 |
| 2005 | 107,0 |
| 2006 | 109,1 |
| 2007 | 111,5 |
| 2008 | 114,1 |

Source : Statistique Canada, *L'indice des prix à la consommation*, nº 62-001-X au catalogue, novembre 2009, p. 25.

Étant donné que l'IPC de 2005 est de 107,0, on constate que le prix du panier de biens et de services servant de référence a augmenté de 7,0 % entre 2002 et 2005. Il fallait donc débourser, en moyenne, 107,00 $ en 2005 pour acheter ce qu'on pouvait payer 100 $ en 2002.

**EXERCICE 4.13**

Que signifie l'IPC de 114,1 observé en 2008 ?

## 4.4.3 Valeur réelle et valeur nominale de la monnaie

La lecture du tableau de l'IPC montre notamment que le pouvoir d'achat du dollar de 2008, mesuré en fonction de la quantité de biens et de services qu'on pouvait acheter avec un dollar cette année-là, a diminué par rapport à celui du dollar de l'année de référence (2002). Ainsi, comme il en coûtait 114,10 $ en 2008 pour acheter le panier de biens et de services qui valait 100 $ en 2002, on obtient l'équivalence suivante :

$$114{,}10\ \$_{2008} = 100\ \$_{2002}$$

$$1\ \$_{2008} = \frac{100}{114{,}10}\ \$_{2002}$$

$$1\ \$_{2008} = 0{,}88\ \$_{2002}$$

Par conséquent, le pouvoir d'achat du dollar de 2008 correspond à 88 % de celui du dollar de 2002, ce qu'on note « $0{,}88\ \$_{2002}$ ». En 2008, on ne pouvait acheter, avec une pièce de 1 $, que 88 % des biens qu'on aurait pu acheter avec 1 $ en 2002.

**Pouvoir d'achat**

Quantité de biens et de services qu'on peut acheter avec un dollar exprimé en dollars constants.

**Valeur réelle**

Valeur corrigée pour tenir compte de l'évolution du niveau général des prix. La valeur réelle de la monnaie s'exprime en dollars constants.

Le **pouvoir d'achat** (ou ***valeur réelle***) de 1 \$ en l'an $t$ est donné par l'expression :

$$\text{Pouvoir d'achat de 1 \$ en l'an } t = \frac{100}{\text{IPC}(t)}$$

où IPC$(t)$ représente l'indice des prix au temps $t$.

Le résultat de cette équation s'exprime en dollars de l'année de référence, qu'on appelle **dollars constants**.

## EXERCICE 4.14

En vous appuyant sur le tableau 4.16, calculez le pouvoir d'achat du dollar (2002 = 100) pour les années 2003 à 2007.

**Dollar constant**

Mesure de la valeur réelle de la monnaie, c'est-à-dire de la capacité d'acquérir des biens et des services.

**Valeur nominale**

Valeur exprimée en unités monétaires courantes. La valeur nominale de la monnaie s'exprime en dollars courants.

**Dollar courant**

Valeur nominale de la monnaie, soit la valeur imprimée sur le billet de banque ou la pièce de monnaie.

Pour comparer les valeurs que prend une variable monétaire à des moments différents, il n'est donc pas adéquat de comparer leur **valeur nominale** (valeur exprimée en **dollars courants**). Il faut traduire les valeurs monétaires nominales en dollars constants pour comparer leur capacité d'acquérir des biens et des services. Pour transformer des dollars courants en dollars constants, on effectue l'opération suivante :

$$1 \text{ dollar courant} = 1\ \$_t = \frac{100}{\text{IPC}(t)} \text{ dollars constants}$$

On parle de valeur réelle lorsqu'on exprime une valeur en dollars constants, soit en dollars de l'année de référence (dans notre exemple, en dollars de 2002). C'est donc par le pouvoir d'achat qu'on mesure la valeur réelle de la monnaie.

## EXEMPLE 4.13

Pour comparer adéquatement un revenu de 45 000 \$ gagné en 2000 avec un revenu de 50 000 \$ gagné en 2008, il faut calculer le pouvoir d'achat de ces deux revenus, soit leur capacité d'acheter des biens et des services. On obtient le pouvoir d'achat en exprimant ces deux revenus en dollars constants de 2002, c'est-à-dire par rapport à une base de référence temporelle. Le revenu de 2000 est équivalent à 47 169,81 $\$_{2002}$ $\left(\text{soit } \frac{45\,000}{95{,}4} \times 100\right)$, tandis que le revenu de 2008 est de 43 821,21 $\$_{2002}$. Par conséquent, même si la valeur nominale du revenu de 2008 est supérieure à celle du revenu de 2000 (50 000 \$ > 45 000 \$), la valeur réelle du revenu de 2008 est inférieure à celle du revenu de 2000 (43 821,21 $\$_{2002}$ < 47 169,81 $\$_{2002}$). Il était donc possible d'obtenir plus de biens et de services avec 45 000 \$ en 2000 qu'avec 50 000 \$ en 2008.

## EXERCICE 4.15

a) Complétez le tableau 4.17.

b) Représentez graphiquement l'évolution de la rémunération hebdomadaire, exprimée en dollars courants et en dollars constants (2002 = 100), au Québec, entre 2000 et 2008.

c) Commentez le graphique produit en *b*.

TABLEAU | 4.17

**RÉMUNÉRATION HEBDOMADAIRE, EXPRIMÉE EN DOLLARS COURANTS ET EN DOLLARS CONSTANTS DE 2002, QUÉBEC, 2000-2008**

| Année | IPC (2002 = 100) (Québec) | Rémunération hebdomadaire exprimée en dollars courants | Rémunération hebdomadaire exprimée en dollars constants |
|---|---|---|---|
| 2000 | 95,8 | 579,66 | |
| 2001 | 98,0 | 596,29 | |
| 2002 | 100,0 | 606,06 | |
| 2003 | 102,5 | 619,25 | |
| 2004 | 104,5 | 641,41 | |
| 2005 | 106,9 | 656,63 | |
| 2006 | 108,7 | 671,97 | |
| 2007 | 110,4 | 687,19 | |
| 2008 | 112,7 | 711,00 | |

Sources : Institut de la statistique du Québec, *Annuaire québécois des statistiques du travail. Portrait des principaux indicateurs des conditions et de la dynamique du travail 2000-2008*, vol. 5, nº 2, décembre 2009, p. 87, et http://www.stat.gouv.qc.ca/princ_indic/ipcgouva.htm (2009-12-29).

## 4.4.4 Inflation

**Taux d'inflation**
Variation relative de l'indice des prix à la consommation (IPC) entre deux mois consécutifs ou deux années consécutives.

Comme pour d'autres variables qui fluctuent avec le temps, il est révélateur de calculer la variation relative de l'IPC. La variation relative de l'IPC entre deux mois consécutifs ou deux années consécutives porte le nom de **taux d'inflation**. Ce taux mesure le pourcentage d'augmentation ou de diminution du niveau général des prix au cours de la période considérée. Il se calcule au moyen de la formule suivante :

$$\text{Taux d'inflation au temps } t = \frac{\text{IPC}(t) - \text{IPC}(t-1)}{\text{IPC}(t-1)} \times 100~\%$$

Le taux d'inflation sert notamment de référence pour indexer les salaires, c'est-à-dire pour les ajuster en fonction de l'augmentation des prix de façon à permettre le maintien total ou partiel du pouvoir d'achat.

**EXEMPLE 4.14**

Au Canada, en novembre 2009, l'IPC était de 115,2, alors qu'il était de 114,6 en octobre 2009 et de 114,1 en novembre 2008. En novembre 2009, le taux d'inflation a donc été de 0,5 % $\left(\text{soit } \frac{115{,}2 - 114{,}6}{114{,}6} \times 100~\%\right)$ par rapport à octobre 2009, et de 1,0 % $\left(\text{soit } \frac{115{,}2 - 114{,}1}{114{,}1} \times 100~\%\right)$ par rapport à novembre 2008. On peut donc dire que le niveau général des prix a augmenté de 0,5 % au cours du mois de novembre 2009 et de 1,0 % entre novembre 2008 et novembre 2009.

**EXERCICE 4.16**

Complétez le tableau 4.18 et interprétez le taux d'inflation de 2008.

TABLEAU | **4.18**

**IPC (MOYENNE ANNUELLE) ET TAUX D'INFLATION, CANADA, 2000-2008**

| Année | IPC (2002 = 100) | Taux d'inflation (%) |
|---|---|---|
| 2000 | 95,4 | 2,7 |
| 2001 | 97,8 | |
| 2002 | 100,0 | |
| 2003 | 102,8 | |
| 2004 | 104,7 | |
| 2005 | 107,0 | |
| 2006 | 109,1 | |
| 2007 | 111,5 | |
| 2008 | 114,1 | |

Source : Statistique Canada, *L'indice des prix à la consommation*, nº 62-001-X au catalogue, novembre 2009, p. 25.

- **Vous pouvez maintenant faire les exercices récapitulatifs 22 à 25.**

## L'hyperinflation

L'inflation est relativement faible au Canada. En fait, le taux d'inflation est inférieur à 3 % par année depuis 1992. Il peut cependant prendre des valeurs beaucoup plus grandes, si bien que, dans certains cas, on parle d'hyperinflation. En voici quelques exemples : en Allemagne, l'inflation a été de 140 % en 1921, de 4 100 % en 1922 et de 100 000 000 % de décembre 1922 à novembre 1923. En Hongrie, l'inflation a été d'environ 20 000 % par mois au cours de l'année 1946. Au cours du dernier mois de cette année-là, elle a été de 42 000 billions % ($4,2 \times 10^{16}$ %). L'unité monétaire était le pengo, et on a émis des billets de 100 trillions ($100 \times 10^{18}$) de pengos. En 1985, en Bolivie, le taux d'inflation a été de 12 807 % pour l'année. Plus récemment, à Belgrade, au mois de novembre 1993, l'inflation mensuelle était de 20 000 % : on a émis des billets de 5 milliards de dinars qui valaient environ 6 $US. Plus récemment encore, en janvier 2008, le taux d'inflation au Zimbabwe était de 100 000 %. Dans ces contextes d'hyperinflation, l'économie s'arrête : les prix des biens changent tous les jours, voire toutes les heures.

## Résumé

Les disciplines des sciences humaines recourent régulièrement aux données publiques sur la population, l'emploi et les prix. Une grande partie de ces données sont construites à l'aide des concepts mathématiques de proportion, de taux, de rapport ou d'indice.

### Les concepts mathématiques

Une **proportion** donne la part d'une composante d'un ensemble par rapport au tout et elle s'exprime généralement sous la forme d'un pourcentage.

Un **taux** représente le quotient de deux quantités, souvent exprimé en % (pour cent), en ‰ (pour mille) ou en $^{0}/_{000}$ (pour dix mille). Parce qu'ils ramènent les quantités à une référence commune (100, 1 000 ou 10 000), les taux permettent les comparaisons.

Le **rapport** (ou *ratio*) exprime la taille d'un ensemble par comparaison avec la taille d'un autre ensemble servant de référence.

Les **indices** présentent une comparaison de la mesure d'une même variable à des temps ou en des lieux différents. On les dit soit **élémentaires** soit **synthétiques** (ou *composites*), selon qu'ils sont composés d'un seul ou de plusieurs éléments. Les **indices à base** temporelle servent à mesurer la variation relative d'une variable dans le temps à partir d'une période de référence appelée base. Un indice élémentaire à base temporelle se calcule ainsi :

$$I(t) = \frac{V(t)}{V(0)} \times 100$$

où :

$I(t)$ = Indice au temps $t$

$V(t)$ = Valeur de la variable au temps $t$

$V(0)$ = Valeur de la variable à la période de base

## La population

Les mesures de la population portent surtout sur les naissances et les décès. Elles reposent notamment sur les taux.

Le **taux de natalité** donne le nombre de naissances vivantes pour 1 000 habitants et le **taux de fécondité**, le nombre de naissances vivantes pour 1 000 femmes âgées de 15 à 49 ans. À partir des taux de fécondité par groupe d'âge, les démographes calculent l'**indice synthétique de fécondité**, qui sert à faire une estimation du nombre d'enfants qu'aura une femme au cours de sa vie. On évalue que cet indice doit être supérieur à 2,1 pour assurer le renouvellement des générations, notamment parce que le **rapport de masculinité** à la naissance est de 105. Comme dans beaucoup de pays industrialisés, l'indice synthétique de fécondité au Québec se situe actuellement en deçà de 2,1.

Le **taux de mortalité** donne le nombre de décès pour 1 000 habitants. La différence entre le taux de natalité et le taux de mortalité constitue le **taux d'accroissement naturel**, soit l'augmentation d'une population pour 1 000 habitants en l'absence d'apports migratoires.

Les démographes s'intéressent également à la structure d'âge d'une population ; la représentation graphique de cette structure est appelée **pyramide des âges**. Ils calculent aussi le **rapport de dépendance**, soit le rapport des moins de 15 ans et des 65 ans et plus au regard des 15-64 ans.

Voici les équations des mesures de la population expliquées dans ce chapitre :

$$\text{Taux de natalité} = \frac{\text{Nombre de naissances vivantes}}{\text{Taille de la population}} \times 1\,000\ ‰$$

$$\text{Taux de fécondité} = \frac{\text{Nombre de naissances vivantes}}{\text{Nombre de femmes (15 à 49 ans)}} \times 1\,000\ ‰$$

$$\text{Taux de fécondité par groupe d'âge} = \frac{\text{Nombre de naissances vivantes dans le groupe d'âge de la mère}}{\text{Nombre de femmes dans le même groupe d'âge}} \times 1\,000\ ‰$$

$$\text{Taux de mortalité} = \frac{\text{Nombre de décès}}{\text{Taille de la population}} \times 1\,000\ ‰$$

$$\text{Taux d'accroissement naturel} = \frac{\text{Nombre de naissances} - \text{Nombre de décès}}{\text{Taille de la population}} \times 1\,000\ ‰$$

$$\text{Indice synthétique de fécondité (ISF)} = \frac{\text{Somme des taux de fécondité par groupe d'âge} \times \text{Nombre d'années par groupe d'âge}}{1\,000}$$

$$\text{Rapport de dépendance} = \frac{\text{Nombre de personnes âgées de moins de 15 ans ou de 65 ans et plus}}{\text{Nombre de personnes âgées de 15 à 64 ans}} \times 100$$

## L'emploi

Les mesures de l'emploi sont fondées principalement sur le dénombrement de deux groupes : les **chômeurs** (personnes qui n'ont pas d'emploi, mais qui en recherchent un de manière active) et la **population active** (chômeurs et personnes qui occupent un emploi). À partir de ces deux catégories, Statistique Canada peut dénombrer les **inactifs** et mesurer le **taux de chômage**, soit la proportion des chômeurs dans la population active.

Bien qu'il soit révélateur, le taux de chômage présente des lacunes et ne constitue pas une mesure totalement adéquate de l'état du marché du travail. Il faut donc recourir à d'autres indicateurs comme le nombre d'emplois, le **taux d'activité** et le **taux d'emploi**.

Le tableau 4.13 (p. 176) indique comment on calcule les indicateurs du marché du travail.

## Les prix

L'**indice des prix à la consommation (IPC)** permet de mesurer l'évolution du prix d'un panier fixe de biens et de services courants. Pour évaluer le véritable pouvoir d'achat de la monnaie, il faut employer des **dollars constants** (qui représentent la **valeur réelle** de la monnaie) plutôt que des **dollars courants** (qui représentent la **valeur nominale** de la monnaie).

La variation relative de l'IPC entre deux périodes consécutives représente le **taux d'inflation**, dont on tient compte dans l'indexation des salaires afin de maintenir totalement ou partiellement le pouvoir d'achat. Voici les équations permettant de calculer le **pouvoir d'achat** et le taux d'inflation :

$$\text{Pouvoir d'achat de 1 \$ en l'an } t = \frac{100}{\text{IPC}(t)}$$

$$\text{Taux d'inflation au temps } t = \frac{\text{IPC}(t) - \text{IPC}(t-1)}{\text{IPC}(t-1)} \times 100\ \%$$

où IPC$(t)$ représente l'indice des prix au temps $t$.

## MOTS CLÉS

Base, p. 165
Chômeur, p. 176
Dollar constant, p. 182
Dollar courant, p. 182
Inactifs, p. 176
Indice à base, p. 165
Indice des prix à la consommation (IPC), p. 180
Indice élémentaire, p. 165
Indice synthétique, p. 165
Indice synthétique de fécondité, p. 171
Population active, p. 176
Pouvoir d'achat, p. 182
Proportion, p. 161
Pyramide des âges, p. 174
Rapport, p. 164
Rapport de dépendance, p. 175
Rapport de masculinité, p. 165
Taux, p. 162
Taux d'accroissement naturel, p. 173
Taux d'activité, p. 176
Taux d'emploi, p. 176
Taux d'inflation, p. 183
Taux de chômage, p. 176
Taux de fécondité, p. 170
Taux de mortalité, p. 173
Taux de natalité, p. 169
Valeur nominale, p. 182
Valeur réelle, p. 182

## RÉSEAU DE CONCEPTS

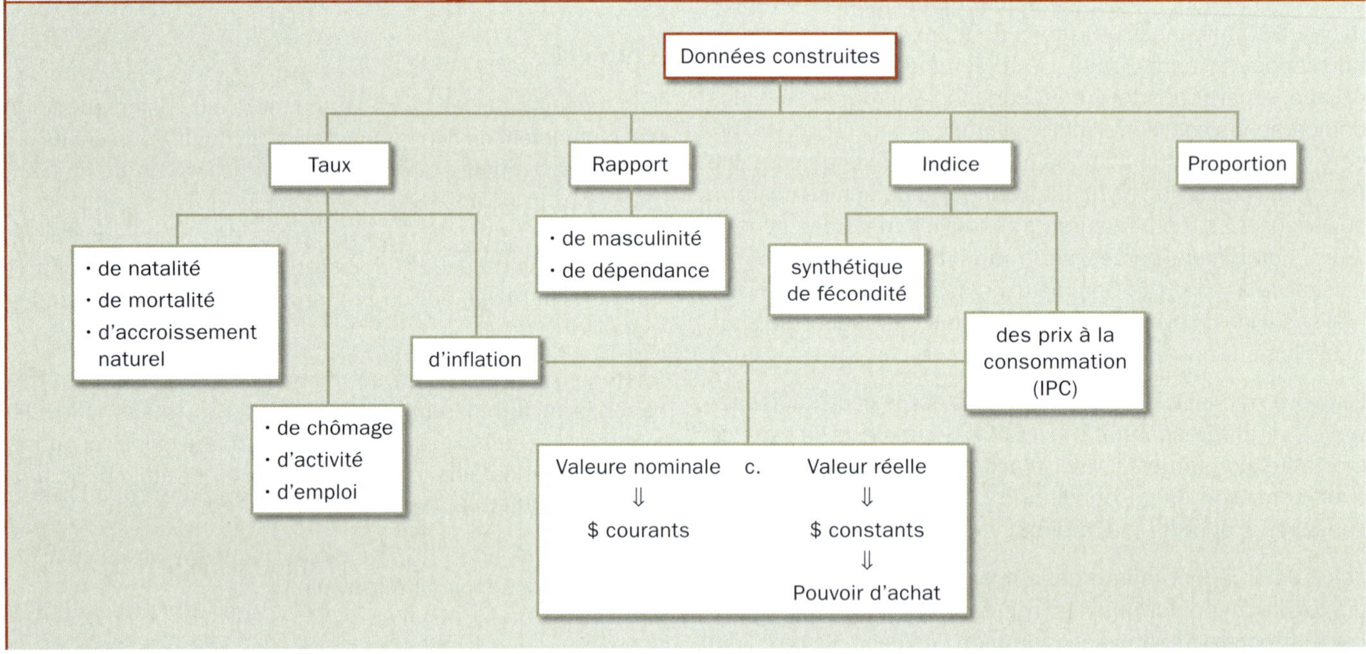


## EXERCICES RÉCAPITULATIFS

### Section 4.1

1. Dans une entreprise comptant 30 cadres, on constate que le rapport Cadre:Salariés syndiqués est de 1:5. Quel est le nombre de salariés syndiqués de cette entreprise ?

2. Complétez. Une école compte 2 800 élèves et 200 enseignants. Le rapport Élèves: Enseignant est de ________:1.

3. Au cours de l'année scolaire 2007-2008, le rapport Élèves:Éducateur était de 13,6:1 au Québec et de 14,3:1 en Ontario. Au cours de cette même année, le salaire moyen d'un éducateur de commission scolaire était de 56 832 $ au Québec et de 70 523 $ en Ontario[8].

8. Source : Ministère de l'Éducation, du Loisir et du Sport, *Indicateurs de l'éducation. Édition 2009*, 2009, p. 35 et 37. Par éducateur, on entend les enseignants, les directeurs d'école, les professionnels qui travaillent auprès des élèves (conseillers pédagogiques, conseillers d'orientation, etc.).

a) À combien s'élève la part du salaire d'un éducateur qui est consacrée à chaque élève dans chacune des deux provinces ?

b) On entend souvent dire que le fait que le salaire d'un éducateur du Québec soit moins élevé que celui consenti en Ontario s'explique par un rapport Élèves : Éducateur plus faible au Québec. Quel serait le salaire d'un éducateur du Québec si on appliquait le même rapport Élèves : Éducateur qu'en Ontario ?

c) En vertu du résultat obtenu en *b*, peut-on soutenir l'hypothèse formulée en *b* ?

**4.** En 2009, l'indice de population étudiante d'un cégep était de 95 (2006 = 100), tandis que celui des professeurs était de 90.

a) Quelle était la taille de la population étudiante en 2009 si elle était de 2 000 en 2006 ?

b) Que nous apprend l'indice de 90 ?

c) Lequel des deux groupes a subi la plus forte diminution relative entre 2006 et 2009 ?

**5.** Interprétez chacun des taux apparaissant dans le tableau 4.19.

TABLEAU | **4.19**

**NOMBRE D'INFRACTIONS ET TAUX D'INFRACTION PAR 100 000 HABITANTS, QUÉBEC, 2008**

| Infraction | Nombre d'infractions | Taux par 100 000 habitants |
|---|---|---|
| Agression sexuelle | 4 370 | 56 |
| Introduction par effraction | 56 098 | 724 |
| Conduite avec facultés affaiblies | 16 244 | 210 |

Source : Juristat (Statistique Canada), *Statistiques sur les crimes déclarés par la police au Canada, 2008*, juillet 2009, nº 85-002-X, vol. 29, nº 3 au catalogue, p. 29 et 30.

**6.** Examinez les tableaux 4.20 et 4.21 et répondez aux questions qui s'y rapportent.

TABLEAU | **4.20**

**ÉVOLUTION DU NOMBRE DE MARIAGES, QUÉBEC ET ONTARIO, 1986, 1996, 2006 ET 2008**

| Année | Province | |
|---|---|---|
| | Québec | Ontario |
| 1986 | 33 108 | 70 839 |
| 1996 | 23 963 | 66 208 |
| 2006 | 21 956 | 63 151 |
| 2008 | 22 038 | 63 962 |

Source : Institut de la statistique du Québec, http://www.stat.gouv.qc.ca/donstat/societe/demographie/struc_poplt/105.htm (2009-12-17).

TABLEAU | **4.21**

**ÉVOLUTION DE LA TAILLE DE LA POPULATION, QUÉBEC ET ONTARIO, 1986, 1996, 2006 ET 2008**

| Année | Province | |
|---|---|---|
| | Québec | Ontario |
| 1986 | 6 708 170 | 9 437 359 |
| 1996 | 7 246 897 | 11 082 903 |
| 2006 | 7 631 552 | 12 665 346 |
| 2008 | 7 753 470 | 12 936 296 |

Source : Institut de la statistique du Québec, *Le bilan démographique du Québec. Édition 2009*, décembre 2009, p. 21.

a) Commentez le tableau décrivant l'évolution du nombre de mariages.
b) Pourquoi ne doit-on pas utiliser le nombre de mariages pour comparer la vigueur de l'institution sociale du mariage au Québec et en Ontario ?
c) Calculez le taux de nuptialité (nombre de mariages par 1 000 habitants) au Québec et en Ontario pour chacune des années.
d) Que nous apprend le taux de nuptialité observé au Québec en 2008 ?
e) Dans laquelle des deux régions l'institution du mariage semble-t-elle la mieux établie ? Justifiez votre réponse.

**7.** Examinez le tableau 4.22 et répondez aux questions qui s'y rapportent.

TABLEAU | **4.22**

**ÉVOLUTION DU NOMBRE D'EMPLOIS (EN MILLIERS), PAR SEXE, QUÉBEC, 2000–2008**

| Année | Nombre de salariés (en milliers) | |
|---|---|---|
| | Hommes | Femmes |
| 2000 | 1 860,8 | 1 542,0 |
| 2001 | 1 875,4 | 1 564,8 |
| 2002 | 1 932,1 | 1 637,8 |
| 2003 | 1 939,2 | 1 689,7 |
| 2004 | 1 961,4 | 1 719,1 |
| 2005 | 1 973,8 | 1 743,5 |
| 2006 | 1 998,4 | 1 767,0 |
| 2007 | 2 017,4 | 1 834,3 |
| 2008 | 2 025,0 | 1 856,7 |

Source : Institut de la statistique du Québec, *Annuaire québécois des statistiques du travail. Portrait des principaux indicateurs du travail 2000-2008*, vol. 5, nº 1, juin 2009, p. 62.

a) Quel est le taux de féminité (soit la proportion des femmes) de la main-d'œuvre au Québec en 2000 et en 2008 ?
b) De combien le taux de féminité de la main-d'œuvre a-t-il diminué ou augmenté entre 2000 et 2008 ?
c) Quel est le rapport de masculinité (soit le nombre d'hommes pour 100 femmes) de la main-d'œuvre au Québec en 2000 et en 2008 ?
d) Quels sont les indices (2004 = 100) du nombre d'emplois occupés par des hommes en 2000 et en 2008 ?
e) Que nous apprennent ces deux indices ?

**8.** a) Complétez le tableau 4.23.

TABLEAU | **4.23**

**TAILLE DE LA POPULATION, NOMBRE D'INFIRMIÈRES ET D'INFIRMIERS AUTORISÉS, TAUX D'INFIRMIÈRES ET D'INFIRMIERS PAR 10 000 HABITANTS ET INDICE DU NOMBRE D'INFIRMIÈRES ET D'INFIRMIERS (2003 = 100), QUÉBEC, 2003–2007**

| Année | Population (milliers) | Nombre d'infirmières et d'infirmiers | Taux (‱) | Indice (2003 = 100) |
|---|---|---|---|---|
| 2003 | 7 485,8 | 62 494 | | |
| 2004 | 7 535,9 | 63 455 | | |
| 2005 | 7 581,9 | 63 827 | | |
| 2006 | 7 631,6 | 64 014 | | |
| 2007 | 7 687,1 | 64 955 | | |

Sources : Institut de la statistique du Québec, *Le bilan démographique. Édition 2009*, décembre 2009, p. 18, et Institut canadien d'information sur la santé (ICIS), *Infirmières réglementées. Tendances, 2003 à 2007*, 2008, p. 11.

b) Quelles sont la variation et la variation relative du nombre d'infirmières et d'infirmiers entre 2003 et 2007 ?

c) Interprétez le taux observé en 2007.

d) En 2007, au Québec, la proportion de femmes dans la profession était de 90,7 %. Quel était le rapport de masculinité ?

En 2007, au Québec, 25 064 infirmières et infirmiers n'étaient titulaires que d'un baccalauréat, 1 750 étaient titulaires d'au moins une maîtrise ou un doctorat, les autres n'étaient titulaires que d'un diplôme d'études collégiales.

e) En 2007, au Québec, combien d'infirmières et d'infirmiers autorisés n'étaient titulaires que d'un diplôme d'études collégiales ?

f) En 2007, au Québec, quelle proportion des infirmières et des infirmiers autorisés n'étaient titulaires que d'un baccalauréat ?

g) En 2007, au Québec, quelle proportion des infirmières et infirmiers autorisés étaient titulaires d'au moins une maîtrise ou un doctorat ?

## Section 4.2

**9.** a) Comment calcule-t-on le taux de natalité ?

b) Comment calcule-t-on le taux de fécondité ?

**10.** Pourquoi la valeur numérique du taux de natalité est-elle toujours plus faible que celle du taux de fécondité ?

**11.** Que représente l'indice synthétique de fécondité ?

**12.** Donnez une raison pour laquelle l'indice synthétique de fécondité doit être supérieur à 2 pour assurer le renouvellement des générations.

**13.** Vrai ou faux ?

a) La population d'un pays commence à décroître dès que l'indice synthétique de fécondité tombe au-dessous de 2,1.

b) L'indice synthétique de fécondité mesure précisément le nombre d'enfants qu'auront, en moyenne, les femmes de 15 ans au cours de leur vie.

c) Depuis de nombreuses années, au Québec, on observe un plus grand nombre de naissances d'enfants de sexe masculin que de sexe féminin.

d) Au Québec, l'indice synthétique de fécondité a toujours été supérieur à 2,1.

e) La plupart des pays industrialisés présentent un faible indice synthétique de fécondité.

**14.** a) Comment calcule-t-on le taux de mortalité ?

b) Comment calcule-t-on le taux d'accroissement naturel ?

**15.** En 2008, le Canada comptait 16 501 700 hommes et 16 809 700 femmes, dont 8 448 600 femmes âgées de 15 à 49 ans. Au cours de cette année, on a dénombré 367 089 naissances vivantes et 240 998 décès.

a) Quelle était la taille de la population au Canada en 2008 ?

b) Quel était le rapport de masculinité au Canada en 2008 ?

c) Quel était le taux de natalité au Canada en 2008 ?

d) Quel était le taux de fécondité au Canada en 2008 ?

e) Quel était le taux de mortalité au Canada en 2008 ?

f) Quel était le taux d'accroissement naturel au Canada en 2008 ?

**16.** L'avortement est un sujet qui soulève toujours autant de passions, tant au Québec que dans l'ensemble du Canada. Il existe plusieurs façons de mesurer l'ampleur du phénomène : nombre d'interruptions volontaires de grossesse (IVG), taux d'interruption volontaire de grossesse pour 100 naissances, taux d'interruption volontaire de grossesse pour 1 000 femmes d'un groupe d'âge, indice synthétique d'interruption volontaire de grossesse.

a) Complétez le tableau 4.24.

TABLEAU **4.24**

**NOMBRE DE NAISSANCES, NOMBRE D'INTERRUPTIONS VOLONTAIRES DE GROSSESSE (IVG) ET NOMBRE D'INTERRUPTIONS VOLONTAIRES DE GROSSESSE POUR 100 NAISSANCES (TAUX D'IVG POUR 100 NAISSANCES), QUÉBEC, 1978-2008**

| Année | Nombre de naissances | Nombre d'IVG | Taux d'IVG (pour 100 naissances) |
|---|---|---|---|
| 1978 | 96 202 | 9 704 | |
| 1988 | 86 358 | 17 068 | |
| 1998 | 75 865 | 28 833 | |
| 2008 | 87 600 | 26 456 | |

Sources : Institut de la statistique du Québec, http://www.stat.gouv.qc.ca/donstat/societe/demographie/naisn_deces/naissance/403.htm, et http://www.stat.gouv.qc.ca/donstat/societe/demographie/naisn_deces/naissance/415.htm (2009-12-18).

b) Que nous apprend le taux d'IVG de 2008 ?

c) Commentez le tableau présenté en *a*.

d) En 2008, le Québec comptait 245 428 femmes âgées de 15 à 19 ans. Si on a dénombré 4 810 femmes de ce groupe d'âge ayant subi une IVG en 2008, calculez le taux d'IVG pour 1 000 femmes de ce groupe d'âge et dites ce que ce taux nous apprend.

e) Le tableau 4.25 présente les taux d'IVG (pour 1 000 femmes) par groupe d'âge au Québec.

TABLEAU **4.25**

**TAUX D'IVG POUR 1 000 FEMMES PAR GROUPE D'ÂGE, QUÉBEC, 1978-2008**

| Année | Groupe d'âge (années) | | | | | | | |
|---|---|---|---|---|---|---|---|---|
| | 10-14 | 15-19 | 20-24 | 25-29 | 30-34 | 35-39 | 40-44 | 45-49 |
| 1978 | 0,2 | 6,0 | 9,1 | 7,7 | 5,7 | 3,6 | 1,2 | 0,2 |
| 1988 | 0,5 | 12,7 | 18,5 | 13,2 | 9,0 | 5,2 | 1,4 | 0,1 |
| 1998 | 0,6 | 22,3 | 36,2 | 26,6 | 16,6 | 9,3 | 2,8 | 0,2 |
| 2008 | 0,5 | 19,6 | 31,5 | 22,8 | 17,3 | 11,1 | 3,6 | 0,2 |

Source : Institut de la statistique du Québec, http://www.stat.gouv.qc.ca/donstat/societe/demographie/naisn_deces/naissance/416b.htm (2009-12-18).

Selon l'Institut de la statistique du Québec, l'indice synthétique d'IVG correspond au nombre d'IVG qu'enregistrerait une cohorte de 1 000 femmes soumises tout au long de leur période féconde (10 à 49 ans) aux taux par âge observés une année donnée. Calculez l'indice synthétique d'IVG pour chacune des années et donnez le sens de cette mesure pour 2008. (Inspirez-vous du calcul de l'indice synthétique de fécondité.)

f) Quelle a été la variation relative de l'indice synthétique d'IVG entre 1978 et 2008 ?

g) Pourquoi devrait-on se servir d'un taux plutôt que du nombre d'IVG pour comparer l'ampleur du phénomène des IVG au Québec et en Ontario ?

**17.** De quel graphique se sert-on pour représenter la structure d'âge d'une population selon le sexe ?

**18.** Que nous apprend un rapport de dépendance de 50 ?

## Section 4.3

**19.** Mentionnez quelques lacunes du taux de chômage tel qu'il est mesuré par Statistique Canada.

**20.** Répondez aux questions à partir du tableau 4.26.

TABLEAU | **4.26**

**SOMMAIRE DU MARCHÉ DU TRAVAIL, QUÉBEC, 2000 ET 2008**

| Année | Population de 15 ans et plus (milliers) | Emplois à temps plein (milliers) | Emplois à temps partiel (milliers) | Chômeurs (milliers) |
|---|---|---|---|---|
| 2000 | 5 889,0 | 2 830,7 | 572,1 | 314,7 |
| 2008 | 6 372,1 | 3 158,0 | 723,6 | 303,3 |

Source : Institut de la statistique du Québec, *Annuaire québécois des statistiques du travail. Portrait des principaux indicateurs du travail 2000-2008*, vol. 5, nº 1, juin 2009, p. 227, 244 et 246.

a) Quelle a été la variation relative du nombre total d'emplois entre 2000 et 2008 ? Pourquoi ce nombre est-il positif ?

b) Quelle a été la variation relative du nombre de chômeurs entre 2000 et 2008 ? Pourquoi ce nombre est-il négatif ?

c) Combien y avait-il d'inactifs en 2000 ?

d) Complétez le tableau 4.27.

TABLEAU | **4.27**

**MARCHÉ DU TRAVAIL, QUÉBEC, 2000 ET 2008**

| Année | Taux de chômage (%) | Taux d'activité (%) | Taux d'emploi (%) | Indice d'emploi à temps plein (2000 = 100) | Indice d'emploi à temps partiel (2000 = 100) |
|---|---|---|---|---|---|
| 2000 | | | | | |
| 2008 | | | | | |

Source : Institut de la statistique du Québec, *Annuaire québécois des statistiques du travail. Portrait des principaux indicateurs du travail 2000-2008*, vol. 5, nº 1, juin 2009, p. 227, 244 et 246.

e) Quelle a été la variation relative du nombre d'emplois à temps plein entre 2000 et 2008 ?

f) Quelle a été la variation relative du nombre d'emplois à temps partiel entre 2000 et 2008 ?

g) Lequel des deux régimes de travail (temps plein ou temps partiel) a connu la plus forte croissance relative au cours de la période ?

**21.** Vrai ou faux ?

a) Lorsque le nombre de personnes ayant un emploi augmente, le taux de chômage diminue toujours.

b) Lorsque le nombre de chômeurs diminue, le taux de chômage diminue toujours.

c) Les chômeurs ne font pas partie de la population active.

## Section 4.4

**22.** Pourquoi se sert-on d'un indice composite plutôt que d'un indice élémentaire pour mesurer l'évolution des prix à la consommation ?

**23.** La gérante d'une coopérative étudiante a constaté que le prix des manuels augmente régulièrement. Elle a dressé le tableau 4.28 montrant l'évolution du prix d'un livre de psychologie utilisé depuis de nombreuses années au cégep où elle travaille.

TABLEAU **4.28**

**ÉVOLUTION DU PRIX ET DE L'INDICE DE PRIX DU MANUEL DE PSYCHOLOGIE**

| Année | Prix ($) | Indice de prix (1999 = 100) |
|---|---|---|
| 1989 | 29,95 | |
| 1999 | 39,95 | |
| 2009 | 49,95 | |

a) Quelle est l'année de base de l'indice de prix ?
b) Complétez le tableau.
c) Quelle a été la variation relative du prix entre 1989 et 2009 ?
d) Que nous apprend l'indice de prix observé en 2009 ?

**24.** Quelle technique d'échantillonnage est employée dans une enquête sur les prix à la consommation ?

**25.** En novembre 2009, l'IPC était de 116,5 à Halifax et de 114,3 à Montréal. Doit-on en conclure qu'il est plus onéreux de vivre à Halifax qu'à Montréal ?

**26.** Examinez le tableau 4.29 et répondez aux questions qui s'y rapportent.

TABLEAU **4.29**

**IPC, PRIX EN DOLLARS COURANTS ET EN DOLLARS CONSTANTS (2002 = 100) D'UN MANUEL DE PSYCHOLOGIE**

| Année | IPC (2002 = 100) | Prix ($ courants) | Prix ($ constants) |
|---|---|---|---|
| 1995 | 87,6 | 34,95 | |
| 2000 | 95,4 | 39,95 | |
| 2005 | 107,0 | 46,95 | |
| 2008 | 114,1 | 49,95 | |

a) Complétez le tableau 4.29.
b) À l'aide du graphique approprié, représentez l'évolution du prix du manuel de psychologie exprimé en dollars courants et en dollars constants.
c) Entre 1995 et 2008, l'augmentation relative du prix du manuel (en dollars courants) a-t-elle été plus forte que celle de l'IPC ? Expliquez votre réponse.
d) Si le prix du manuel avait augmenté depuis 1995 au même rythme que l'IPC, quel aurait dû en être le prix (dollars courants) en 2008 ?

# Exercice de synthèse

L'analyse du marché de l'emploi nécessite quelques définitions qui permettent de classer les travailleurs dans des catégories. Les définitions suivantes sont tirées de *L'annuaire québécois des statistiques du travail* publié par l'Institut de la statistique du Québec.

Employé
Personne qui travaille pour un employeur dans le secteur public ou privé. Ce terme exclut les travailleurs autonomes.

Secteur public
Administrations municipale, provinciale et fédérale, organismes publics, sociétés d'État ainsi que les autres institutions gouvernementales comme les écoles (incluant les universités) ou les hôpitaux.

Secteur privé
Toute organisation ne faisant pas partie du secteur public.

Employés syndiqués
Employés qui sont membres d'un syndicat et ceux qui ne sont pas membres, mais qui sont couverts par une convention collective ou par un contrat de travail négocié par un syndicat.

Employés non syndiqués
Employés qui ne sont pas membres d'un syndicat et qui ne sont pas couverts par une convention collective ou par un contrat de travail négocié par un syndicat.

Taux de présence syndicale
Nombre d'employés syndiqués exprimé en pourcentage des employés.

Les personnes sont également classées selon le plus haut niveau d'études comme suit :

Sans diplôme d'études secondaires (SDES)
Personnes n'ayant pas obtenu un diplôme d'études secondaires.

Diplôme d'études secondaires (DES)
Personnes ayant obtenu un diplôme d'études secondaires.

Études postsecondaires (EP)
Personnes ayant complété ou non une formation en vue de l'obtention d'un certificat (incluant un certificat de métiers) ou d'un diplôme d'un établissement d'enseignement postsecondaire (incluant l'université). Cela comprend une école de métiers, une période d'apprentissage, un collège communautaire, un cégep, une école de sciences infirmières, etc. Sont également incluses les personnes qui ont obtenu un certificat ou un diplôme universitaire inférieur au baccalauréat.

Grade universitaire (GU)
Personnes ayant obtenu un baccalauréat à l'université.

Examinez les tableaux 4.30 à 4.35 et répondez aux questions qui s'y rapportent.

TABLEAU | **4.30**

**ÉVOLUTION DU NOMBRE D'EMPLOYÉS SYNDIQUÉS ET NON SYNDIQUÉS (EN MILLIERS), SELON LE SEXE, QUÉBEC, 2000-2008**

| Année | Nombre d'employés syndiqués (en milliers) | | Nombre d'employés non syndiqués (en milliers) | |
|---|---|---|---|---|
| | Hommes | Femmes | Hommes | Femmes |
| 2000 | 649,6 | 513,1 | 884,9 | 857,2 |
| 2001 | 655,7 | 551,7 | 903,2 | 862,7 |
| 2002 | 690,7 | 570,7 | 933,9 | 908,8 |
| 2003 | 698,6 | 594,2 | 925,1 | 928,0 |
| 2004 | 678,2 | 596,0 | 961,1 | 960,7 |
| 2005 | 684,8 | 608,4 | 957,2 | 963,1 |
| 2006 | 699,1 | 613,1 | 978,4 | 972,2 |
| 2007 | 684,8 | 623,7 | 977,8 | 1 013,2 |
| 2008 | 679,3 | 637,4 | 1 003,5 | 1 019,1 |

Source : Institut de la statistique du Québec, *Annuaire québécois des statistiques du travail. Portrait des principaux indicateurs du travail 2000-2008*, vol. 5, nº 1, juin 2009, p. 100.

TABLEAU | **4.31**

**ÉVOLUTION DU NOMBRE D'EMPLOYÉS (EN MILLIERS), SELON LA PRÉSENCE SYNDICALE ET LA TAILLE DE L'ÉTABLISSEMENT, QUÉBEC, 2000-2008**

| Année | Nombre d'employés (syndiqués) (en milliers) | | | | Nombre d'employés (non syndiqués) (en milliers) | | | |
|---|---|---|---|---|---|---|---|---|
| | A | B | C | D | A | B | C | D |
| 2000 | 161,0 | 371,1 | 369,7 | 261,0 | 772,4 | 562,0 | 277,5 | 130,1 |
| 2001 | 172,7 | 359,2 | 393,8 | 281,7 | 757,2 | 574,1 | 298,1 | 136,5 |
| 2002 | 168,1 | 401,5 | 394,3 | 297,5 | 800,4 | 618,0 | 298,8 | 125,5 |
| 2003 | 182,4 | 402,2 | 397,6 | 310,7 | 816,4 | 592,1 | 293,5 | 151,2 |
| 2004 | 174,3 | 412,6 | 386,6 | 300,7 | 850,3 | 617,5 | 295,5 | 158,9 |
| 2005 | 175,1 | 399,6 | 386,3 | 332,2 | 820,8 | 624,2 | 310,6 | 164,7 |
| 2006 | 193,1 | 398,7 | 402,1 | 318,4 | 829,3 | 638,5 | 309,2 | 173,7 |
| 2007 | 203,3 | 394,4 | 372,5 | 338,3 | 826,9 | 669,1 | 329,6 | 165,5 |
| 2008 | 196,0 | 413,4 | 364,0 | 343,5 | 860,6 | 653,3 | 324,1 | 182,5 |

Source : Institut de la statistique du Québec, *Annuaire québécois des statistiques du travail. Portrait des principaux indicateurs du travail 2000-2008*, vol. 5, nº 1, juin 2009, p. 105.

A : Moins de 20 employés ; B : 20 à 99 employés ; C : 100 à 500 employés ; D : Plus de 500 employés.

TABLEAU | **4.32**

**ÉVOLUTION DU NOMBRE D'EMPLOYÉS (EN MILLIERS), SELON LE SECTEUR D'APPARTENANCE (PUBLIC/PRIVÉ) ET LE NIVEAU D'ÉTUDES, QUÉBEC, 2000-2008**

| Année | Nombre d'employés (secteur public) (en milliers) | | | | Nombre d'employés (secteur privé) (en milliers) | | | |
|---|---|---|---|---|---|---|---|---|
| | SDES | DES | EP | GU | SDES | DES | EP | GU |
| 2000 | 47,4 | 90,9 | 304,5 | 246,3 | 477,2 | 424,1 | 1 020,0 | 294,3 |
| 2001 | 47,2 | 90,5 | 311,5 | 270,1 | 464,9 | 417,1 | 1 057,2 | 314,7 |
| 2002 | 48,5 | 90,5 | 336,5 | 268,0 | 483,1 | 436,8 | 1 122,6 | 318,2 |
| 2003 | 42,6 | 88,2 | 344,0 | 282,3 | 465,8 | 420,6 | 1 179,7 | 322,8 |
| 2004 | 41,8 | 92,4 | 344,4 | 283,4 | 460,9 | 420,6 | 1 200,9 | 352,1 |
| 2005 | 38,9 | 96,3 | 358,9 | 291,1 | 429,1 | 428,7 | 1 190,0 | 380,6 |
| 2006 | 35,5 | 89,9 | 351,7 | 305,5 | 434,6 | 436,1 | 1 222,4 | 387,2 |
| 2007 | 30,9 | 88,2 | 362,7 | 316,2 | 424,3 | 442,4 | 1 233,7 | 401,1 |
| 2008 | 29,2 | 86,5 | 384,0 | 307,6 | 428,7 | 424,7 | 1 289,6 | 389,1 |

Source : Institut de la statistique du Québec, *Annuaire québécois des statistiques du travail. Portrait des principaux indicateurs du travail 2000-2008*, vol. 5, nº 1, juin 2009, p. 114.

TABLEAU | **4.33**

**ÉVOLUTION DE LA RÉMUNÉRATION HEBDOMADAIRE, SELON LA PRÉSENCE SYNDICALE, QUÉBEC, 2000-2008**

| Année | Rémunération hebdomadaire ($) | |
|---|---|---|
| | Employés syndiqués | Employés non syndiqués |
| 2000 | 667,40 | 521,10 |
| 2001 | 679,72 | 539,25 |
| 2002 | 695,27 | 544,99 |
| 2003 | 709,43 | 556,34 |
| 2004 | 723,72 | 586,86 |
| 2005 | 738,72 | 601,73 |
| 2006 | 757,49 | 614,44 |
| 2007 | 779,42 | 626,58 |
| 2008 | 805,48 | 649,48 |

Source : Institut de la statistique du Québec, *Annuaire québécois des statistiques du travail. Portrait des principaux indicateurs des conditions et de la dynamique du travail 2000-2008*, vol. 5, nº 2, décembre 2009, p. 94.

TABLEAU | **4.34**

**ÉVOLUTION DE LA RÉMUNÉRATION HEBDOMADAIRE, SELON LE NIVEAU D'ÉTUDES, QUÉBEC, 2000-2008**

| Année | Rémunération hebdomadaire ($) | | | |
|---|---|---|---|---|
| | SDES | DES | EP | GU |
| 2000 | 446,84 | 529,78 | 552,50 | 822,63 |
| 2001 | 448,37 | 536,88 | 565,75 | 848,89 |
| 2002 | 456,80 | 540,20 | 576,73 | 873,65 |
| 2003 | 463,55 | 546,98 | 588,54 | 888,19 |
| 2004 | 476,59 | 570,49 | 608,90 | 908,10 |
| 2005 | 485,14 | 579,42 | 623,65 | 912,49 |
| 2006 | 477,71 | 587,21 | 643,37 | 933,18 |
| 2007 | 487,52 | 591,82 | 655,45 | 955,10 |
| 2008 | 494,42 | 620,88 | 680,56 | 992,58 |

Source : Institut de la statistique du Québec, *Annuaire québécois des statistiques du travail. Portrait des principaux indicateurs des conditions et de la dynamique du travail 2000-2008*, vol. 5, nº 2, décembre 2009, p. 89.

TABLEAU | **4.35**

**ÉVOLUTION DE LA RÉMUNÉRATION HEBDOMADAIRE, SELON LE GROUPE D'ÂGE, QUÉBEC, 2000-2008**

| Année | Rémunération hebdomadaire ($) | | | |
|---|---|---|---|---|
| | 15-54 ans | 25-54 ans | 45-54 ans | 55 ans et + |
| 2000 | 290,27 | 617,08 | 698,46 | 610,41 |
| 2001 | 301,93 | 639,65 | 704,48 | 632,17 |
| 2002 | 301,63 | 648,66 | 717,14 | 660,20 |
| 2003 | 305,62 | 668,93 | 731,64 | 651,88 |
| 2004 | 311,60 | 690,60 | 759,27 | 670,09 |
| 2005 | 317,29 | 702,71 | 777,12 | 694,00 |
| 2006 | 320,71 | 718,06 | 796,92 | 706,41 |
| 2007 | 321,26 | 742,80 | 814,58 | 706,55 |
| 2008 | 333,60 | 773,69 | 829,60 | 746,35 |

Source : Institut de la statistique du Québec, *Annuaire québécois des statistiques du travail. Portrait des principaux indicateurs des conditions et de la dynamique du travail 2000-2008*, vol. 5, nº 2, décembre 2009, p. 88.

a) Quelles ont été la variation et la variation relative du nombre d'employés syndiqués au Québec entre 2000 et 2008 ? (Tableau 4.30.)
b) Quelles ont été la variation et la variation relative du taux de présence syndicale au Québec entre 2000 et 2008 ? (Tableau 4.30.)
c) Quel a été le taux de féminité (soit la proportion de femmes) chez les syndiqués au Québec en 2000 et en 2008 ? (Tableau 4.30.)
d) Quelles ont été la variation et la variation relative du taux de féminité chez les syndiqués au Québec entre 2000 et 2008 ? (Tableau 4.30.)
e) Quel a été le rapport de masculinité chez les syndiqués au Québec en 2008 ? (Tableau 4.30.)
f) Si on utilise l'année 2002 comme année de base (2002 = 100), quel est l'indice du nombre d'employés syndiqués masculins, au Québec, en 2008 ? (Tableau 4.30.)
g) Interprétez l'indice calculé en *f*.
h) Représentez dans un même graphique toutes les données consignées dans le tableau 4.30.
i) Un chercheur affirme que la progression du nombre d'employés (syndiqués ou non syndiqués) masculins est moins régulière que celle du nombre des employées. Cette hypothèse semble-t-elle confirmée par les données du tableau 4.30 et du graphique tracé en *h* ? Justifiez votre réponse.
j) Déterminez les quatre variables du tableau 4.30, la nature de chacune d'entre elles ainsi que leurs modalités ou leurs valeurs respectives.
k) Quelle a été la variation moyenne du nombre d'employés syndiqués dans les établissements de plus de 500 employés, au Québec, entre 2000 et 2008 ? (Tableau 4.31.)
l) Complétez le tableau 4.36.

TABLEAU **4.36**

**TAUX DE PRÉSENCE SYNDICALE, SELON LA TAILLE DE L'ÉTABLISSEMENT, QUÉBEC, 2000 ET 2008**

| Année | A (%) | B (%) | C (%) | D (%) |
|---|---|---|---|---|
| 2000 | | | | |
| 2008 | | | | |

Source : Institut de la statistique du Québec, *Annuaire québécois des statistiques du travail. Portrait des principaux indicateurs du travail 2000-2008*, vol. 5, n° 1, juin 2009, p. 105.

m) Utilisez une représentation graphique appropriée pour comparer les taux de présence syndicale en 2000 et 2008 selon la taille de l'établissement.
n) Formulez une hypothèse plausible portant sur le lien entre le taux de présence syndicale et la taille de l'établissement.
o) Complétez le tableau 4.37 à partir des données du tableau 4.32.

TABLEAU **4.37**

**RÉPARTITION EN POURCENTAGE DES EMPLOYÉS, SELON LE NIVEAU D'ÉTUDES, PAR SECTEUR D'APPARTENANCE (PUBLIC/PRIVÉ), 2008**

| Niveau d'études | Secteur d'appartenance | |
|---|---|---|
| | Public (%) | Privé (%) |
| SDES | | |
| DES | | |
| EP | | |
| GU | | |
| **Total** | 100,0 | 100,0 |

Source : Institut de la statistique du Québec, *Annuaire québécois des statistiques du travail. Portrait des principaux indicateurs du travail 2000-2008*, vol. 5, n° 1, juin 2009, p. 114.

p) Utilisez une représentation graphique qui permet la comparaison des niveaux d'études des employés par secteur d'appartenance. (Tableau 4.37.)

q) L'écart des rémunérations entre les employés syndiqués et non syndiqués constitue une prime à la syndicalisation. Commentez l'évolution de la prime à la syndicalisation au Québec entre 2000 et 2008. (Tableau 4.33.)

r) Déterminez les trois variables du tableau 4.34 ainsi que la nature de chacune d'entre elles.

s) Formulez une hypothèse plausible en ce qui a trait au lien entre le niveau d'études et la rémunération à partir des données consignées dans le tableau 4.34.

t) L'écart des rémunérations entre les personnes qui sont titulaires d'un grade universitaire et celles qui n'ont que des études postsecondaires constitue en quelque sorte une prime à la formation. Commentez l'évolution de la prime à la formation au Québec, entre 2000 et 2008.

u) Le tableau 4.17 (p. 183) donne l'IPC au Québec pour les années 2000 à 2008. Utilisez ces valeurs pour calculer la rémunération hebdomadaire en dollars constants de 2002 pour chacun des groupes d'âge pour les années 2000 et 2008. (Tableau 4.35.)

v) Déterminez la variation relative de la rémunération en dollars courants et en dollars constants entre 2000 et 2008 pour chacun des groupes d'âge.

w) Commentez les résultats obtenus en *v*.

**NOUS AVONS VU DANS LES CHAPITRES PRÉCÉDENTS** qu'il est possible d'analyser l'information contenue dans les tableaux et les graphiques à l'aide de mesures numériques (taux, proportion, variation, variation relative, variation moyenne).

Nous allons maintenant approfondir l'analyse et l'interprétation en utilisant d'autres mesures numériques afin de faire ressortir certaines caractéristiques des données recueillies.

Les mesures de tendance centrale permettent de caractériser une série statistique au moyen d'une valeur ou d'une modalité typique. Elles apportent des réponses aux questions suivantes :

- Quelle valeur ou modalité résume le mieux l'ensemble des données ?
- Quelle mesure constitue la synthèse de l'ensemble des données ?
- Quelle mesure permet de concentrer l'information d'une masse de données en une seule valeur ou modalité ?

Dans ce chapitre, nous nous familiariserons avec trois mesures de tendance centrale : le mode, la médiane et la moyenne.

# 5 Mesures de tendance centrale

*S'il est vrai que le revenu moyen augmente, comment peut-on expliquer que de plus en plus de gens ont un revenu inférieur à la moyenne ?*

# 5 Mesures de tendance centrale

## SOMMAIRE



## OBJECTIFS

- → Distinguer le mode, la médiane et la moyenne (5.1).
- → Calculer et interpréter le mode à partir de données groupées ou non (5.2).
- → Localiser le mode à partir d'un graphique (5.2).
- → Calculer et interpréter la médiane à partir de données groupées ou non (5.3).
- → Localiser la médiane à partir d'un graphique (5.3).
- → Calculer et interpréter la moyenne à partir de données groupées ou non (5.4).
- → Localiser la moyenne à partir d'un graphique (5.4).
- → Déterminer le type d'asymétrie d'une distribution unimodale à partir de la position relative du mode, de la médiane et de la moyenne (5.5).
- → Choisir la mesure de tendance centrale appropriée (5.6).
- → Déterminer la mesure de tendance centrale qu'il est possible de calculer selon le type d'échelle de mesure employé (5.6).
- → Comparer les différentes mesures de tendance centrale (Résumé).

5.1

## Trois mesures de tendance centrale

**Dans cette section :** mode • médiane • moyenne.

**Mode**
Mesure de tendance centrale qui correspond à la valeur ou à la modalité la plus fréquente. Il peut y avoir plus d'un mode si plusieurs valeurs ou modalités sont nettement plus courantes que les autres. On dit alors que la distribution est bimodale (deux modes) ou multimodale (plusieurs modes). Le mode est symbolisé par *Mo*.

**Médiane**
Mesure de tendance centrale qui divise une série statistique ordonnée en deux groupes comptant chacun environ 50 % des données. La médiane est symbolisée par *Md*.

**Moyenne**
Mesure de tendance centrale qui correspond à la somme des valeurs de chaque donnée divisée par le nombre de données. La moyenne est symbolisée par $\overline{x}$ ou $\mu$ selon qu'il s'agit de la moyenne de données provenant d'un échantillon ou d'une population.

Décrivons brièvement trois mesures de tendance centrale : le mode, la médiane et la moyenne.

Le **mode**, symbolisé par *Mo*, est la valeur ou la modalité la plus fréquente parmi les données. Il correspond, par exemple, à la réponse qui revient le plus souvent au cours d'une enquête par sondage, lorsqu'on pose une question à choix multiple. Le mode peut être évalué pour une variable qualitative ou quantitative, quel que soit le type d'échelle de mesure employé.

La **médiane**, symbolisée par *Md* (ou *Me* chez certains auteurs), est la valeur ou la modalité qui divise une série statistique ordonnée en deux groupes comprenant sensiblement la même proportion de données : environ 50 % des données sont inférieures (ou égales) à la médiane. Les données doivent donc présenter une relation d'ordre entre elles, si bien qu'on ne peut pas évaluer la médiane pour une variable mesurée à l'aide d'une échelle nominale, étant donné que cette échelle n'admet pas une relation d'ordre. Par conséquent, la médiane n'est définie que pour une variable mesurée à l'aide d'une échelle ordinale, d'intervalles ou de rapports.

La **moyenne**, symbolisée par $\overline{x}$ ou $\mu$ (le « m » grec, que l'on prononce « mu »), correspond à la somme des valeurs de chaque donnée divisée par le nombre de données. En théorie, la moyenne n'est donc définie que pour une variable mesurée à l'aide d'une échelle qui permet une telle opération, soit une échelle d'intervalles ou de rapports.

Le mode, la médiane et la moyenne s'expriment dans les mêmes unités que la variable étudiée. Examinons maintenant plus attentivement chacune de ces mesures.

5.2

## Mode

**Dans cette section :** classe modale.

Le mode est la mesure de tendance centrale la plus simple à évaluer. Il est représenté par la valeur ou la modalité la plus fréquente ; c'est la valeur ou la modalité la plus « à la mode ».

### 5.2.1 Détermination du mode de données groupées par modalités ou par valeurs

Lorsque les données sont groupées par modalités ou par valeurs, le mode est la modalité ou la valeur qui apparaît le plus souvent. Il correspond à la modalité (ou à la valeur) où sont concentrées le plus grand nombre de données. C'est pourquoi on dit qu'il est le *centre de concentration*. Il est avantageux de regrouper les données dans un tableau de fréquences pour déterminer le mode, car ce dernier devient alors évident au premier coup d'œil.

**EXEMPLE 5.1**

Voici les notes de 30 étudiants qui ont réussi un cours de sociologie à l'université.

A, B, C, C, D, B, C, C, D, C, B, B, A, D, C, C, C, B, A, C, C, B, D, C, B, C, B, C, C, C

On regroupe ces notes dans un tableau de fréquences (tableau 5.1).

TABLEAU | **5.1**

**RÉPARTITION DE 30 ÉTUDIANTS QUI ONT RÉUSSI UN COURS DE SOCIOLOGIE, SELON LEUR NOTE**

| Note | Nombre d'étudiants |
|---|---|
| A | 3 |
| B | 8 |
| C | 15 |
| D | 4 |
| **Total** | **30** |

La note la plus fréquente est C. Le mode est donc C. On écrit alors $Mo$ = C. Ce mode signifie que la note C est celle qui est la plus courante parmi les notes des 30 étudiants ayant réussi ce cours de sociologie. Notez que le mode ne correspond pas à la fréquence la plus élevée (soit 15 dans cet exemple), mais à la modalité la plus fréquente (soit C dans cet exemple).

## 5.2.2 Détermination du mode de données groupées par classes

**Classe modale**

Classe qui présente la plus forte fréquence lorsque les données ont été groupées par classes de même amplitude. Le milieu de la classe modale est souvent utilisé comme mode.

Lorsque les données d'une série statistique sont groupées dans un tableau de fréquences selon des classes de même amplitude, on parle de **classe modale** plutôt que de mode. Si on désire disposer d'une seule valeur, le milieu de la classe modale peut servir de mode.

Il importe de signaler que les classes doivent toutes avoir la même amplitude, sinon la base de comparaison des fréquences est faussée. Si les classes n'ont pas la même amplitude, il faut les régulariser avant de déterminer la classe modale.

L'emploi de classes ouvertes ne pose pas de problèmes dans l'évaluation du mode, puisque ces classes ne devraient contenir que peu de données : ce sont les cas marginaux. Si tel n'est pas le cas, le tableau de fréquences ne donne pas une représentation adéquate de la série. Il faut alors former de nouvelles classes à l'intérieur de la classe ouverte pour remédier au problème.

**EXEMPLE 5.2**

Déterminons la classe modale des données du tableau 5.2.

Dans ce contexte, la classe modale correspond à l'intervalle « 0–4 ». La durée totale la plus courante du mandat de premier ministre du Québec se situe donc entre 0 et 4 ans. Si on préfère évaluer un mode plutôt qu'une classe modale, celui-ci correspondra à $Mo$ = 2 ans.

TABLEAU 5.2

**RÉPARTITION DES PREMIERS MINISTRES DU QUÉBEC, SELON LA DURÉE TOTALE DU MANDAT À CE TITRE, 1867–2010**

| Durée totale (années) | Nombre de premiers ministres |
|---|---|
| 0–4 | 17 |
| 4–8 | 7 |
| 8–12 | 1 |
| 12–16 | 3 |
| 16–20 | 1 |
| **Total** | **29** |

Source : http://fr.wikipedia.org/wiki/Premier_ministre_du_Qu%C3%A9bec (2010-01-04).

## EXERCICE 5.1

Les tableaux 5.3 à 5.6 rassemblent des données portant sur les 150 salariés d'une usine :

TABLEAU 5.3

**RÉPARTITION DES SALARIÉS, SELON LA LANGUE MATERNELLE**

| Langue maternelle | Nombre de salariés |
|---|---|
| Français | 120 |
| Anglais | 25 |
| Autre | 5 |
| **Total** | **150** |

TABLEAU 5.4

**RÉPARTITION EN POURCENTAGE DES SALARIÉS, SELON LE DEGRÉ DE SATISFACTION À L'ÉGARD DE L'EMPLOI**

| Degré de satisfaction | Pourcentage des salariés (%) |
|---|---|
| Très insatisfait | 12 |
| Plutôt insatisfait | 18 |
| Plutôt satisfait | 40 |
| Très satisfait | 30 |
| **Total** | **100** |

TABLEAU 5.5

**RÉPARTITION EN POURCENTAGE DES SALARIÉS, SELON L'ÂGE**

| Âge (années) | Pourcentage des salariés (%) |
|---|---|
| 20–30 | 10 |
| 30–40 | 12 |
| 40–50 | 44 |
| 50–60 | 20 |
| 60–70 | 14 |
| **Total** | **100** |

TABLEAU 5.6

**RÉPARTITION DES SALARIÉS, SELON LE NOMBRE DE JOURS D'ABSENCE EN DÉCEMBRE**

| Nombre de jours d'absence | Nombre de salariés |
|---|---|
| 0 | 125 |
| 1 | 18 |
| 2 | 6 |
| 3 | 1 |
| **Total** | **150** |

a) Quelle est la population étudiée ?

b) Donnez le rapport Non-francophones : Francophones.

c) Quel est le pourcentage des salariés qui se déclarent plutôt satisfaits ou très satisfaits de leur emploi ?

d) Combien de salariés ont entre 30 et 50 ans ?

e) Pour chacun de ces tableaux, déterminez la variable étudiée, la nature de la variable ainsi que le mode, et ce qu'il signifie.

## 5.2.3 Localisation du mode dans un graphique

Dans certains graphiques, il est facile de repérer le mode. Il correspond à la valeur en abscisse (la valeur en $x$) du sommet du polygone de fréquences (classes de même amplitude) ou du diagramme à bâtons. Dans un diagramme à bandes rectangulaires, le mode correspond à la modalité associée au rectangle le plus haut ou le plus long. Dans un diagramme linéaire ou un diagramme à secteurs, il correspond à la modalité qui occupe la plus grande surface. Dans un histogramme, il correspond au milieu de la classe pour laquelle on a tracé le rectangle le plus haut.

**EXERCICE 5.2**

Dans chacun des graphiques qui suivent, déterminez :

- La variable étudiée ;
- La nature de la variable ;
- Le mode et ce qu'il signifie.

FIGURE 5.1

**RÉPARTITION EN POURCENTAGE DES ÉTUDIANTS DE CÉGEP, SELON LA FRÉQUENCE À LAQUELLE ILS CITENT LEURS SOURCES DANS LEURS TRAVAUX DE SESSION**

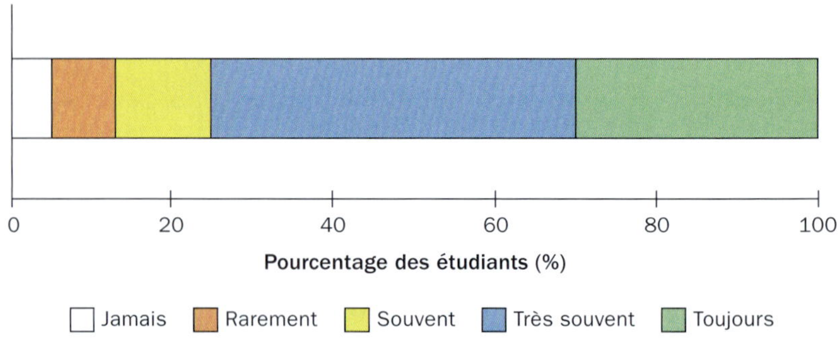

FIGURE 5.2

**RÉPARTITION EN POURCENTAGE DES IMMIGRANTS ADMIS, SELON LE CONTINENT DE NAISSANCE, QUÉBEC, 2008**

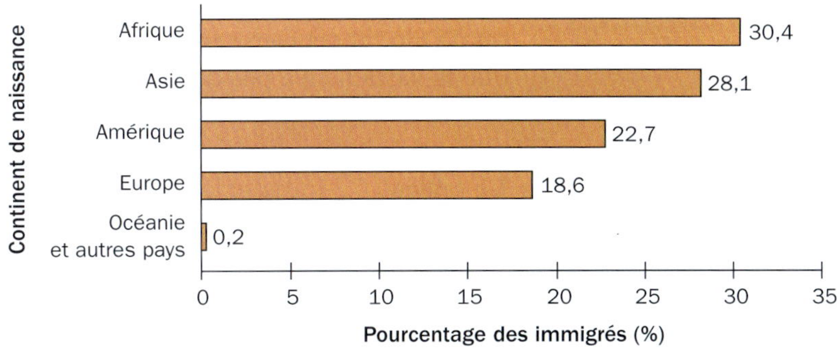


Source : Institut de la statistique du Québec, *Le Québec chiffres en main. Édition 2009*, 2009, p. 13.

FIGURE 5.3

**RÉPARTITION EN POURCENTAGE DE LA MAIN-D'ŒUVRE DU QUÉBEC, SELON LE NIVEAU DE SCOLARITÉ, QUÉBEC, 2008**

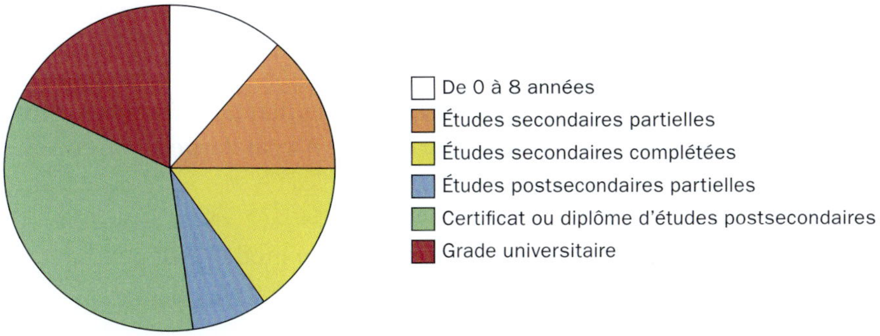


Source : Ministère des Finances du Québec, *Le profil économique et financier du Québec. Édition 2009*, Québec, juin 2009, p. 3.

FIGURE 5.4

**RÉPARTITION DES NAISSANCES VIVANTES, SELON L'ÂGE DE LA MÈRE AU MOMENT DE LA NAISSANCE DE L'ENFANT, QUÉBEC, 2008**

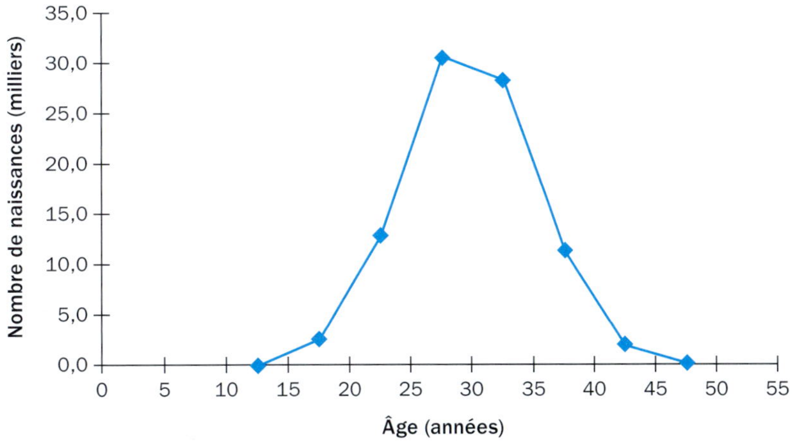


Source : Institut de la statistique du Québec, http://www.stat.gouv.qc.ca/donstat/societe/demographie/naisn_deces/naissance/406.htm (2009-10-17).

## 5.2.4 Remarques concernant le mode

Pour être révélateur, le mode doit présenter une fréquence nettement supérieure à celle des autres valeurs ou modalités. Si un très grand nombre de classes, de valeurs ou de modalités sont sensiblement aussi fréquentes les unes que les autres, on dit que la variable n'a pas de mode.

**EXEMPLE 5.3**

Le tableau 5.7 indique la popularité de cinq marques d'un produit.

TABLEAU 5.7

**RÉPARTITION EN POURCENTAGE DE CONSOMMATEURS, SELON LA MARQUE PRÉFÉRÉE**

| Marque | Pourcentage des consommateurs (%) |
|---|---|
| A | 19 |
| B | 21 |
| C | 22 |
| D | 18 |
| E | 20 |
| **Total** | **100** |

Comme aucune des marques n'est nettement plus populaire que les autres, nous dirons que cette variable n'a pas de mode, ou encore que le mode n'existe pas dans ce contexte.

Étant donné que le mode ne dépend que des fréquences, il n'est pas influencé par des valeurs marginales ou extrêmes.

**EXEMPLE 5.4**

Les deux séries suivantes ont le même mode : $Mo = 5$.

Série 1 : 5, 5, 5, 5, 5, 5, 5, 5, 8, 8, 9, 9, 10, 12, 12

Série 2 : 5, 5, 5, 5, 5, 5, 5, 5, 8, 8, 9, 9, 10, 12, 12, 20 000

Une valeur marginale éloignée des autres valeurs (20 000, par exemple) n'a donc pas d'effet sur le mode.

Il peut arriver qu'il y ait plus d'un mode. On a alors une distribution bimodale (deux modes) ou multimodale (plusieurs modes), c'est-à-dire qu'il existe deux ou plusieurs modalités, valeurs ou classes ayant des fréquences nettement supérieures aux autres. Ce phénomène indique souvent la présence de deux ou plusieurs sous-groupes ou sous-populations à l'intérieur d'une même population.

**EXEMPLE 5.5**

Le tableau 5.8 indique le nombre de cours qu'ont suivis des diplômés de cégep.

Ce tableau présente deux modes : 28 cours et 42 cours. En effet, les fréquences de ces deux valeurs sont nettement supérieures à celles des autres. Il n'est pas nécessaire que les fréquences des modes soient strictement égales pour que la distribution soit bimodale : il suffit que la fréquence des valeurs modales soit beaucoup plus forte que celle des autres valeurs. Dans ce contexte, les modes correspondent au nombre de cours le plus souvent observé sur les relevés de notes des diplômés. La présence de deux modes témoigne probablement de l'existence de deux sous-groupes dans cette population : les diplômés du secteur préuniversitaire et les diplômés du secteur technique.

TABLEAU | **5.8**

**RÉPARTITION DE 2 000 DIPLÔMÉS DE CÉGEP, SELON LE NOMBRE DE COURS QUI APPARAISSENT SUR LE RELEVÉ DE NOTES**

| Nombre de cours | Nombre de diplômés |
|---|---|
| 26 | 30 |
| 27 | 40 |
| 28 | 300 |
| 29 | 100 |
| 30 | 85 |
| 31 | 75 |
| 32 | 40 |
| 33 | 30 |
| 34 | 20 |
| 35 | 10 |
| 36 | 40 |
| 37 | 65 |
| 38 | 80 |
| 39 | 85 |
| 40 | 100 |
| 41 | 130 |
| 42 | 325 |
| 43 | 175 |
| 44 | 140 |
| 45 | 80 |
| 46 | 30 |
| 47 | 20 |
| **Total** | **2 000** |

Lorsqu'une série statistique multimodale semble indiquer la présence de deux ou plusieurs sous-groupes clairement reconnaissables, il est généralement préférable d'étudier les sous-populations de manière distincte. Dans l'exemple 5.5, on aurait pu étudier séparément les diplômés du secteur préuniversitaire et ceux du secteur technique.

On constate également qu'un graphique peut indiquer la présence de plus d'un mode.

**EXEMPLE 5.6**

La figure 5.5 montre la répartition des salariés d'une usine selon leur ancienneté.

FIGURE | **5.5**

**RÉPARTITION DES SALARIÉS D'UNE USINE, SELON L'ANCIENNETÉ**

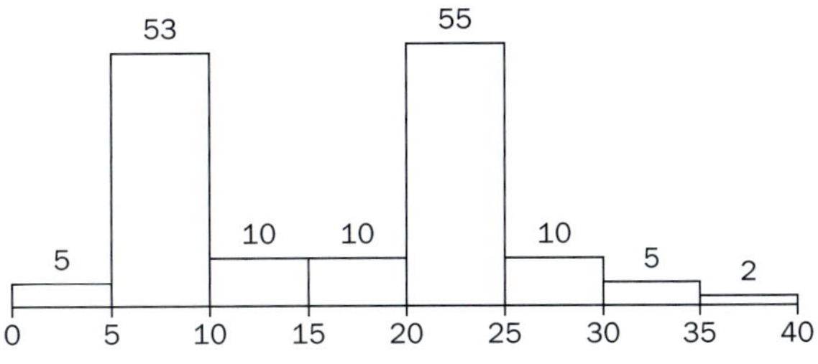

Ce graphique présente deux classes modales: «5–10» et «20–25». On en déduit que l'ancienneté la plus courante chez les salariés de cette usine se situe entre 5 et 10 années et entre 20 et 25 années. La présence de deux classes modales semble indiquer que cette entreprise a connu deux importantes phases d'expansion ou de renouvellement du personnel. On aurait pu également déterminer deux modes: 7,5 années et 22,5 années.

- **Vous pouvez maintenant faire les exercices récapitulatifs 1 à 8.**

## 5.3 Médiane

**Dans cette section:** classe médiane.

La médiane est la mesure de tendance centrale qui divise une série statistique ordonnée en deux groupes comptant chacun environ 50 % des données. On devrait par conséquent trouver autant de données à gauche et à droite de la médiane: la médiane est le *centre de position*. Pour évaluer la médiane, il faut employer au moins une échelle ordinale; en effet, on ne peut trouver la médiane d'une variable mesurée à l'aide d'une échelle nominale. La première étape de l'évaluation de la médiane consiste à classer les données en ordre croissant et, au besoin, à les grouper par modalités, par valeurs ou par classes dans un tableau de fréquences.

### 5.3.1 Détermination de la médiane d'une variable qualitative ordinale

Pour déterminer la médiane d'une variable qualitative ordinale, il faut classer les données en ordre croissant. Lorsque la série comporte $n$ observations, la médiane correspond à la modalité de la donnée qui occupe le rang $\frac{n}{2}$ ou $\frac{n+1}{2}$, selon que le nombre d'observations est pair ou impair.

**EXEMPLE 5.7**

On a demandé à 25 individus d'accomplir une tâche et on leur a attribué une cote selon la rapidité avec laquelle ils l'ont accomplie. L'échelle offrait quatre possibilités: très lent (TL), lent (L), rapide (R) et très rapide (TR). Voici la série des observations:

TL, L, L, TR, R, L, R, R, TL, TR, R, L, TR, TL, L, L, L, R, R, TR, TL, TL, TL, R, L

En classant ces données en ordre croissant, on obtient la série suivante:

TL, TL, TL, TL, TL, TL, L, L, L, L, L, L, L, L, R, R, R, R, R, R, R, TR, TR, TR, TR
↑
13^e^

Cette série comporte 25 données ($n = 25$, nombre impair). La médiane correspond donc à la modalité de la donnée de rang 13, soit $\frac{n+1}{2} = \frac{25+1}{2}$, c'est-à-dire à «lent». Au moins 13 individus, soit au moins 50 % des personnes, ont une cote inférieure ou égale à «lent», et moins de 50 % ont une cote égale à «très lent». On écrit ce résultat «$Md = \text{L}$». Dans ce contexte, la médiane signifie qu'au moins 50 % des individus sont classés dans une modalité inférieure ou égale à «lent».

**EXEMPLE 5.8**

On a fait passer un test de lecture à 250 personnes. On a ainsi pu répartir les individus selon quatre niveaux d'aptitude. Le niveau 1 regroupe ceux qui ne sont pas capables de lire ni de comprendre des instructions simples présentées par écrit, et le niveau 4, ceux qui sont capables de lire et de comprendre sans aucune difficulté une grande variété de textes. Les niveaux 2 et 3 correspondent à des niveaux intermédiaires. Les résultats de ce test sont présentés dans le tableau 5.9.

TABLEAU | **5.9**

**RÉPARTITION DES RÉPONDANTS, SELON LE NIVEAU D'APTITUDE À LA LECTURE**

| Niveau | Nombre de répondants |
|---|---|
| 1 | 17 |
| 2 | 23 |
| 3 | 55 |
| 4 | 155 |
| **Total** | **250** |

Les données étant déjà classées et le nombre d'observations (250) étant pair, la médiane correspond à la modalité de la 125e donnée $\left(\text{soit } \frac{n}{2} = \frac{250}{2}\right)$, c'est-à-dire à « 4 » ($Md = 4$). On peut alors affirmer que moins de 50 % des répondants ont un niveau d'aptitude pour la lecture inférieur à « 4 ».

Les exemples 5.7 et 5.8, ainsi que ceux qui suivent, montrent qu'il faut être prudent dans l'interprétation de la médiane. Par exemple, on pourra dire soit qu'au moins 50 % des données prennent une modalité ou une valeur inférieure (ou égale) à la médiane, soit que moins de 50 % des données prennent une modalité ou une valeur inférieure à la médiane, ou encore qu'environ 50 % des données prennent une valeur inférieure (ou égale) à la médiane. C'est le contexte qui déterminera la formulation appropriée.

Si les données sont présentées dans un tableau de fréquences relatives où les modalités apparaissent en ordre croissant, il faut faire le cumul des fréquences. La médiane correspond alors à la première modalité pour laquelle le cumul des fréquences relatives atteint ou dépasse 50 %.

**EXEMPLE 5.9**

Le tableau 5.10 indique le degré d'aptitude de candidats à accomplir une tâche.

TABLEAU | **5.10**

**RÉPARTITION EN POURCENTAGE ET RÉPARTITION CUMULÉE DES CANDIDATS, SELON LEUR APTITUDE À ACCOMPLIR UNE TÂCHE**

| Degré d'aptitude | Pourcentage des candidats (%) | Pourcentage cumulé des candidats (%) |
|---|---|---|
| Inaptitude (I) | 15 | 15 |
| Réussite difficile (RD) | 28 | 43 |
| Réussite moyenne (RM) | 40 | 83 |
| Bonne réussite (BR) | 12 | 95 |
| Excellente réussite (ER) | 5 | 100 |
| **Total** | **100** | |

La médiane correspond à « RM », puisqu'au moins 50 % des données prennent une modalité inférieure ou égale à « RM ». En effet, 15 % (soit 15 % < 50 %) des candidats se sont montrés inaptes (I) à accomplir la tâche, 43 % (soit 15 % + 28 %) ont obtenu une cote inférieure ou égale à « RD », et 83 % (soit 15 % + 28 % + 40 %), une cote inférieure ou égale à « RM ». La médiane est donc $Md$ = RM. Au moins 50 % des individus ont réussi la tâche au mieux de manière moyenne.

**EXERCICE 5.3**

Évaluez la médiane de la série des notes de 30 étudiants qui ont réussi un cours universitaire en sociologie :

A, B, C, C, D, B, C, C, D, C, B, B, A, D, C, C, C, B, A, C, C, B, D, C, B, C, B, C, C, C

## 5.3.2 Détermination de la médiane d'une variable quantitative

### A | Données non groupées

Afin d'évaluer la médiane d'une variable quantitative, il faut d'abord classer les données en ordre croissant. Nous distinguerons deux cas, selon que le nombre de données ($n$) est pair ou impair.

Si $n$ est impair, la médiane correspond à la valeur de la donnée de rang $\frac{n+1}{2}$.

Si $n$ est pair, la médiane correspond à la demi-somme des valeurs des données de rang $\frac{n}{2}$ et $\frac{n}{2} + 1$.

**EXEMPLE 5.10**

Prenons une série de 7 données :

2, 1, 13, 18, 7, 4, 6

Classons d'abord les données en ordre croissant. Nous obtenons la série suivante :

1, 2, 4, 6, 7, 13, 18
↑
4e

Puisqu'il y a 7 données, la médiane correspond à la valeur de la donnée de rang 4, soit $\frac{n+1}{2} = \frac{7+1}{2}$. La quatrième donnée de la série croissante étant 6, nous écrirons $Md = 6$. Nous saurons alors qu'au moins 50 % des données sont inférieures ou égales à 6.

**EXEMPLE 5.11**

Prenons maintenant une série ordonnée de 8 données :

$$\begin{array}{c} 1, 2, 4, 6, 7, 13, 18, 19 \\ \quad\quad\;\;\uparrow\;\uparrow \\ \quad\quad\;\; 4^e\; 5^e \end{array}$$

Puisqu'il y a un nombre pair de données, la médiane est la demi-somme des données de rang 4, soit $\frac{n}{2} = \frac{8}{2}$, et de rang 5, soit $\frac{n}{2} + 1 = \frac{8}{2} + 1$, dans la série croissante, c'est-à-dire la demi-somme de 6 et 7 : $Md = 6{,}5 \left( \text{soit } \frac{6 + 7}{2} \right)$. Ce résultat signifie que 50 % des données prennent une valeur inférieure à 6,5.

## B | Données groupées par valeurs

Lorsque les données ont été groupées par valeurs dans un tableau de fréquences, l'évaluation de la médiane s'en trouve facilitée. Lorsqu'on a $n$ données, la médiane correspond à :

- la valeur de la donnée de rang $\frac{n + 1}{2}$, si $n$ est impair ;
- la demi-somme des données de rang $\frac{n}{2}$ et $\frac{n}{2} + 1$, si $n$ est pair.

**EXEMPLE 5.12**

On a classé 125 étudiants de cégep selon le nombre d'échecs en un trimestre.

TABLEAU | **5.11**

**RÉPARTITION DE 125 ÉTUDIANTS, SELON LE NOMBRE D'ÉCHECS EN UN TRIMESTRE**

| Nombre d'échecs | Nombre d'étudiants | Cumul |
|---|---|---|
| 0 | 69 | 69 |
| 1 | 31 | 100 |
| 2 | 15 | 115 |
| 3 | 6 | 121 |
| 4 | 3 | 124 |
| 5 | 1 | 125 |
| **Total** | **125** | |

Comme le nombre de données est impair ($n = 125$), la médiane correspond à la valeur de la donnée de rang 63, soit :

$$\frac{n + 1}{2} = \frac{125 + 1}{2} = 63$$

La $63^e$ donnée valant zéro, la médiane est donc $Md = 0$ échec. Au moins 50 % de ces étudiants n'ont connu aucun échec au cours du trimestre.

**EXEMPLE 5.13**

Le tableau 5.12 donne le nombre de billets gagnants du gros lot pour 56 tirages consécutifs du Lotto 6/49:

Le nombre de données étant pair ($n = 56$), la médiane correspond à la demi-somme des 28e et 29e données: $Md = \frac{1 + 2}{2} = 1,5$ billet gagnant. Ainsi, on observe moins de 1,5 billet gagnant du gros lot dans 50 % de ces tirages.

TABLEAU | **5.12**

**RÉPARTITION DE 56 TIRAGES CONSÉCUTIFS DU LOTTO 6/49, SELON LE NOMBRE DE BILLETS GAGNANTS DU GROS LOT**

| Nombre de billets gagnants | Nombre de tirages | Cumul |
|---|---|---|
| 0 | 16 | 16 |
| 1 | 12 | 28 |
| 2 | 11 | 39 |
| 3 | 8 | 47 |
| 4 | 7 | 54 |
| 5 | 1 | 55 |
| 6 | 1 | 56 |
| **Total** | **56** | |

Lorsque les données sont groupées par valeurs dans un tableau de fréquences relatives, il faut y ajouter la colonne des fréquences relatives cumulées afin de trouver la médiane. Cette dernière correspondra à la première valeur associée à une fréquence relative cumulée supérieure ou égale à 50 %.

**EXEMPLE 5.14**

Trouvons la médiane à partir du tableau 5.13.

TABLEAU | **5.13**

**RÉPARTITION EN POURCENTAGE ET RÉPARTITION CUMULÉE DES FAMILLES, SELON LE NOMBRE DE TÉLÉVISEURS EN BON ÉTAT DE FONCTIONNEMENT QU'ELLES POSSÈDENT**

| Nombre de téléviseurs | Pourcentage des familles (%) | Pourcentage cumulé des familles (%) |
|---|---|---|
| 0 | 1 | 1 |
| 1 | 30 | 31 |
| 2 | 45 | 76 |
| 3 | 15 | 91 |
| 4 | 9 | 100 |
| **Total** | **100** | |

La médiane est $Md = 2$ téléviseurs, puisque 2 est la première valeur pour laquelle la fréquence cumulée atteint ou dépasse 50 %. Cette médiane signifie qu'au moins 50 % des familles possèdent 2 téléviseurs ou moins en bon état de fonctionnement.

**EXERCICE 5.4**

On a demandé à 75 propriétaires d'entreprise le nombre de voyages d'affaires qu'ils ont effectués à l'étranger au cours du dernier mois.

TABLEAU 5.14

**RÉPARTITION DE 75 PROPRIÉTAIRES D'ENTREPRISE, SELON LE NOMBRE DE VOYAGES D'AFFAIRES À L'ÉTRANGER AU COURS D'UN MOIS**

| Nombre de voyages | Nombre de propriétaires |
|---|---|
| 0 | 25 |
| 1 | 35 |
| 2 | 10 |
| 3 | 3 |
| 4 | 2 |
| **Total** | **75** |

Déterminez la valeur de la médiane et dites ce qu'elle représente.

## C | Données groupées par classes

Lorsque les données sont groupées par classes, on peut procéder de deux façons pour évaluer la médiane : la méthode graphique et la méthode analytique. Dans les deux cas, on suppose que les données sont réparties de manière uniforme à l'intérieur de chaque classe.

### Méthode graphique

La méthode graphique consiste à tracer la courbe des fréquences relatives cumulées, puis à lire la coordonnée en abscisse (la valeur de $x$) du point ($x$; 50 %) sur la courbe.

**EXEMPLE 5.15**

Évaluons la médiane à partir du tableau 5.15 selon la méthode graphique.

TABLEAU 5.15

**RÉPARTITION ET RÉPARTITION CUMULÉE DE 2 000 ÉTUDIANTS À TEMPS PLEIN D'UN CÉGEP, SELON LE NOMBRE D'HEURES CONSACRÉES AU TRAVAIL RÉMUNÉRÉ PAR SEMAINE**

| Nombre d'heures | Nombre d'étudiants | Pourcentage des étudiants (%) | Pourcentage cumulé des étudiants (%) |
|---|---|---|---|
| 0–5 | 300 | 15,0 | 15,0 |
| 5–10 | 420 | 21,0 | 36,0 |
| 10–15 | 500 | 25,0 | 61,0 |
| 15–20 | 330 | 16,5 | 77,5 |
| 20–25 | 250 | 12,5 | 90,0 |
| 25–30 | 160 | 8,0 | 98,0 |
| 30–35 | 40 | 2,0 | 100,0 |
| **Total** | **2 000** | **100,0** | |

On trace la courbe des fréquences relatives cumulées et on évalue la médiane grâce à cette courbe (figure 5.6).

FIGURE 5.6

**RÉPARTITION CUMULÉE DE 2 000 ÉTUDIANTS À TEMPS PLEIN D'UN CÉGEP, SELON LE NOMBRE D'HEURES CONSACRÉES AU TRAVAIL RÉMUNÉRÉ PAR SEMAINE**

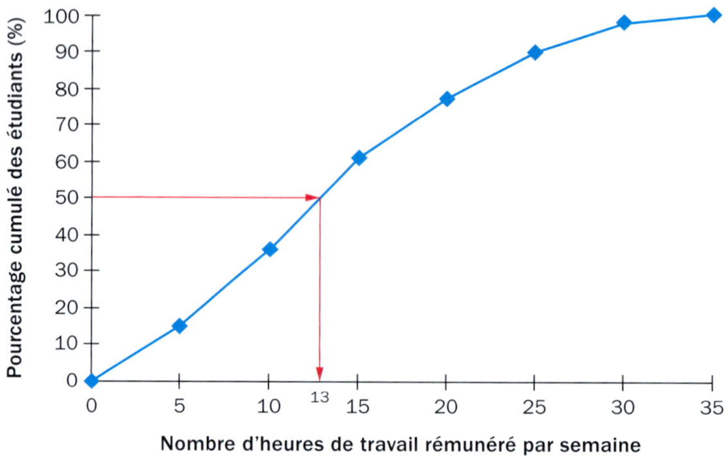


On cherche l'endroit où la courbe franchit 50 %, et on trouve la valeur de la médiane, soit environ 13 heures. Il s'agit d'une estimation, puisque la valeur obtenue dépend de la précision du graphique et de sa lecture. On écrira donc $Md \approx 13$ h. Cette médiane signifie qu'environ 50 % des 2 000 étudiants interrogés consacrent moins de 13 heures par semaine à un travail rémunéré.

### Méthode analytique

**Classe médiane**
Classe qui contient la médiane.

La méthode analytique requiert d'abord l'identification de la **classe médiane**, c'est-à-dire de la classe qui contient la médiane. Cette classe est celle où la fréquence cumulée atteint ou dépasse 50 % dans le tableau des fréquences relatives cumulées. Il faut ensuite déterminer à quelle valeur de cette classe correspond la médiane.

La médiane se calcule au moyen de la formule suivante :

$$Md \approx I + \left[\frac{(50\,\% - f_c)}{f_m} \times L\right]$$

où :

$I$ = Borne inférieure de la classe médiane

$f_c$ = Pourcentage des données de valeur inférieure à $I$

$f_m$ = Pourcentage des données dans la classe médiane

$L$ = Largeur (amplitude) de la classe médiane

**EXEMPLE 5.16**

Reprenons les données de l'exemple 5.15 (tableau 5.15). Nous constatons que la classe médiane correspond à l'intervalle « 10–15 ». On a donc :

$I$ = 10

$f_c$ = Pourcentage des données de valeur inférieure à 10 = 36 %

$f_m$ = Pourcentage des données dans la classe « 10–15 » = 25 %

$L$ = Largeur (amplitude) de la classe « 10–15 » = 5

et

$$Md \approx 10 + \left[\frac{(50\ \% - 36\ \%)}{25\ \%} \times 5\right]$$
$$\approx 12{,}8\ \text{h}$$

On en conclut qu'environ 50 % des 2 000 étudiants à temps plein du cégep consacrent moins de 12,8 heures par semaine à un travail rémunéré. Voyons en détail comment nous arrivons à ce résultat.

On sait que la médiane se situe dans la classe « 10 – 15 ». En effet, 36 % des données sont inférieures à 10, et 61 % des données sont inférieures à 15. Il existe donc un nombre, la médiane, compris entre 10 et 15, auquel 50 % des données sont inférieures.

Pour trouver ce nombre, il faut ajouter une valeur numérique à 10 (le $I$ de la formule). Cette valeur doit être inférieure à 5 (le $L$ de la formule), sinon nous dépasserions les 50 % recherchés. Il faut déterminer quelle partie de la classe « 10 – 15 », soit une fraction de la largeur d'intervalle, nous additionnerons à 10.

On sait que 36 % des données sont inférieures à 10. Il faut donc trouver la fraction de la largeur $L$ qui correspond à 14 %, soit :

$$50\ \% - f_c = 50\ \% - 36\ \%$$

et qui nous donnerait les 50 % recherchés.

La classe « 10 – 15 » compte 25 % (le $f_m$ de la formule) des données. La proportion de l'intervalle que nous voulons prendre est donc $\frac{50\ \% - 36\ \%}{25\ \%}$, et la largeur recherchée est :

$$\frac{50\ \% - 36\ \%}{25\ \%} \times 5$$

Cette expression donne la valeur qu'il faut ajouter à 10 pour obtenir les 14 % qui nous manquent. Par conséquent, la médiane est :

$$Md \approx 10 + \left[\frac{(50\ \% - 36\ \%)}{25\ \%} \times 5\right]$$
$$\approx 12{,}8\ \text{h}$$

Le calcul de la médiane est possible même en présence de classes ouvertes. Qu'on utilise la méthode graphique ou analytique, seule la classe médiane, qui n'est généralement pas ouverte, a de l'importance.

**EXERCICE 5.5**

Pour chacun des tableaux de l'exercice 5.1 (p. 203), déterminez la médiane, lorsque cela est possible, et dites ce qu'elle représente dans ce contexte.

## 5.3.3 Localisation de la médiane dans un graphique

À l'instar du mode, il est possible de localiser la médiane dans un graphique. On a vu précédemment comment repérer la médiane lorsqu'on a utilisé une courbe des fréquences relatives cumulées. Dans le cas d'un histogramme, la médiane est la valeur de l'abscisse ($x$) qui sépare l'histogramme en deux surfaces de même aire.

**EXEMPLE 5.17**

Dans l'histogramme de la figure 5.7, l'aire à gauche de 12,8 est donnée par :

$$5 \times 15,0 + 5 \times 21,0 + 2,8 \times 25,0 = 250 \text{ unités}^2$$

L'aire à droite de 12,8 est donnée par :

$$2,2 \times 25,0 + 5 \times 16,5 + 5 \times 12,5 + 5 \times 8,0 + 5 \times 2,0 = 250 \text{ unités}^2$$

Les aires à gauche et à droite de la médiane ($Md = 12,8$) sont donc égales.

FIGURE | **5.7**

**RÉPARTITION EN POURCENTAGE DE 2 000 ÉTUDIANTS À TEMPS PLEIN D'UN CÉGEP, SELON LE NOMBRE D'HEURES CONSACRÉES AU TRAVAIL RÉMUNÉRÉ PAR SEMAINE**

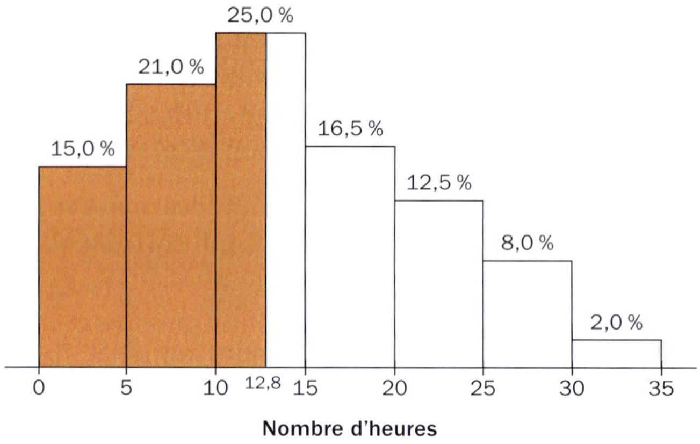


- **Vous pouvez maintenant faire les exercices récapitulatifs 9 et 10.**

# 5.4 Moyenne

La moyenne est la mesure de tendance centrale la plus connue. Elle est symbolisée par $\overline{x}$ ou $\mu$, selon qu'il s'agit de la moyenne d'un échantillon ou de la moyenne d'une population.

## 5.4.1 Calcul de la moyenne de données non groupées

La moyenne est la valeur unique que devrait prendre chacune des données d'une série pour que le nombre de données et la somme des valeurs de chaque donnée soient préservés. En d'autres mots, pour la série statistique générale :

$$x_1, x_2, x_3, \cdots, x_n$$

$\overline{x}$ représente la moyenne lorsque :

$$x_1 + x_2 + x_3 + \cdots + x_n = \underbrace{\overline{x} + \overline{x} + \overline{x} + \cdots + \overline{x}}_{n \text{ termes}}$$

$$= n\overline{x}$$

On en déduit que :

$$\overline{x} = \frac{x_1 + x_2 + x_3 + \cdots + x_n}{n}$$

**EXEMPLE 5.18**

La masse salariale d'une entreprise, c'est-à-dire la somme des salaires versés aux salariés, est de 5 000 000 $. Cette entreprise compte 100 salariés. Le salaire moyen dans cette entreprise est donc de 50 000 $ $\left(\text{soit } \frac{5\,000\,000\ \$}{100}\right)$, ce qui correspond au salaire que cette entreprise donnerait à chacun de ses salariés si elle répartissait la masse salariale de manière égale entre tous ses salariés.

Afin d'abréger la formule de la moyenne, on écrit $\overline{x} = \frac{\sum_{i=1}^{n} x_i}{n}$.

Le symbole Σ se prononce « sigma » et correspond au S grec (S pour « somme »). L'expression $\sum_{i=1}^{n} x_i$ représente la somme de tous les éléments $x_i$ lorsqu'on laisse varier le $i$ de 1 jusqu'à $n$. Si $n = 5$, alors l'expression $\sum_{i=1}^{n} x_i$ invite à faire la somme suivante :

$$\sum_{i=1}^{5} x_i = x_1 + x_2 + x_3 + x_4 + x_5$$

Dans le cas d'une population, on se sert du symbole $\mu$ pour la moyenne et de $N$ pour la taille de la population. On obtient alors la formule :

$$\mu = \frac{\sum_{i=1}^{N} x_i}{N}$$

Étant donné que le calcul de la moyenne nécessite une addition, la moyenne ne sera définie, en théorie, que si on emploie une échelle d'intervalles ou de rapports.

**EXEMPLE 5.19**

On a interrogé 20 personnes sur le nombre de téléviseurs en bon état de fonctionnement qu'elles possèdent à leur domicile. Voici la série de données obtenue pour cet échantillon :

0, 2, 3, 2, 1, 2, 1, 2, 3, 2, 2, 1, 2, 1, 1, 2, 3, 2, 4, 3

Le nombre moyen de téléviseurs à la disposition de ces personnes est :

$$\begin{aligned}\overline{x} &= \frac{\sum_{i=1}^{n} x_i}{n} \\ &= \frac{\sum_{i=1}^{20} x_i}{20} \\ &= \frac{x_1 + x_2 + x_3 + \cdots + x_{20}}{20} \\ &= \frac{0 + 2 + 3 + \cdots + 3}{20} \\ &= 1{,}95\end{aligned}$$

Le nombre moyen de téléviseurs en bon état de fonctionnement que possèdent ces personnes à leur domicile est de 1,95.

Dans l'exemple 5.19, la moyenne n'est ni un entier ni une valeur de la série. La moyenne est la valeur numérique unique que devrait prendre chaque observation pour préserver la somme des valeurs de chaque donnée.

Les calculatrices scientifiques offrent généralement des fonctions statistiques qui permettent de déterminer automatiquement la valeur de la moyenne en procédant à une simple saisie de données. Nous recommandons l'emploi d'une telle calculatrice. La façon de saisir les données varie d'une calculatrice à l'autre, de sorte qu'il est presque impossible de décrire une façon universelle d'effectuer cette saisie. Il est donc préférable de se référer au manuel d'instructions de la calculatrice. Dans la plupart des cas, on y présente un exemple détaillé qui sert de modèle au calcul d'une moyenne. L'apprentissage du fonctionnement d'une calculatrice en mode statistique réduira considérablement la durée du travail et les risques d'erreur.

**EXERCICE 5.6**

Servez-vous des fonctions statistiques de votre calculatrice pour évaluer le nombre moyen de cours réussis au trimestre d'automne par 10 étudiants qui ont réussi respectivement 7, 6, 5, 7, 6, 5, 4, 5, 6 et 6 cours.

## 5.4.2 Calcul de la moyenne de données groupées par valeurs

Le calcul de la moyenne peut être accéléré lorsque les données sont groupées par valeurs.

**EXEMPLE 5.20**

Reprenons les données sur le nombre de téléviseurs en état de fonctionner de l'exemple 5.19, et classons-les en ordre croissant :

0, 1, 1, 1, 1, 1, 2, 2, 2, 2, 2, 2, 2, 2, 2, 3, 3, 3, 3, 4

La moyenne de cette série est donnée par l'expression :

$$\begin{aligned}\bar{x} &= \frac{0+1+1+1+1+1+2+2+2+2+2+2+2+2+2+3+3+3+3+4}{20}\\ &= 1{,}95\end{aligned}$$

On aurait pu écrire cette expression sous forme abrégée :

$$\begin{aligned}\bar{x} &= \frac{0\times 1+1\times 5+2\times 9+3\times 4+4\times 1}{20}\\ &= 1{,}95\end{aligned}$$

Les nombres 1, 5, 9, 4 et 1 qui apparaissent dans l'expression précédente sont les fréquences respectives des différentes valeurs. Remarquez qu'en additionnant ces fréquences, on obtient le nombre de données $(1 + 5 + 9 + 4 + 1 = 20)$. Ce constat n'est pas propre à cet exemple : si on fait la somme des fréquences des valeurs de la variable, on obtient toujours le nombre de données.

La moyenne correspond donc à la somme des valeurs multipliées par leurs fréquences respectives, divisée par le nombre total de données. La formule de la moyenne devient :

$$\bar{x} = \frac{\sum_{i=1}^{k} v_i f_i}{n} \quad \text{ou} \quad \mu = \frac{\sum_{i=1}^{k} v_i f_i}{N}$$

Dans cette formule :

$$v_i = i^{\text{ième}} \text{ valeur}$$

$$f_i = \text{Fréquence de la } i^{\text{ième}} \text{ valeur}$$

$$k = \text{Nombre de valeurs}$$

$$n \text{ ou } N = \text{Nombre de données} = f_1 + f_2 + \cdots + f_k = \sum_{i=1}^{k} f_i$$

**EXEMPLE 5.21**

Calculons le nombre moyen d'échecs en un trimestre d'un échantillon de 126 étudiants d'après le tableau 5.16.

TABLEAU | **5.16**

**RÉPARTITION DE 126 ÉTUDIANTS, SELON LE NOMBRE D'ÉCHECS EN UN TRIMESTRE**

| Nombre d'échecs | Nombre d'étudiants |
|---|---|
| 0 | 70 |
| 1 | 31 |
| 2 | 15 |
| 3 | 6 |
| 4 | 3 |
| 5 | 1 |
| **Total** | **126** |

Ces données ayant été groupées par valeurs dans un tableau de fréquences, on peut employer la formule suivante :

$$\bar{x} = \frac{\sum_{i=1}^{k} v_i f_i}{n}$$

Dans ce contexte :

$k = 6$, puisqu'on a 6 valeurs possibles (0, 1, 2, 3, 4, 5)

$$n = \sum_{i=1}^{6} f_i$$

$$= f_1 + f_2 + f_3 + f_4 + f_5 + f_6$$

$$= 70 + 31 + 15 + 6 + 3 + 1$$

$$= 126$$

$v_1 = 0$ et $f_1 = 70$

$v_2 = 1$ et $f_2 = 31$

$v_3 = 2$ et $f_3 = 15$

etc.

La moyenne est donc:

$$
\begin{aligned}
\overline{x} &= \frac{\sum_{i=1}^{k} v_i f_i}{n} \\
&= \frac{\sum_{i=1}^{6} v_i f_i}{126} \\
&= \frac{v_1 f_1 + v_2 f_2 + \cdots + v_6 f_6}{126} \\
&= \frac{0 \times 70 + 1 \times 31 + 2 \times 15 + 3 \times 6 + 4 \times 3 + 5 \times 1}{126} \\
&= 0,76
\end{aligned}
$$

On en conclut que le nombre moyen d'échecs de ces étudiants en un trimestre est de 0,76. Il est également possible d'employer les fonctions statistiques d'une calculatrice pour calculer la moyenne de cette façon.

**EXERCICE 5.7**

Calculez la valeur moyenne de la variable décrite dans l'exercice 5.4 (p. 213) et dites ce qu'elle représente dans ce contexte.

## 5.4.3 Calcul de la moyenne de données groupées par classes

Nous avons déjà vu que l'on perd de l'information lorsqu'on groupe des données par classes. Théoriquement, on n'est pas en mesure de calculer la moyenne dans un tel cas, à moins bien sûr de disposer de la série des données brutes.

Pour remédier à cette situation, on avance l'hypothèse que les données à l'intérieur d'une classe sont concentrées au milieu de la classe, ce qui permet de donner une valeur approximative de la moyenne. Cette approximation sera d'autant plus juste que les classes seront de faible largeur. La formule de la moyenne devient alors:

$$\overline{x} \approx \frac{\sum_{i=1}^{k} m_i f_i}{n} \quad \text{ou} \quad \mu \approx \frac{\sum_{i=1}^{k} m_i f_i}{N}$$

Dans cette formule:

$$
\begin{aligned}
m_i &= \text{Milieu de la } i^{\text{ième}} \text{ classe} \\
f_i &= \text{Fréquence de la } i^{\text{ième}} \text{ classe} \\
k &= \text{Nombre de classes} \\
n \text{ ou } N &= \text{Nombre de données} = \sum_{i=1}^{k} f_i
\end{aligned}
$$

**EXEMPLE 5.22**

Calculons la moyenne des données groupées par classes dans le tableau 5.17.

TABLEAU 5.17

**RÉPARTITION DE 150 SALARIÉS, SELON L'ANCIENNETÉ**

| Ancienneté (années) | Milieu de classe ($m_i$) | Nombre de salariés ($f_i$) |
|---|---|---|
| 0–5 | 2,5 | 5 |
| 5–10 | 7,5 | 53 |
| 10–15 | 12,5 | 10 |
| 15–20 | 17,5 | 10 |
| 20–25 | 22,5 | 55 |
| 25–30 | 27,5 | 10 |
| 30–35 | 32,5 | 5 |
| 35–40 | 37,5 | 2 |
| **Total** | | **150** |

La deuxième colonne de ce tableau donne les milieux de classe. Cette colonne est nécessaire pour trouver la valeur approximative de l'ancienneté moyenne. Nous supposerons que les salariés d'une même classe ont tous la même ancienneté, celle qui correspond au milieu de la classe.

L'ancienneté moyenne des salariés a pour valeur approximative :

$$\bar{x} \approx \frac{\sum_{i=1}^{k} m_i f_i}{n}$$

où :

$$\begin{aligned}
k &= \text{Nombre de classes} = 8 \\
n &= \text{Nombre de données} \\
&= \sum_{i=1}^{8} f_i \\
&= f_1 + f_2 + f_3 + f_4 + f_5 + f_6 + f_7 + f_8 \\
&= 5 + 53 + 10 + 10 + 55 + 10 + 5 + 2 \\
&= 150 \\
m_1 &= 2{,}5 \text{ et } f_1 = 5 \\
m_2 &= 7{,}5 \text{ et } f_2 = 53 \\
m_3 &= 12{,}5 \text{ et } f_3 = 10
\end{aligned}$$

etc.

La valeur approximative de l'ancienneté moyenne est donc :

$$\begin{aligned}
\bar{x} &\approx \frac{\sum_{i=1}^{k} m_i f_i}{n} \\
&\approx \frac{\sum_{i=1}^{8} m_i f_i}{150} \\
&\approx \frac{m_1 f_1 + m_2 f_2 + \cdots + m_8 f_8}{150} \\
&\approx \frac{2{,}5 \times 5 + 7{,}5 \times 53 + \cdots + 37{,}5 \times 2}{150} \\
&\approx 16{,}4
\end{aligned}$$

L'ancienneté moyenne des salariés de l'échantillon est approximativement de 16,4 années.

Lorsqu'un tableau de fréquences présente des classes ouvertes, il n'est pas possible de trouver une valeur approximative de la moyenne, puisqu'on ne connaît pas le milieu des classes ouvertes. Il faudrait donc avancer une autre hypothèse afin de fermer ces classes. Le problème sera de savoir où il convient de fermer les classes ouvertes, c'est-à-dire de choisir à quelle valeur minimale ou maximale les classes ouvertes seront fermées. Par conséquent, à moins de disposer de renseignements additionnels sur les classes ouvertes, il est préférable de ne pas évaluer la moyenne.

**EXERCICE 5.8**

Les tableaux 5.18 à 5.21 présentent des données provenant d'un échantillon de 150 salariés d'une grande usine. Calculez, lorsque c'est possible, la valeur moyenne de chaque variable en vous servant des fonctions statistiques de votre calculatrice.

TABLEAU | **5.18**

**RÉPARTITION DES SALARIÉS, SELON LA LANGUE MATERNELLE**

| Langue maternelle | Nombre de salariés |
|---|---|
| Français | 120 |
| Anglais | 25 |
| Autre | 5 |
| **Total** | **150** |

TABLEAU | **5.19**

**RÉPARTITION EN POURCENTAGE DES SALARIÉS, SELON LE DEGRÉ DE SATISFACTION À L'ÉGARD DE L'EMPLOI**

| Degré de satisfaction | Pourcentage des salariés (%) |
|---|---|
| Très insatisfait | 12 |
| Plutôt insatisfait | 18 |
| Plutôt satisfait | 40 |
| Très satisfait | 30 |
| **Total** | **100** |

TABLEAU | **5.20**

**RÉPARTITION DES SALARIÉS, SELON L'ÂGE**

| Âge (années) | Nombre de salariés |
|---|---|
| 20–30 | 15 |
| 30–40 | 18 |
| 40–50 | 66 |
| 50–60 | 30 |
| 60–70 | 21 |
| **Total** | **150** |

TABLEAU | **5.21**

**RÉPARTITION DES SALARIÉS, SELON LE NOMBRE DE JOURS D'ABSENCE EN DÉCEMBRE**

| Nombre de jours d'absence | Nombre de salariés |
|---|---|
| 0 | 125 |
| 1 | 18 |
| 2 | 6 |
| 3 | 1 |
| **Total** | **150** |

## 5.4.4 Localisation de la moyenne dans un graphique

À l'instar du mode et de la médiane, il est possible de localiser la moyenne dans un graphique. La moyenne représente le *centre d'équilibre* du diagramme à bâtons, de l'histogramme ou du polygone de fréquences sur l'axe des $x$. Elle se trouve à l'endroit où il faudrait placer un pivot pour que le graphique soit en équilibre (figure 5.8).

FIGURE 5.8

**LOCALISATION DE LA MOYENNE DANS UN GRAPHIQUE**

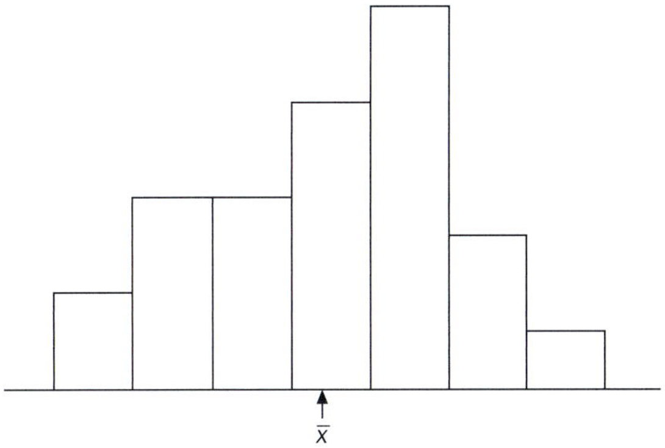


Si on déplaçait le pivot vers la gauche, le graphique pencherait vers la droite et inversement. C'est pourquoi on dit de la moyenne qu'elle est le *centre d'équilibre*.

## 5.4.5 Extension du concept de moyenne à une variable mesurée au moyen d'une échelle ordinale

On peut étendre le concept de moyenne à une variable mesurée au moyen d'une échelle ordinale en calculant la moyenne des codes associés aux différentes modalités. On agit alors comme si ces codes possédaient les propriétés des valeurs d'une échelle de rapports ou d'intervalles, ce qui, bien sûr, n'est pas le cas. Une telle moyenne doit donc être considérée avec prudence.

**EXEMPLE 5.23**

On peut calculer la moyenne d'un étudiant dont les notes sont présentées sous une forme littérale en se servant des codes associés aux différentes modalités (tableau 5.22). On suppose ici que tous les cours sont d'égale importance, c'est-à-dire qu'ils donnent tous le même nombre de crédits.

TABLEAU 5.22

**RÉPARTITION DES COURS D'UN ÉTUDIANT, SELON LA NOTE OBTENUE**

| Note | Code | Nombre de cours |
|---|---|---|
| A | 4 | 18 |
| B | 3 | 10 |
| C | 2 | 1 |
| D | 1 | 1 |
| E | 0 | 0 |
| **Total** | | **30** |

La moyenne de cet étudiant sera donnée par:

$$
\begin{aligned}
\bar{x} &= \frac{\sum_{i=1}^{k} v_i f_i}{n} \\
&= \frac{\sum_{i=1}^{5} v_i f_i}{30} \\
&= \frac{v_1 f_1 + v_2 f_2 + v_3 f_3 + v_4 f_4 + v_5 f_5}{30} \\
&= \frac{4 \times 18 + 3 \times 10 + 2 \times 1 + 1 \times 1 + 0 \times 0}{30} \\
&= 3{,}5
\end{aligned}
$$

Cet étudiant a donc obtenu une note moyenne de 3,5 pour l'ensemble de ses cours; en moyenne, ses notes se situaient entre A et B.

L'attribution des codes comporte une part d'arbitraire, et la moyenne changerait avec des codes différents. Répétons donc que la prudence est de mise lorsqu'on interprète la moyenne d'une variable mesurée à l'aide d'une échelle ordinale, parce qu'on accorde alors à cette échelle des propriétés qu'elle n'a pas.

### 5.4.6 Utilisation de la moyenne en inférence statistique

Nous avons vu au chapitre 1 que l'inférence statistique est un procédé de généralisation de résultats échantillonnaux à l'ensemble de la population. Ce procédé comporte deux volets: l'estimation et le test d'hypothèse.

L'estimation consiste à évaluer un paramètre d'une population ($\mu$, par exemple) d'après la statistique correspondante ($\bar{x}$) obtenue auprès d'un échantillon. Ainsi, un fabricant d'ampoules électriques qui veut estimer la durée de vie moyenne des ampoules qu'il produit prélèvera un échantillon de sa production et estimera la vie moyenne de l'ensemble des ampoules d'après la durée moyenne observée dans l'échantillon. On fait donc de l'inférence statistique lorsqu'on estime la moyenne d'une population à partir de la moyenne d'un échantillon tiré de la population.

Il arrive également qu'on veuille comparer deux groupes. Le critère de comparaison retenu est souvent la moyenne.

Par exemple, on pourrait se demander si le manque de sommeil diminue la performance des étudiants à un examen. Afin de vérifier cette hypothèse, on formera deux groupes d'étudiants (deux échantillons). Dans le cas du premier groupe, le groupe de contrôle qu'on désignera par A, on permettra aux étudiants d'avoir une nuit normale de sommeil avant de leur faire passer un examen; dans l'autre cas, celui du groupe expérimental qu'on désignera par B, on empêchera les étudiants de dormir la veille de l'examen. On comparera ensuite les performances des deux groupes en utilisant la note moyenne comme indicateur de performance. Dans ce contexte, si on constate que la moyenne du groupe A est supérieure à celle du groupe B, soit $\bar{x}_A > \bar{x}_B$, on pourra dire que le groupe A a eu une meilleure performance que le groupe B.

Toutefois, on voudra généraliser ce résultat et l'appliquer à l'ensemble des étudiants, afin de pouvoir dire: «Les étudiants privés de sommeil ont des notes d'examens inférieures à celles des étudiants qui dorment suffisamment. » En se fondant sur le fait que $\bar{x}_A > \bar{x}_B$, on voudra pouvoir dire avec un certain degré de certitude que la performance moyenne de l'ensemble de tous les étudiants non privés de sommeil ($\mu_A$) est supérieure à celle de l'ensemble de tous les étudiants privés de sommeil ($\mu_B$), soit que $\mu_A > \mu_B$. Cette inférence n'est pas automatique. Il faudrait effectuer un test d'hypothèse, sujet que nous aborderons au chapitre 8.

## 5.4.7 Limites d'utilisation de la moyenne

Comme la moyenne dépend de toutes les données, elle est sensible aux valeurs extrêmes. Des valeurs très grandes ou très petites, même si elles sont rares, peuvent exercer une influence indue sur la moyenne, ce qui n'est pas le cas pour la médiane ni pour le mode.

**EXEMPLE 5.24**

Illustrons à l'aide de séries statistiques l'effet des valeurs extrêmes sur la moyenne.

Série 1 : 20, 21, 22, 24, 24, 26, 26, 26, 26, 26, 26, 26, 27, 29, 30

Série 2 : 20, 21, 22, 24, 24, 26, 26, 26, 26, 26, 26, 26, 27, 100, 150

Série 3 : 0, 1, 22, 24, 24, 26, 26, 26, 26, 26, 26, 26, 27, 29, 30

Ces trois séries donnent les mesures de tendance centrale suivantes :

Série 1 : $Mo = 26 \quad Md = 26 \quad \bar{x} = 25{,}3$

Série 2 : $Mo = 26 \quad Md = 26 \quad \bar{x} = 38$

Série 3 : $Mo = 26 \quad Md = 26 \quad \bar{x} = 22{,}6$

Ces séries sont très semblables. Cependant, la série 2 présente certaines valeurs beaucoup plus élevées que les autres, et la série 3, certaines valeurs beaucoup plus faibles que les autres. Ces valeurs extrêmes n'ont pas d'effet sur le mode ni sur la médiane. Toutefois, elles déplacent la moyenne vers le haut dans la série 2, où 87 % des données prennent une valeur inférieure à la moyenne. C'est ce qui se passe lorsqu'on trouve ne serait-ce qu'un ou deux étudiants qui obtiennent des résultats exceptionnellement élevés dans une classe : ils font monter la moyenne.

Dans le cas de la série 3, c'est le contraire ; la moyenne est ramenée vers le bas, et 80 % des données prennent une valeur supérieure à la moyenne. Lorsqu'un ou deux étudiants d'une classe obtiennent des résultats exceptionnellement faibles, ils font baisser la moyenne.

Les valeurs extrêmes des séries 2 et 3 exercent une influence indue sur la moyenne, et cette dernière décrit mal les données qu'elle devrait représenter. Le mode et la médiane caractérisent alors beaucoup mieux ces deux séries parce que, d'une certaine façon, elles font abstraction des cas marginaux.

La présence de cas marginaux est fréquente dans certains domaines. On peut penser au domaine de l'évaluation immobilière où quelques maisons très luxueuses font grimper l'évaluation moyenne des résidences d'un quartier. Le même phénomène se produit dans l'évaluation des revenus d'une population. Quelques revenus très élevés déplacent la moyenne vers le haut. La comparaison des revenus moyens est donc souvent trompeuse. Dans de telles circonstances, il est plus révélateur de présenter conjointement la médiane et la moyenne de la variable considérée.

**EXEMPLE 5.25**

Examinons la rémunération horaire de 10 salariés de 2 usines :

Usine 1 : 13 $, 13 $, 13 $, 13 $, 13 $, 13 $, 17 $, 17 $, 55 $, 55 $

$\bar{x}$ = 22,20 $

Usine 2 : 18 $, 18 $, 19 $, 19 $, 19 $, 19 $, 19 $, 19 $, 20 $, 21 $

$\bar{x}$ = 19,10 $

Le salaire horaire moyen des salariés de l'usine 1 est supérieur à celui des salariés de l'usine 2, tandis que tous les salariés de l'usine 2 sont mieux rémunérés que 80 % des salariés de l'usine 1. On remarque immédiatement pourquoi le salaire horaire moyen des salariés de l'usine 1 n'est pas représentatif : deux salaires sont nettement supérieurs aux autres. Dans cet exemple, il aurait été préférable de comparer les revenus médians ou même modaux.

## 5.5 Position relative des mesures de tendance centrale

**Dans cette section :** asymétrie nulle • asymétrie positive • asymétrie négative.

Les distributions unimodales présentent généralement une des formes représentées dans la figure 5.9.

**Asymétrie nulle**
Se dit d'une distribution de données dans laquelle la médiane et la moyenne coïncident.

**Asymétrie positive**
Se dit d'une distribution de données dans laquelle quelques valeurs nettement supérieures aux autres déplacent la moyenne vers la droite de la médiane.

**Asymétrie négative**
Se dit d'une distribution de données dans laquelle quelques valeurs nettement inférieures aux autres déplacent la moyenne vers la gauche de la médiane.

Lorsqu'une distribution unimodale est relativement symétrique (**asymétrie nulle**), le mode, la médiane et la moyenne se confondent : $Mo = Md = \bar{x}$.

On a une **asymétrie positive** lorsque des valeurs nettement plus grandes que les autres déplacent la moyenne vers la droite. Le mode est alors inférieur à la médiane, elle-même inférieure à la moyenne, c'est-à-dire que $Mo < Md < \bar{x}$.

On observe la situation contraire dans l'**asymétrie négative** : des valeurs faibles déplacent la moyenne vers la gauche. On a alors $\bar{x} < Md < Mo$.

FIGURE 5.9

**FORMES COURANTES DES DISTRIBUTIONS UNIMODALES**

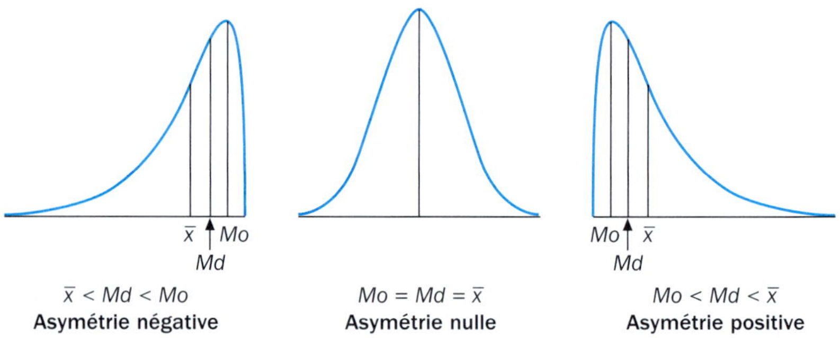


Lorsqu'une distribution unimodale est fortement asymétrique, la médiane constitue la mesure de tendance centrale la plus révélatrice. Puisque la moyenne subit trop l'influence des valeurs extrêmement élevées ou extrêmement faibles, la médiane se révèle une mesure plus typique.

# EXERCICES RÉCAPITULATIFS

## Sections 5.1 et 5.2

**1.** À quoi servent les mesures de tendance centrale ?

**2.** Qu'est-ce que le mode ?

**3.** Quel est le pourcentage des données qui sont inférieures ou égales à la médiane ?

**4.** Quel est le mode de la série ?

a) Résultats d'un cours d'histoire notés par R (réussite), E (échec) et I (incomplet) :

R, E, I, E, R, R, R, R, R, E, R, E, R, E, R, R, R, I, R, E, R, R, R

b) Nombre de billets gagnants du gros lot du Lotto 6/49 pour un échantillon de 25 tirages :

5, 1, 2, 3, 2, 0, 0, 0, 4, 2, 0, 1, 2, 0, 2, 0, 1, 6, 0, 0, 3, 2, 0, 1, 0

c) Degré d'adhésion à une nouvelle politique mesuré par 1 (très défavorable), 2 (défavorable), 3 (favorable) et 4 (très favorable) :

4, 4, 3, 4, 3, 2, 2, 2, 1, 2, 2, 4, 2, 2, 3, 1, 2, 4, 1, 2, 2, 1, 2, 2, 3, 2

**5.** Pour chacun des tableaux, déterminez :

- la variable étudiée ;
- sa nature ;
- le mode et ce qu'il signifie.

a) Lors d'une enquête portant sur la *Loi sur le système de justice pénale pour les adolescents*, on a demandé à des Canadiens de 16 ans et plus leur opinion sur des énoncés concernant les principes de détermination de la peine pour les adolescents. Le tableau 5.26 présente les réponses à la question portant sur l'emprisonnement des jeunes contrevenants.

TABLEAU | **5.26**

**RÉPARTITION DE CANADIENS DE 16 ANS ET PLUS, SELON LEUR OPINION SUR L'ÉNONCÉ « LA PRISON NE DEVRAIT ÊTRE UTILISÉE QUE POUR LES JEUNES VIOLENTS ET LES RÉCIDIVISTES », CANADA, 2008**

| Opinion | Pourcentage des Canadiens (%) |
|---|---|
| Entièrement d'accord | 11 |
| D'accord | 29 |
| En désaccord | 41 |
| Entièrement en désaccord | 19 |
| **Total** | **100** |

Source : *Le sondage national sur la justice de 2008 : le Système de justice pour les jeunes au Canada et la Loi sur le système de justice pénale pour les adolescents*, Ministère de la Justice du Canada, 2008, p. 20.

b) TABLEAU 5.27

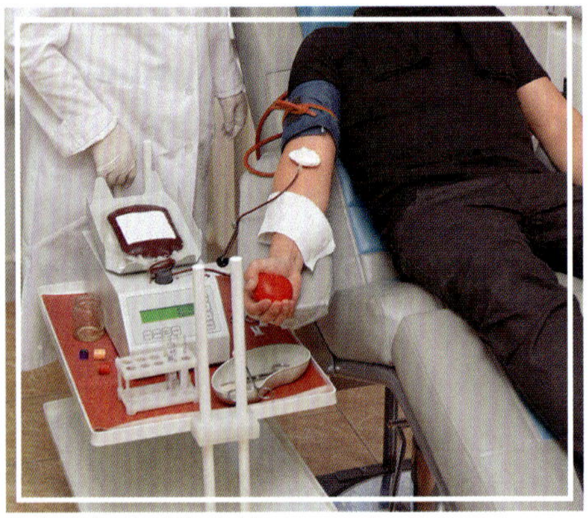

**RÉPARTITION EN POURCENTAGE DES CANADIENS, SELON LE GROUPE SANGUIN**

| Groupe sanguin | Pourcentage des Canadiens (%) |
|---|---|
| $O^+$ | 39,0 |
| $O^-$ | 7,0 |
| $A^+$ | 36,0 |
| $A^-$ | 6,0 |
| $B^+$ | 7,5 |
| $B^-$ | 1,5 |
| $AB^+$ | 2,5 |
| $AB^-$ | 0,5 |
| **Total** | **100,0** |

Source : http://fr.wikipedia.org/wiki/Groupe_sanguin (2010-01-09).

c) TABLEAU 5.28

**RÉPARTITION DE 70 CANDIDATS, SELON LE TEMPS REQUIS POUR EFFECTUER UNE SIMULATION AU COURS D'UNE ENTREVUE DE SÉLECTION**

| Temps (minutes) | Nombre de candidats |
|---|---|
| 0–2 | 2 |
| 2–4 | 7 |
| 4–6 | 50 |
| 6–8 | 9 |
| 8–10 | 2 |
| **Total** | **70** |

d) TABLEAU 5.29

**RÉPARTITION DE 70 CANDIDATS, SELON LE NOMBRE DE FAUTES COMMISES AU COURS D'UNE SIMULATION**

| Nombre de fautes | Nombre de candidats |
|---|---|
| 0 | 5 |
| 1 | 8 |
| 2 | 26 |
| 3 | 25 |
| 4 | 4 |
| 5 | 2 |
| **Total** | **70** |

e) TABLEAU | **5.30**

**RÉPARTITION DE 49 ANNÉES, SELON LA QUANTITÉ ANNUELLE DE NEIGE (cm), MONTRÉAL, 1960–2008**

| Quantité de neige (cm) | Nombre d'années |
|---|---|
| 100–150 | 4 |
| 150–200 | 18 |
| 200–250 | 14 |
| 250–300 | 6 |
| 300–350 | 6 |
| 350–400 | 1 |
| **Total** | **49** |

Source: *Données des observations mensuelles. Archives climatiques nationales du Canada.* http://www.climate.weatheroffice.ec.gc.ca/climateData/monthlydata_f.html (2009-04-20). © Environnement Canada, Archives climatiques nationales du Canada.

**6.** Pour chacun des graphiques suivants, déterminez:
- la variable étudiée;
- sa nature;
- le mode et ce qu'il signifie.

a) FIGURE | **5.12**

**RÉPARTITION EN POURCENTAGE DE CONDUCTEURS, SELON LA FRÉQUENCE DE SOMNOLENCE AU VOLANT, ÉTATS-UNIS, 2008**

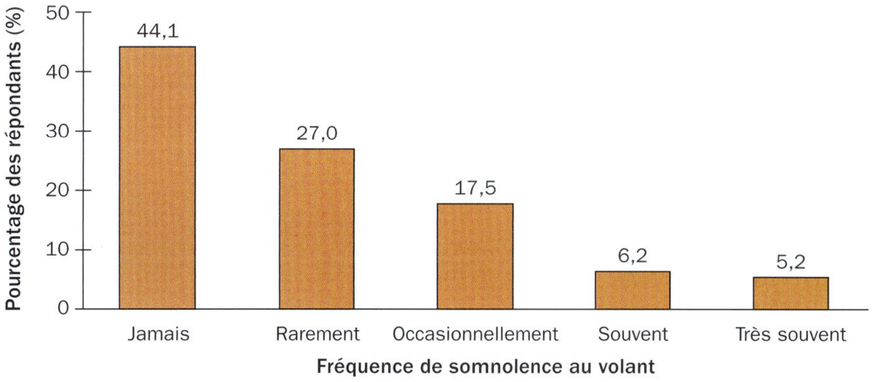


Source: NSF, « 2009 "Sleep in America" Poll », 2 mars 2009, p. 42 (www.sleepfoundation.org).

b) FIGURE | **5.13**

**RÉPARTITION EN POURCENTAGE D'ÉLÈVES QUÉBÉCOIS, SELON LE TYPE DE MILIEU FAMILIAL DANS LEQUEL ILS HABITENT, 2008**

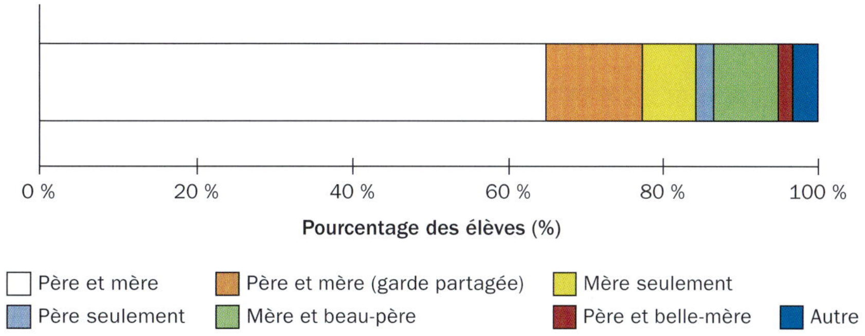


Source: Gilles Pronovost, *Sondage sur les attitudes des jeunes à l'égard de l'environnement et de l'avenir*, Fondation Monique-Fitz-Back, février 2009, p. 8.

c) FIGURE 5.14

**RÉPARTITION EN POURCENTAGE DE CONDUCTEURS CANADIENS, SELON LE NOMBRE DE FOIS, AU COURS DES 12 DERNIERS MOIS, OÙ ILS SE SONT TROUVÉS DANS UN VÉHICULE ARRÊTÉ LORS D'UN CONTRÔLE ROUTIER DES CHAUFFEURS AVEC FACULTÉS AFFAIBLIES**

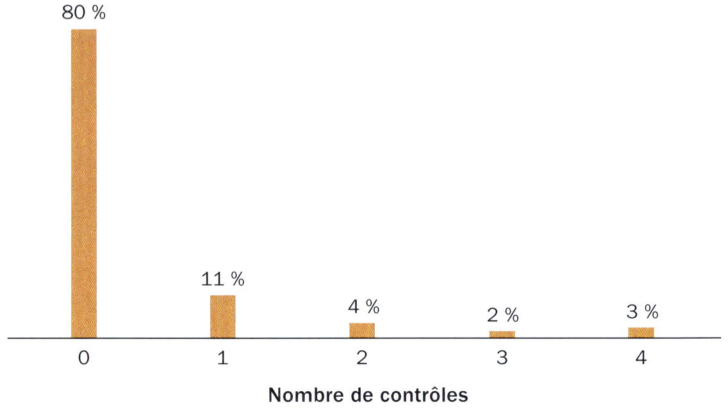


Source : Transports Canada, *Enquête sur la conduite avec facultés affaiblies*, juin 2007, p. 19.

d) FIGURE 5.15

**RÉPARTITION EN POURCENTAGE DE CONDUCTEURS CANADIENS, SELON LE NOMBRE DE LEURS AMIS QUI ONT CONDUIT AVEC DES FACULTÉS AFFAIBLIES AU COURS DE LA DERNIÈRE ANNÉE**

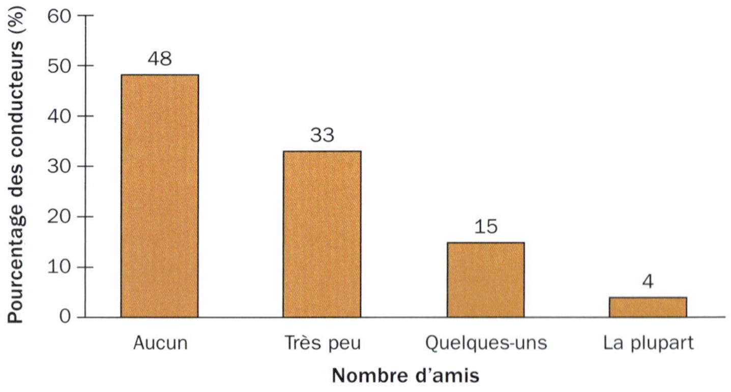


Source : Transports Canada, *Enquête sur la conduite avec facultés affaiblies*, juin 2007, p. 36.

e) FIGURE 5.16

**RÉPARTITION DE 70 DÉPUTÉS QUÉBÉCOIS À LA CHAMBRE DES COMMUNES, SELON L'ÂGE, CANADA, 1er NOVEMBRE 2009**

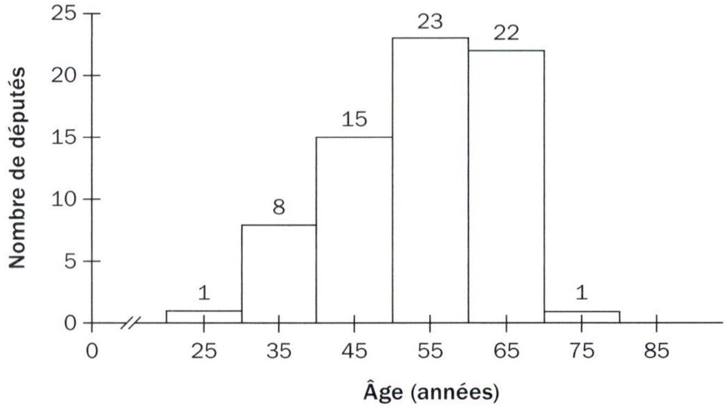


Source : http://www2.parl.gc.ca/Parlinfo/Files/Parliamentarian.aspx (2009-11-01).

f) FIGURE 5.17

**RÉPARTITION EN POURCENTAGE DES HOMMES QUI SE SONT MARIÉS EN 2008, SELON LEUR ÉTAT MATRIMONIAL AU MOMENT DU MARIAGE, QUÉBEC**

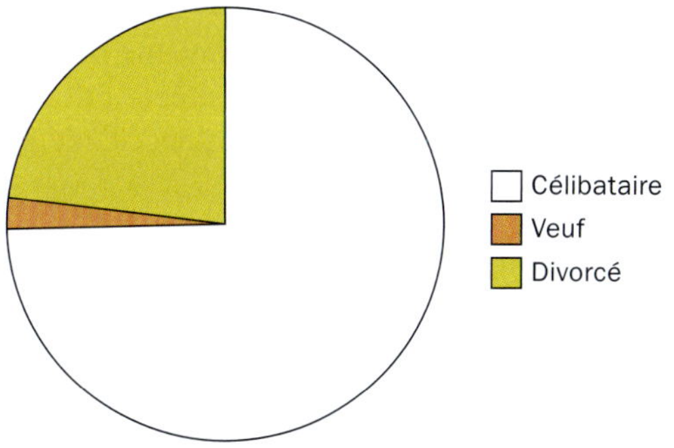


Source : Institut de la statistique du Québec, http://www.stat.gouv.qc.ca/donstat/societe/demographie/etat_matrm_marg/502.htm (2009-11-02).

g) FIGURE 5.18

**RÉPARTITION EN POURCENTAGE DE 1 000 VOYAGEURS, SELON LA DURÉE DU SÉJOUR À L'ÉTRANGER**

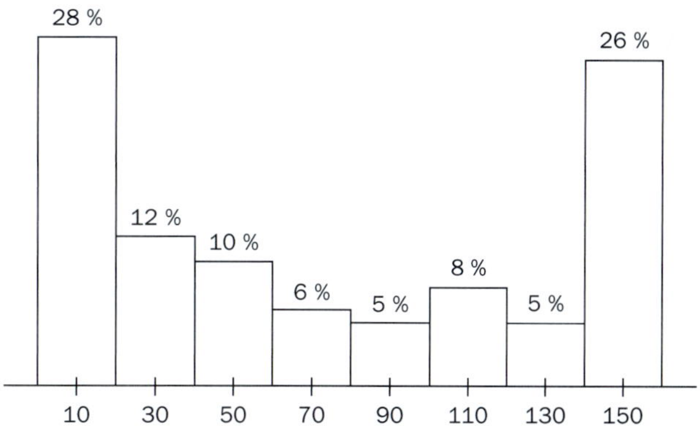


**7.** Vrai ou faux ?

a) Le mode est unique.

b) Le mode subit l'influence des valeurs extrêmes de certaines données.

c) Lorsque les données sont groupées par classes, le mode est donné par le milieu de la classe modale.

d) Il faut que toutes les classes aient la même amplitude pour évaluer le mode.

e) Lorsqu'une représentation graphique présente plus d'un sommet, il y a plus d'un mode.

f) Le mode ne peut pas être évalué lorsqu'il y a des classes ouvertes.

**8.** Qu'indique généralement la présence de deux modes ? Qu'est-il conseillé de faire dans cette situation ?

## Section 5.3

**9.** Déterminez, si possible, la médiane de chacune des variables des exercices 4, 5 et 6. Dites ce que la médiane signifie dans chacun de ces contextes.

**10.** Vrai ou faux ?

a) La médiane d'une série comportant 25 observations correspond à la $13^e$ observation.

b) Une série statistique peut présenter plus d'une médiane.

c) La médiane correspond nécessairement à une valeur de la série.

d) Pour évaluer la médiane, les données doivent être classées de façon croissante ou décroissante.

e) Dans une série statistique où toutes les données sont positives, on remplace la donnée ayant la plus forte valeur par une donnée dont la valeur est dix fois plus grande. La médiane demeure inchangée.

## Sections 5.4 à 5.6

**11.** Un professeur a fait passer un examen dans un groupe où deux étudiants étaient absents. Il corrige les examens et, après la compilation des notes, il obtient une moyenne de 70 pour les 28 étudiants qui se sont présentés à l'examen. Les deux étudiants absents ont pu justifier leur absence. Le professeur accepte de leur faire reprendre l'examen. Ils obtiennent respectivement des notes de 75 et de 80.

a) L'inclusion des notes des deux absents aura-t-elle pour effet de faire augmenter ou de faire diminuer la note moyenne du groupe ? Justifiez votre réponse.

b) Quelle sera la nouvelle note moyenne du groupe si on tient compte de ces deux nouvelles notes ?

**12.** Dans la formule $\overline{x} = \dfrac{\sum_{i=1}^{k} v_i f_i}{n}$, que représentent $v_i$, $f_i$, $k$ et $n$ ?

**13.** Examinez la formule servant au calcul de la valeur approximative de la moyenne :

$$\overline{x} \approx \frac{\sum_{i=1}^{k} m_i f_i}{n}$$

a) Quelle hypothèse avance-t-on lorsqu'on emploie cette formule ?

b) Que vaut $\sum_{i=1}^{k} f_i$ ?

c) Que représente $k$ ?

d) Que représente $m_i$ ?

**14.** Calculez, si possible, la moyenne de chacune des variables des exercices 4, 5 et 6.

**15.** Les revenus moyen et médian des familles pour le Canada et le Québec sont présentés dans le tableau 5.31.

TABLEAU | **5.31**

**REVENUS MOYEN ET MÉDIAN DES FAMILLES, QUÉBEC, CANADA, 2007**

| Lieu | Revenu moyen ($) | Revenu médian ($) |
|---|---|---|
| Canada | 86 300 | 70 800 |
| Québec | 74 762 | 62 000 |

Sources : Statistique Canada, *Le revenu au Canada, 2007*, n° 75-202-X au catalogue, juin 2009, p. 44, 49 et 55, et Institut de la statistique du Québec, http://www.stat.gouv.qc.ca/donstat/societe/famls_mengs_niv_vie/revenus_depense/revenus/revfam96_2007.htm (2009-11-15).

À votre avis, pourquoi le revenu moyen observé est-il supérieur au revenu médian ?

**16.** On a mené une expérience en psychologie sur la capacité des hommes adultes à évaluer une durée. L'expérimentateur donnait un signal et demandait au sujet de lui indiquer quand il croyait qu'une période de 60 s s'était écoulée. De son côté, il mesurait à l'aide d'un chronomètre le temps réel qui s'était écoulé. Le tableau 5.32 présente la série statistique obtenue auprès des 40 individus sélectionnés pour l'expérience.

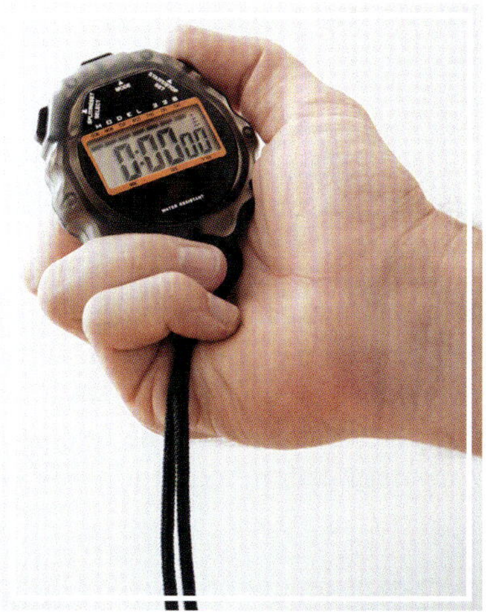

TABLEAU | **5.32**

**ÉVALUATION, MESURÉE EN SECONDES, DE LA DURÉE D'UNE PÉRIODE DE 60 s PAR 40 INDIVIDUS**

| | | | | |
|---|---|---|---|---|
| 45 | 55 | 59 | 62 | 70 |
| 46 | 56 | 60 | 62 | 71 |
| 48 | 56 | 60 | 63 | 72 |
| 50 | 56 | 60 | 64 | 74 |
| 51 | 57 | 60 | 65 | 75 |
| 52 | 57 | 60 | 65 | 77 |
| 54 | 58 | 60 | 68 | 78 |
| 55 | 59 | 61 | 70 | 79 |

a) Quelle est la population étudiée ?
b) L'étude porte-t-elle sur la population ou sur un échantillon ?
c) Quelle est la variable étudiée ?
d) Quelle est sa nature ?
e) Quelle est l'échelle de mesure employée ?
f) Présentez ces données sous la forme d'un tableau de fréquences (absolues, relatives et cumulées). Prenez 45 secondes comme limite inférieure de la première classe et 5 secondes comme amplitude. Respectez les normes de présentation.
g) À partir de ce tableau, déterminez le mode, la médiane et la moyenne. Interprétez ces valeurs.

**17.** Un propriétaire de club vidéo vous présente les données pour un échantillon de 90 membres de ce club (tableau 5.33).

TABLEAU | **5.33**

**RÉPARTITION DE 90 MEMBRES D'UN CLUB VIDÉO, SELON LE NOMBRE DE LOCATIONS AU COURS DE LA DERNIÈRE SEMAINE**

| Nombre de locations | Nombre de membres |
|---|---|
| 0 | 35 |
| 1 | 15 |
| 2 | 3 |
| 3 | 30 |
| 4 | 4 |
| 5 | 3 |
| **Total** | **90** |

a) Quelle est la variable étudiée ?
b) De quelle nature est-elle ?
c) Quelle échelle de mesure a été employée ?
d) Représentez ces données sous une forme graphique appropriée.
e) Comment qualifie-t-on une telle distribution ?
f) Généralement, qu'est-ce que cela indique ?
g) Quel est le nombre modal de locations ?
h) Que signifie cette mesure ?
i) Quelle stratégie publicitaire pourrait expliquer le fait qu'un des modes correspond à 3 locations ?
j) Quel est le nombre médian de locations ?
k) Que signifie cette mesure ?

l) Que valent $f_2$ et $f_4$ ?

m) Que valent $v_1$ et $v_5$ ?

n) Que vaut $n$ ?

o) Calculez le nombre moyen de locations.

p) Si vous aviez à décrire le membre type de ce club vidéo, quelle mesure de tendance centrale choisiriez-vous ? Expliquez votre choix.

**18.** « Qui s'instruit, s'enrichit. » Cet adage semble être confirmé par la statistique suivante : « Au Québec, en 2008, la rémunération moyenne d'un diplômé du secondaire était de 32 300 $, alors que celle d'un diplômé universitaire était de 51 500 $. » Une amie vous dit que cet adage est faux, puisque son père, qui n'a terminé que son secondaire, a gagné 80 000 $ en 2008. Expliquez en quoi cela ne contredit pas la statistique avancée.

**19.** Un institut de sondage fait publier le message suivant dans un quotidien :

***Souffrez-vous d'asthme ?***

*À l'heure actuelle, 9 % de la population du Québec souffre, à divers degrés, d'asthme. Si vous êtes un habitant du Québec âgé entre 18 et 65 ans, que vous souffrez actuellement d'asthme chronique ou allergique, que vous utilisez personnellement un inhalateur et que vous désirez exprimer votre opinion sur les éléments de la réforme de la santé concernant les asthmatiques, appelez-nous au numéro* [...]

Le lendemain de la parution de l'annonce, 50 personnes, qui répondent aux conditions énoncées, prennent contact avec l'institut de sondage pour participer à l'enquête. Une des questions de l'enquête porte sur les dépenses consacrées à l'achat de médicaments. À la question : « Au cours des deux dernières semaines, combien avez-vous dépensé pour l'achat de médicaments destinés à combattre les symptômes de l'asthme ? », l'institut de sondage obtient les résultats apparaissant dans le tableau 5.34.

TABLEAU | **5.34**

**SOMME ($) DÉPENSÉE POUR DES MÉDICAMENTS DESTINÉS À COMBATTRE LES SYMPTÔMES DE L'ASTHME AU COURS DES DEUX DERNIÈRES SEMAINES**

| | | | | |
|---|---|---|---|---|
| 5 | 17 | 26 | 33 | 44 |
| 6 | 18 | 26 | 34 | 44 |
| 6 | 20 | 27 | 35 | 46 |
| 8 | 20 | 27 | 35 | 47 |
| 10 | 20 | 28 | 36 | 48 |
| 12 | 22 | 29 | 38 | 50 |
| 14 | 23 | 30 | 39 | 50 |
| 15 | 24 | 30 | 40 | 52 |
| 15 | 25 | 31 | 41 | 53 |
| 16 | 25 | 32 | 42 | 54 |

a) Quelle est la dépense médiane ?

b) Quelle est la dépense moyenne ?

c) Dressez un tableau de fréquences (absolues, relatives et relatives cumulées) pour ces données. Prenez 5 $ comme limite inférieure de la première classe et 10 $ comme amplitude. Appliquez les normes de présentation.

d) Calculez la valeur approximative de la dépense moyenne d'après le tableau de fréquences.

e) Expliquez pourquoi cette valeur diffère de la réponse obtenue en *b*.

f) Tracez la courbe des fréquences relatives cumulées.

g) Évaluez la dépense médiane à partir de cette courbe. Que signifie cette valeur ?

h) Calculez la dépense médiane au moyen de la méthode analytique. Votre réponse est-elle voisine de la réponse obtenue en *a* et en *g* ?

i) Tracez l'histogramme.

j) Déterminez la dépense modale d'après ce graphique.

k) Quel type de symétrie cette courbe présente-t-elle ?

l) Quelle est la relation entre $\bar{x}$, *Md* et *Mo* ?

**20.** Vrai ou faux ?

a) Pour calculer la moyenne d'une série de données, il faut d'abord classer les données en ordre croissant.

b) La moyenne subit l'influence des valeurs extrêmes.

c) La moyenne peut être employée sans réserve lorsqu'une série statistique comporte quelques valeurs marginales nettement supérieures aux autres.

d) La moyenne est toujours plus grande que la médiane.

**21.** Au cours d'une expérience en psychologie portant sur la mémoire et l'apprentissage, des sujets devaient écrire les mots qu'ils avaient retenus parmi les 30 mots d'une liste qu'on leur avait présentée pendant 120 secondes. Le chercheur voulait vérifier si l'environnement sonore influait sur leur performance. Il a donc constitué deux groupes (un groupe de contrôle et un groupe expérimental) de 25 personnes chacun. L'expérience s'est déroulée dans un environnement silencieux pour le groupe de contrôle et dans un environnement bruyant pour le groupe expérimental. Voici la série statistique donnant le nombre de mots retenus par chacun des deux groupes (tableau 5.35).

TABLEAU | **5.35**

**NOMBRE DE MOTS RETENUS, GROUPE DE CONTRÔLE ET GROUPE EXPÉRIMENTAL**

| Groupe de contrôle | | | | |
|---|---|---|---|---|
| 16 | 18 | 20 | 16 | 18 |
| 17 | 19 | 21 | 17 | 18 |
| 17 | 18 | 19 | 20 | 16 |
| 18 | 16 | 17 | 16 | 15 |
| 21 | 18 | 16 | 17 | 18 |

| Groupe expérimental | | | | |
|---|---|---|---|---|
| 15 | 16 | 16 | 17 | 18 |
| 14 | 15 | 16 | 17 | 19 |
| 16 | 18 | 15 | 15 | 17 |
| 15 | 19 | 18 | 15 | 20 |
| 16 | 17 | 16 | 17 | 20 |

a) Quelle est la variable étudiée ?

b) Quelle est sa nature ?

c) Quelle est l'échelle de mesure employée ?

d) Présentez sous la forme d'un tableau de fréquences les données obtenues pour chacun des deux groupes.

e) Calculez le nombre moyen de mots retenus dans chacun des deux groupes.

f) La moyenne du groupe de contrôle est plus élevée que celle du groupe expérimental. Peut-on en conclure que le bruit diminue la capacité de mémoriser des mots ?

**22.** Une chercheuse effectue une étude sur les naissances en milieu hospitalier au Québec en 2010. Elle décide de procéder à une étude préliminaire. Elle choisit arbitrairement un hôpital général d'une ville et consulte les dossiers de naissance des enfants nés au cours du mois de mai. Elle y trouve des renseignements sur le sexe, la masse et la longueur des nouveau-nés (tableau 5.36).

TABLEAU 5.36

**SEXE, MASSE ET LONGUEUR DE 52 NOUVEAU-NÉS**

| Sexe | Masse (g) | Longueur (cm) | Sexe | Masse (g) | Longueur (cm) | Sexe | Masse (g) | Longueur (cm) | Sexe | Masse (g) | Longueur (cm) |
|---|---|---|---|---|---|---|---|---|---|---|---|
| F | 2 310 | 44,0 | F | 3 420 | 51,5 | M | 2 600 | 49,0 | M | 3 680 | 52,0 |
| F | 2 850 | 47,0 | F | 3 445 | 49,0 | M | 2 750 | 48,0 | M | 3 725 | 56,0 |
| F | 2 905 | 50,0 | F | 3 455 | 51,0 | M | 2 910 | 51,0 | M | 3 750 | 52,5 |
| F | 2 905 | 51,0 | F | 3 565 | 52,0 | M | 2 955 | 51,0 | M | 3 900 | 51,0 |
| F | 2 930 | 51,0 | F | 3 565 | 52,0 | M | 2 985 | 47,0 | M | 3 935 | 53,0 |
| F | 3 045 | 50,0 | F | 3 670 | 53,0 | M | 3 000 | 49,5 | M | 3 940 | 54,5 |
| F | 3 105 | 49,5 | F | 3 680 | 52,0 | M | 3 140 | 50,5 | M | 4 020 | 53,5 |
| F | 3 160 | 52,0 | F | 3 690 | 52,0 | M | 3 255 | 48,5 | M | 4 035 | 54,0 |
| F | 3 275 | 48,0 | F | 3 770 | 53,5 | M | 3 350 | 51,0 | M | 4 065 | 54,0 |
| F | 3 295 | 52,0 | F | 3 835 | 49,5 | M | 3 395 | 50,0 | M | 4 095 | 52,0 |
| F | 3 340 | 54,0 | F | 3 885 | 53,5 | M | 3 490 | 52,0 | M | 4 125 | 52,0 |
| F | 3 390 | 48,0 | F | 3 900 | 53,5 | M | 3 570 | 51,5 | M | 4 140 | 54,0 |
| F | 3 395 | 53,0 | F | 4 000 | 53,5 | M | 3 675 | 52,0 | M | 4 570 | 56,0 |

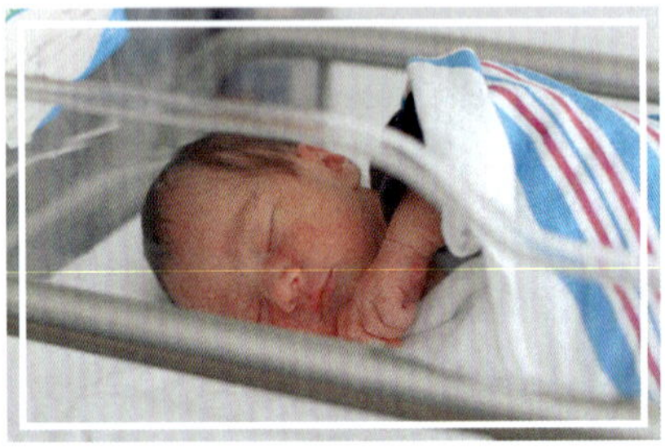

a) Quelle est la population étudiée ?
b) La technique d'échantillonnage employée est-elle probabiliste ?
c) Cette technique est-elle appropriée dans ce contexte ?
d) Les résultats échantillonnaux peuvent-ils servir à faire de l'inférence statistique ?
e) Quelles sont les variables étudiées ?
f) Donnez la nature de chacune des variables.
g) Indiquez l'échelle de mesure employée pour chacune des variables.
h) Présentez la série des masses observées sous la forme d'un tableau de fréquences (absolues, relatives et cumulées). Prenez 2 300 g comme limite inférieure de la première classe et 400 g comme amplitude. Appliquez les normes de présentation.
i) Quelle est la masse modale ?
j) Tracez l'histogramme et la courbe des fréquences relatives cumulées de la masse des nouveau-nés.
k) D'après la courbe des fréquences relatives cumulées, déterminez le pourcentage des nouveau-nés échantillonnés qui pèsent moins de 3 700 g.
l) À partir de la courbe des fréquences relatives cumulées, déterminez la masse médiane.
m) Que signifie cette dernière mesure ?
n) Quelle est la valeur approximative de la masse moyenne ?
o) Présentez la série des longueurs observées sous la forme d'un tableau de fréquences (absolues, relatives et cumulées). Prenez 44 cm comme limite inférieure de la première classe et 2 cm comme amplitude. Appliquez les normes de présentation.
p) À partir du tableau dressé en *o*, déterminez la classe modale des longueurs.
q) Quelle est la longueur médiane ? Servez-vous de la méthode analytique pour vos calculs.
r) Quelle est la valeur approximative de la longueur moyenne des nouveau-nés ?

**23.** Le tableau 5.37 indique l'âge moyen des Canadiens selon leur lieu de résidence.

Un de vos amis décide de calculer la moyenne des données apparaissant dans la deuxième colonne. Il obtient 38,5. Il en déduit que l'âge moyen des Canadiens est de 38,5 ans, ce qui ne correspond pas à la valeur de 39,5 ans calculée à partir des données tirées de la source indiquée au bas du tableau. Expliquez l'erreur de raisonnement de votre ami.

TABLEAU 5.37

**ÂGE MOYEN DES CANADIENS, SELON LEUR LIEU DE RÉSIDENCE, 2009**

| Lieu de résidence | Âge moyen |
|---|---|
| Provinces de l'Atlantique | 41,3 |
| Québec | 40,5 |
| Ontario | 39,2 |
| Provinces de l'Ouest | 38,7 |
| Yukon, Nunavut et Territoires du Nord-Ouest | 32,6 |

Source : Institut de la statistique du Québec, http://www.stat.gouv.qc.ca/donstat/societe/demographie/struc_poplt/104.htm (2010-05-01)

**24.** À la fin de 2010, la masse salariale ($M_{2010}$) d'une entreprise de 250 salariés ($N_{2010}$) était de 12 000 000 $. Depuis lors, elle a augmenté de 12 % et le nombre de salariés de 6 %.

a) En 2010, quel était le salaire moyen ($\mu_{2010}$) des salariés de l'entreprise ?

b) Quelle est la nouvelle masse salariale ($M$) de l'entreprise ?

c) Quel le nouveau nombre ($N$) de salariés ?

d) Quel est le nouveau salaire moyen ($\mu$) des salariés de l'entreprise ?

## EXERCICE DE SYNTHÈSE

Une fédération d'associations étudiantes a mené un sondage auprès d'un échantillon aléatoire de 1 200 étudiants de cégep âgés de 17 à 24 ans. Avec un échantillon de cette taille, l'estimation d'une proportion exprimée en pourcentage est précise à ± 2,8 points de pourcentage, 19 fois sur 20.

Lors de l'enquête, plusieurs thèmes ont été abordés, dont la satisfaction à l'endroit des professeurs, l'intérêt pour les cours, le degré de difficulté des cours, la contribution financière des parents et le contexte d'exécution des travaux.

### Satisfaction à l'endroit des professeurs

Les résultats de l'enquête montrent que 32 % des étudiants sont très satisfaits de leurs professeurs, 48 % en sont satisfaits, 17 % en sont insatisfaits et les autres en sont très insatisfaits.

### Intérêt pour les cours

La fédération étudiante a voulu mesurer l'intérêt des étudiants pour leur programme d'études en dénombrant le nombre de périodes de cours séchées sans motif valable durant le dernier mois. Les réponses à ce sujet sont consignées dans le tableau 5.38.

TABLEAU 5.38

**RÉPARTITION DE 1 200 ÉTUDIANTS DE CÉGEP ÂGÉS DE 17 À 24 ANS, SELON LE NOMBRE DE PÉRIODES DE COURS SÉCHÉES AU COURS DU DERNIER MOIS**

| Nombre de périodes de cours séchées | Nombre de répondants |
|---|---|
| 0 | 822 |
| 1 | 205 |
| 2 | 74 |
| 3 | 47 |
| 4 | 31 |
| 5 | 12 |
| 6 | 9 |
| **Total** | **1 200** |

**Degré de difficulté des cours**

En ce qui a trait au degré de difficulté des cours, 20 % des étudiants interrogés ont déclaré qu'ils étaient très faciles, 25 % qu'ils étaient faciles, 35 % qu'ils étaient difficiles et 20 % qu'ils étaient très difficiles.

**Contribution financière des parents**

La fédération étudiante a produit la figure 5.19 portant sur la contribution financière des parents.

FIGURE | **5.19**

**RÉPARTITION DE 1 200 ÉTUDIANTS DE CÉGEP ÂGÉS DE 17 À 24 ANS, SELON LA CONTRIBUTION FINANCIÈRE DES PARENTS AU DERNIER TRIMESTRE**

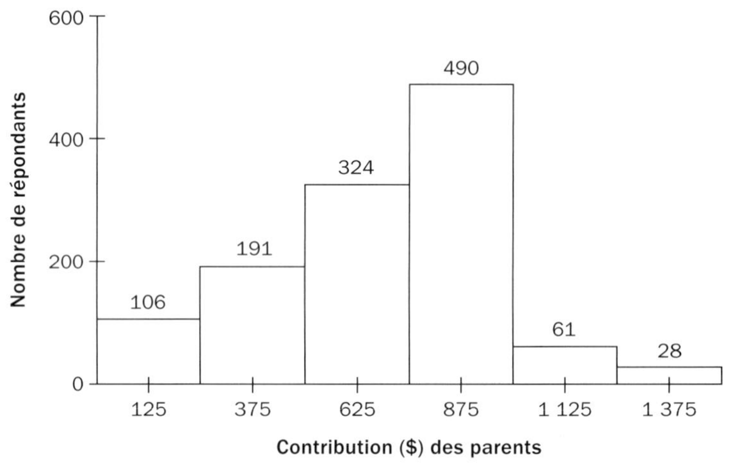


**Contexte d'exécution des travaux**

Lors du sondage, on a demandé aux étudiants combien de temps ils consacraient à l'étude et aux travaux scolaires en dehors des cours dans une journée typique de la semaine. Les réponses sont consignées dans le tableau 5.39.

TABLEAU | **5.39**

**RÉPARTITION DE 1 200 ÉTUDIANTS DE CÉGEP ÂGÉS DE 17 À 24 ANS, SELON LE TEMPS QUOTIDIEN CONSACRÉ AUX ÉTUDES ET AUX TRAVAUX SCOLAIRES EN DEHORS DES COURS**

| Temps (min) | Nombre de répondants |
|---|---|
| 0–30 | 53 |
| 30–60 | 126 |
| 60–90 | 312 |
| 90–120 | 449 |
| 120–150 | 121 |
| 150–180 | 71 |
| 180–210 | 58 |
| 210–240 | 10 |
| **Total** | **1 200** |

On a également demandé aux étudiants quelle était leur principale source de documentation pour rédiger leurs travaux : 53 % ont répondu Internet, 18 %, des livres, 12 %, des revues spécialisées ou savantes, 10 %, des travaux effectués par d'autres étudiants au cours d'années antérieures, 5 %, des journaux et des magazines, les 2 % restants ayant indiqué d'autres sources.

Soupçonnant qu'Internet allait être une source de documentation importante, la fédération étudiante a également posé une question sur le plagiat électronique. La figure 5.20 présente les réponses obtenues.

FIGURE | **5.20**

**RÉPARTITION EN POURCENTAGE D'ÉTUDIANTS DE CÉGEP ÂGÉS DE 17 À 24 ANS, SELON LE NOMBRE DE COURS DANS LEQUEL ILS ONT SOUMIS AU MOINS UN TRAVAIL CONTENANT UN TEXTE COPIÉ INTÉGRALEMENT DANS INTERNET SANS MENTION DE LA SOURCE**

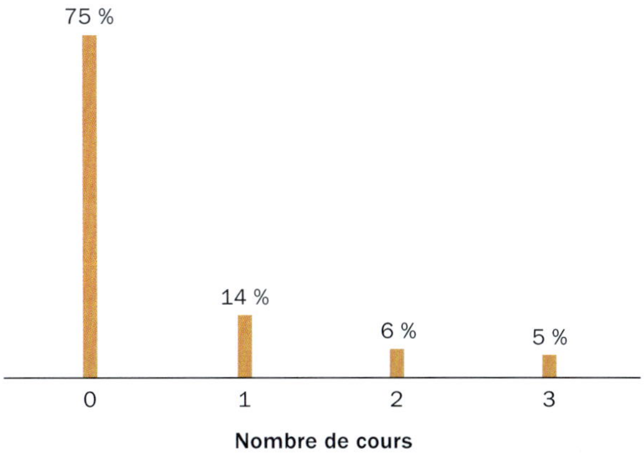


Un des membres de la direction de la fédération a été amené à défendre des étudiants accusés de plagiat. Voulant mesurer l'évolution du phénomène, il a demandé à la directrice des études du cégep qu'il fréquente de lui fournir le nombre annuel de cas de plagiat depuis 2005. Cette dernière lui a fourni le tableau 5.40.

TABLEAU | **5.40**

**ÉVOLUTION DU NOMBRE ANNUEL DE CAS DE PLAGIAT RAPPORTÉS PAR LES PROFESSEURS À LA DIRECTION DES ÉTUDES, 2005–2009**

| Année | Nombre de cas de plagiat rapportés |
|---|---|
| 2005 | 15 |
| 2006 | 31 |
| 2007 | 45 |
| 2008 | 72 |
| 2009 | 117 |

a) Quelle est la population cible du sondage mené par la fédération étudiante ?
b) Quel symbole utilise-t-on généralement pour désigner la taille d'un échantillon ?
c) Quelle est la nature de la variable « satisfaction à l'endroit des professeurs » ?
d) Quelles sont les modalités de la variable « satisfaction à l'endroit des professeurs » ?
e) Consignez dans un tableau de fréquences les données portant sur la satisfaction à l'endroit des professeurs.
f) Nommez trois types de graphiques qui pourraient servir à représenter les données consignées dans le tableau dressé en *e*.
g) Estimez par un intervalle de confiance la proportion des étudiants de cégep âgés de 17 à 24 ans qui se montrent très satisfaits ou satisfaits de leurs professeurs.
h) Évaluez chacune des mesures de tendance centrale possibles en ce qui a trait à la satisfaction à l'endroit des professeurs et donnez le sens de ces mesures.
i) Quel indicateur a-t-on utilisé pour mesurer l'intérêt pour le programme d'études ?
j) Quelle est la nature de la variable « nombre de périodes de cours séchées » ?

k) Quel type de graphique peut-on utiliser pour représenter les données consignées dans le tableau 5.38 ?

l) Estimez ponctuellement le nombre moyen mensuel de périodes de cours séchées par les étudiants de cégep âgés de 17 à 24 ans. Utilisez deux décimales dans votre réponse.

m) Au niveau de confiance de 95 %, la marge d'erreur sur l'estimation effectuée en *l* est de 0,07 cours. Quelle est l'estimation par intervalle de confiance du nombre moyen mensuel de périodes de cours séchées chez les étudiants de cégep âgés de 17 à 24 ans ?

n) Quel est le mode du degré de difficulté des cours ? Donnez le sens de cette mesure.

o) Quelle la médiane du degré de difficulté des cours ? Donnez le sens de cette mesure.

p) Pourquoi ne peut-on pas calculer la valeur moyenne du niveau de difficulté des cours ?

q) Une enquête de septembre 2008 menée auprès d'élèves du secondaire âgés de 12 à 17 ans par le journal *La Presse* avait permis d'établir que 8 % d'entre eux trouvaient leurs cours très faciles, 68 %, faciles, 22 %, difficiles et 2 %, très difficiles. Utilisez une représentation graphique appropriée pour comparer la perception du degré de difficulté des cours au secondaire et au cégep.

r) Évaluez et donnez le sens de la contribution financière modale, médiane (méthode analytique) et moyenne des parents.

s) À partir de la valeur de chacune des mesures de tendance centrale calculées en *r*, qualifiez le type d'asymétrie de la distribution de la contribution parentale.

t) Dressez la courbe des fréquences relatives cumulées à partir des données consignées dans le tableau 5.39.

u) Évaluez et donnez le sens du temps quotidien modal, médian (méthode graphique) et moyen consacré aux études et aux travaux scolaires en dehors des cours.

v) Pourquoi ne peut-on pas calculer une moyenne ou une médiane de la variable « principale source de documentation » ?

w) Quelles sont la variable et la nature de la variable apparaissant dans la figure 5.20 ?

x) Estimez par un intervalle de confiance la proportion des élèves qui n'ont jamais, dans aucun cours, soumis un travail contenant un texte copié intégralement dans Internet sans mention de la source (figure 5.20). Expliquez le sens de cet intervalle de confiance.

y) Comment appelle-t-on un tableau qui décrit l'évolution d'une variable (tableau 5.40) ?

z) Commentez le tableau 5.40. Votre commentaire doit faire intervenir les concepts de variation, de variation relative et de variation moyenne.

**LES MESURES DE TENDANCE CENTRALE** ne sont généralement pas suffisantes pour décrire correctement une série statistique.

Par exemple, deux pays pourraient présenter le même revenu moyen sans pour autant connaître une même répartition des revenus. Ainsi, dans le premier pays, les revenus pourraient être répartis à peu près également entre les habitants, alors que dans l'autre, la répartition pourrait être fortement inégalitaire, peu d'habitants ayant des revenus élevés, les autres ayant des revenus très faibles.

Pour décrire deux séries statistiques, il faut donc non seulement les résumer par une mesure de tendance centrale comme le mode, la médiane ou la moyenne, mais également pouvoir comparer la variabilité des données dans chacune des séries. Les mesures de dispersion (étendue, variance, écart type et coefficient de variation) améliorent la description des séries statistiques en quantifiant l'étalement et la variabilité des données et, du même coup, en mesurant leur degré d'homogénéité ou de concentration.

Les mesures de tendance centrale permettent de caractériser une série statistique par une mesure typique, et les mesures de dispersion permettent de quantifier l'étalement de la série. Mais cela ne suffit pas encore. Il faut également pouvoir indiquer la position d'une donnée tirée d'une série statistique par rapport à l'ensemble des données. Les mesures de position (les quantiles, les rangs et la cote $z$) permettent de situer les données les unes par rapport aux autres.

# 6 Mesures de dispersion et de position

*Ce qui n'est pas constant est variable.*

# 6 Mesures de dispersion et de position

## SOMMAIRE



## OBJECTIFS

→ Expliquer l'intérêt des mesures de dispersion (6.1).

→ Définir, calculer et interpréter l'étendue pour des données non groupées et pour des données groupées (6.2).

→ Définir et calculer la variance pour des données non groupées et pour des données groupées (6.3).

→ Définir et calculer l'écart type pour des données non groupées et pour des données groupées (6.4).

→ Définir, calculer et interpréter le coefficient de variation pour des données non groupées et pour des données groupées (6.5).

→ Expliquer la nécessité de l'utilisation d'une échelle de rapports dans le calcul d'un coefficient de variation (6.5).

→ Définir, calculer, estimer et interpréter les différents quantiles (6.6).

→ Calculer un écart interquartile (6.6).

→ Définir, calculer, estimer et interpréter les différents rangs (6.7).

→ Définir, calculer et interpréter la cote $z$ (6.8).

→ Calculer une cote $R$ (6.9).

## 6.1 Intérêt des mesures de dispersion

Au chapitre 5, nous avons étudié les diverses mesures de tendance centrale qui permettent de décrire une série statistique par une mesure typique. Toutefois, ces mesures peuvent se révéler insuffisantes, puisque deux séries très différentes pourraient présenter la même moyenne.

### EXEMPLE 6.1

Vous travaillez dans une colonie de vacances et on vous propose de choisir celui des deux groupes d'enfants avec lequel vous allez travailler. Vous demandez l'âge des enfants et on vous répond que dans les deux groupes l'âge moyen est de 10 ans. On vous présente ensuite la série des âges dans chacun de ces groupes :

Groupe 1 : 7, 8, 9, 10, 11, 12, 13

Groupe 2 : 10, 10, 10, 10, 10, 10, 10

L'âge moyen des enfants dans chacun de ces deux groupes est effectivement de 10 ans. Cependant, ces deux groupes sont très différents quant à leur composition. Le deuxième groupe est très homogène, puisque la série des âges y est très concentrée : tous les enfants ont 10 ans. Le premier groupe est plutôt hétérogène, car la série des âges y est très étalée : on note des écarts d'âge importants entre les enfants.

La caractérisation d'une série statistique par une seule mesure typique, telle la moyenne, ne révèle rien sur la variabilité des données. Il s'avère donc essentiel de mesurer la dispersion des données, comme on peut le constater à la lecture des exemples 6.2 et 6.3.

### EXEMPLE 6.2

Lorsqu'on fait passer un test de sélection, on veut pouvoir choisir le ou les meilleurs candidats. Si le test est plutôt facile et que tous les candidats obtiennent sensiblement le même résultat, il est difficile de choisir les meilleurs. En revanche, lorsque le test est difficile et qu'il y a beaucoup d'écarts entre les résultats des candidats, il est plus aisé de faire un choix. Un bon test permet de distinguer les meilleurs candidats des moins bons grâce à des résultats très étalés. En d'autres termes, un bon test présentera une grande dispersion des résultats.

### EXEMPLE 6.3

Un fabricant d'ampoules électriques qui offre une garantie concernant la durée de vie de son produit souhaite que la durée de vie de ses ampoules soit relativement homogène, c'est-à-dire que la plupart de ces dernières aient sensiblement la même durée de vie. Ce fabricant ne s'intéresse pas seulement à la durée de vie moyenne des ampoules, mais également à la variabilité de leur durée de vie. Il sera plus satisfait d'une production correspondant à une série homogène (série 2) qu'à une série étalée (série 1), même si ces deux séries ont une durée de vie moyenne égale (1 200 h) :

Série 1 : 800, 900, 1 000, 1 100, 1 200, 1 300, 1 400, 1 500, 1 600

Série 2 : 1 160, 1 170, 1 180, 1 190, 1 200, 1 210, 1 220, 1 230, 1 240

La série 1 présente une grande variabilité, ce qui pourrait indiquer un problème de production: mauvaise qualité des composantes, dérèglement de la machine, inexpérience ou incompétence de l'opérateur.

La série 2 est beaucoup plus homogène, c'est-à-dire que la variabilité des données y est plus faible. Dans ce contexte, une variabilité faible indique une plus grande fiabilité du produit.

Il est normal qu'un procédé de fabrication engendre une certaine variabilité. Le procédé est maîtrisé lorsque la variabilité est faible. Encore faut-il disposer d'un critère afin de déterminer ce qu'on entend par une variabilité faible ou forte, par un procédé maîtrisé ou non. Les mesures de dispersion fournissent ces critères.

Selon les circonstances, on souhaitera donc obtenir des données très concentrées ou, au contraire, très étalées.

# 6.2 Étendue

**Dans cette section:** étendue.

## 6.2.1 Calcul de l'étendue de données non groupées ou groupées par valeurs

**Étendue**

Mesure de dispersion symbolisée par $E$. Elle mesure l'écart entre la plus grande et la plus petite valeur d'une série statistique quantitative, soit $E = V_{max} - V_{min}$. Elle s'exprime dans les mêmes unités que la variable.

L'**étendue**, symbolisée par $E$, est la mesure de dispersion la plus simple à calculer. Elle caractérise l'étalement d'une série quantitative par l'écart entre la valeur maximale et la valeur minimale de cette série:

$$E = V_{\text{max}} - V_{\text{min}}$$

L'étendue s'exprime dans les mêmes unités que la variable, cette dernière devant être quantitative.

**EXEMPLE 6.4**

La série suivante donne, en secondes, le temps qu'ont mis 10 sujets à accomplir une tâche simple:

15, 17, 20, 14, 15, 17, 18, 18, 24, 14

L'étendue est donnée par l'expression:

$$\begin{aligned} E &= V_{\text{max}} - V_{\text{min}} \\ &= 24 - 14 \\ &= 10 \text{ s} \end{aligned}$$

Dans ce contexte, ce résultat signifie que l'individu le plus lent a mis 10 s de plus pour accomplir la tâche que l'individu le plus rapide. Remarquez que l'étendue est mesurée dans les mêmes unités que la variable, soit en secondes dans cet exemple.

## 6.2.2 Valeur approximative de l'étendue de données groupées par classes

Lorsque les données sont groupées par classes, on peut approximer la valeur de l'étendue en faisant la différence entre la limite supérieure de la dernière classe et la limite inférieure de la première:

$$E \approx \text{Lim}_{\text{sup}} - \text{Lim}_{\text{inf}}$$

À moins de disposer de renseignements supplémentaires sur les données, on ne peut pas évaluer l'étendue lorsque le tableau de fréquences comporte des classes ouvertes.

**EXEMPLE 6.5**

Estimons l'étendue des données du tableau 6.1.

TABLEAU | **6.1**

**RÉPARTITION DE 150 SALARIÉS, SELON L'ANCIENNETÉ**

| Ancienneté (années) | Nombre de salariés |
|---|---|
| 0–5 | 5 |
| 5–10 | 53 |
| 10–15 | 10 |
| 15–20 | 10 |
| 20–25 | 55 |
| 25–30 | 10 |
| 30–35 | 5 |
| 35–40 | 2 |
| **Total** | **150** |

La limite supérieure de la dernière classe est 40, la limite inférieure de la première est 0, de sorte que la valeur approximative de l'étendue est:

$$\begin{aligned} E &\approx 40 - 0 \\ &\approx 40 \text{ années} \end{aligned}$$

**EXERCICE 6.1**

Dans chacun des cas suivants, évaluez l'étendue, s'il y a lieu.

a) Résultats à un cours d'histoire notés par R (réussite), E (échec) et I (incomplet):

R, E, I, E, R, R, R, R, R, E, R, E, R, E, R, R, R, I, R, E, R, R, R

b) Nombre de billets gagnants du gros lot du Lotto 6/49 pour un échantillon de 25 tirages:

5, 1, 2, 3, 2, 0, 0, 0, 4, 2, 0, 1, 2, 0, 2, 0, 1, 6, 0, 0, 3, 2, 0, 1, 0

c) Degré d'adhésion à une nouvelle politique mesuré par 1 (très défavorable), 2 (défavorable), 3 (favorable) et 4 (très favorable):

4, 4, 3, 4, 3, 2, 2, 2, 1, 2, 2, 4, 2, 2, 3, 1, 2, 4, 1, 2, 2, 1, 2, 2, 3, 2

d) Âge de l'épouse au moment du mariage, pour des mariages célébrés en 2010 dans un palais de justice.

TABLEAU | 6.2

**RÉPARTITION EN POURCENTAGE DES ÉPOUSES, SELON L'ÂGE AU MOMENT DU MARIAGE**

| Âge (années) | Pourcentage des épouses (%) |
|---|---|
| 15–25 | 3 |
| 25–35 | 45 |
| 35–45 | 30 |
| 45–55 | 15 |
| 55–65 | 5 |
| 65–75 | 2 |
| **Total** | **100** |

e) Nombre d'échecs enregistrés par des étudiants en un trimestre.

TABLEAU | 6.3

**RÉPARTITION DE 126 ÉTUDIANTS, SELON LE NOMBRE D'ÉCHECS EN UN TRIMESTRE**

| Nombre d'échecs | Nombre d'étudiants |
|---|---|
| 0 | 70 |
| 1 | 31 |
| 2 | 15 |
| 3 | 6 |
| 4 | 3 |
| 5 | 1 |
| **Total** | **126** |

## 6.2.3 Limites d'utilisation de l'étendue

L'étendue est une mesure de dispersion très sommaire. Elle donne rapidement une idée de l'étalement d'une variable. Toutefois, puisqu'elle ne tient compte que des valeurs extrêmes de la distribution, elle ne constitue pas une mesure très fiable de la dispersion des données. Par conséquent, il faut se référer à l'étendue avec beaucoup de circonspection.

**EXEMPLE 6.6**

Considérons les deux séries suivantes :

Série 1 : 1, 2, 3, 4, 5, 6, 7, 8, 9 $E = 8$

Série 2 : 1, 1, 1, 1, 1, 1, 1, 1, 10 $E = 9$

La deuxième série fluctue moins que la première, malgré sa plus grande étendue. Cette moindre fluctuation s'explique par le fait que l'étendue ne tient compte que des valeurs extrêmes.

# 6.3 VARIANCE

**Dans cette section :** variance.

La description de l'étalement d'une distribution peut être affinée au moyen d'autres mesures de dispersion. Ainsi, la variance et l'écart type tiennent compte de l'ensemble des données. Plutôt que d'évaluer l'écart entre les valeurs extrêmes d'une série, la variance et l'écart type caractérisent l'écart entre les valeurs des données et le centre d'équilibre de la série, c'est-à-dire la moyenne.

## 6.3.1 Calcul de la variance

La variance d'une population de taille $N$ est symbolisée par $\sigma^2$. Elle se calcule au moyen de la formule suivante :

$$\sigma^2 = \frac{\sum_{i=1}^{N}(x_i - \mu)^2}{N}$$

Le rôle d'une mesure de dispersion est de quantifier la variabilité des observations. Dans la formule de $\sigma^2$, l'expression « $x_i - \mu$ » mesure l'écart entre la valeur de la $i^{\text{ème}}$ donnée et la moyenne $\mu$, soit la distance entre $x_i$ et $\mu$. Afin de tenir compte de la contribution de chacun de ces écarts, on pourrait juger utile d'en faire la somme. Or, ces écarts sont soit négatifs, soit positifs, selon que $x_i < \mu$ ou que $x_i > \mu$. En additionnant tous les écarts, on obtient une somme nulle quelle que soit la série, puisque $\mu$ en est le centre d'équilibre. Pour contourner cette difficulté, on met ces écarts au carré, de façon à les rendre tous positifs : $d_i^2 = (x_i - \mu)^2$. On obtient ainsi une nouvelle valeur, $d_i^2 > 0$, qui correspond au carré de l'écart entre $x_i$ et la moyenne $\mu$ des données. Il ne reste plus qu'à en faire la moyenne pour avoir une idée de la valeur typique de ces carrés d'écarts. On obtient ainsi la variance $\sigma^2$.

$$\frac{\sum_{i=1}^{N} d_i^2}{N} = \frac{\sum_{i=1}^{N}(x_i - \mu)^2}{N}$$

$$= \sigma^2$$

**Variance**

Mesure de dispersion symbolisée par $\sigma^2$ ou $s^2$ selon qu'elle a été évaluée à partir de l'ensemble d'une population ou à partir d'un échantillon. Elle correspond essentiellement à la moyenne des carrés des écarts des valeurs des données par rapport à la moyenne de la série. ■

La **variance** représente donc la moyenne des $d_i^2$, soit la moyenne des carrés des écarts des valeurs des données par rapport à la moyenne de la série. Plus la variabilité des données est importante, plus sont grands les carrés des écarts, $d_i^2 = (x_i - \mu)^2$, et plus est forte la variance : les données sont éloignées de la moyenne. Inversement, plus la variance est petite, plus les données sont concentrées autour de la moyenne.

La variance d'un échantillon de taille $n$ est symbolisée par $s^2$. Elle se calcule au moyen de la formule suivante :

$$s^2 = \frac{\sum_{i=1}^{n}(x_i - \bar{x})^2}{n - 1}$$

Dans cette formule, on fait la division par $n - 1$ plutôt que par $n$ pour des raisons techniques liées à l'inférence statistique.

On dispose également de formules de calcul de la variance qui s'appliquent à des données groupées ne présentant pas de classes ouvertes. Les symboles utilisés dans ces formules sont les mêmes que ceux qui servent au calcul de la moyenne. La formule de la variance de données groupées par valeurs est:

$$\sigma^2 = \frac{\sum_{i=1}^{k}(v_i - \mu)^2 f_i}{N} \quad \text{ou} \quad s^2 = \frac{\sum_{i=1}^{k}(v_i - \bar{x})^2 f_i}{n-1}$$

La formule de la variance de données groupées par classes est:

$$\sigma^2 \approx \frac{\sum_{i=1}^{k}(m_i - \mu)^2 f_i}{N} \quad \text{ou} \quad s^2 \approx \frac{\sum_{i=1}^{k}(m_i - \bar{x})^2 f_i}{n-1}$$

Dans ces formules:

$v_i$ = $i^{\text{ième}}$ valeur

$m_i$ = Milieu de la $i^{\text{ième}}$ classe;

$f_i$ = Fréquence de la $i^{\text{ième}}$ valeur ou de la $i^{\text{ième}}$ classe;

$k$ = Nombre de valeurs ou nombre de classes;

$n$ ou $N$ = Nombre de données = $\sum_{i=1}^{k} f_i$.

**EXEMPLE 6.7**

On a prélevé un échantillon de 5 nouveau-nés qu'on a mesurés. La série statistique des longueurs (cm) obtenues est:

53, 47, 51, 49, 50

Avant de calculer la variance, il faut d'abord trouver la moyenne de cette série:

$$\begin{aligned}\bar{x} &= \frac{\sum_{i=1}^{n} x_i}{n} \\ &= \frac{\sum_{i=1}^{5} x_i}{5} \\ &= \frac{x_1 + x_2 + x_3 + x_4 + x_5}{5} \\ &= \frac{53 + 47 + 51 + 49 + 50}{5} \\ &= 50 \text{ cm}\end{aligned}$$

La longueur moyenne de ces nouveau-nés est de 50 cm.

La variance est:

$$\begin{aligned}s^2 &= \frac{\sum_{i=1}^{n}(x_i - \bar{x})^2}{n-1} \\ &= \frac{\sum_{i=1}^{5}(x_i - 50)^2}{4} \\ &= \frac{(x_1 - 50)^2 + (x_2 - 50)^2 + (x_3 - 50)^2 + (x_4 - 50)^2 + (x_5 - 50)^2}{4}\end{aligned}$$

$$= \frac{(53-50)^2 + (47-50)^2 + (51-50)^2 + (49-50)^2 + (50-50)^2}{4}$$

$$= 5 \text{ cm}^2$$

La variance est donc de 5 $\text{cm}^2$.

**EXEMPLE 6.8**

Calculons la variance des données obtenues à partir d'un échantillon de 126 étudiants (tableau 6.4).

TABLEAU | **6.4**

**RÉPARTITION DE 126 ÉTUDIANTS, SELON LE NOMBRE D'ÉCHECS EN UN TRIMESTRE**

| Nombre d'échecs | Nombre d'étudiants |
|---|---|
| 0 | 70 |
| 1 | 31 |
| 2 | 15 |
| 3 | 6 |
| 4 | 3 |
| 5 | 1 |
| **Total** | **126** |

Il faut d'abord évaluer la moyenne :

$$\bar{x} = \frac{\sum_{i=1}^{k} v_i f_i}{n}$$

$$= \frac{\sum_{i=1}^{6} v_i f_i}{126}$$

$$= \frac{v_1 f_1 + v_2 f_2 + \cdots + v_6 f_6}{126}$$

$$= \frac{0 \times 70 + 1 \times 31 + 2 \times 15 + 3 \times 6 + 4 \times 3 + 5 \times 1}{126}$$

$$= 0{,}76 \text{ échec}$$

La variance est :

$$s^2 = \frac{\sum_{i=1}^{k} (v_i - \bar{x})^2 f_i}{n-1}$$

$$= \frac{\sum_{i=1}^{6} (v_i - 0{,}76)^2 f_i}{125}$$

$$= \frac{(v_1 - 0{,}76)^2 f_1 + (v_2 - 0{,}76)^2 f_2 + \cdots + (v_6 - 0{,}76)^2 f_6}{125}$$

$$= \frac{(0 - 0{,}76)^2 \times 70 + (1 - 0{,}76)^2 \times 31 + \cdots + (5 - 0{,}76)^2 \times 1}{125}$$

$$= 1{,}16 \text{ échec}^2$$

La variance est donc de 1,16 $\text{échec}^2$.

**EXEMPLE 6.9**

Considérons le graphique de la figure 6.1, qui représente la quantité annuelle de neige tombée sur Montréal à partir d'un échantillon de 49 années.

FIGURE 6.1

**RÉPARTITION DE 49 ANNÉES, SELON LA QUANTITÉ ANNUELLE DE NEIGE, MONTRÉAL, 1960-2008**

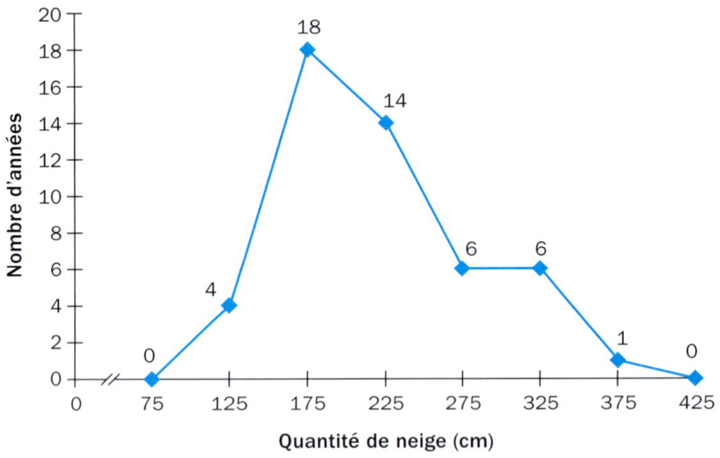


Source : *Données des observations mensuelles. Archives climatiques nationales du Canada*, http://www.climate.weatheroffice.ec.gc.ca/climateData/monthlydata_f.html (2009-04-20). © Environnement Canada, Archives climatiques nationales du Canada.

La moyenne des données apparaissant dans ce graphique est :

$$\begin{aligned}\bar{x} &\approx \frac{\sum_{i=1}^{k} m_i f_i}{n}\\ &\approx \frac{\sum_{i=1}^{6} m_i f_i}{49}\\ &\approx \frac{m_1 f_1 + m_2 f_2 + \cdots + m_6 f_6}{49}\\ &\approx \frac{125 \times 4 + 175 \times 18 + \cdots + 375 \times 1}{49}\\ &\approx 219{,}9 \text{ cm}\end{aligned}$$

La variance est :

$$\begin{aligned}s^2 &\approx \frac{\sum_{i=1}^{k} (m_i - \bar{x})^2 f_i}{n-1}\\ &\approx \frac{\sum_{i=1}^{6} (m_i - 219{,}9)^2 f_i}{48}\\ &\approx \frac{(m_1 - 219{,}9)^2 f_1 + (m_2 - 219{,}9)^2 f_2 + \cdots + (m_6 - 219{,}9)^2 f_6}{48}\end{aligned}$$

$$\approx \frac{(125-219,9)^2 \times 4 + (175-219,9)^2 \times 18 + \cdots + (375-219,9)^2 \times 1}{48}$$

$$\approx 3\,775,5 \text{ cm}^2$$

La variance est donc d'environ 3 775,5 cm$^2$.

### 6.3.2 Limites d'utilisation de la variance

Dans les exemples 6.7 à 6.9, on constate que la variance ne s'exprime pas dans les mêmes unités que la variable. Ainsi, les données de l'exemple 6.7 sont exprimées en centimètres, alors que la variance est en centimètres carrés. Afin d'exprimer la dispersion dans les mêmes unités que la variable, on définit l'écart type ($\sigma$ ou $s$).

## 6.4 ÉCART TYPE

**Dans cette section :** écart type.

**Écart type**
Mesure de dispersion symbolisée par $\sigma$ ou $s$ selon qu'elle a été évaluée à partir de l'ensemble d'une population ou à partir d'un échantillon. L'écart type correspond à la racine carrée de la variance. Il s'exprime dans les mêmes unités que la variable.

### 6.4.1 Calcul de l'écart type

L'**écart type** correspond à la racine carrée de la variance :

$$\sigma = \sqrt{\sigma^2} \text{ ou } s = \sqrt{s^2}$$

**EXEMPLE 6.10**

Calculons l'écart type pour les données des exemples 6.7 à 6.9. Nous avons obtenu des variances de 5 cm$^2$, de 1,16 échec$^2$ et de 3 775,5 cm$^2$. Les écarts types sont alors :

$$s = \sqrt{5 \text{ cm}^2} = 2,24 \text{ cm}$$

$$s = \sqrt{1,16 \text{ échec}^2} = 1,08 \text{ échec}$$

$$s \approx \sqrt{3\,775,5 \text{ cm}^2} \approx 61,4 \text{ cm}$$

Puisque la variance ne doit pas être évaluée lorsque les données ont été groupées dans un tableau qui comporte des classes ouvertes, il en est de même pour l'écart type.

Les fonctions statistiques d'une calculatrice permettent de trouver la valeur de l'écart type. La saisie des données est identique à celle qui est effectuée pour le calcul de la moyenne.

**EXERCICE 6.2**

Calculez la variance et l'écart type de chacune des variables suivantes à l'aide des fonctions statistiques d'une calculatrice. Les données proviennent d'échantillons.

a) Nombre de billets gagnants du gros lot du Lotto 6/49 pour 25 tirages :

5, 1, 2, 3, 2, 0, 0, 0, 4, 2, 0, 1, 2, 0, 2, 0, 1, 6, 0, 0, 3, 2, 0, 1, 0

b) TABLEAU | 6.5

**RÉPARTITION DE 150 SALARIÉS, SELON L'ÂGE**

| Âge (années) | Nombre de salariés |
|---|---|
| 20–30 | 15 |
| 30–40 | 18 |
| 40–50 | 66 |
| 50–60 | 30 |
| 60–70 | 21 |
| **Total** | **150** |

c) TABLEAU | 6.6

**RÉPARTITION DE 150 SALARIÉS, SELON LE NOMBRE DE JOURS D'ABSENCE EN DÉCEMBRE**

| Nombre de jours d'absence | Nombre de salariés |
|---|---|
| 0 | 125 |
| 1 | 18 |
| 2 | 6 |
| 3 | 1 |
| **Total** | **150** |

## 6.4.2 Signification de l'écart type

L'écart type donne une mesure de la dispersion plus fine que l'étendue, puisqu'il tient compte de toutes les données et non seulement des valeurs extrêmes. Par ailleurs, contrairement à la variance, l'écart type s'exprime dans les mêmes unités que la variable.

La figure 6.2 compare l'écart type de deux séries statistiques mesurées dans les mêmes unités et ayant la même moyenne : plus l'écart type est faible, plus les données sont concentrées autour de la moyenne. Plus l'écart type est élevé, plus les données sont dispersées.

FIGURE | 6.2

**COMPARAISON DE L'ÉCART TYPE DE DEUX SÉRIES STATISTIQUES AYANT LA MÊME MOYENNE**

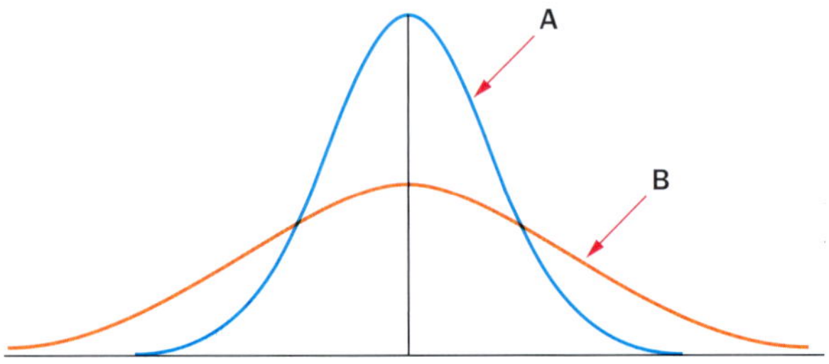


$\overline{x}_A = \overline{x}_B$

$s_A < s_B$

**EXEMPLE 6.11**

Supposons que la rémunération horaire moyenne est de 15,50 $ dans une usine et qu'elle est de 15,60 $ dans une autre. Supposons également que l'écart type est de

5,00 $ dans la première et de 3,00 $ dans la seconde. On pourrait probablement en conclure que la répartition de la rémunération horaire fluctue moins dans cette dernière, en raison de la faiblesse de son écart type, qui reflète vraisemblablement le fait que la série des rémunérations horaires de cette usine est plus concentrée autour de la moyenne. À noter toutefois qu'on n'aurait pas pu établir cette comparaison si les moyennes n'avaient pas été ressemblantes.

### 6.4.3 Limites d'utilisation de l'écart type

Si nous avons pu comparer à l'aide de l'écart type la variabilité de deux séries ayant sensiblement la même moyenne, il en va tout autrement lorsque les séries ont des moyennes très différentes.

Il est clair qu'on ne peut pas comparer la variabilité d'une série de mesures de la masse de souris domestiques adultes avec celle d'une série de mesures de la masse d'éléphants en utilisant leurs écarts types respectifs. Un écart de 5 g est très important chez les souris adultes, alors qu'il est totalement négligeable chez les éléphants. De la même façon, un écart de 1 000 $ est moins important par rapport à un revenu moyen de 100 000 $ que par rapport à un revenu moyen de 40 000 $.

Ces deux exemples font ressortir le fait que, dans certaines circonstances, la moyenne et l'écart type varient ensemble : à des moyennes faibles correspondent des écarts types faibles, et à des moyennes élevées, des écarts types élevés. L'écart type est souvent fonction de l'ordre de grandeur de la moyenne : un écart type de 100 g peut être important ou faible selon la moyenne de la série.

- **Vous pouvez maintenant faire les exercices récapitulatifs 1 à 7.**

Il est donc inadéquat de se fonder sur l'écart type pour comparer la variabilité de deux séries qui ont des moyennes très différentes. Il faut alors recourir à une mesure qui soit indépendante de l'ordre de grandeur de la moyenne, c'est-à-dire à une mesure relative de la dispersion : le coefficient de variation.

## 6.5 Coefficient de variation

**Dans cette section :** coefficient de variation.

**Coefficient de variation**
Mesure relative de dispersion symbolisée par *c.v.* Le coefficient de variation exprime l'écart type en pourcentage de la moyenne.

Le **coefficient de variation** est une mesure relative de la dispersion. Il exprime l'écart type en pourcentage de la moyenne.

### 6.5.1 Calcul du coefficient de variation

Selon qu'il s'agit de toute la population ou simplement d'un échantillon, la formule qui permet de calculer le coefficient de variation (*c.v.*) est :

$$c.v. = \frac{\sigma}{\mu} \times 100\ \% \quad \text{(population)}$$

ou

$$c.v. = \frac{s}{\bar{x}} \times 100\ \% \quad \text{(échantillon)}$$

**EXEMPLE 6.12**

Dans un hôpital, on a pesé les nouveau-nés à la naissance au cours du mois de septembre. On a obtenu une masse moyenne de 3 500 g avec un écart type de 150 g. Le coefficient de variation est 4,3 % $\left[\text{soit } \frac{150}{3\,500} \times 100\ \%\right]$. La valeur de l'écart type correspond donc à 4,3 % de la valeur de la moyenne.

## 6.5.2 Intérêt du coefficient de variation

Le coefficient de variation est un nombre pur : contrairement à l'écart type, sa valeur ne se mesure pas en unités. De plus, sa valeur numérique est indépendante de l'unité de mesure. Par exemple, la valeur numérique du coefficient de variation d'une série de longueurs est la même, que la mesure ait été faite en pieds, en mètres, en pouces ou en centimètres. Grâce à cette propriété, le coefficient de variation pourra servir à comparer la variabilité de deux séries qui ont des moyennes très différentes ou qui ne sont pas mesurées dans les mêmes unités.

Le coefficient de variation indique donc l'homogénéité ou la stabilité d'une série statistique : plus il est faible, plus la série est homogène, et plus il est élevé, moins la série est homogène (plus elle est hétérogène). Pour être considérée comme homogène, une série statistique doit présenter un coefficient de variation inférieur à 15 %.

On peut donc se servir du coefficient de variation pour comparer la répartition des revenus de deux groupes distincts.

**EXEMPLE 6.13**

Considérons le tableau 6.7, qui présente la rémunération des diplômés d'un programme d'études universitaires selon l'année d'obtention du diplôme. À supposer que les deux distributions de revenus sont unimodales, il semble que celle des revenus des plus anciens diplômés soit plus symétrique que celle des plus récents. En effet, le revenu médian est plus proche du revenu moyen pour les diplômés de 1998 que pour ceux de 2008 : la présence de revenus nettement supérieurs aux autres se fait moins sentir chez les diplômés les plus anciens.

TABLEAU | **6.7**

**RÉMUNÉRATION DES DIPLÔMÉS, SELON L'ANNÉE D'OBTENTION DU DIPLÔME**

| Année d'obtention du diplôme | Revenu moyen ($) | Revenu médian ($) | Écart type ($) | c.v. (%) |
|---|---|---|---|---|
| 2008 | 35 000 | 29 000 | 9 000 | 25,7 |
| 2006 | 38 500 | 35 000 | 8 500 | 22,1 |
| 2004 | 42 500 | 38 000 | 8 750 | 20,6 |
| 2002 | 49 500 | 47 500 | 9 000 | 18,2 |
| 2000 | 55 000 | 52 500 | 9 500 | 17,3 |
| 1998 | 64 000 | 62 500 | 9 000 | 14,1 |

On ne peut pas se servir de l'écart type pour comparer la dispersion des revenus des promotions successives : les moyennes sont trop différentes (elles varient de 35 000 $ à 64 000 $). Toutefois, l'examen de la dispersion relative (le coefficient de variation) permet de constater que les revenus sont généralement plus homogènes chez les diplômés plus anciens que chez les nouveaux diplômés : le coefficient de variation passe de 14,1 % pour les diplômés de 1998 à 25,7 % pour les diplômés de 2008. Selon toute vraisemblance, la répartition des revenus fluctue moins chez les anciens diplômés que chez les plus récents.

**EXERCICE 6.3**

Une brochure d'un constructeur d'automobiles précise qu'une voiture de modèle A a une consommation d'essence moyenne de 35 milles/gallon avec un écart type de 5 milles/gallon. Vous avez lu dans un dépliant du gouvernement canadien qu'une voiture de modèle B consomme en moyenne 9,8 L/100 km avec un écart type de 1,8 L/100 km. Si on suppose que ces données ont été obtenues par des procédés rigoureux qui reflètent bien la consommation d'essence, quel modèle de voiture, A ou B, offre la plus grande stabilité sur le plan de la consommation d'essence ?

### 6.5.3 Limites d'utilisation du coefficient de variation

Malgré ses avantages, notamment celui de permettre la comparaison de la variabilité de séries statistiques très différentes, l'emploi du coefficient de variation a des limites.

Ainsi, il faut notamment que les observations aient été faites au moyen d'une échelle de rapports (puisqu'on doit diviser l'écart type par la moyenne afin d'obtenir le coefficient de variation), sans quoi on pourrait obtenir des résultats surprenants ou carrément aberrants comme :

- une mesure de dispersion négative attribuable à une moyenne négative ;
- un coefficient de variation très élevé, voire infini, lorsque la moyenne avoisine zéro.

- **Vous pouvez maintenant faire les exercices récapitulatifs 8 à 13.**

C'est pourquoi on ne doit pas, par exemple, se servir du coefficient de variation pour comparer la variabilité de la température durant une certaine période en deux endroits, étant donné que la température est mesurée à l'aide d'une échelle d'intervalles (ce qui ne permet pas de faire des divisions).

## 6.6 Quantiles

**Dans cette section :** quantiles • quartiles • quintiles • déciles • centiles • écart interquartile.

**Quantiles**

Mesures de position qui divisent une série statistique ordonnée en plusieurs groupes comportant sensiblement la même proportion de données. Les quantiles les plus courants sont les quartiles, les quintiles, les déciles et les centiles.

Les mesures de tendance centrale et de dispersion ne permettent pas de situer une unité statistique par rapport aux autres unités statistiques, d'où la nécessité de recourir aux mesures de position que sont les quantiles, les rangs et la cote $z$.

Les **quantiles** sont des valeurs qui divisent une série statistique ordonnée en plusieurs groupes comprenant sensiblement la même proportion de données. Les quantiles les plus couramment utilisés sont les quartiles, les quintiles, les déciles et les centiles.

**Quartiles**
Les quartiles sont trois valeurs ($Q_1$, $Q_2$, $Q_3$) qui divisent une série statistique ordonnée en quatre groupes comprenant chacun environ 25 % des données.

Les **quartiles**, symbolisés par $Q_1$, $Q_2$ et $Q_3$, divisent une série statistique ordonnée en quatre groupes comprenant chacun approximativement 25 % des données de la série. On observe donc qu'environ:

- 25 % des données sont inférieures à $Q_1$;
- 50 % des données sont inférieures à $Q_2$;
- 75 % des données sont inférieures à $Q_3$.

Nous voyons immédiatement que la médiane, *Md*, correspond à $Q_2$. Cette constatation laisse à penser qu'on peut évaluer les quantiles de la même façon que la médiane, notamment en utilisant la courbe des fréquences relatives cumulées.

**Quintiles**
Les quintiles sont quatre valeurs ($V_1$, $V_2$, $V_3$, $V_4$) qui divisent une série statistique ordonnée en cinq groupes comprenant chacun environ 20 % des données.

Les **quintiles**, symbolisés par $V_1$, $V_2$, $V_3$ et $V_4$, divisent une série statistique ordonnée en cinq groupes[1] comprenant chacun approximativement 20 % des données de la série. On observe donc qu'environ:

- 20 % des données sont inférieures à $V_1$;
- 40 % des données sont inférieures à $V_2$;
- 60 % des données sont inférieures à $V_3$;
- 80 % des données sont inférieures à $V_4$.

**Déciles**
Les déciles sont neuf valeurs ($D_1$, $D_2$, ..., $D_9$) qui divisent une série statistique ordonnée en 10 groupes comprenant chacun environ 10 % des données.

Les **déciles**, symbolisés par $D_1$, $D_2$, $D_3$, $D_4$, $D_5$, $D_6$, $D_7$, $D_8$ et $D_9$, divisent une série statistique ordonnée en 10 groupes comprenant chacun approximativement 10 % des données. On observe donc qu'environ:

- 10 % des données sont inférieures à $D_1$;
- 20 % des données sont inférieures à $D_2$;
- ⋮
- 90 % des données sont inférieures à $D_9$.

**Centiles**
Les centiles sont 99 valeurs ($C_1$, $C_2$, ..., $C_{99}$) qui divisent une série statistique ordonnée en 100 groupes comprenant chacun environ 1 % des données.

Les **centiles**, $C_1$, $C_2$, $C_3$, ..., $C_{98}$ et $C_{99}$, sont 99 valeurs qui divisent une série statistique ordonnée en 100 groupes comprenant chacun approximativement 1 % des données. On observe donc qu'environ:

- 1 % des données sont inférieures à $C_1$;
- 2 % des données sont inférieures à $C_2$;
- ⋮
- 99 % des données sont inférieures à $C_{99}$.

Les quantiles n'offrent généralement un intérêt que pour des séries statistiques comportant un très grand nombre de données. Dans de tels cas, les données sont généralement groupées par classes, de sorte qu'il est possible de construire la courbe des fréquences relatives cumulées.

Pour évaluer des quantiles, nous pouvons recourir à une méthode graphique similaire à celle que nous avons employée pour évaluer la médiane. Pour trouver la médiane à partir d'une courbe de fréquences relatives cumulées, il faut lire, sur l'axe des abscisses, la valeur associée à une fréquence cumulée de 50 %; pour les quantiles, on lit la valeur associée au pourcentage du quantile considéré: 25 % pour $Q_1$, 40 % pour $V_2$, 70 % pour $D_7$, 85 % pour $C_{85}$, et ainsi de suite.

1. On utilise la lettre *V* pour désigner les différents quintiles, puisque c'est la lettre qui désigne le nombre 5 en chiffres romains.

**EXEMPLE 6.14**

Le tableau 6.8 présente des données sur l'ancienneté des 150 salariés d'une usine.

TABLEAU 6.8

**RÉPARTITION ET RÉPARTITION CUMULÉE DES 150 SALARIÉS D'UNE USINE, SELON L'ANCIENNETÉ**

| Ancienneté (années) | Nombre de salariés | Pourcentage des salariés (%) | Pourcentage cumulé des salariés (%) |
|---|---|---|---|
| 0–5 | 5 | 3,3 | 3,3 |
| 5–10 | 53 | 35,3 | 38,7 |
| 10–15 | 10 | 6,7 | 45,3 |
| 15–20 | 10 | 6,7 | 52,0 |
| 20–25 | 55 | 36,7 | 88,7 |
| 25–30 | 10 | 6,7 | 95,3 |
| 30–35 | 5 | 3,3 | 98,7 |
| 35–40 | 2 | 1,3 | 100,0 |
| **Total** | **150** | **100,0** | |

Afin de déterminer, par exemple, $Q_1$, $V_2$, $C_{65}$, $Q_3$ et $D_9$, nous devons tracer la courbe des fréquences relatives cumulées (figure 6.3).

FIGURE 6.3

**RÉPARTITION CUMULÉE DES 150 SALARIÉS D'UNE USINE, SELON L'ANCIENNETÉ**

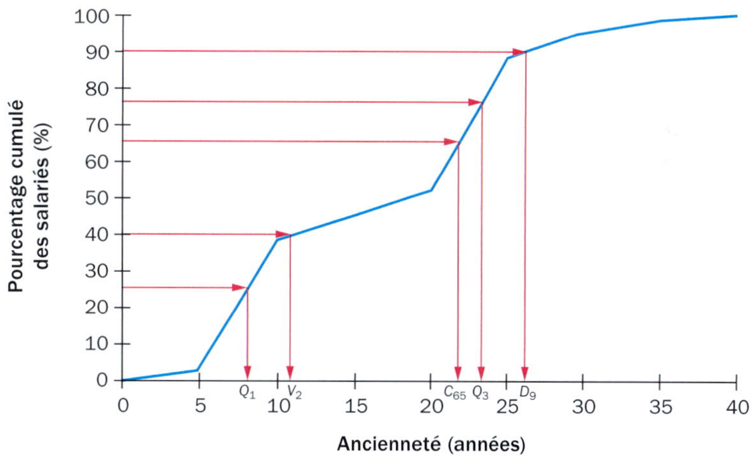


Nous obtenons alors $Q_1 \approx 8$ années, $V_2 \approx 11$ années, $C_{65} \approx 22$ années, $Q_3 \approx 23$ années, $D_9 \approx 26$ années. Ces résultats nous permettent d'affirmer qu'environ 25 % des salariés ont moins de 8 années d'ancienneté ; 40 % des salariés, moins de 11 années d'ancienneté ; 65 % des salariés, moins de 22 années d'ancienneté ; 75 % des salariés, moins de 23 années d'ancienneté, et 90 % des salariés, moins de 26 années d'ancienneté.

**EXERCICE 6.4**

Le tableau 6.9 donne la valeur des logements privés occupés par leur propriétaire, au Québec, en 2006.

TABLEAU | 6.9

**RÉPARTITION EN POURCENTAGE DES LOGEMENTS PRIVÉS OCCUPÉS PAR LE PROPRIÉTAIRE, SELON LA VALEUR DU LOGEMENT, QUÉBEC, 2006**

| Valeur du logement (milliers $) | Pourcentage des logements (%) |
|---|---|
| Moins de 50 | 4,8 |
| 50–100 | 17,4 |
| 100–150 | 22,7 |
| 150–200 | 22,3 |
| 200–250 | 12,3 |
| 250–300 | 7,7 |
| 300–350 | 4,7 |
| 350–400 | 2,6 |
| 400–500 | 2,7 |
| 500–750 | 1,9 |
| 750 et plus | 0,9 |
| **Total** | **100,0** |

Source : Adapté de Statistique Canada, http://www40.statcan.ca/102/cst01/famil67b-fra.htm (2010-01-31).

a) Tracez la portion réalisable de la courbe des fréquences relatives cumulées correspondant au tableau 6.9.

b) Déterminez $Q_1$, $Q_3$, $D_8$, $V_3$ et $C_{45}$ à partir de cette courbe.

c) Que signifie chacune de ces mesures ?

d) Est-il possible d'évaluer $C_3$ à partir de la courbe tracée en *a* ?

e) Complétez :

$$Md = C\_\_ = D\_\_ = Q\_\_$$

**Écart interquartile**

Mesure de dispersion qui correspond à l'écart entre $Q_3$ et $Q_1$, soit l'écart entre les extrémités du groupe de données occupant les 50 % du centre de la série statistique ordonnée.

Nous avons vu à la section 6.2 que l'étendue constituait une mesure de dispersion sommaire dont le principal défaut était de ne tenir compte que des valeurs extrêmes. Afin de mieux caractériser l'étalement de la série, on peut évaluer l'étendue des données qui se situent au centre de la série ordonnée plutôt qu'à ses extrémités. Cette mesure de dispersion, basée sur les quartiles, est l'**écart interquartile** : $Q_3 - Q_1$. L'écart interquartile prend en considération les bornes de la portion centrale qui réunit 50 % des données.

## EXEMPLE 6.15

L'écart interquartile des données représentées dans la figure 6.3 (p. 261) est :

$$\begin{aligned} Q_3 - Q_1 &\approx 23 - 8 \\ &\approx 15 \text{ années} \end{aligned}$$

## EXERCICE 6.5

Évaluez l'écart interquartile à partir des données de l'exercice 6.4.

- **Vous pouvez maintenant faire les exercices récapitulatifs 14 à 17.**

# 6.7 Rangs

**Dans cette section :** rang brut • rang cinquième • rang centile.

On distingue trois types de rangs : le rang brut, le rang cinquième et le rang centile. Examinons l'utilité de chacun.

## 6.7.1 Rang brut

**Rang brut**
Position d'une donnée dans une série statistique ordonnée.

Lorsqu'il s'agit de situer des données les unes par rapport aux autres, il suffit souvent de les classer par ordre : première, deuxième, troisième, et ainsi de suite jusqu'à la dernière. On parle alors du **rang brut** d'une donnée. Selon le contexte, la valeur associée au premier rang peut être la valeur la plus grande ou la plus petite. Au golf, le classement se fait par ordre croissant : un résultat de 75 donne un meilleur rang qu'un résultat de 85. Au hockey, le classement se fait par ordre décroissant : le premier rang est attribué à l'équipe qui a accumulé le plus de points, et le dernier, à celle qui a accumulé le moins de points. Dans tous les cas, on accorde le même rang aux données de même valeur.

Selon l'ordre de rangement employé, le rang brut d'une donnée dont la valeur est $x$, noté $R_b(x)$, s'obtient à l'aide de la formule suivante :

$$R_b(x) = \begin{cases} 1 + \text{Nombre de données de valeur inférieure à } x \text{ (ordre croissant)} \\ 1 + \text{Nombre de données de valeur supérieure à } x \text{ (ordre décroissant)} \end{cases}$$

**EXEMPLE 6.16**

Voici le nombre de victoires remportées par 10 équipes de football :

15, 10, 10, 17, 7, 5, 10, 7, 7, 5

Pour trouver le rang brut associé à ces résultats, on les classe en ordre décroissant : l'équipe qui occupe le premier rang est celle qui a obtenu le plus grand nombre de victoires, et ainsi de suite :

| | | | | | | | | | | |
|---|---|---|---|---|---|---|---|---|---|---|
| Nombre de victoires : | 17 | 15 | 10 | 10 | 10 | 7 | 7 | 7 | 5 | 5 |
| Rang brut : | 1 | 2 | 3 | 3 | 3 | 6 | 6 | 6 | 9 | 9 |

La donnée de valeur 17 occupe le premier rang (rang 1), puisqu'aucune donnée ne lui est supérieure ; la donnée de valeur 15 occupe le deuxième rang (rang 2), puisqu'une seule donnée lui est supérieure ; les données de valeur 10 occupent le troisième rang (rang 3), puisque deux données leur sont supérieures ; les données de valeur 7 occupent le sixième rang (rang 6), puisque cinq données leur sont supérieures, et les données de valeur 5 occupent le neuvième rang (rang 9), puisque huit données leur sont supérieures.

**EXERCICE 6.6**

Donnez le rang brut des golfeurs dont les résultats au cours d'un tournoi sont :

75, 75, 80, 80, 80, 80, 85, 86, 87, 90

Donner un rang brut sans indiquer le nombre de données peut prêter à confusion. Par exemple, le fait d'être le dixième dans un groupe de 10 n'indique pas une aussi bonne performance que le fait d'être le dixième dans un groupe de 1 000. Afin de préciser l'information fournie par le rang brut, on se sert d'une autre mesure de rang : le rang cinquième.

## 6.7.2 Rang cinquième

**Rang cinquième**

Mesure de position qui indique essentiellement le rang (classement par ordre décroissant des valeurs) qu'occuperait une donnée dans un groupe de cinq données.

Le **rang cinquième** est le rang qu'occuperait une donnée (par ordre décroissant des valeurs) dans une série de cinq données. Plus le rang cinquième est élevé, plus le résultat est faible. Ainsi, un résultat associé à un rang cinquième de «4» indique que ce résultat serait le quatrième s'il avait été dans un groupe de cinq.

*Pour calculer le rang cinquième, nous supposerons que le classement des données s'effectue par ordre décroissant*; une donnée de valeur plus élevée qu'une autre indique une meilleure performance.

Le rang cinquième d'une donnée dont la valeur est $x$, noté $R_5(x)$, est un des nombres entiers 1, 2, 3, 4 ou 5. On l'obtient en arrondissant à l'entier le résultat de la formule:

$$R_5(x) \approx 0,5 + \left( \frac{\begin{array}{c}\text{Nombre de données}\\ \text{de valeur supérieure à } x\end{array} + \frac{1}{2} \times \begin{array}{c}\text{Nombre de données}\\ \text{dont la valeur est } x\end{array}}{\text{Nombre total de données}} \times 5 \right)$$

Le rang cinquième est surtout employé dans le domaine de l'éducation, notamment pour classer les résultats scolaires des individus. Une personne dont le rang cinquième est «1» a un résultat qui se situe dans les 20 % supérieurs; une autre dont le rang cinquième est «2» a un résultat qui se situe dans les 40 % supérieurs (sans pour autant être dans les 20 % supérieurs), et ainsi de suite. Enfin, un individu dont le rang cinquième est «5» a un résultat qui se situe dans les 20 % inférieurs.

Dans la formule du rang cinquième, on s'est servi du symbole ≈ (environ égal à) pour indiquer qu'il faut arrondir à l'entier. Le «0,5» qu'on trouve au début de cette formule est nécessaire, car il garantit que le plus petit rang cinquième possible est «1».

L'intérêt du rang cinquième est d'offrir une base de comparaison, soit une série comprenant cinq données. C'est pour cette raison que l'expression est multipliée par 5.

On peut repérer le rang cinquième d'une donnée à partir de la courbe des fréquences relatives cumulées (figure 6.4).

FIGURE 6.4

**LOCALISATION DU RANG CINQUIÈME**

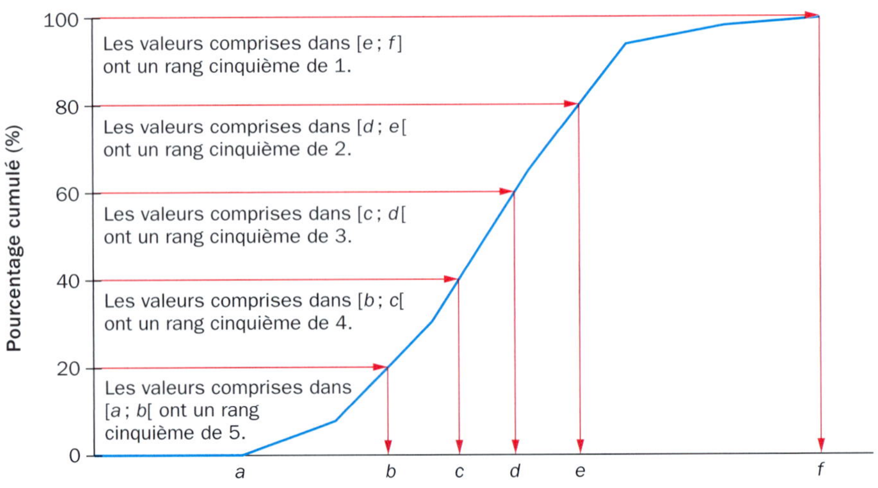

**EXEMPLE 6.17**

L'examen final d'un cours d'économie comportait notamment 20 questions objectives. Le tableau 6.10 indique les résultats des 803 étudiants présents à cet examen.

TABLEAU | **6.10**

**RÉPARTITION DES 803 ÉTUDIANTS, SELON LE NOMBRE DE BONNES RÉPONSES OBTENUES À LA PARTIE OBJECTIVE DE L'EXAMEN D'ÉCONOMIE**

| Nombre de bonnes réponses | Nombre d'étudiants |
|---|---|
| 11 | 24 |
| 12 | 55 |
| 13 | 92 |
| 14 | 127 |
| 15 | 145 |
| 16 | 128 |
| 17 | 85 |
| 18 | 77 |
| 19 | 43 |
| 20 | 27 |
| **Total** | **803** |

On cherche le rang cinquième d'un étudiant qui a eu 14 bonnes réponses. On a que :

$$R_5(14) \approx 0{,}5 + \left[\frac{(145 + 128 + 85 + 77 + 43 + 27) + \frac{1}{2} \times 127}{803} \times 5\right]$$
$$\approx 4{,}04$$

De sorte que $R_5(14) = 4$.

Ce résultat signifie qu'un étudiant de ce cours d'économie ayant obtenu 14 bonnes réponses à la partie objective de l'examen serait arrivé quatrième s'il avait été dans un groupe de 5 étudiants. On pourrait également dire qu'avec 14 bonnes réponses, un étudiant se situe dans les 40 % inférieurs, sans être dans les 20 % inférieurs.

**EXERCICE 6.7**

Calculez le rang cinquième d'un étudiant qui a obtenu 18 bonnes réponses dans la partie objective de l'examen d'économie de l'exemple 6.17 et donnez le sens de cette mesure dans le contexte.

## 6.7.3 Rang centile

Lorsqu'on calcule le rang cinquième, on classe des données dans des groupes qui comptent chacun 20 % des données en utilisant 5 comme base de comparaison. On peut affiner l'information obtenue en employant une base de comparaison de 100 au lieu d'une base de 5. On calculera alors le rang centile.

*Pour calculer le rang centile, nous supposerons que le classement des données s'effectue par ordre décroissant*; une donnée de valeur plus élevée qu'une autre indique une meilleure performance.

**Rang centile**

Mesure de position qui indique essentiellement le pourcentage, arrondi à l'entier, des données qui ont une valeur inférieure ou égale à la valeur d'une donnée.

Le **rang centile** d'une donnée de valeur $x$ correspond au pourcentage, arrondi à l'entier, des données ayant une valeur inférieure ou égale à $x$. Par convention, on accorde un rang centile de « 1 » aux pourcentages inférieurs à 1 %, et de « 99 » à tous ceux qui sont supérieurs à 99 %.

Le rang centile d'une donnée dont la valeur est $x$ s'obtient à partir de la formule suivante :

$$R_{100}(x) \approx \frac{\begin{array}{c}\text{Nombre de données}\\ \text{de valeur inférieure à } x\end{array} + \frac{1}{2} \times \begin{array}{c}\text{Nombre de données}\\ \text{dont la valeur est } x\end{array}}{\text{Nombre total de données}} \times 100$$

Le rang centile peut être repéré dans la courbe des fréquences relatives cumulées (figure 6.5).

FIGURE | **6.5**

**LOCALISATION DU RANG CENTILE**

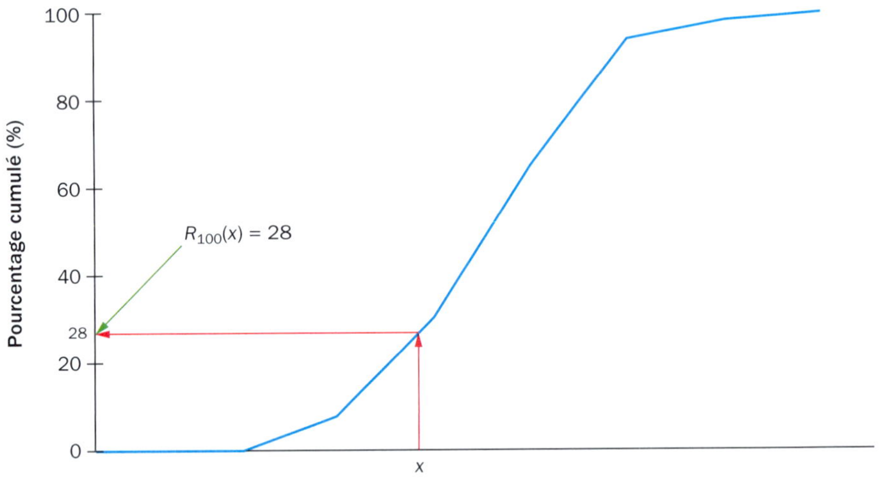


Le rang centile ne se révèle utile que lorsqu'on étudie une quantité considérable de données.

**EXEMPLE 6.18**

On cherche le rang centile d'un étudiant qui a obtenu 17 bonnes réponses (tableau 6.10, p. 265). On a que :

$$\begin{aligned} R_{100}(17) &\approx \frac{(24 + 55 + 92 + 127 + 145 + 128) + \frac{1}{2} \times 85}{803} \times 100 \\ &\approx 76,4 \end{aligned}$$

De sorte que $R_{100}(17) = 76$.

Un rang centile de 76 signifie qu'environ 76 % des étudiants ont eu 17 bonnes réponses ou moins à la partie objective de l'examen.

**EXERCICE 6.8**

À partir de la courbe tracée dans l'exercice 6.4 (p. 261), déterminez le rang centile d'un logement évalué à 450 000 $ et donnez le sens de cette mesure dans le contexte.

Comme le rang centile est fondé sur une base de 100, il peut servir notamment à comparer la position relative de données provenant de séries différentes. Ainsi, on pourrait recourir aux rangs centiles pour comparer la performance d'un individu A dans deux parties distinctes d'un test d'aptitude (perception spatiale et vocabulaire, par exemple). Si l'individu A obtenait un rang centile de 75 dans la partie du test portant sur la perception spatiale et de 90 dans la partie portant sur le vocabulaire, on pourrait dire que sa performance relative est meilleure en vocabulaire. En effet, environ 75 % des candidats auraient eu une performance inférieure ou égale à celle de l'individu A dans la partie du test portant sur la perception spatiale, contre 90 % dans la partie portant sur le vocabulaire.

- **Vous pouvez maintenant faire les exercices récapitulatifs 18 à 20.**

## 6.8 Cote z

**Dans cette section :** cote z.

**Cote z**
Mesure de position qui indique à combien d'écarts types au-dessus ou au-dessous de la moyenne se situe une donnée. Également appelée *cote standard.*

Pour situer une donnée par rapport aux autres, on peut aussi mesurer la distance qui la sépare d'un point de repère fixe. La **cote $z$**, ou *cote standard* d'une valeur $x$, correspond à la distance, mesurée en écarts types, entre cette valeur et la moyenne :

$$z = \frac{x - \mu}{\sigma}$$

Une cote $z$ négative signifie que la valeur est au-dessous de la moyenne ; une cote $z$ positive indique que la valeur est au-dessus de la moyenne. La cote $z$ d'une donnée détermine à combien d'écarts types, au-dessus ou au-dessous de la moyenne, cette donnée se situe. Ainsi, lorsque la cote $z$ d'une donnée est « 2 », on en déduit que la valeur de cette donnée se trouve à 2 écarts types au-dessus de la moyenne, alors que si la cote $z$ vaut « –1,5 », la valeur de la donnée se trouve à 1,5 écart type au-dessous de la moyenne. En général, la valeur de la cote $z$ est comprise entre « –3 » et « 3 », de telle sorte que la plupart des données se trouvent à moins de 3 écarts types de la moyenne.

La cote $z$ constitue donc une mesure de la position relative d'une donnée par rapport à la valeur centrale des données.

La cote $z$ est très utile parce qu'il s'agit d'une mesure sans unité. De plus, lorsqu'on traduit toutes les données d'une série statistique en cotes $z$, la série des cotes $z$ aura 0 pour moyenne et 1 pour écart type, quelle que soit la série statistique d'origine. La cote $z$ permet donc de comparer des données provenant de séries statistiques différentes.

**EXEMPLE 6.19**

Le tableau 6.11 présente les notes d'un étudiant dans trois cours.

TABLEAU 6.11

**NOTES D'UN ÉTUDIANT DANS TROIS COURS**

| Matière | Note de l'étudiant ($x$) | Moyenne ($\mu$) | Écart à la moyenne ($x - \mu$) | Écart type ($\sigma$) | Cote z $\left(\frac{x-\mu}{\sigma}\right)$ |
|---|---|---|---|---|---|
| Philosophie | 85 | 87,5 | –2,5 | 5 | –0,5 |
| Français | 84 | 69 | 15 | 10 | 1,5 |
| Méthodes quantitatives | 80 | 70 | 10 | 5 | 2 |

Cet étudiant a obtenu sa meilleure note en philosophie et sa plus faible en méthodes quantitatives. Pourtant, il présente un écart par rapport à la moyenne beaucoup plus important en méthodes quantitatives qu'en philosophie : sa note est au-dessous de la moyenne (un écart négatif) en philosophie et au-dessus (un écart positif) en méthodes quantitatives. Faut-il pour autant conclure que cet étudiant a obtenu son meilleur résultat en français sous prétexte que c'est dans cette matière qu'on observe l'écart le plus important par rapport à la moyenne ?

L'écart par rapport à la moyenne n'est pas une mesure tout à fait satisfaisante du niveau de cet étudiant. Pour obtenir une mesure plus représentative, il faudrait calculer l'importance relative de cet écart par rapport à la dispersion observée dans chacune des matières. Pour relativiser l'écart par rapport à la moyenne, on le divisera par l'écart type, ce qui donnera la cote $z$. Ainsi, par rapport à son groupe, cet étudiant est plus fort en méthodes quantitatives. Les cotes $z$ de cet étudiant montrent qu'il se situe à 0,5 écart type au-dessous de la moyenne en philosophie, alors qu'il se situe à 1,5 écart type au-dessus de la moyenne en français et à 2 écarts types au-dessus de la moyenne en méthodes quantitatives. Sa performance relative se révèle donc effectivement meilleure en méthodes quantitatives.

**EXERCICE 6.9**

On suppose que la masse moyenne d'un homme adulte est de 83 kg avec un écart type de 10 kg, et que sa taille moyenne est de 178 cm avec un écart type de 5 cm. Si Jean mesure 185 cm et pèse 88 kg, est-il relativement plus grand que lourd ?

## 6.9 COTE *R*

**Dans cette section :** cote *R*.

**Cote *R***
Mesure établie à partir de la cote $z$. Les établissements universitaires québécois s'en servent pour sélectionner les candidatures reçues, notamment dans les programmes contingentés.

La cote[2] de rendement au collégial (CRC), mieux connue sous le nom de **cote *R***, est une mesure établie à partir de la cote $z$. Les établissements universitaires québécois s'en servent pour sélectionner les candidatures reçues, notamment dans les programmes contingentés.

La CRC combine deux éléments d'information pour chaque cours suivi par un étudiant, soit un indicateur de position de l'étudiant par rapport à son groupe (la cote $z$) et un indicateur de la force relative de ce groupe. L'indicateur de la force d'un groupe sert à apporter une correction à la cote $z$. La formule utilisée pour calculer cette correction ($c$) est :

$$c = \frac{\text{Moyenne des résultats du groupe au secondaire} - 75}{14}$$

La valeur 75 représente essentiellement la moyenne provinciale des moyennes pondérées de 4e et de 5e secondaire des étudiants admis au cégep, et la valeur 14 représente l'écart type de ces moyennes pondérées.

La CRC, ou cote $R$, d'un cours est calculée à l'aide la formule suivante :

$$R = (z + c + 5) \times 5$$

2. L'information contenue dans ce texte est tirée de CREPUQ, *La cote de rendement au collégial : ce qu'elle est, ce qu'elle fait*, Conférence des recteurs et des principaux des universités du Québec, 2009, 23 p.

Dans cette formule[3], l'ajout du nombre 5 ne sert qu'à éliminer les valeurs négatives, alors que le facteur 5 ne sert qu'à modifier l'échelle de façon telle que les cotes $R$ se situent entre 0 et 50. En pratique, toutefois, la très grande majorité des cotes $R$ se situent entre 15 et 35.

L'exemple 6.20 illustre le calcul de la cote $R$ dans un cours.

**EXEMPLE 6.20**

Julie a obtenu 89 dans son cours de méthodes quantitatives. La moyenne de son groupe pour ce cours est de 68 et l'écart type, de 11. La moyenne des résultats des étudiants de ce groupe au secondaire est de 77.

La cote $z$ de Julie est de :

$$\begin{aligned} z &= \frac{89 - 68}{11} \\ &= 1,91 \end{aligned}$$

Le facteur de correction $c$ est de :

$$\begin{aligned} c &= \frac{77 - 75}{14} \\ &= 0,14 \end{aligned}$$

Par conséquent, la cote $R$ de Julie dans ce cours est de :

$$\begin{aligned} R &= (1,91 + 0,14 + 5) \times 5 \\ &= 35,25 \end{aligned}$$

**EXERCICE 6.10**

Cindy a obtenu une note de 84 dans son cours de français. La moyenne de son groupe pour ce cours est de 70 et l'écart type, de 9. La moyenne des étudiants de ce groupe au secondaire est de 72. Quelle est la cote $R$ de Cindy dans son cours de français ?

Pour obtenir la CRC moyenne globale, on doit faire une moyenne pondérée des cotes de rendement de l'ensemble des cours de l'étudiant (exception faite des cours de mise à niveau et des cours d'éducation physique antérieurs au trimestre d'automne 2007). Ainsi, la cote $R$ de chaque cours est multipliée par le nombre d'unités associées à ce cours ; on fait ensuite la somme de ces résultats, qu'on divise finalement par le nombre total d'unités pour obtenir la CRC moyenne globale[4]. Si $p_i$ représente le nombre d'unités (le poids) associées au $i^{\text{ième}}$ des $n$ cours, alors :

$$\text{CRC} = \frac{\sum_{i=1}^{n} R_i p_i}{\sum_{i=1}^{n} p_i}$$

3. Dans l'évaluation de la cote $z$ et de la correction $c$, on ne tient pas compte des notes inférieures à 50 % dans le calcul des moyennes et des écarts types.

4. Il existe également, dans le calcul de la CRC moyenne, une pondération particulière pour les cours où il y eu échec, mais nous avons volontairement omis de traiter de cette situation.

**EXEMPLE 6.21**

Au trimestre d'automne, Dave a obtenu des cotes $R$ de 29,1, de 28,4, de 32,0, de 30,1, de 35,3, de 31,6 et de 29,4 dans ses cours comportant respectivement $2\frac{2}{3}$, 2, $1\frac{2}{3}$, $1\frac{2}{3}$, 2, $1\frac{1}{3}$ et $2\frac{1}{3}$ unités. Il a donc totalisé $13\frac{2}{3}$ unités (soit $2\frac{2}{3} + 2 + 1\frac{2}{3} + 1\frac{2}{3} + 2 + 1\frac{1}{3} + 2\frac{1}{3}$), de sorte que sa CRC moyenne globale est de :

$$\begin{aligned} \text{CRC} &= \frac{\sum_{i=1}^{n} R_i p_i}{\sum_{i=1}^{n} p_i} \\ &= \frac{29{,}1 \times 2\frac{2}{3} + 28{,}4 \times 2 + 32{,}0 \times 1\frac{2}{3} + 30{,}1 \times 1\frac{2}{3} + 35{,}3 \times 2 + 31{,}6 \times 1\frac{1}{3} + 29{,}4 \times 2\frac{1}{3}}{2\frac{2}{3} + 2 + 1\frac{2}{3} + 1\frac{2}{3} + 2 + 1\frac{1}{3} + 2\frac{1}{3}} \\ &= 30{,}7 \end{aligned}$$

- **Vous pouvez maintenant faire les exercices récapitulatifs 21 à 24.**

## RÉSUMÉ

Lorsqu'on désire caractériser une série de données, il ne suffit pas de s'en remettre à une mesure de tendance centrale. Il est tout aussi important de quantifier la variabilité d'une série de données à l'aide de mesures de dispersion.

Nous avons étudié cinq mesures de dispersion : l'étendue ($E$), la variance ($\sigma^2$ ou $s^2$), l'écart type ($\sigma$ ou s), le coefficient de variation (*c.v.*) et l'écart interquartile. Ces mesures ne s'utilisent que pour des variables quantitatives, parce qu'elles recourent à au moins une des opérations arithmétiques de base (+, −, ×, ÷).

L'**étendue** est très facile à calculer et donne rapidement, mais de façon trop sommaire, une idée de la dispersion d'une série. Elle s'exprime dans les mêmes unités que la variable. Toutefois, parce qu'elle ne mesure que l'écart entre les deux valeurs extrêmes d'une série, l'étendue est peu révélatrice. Selon le type de groupement des données, la formule de l'étendue est :

$$E = V_{\max} - V_{\min} \quad \text{ou} \quad E \approx \text{Lim}_{\text{sup}} - \text{Lim}_{\text{inf}}$$

Pour pallier cette lacune, on calcule la **variance**, qui tient compte de toutes les données et non seulement des valeurs extrêmes. Essentiellement, la variance correspond à la moyenne des carrés des écarts des valeurs des données par rapport à la moyenne de la série (tableau 6.12).

La variance présente cependant l'inconvénient de ne pas être exprimée dans les mêmes unités que la variable : la variance d'une variable mesurée en centimètres s'exprime en centimètres carrés. C'est sans doute ce qui explique qu'on lui préfère généralement l'écart type.

L'**écart type** est la mesure de dispersion la plus employée. Il est donné par la racine carrée de la variance et il s'exprime dans les mêmes unités que la variable. L'écart type peut servir à comparer la variabilité de deux séries présentant des moyennes similaires. Plus l'écart type est petit, plus les données sont concentrées autour de la moyenne ; plus il est grand, plus les données sont étalées.

L'écart type est donné par :

$$\sigma = \sqrt{\sigma^2} \quad \text{(population)}$$

$$s = \sqrt{s^2} \quad \text{(échantillon)}$$

Lorsqu'on veut comparer la variabilité de deux séries présentant des moyennes très différentes, on recourra plutôt au **coefficient de variation**. Ce coefficient est une mesure de l'homogénéité d'une série et il exprime l'écart type en pourcentage de la moyenne. Toutefois, l'emploi d'une échelle de rapports est requis, puisque le coefficient de variation se calcule à partir du quotient de l'écart type et de la moyenne :

$$c.v. = \frac{\sigma}{\mu} \times 100\ \% \quad \text{(population)}$$

$$c.v. = \frac{s}{\bar{x}} \times 100\ \% \quad \text{(échantillon)}$$

Le tableau 6.13 présente une comparaison des principales caractéristiques des mesures de dispersion.

Les mesures de position servent à situer une donnée par rapport à l'ensemble des données d'une série. Nous avons étudié trois types de mesures de position : les quantiles, les rangs et la cote $z$.

TABLEAU 6.12

**CALCUL DE LA VARIANCE**

| | Données non groupées | Données groupées par valeurs | Données groupées par classes |
|---|---|---|---|
| Population | $\sigma^2 = \dfrac{\sum_{i=1}^{N}(x_i - \mu)^2}{N}$ | $\sigma^2 = \dfrac{\sum_{i=1}^{k}(v_i - \mu)^2 f_i}{N}$ | $\sigma^2 \approx \dfrac{\sum_{i=1}^{k}(m_i - \mu)^2 f_i}{N}$ |
| Échantillon | $s^2 = \dfrac{\sum_{i=1}^{n}(x_i - \bar{x})^2}{n-1}$ | $s^2 = \dfrac{\sum_{i=1}^{k}(v_i - \bar{x})^2 f_i}{n-1}$ | $s^2 \approx \dfrac{\sum_{i=1}^{k}(m_i - \bar{x})^2 f_i}{n-1}$ |

TABLEAU 6.13

**COMPARAISON DES MESURES DE DISPERSION**

| Étendue ($E$) | Écart type ($\sigma$ ou $s$) | Coefficient de variation (*c.v.*) |
|---|---|---|
| Elle représente l'écart entre la plus grande valeur et la plus petite valeur d'une série. | Il représente essentiellement la racine carrée de la moyenne des carrés des écarts des valeurs des données par rapport à la moyenne de la série. | Il représente le quotient de l'écart type par la moyenne multiplié par 100 %. Il exprime donc l'écart type en pourcentage de la moyenne. |
| Elle ne tient compte que des deux valeurs extrêmes de la série. | Il tient compte de toutes les valeurs de la série. | Il tient compte de toutes les valeurs de la série. |
| Elle est exprimée dans les mêmes unités de mesure que la variable. | Il est exprimé dans les mêmes unités de mesure que la variable. | Il est exprimé en pourcentage. |
| Elle ne se calcule que pour une variable quantitative. | Il ne se calcule que pour une variable quantitative. | Il ne se calcule que pour une variable mesurée à l'aide d'une échelle de rapports. |
| On peut en donner la valeur approximative lorsque les données ont été groupées par classes, mais seulement s'il n'y a pas de classes ouvertes. | On peut en donner la valeur approximative lorsque les données ont été groupées par classes, mais seulement s'il n'y a pas de classes ouvertes. | On peut en donner la valeur approximative lorsque les données ont été groupées par classes, mais seulement s'il n'y a pas de classes ouvertes. |
| C'est la mesure de dispersion la plus simple à calculer. | C'est la mesure de dispersion la plus couramment employée. | Cette mesure de dispersion devrait être plus fréquemment employée, notamment pour caractériser l'homogénéité d'une série de données. |
| | Plus il est petit, plus les données sont concentrées autour de la moyenne. Il permet de comparer la dispersion de séries de même nature et de moyennes similaires. | Plus il est petit, plus la série de données est homogène. Il permet de comparer l'homogénéité de séries présentant des moyennes différentes. |

Les **quantiles** usuels sont les **quartiles** ($Q_1$, $Q_2$, $Q_3$), les **quintiles** ($V_1$, $V_2$, $V_3$, $V_4$), les **déciles** ($D_1$, $D_2$, $D_3$, …, $D_9$) et les **centiles** ($C_1$, $C_2$, $C_3$, …, $C_{99}$). Les quartiles divisent une série statistique ordonnée en 4 groupes comptant chacun environ 25 % des données, les quintiles en 5 groupes comptant chacun environ 20 % des données, les déciles en 10 groupes comptant chacun environ 10 % des données et les centiles en 100 groupes comptant chacun environ 1 % des données. Pour évaluer des quantiles, on trace d'abord la courbe des fréquences relatives cumulées, puis on lit, sur cette courbe, la valeur en abscisse qui correspond au pourcentage du quantile considéré : 25 % pour $Q_1$, 40 % pour $V_2$, 70 % pour $D_7$, 85 % pour $C_{85}$, et ainsi de suite. La figure 6.3 (p. 261) illustre le repérage des quantiles à partir d'une courbe des fréquences relatives cumulées.

Ainsi :

- environ 25 % des données sont inférieures à $Q_1$ ;
- environ 50 % des données sont inférieures à $Q_2$ ;
- environ 75 % des données sont inférieures à $Q_3$ ;

- environ 20 % des données sont inférieures à $V_1$ ;
- environ 40 % des données sont inférieures à $V_2$ ;
- environ 60 % des données sont inférieures à $V_3$ ;
- environ 80 % des données sont inférieures à $V_4$ ;

- environ 10 % des données sont inférieures à $D_1$ ;
- environ 20 % des données sont inférieures à $D_2$ ;
- ⋮
- environ 90 % des données sont inférieures à $D_9$ ;

- environ 1 % des données sont inférieures à $C_1$ ;
- environ 2 % des données sont inférieures à $C_2$ ;
- ⋮
- environ 99 % des données sont inférieures à $C_{99}$.

Les quartiles sont à la base d'une mesure de dispersion : l'**écart interquartile**. L'écart interquartile ($Q_3 - Q_1$) donne l'écart entre les extrémités des données qui occupent les 50 % du centre d'une série statistique ordonnée.

Les rangs les plus courants sont le rang brut, le rang cinquième et le rang centile. Le **rang brut** représente la place qu'occupe une donnée dans une série statistique ordonnée. Le **rang cinquième** correspond au rang qu'occuperait une donnée (par ordre décroissant des valeurs) si la série ne comptait que cinq données. Le **rang centile** d'une donnée indique le pourcentage des données de valeur inférieure ou égale à cette donnée (tableau 6.14).

On peut également localiser les rangs cinquième et centile à partir d'une courbe des fréquences relatives cumulées, comme l'illustrent les figures 6.4 (p. 264) et 6.5 (p. 266).

La dernière mesure de position abordée est la **cote *z***, ou *cote standard*. La cote *z* d'une donnée permet de savoir à combien d'écarts types au-dessus (cote *z* positive) ou au-dessous (cote *z* négative) de la moyenne se trouve la donnée. La cote *z* constitue donc une mesure de la position relative d'une donnée par rapport à la valeur centrale des données.

Étant donné que la cote *z* s'exprime sans unité et que la série des cotes *z* est toujours de moyenne 0 et d'écart type 1, la cote *z* est très utile pour comparer des données provenant de séries statistiques différentes.

On obtient la cote *z* en effectuant le calcul suivant :

$$z = \frac{x - \mu}{\sigma}$$

La **cote *R*** (ou CRC) est une mesure établie à partir de la cote *z*. Les établissements universitaires québécois s'en servent pour sélectionner les candidatures reçues, notamment dans les programmes contingentés. La cote *R* du $i^{\text{ième}}$ cours est calculée à l'aide la formule suivante :

$$R_i = (z_i + c_i + 5) \times 5$$

où

$$c_i = \frac{\text{Moyenne des résultats du groupe au secondaire} - 75}{14}$$

et $z_i$ représente la cote *z* de l'étudiant au $i^{\text{ième}}$ cours. Si $p_i$ représente le nombre d'unités (le poids) associées au $i^{\text{ième}}$ des *n* cours, alors :

$$\text{CRC} = \frac{\sum_{i=1}^{n} R_i p_i}{\sum_{i=1}^{n} p_i}$$

TABLEAU 6.14

**CALCUL DES RANGS**

| |
|---|
| Rang brut |
| $R_b(x) = \begin{cases} 1 + \text{Nombre de données de valeur inférieure à } x \text{ (ordre croissant)} \\ 1 + \text{Nombre de données de valeur supérieure à } x \text{ (ordre décroissant)} \end{cases}$ |
| Rang cinquième |
| $R_5(x) \approx 0{,}5 + \left( \dfrac{\text{Nombre de données de valeur supérieure à } x + \frac{1}{2} \times \text{Nombre de données dont la valeur est } x}{\text{Nombre total de données}} \times 5 \right)$ |
| Rang centile |
| $R_{100}(x) \approx \dfrac{\text{Nombre de données de valeur inférieure à } x + \frac{1}{2} \times \text{Nombre de données dont la valeur est } x}{\text{Nombre total de données}} \times 100$ |

## Mots clés

## Réseau de concepts

### Mesures de dispersion

- **Étendue**
  - $E = V_{max} - V_{min}$
  - $E = Lim_{sup} - Lim_{inf}$
- **Variance**

$$\sigma^2 = \frac{\sum_{i=1}^{N}(x_i - \mu)^2}{N} \quad \text{ou} \quad \sigma^2 = \frac{\sum_{i=1}^{k}(v_i - \mu)^2 f_i}{N} \quad \text{ou} \quad \sigma^2 \approx \frac{\sum_{i=1}^{k}(m_i - \mu)^2 f_i}{N}$$

$$s^2 = \frac{\sum_{i=1}^{n}(x_i - \bar{x})^2}{n-1} \quad \text{ou} \quad s^2 = \frac{\sum_{i=1}^{k}(v_i - \bar{x})^2 f_i}{n-1} \quad \text{ou} \quad s^2 \approx \frac{\sum_{i=1}^{k}(m_i - \bar{x})^2 f_i}{n-1}$$

- **Écart type**
  - $\sigma$ ou $s$
- **Coefficient de variation**

$$c.v. = \frac{\sigma}{\mu} \times 100\ \% \quad \text{ou} \quad c.v. = \frac{s}{\bar{x}} \times 100\ \%$$

- **Écart interquartile**
  - $Q_3 - Q_1$

### Mesures de position

- **Quantiles**
  - Quartiles : $Q_1, Q_2, Q_3$
  - Quintiles : $V_1, V_2, V_3, V_4$
  - Déciles : $D_1, D_2, \ldots, D_9$
  - Centiles : $C_1, C_2, \ldots, C_{99}$
- **Rang**
  - Rang brut : $R_b(x)$
  - Rang cinquième : $R_5(x)$
  - Rang centile : $R_{100}(x)$
- **Cote $z$**

$$\frac{x - \mu}{\sigma}$$

- **Cote $R$ (CRC)**

$$R_i = (z_i + c_i + 5) \times 5$$

$$CRC = \frac{\sum_{i=1}^{n} R_i p_i}{\sum_{i=1}^{n} p_i}$$

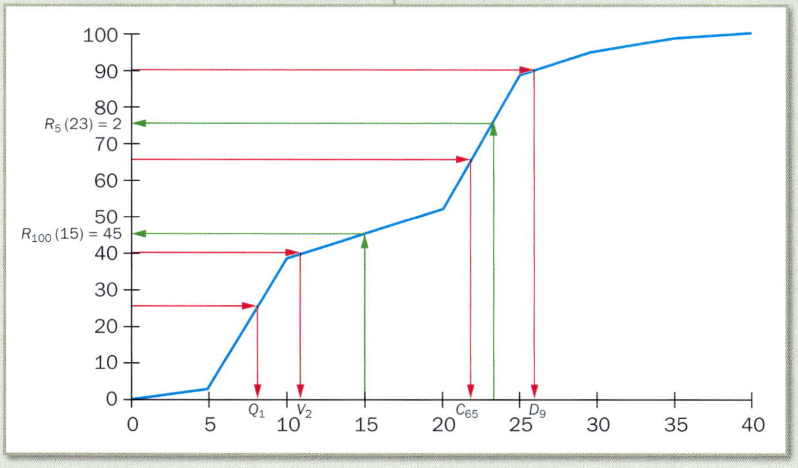

# EXERCICES RÉCAPITULATIFS

## Sections 6.1 à 6.4

**1.** Quel est l'intérêt des mesures de dispersion ?

**2.** Que mesure l'étendue ?

**3.** Comment évalue-t-on l'étendue de données groupées par classes ?

**4.** Quel est le symbole de la variance d'une population ? D'un échantillon ?

**5.** Vrai ou faux ?

a) L'étendue tient compte de toutes les valeurs d'une série.

b) Si une variable est exprimée en mètres, la variance de cette variable l'est aussi.

c) L'écart type est donné par la racine carrée de la variance.

d) La variance peut être négative.

e) La variance peut être nulle.

f) Si deux séries statistiques ont des moyennes similaires, celle qui présente la plus grande variance est alors la plus étalée.

**6.** Dans une région aride, il n'a pas plu durant 40 jours. Que vaut l'écart type de la quantité quotidienne de précipitations au cours de cette période ?

**7.** Dans chacun des cas suivants, déterminez, si possible, l'étendue, la variance et l'écart type de la variable considérée. Les données des questions *b*, *c*, *d*, *e*, *f*, *g* et *i* proviennent d'échantillons.

a) TABLEAU 6.15

**RÉPARTITION EN POURCENTAGE DES IMMIGRANTS ADMIS, SELON LE CONTINENT DE NAISSANCE, QUÉBEC, 2008**

| Continent de naissance | Pourcentage des immigrants (%) |
|---|---|
| Afrique | 30,4 |
| Asie | 28,1 |
| Amérique | 22,7 |
| Europe | 18,6 |
| Océanie et autres pays | 0,2 |
| **Total** | **100,0** |

Source : Institut de la statistique du Québec, *Le Québec chiffres en main. Édition 2009*, 2009, p. 13.

b) TABLEAU | 6.16

**RÉPARTITION DE 30 ÉTUDIANTS QUI ONT RÉUSSI UN COURS DE SOCIOLOGIE, SELON LEUR NOTE**

| Note | Nombre d'étudiants |
|---|---|
| A | 3 |
| B | 8 |
| C | 15 |
| D | 4 |
| **Total** | **30** |

c) TABLEAU | 6.17

**RÉPARTITION DE 70 CANDIDATS À UNE ENTREVUE DE SÉLECTION, SELON LE TEMPS REQUIS POUR EFFECTUER UNE SIMULATION**

| Temps (min) | Nombre de candidats |
|---|---|
| 0–2 | 2 |
| 2–4 | 7 |
| 4–6 | 50 |
| 6–8 | 9 |
| 8–10 | 2 |
| **Total** | **70** |

d) TABLEAU | 6.18

**RÉPARTITION DE 70 CANDIDATS, SELON LE NOMBRE DE FAUTES COMMISES AU COURS D'UNE SIMULATION**

| Nombre de fautes | Nombre de candidats |
|---|---|
| 0 | 5 |
| 1 | 8 |
| 2 | 26 |
| 3 | 25 |
| 4 | 4 |
| 5 | 2 |
| **Total** | **70** |

e) TABLEAU | 6.19

**NOMBRE D'ENFANTS SOUHAITÉS POUR UN ÉCHANTILLON DE 45 ADULTES**

| | | | | | | | | |
|---|---|---|---|---|---|---|---|---|
| 0 | 5 | 1 | 2 | 4 | 0 | 3 | 1 | 2 |
| 2 | 1 | 1 | 1 | 4 | 2 | 5 | 3 | 2 |
| 3 | 2 | 2 | 2 | 1 | 1 | 2 | 4 | 5 |
| 4 | 2 | 1 | 1 | 3 | 2 | 1 | 1 | 1 |
| 0 | 1 | 2 | 1 | 4 | 1 | 2 | 3 | 2 |

f) FIGURE **6.6**

**RÉPARTITION EN POURCENTAGE D'ÉLÈVES QUÉBÉCOIS, SELON LEUR ASPIRATION SCOLAIRE, 2008**

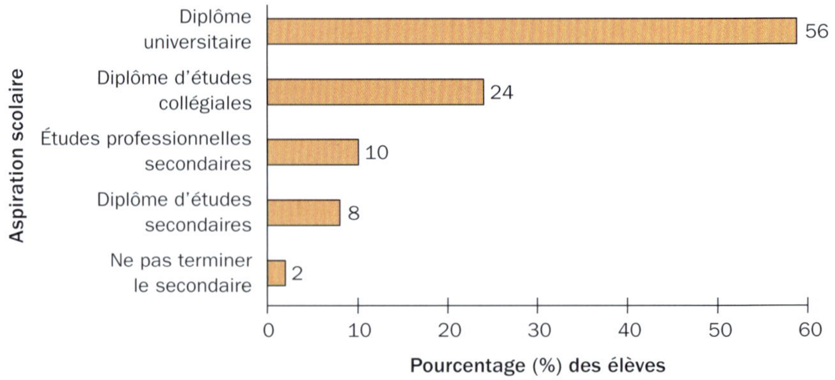


Source : Gilles Pronovost, *Sondage sur les attitudes des jeunes à l'égard de l'environnement et de l'avenir*, Fondation Monique-Fitz-Back, février 2009, p. 8.

g) FIGURE **6.7**

**RÉPARTITION DE 100 SUJETS, SELON LE NOMBRE DE MOTS RETENUS**

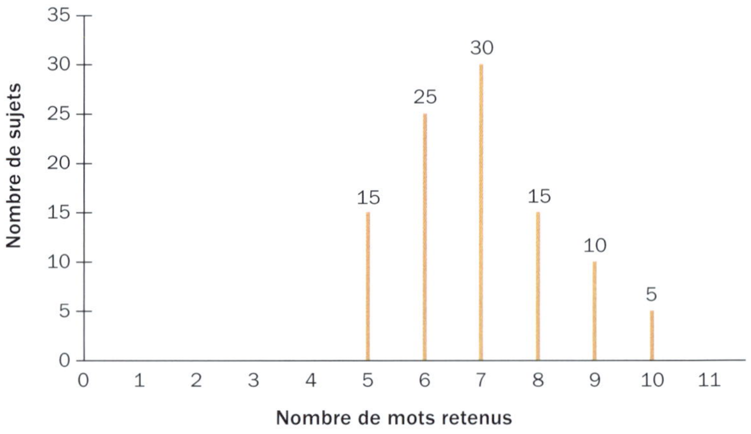


h) FIGURE **6.8**

**RÉPARTITION EN POURCENTAGE DES FAMILLES À FAIBLE REVENU, SELON LES CARACTÉRISTIQUES DE LA FAMILLE, QUÉBEC, 2006**

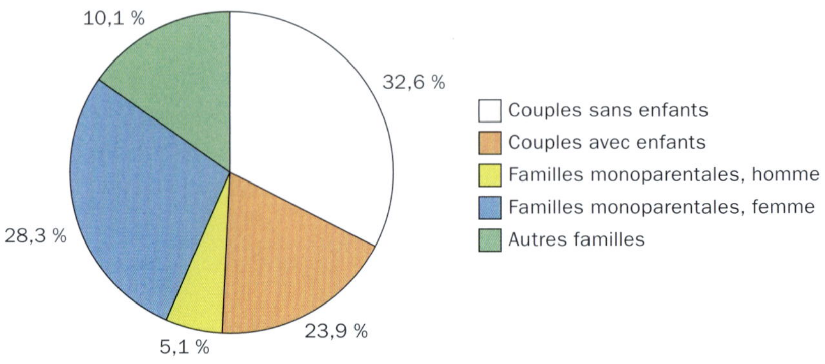


Source : Institut de la statistique du Québec, *Annuaire des statistiques sur l'inégalité de revenu et le faible revenu. Édition 2008*, 2008, p. 111 et 113.

i) FIGURE 6.9

**RÉPARTITION DE 26 ÉTUDIANTS DE SCIENCES HUMAINES, SELON LE NOMBRE D'HEURES CONSACRÉES HEBDOMADAIREMENT AUX ÉTUDES EN DEHORS DES HEURES DE COURS**

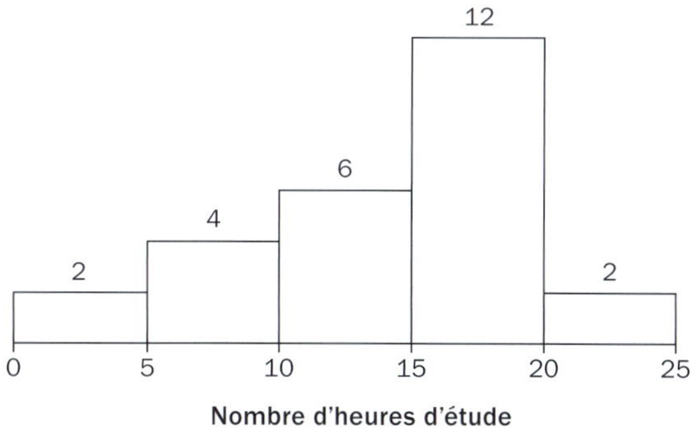


## Section 6.5

**8.** Le 1er janvier 2000, des amis dont l'âge moyen était de 20 ans (l'écart type des âges était de 0,75 an) se sont entendus pour se retrouver 20 ans plus tard afin de fêter le nouvel an du 1er janvier 2020.

a) Si on n'observe aucun décès, quel sera l'âge moyen de ces amis le 1er janvier 2020 ?

b) Si on n'observe aucun décès, quel sera l'écart type des âges de ces amis le 1er janvier 2020 ?

c) Si on n'observe aucun décès, quel sera le coefficient de variation des âges de ces amis le 1er janvier 2020 ?

**9.** Un chercheur du ministère des Transports a mené une étude sur la vitesse de conduite sur une autoroute du Québec. Le tableau 6.20 présente un relevé des vitesses, en km/h, enregistrées par un radar.

TABLEAU 6.20

**VITESSE (km/h) DE 34 AUTOMOBILES**

| | | | | | |
|---|---|---|---|---|---|
| 95,0 | 103,1 | 106,3 | 110,2 | 113,5 | 119,5 |
| 98,7 | 104,5 | 106,5 | 110,3 | 114,3 | 122,3 |
| 100,2 | 105,0 | 106,8 | 110,5 | 114,8 | 124,0 |
| 101,7 | 105,1 | 107,1 | 111,2 | 114,9 | 129,0 |
| 102,5 | 105,3 | 110,1 | 111,6 | 115,3 | |
| 102,7 | 106,1 | 110,2 | 112,4 | 118,3 | |

a) Quelle est la variable étudiée ?

b) De quelle nature est-elle ?

c) Quelle échelle de mesure a été employée ?

d) Combien y a-t-il d'observations ?

e) Quelle est l'étendue de la série ?

f) Groupez ces observations dans un tableau de fréquences. Prenez 95 km/h comme limite inférieure de la première classe et 5 km/h comme amplitude. Appliquez les normes de présentation.

g) À partir de ce tableau, donnez la valeur approximative de la vitesse moyenne.

h) À partir de ce tableau, donnez la valeur approximative de l'écart type.

i) Le même chercheur a effectué une autre étude sur la vitesse de conduite dans un quartier résidentiel où la limite est de 50 km/h. Il a obtenu une vitesse moyenne de 45 km/h et un écart type de 5 km/h. Laquelle des deux séries d'observations est la plus homogène ?

**10.** Dans quelle circonstance préfère-t-on recourir au coefficient de variation plutôt qu'à l'écart type pour mesurer la dispersion ?

**11.** Au golf, le résultat d'une partie correspond au nombre de fois qu'il a fallu frapper la balle pour terminer un parcours de 18 trous. Les tableaux 6.21 et 6.22 rassemblent les résultats de 40 parties d'un couple de golfeurs, Luc et Carole. Déterminez, en vous servant de la mesure appropriée, lequel des deux golfeurs a eu les résultats les plus stables.

TABLEAU | **6.21**

**RÉPARTITION DES PARTIES DE LUC, SELON LE RÉSULTAT OBTENU**

| Résultat | Nombre de parties |
|---|---|
| 80 | 1 |
| 81 | 2 |
| 82 | 5 |
| 83 | 8 |
| 84 | 9 |
| 85 | 13 |
| 86 | 1 |
| 88 | 1 |
| **Total** | **40** |

TABLEAU | **6.22**

**RÉPARTITION DES PARTIES DE CAROLE, SELON LE RÉSULTAT OBTENU**

| Résultat | Nombre de parties |
|---|---|
| 95 | 1 |
| 96 | 2 |
| 97 | 3 |
| 98 | 4 |
| 100 | 6 |
| 101 | 7 |
| 102 | 5 |
| 103 | 6 |
| 104 | 4 |
| 105 | 2 |
| **Total** | **40** |

**12.** Étudions une variable mesurable de deux façons différentes, A et B, lesquelles recourent à des unités de mesure distinctes. Les deux méthodes sont valides, mais on veut déterminer laquelle est la plus fiable. On demande à 30 personnes de mesurer la variable : 15 personnes emploient la méthode A, et les 15 autres, la méthode B. On suppose que les résultats obtenus sont représentatifs et que les moyennes et écarts types respectifs sont :

$$\bar{x}_A = 75 \text{ et } s_A = 4$$

$$\bar{x}_B = 15 \text{ et } s_B = 1$$

Quelle méthode vous paraît la plus fiable ? Justifiez votre réponse à l'aide de la mesure appropriée.

**13.** Un travailleur qui réside sur la Rive-Sud et qui travaille à Montréal peut utiliser un des quatre accès suivants : Hippolyte-Lafontaine, Jacques-Cartier, Champlain ou Victoria. Il les a tous empruntés à plusieurs reprises dans des conditions similaires et a noté méticuleusement le temps qu'il lui fallait pour se rendre à son travail. Au bout d'une année, il a produit le tableau 6.23.

TABLEAU | **6.23**

**DURÉE MOYENNE ($\bar{x}$) ET ÉCART TYPE (s) DE LA DURÉE, SELON L'ACCÈS UTILISÉ**

| | Hippolyte-Lafontaine | Jacques-Cartier | Champlain | Victoria |
|---|---|---|---|---|
| $\bar{x}$ | 46 min | 40 min | 35 min | 45 min |
| s | 8,5 min | 8 min | 12 min | 10 min |

Quel trajet est le plus homogène quant au temps de parcours ?

## Section 6.6

**14.** Complétez.

a) Les valeurs qui divisent une série statistique ordonnée en 100 parties comprenant chacune environ 1 % des données sont des _______.

b) Les déciles divisent une série statistique ordonnée en _______ parties comprenant chacune environ _______ % des données.

c) Il y a _______ quartiles qui divisent une série statistique ordonnée en _______ parties comprenant chacune environ _______ % des données.

d) Environ _______ % des données sont inférieures à $V_4$.

**15.** Répondez aux questions à partir de la figure 6.10.

FIGURE | **6.10**

**RÉPARTITION CUMULÉE DES NAISSANCES, SELON L'ÂGE DE LA MÈRE, QUÉBEC, 2008**

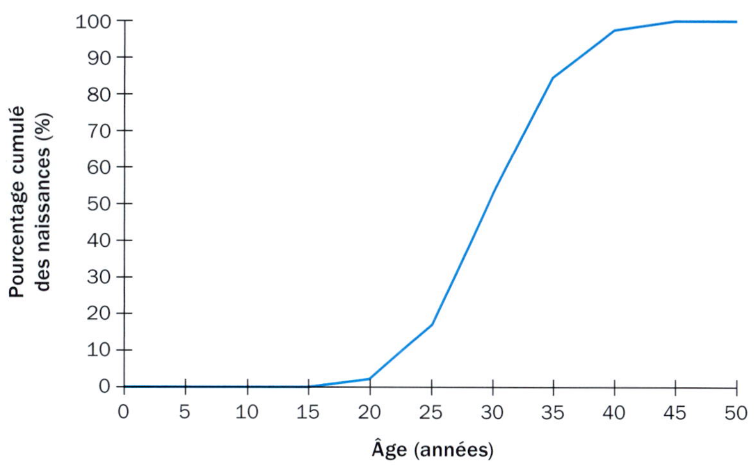


Source : Institut de la statistique du Québec, http://www.stat.gouv.qc.ca/donstat/societe/demographie/naisn_deces/naissance/406.htm (2009-10-17).

a) Parmi les femmes qui ont donné naissance à un enfant au Québec en 2008, quel est le pourcentage de celles qui étaient âgées de moins de 30 ans ?

b) Évaluez $C_{95}$ et dites ce que ce nombre signifie.

c) Évaluez l'étendue.

d) Évaluez l'écart interquartile.

**16.** Un concessionnaire d'automobiles recommande à ses clients d'effectuer une vidange d'huile tous les 6 000 km. Il a construit le tableau 6.24 qui donne la distance parcourue entre les vidanges d'huile pour les automobiles de ses clients.

TABLEAU | **6.24**

**RÉPARTITION EN POURCENTAGE ET RÉPARTITION CUMULÉE DES AUTOMOBILES, SELON LA DISTANCE PARCOURUE ENTRE DEUX VIDANGES D'HUILE**

| Distance (km) | Pourcentage des automobiles (%) | Pourcentage cumulé des automobiles (%) |
|---|---|---|
| 5 000–5 500 | 5 | |
| 5 500–6 000 | 8 | |
| 6 000–6 500 | 10 | |
| 6 500–7 000 | 22 | |
| 7 000–7 500 | 35 | |
| 7 500–8 000 | 20 | |
| **Total** | **100** | |

a) Complétez le tableau.
b) Tracez le polygone de fréquences.
c) Quel type d'asymétrie observe-t-on ?
d) Dans quel ordre devrait-on retrouver la moyenne, la médiane et le mode ?
e) Quel est le mode ?
f) Que nous apprend cette mesure ?
g) Quelle est la valeur de la médiane ?
h) Que nous apprend cette mesure ?
i) Tracez la courbe des fréquences relatives cumulées.
j) À partir de cette courbe, estimez $Q_1$, $Q_3$, $D_9$ et $C_{11}$.
k) Que signifie chacune de ces mesures ?
l) Que vaut l'écart interquartile ?

**17.** Répondez aux questions à partir du tableau 6.25.

TABLEAU | **6.25**

**RÉPARTITION EN POURCENTAGE DES CONTREVENANTS AU CODE DE LA ROUTE, SELON L'ÂGE DU CONTREVENANT**

| Âge (années) | Pourcentage des contrevenants (%) |
|---|---|
| Moins de 20 | 20 |
| 20–30 | 35 |
| 30–40 | 20 |
| 40–50 | 15 |
| 50–60 | 5 |
| 60 et plus | 5 |
| **Total** | **100** |

a) Tracez la portion réalisable de la courbe des fréquences relatives cumulées.
b) En vous servant de cette courbe, pouvez-vous évaluer $D_1$ ? Justifiez votre réponse.
c) Évaluez $Q_1$, $Q_3$ et $C_{43}$. Expliquez ce que ces valeurs signifient.
d) Quelle mesure de dispersion pouvons-nous évaluer à partir de ces données ? Que vaut-elle ?

## Section 6.7

**18.** À partir du tableau 6.26, donnez le rang brut de chacune de ces villes par rapport à la température et aux précipitations (ordre décroissant).

TABLEAU | **6.26**

**TEMPÉRATURE ET PRÉCIPITATIONS MOYENNES ANNUELLES POUR DES GRANDES VILLES CANADIENNES ET INTERNATIONALES**

| Ville | Température moyenne annuelle (°C) (maximum) | Précipitations moyennes annuelles (mm) |
|---|---|---|
| St. John's | 8,7 | 1 513,7 |
| Charlottetown | 9,7 | 1 173,3 |
| Halifax | 11,0 | 1 452,2 |
| Fredericton | 11,2 | 1 143,3 |
| Québec | 9,0 | 1 230,3 |
| Montréal | 11,1 | 978,9 |
| Ottawa | 10,9 | 943,5 |
| Toronto | 12,5 | 792,7 |
| Winnipeg | 8,3 | 513,7 |
| Regina | 9,1 | 388,1 |
| Edmonton | 8,5 | 482,7 |
| Calgary | 10,5 | 412,6 |
| Vancouver | 13,7 | 1 199,0 |
| Victoria | 14,1 | 883,3 |
| Whitehorse | 4,5 | 267,4 |
| Beijing | 17 | 623 |
| Le Caire | 27 | 22 |
| Capetown | 21 | 652 |
| Londres | 14 | 594 |
| Los Angeles | 21 | 373 |
| Mexico | 23 | 726 |
| Moscou | 8 | 575 |
| New Delhi | 31 | 715 |
| Paris | 14 | 585 |
| Rio de Janeiro | 30 | 1 093 |
| Rome | 20 | 749 |
| Sydney | 22 | 1 205 |
| Tokyo | 19 | 1 563 |
| Washington | 19 | 991 |

Sources : Adapté de Statistique Canada, http://www40.statcan.ca/l02/cst01/phys08a-fra.htm, et http://www40.statcan.ca/l02/cst01/phys08b-fra.htm (2009-10-10).

**19.** Répondez aux questions à partir des données du tableau 6.27.

TABLEAU | **6.27**

**PRINCIPAUX FLEUVES DU MONDE**

| Fleuve | Longueur (km) | Fleuve | Longueur (km) |
|---|---|---|---|
| Amazone | 6 992 | Niger | 4 184 |
| Amour | 4 049 | Nil | 6 650 |
| Brahmapoutre | 2 896 | Ob | 3 650 |
| Congo | 4 700 | Orénoque | 2 140 |
| Danube | 2 860 | Oural | 2 428 |
| Don | 1 950 | Parana | 4 099 |
| Èbre | 928 | Rhin | 1 320 |
| Euphrate | 2 736 | Rhône | 812 |
| Gange | 2 510 | Saint-Laurent | 1 197 |
| Huang He | 5 464 | Seine | 777 |
| Indus | 3 180 | Tigre | 1 900 |
| Lena | 4 472 | Vistule | 1 047 |
| Loire | 1 013 | Volga | 3 700 |
| Mackenzie | 1 738 | Yangzi Jiang | 6 380 |
| Mékong | 4 425 | Yukon | 3 700 |
| Mississippi | 3 766 | Zambèze | 2 574 |

Source : http://mediawikirfrc.cetmef.equipement.gouv.fr/mediawiki/index.php/Liste_des_principaux_fleuves (2010-01-31).

a) Quel est le rang brut associé à ces fleuves par rapport à la variable « longueur » (du plus long au moins long) ?

b) Si on ne considère que ces fleuves, quel est le rang cinquième associé au :
- Saint-Laurent ?
- Mackenzie ?
- Danube ?

**20.** La figure 6.11 présente la courbe des fréquences relatives cumulées donnant les notes de tous les étudiants inscrits à un cours de méthodes quantitatives.

FIGURE | **6.11**

**RÉPARTITION CUMULÉE DES ÉTUDIANTS, SELON LA NOTE**

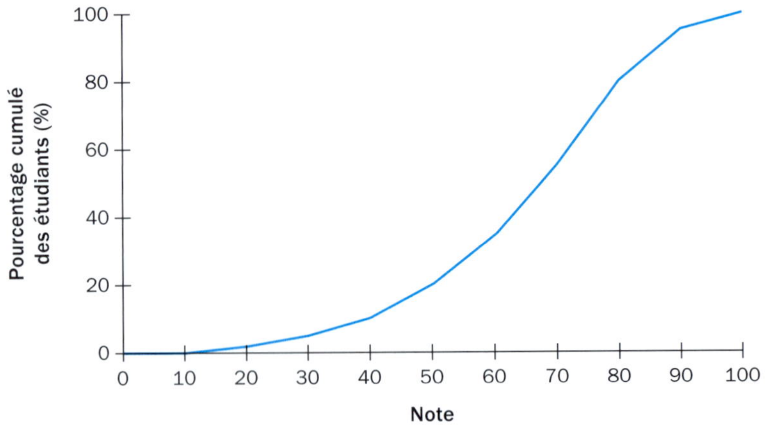


a) Quel est le rang centile d'un étudiant qui a obtenu une note de 65 ?

b) Quel est le rang cinquième d'un étudiant qui a obtenu une note de 65 ?

c) Quelle est la proportion des étudiants qui ont réussi le cours (la note de passage est de 60) ?

## Sections 6.8 et 6.9

**21.** Au cours d'une expérience en psychologie, on montre durant une minute une liste de 30 mots à des sujets, puis on leur demande d'écrire les mots dont ils se souviennent. Cinq minutes plus tard, on reprend la même expérience avec les mêmes mots et les mêmes sujets. Le nombre moyen de mots retenus par les sujets au cours de la première étape est de 12 mots avec un écart type de 3 mots. À la deuxième étape, la moyenne passe à 22 mots avec un écart type de 2 mots. Un des candidats a écrit 17 mots à la première étape et 24 mots à la deuxième étape. Par rapport à l'ensemble des sujets, laquelle de ces deux performances est la meilleure ?

**22.** On a fait passer deux tests de sélection, A et B, à 250 candidats. Plus le résultat est élevé, plus le rendement au test est bon. Les résultats à ces tests sont compilés dans les tableaux 6.28 et 6.29.

TABLEAU **6.28**

**RÉPARTITION DES CANDIDATS, SELON LE RÉSULTAT OBTENU AU TEST A**

| Résultat | Nombre de candidats |
|---|---|
| 0 | 3 |
| 1 | 10 |
| 2 | 13 |
| 3 | 20 |
| 4 | 30 |
| 5 | 40 |
| 6 | 60 |
| 7 | 30 |
| 8 | 20 |
| 9 | 12 |
| 10 | 12 |
| **Total** | **250** |

TABLEAU **6.29**

**RÉPARTITION DES CANDIDATS, SELON LE RÉSULTAT OBTENU AU TEST B**

| Résultat | Nombre de candidats |
|---|---|
| 0 | 20 |
| 1 | 40 |
| 2 | 80 |
| 3 | 70 |
| 4 | 25 |
| 5 | 15 |
| **Total** | **250** |

a) Quel est le rang brut, le rang cinquième, le rang centile et la cote $z$ d'une personne qui a eu un résultat de :

- 7 au test A ?
- 3 au test B ?

b) Une personne a obtenu des résultats de 7 au test A et de 3 au test B. Dans quel test a-t-elle eu la meilleure performance relative ? Justifiez votre réponse à partir de ce que vous avez obtenu en *a*.

**23.** En considérant l'écart type indiqué et sachant que la moyenne se trouve au point B, donnez la valeur de la cote $z$ des points A, B et C et placez les points D et E, lesquels ont respectivement des cotes $z$ de $-1,5$ et de 2.

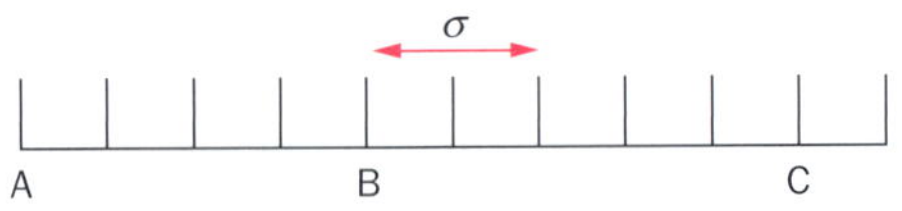


**24.** Le tableau 6.30 donne l'information nécessaire au calcul de la CRC moyenne globale de Jo-Annie au trimestre d'hiver.

TABLEAU | **6.30**

**CALCUL DE LA CRC DE JO-ANNIE**

| | Cours 1 | Cours 2 | Cours 3 | Cours 4 | Cours 5 | Cours 6 | Cours 7 |
|---|---|---|---|---|---|---|---|
| Note | 85 | 88 | 79 | 95 | 76 | 93 | 81 |
| $\mu$ | 75 | 81 | 69 | 69 | 79 | 80 | 65 |
| $\sigma$ | 6 | 10 | 14 | 13 | 8 | 9 | 12 |
| $z$ | | | | | | | |
| $\mu_s$ | 72 | 77 | 72 | 70 | 73 | 75 | 71 |
| $c$ | | | | | | | |
| $R$ | | | | | | | |
| Unités | $2\frac{2}{3}$ | 2 | $1\frac{2}{3}$ | $1\frac{2}{3}$ | $2\frac{2}{3}$ | $1\frac{1}{3}$ | $2\frac{1}{3}$ |

Dans ce tableau, $\mu$ représente la moyenne des notes du groupe pour le cours suivi au cégep, $\sigma$ représente l'écart type de ces notes, $z$ représente la cote $z$, $\mu_s$ représente la moyenne des notes du groupe au secondaire, $c$ représente la correction apportée pour tenir compte de la force du groupe, $R$ représente la cote de rendement au collégial de Jo-Annie dans chacun des cours et la ligne « Unités » donne le nombre d'unités associées à chacun des cours.

a) Complétez le tableau 6.30.

b) Calculez la CRC moyenne globale de Jo-Annie au trimestre d'hiver.

## EXERCICE DE SYNTHÈSE

Les Canadiens ont la réputation d'être des gens généreux et prêts à rendre service. Ils contribuent à la vie sociale du pays en effectuant des dons à des œuvres caritatives, en travaillant bénévolement pour des organismes sans but lucratif ou encore en venant directement en aide à des personnes dans le besoin.

Du 10 septembre au 8 décembre 2007, Statistique Canada a mené l'Enquête canadienne sur le don, le bénévolat et la participation (ECDBP)[5]. L'ECDBP est la quatrième enquête canadienne portant sur le don et le bénévolat depuis 1997, les deux autres ayant été menées en 2000 et en 2004 respectivement.

Avec l'enquête de 2007, les chercheurs de Statistique Canada tentaient d'établir un portrait des activités caritatives au Canada, à comprendre l'étendue et la profondeur des comportements prosociaux (dons, bénévolat, aide directe à autrui), à déterminer les facteurs sociodémographiques qui

5. À moins d'indication contraire, tous les résultats présentés ont été tirés de Statistique Canada, *Canadiens dévoués, Canadiens engagés: points saillants de l'Enquête canadienne de 2007 sur le don, le bénévolat et la participation*, nº 71-542-XPF au catalogue, juin 2009, 97 p.

expliquent ces comportements et enfin à suivre l'évolution de ces comportements dans le temps.

Lors de l'ECDBP, les enquêteurs ont rejoint 21 827 Canadiens parmi les 27 069 000 Canadiens âgés de 15 ans et plus. L'enquête a été menée sous forme d'entrevues téléphoniques assistées par ordinateur. Les numéros de téléphone ont été sélectionnés aléatoirement. Les résultats de l'ECDBP ont été publiés en juin 2009.

Les résultats de l'ECDBP de 2007 montrent qu'une très forte proportion des Canadiens ont des comportements prosociaux, c'est-à-dire qu'ils font des dons, qu'ils participent à activités à titre bénévole pour des organismes communautaires et sans but lucratif ou encore qu'ils aident directement des personnes en difficulté. L'ECDBP montre également que les comportements de générosité (en temps ou en argent) varient selon les provinces, l'âge, le sexe, l'état matrimonial, le revenu, la scolarité, la situation sur le marché du travail, la présence ou l'absence d'enfants dans le ménage. À titre d'exemple, en 2007, le taux de donateurs chez les gens mariés ou conjoints de fait était de 89 %, alors qu'il n'était que de 75 % chez les célibataires jamais mariés. De même, les dons annuels moyens des gens mariés ou conjoints de fait s'élevaient à 508 $ contre seulement 227 $ chez les célibataires jamais mariés.

a) Formulez une question de recherche à laquelle Statistique Canada cherchait à répondre lors de l'ECDBP.
b) Quelle est la population cible de l'ECDBP ?
c) Quelles sont respectivement les tailles de l'échantillon et de la population ? Utilisez les symboles appropriés dans votre réponse.
d) Quel est le taux de sondage de l'ECDBP ?
e) Utilisez l'information contenue dans le tableau 6.31 pour compléter le texte qui le suit.

TABLEAU **6.31**

**DONATEURS ET DONS, POPULATION ÂGÉE DE 15 ANS ET PLUS, CANADA, 2004 ET 2007**

| | | 2007 | 2004 |
|---|---|---|---|
| **Taux de donateurs** | | | |
| Population totale | (milliers) | 27 069 | 26 093 |
| Donateurs | (milliers) | 22 841 | 22 193 |
| Taux de donateurs | (pourcentage) | | 85,1 |
| **Nombre de dons** | | | |
| Nombre total de dons | (milliers) | 87 789 | 94 807 |
| Nombre moyen par donateur | (dons) | | 4,3 |
| **Montant des dons** | | | |
| Montant total des dons | (milliers de dollars) | 9 981 719 | 8 882 312 |
| Montant moyen par donateur | (dollars) | | |
| Montant médian par donateur | (dollars) | 120 | 120 |
| Montant moyen par don | (dollars) | 114 | 94 |

Source : Adapté de Statistique Canada, *Canadiens dévoués, Canadiens engagés : points saillants de l'Enquête canadienne de 2007 sur le don, le bénévolat et la participation*, n° 71-542-XPF au catalogue, juin 2009, p. 14.

En 2007, les Canadiens ont fait des dons totalisant 9 981 719 milliers de dollars, ce qui représente une hausse de _______ milliers de dollars par rapport à 2004, soit une augmentation de _______ %. En 2007, le montant moyen des dons par donateur a été de _______ $, ce qui représente une augmentation de _______ $, soit de _______ %, par rapport au montant moyen de _______ $ observé en 2004.

La plupart des Canadiens ont effectué des dons en 2007. En effet, le taux de donateurs, soit le nombre de donateurs exprimé en pourcentage de la population totale, était de _______ %.

On constate également que le montant médian par donateur en 2007 est nettement inférieur au montant moyen par donateur, ce qui laisse supposer que la répartition des donateurs selon le montant des dons présente une asymétrie _______. Par conséquent, la médiane fournit une meilleure indication du montant typique des dons; elle nous apprend qu'en 2007 environ _______ % des donateurs ont donné moins de _______ $.

Entre 2004 et 2007, le nombre total de dons a diminué de _______ %, passant de 94 807 000 à 87 789 000. Comme le montant total des dons a augmenté, on peut penser que les donateurs ont concentré leurs dons sur un plus faible nombre d'organismes caritatifs. En effet, le nombre moyen de dons par donateur est passé de 4,3 en 2004 à _______ en 2007.

f) Au niveau de confiance de 95 %, l'estimation (obtenue en *e*) du taux de donateurs (soit le nombre de donateurs exprimé en pourcentage du nombre de Canadiens âgés de 15 ans et plus) est précise à $\pm 0,5$ point de pourcentage. Quelle est l'estimation par intervalle de confiance de ce taux ?

g) Au niveau de confiance de 95 %, on a estimé qu'en 2007, le montant moyen par don se situait entre 110 $ et 118 $. Quelle est la marge d'erreur sur cette estimation ?

h) Quelle est la nature de la variable « montant annuel des dons d'un donateur » ?

i) Émettez une hypothèse qui semble être confirmée à partir de l'information contenue dans la figure 6.12.

FIGURE **6.12**

**TAUX DE DONATEURS, SELON LE NIVEAU DE SCOLARITÉ, POPULATION DE 15 ANS ET PLUS, CANADA, 2007**

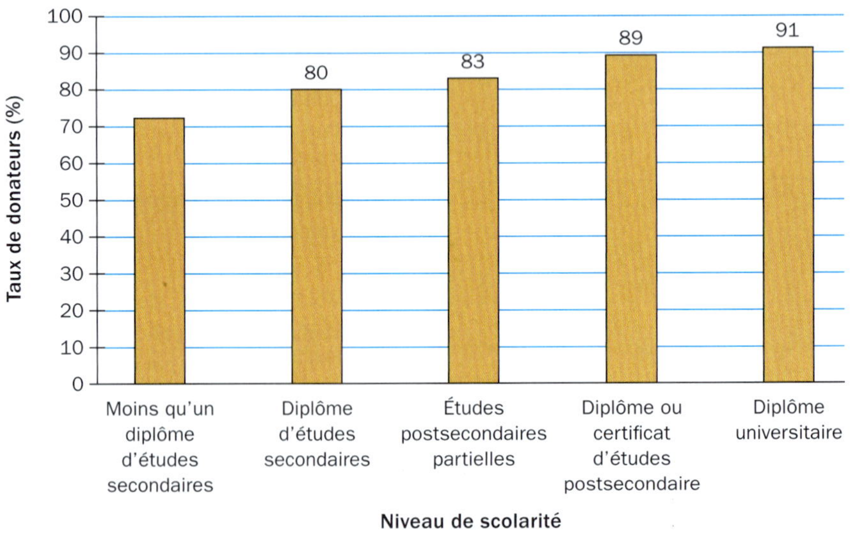


Source : Adapté de Statistique Canada, *Canadiens dévoués, Canadiens engagés : points saillants de l'Enquête canadienne de 2007 sur le don, le bénévolat et la participation*, nº 71-542-XPF au catalogue, juin 2009, p. 19.

j) À partir de la figure 6.12, estimez le taux de donateurs chez les Canadiens âgés de 15 ans et plus qui ont moins qu'un diplôme d'études secondaires.

k) Donnez la nature de la variable « niveau de scolarité », ainsi que ses modalités.

l) Voici un extrait (p. 9) du rapport de Statistique Canada.

*Le quartile supérieur des donateurs (qui ont fait un don de 364 $ ou plus par an) figure pour 82 % de la valeur totale des dons. Le décile supérieur des donateurs (qui ont fait un don de 1 002 $ ou plus par an) a versé 62 % de la valeur totale des dons.*

Quelles notations utilise-t-on pour désigner 364 $ et 1 002 $ ? Dites ce que nous apprennent ces deux expressions dans le contexte.

m) À la lecture du tableau 6.32, que pensez-vous de l'affirmation selon laquelle la générosité augmente avec le revenu ?

TABLEAU **6.32**

**MONTANT DES DONS D'UN MÉNAGE EXPRIMÉS EN DOLLARS ET EN POURCENTAGE DU REVENU DU MÉNAGE, SELON LE REVENU DU MÉNAGE, CANADA, 2007**

| Revenu du ménage ($) | Montant moyen des dons ($) | Montant moyen des dons (pourcentage du revenu) |
|---|---|---|
| Moins de 20 000 | 210 | 1,60 |
| 20 000 à 39 999 | 295 | 1,10 |
| 40 000 à 59 999 | 351 | 0,75 |
| 60 000 à 79 999 | 441 | 0,65 |
| 80 000 à 99 999 | 453 | 0,55 |
| 100 000 et plus | 686 | 0,50 |

Source : Adapté de Statistique Canada, *Canadiens dévoués, Canadiens engagés : points saillants de l'Enquête canadienne de 2009 sur le don, le bénévolat et la participation*, n° 71-542-XPF au catalogue, juin 2009, p. 19 et 20.

n) Un ménage dont le revenu a été de 122 000 $ en 2007 a fait des dons totalisant 832 $. Complétez la phrase suivante :

Le ménage a consacré _______ % de son revenu à des dons. Si sa contribution relative avait été à la hauteur de celle des ménages ayant un revenu de moins de 20 000 $, ce ménage aurait dû verser en dons ______ $ au cours de l'année 2007.

Les activités prosociales peuvent prendre plusieurs formes. Ainsi, les personnes peuvent donner de l'argent à des organismes caritatifs, faire du bénévolat ou encore apporter une aide directe à autrui. À partir des données consignées en page 60 du rapport de l'ECDBP, on peut déduire que 1 091 répondants ont déclaré n'avoir eu aucune des trois formes indiquées d'activités prosociales, 3 711 ont déclaré en avoir eu une seule, 8 949 ont déclaré en avoir eu deux et 8 076 ont déclaré en avoir eu trois.

o) Consignez dans un tableau de fréquences l'information du paragraphe qui précède. Appliquez les normes de présentation.

p) Calculez le nombre moyen de formes d'activités prosociales pratiquées par les répondants.

q) Calculez l'écart type du nombre de formes d'activités prosociales.

Jasmine, étudiante de cégep, sait que plusieurs de ses confrères et consœurs sont engagés dans des activités de bénévolat ou passent du temps à aider les autres. Elle pense notamment à celles et à ceux qui s'occupent de l'association étudiante, de la radio étudiante, du comité vert, du journal étudiant, des centres d'aide, du groupe d'entraide internationale ou de l'opération Nez rouge. Elle songe aussi à ceux qui participent aux comités de programme, à la commission des études, au conseil d'administration du cégep, à un comité politique. Enfin, elle pense à celles et à ceux qui font du dépannage auprès de leurs amis, qui œuvrent dans des mouvements sociaux comme le scoutisme ou qui agissent comme mentor auprès de jeunes en difficulté. Après avoir lu le rapport de Statistique Canada, Jasmine a mené sa propre enquête sur le bénévolat auprès d'un échantillon de 800 étudiantes et étudiants provenant des cégeps de sa région. Elle a produit le tableau 6.33.

TABLEAU 6.33

**RÉPARTITION DE 800 ÉTUDIANTS DE CÉGEP, SELON LE TEMPS CONSACRÉ HEBDOMADAIREMENT AU BÉNÉVOLAT, PAR SEXE**

| Temps (min) | Sexe | |
|---|---|---|
| | Hommes | Femmes |
| 0-60 | 48 | 203 |
| 60-120 | 92 | 108 |
| 120-180 | 86 | 62 |
| 180-240 | 61 | 42 |
| 240-300 | 42 | 28 |
| 300-360 | 21 | 7 |
| Total | 350 | 450 |

r) À partir des données consignées dans le tableau 6.33, estimez le temps moyen que les hommes consacrent hebdomadairement au bénévolat.

s) À partir des données consignées dans le tableau 6.33, estimez le temps moyen que les femmes consacrent hebdomadairement au bénévolat.

t) Utilisez les résultats obtenus en *r* et en *s* ainsi que la taille de chacun des deux groupes considérés pour estimer le temps moyen que les étudiantes et les étudiants de cégep consacrent au bénévolat.

u) À partir des données consignées dans le tableau 6.33, estimez le temps médian que les étudiantes de cégep consacrent hebdomadairement au bénévolat.

v) À partir des données consignées dans le tableau 6.33, estimez l'écart type du temps que les hommes consacrent hebdomadairement au bénévolat.

w) À partir des données consignées dans le tableau 6.33, estimez l'écart type du temps que les femmes consacrent hebdomadairement au bénévolat.

x) Lequel des deux groupes (hommes ou femmes) présente la distribution du temps de bénévolat la plus homogène ? Justifiez votre réponse en calculant la mesure appropriée.

y) Chaque semaine, James consacre au bénévolat 90 min de son temps, alors que Rachel y consacre 80 min. Lequel de ces deux étudiants a consacré le plus de temps au bénévolat, relativement à son groupe d'appartenance (hommes ou femmes) ?

z) À partir des données consignées dans le tableau 6.33, complétez le tableau 6.34.

TABLEAU 6.34

**RÉPARTITION ET RÉPARTITION CUMULÉE DE 800 ÉTUDIANTS DE CÉGEP, SELON LE TEMPS CONSACRÉ HEBDOMADAIREMENT AU BÉNÉVOLAT**

| Temps (min) | Nombre d'étudiants | Pourcentage (%) cumulé des étudiants |
|---|---|---|
| 0-60 | | |
| 60-120 | | |
| 120-180 | | |
| 180-240 | | |
| 240-300 | | |
| 300-360 | | |
| Total | 800 | |

aa) À partir des données consignées dans le tableau 6.34, tracez la courbe des fréquences relatives cumulées.

bb) À partir du graphique tracé en *aa*, estimez le temps médian que les 800 étudiants de cégep consacrent hebdomadairement au bénévolat.

cc) À partir du graphique tracé en *aa*, déterminez la valeur et le sens de $Q_1$, de $D_4$, de $V_3$ et de $Q_3$.

dd) Que vaut l'écart interquartile ?

ee) À partir du graphique tracé en *aa*, déterminez la valeur et le sens de $R_5\,(220)$ et de $R_{100}\,(160)$.

**AU PREMIER CHAPITRE**, nous avons vu que la démarche scientifique pouvait être décomposée en six étapes, au nombre desquelles on trouve l'analyse et l'interprétation des résultats. Cette étape consiste à tirer des conclusions en se fondant sur les données recueillies, à donner un sens aux mesures effectuées et à décider de la validité des hypothèses de recherche.

À cette étape, on recourt à l'inférence statistique, soit à la généralisation à l'ensemble de la population de l'information fournie par des échantillons. L'inférence statistique comporte deux volets, dont l'estimation de paramètres, qui est l'objet du présent chapitre.

Nous verrons comment estimer une moyenne et une proportion. Il s'agit essentiellement de déterminer la valeur d'un paramètre [moyenne ($\mu$) ou proportion ($\pi$)] d'une population à partir de la statistique correspondante mesurée à partir d'un échantillon. Pour effectuer cette estimation, nous recourrons à des mesures que nous avons étudiées précédemment, notamment la moyenne d'un échantillon ($\overline{x}$), l'écart type ($s$), la proportion dans un échantillon ($p$) et la cote $z$. Mais, au préalable, il faudra aborder une importante loi de probabilité, dite loi normale, qui régit le comportement des échantillons.

# 7 Loi normale et estimation de paramètres

*La statistique traite de l'information imparfaite, obtenue le plus souvent par échantillonnage ; par conséquent, elle est la science de l'incertitude et des erreurs. Le statisticien sait qu'il peut se tromper, ne sait jamais quand il se trompe (autrement, il se corrigerait sur-le-champ !), mais plusieurs des techniques qu'il utilise lui indiquent la probabilité qu'il a de se tromper.*

Claude Angers

# 7 Loi normale et estimation de paramètres

## SOMMAIRE



## OBJECTIFS

→ Distinguer l'estimation ponctuelle et l'estimation par intervalle de confiance (7.1).

→ Énoncer les principales caractéristiques de la loi normale (symétrie, répartition des données, etc.) (7.2).

→ Repérer les renseignements pertinents dans une table de la loi normale centrée réduite (7.2).

→ Caractériser la distribution d'échantillonnage de la moyenne (7.3).

→ Estimer une moyenne par intervalle de confiance pour un niveau de confiance donné (7.4).

→ Déterminer la taille de l'échantillon requise pour obtenir une marge d'erreur maximale donnée dans l'estimation d'une moyenne par intervalle de confiance (7.4).

→ Estimer une proportion par intervalle de confiance pour un niveau de confiance donné (7.5).

→ Déterminer la taille de l'échantillon requise pour obtenir une marge d'erreur maximale donnée dans l'estimation d'une proportion par intervalle de confiance (7.5).

# 7.1 Types d'estimation d'un paramètre

**Dans cette section :** estimation ponctuelle • estimation par intervalle de confiance • marge d'erreur • niveau de confiance.

On estime des paramètres en se basant sur des résultats échantillonnaux, notamment parce qu'il serait trop onéreux de les mesurer auprès de la population. On peut faire une estimation ponctuelle ou une estimation par intervalle de confiance.

**Estimation ponctuelle**
Estimation de la valeur d'un paramètre d'une population faite à partir de la statistique correspondante mesurée dans un échantillon.

L'**estimation ponctuelle** permet d'apprécier la valeur d'un paramètre d'une population, en particulier une moyenne $(\mu)$ ou une proportion $(\pi)$, d'après la mesure (ou la statistique) correspondante dans l'échantillon[1], notamment $\bar{x}$ ou $p$.

Ainsi, on pourrait s'intéresser au temps de réaction moyen $(\mu)$ à un stimulus et l'estimer à partir du temps de réaction moyen observé $(\bar{x})$ dans un échantillon de la population étudiée. De même, on pourrait estimer la proportion $(\pi)$ des étudiants de cégep qui sont sexuellement actifs selon la proportion observée $(p)$ dans un échantillon d'étudiants de cégep interrogés au moyen d'un questionnaire portant sur leurs comportements sexuels.

En vertu d'une loi mathématique (la loi des grands nombres), plus la taille de l'échantillon est grande, plus l'estimation d'une moyenne (ou d'une proportion) devrait se rapprocher de la vraie valeur de ce paramètre dans la population. Toutefois, comme les échantillons ne sont pas des répliques exactes de la population, des échantillons différents donneront des estimations différentes. C'est pourquoi nous voudrions être en mesure de quantifier l'écart probable entre la vraie valeur d'un paramètre et l'estimation de ce dernier. Dans ce but, nous recourrons à l'estimation par intervalle de confiance.

**Estimation par intervalle de confiance**
Estimation de la valeur d'un paramètre d'une population au moyen d'un intervalle construit autour de la statistique correspondante de l'échantillon. La probabilité que l'intervalle englobe la valeur réelle du paramètre est le niveau de confiance.

**Marge d'erreur**
Dans une estimation par intervalle de confiance d'une moyenne ou d'une proportion, la marge d'erreur, notée *ME*, correspond à la moitié de la largeur de l'intervalle de confiance, puisque ce dernier est centré autour de l'estimation ponctuelle du paramètre.

**Niveau de confiance**
Probabilité qu'un intervalle de confiance contienne la valeur réelle d'un paramètre d'une population.

L'**estimation par intervalle de confiance** consiste à ajouter et à retrancher une **marge d'erreur** $(ME)$ à l'estimation ponctuelle, de façon à former un intervalle, soit $[\bar{x} - ME ; \bar{x} + ME]$ ou $[p - ME ; p + ME]$, selon le paramètre considéré. En fonction du **niveau de confiance** choisi (généralement 95 % ou 99 %), ces intervalles sont établis de façon telle que, si on prélevait tous les échantillons possibles[2] d'une taille donnée, 95 % ou 99 % de ces derniers contiendraient la valeur exacte du paramètre estimé $\mu$ ou $\pi$. Ainsi, lorsque le niveau de confiance est de 95 %, l'intervalle fourni par un échantillon contiendra 95 fois sur 100 (ou selon la formule classique, 19 fois sur 20) la vraie valeur du paramètre estimé.

Dans ce chapitre, nous nous pencherons sur les principes sous-jacents à l'estimation par intervalle de confiance d'une moyenne $(\mu)$ et d'une proportion $(\pi)$ d'une population selon des mesures correspondantes ($\bar{x}$ et $p$) fournies par un échantillon. Nous allons également appliquer ces principes pour former des intervalles de confiance.

1. Les symboles employés pour désigner la proportion de l'échantillon et celle de la population varient selon les auteurs. Ainsi, certains utilisent $\hat{p}$ pour noter la proportion de l'échantillon et $p$ pour la proportion de la population. Il faut donc toujours prêter attention à la notation utilisée dans un document afin de ne pas commettre d'erreurs dans l'interprétation des résultats.
2. En pratique, lorsqu'on fait un sondage, on ne prélève qu'un seul échantillon. Toutefois, pour comprendre la notion de niveau de confiance, il faut se mettre dans une situation hypothétique, soit celle qui consiste à prélever tous les échantillons possibles. On peut alors analyser le « comportement » de l'ensemble des échantillons et se prononcer sur la possibilité de trouver la valeur du paramètre recherché dans un intervalle construit autour de la statistique calculée à partir de l'échantillon qui sera effectivement prélevé.

L'estimation par intervalle de confiance nécessite cependant l'emploi de lois de probabilité[3], notamment la loi normale. Nous devons donc d'abord nous familiariser avec la loi normale.

# 7.2 LOI NORMALE

**Dans cette section :** loi normale • loi normale centrée réduite.

## 7.2.1 Historique de l'utilisation de la loi normale

En examinant les polygones de fréquences de différentes séries statistiques, on constate que, dans bien des cas, ils présentent une silhouette caractéristique, soit une forme de cloche. Dans un graphique comme celui de la figure 7.1, on peut voir que la moyenne, le mode et la médiane coïncident.

FIGURE 7.1

COURBE NORMALE

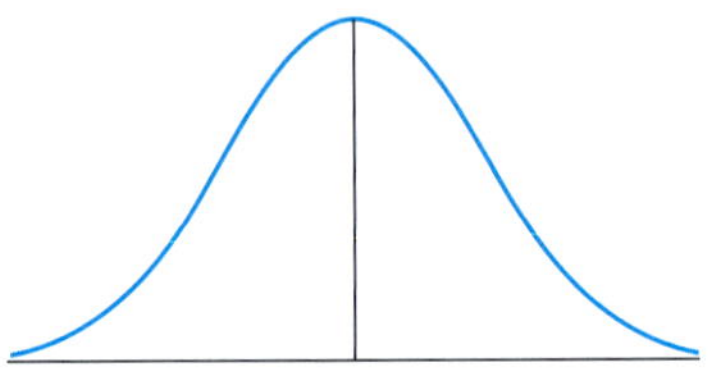


C'est une courbe unimodale, symétrique, aplatie aux deux extrémités et telle que la fréquence des données décroît à mesure qu'on s'éloigne du centre, que ce soit vers la gauche ou vers la droite. C'est là l'idée que l'on a généralement de la normalité : beaucoup de données se situent autour de la moyenne et le nombre de données diminue à mesure qu'on s'éloigne de celle-ci. C'est pourquoi une courbe de cette nature porte le nom de courbe normale.

Dans une publication datant de 1733, le mathématicien Abraham de Moivre a fait pour la première fois l'étude d'une fonction dont le graphique présentait la forme de cloche propre à la courbe normale. Cette fonction avait pour équation :

$$f(x) = ae^{-bx^2}$$

où $a$ et $b$ sont des constantes et $e$ correspond à la base des logarithmes népériens $(e \approx 2{,}718\,3)$. Cette équation s'apparente à la **loi normale** de moyenne $\mu$ et d'écart type $\sigma$, dont l'équation est donnée par l'expression :

$$f(x) = \frac{1}{\sigma\sqrt{2\pi}} e^{-\frac{(x-\mu)^2}{2\sigma^2}}$$

**Loi normale**
Expression mathématique d'une courbe normale (ou *courbe de Laplace-Gauss*) dont la forme ressemble à une cloche. La moyenne, le mode et la médiane d'une variable soumise à la loi normale coïncident. La loi normale permet de décrire de nombreux phénomènes naturels ou produits par l'activité humaine. Elle est d'usage courant en inférence statistique. Toute loi normale est déterminée par sa moyenne et son écart type. On écrit $X \sim N(\mu; \sigma^2)$ pour indiquer que la variable $X$ obéit à la loi normale de moyenne $\mu$ et d'écart type $\sigma$. ■

La courbe normale se nomme également *courbe de Laplace-Gauss*, en l'honneur de deux mathématiciens qui l'ont employée pour décrire les erreurs d'observation commises en astronomie et qui ont démontré certaines des propriétés de la fonction qui détermine cette courbe.

---

3. La théorie des probabilités est la branche des mathématiques qui porte sur la mesure de la vraisemblance d'événements incertains (ou aléatoires). De manière intuitive, on peut définir le concept de probabilité comme étant la grandeur par laquelle on mesure la vraisemblance d'un événement incertain. Toute probabilité est un nombre compris entre 0 et 1 ou, si on préfère, entre 0 % et 100 %.

Un statisticien belge, Lambert Adolphe Quételet, a eu l'idée de se servir de cette courbe comme d'un modèle descriptif de certaines caractéristiques humaines. Dans une étude classique, il a constaté que le polygone de fréquences qui représente le tour de poitrine de 5 738 soldats écossais pouvait être décrit assez fidèlement par une courbe en forme de cloche[4]. La figure 7.2 montre le polygone de fréquences obtenu à partir des données de Quételet. Comme on peut le constater, la forme de ce polygone s'apparente à celle de la courbe normale.

FIGURE | **7.2**

**RÉPARTITION EN POURCENTAGE DES SOLDATS, SELON LEUR TOUR DE POITRINE**

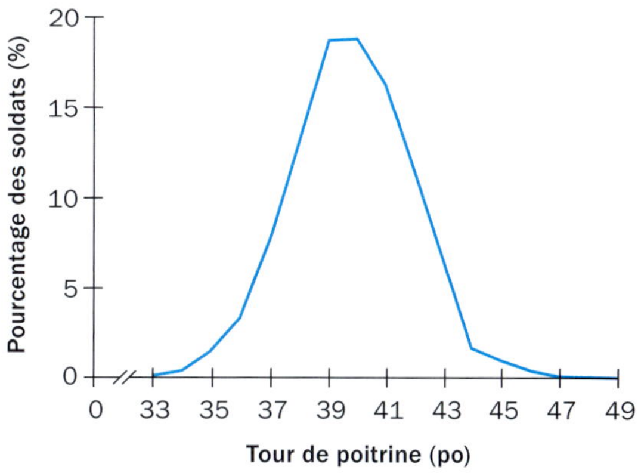


De nombreux auteurs, à la suite de Quételet, ont pu constater que la courbe normale constituait un modèle adéquat pour décrire une multitude de phénomènes.

Le mathématicien Émile Borel a montré que la loi normale décrivait particulièrement bien les phénomènes dont les variations étaient attribuables à de nombreux facteurs agissant de manière indépendante et provoquant de faibles effets, sensiblement de même amplitude.

Ces conditions sont remplies dans de nombreux événements naturels ou produits par l'activité humaine, ce qui expliquerait que la loi normale s'applique à un grand nombre de situations. Parmi celles-ci, signalons la description de certaines caractéristiques des êtres humains (taille, mensurations diverses, pression artérielle, performance à un test de mémoire) ou des espèces animales ou végétales (longueur des épis de maïs, circonférence des troncs d'arbre). Citons également la répartition des erreurs d'observation dans une expérience, celle des temps de réaction à un stimulus, celle des temps que mettent des rats pour parcourir un labyrinthe, celle des variations par rapport aux normes dans les procédés de fabrication de pièces usinées et celle de la distance parcourue par un projectile (balle de fusil, balle de golf).

La loi normale est un modèle descriptif tellement utilisé que l'on pourrait penser que la plupart des phénomènes y sont soumis. Tel n'est pourtant pas le cas. Par exemple, la répartition des Canadiens selon l'âge n'obéit pas à la loi normale.

Certaines mesures sont élaborées de manière à épouser la forme de la courbe normale, alors que le concept mesuré ne s'y prête pas nécessairement. Il en est ainsi des résultats à des tests de quotient intellectuel (QI), lesquels sont répartis selon la

4. L. A. Quételet, *Lettre à S.A.R. le duc régnant de Saxe-Cobourg et Gotha sur la théorie des probabilités appliquées aux sciences morales et politiques*, dans S. M. Stigler, *The History of Statistics. The Measurement of Uncertainty Before 1900*, Cambridge, Belknap Press of Harvard University Press, 1986, p. 207.

loi normale. Cependant, il ne faut pas croire pour autant que l'intelligence est répartie dans la population de façon aussi régulière.

La loi normale est d'usage courant en inférence statistique. Comme nous le verrons plus loin, c'est sans doute là son principal intérêt.

## 7.2.2 Caractéristiques de la loi normale

En plus de sa forme typique de cloche, la courbe normale possède plusieurs propriétés intéressantes. D'abord, en étudiant l'équation qui la définit, on constate qu'elle est entièrement déterminée par sa moyenne ($\mu$) et son écart type ($\sigma$): il existe une loi normale pour chaque valeur de $\mu$ et de $\sigma$.

On pourrait aussi montrer que l'aire entre une courbe normale et l'axe des abscisses vaut toujours 1 (figure 7.3 *a*). De plus, puisque la courbe normale est symétrique, l'aire de la surface sous la courbe à droite (ou à gauche) de la moyenne ($\mu$) vaut 0,5 (figure 7.3 *b*).

FIGURE 7.3

**SYMÉTRIE DE LA COURBE NORMALE**

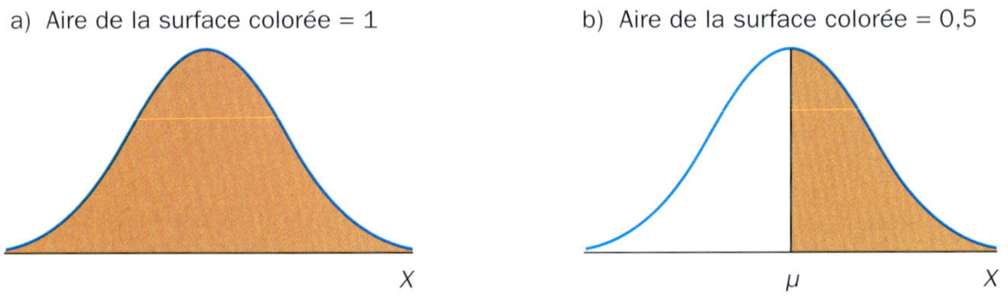


Lorsqu'une variable $X$ obéit à une loi normale de moyenne $\mu$ et de variance $\sigma^2$, on écrit $X \sim \mathrm{N}(\mu; \sigma^2)$. La proportion des données comprises entre deux valeurs $x_1$ et $x_2$ de la variable $X$ correspond alors à la mesure de l'aire de la surface comprise sous la courbe normale entre ces valeurs. On note cette proportion $P(x_1 < X < x_2)$. On dit de cette dernière proportion qu'elle représente la probabilité que la variable prenne une valeur comprise entre $x_1$ et $x_2$.

Ainsi, lorsque $X \sim \mathrm{N}(10; 25)$, la proportion des données de valeur supérieure à 5 mais inférieure à 20, notée $P(5 < X < 20)$, correspond à l'aire de la surface colorée dans la figure 7.4 *a*. De manière équivalente, on peut dire que la probabilité que la variable $X$ prenne une valeur comprise entre 5 et 20 correspond à l'aire de la surface colorée dans la figure 7.4 *a*. Par ailleurs, l'expression $P(X = x)$ vaut 0 quelle que soit la valeur x, puisque l'aire de cette région est nulle (figure 7.4 *b*).

FIGURE 7.4

**MESURES DE PROPORTIONS (OU DE PROBABILITÉS) AVEC LA COURBE NORMALE**

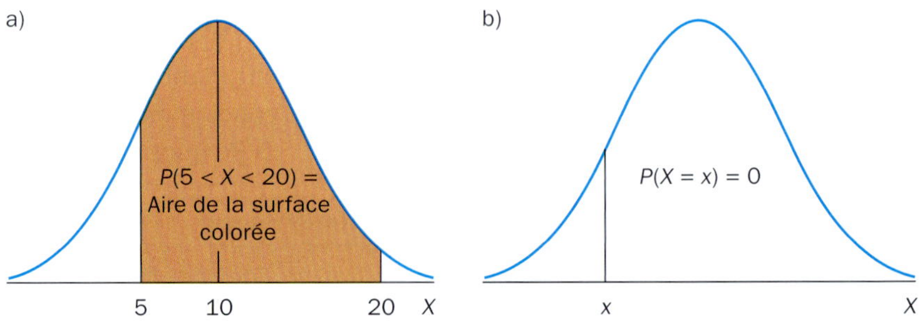

Par conséquent, si $X \sim \mathrm{N}(\mu; \sigma^2)$, alors:

$$P(x_1 < X < x_2) = P(x_1 \leq X < x_2) = P(x_1 < X \leq x_2) = P(x_1 \leq X \leq x_2)$$

De plus, on peut montrer que 68,26 % des données sont situées à moins de 1 écart type de la moyenne, 95 % des données à moins de 1,96 écart type de la moyenne et 99 % des données à moins de 2,575 écarts types de la moyenne. Ces résultats s'expriment de la manière suivante en langage symbolique:

$$P(\mu - \sigma < X < \mu + \sigma) = 0,6826$$

$$P(\mu - 1,96\sigma < X < \mu + 1,96\sigma) = 0,95$$

$$P(\mu - 2,575\sigma < X < \mu + 2,575\sigma) = 0,99$$

## 7.2.3 Loi normale centrée réduite[5]

### A | Évaluation de proportions (ou de probabilités)

**Loi normale centrée réduite**

Loi normale de moyenne 0 et de variance 1. On écrit $X \sim \mathrm{N}(0;1)$ pour indiquer que la variable $X$ obéit à une loi normale centrée réduite.

Pour évaluer des proportions (ou des probabilités) lorsque la variable étudiée est soumise à une loi normale, il faut disposer d'une façon simple de mesurer des aires sous une courbe normale. Heureusement, grâce à une propriété des courbes normales, il suffit de considérer seulement le cas de la **loi normale centrée réduite**, c'est-à-dire la loi normale de moyenne 0 et de variance 1.

En effet, on peut montrer que si la variable $X$ obéit à la loi normale de moyenne $\mu$ et de variance $\sigma^2$, c'est-à-dire si $X \sim \mathrm{N}(\mu; \sigma^2)$, alors la cote $z$ de cette variable, soit $Z = \dfrac{X - \mu}{\sigma}$, obéit à la loi normale centrée réduite, c'est-à-dire que $Z = \dfrac{X - \mu}{\sigma} \sim \mathrm{N}(0; 1)$. Nous utiliserons cette propriété chaque fois que nous voudrons évaluer des proportions (ou des probabilités) dans le contexte de la loi normale.

Ainsi, pour évaluer la proportion des données dont la valeur est comprise entre $x_1$ et $x_2$ (soit la probabilité que la variable $X$ prenne une valeur comprise entre $x_1$ et $x_2$), il suffit d'évaluer la proportion des cotes $z$ des données qui prennent une valeur comprise entre les cotes $z$ de $x_1$ et $x_2$, c'est-à-dire que:

$$\begin{aligned} P(x_1 < X < x_2) &= P\left(\frac{x_1 - \mu}{\sigma} < \frac{X - \mu}{\sigma} < \frac{x_2 - \mu}{\sigma}\right) \\ &= P\left(\frac{x_1 - \mu}{\sigma} < Z < \frac{x_2 - \mu}{\sigma}\right) \end{aligned}$$

5. Ceux et celles qui ne désirent pas approfondir l'étude de la loi normale (l'évaluation de seuils ou de probabilités) peuvent passer directement à la section 7.4, p. 308.

**EXERCICE 7.1**

Soit $X \sim \mathrm{N}(100; 64)$.

a) Quels sont la moyenne et l'écart type de la variable $X$?

b) Complétez l'équation.

$$P(92 < X < 112) = P\left(\frac{92 - \_\_}{\_\_} < \frac{X - \_\_}{\_\_} < \frac{112 - \_\_}{\_\_}\right)$$
$$= P(\_\_ < Z < \_\_)$$

Comme nous allons recourir régulièrement à la loi normale centrée réduite, il convient d'expliquer certains éléments des graphiques que nous utiliserons. À la figure 7.5, nous avons tracé, en *a*, la courbe décrite par la fonction de la courbe normale centrée réduite, soit $f(z) = \frac{1}{\sqrt{2\pi}} e^{-\frac{z^2}{2}}$, où $Z \sim \mathrm{N}(0; 1)$. En *b*, nous avons indiqué l'intervalle de valeurs $-1 < Z < 1{,}5$. Enfin, en *c*, nous avons coloré la région dont l'aire correspond à la proportion des données qui prennent une valeur comprise entre –1 et 1,5, soit $P(-1 < Z < 1{,}5)$, c'est-à-dire la probabilité que $Z$ prenne une valeur comprise entre –1 et 1,5.

FIGURE 7.5

**REPRÉSENTATION GRAPHIQUE DE *f*(*z*), DE L'INTERVALLE –1 < *Z* < 1,5 ET DE *P*(–1 < *Z* < 1,5 )**

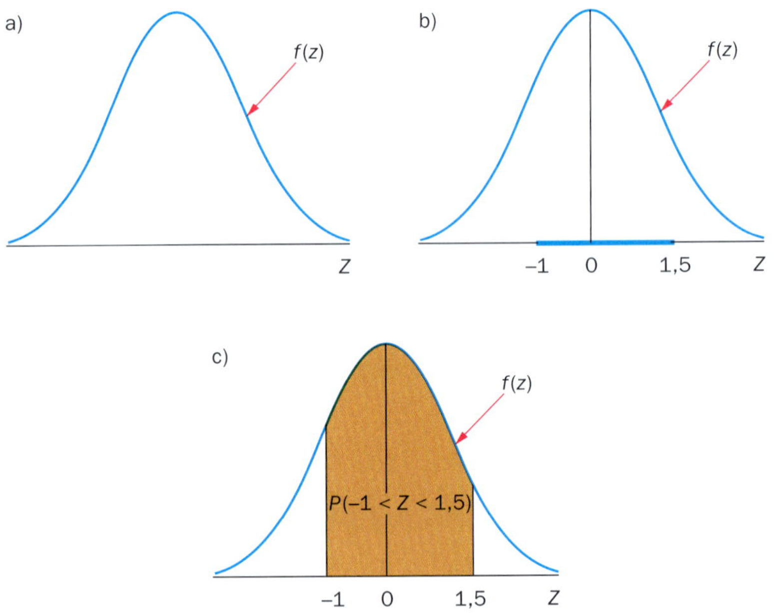


Le tableau 7.1 présente une table de la loi normale centrée réduite. À partir de cette table, nous serons en mesure d'évaluer des proportions (ou des probabilités) du type $P(a \leq Z \leq b)$ en recourant à des arguments de symétrie et à des transformations géométriques simples.

TABLEAU | **7.1**

**TABLE DE LA LOI NORMALE CENTRÉE RÉDUITE N(0 ; 1)**

Les valeurs de la table correspondent à $P(0 \leq Z \leq z)$.

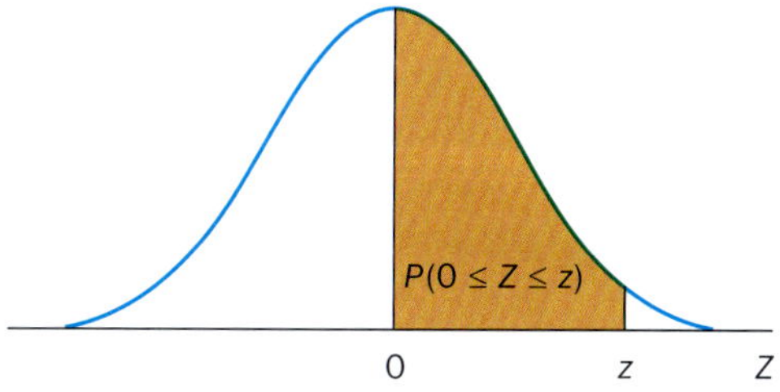


| z | 0,00 | 0,01 | 0,02 | 0,03 | 0,04 | 0,05 | 0,06 | 0,07 | 0,08 | 0,09 |
|---|---|---|---|---|---|---|---|---|---|---|
| **0,00** | 0,0000 | 0,0040 | 0,0080 | 0,0120 | 0,0160 | 0,0199 | 0,0239 | 0,0279 | 0,0319 | 0,0359 |
| **0,10** | 0,0398 | 0,0438 | 0,0478 | 0,0517 | 0,0557 | 0,0596 | 0,0636 | 0,0675 | 0,0714 | 0,0753 |
| **0,20** | 0,0793 | 0,0832 | 0,0871 | 0,0910 | 0,0948 | 0,0987 | 0,1026 | 0,1064 | 0,1103 | 0,1141 |
| **0,30** | 0,1179 | 0,1217 | 0,1255 | 0,1293 | 0,1331 | 0,1368 | 0,1406 | 0,1443 | 0,1480 | 0,1517 |
| **0,40** | 0,1554 | 0,1591 | 0,1628 | 0,1664 | 0,1700 | 0,1736 | 0,1772 | 0,1808 | 0,1844 | 0,1879 |
| **0,50** | 0,1915 | 0,1950 | 0,1985 | 0,2019 | 0,2054 | 0,2088 | 0,2123 | 0,2157 | 0,2190 | 0,2224 |
| **0,60** | 0,2257 | 0,2291 | 0,2324 | 0,2357 | 0,2389 | 0,2422 | 0,2454 | 0,2486 | 0,2517 | 0,2549 |
| **0,70** | 0,2580 | 0,2611 | 0,2642 | 0,2673 | 0,2704 | 0,2734 | 0,2764 | 0,2794 | 0,2823 | 0,2852 |
| **0,80** | 0,2881 | 0,2910 | 0,2939 | 0,2967 | 0,2995 | 0,3023 | 0,3051 | 0,3078 | 0,3106 | 0,3133 |
| **0,90** | 0,3159 | 0,3186 | 0,3212 | 0,3238 | 0,3264 | 0,3289 | 0,3315 | 0,3340 | 0,3365 | 0,3389 |
| **1,00** | 0,3413 | 0,3438 | 0,3461 | 0,3485 | 0,3508 | 0,3531 | 0,3554 | 0,3577 | 0,3599 | 0,3621 |
| **1,10** | 0,3643 | 0,3665 | 0,3686 | 0,3708 | 0,3729 | 0,3749 | 0,3770 | 0,3790 | 0,3810 | 0,3830 |
| **1,20** | 0,3849 | 0,3869 | 0,3888 | 0,3907 | 0,3925 | 0,3944 | 0,3962 | 0,3980 | 0,3997 | 0,4015 |
| **1,30** | 0,4032 | 0,4049 | 0,4066 | 0,4082 | 0,4099 | 0,4115 | 0,4131 | 0,4147 | 0,4162 | 0,4177 |
| **1,40** | 0,4192 | 0,4207 | 0,4222 | 0,4236 | 0,4251 | 0,4265 | 0,4279 | 0,4292 | 0,4306 | 0,4319 |
| **1,50** | 0,4332 | 0,4345 | 0,4357 | 0,4370 | 0,4382 | 0,4394 | 0,4406 | 0,4418 | 0,4429 | 0,4441 |
| **1,60** | 0,4452 | 0,4463 | 0,4474 | 0,4484 | 0,4495 | 0,4505 | 0,4515 | 0,4525 | 0,4535 | 0,4545 |
| **1,70** | 0,4554 | 0,4564 | 0,4573 | 0,4582 | 0,4591 | 0,4599 | 0,4608 | 0,4616 | 0,4625 | 0,4633 |
| **1,80** | 0,4641 | 0,4649 | 0,4656 | 0,4664 | 0,4671 | 0,4678 | 0,4686 | 0,4693 | 0,4699 | 0,4706 |
| **1,90** | 0,4713 | 0,4719 | 0,4726 | 0,4732 | 0,4738 | 0,4744 | 0,4750 | 0,4756 | 0,4761 | 0,4767 |
| **2,00** | 0,4772 | 0,4778 | 0,4783 | 0,4788 | 0,4793 | 0,4798 | 0,4803 | 0,4808 | 0,4812 | 0,4817 |
| **2,10** | 0,4821 | 0,4826 | 0,4830 | 0,4834 | 0,4838 | 0,4842 | 0,4846 | 0,4850 | 0,4854 | 0,4857 |
| **2,20** | 0,4861 | 0,4864 | 0,4868 | 0,4871 | 0,4875 | 0,4878 | 0,4881 | 0,4884 | 0,4887 | 0,4890 |
| **2,30** | 0,4893 | 0,4896 | 0,4898 | 0,4901 | 0,4904 | 0,4906 | 0,4909 | 0,4911 | 0,4913 | 0,4916 |
| **2,40** | 0,4918 | 0,4920 | 0,4922 | 0,4925 | 0,4927 | 0,4929 | 0,4931 | 0,4932 | 0,4934 | 0,4936 |
| **2,50** | 0,4938 | 0,4940 | 0,4941 | 0,4943 | 0,4945 | 0,4946 | 0,4948 | 0,4949 | 0,4951 | 0,4952 |
| **2,60** | 0,4953 | 0,4955 | 0,4956 | 0,4957 | 0,4959 | 0,4960 | 0,4961 | 0,4962 | 0,4963 | 0,4964 |
| **2,70** | 0,4965 | 0,4966 | 0,4967 | 0,4968 | 0,4969 | 0,4970 | 0,4971 | 0,4972 | 0,4973 | 0,4974 |
| **2,80** | 0,4974 | 0,4975 | 0,4976 | 0,4977 | 0,4977 | 0,4978 | 0,4979 | 0,4979 | 0,4980 | 0,4981 |
| **2,90** | 0,4981 | 0,4982 | 0,4982 | 0,4983 | 0,4984 | 0,4984 | 0,4985 | 0,4985 | 0,4986 | 0,4986 |
| **3,00** | 0,4987 | 0,4987 | 0,4987 | 0,4988 | 0,4988 | 0,4989 | 0,4989 | 0,4989 | 0,4990 | 0,4990 |
| **3,10** | 0,4990 | 0,4991 | 0,4991 | 0,4991 | 0,4992 | 0,4992 | 0,4992 | 0,4992 | 0,4993 | 0,4993 |
| **3,20** | 0,4993 | 0,4993 | 0,4994 | 0,4994 | 0,4994 | 0,4994 | 0,4994 | 0,4995 | 0,4995 | 0,4995 |
| **3,30** | 0,4995 | 0,4995 | 0,4995 | 0,4996 | 0,4996 | 0,4996 | 0,4996 | 0,4996 | 0,4996 | 0,4997 |
| **3,40** | 0,4997 | 0,4997 | 0,4997 | 0,4997 | 0,4997 | 0,4997 | 0,4997 | 0,4997 | 0,4997 | 0,4998 |
| **3,50** | 0,4998 | 0,4998 | 0,4998 | 0,4998 | 0,4998 | 0,4998 | 0,4998 | 0,4998 | 0,4998 | 0,4998 |
| **3,60** | 0,4998 | 0,4998 | 0,4999 | 0,4999 | 0,4999 | 0,4999 | 0,4999 | 0,4999 | 0,4999 | 0,4999 |
| **3,70** | 0,4999 | 0,4999 | 0,4999 | 0,4999 | 0,4999 | 0,4999 | 0,4999 | 0,4999 | 0,4999 | 0,4999 |
| **3,80** | 0,4999 | 0,4999 | 0,4999 | 0,4999 | 0,4999 | 0,4999 | 0,4999 | 0,4999 | 0,4999 | 0,4999 |
| **3,90** | 0,5000 | 0,5000 | 0,5000 | 0,5000 | 0,5000 | 0,5000 | 0,5000 | 0,5000 | 0,5000 | 0,5000 |

Ainsi, pour évaluer la proportion des cotes $z$ qui prennent une valeur supérieure ou égale à 0 mais inférieure ou égale à 0,21, soit $P(0 \leq Z \leq 0{,}21)$, il suffit de lire l'entrée de la table qui correspond à l'intersection de la ligne 0,20 et de la colonne 0,01 (si on fait la somme de ces deux nombres, on obtient la valeur 0,21), comme cela est indiqué dans le tableau 7.2.

TABLEAU | **7.2**

**EXTRAIT DE LA TABLE DE LA LOI NORMALE CENTRÉE RÉDUITE**

| $z$ | 0,00 | 0,01 | 0,02 | 0,03 |
|---|---|---|---|---|
| **0,00** | 0,0000 | 0,0040 | 0,0080 | 0,0120 |
| **0,10** | 0,0398 | 0,0438 | 0,0478 | 0,0517 |
| **0,20** | 0,0793 | **0,0832** | 0,0871 | 0,0910 |
| **0,30** | 0,1179 | 0,1217 | 0,1255 | 0,1293 |
| **0,40** | 0,1554 | 0,1591 | 0,1628 | 0,1664 |

La table nous donne donc $P(0 \leq Z \leq 0{,}21) = 0{,}0832$. Puisque $P(Z = 0) = 0$ et que $P(Z = 0{,}21) = 0$, on peut également conclure que :

$$P(0 < Z < 0{,}21) = P(0 \leq Z < 0{,}21) = P(0 < Z \leq 0{,}21) = P(0 \leq Z \leq 0{,}21) = 0{,}0832$$

On peut donc conclure que la probabilité que la variable $Z$ prenne une valeur comprise entre 0 et 0,21, soit $P(0 < Z < 0{,}21)$, est de 0,0832.

Illustrons maintenant l'emploi de la table de la loi normale centrée réduite avec quelques autres exemples. Pour évaluer une proportion (une probabilité) qui n'est pas de la forme $P(0 \leq Z \leq z)$, il faut d'abord faire quelques manipulations sur des graphiques de façon à obtenir des régions d'aires équivalentes qu'on pourra évaluer à l'aide de la table de la loi normale centrée réduite.

## EXEMPLE 7.1

Étant donné que les résultats ($X$) à un test de QI de Wechsler pour des adultes se répartissent selon le modèle de la loi normale de moyenne 100 et d'écart type 15 [c'est-à-dire que $X \sim \mathrm{N}(100; 15^2)$], la proportion des personnes ayant un QI compris entre 90 et 100 est donnée par :

$$\begin{aligned} P(90 < X < 100) &= P\left(\frac{90-100}{15} < \frac{X-100}{15} < \frac{100-100}{15}\right) \\ &= P(-0{,}67 < Z < 0) \end{aligned}$$

On ne peut pas évaluer $P(-0{,}67 < Z < 0)$ directement à partir de la table de la loi normale centrée réduite. Toutefois, étant donné la symétrie de la courbe normale, on sait que l'aire sous la courbe normale comprise entre les valeurs $-0{,}67$ et 0 est la même que celle qui est comprise entre les valeurs 0 et 0,67 (figure 7.6).

Par conséquent, les proportions associées à ces régions sont les mêmes :

$$\begin{aligned} P(-0{,}67 < Z < 0) &= P(0 < Z < 0{,}67) \\ &= 0{,}2486 \end{aligned}$$

Ainsi, près du quart (24,86 %) des résultats à un test de QI de Wechsler sont compris entre 90 et 100.

FIGURE 7.6

**TRANSFORMATION GRAPHIQUE POUR ÉVALUER *P*(–0,67 < *Z* < 0)**

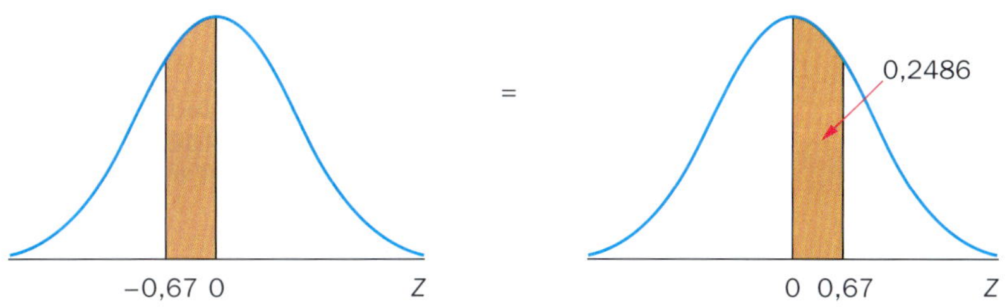


## EXEMPLE 7.2

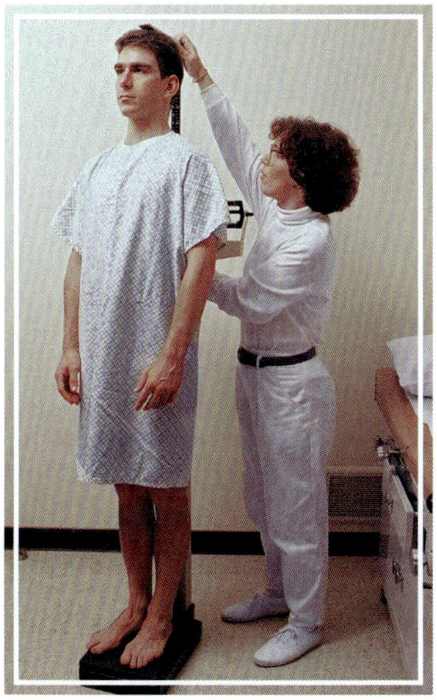

Si la répartition[6] des Québécois de sexe masculin âgés de 20 ans et plus selon la taille $(X)$ obéit à la loi normale de moyenne de 1,76 m et d'écart type de 7,1 cm, alors la proportion des Québécois de sexe masculin âgés de 20 ans et plus dont la taille est comprise entre 1,65 m et 1,75 m est donnée par :

$$P(1,65 < X < 1,75) = P\left(\frac{1,65 - 1,76}{0,071} < \frac{X - 1,76}{0,071} < \frac{1,75 - 1,76}{0,071}\right)$$
$$= P(-1,55 < Z < -0,14)$$

Or, $P(-1,55 < Z < -0,14)$ ne peut pas être évaluée directement à partir de la table de la loi normale centrée réduite, puisque cette proportion (ou cette probabilité) ne présente pas la forme $P(0 \leq Z \leq z)$. On doit donc se baser sur la symétrie de la courbe normale pour transformer en une série de surfaces d'aire équivalente la surface correspondant à la proportion (ou à la probabilité) recherchée. La figure 7.7 illustre cette décomposition.

Par conséquent,

$$P(-1,55 < Z < -0,14) = 0,4394 - 0,0557$$
$$= 0,3837$$

Cela nous amène à dire que 38,37 % des Québécois de sexe masculin âgés de 20 ans et plus ont une taille comprise entre 1,65 m et 1,75 m.

FIGURE 7.7

**TRANSFORMATION GRAPHIQUE POUR ÉVALUER *P*(–1,55 < Z < –0,14)**

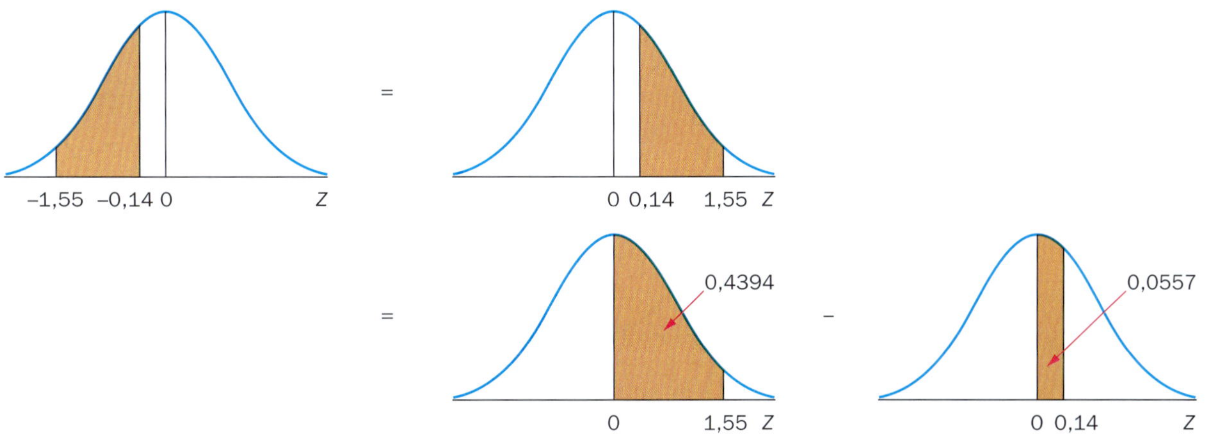


6. Source : Patrick Laprise et Brigitte Beauvais, « Les Québécois de plus en plus grands », *Portraits et trajectoires*, novembre 2007.

Les principales transformations graphiques à effectuer dans l'évaluation de proportions (ou de probabilités) à partir de la loi normale sont illustrées dans la figure 7.8.

FIGURE | **7.8**

**MODÈLES DE TRANSFORMATIONS GRAPHIQUES EMPLOYÉES POUR ÉVALUER DES PROPORTIONS (OU DES PROBABILITÉS) À PARTIR DE LA LOI NORMALE CENTRÉE RÉDUITE (*a* ET *b* SONT DEUX NOMBRES POSITIFS)**

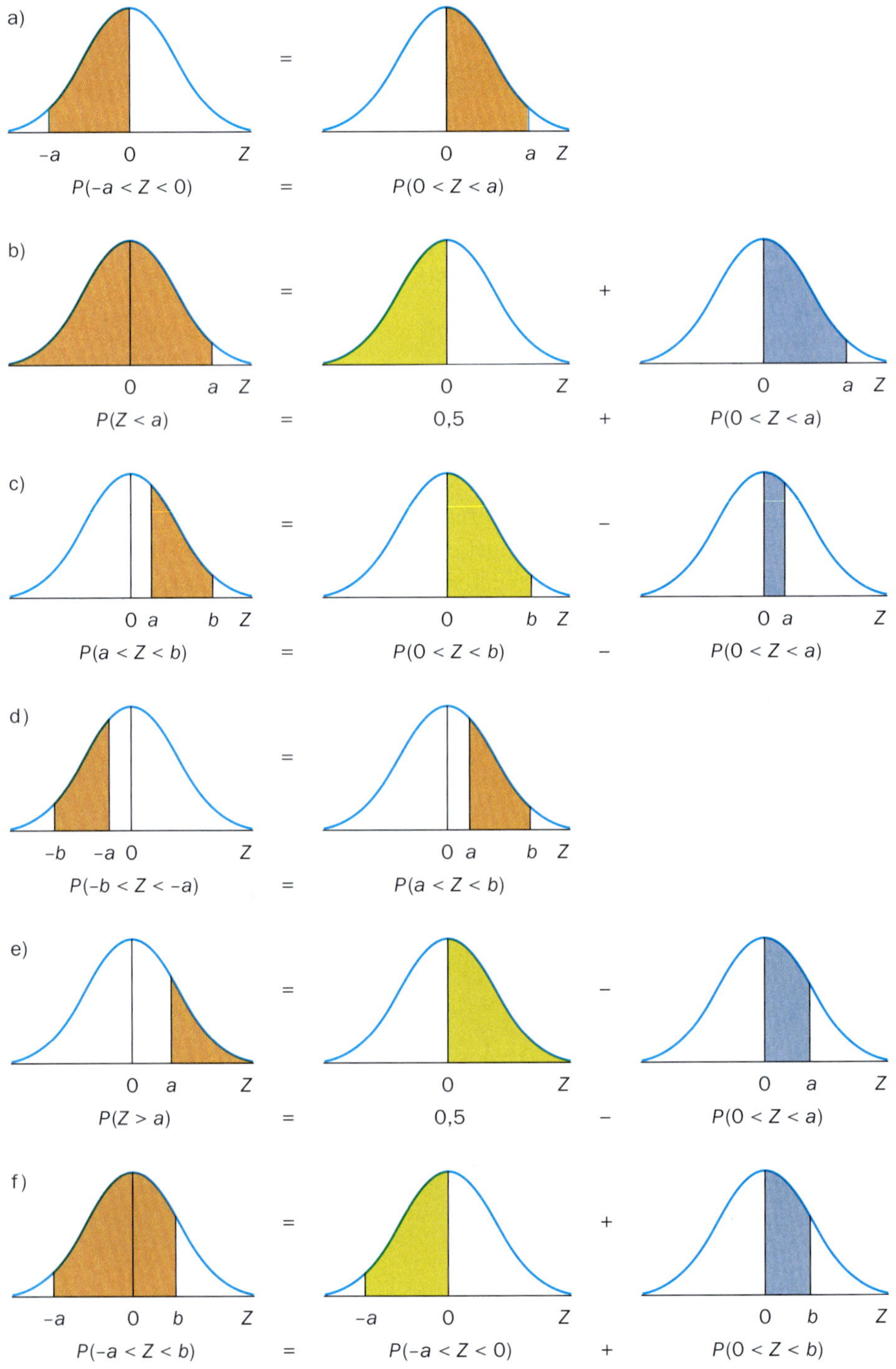

**EXERCICES 7.2**

**1.** Si $X \sim N(\mu; \sigma^2)$, vérifiez que $P(\mu - \sigma < X < \mu + \sigma) = 0,6826$ et représentez cette information dans un graphique (tracez la courbe normale; placez $\mu - \sigma$, $\mu$, $\mu + \sigma$ et 0,6826 aux endroits appropriés; indiquez correctement l'axe des abscisses).

**2.** Si $X \sim N(\mu; \sigma^2)$, vérifiez que $P(\mu - 1,96\sigma < X < \mu + 1,96\sigma) = 0,95$ et représentez cette information dans un graphique.

**3.** La durée de vie $(X)$ d'un lecteur MP3 est une variable qui obéit à une loi normale. La durée de vie moyenne de ces appareils est de 7 ans et l'écart type est de 1,2 an.

a) Complétez: « $X \sim N(\_\_\_\_; \_\_\_\_)$ ».

b) Quelle proportion de lecteurs MP3 ont une durée de vie comprise entre 8 et 9 ans?

c) Quelle proportion de lecteurs MP3 ont une durée de vie supérieure à 7,5 ans?

d) Quelle proportion de lecteurs MP3 ont une durée de vie inférieure à 5,5 ans?

## B | Évaluation d'une cote *z*

Il nous arrivera de chercher la réponse à des questions comme: «Déterminez la valeur de $k$ telle que $P(0 \leq Z \leq k) = 0,4864$.» Pour résoudre ce problème, nous devrons également utiliser la table de la loi normale centrée réduite, dont on a reproduit un extrait dans le tableau 7.3.

TABLEAU | **7.3**

**EXTRAIT DE LA TABLE DE LA LOI NORMALE CENTRÉE RÉDUITE**

| *z* | 0,00 | 0,01 | 0,02 | 0,03 |
|---|---|---|---|---|
| **2,00** | 0,4772 | 0,4778 | 0,4783 | 0,4788 |
| **2,10** | 0,4821 | 0,4826 | 0,4830 | 0,4834 |
| **2,20** | 0,4861 | **0,4864** | 0,4868 | 0,4871 |
| **2,30** | 0,4893 | 0,4896 | 0,4898 | 0,4901 |
| **2,40** | 0,4918 | 0,4920 | 0,4922 | 0,4925 |

On constate que $k = 2,21$, puisque $P(0 \leq Z \leq 2,21) = 0,4864$.

**EXEMPLE 7.3**

Les résultats $(X)$ à un test de QI de Wechsler pour des adultes se répartissent selon le modèle d'une loi normale de moyenne 100 et d'écart type 15 [c'est-à-dire que $X \sim N(100; 15^2)$]. On veut déterminer la valeur de QI telle que seulement 2,5 % de l'ensemble des résultats au test sont supérieurs à cette valeur. On cherche donc la valeur de $k$ telle que $P(X > k) = 0,025$.

Comme d'habitude, lorsqu'on a affaire à une loi normale quelconque, il faut d'abord exprimer la proportion recherchée en fonction de la loi normale centrée réduite et représenter la situation dans un graphique (figure 7.9). On a que:

$$P(X > k) = 0,025 \quad \Rightarrow \quad P\left(\frac{X - 100}{15} > \frac{k - 100}{15}\right) = 0,025 \quad \Rightarrow \quad P\left(Z > \frac{k - 100}{15}\right) = 0,025$$

FIGURE 7.9

**REPRÉSENTATION GRAPHIQUE DE $P\left(Z > \frac{k-100}{15}\right) = 0{,}025$**

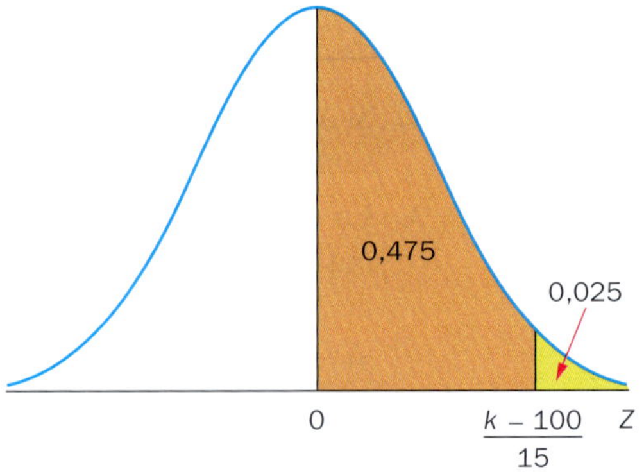


Il suffit ensuite de consulter la table de la loi normale centrée réduite pour trouver que $\frac{k-100}{15} = 1{,}96$. Ainsi, la cote $z$ de $k$ vaut 1,96, ce qui nous amène à conclure que $k$ se trouve à une distance de 1,96 écart type au-dessus de la moyenne, c'est-à-dire que :

$$k = 100 + 1{,}96(15)$$
$$= 129{,}4$$

Par conséquent, seulement 2,5 % des résultats à un test de Wechsler sont situés à plus de 1,96 écart type au-dessus de la moyenne, soit à plus de 129,4.

**EXERCICE 7.3**

Un commerçant offre une garantie de remplacement sur la durée de vie des lecteurs MP3 qu'il vend. Il sait que la durée de vie des lecteurs MP3 est une variable qui obéit à la loi normale de moyenne de 7 ans et d'écart type de 1,2 an. Quelle durée de vie maximale doit-il garantir s'il veut limiter les retours à 2,5 % des lecteurs vendus ?

Il arrive que la cote $z$ recherchée n'apparaisse pas directement dans la table de la loi normale centrée réduite.

Par exemple, si $Z \sim N(0; 1)$, on ne peut pas trouver directement la valeur de $k$ telle que $P(0 \leq Z \leq k) = 0{,}2100$. En effet, quand on consulte la table de la loi normale centrée réduite, on constate que :

$$P(0 \leq Z \leq 0{,}55) = 0{,}2088 \leq P(0 \leq Z \leq k) = 0{,}2100 \leq P(0 \leq Z \leq 0{,}56) = 0{,}2123$$

On en déduit que $0{,}55 < k < 0{,}56$. On choisira pour valeur de $k$ la valeur dans la table la plus proche de la proportion donnée. Comme 0,2088 est plus près de 0,2100 que ne l'est 0,2123, on prend $k = 0{,}55$.

Lorsque les deux proportions de la table sont équidistantes de la proportion donnée, on en fait la moyenne. Ainsi, pour trouver la valeur de $k$ telle que $P(0 \leq Z \leq k) = 0{,}3953$, on repère d'abord les cotes $z$ qui donnent une proportion voisine de 0,3953. La table de la loi normale centrée réduite indique que ces cotes $z$ sont 1,25 et 1,26, puisque $P(0 \leq Z \leq 1{,}25) = 0{,}3944$, et que $P(0 \leq Z \leq 1{,}26) = 0{,}3962$. Les deux proportions tirées de la table sont équidistantes de 0,3953. En effet,

$$(0{,}3962 - 0{,}3953) = 0{,}0009 = (0{,}3953 - 0{,}3944)$$

Dans ces circonstances, on choisit de prendre pour valeur de $k$ la moyenne des deux cotes $z$ trouvées dans la table, c'est-à-dire 1,255.

## C | Notation $z_\alpha$

Nous noterons par $z_\alpha$ (se dit $z$ « alpha ») la valeur d'une variable normale centrée réduite telle que $P(Z > z_\alpha) = \alpha$. La proportion des cotes $z$ supérieures à $z_\alpha$ vaut donc $\alpha$. La figure 7.10 nous permet de constater que $P(Z < z_\alpha) = 1 - \alpha$.

FIGURE | **7.10**

**REPRÉSENTATION GRAPHIQUE DE $z_\alpha$**

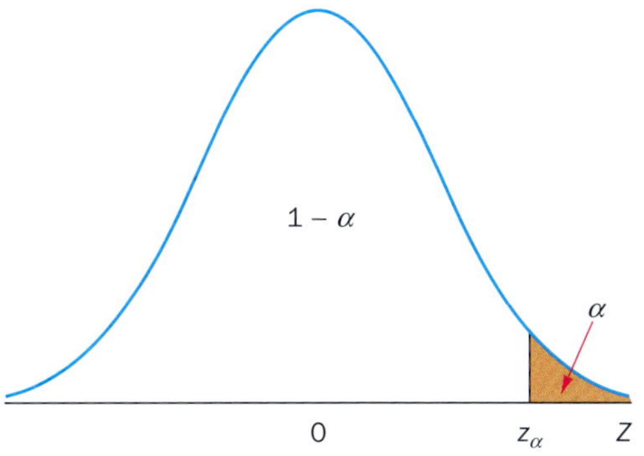


À partir de la définition de $z_\alpha$ et de la symétrie de la courbe normale (figure 7.11), on peut déduire que $P(-z_{\alpha/2} < Z < z_{\alpha/2}) = 1 - \alpha$.

FIGURE | **7.11**

**REPRÉSENTATION GRAPHIQUE DE $z_{\alpha/2}$ ET DE $-z_{\alpha/2}$**

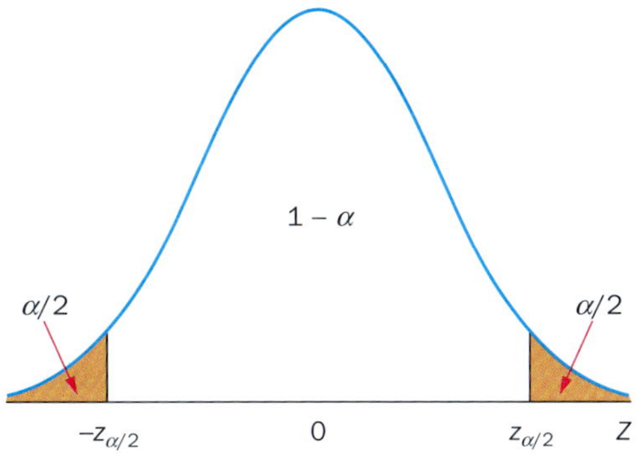


**EXEMPLE 7.4**

Pour trouver $z_{0,05}$, il faut déterminer la cote $z$ dans la table de la loi normale centrée réduite telle que $P(Z > z_{0,05}) = 0,05$ ou telle que $P(0 < Z < z_{0,05}) = 0,45$. On obtient que $z_{0,05} = 1,645$.

**EXERCICE 7.4**

Évaluez l'expression.

a) $z_{0,005}$

b) $z_{0,01}$

c) $z_{0,02}$

## 7.3 DISTRIBUTION DE LA MOYENNE ÉCHANTILLONNALE

Il arrive fréquemment qu'on veuille estimer la valeur moyenne d'une variable dans une population (revenu moyen des Canadiens, durée de vie moyenne d'un appareil électronique, dépenses moyennes d'un ménage québécois) d'après la valeur moyenne d'un échantillon. Même quand la variable étudiée n'obéit pas à la loi normale, la répartition des différents échantillons de même taille, selon la valeur moyenne des données de l'échantillon, tend vers la loi normale lorsque la taille de l'échantillon ($n$) est suffisamment grande ($n \geq 30$ convient généralement).

Par exemple, supposons que la taille moyenne des étudiants de sexe féminin de cégep est de $\mu = 1{,}63$ m avec un écart type de $\sigma = 6{,}6$ cm. Les étudiants de sexe féminin forment la population et leur taille est la variable étudiée. Prélevons maintenant un échantillon aléatoire simple[7] de 50 étudiantes dont nous calculerons la taille moyenne, notée $\bar{x}_1$.

Répétons cette opération pour chaque échantillon possible afin de déterminer comment se distribuent les moyennes des échantillons. On obtient ainsi une nouvelle moyenne à chaque échantillon: $\bar{x}_1$, $\bar{x}_2$, $\bar{x}_3$, $\bar{x}_4$, $\bar{x}_5$, $\bar{x}_6$, et ainsi de suite. Chaque échantillon prélevé devient alors une unité statistique sur laquelle on mesure une variable (la moyenne de l'échantillon) qu'on note $\bar{X}$ et qu'on appelle moyenne échantillonnale. On peut traiter la série des moyennes $\bar{x}_1$, $\bar{x}_2$, $\bar{x}_3$, $\bar{x}_4$, $\bar{x}_5$, $\bar{x}_6$, ..., comme toute série, c'est-à-dire qu'on peut la représenter sous une forme graphique et qu'on peut en calculer la moyenne et l'écart type.

Si on traçait le polygone de fréquences de cette nouvelle série, on verrait qu'il a la forme de cloche de la courbe normale, ce qui porte à penser que la distribution de la variable $\bar{X}$ (la moyenne échantillonnale) tend vers la loi normale lorsque la taille des échantillons est suffisamment grande.

Si on avait prélevé tous les échantillons possibles de cette population (il y en aurait eu un nombre astronomique), on aurait pu calculer la moyenne et l'écart type de la variable $\bar{X}$ qui en aurait résulté. Désignons ces deux paramètres par $\mu_{\bar{x}}$ et $\sigma_{\bar{x}}$. On peut montrer qu'ils sont liés aux paramètres de la population d'origine $(\mu$ et $\sigma)$. En effet, pour des échantillons de taille $n$, on peut établir les relations suivantes:

$$\mu_{\bar{x}} = \mu \quad \text{et} \quad \sigma_{\bar{x}} = \frac{\sigma}{\sqrt{n}}$$

On remarque que la moyenne est la même que celle de la population d'origine, alors que l'écart type diminue en fonction de la racine carrée de la taille de l'échantillon. Pour notre exemple fictif portant sur la taille des étudiants de sexe féminin, cela revient à dire que:

$$\mu_{\bar{x}} = \mu = 1{,}63\text{ m} \quad \text{et} \quad \sigma_{\bar{x}} = \frac{\sigma}{\sqrt{n}} = \frac{6{,}6}{\sqrt{50}}\text{ cm} = 0{,}93\text{ cm} = 0{,}009\,3\text{ m}$$

On peut conclure que la variable $\bar{X}$, la moyenne échantillonnale, obéit à une loi normale de moyenne $\mu_{\bar{x}} = 1{,}63$ m et d'écart type $\sigma_{\bar{x}} = 0{,}93$ cm $= 0{,}009\,3$ m.

7. Tous les résultats présentés dans ce chapitre sont fondés sur la sélection d'échantillons aléatoires simples, avec remise, de grande taille ($n \geq 30$). Si l'échantillon est prélevé sans remise, comme c'est généralement le cas, il faut effectuer une correction à la marge d'erreur. Ce facteur est étudié dans les cours de statistique plus avancés.

La moyenne échantillonnale se comporte donc comme la loi normale de moyenne $\mu_{\bar{x}} = \mu$ et d'écart type $\sigma_{\bar{x}} = \dfrac{\sigma}{\sqrt{n}}$. Ce résultat important porte le nom de *théorème central limite*. Ce théorème s'énonce ainsi:

> Si des échantillons aléatoires de taille $n$ sont tirés, avec remise, d'une population quelconque de moyenne $\mu$ et d'écart type $\sigma$, alors la variable $\bar{X}$ donnant la moyenne des échantillons présentera les caractéristiques de la loi normale de moyenne $\mu_{\bar{x}} = \mu$ et d'écart type $\sigma_{\bar{x}} = \dfrac{\sigma}{\sqrt{n}}$, pour autant que la taille des échantillons soit suffisamment grande ($n \geq 30$). C'est donc dire que $\bar{X} \sim N\left(\mu_{\bar{x}}; \sigma_{\bar{x}}^2\right)$ ou encore que $\bar{X} \sim N\left(\mu; \dfrac{\sigma^2}{n}\right)$.

**EXERCICE 7.5**

Quels seraient la moyenne et l'écart type de la série statistique composée des moyennes des échantillons de taille 100 prélevés aléatoirement avec remise dans une population de moyenne 80 et d'écart type 20?

Comme $\bar{X} \sim \mathrm{N}\left(\mu; \dfrac{\sigma^2}{n}\right)$, 68,26 % des échantillons prélevés devraient présenter une moyenne $(\bar{x})$ qui s'écarte de la moyenne $(\mu_{\bar{x}} = \mu)$ de la variable $\bar{X}$ de moins de 1 écart type $\left(\sigma_{\bar{x}} = \dfrac{\sigma}{\sqrt{n}}\right)$. En effet,

$$
\begin{aligned}
P\left(\mu - \frac{\sigma}{\sqrt{n}} < \bar{X} < \mu + \frac{\sigma}{\sqrt{n}}\right) &= P\left(\frac{\mu - \frac{\sigma}{\sqrt{n}} - \mu}{\frac{\sigma}{\sqrt{n}}} < \frac{\bar{X} - \mu}{\frac{\sigma}{\sqrt{n}}} < \frac{\mu + \frac{\sigma}{\sqrt{n}} - \mu}{\frac{\sigma}{\sqrt{n}}}\right) \\
&= P(-1 < Z < 1) \\
&= 2\,P(0 < Z < 1) \\
&= 0,6826
\end{aligned}
$$

En vertu d'un raisonnement similaire, 95 % des échantillons prélevés devraient présenter une moyenne $(\bar{x})$ qui s'écarte de celle de la population d'origine de moins de 1,96 écart type. De même, 99 % des échantillons prélevés devraient présenter une moyenne $(\bar{x})$ qui s'écarte de celle de la population d'origine de moins de 2,575 écarts types. En général, $1 - \alpha$ des échantillons ont une moyenne qui s'écarte de celle de la population d'origine de moins de $z_{\alpha/2}$ écart type (figure 7.12).

On peut formuler ces affirmations autrement: 68,26 % des échantillons ont une moyenne située dans l'intervalle $\left[\mu - \dfrac{\sigma}{\sqrt{n}}; \mu + \dfrac{\sigma}{\sqrt{n}}\right]$, 95 % des échantillons ont une moyenne située dans l'intervalle $\left[\mu - 1,96\dfrac{\sigma}{\sqrt{n}}; \mu + 1,96\dfrac{\sigma}{\sqrt{n}}\right]$, 99 % des échantillons ont une moyenne située dans l'intervalle $\left[\mu - 2,575\dfrac{\sigma}{\sqrt{n}}; \mu + 2,575\dfrac{\sigma}{\sqrt{n}}\right]$ et $1 - \alpha$ des échantillons ont une moyenne située dans l'intervalle $\left[\mu - z_{\alpha/2}\dfrac{\sigma}{\sqrt{n}}; \mu + z_{\alpha/2}\dfrac{\sigma}{\sqrt{n}}\right]$.

FIGURE 7.12

**DISTRIBUTION DE $\overline{X}$**

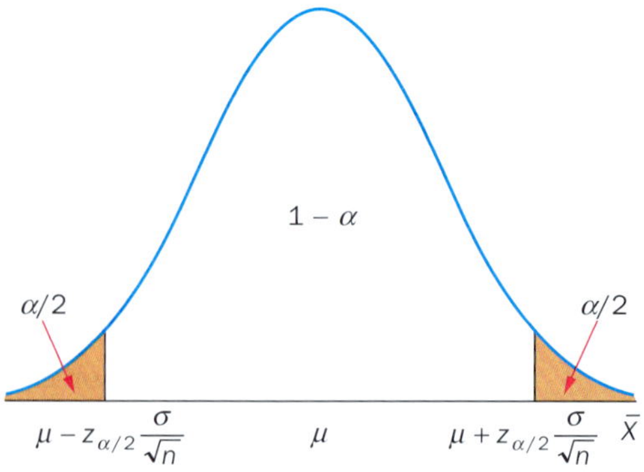


**EXEMPLE 7.5**

Supposons qu'en 2010 la masse moyenne de tous les nouveau-nés au Québec ait été de $\mu = 3\,350$ g avec un écart type de $\sigma = 600$ g. En pareil cas, 95 % $(\alpha = 0{,}05$ ou $5\,\%)$ de l'ensemble de tous les échantillons aléatoires de 100 nouveau-nés auraient présenté une masse moyenne $(\bar{x})$ telle que :

$$\bar{x} \in \left[\mu - z_{\alpha/2}\frac{\sigma}{\sqrt{n}} ; \mu + z_{\alpha/2}\frac{\sigma}{\sqrt{n}}\right]$$

$$\bar{x} \in \left[3\,350 - 1{,}96\frac{600}{\sqrt{100}} ; 3\,350 + 1{,}96\frac{600}{\sqrt{100}}\right]$$

$$\bar{x} \in [3\,350 - 117{,}6 ; 3\,350 + 117{,}6]$$

$$\bar{x} \in [3\,232{,}4 ;\ 3\,467{,}6]$$

- **Vous pouvez maintenant faire les exercices récapitulatifs 1 à 8.**

# 7.4 Estimation d'une moyenne par intervalle de confiance

Dans la pratique, on ne connaît pas la valeur de la moyenne $\mu$ de la population et on cherche à déterminer cette dernière. On prélève donc un échantillon, on évalue sa moyenne $\bar{x}$ et on estime par $\bar{x}$ (ponctuellement) la valeur de la moyenne de la population $\mu$. On veut donc faire l'estimation de $\mu$ à partir de $\bar{x}$ et non l'inverse : $\bar{x}$ est une estimation ponctuelle de $\mu$. Il en est de même de $p$ par rapport à $\pi$ et de $s$ par rapport à $\sigma$.

## 7.4.1 Estimation d'une moyenne par intervalle de confiance

Grâce au théorème central limite, on sait que 95 % des échantillons de taille $n$ sont tels que la moyenne de l'échantillon se situe à moins de 1,96 écart type $(\sigma_{\bar{x}})$ de la moyenne de la population d'origine. De même, on peut dire que la moyenne de la population se situe à moins de 1,96 écart type de la moyenne de 95 % des échantillons de cette taille. On peut écrire cette équivalence sous la forme mathématique suivante :

$$\mu - 1{,}96\frac{\sigma}{\sqrt{n}} \leq \bar{x} \leq \mu + 1{,}96\frac{\sigma}{\sqrt{n}}$$

$$\bar{x} - 1{,}96\frac{\sigma}{\sqrt{n}} \leq \mu \leq \bar{x} + 1{,}96\frac{\sigma}{\sqrt{n}}$$

$$\mu \in \left[\bar{x} - 1{,}96\frac{\sigma}{\sqrt{n}} ; \bar{x} + 1{,}96\frac{\sigma}{\sqrt{n}}\right]$$

Dans ce dernier intervalle, $\bar{x}$ correspond à l'estimation ponctuelle de la moyenne de la population $\mu$, et le terme $1{,}96\frac{\sigma}{\sqrt{n}}$, à la marge d'erreur ($ME$) de cette estimation. Le lien entre $\mu$ et $\bar{x}$ est valable pour 95 % des échantillons.

Comme l'illustre la figure 7.13, si on prélève un certain nombre d'échantillons et qu'on établit des intervalles de confiance pour chacun d'eux, alors 95 % des intervalles devraient contenir la moyenne de la population. Cette figure illustre la position des intervalles de confiance construits à partir de 20 échantillons prélevés d'une population de moyenne $\mu$. Chacun des intervalles de confiance est représenté par un segment de droite dont la longueur équivaut au double de la marge d'erreur. Le centre de chacun de ces segments correspond à la moyenne de l'échantillon ; chaque segment couvre donc l'intervalle $[\bar{x} - ME; \bar{x} + ME]$. On peut constater que 19 de ces intervalles $\left(\frac{19}{20} \times 100\,\% = 95\,\%\right)$ recouvrent la moyenne $\mu$ et que un seul (le treizième dans cet exemple) ne la recouvre pas. Ainsi, 95 % des intervalles $\left[\bar{x} - 1{,}96\frac{\sigma}{\sqrt{n}} ; \bar{x} + 1{,}96\frac{\sigma}{\sqrt{n}}\right]$ contiennent la moyenne $\mu$.

FIGURE 7.13

**INTERVALLES DE CONFIANCE POUR 20 ÉCHANTILLONS (NUMÉROTÉS DE 1 À 20) D'UNE POPULATION DE MOYENNE $\mu$**

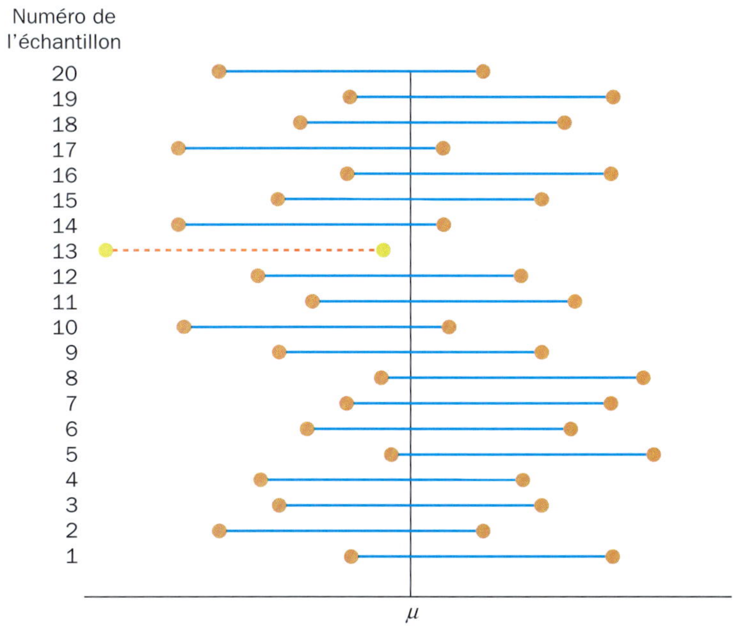

Comme on ne connaît généralement pas la valeur de $\sigma$ (l'écart type de la population), on utilise plutôt la valeur de l'écart type calculée à partir de l'échantillon, soit $s$, afin de définir l'intervalle de confiance. Ce choix est acceptable pour autant que la taille de l'échantillon soit suffisamment grande. Dans un tel contexte, l'estimation par intervalle de confiance de la moyenne de la population à un niveau de confiance de 95 % est fournie par :

$$\mu \in \left[\bar{x} - 1{,}96\frac{s}{\sqrt{n}} ; \bar{x} + 1{,}96\frac{s}{\sqrt{n}}\right]$$

En général, l'estimation par intervalle de confiance de la moyenne de la population à un niveau de confiance de $1 - \alpha$ est fournie par :

$$\mu \in \left[\bar{x} - z_{\alpha/2}\frac{s}{\sqrt{n}} ; \bar{x} + z_{\alpha/2}\frac{s}{\sqrt{n}}\right]$$

Les valeurs de $z_{\alpha/2}$ pour les niveaux de confiance les plus courants apparaissent dans le tableau 7.4.

TABLEAU 7.4

**VALEURS COURANTES DE $z_{\alpha/2}$**

| | | | | |
|---|---|---|---|---|
| **Niveau de confiance ($1 - \alpha$)** | 90 % | 95 % | 98 % | 99 % |
| **Seuil ($z_{\alpha/2}$)** | 1,645 | 1,96 | 2,33 | 2,575 |

## EXEMPLE 7.6

Le rapport d'un récent sondage[8] mené auprès des membres de l'Association du Jeune Barreau de Montréal (AJBM), à savoir des membres du Barreau du Québec ayant 10 ans et moins de pratique et exerçant leur profession à Montréal, rendait publiques des données intéressantes sur les conditions d'exercice de la profession d'avocat. Le sondage a été réalisé en mars et avril 2009 auprès de 518 membres de l'AJBM. L'auteure du rapport a estimé que le nombre annuel moyen d'heures facturables travaillées était de 1 600 h, avec un écart type de 260 h.

À partir de ces résultats, on peut conclure que le nombre annuel moyen d'heures facturables travaillées pour l'ensemble des membres de l'AJBM se situait vraisemblablement dans l'intervalle qui suit :

$$\mu \in \left[\bar{x} - z_{\alpha/2}\frac{s}{\sqrt{n}} ; \bar{x} + z_{\alpha/2}\frac{s}{\sqrt{n}}\right]$$

$$\mu \in \left[1\,600 - 2{,}575\frac{260}{\sqrt{518}} ; 1\,600 + 2{,}575\frac{260}{\sqrt{518}}\right]$$

$$\mu \in [1\,600 - 29{,}4 ; 1\,600 + 29{,}4]$$

$$\mu \in [1\,570{,}6 ; 1\,629{,}4]$$

8. Marianne St-Pierre-Plamondon, *Analyse des résultats du sondage réalisé par le Comité des États généraux de l'Association du Jeune Barreau de Montréal*, 1er mai 2009, 15 p.

Le niveau de confiance est de 99 % $(\alpha = 0{,}01 \text{ ou } 1\,\%)$, et la marge d'erreur de :

$$\begin{aligned} ME &= z_{\alpha/2}\frac{s}{\sqrt{n}} \\ &= 2{,}575\frac{260}{\sqrt{518}} \\ &= 29{,}4 \text{ h} \end{aligned}$$

Ainsi, on peut affirmer, avec un niveau de confiance de 99 %, que le nombre annuel moyen d'heures facturables travaillées chez les membres de l'AJBM en 2009 se situait entre 1 570,6 h et 1 629,4 h.

**EXERCICE 7.6**

a) Estimez par un intervalle de confiance le temps d'attente moyen au comptoir d'une chaîne de restauration rapide, sachant qu'un échantillon aléatoire de 81 temps d'attente présente une moyenne de 8,2 min avec un écart type de 1,5 min. Employez un niveau de confiance de 98 %.

b) Donnez le sens de l'intervalle de confiance obtenu en *a*.

## 7.4.2 Taille d'échantillon requise pour obtenir une marge d'erreur maximale donnée dans l'estimation d'une moyenne

Il arrive qu'on veuille obtenir une estimation avec une marge d'erreur donnée. Dans ce cas, il faut trouver la taille d'échantillon requise pour obtenir cette marge d'erreur.

On a déjà établi que $ME = z_{\alpha/2}\frac{s}{\sqrt{n}}$, de sorte qu'en isolant la valeur $n$ de cette équation, on obtient $n = \left(\frac{z_{\alpha/2}s}{ME}\right)^2$. Comme $n$ est un entier et qu'on veut obtenir une taille d'échantillon qui procure une estimation comportant une marge d'erreur inférieure ou égale à $ME$, il faut arrondir l'expression $\left(\frac{z_{\alpha/2}s}{ME}\right)^2$ à l'entier supérieur.

**EXEMPLE 7.7**

Les données de l'exemple 7.6 ($\bar{x} = 1\,600$ ; $s = 260$ et $n = 518$) ont permis de faire une estimation du nombre moyen d'heures facturables travaillées avec une précision (une marge d'erreur) de 29,4 h. Si on avait voulu obtenir une estimation plus précise (à 25 h près, par exemple), il aurait fallu employer un échantillon de taille :

$$\begin{aligned} n &= \left(\frac{z_{\alpha/2}s}{ME}\right)^2 \\ &= \left(\frac{2{,}575 \times 260}{25}\right)^2 \\ &= 718 \end{aligned}$$

Notez ici que nous avons arrondi la réponse à l'entier supérieur, comme nous avions convenu de le faire.

**EXERCICE 7.7**

- **Vous pouvez maintenant faire les exercices récapitulatifs 9 à 15.**

Le sondage cité à l'exemple 7.6 (p. 310) nous apprend également que le salaire annuel moyen des membres de l'AJBM qui ont été sondés est de 83 000 $ avec un écart type de 36 500 $. Quelle taille d'échantillon aurait-il fallu utiliser pour obtenir une estimation du salaire annuel moyen de l'ensemble des membres de l'AJBM qui soit précise à 2 500 $, 19 fois sur 20 ?

# 7.5 ESTIMATION D'UNE PROPORTION PAR INTERVALLE DE CONFIANCE

L'estimation d'une proportion[9] par intervalle de confiance se révèle particulièrement utile dans des cas comme ceux qui suivent :

- le responsable d'une campagne électorale d'un parti politique aimerait connaître la proportion des électeurs favorables à son parti, à un candidat particulier ou à une nouvelle orientation qu'entend prendre son parti ;
- le responsable d'une campagne publicitaire s'intéresse aux cotes d'écoute d'une station radiophonique : il cherche à connaître, notamment, la proportion des auditeurs qui écoutent cette station à un moment donné ainsi que la proportion des auditeurs par catégorie d'âge, afin de mieux cibler sa clientèle et de rentabiliser les investissements publicitaires.

## 7.5.1 Estimation d'une proportion par intervalle de confiance

Le principe sous-jacent à l'estimation par intervalle de confiance d'une proportion ($\pi$) de la population donnée est sensiblement le même que pour l'estimation d'une moyenne.

On peut montrer que, lorsque certaines conditions sont réunies (par exemple un échantillon de taille suffisamment grande), l'intervalle de confiance d'une proportion, à un niveau de confiance de 95 %, est donné par l'expression :

$$\pi \in \left[ p - 1{,}96\sqrt{\frac{p(1-p)}{n}}\,;\ p + 1{,}96\sqrt{\frac{p(1-p)}{n}} \right]$$

ou par :

$$p - 1{,}96\sqrt{\frac{p(1-p)}{n}} \leq \pi \leq p + 1{,}96\sqrt{\frac{p(1-p)}{n}}$$

où $\pi$ désigne la proportion des individus d'une population qui présentent une certaine caractéristique, $p$, la proportion obtenue dans l'échantillon et exprimée en fraction décimale, et le terme $1{,}96\sqrt{\frac{p(1-p)}{n}}$, la marge d'erreur garantissant un niveau de confiance de 95 %. Dans un intervalle de confiance sur une proportion exprimée en pourcentage, la marge d'erreur se mesure en points de pourcentage. Malheureusement, dans les médias, on la trouve souvent exprimée en pourcentage, ce qui constitue une erreur que vous devriez éviter de commettre.

9. Les symboles employés pour désigner la proportion de l'échantillon et celle de la population varient selon les auteurs. Ainsi, certains utilisent $\hat{p}$ pour noter la proportion de l'échantillon et $p$ pour la proportion de la population. Il faut donc toujours prêter attention à la notation utilisée dans un document afin de ne pas commettre d'erreurs dans l'interprétation des résultats.

En général, à un niveau de confiance de $1 - \alpha$ , l'intervalle de confiance est donné par l'expression :

$$\pi \in \left[ p - z_{\alpha/2}\sqrt{\frac{p(1-p)}{n}} ; p + z_{\alpha/2}\sqrt{\frac{p(1-p)}{n}} \right]$$

La marge d'erreur est alors $ME = z_{\alpha/2}\sqrt{\frac{p(1-p)}{n}}$.

Les valeurs les plus courantes de $z_{\alpha/2}$ sont indiquées dans le tableau 7.4 (p. 310).

**EXEMPLE 7.8**

On a effectué un sondage auprès de 1 126 couples hétérosexuels vivant au Québec. Dans 432 de ces couples, l'homme avait la responsabilité de l'épicerie.

Dans cet échantillon, la proportion des couples où l'homme avait la responsabilité de l'épicerie était de 0,384 $\left(\text{soit } \frac{432}{1\,126}\right)$. Par conséquent, l'estimation par intervalle de confiance à un niveau de confiance de 95 % (soit 19 fois sur 20 ; $\alpha = 0{,}05$ ou 5 %) de la proportion de ces couples dans la population est donnée par l'expression :

$$\pi \in \left[ p - z_{\alpha/2}\sqrt{\frac{p(1-p)}{n}} ; p + z_{\alpha/2}\sqrt{\frac{p(1-p)}{n}} \right]$$

$$\pi \in \left[ 0{,}384 - 1{,}96\sqrt{\frac{0{,}384(0{,}616)}{1\,126}} ; 0{,}384 + 1{,}96\sqrt{\frac{0{,}384(0{,}616)}{1\,126}} \right]$$

$$\pi \in [0{,}384 - 0{,}028 ; 0{,}384 + 0{,}028]$$

$$\pi \in [0{,}356 ; 0{,}412]$$

L'estimation ponctuelle de $\pi$ est donc 38,4 % et la marge d'erreur est de 2,8 points de pourcentage.

Ainsi, on peut affirmer, avec un niveau de confiance de 95 %, que la véritable proportion des hommes qui ont la responsabilité de l'épicerie dans les couples hétérosexuels vivant au Québec se situe entre 35,6 % et 41,2 %, ou encore qu'elle appartient à l'intervalle [0,356 ; 0,412].

**EXERCICE 7.8**

Un échantillon aléatoire de 2 326 étudiants inscrits pour la première fois à un cégep au trimestre d'automne 2010 montre que 90 % d'entre eux ont été acceptés dans le programme d'études correspondant à leur premier choix.

a) Quelle est la population étudiée ?

b) Quelle est la valeur de l'estimation ponctuelle de la proportion des étudiants inscrits pour la première fois à un cégep au trimestre d'automne 2010 qui ont été acceptés dans le programme d'études correspondant à leur premier choix ?

c) Estimez par un intervalle de confiance la proportion des individus de cette population qui ont été acceptés dans le programme d'études correspondant à leur premier choix. Employez un niveau de confiance de 99 %.

d) Quelle est la marge d'erreur de cette estimation ?

e) Donnez le sens de l'intervalle obtenu en *c*.

## 7.5.2 Taille d'échantillon requise pour obtenir une marge d'erreur maximale donnée dans l'estimation d'une proportion

La marge d'erreur dans l'estimation d'une proportion est donnée par $ME = z_{\alpha/2}\sqrt{\frac{p(1-p)}{n}}$. Si nous isolons $n$ dans cette dernière expression, nous obtiendrons la taille d'échantillon requise pour obtenir une marge d'erreur donnée. Ainsi, $n = \frac{z_{\alpha/2}^2 p(1-p)}{(ME)^2}$.

Cette dernière expression atteint une valeur maximale lorsque $p = \frac{1}{2}$. Ainsi, lorsqu'on ne dispose pas d'une valeur de la proportion $p$ provenant d'un échantillon, on pourra employer $p = \frac{1}{2}$. La taille d'échantillon requise pour obtenir une marge d'erreur d'au plus $ME$ sera alors donnée par:

$$\begin{aligned} n &= \frac{z_{\alpha/2}^2 p(1-p)}{(ME)^2} \\ &= \frac{z_{\alpha/2}^2 (\frac{1}{2})(1-\frac{1}{2})}{(ME)^2} \\ &= \frac{z_{\alpha/2}^2 (\frac{1}{2})^2}{(ME)^2} \\ &= \left(\frac{z_{\alpha/2}}{2ME}\right)^2 \end{aligned}$$

Comme on l'a fait précédemment, on arrondit la valeur de $n$ à l'entier supérieur.

**EXEMPLE 7.9**

Si on cherche la taille de l'échantillon qu'il faut employer pour obtenir une estimation d'une proportion dont la précision est inférieure à ±2 points de pourcentage, 99 fois sur 100, il suffit d'employer un échantillon de taille:

$$\begin{aligned} n &= \left(\frac{z_{\alpha/2}}{2ME}\right)^2 \\ &= \left(\frac{2,575}{2 \times 0,02}\right)^2 \\ &= 4\,145 \end{aligned}$$

On recourt à cette formule à défaut de disposer d'une valeur de la proportion $(p)$ calculée à partir d'un échantillon.

**EXERCICE 7.9**

Une récente enquête menée auprès de 1 100 Québécois nous apprend que 17 % d'entre eux souffraient de douleur chronique.

a) Si vous aviez estimé cette proportion par intervalle de confiance, quelle marge d'erreur auriez-vous obtenue au niveau de confiance de 99 % ?

b) Quelle taille d'échantillon vous aurait-il fallu employer pour obtenir une marge d'erreur de ±2 points de pourcentage à ce niveau de confiance ?

- **Vous pouvez maintenant faire les exercices récapitulatifs 16 à 24.**

# Résumé

On généralise à l'ensemble de la population de l'information obtenue auprès d'échantillons grâce à l'inférence statistique et, notamment, grâce à l'estimation, le premier volet de l'inférence. On peut faire une **estimation ponctuelle** ou une **estimation par intervalle de confiance**: la première consiste à déterminer la valeur d'un paramètre d'une population (en particulier $\mu$ ou $\pi$) par la mesure (ou la statistique) correspondante dans l'échantillon ($\bar{x}$ ou $p$); la seconde consiste à ajouter et à retrancher une **marge d'erreur** ($ME$) à l'estimation ponctuelle de façon à former un intervalle, soit $\left[\bar{x} - ME ; \bar{x} + ME\right]$ ou $\left[p - ME ; p + ME\right]$, selon le paramètre dont on fait l'estimation, qui contienne vraisemblablement la valeur du paramètre étudié.

Selon le **niveau de confiance** choisi (généralement 95 % ou 99 %), les intervalles sont établis de façon telle que, si on prélevait tous les échantillons possibles d'une taille donnée, alors 95 % ou 99 % de ces derniers contiendraient la valeur exacte du paramètre estimé ($\mu$ ou $\pi$).

Les échantillons de grande taille ($n > 30$ est généralement suffisant) permettent de recourir à la **loi normale** pour évaluer la marge d'erreur. Cette loi mathématique est un modèle qui sert à décrire plusieurs phénomènes naturels ou produits par l'activité humaine. La courbe normale obtenue à partir de la loi normale a une forme de cloche, elle est unimodale et symétrique (figure 7.1, p. 294) et elle est complètement déterminée par la moyenne et l'écart type de la variable qu'elle décrit.

Lorsqu'une variable $X$ obéit à une loi normale de moyenne $\mu$ et de variance $\sigma^2$, on écrit $X \sim \mathrm{N}\left(\mu ; \sigma^2\right)$. Toute variable normale $X$ de moyenne $\mu$ et de variance $\sigma^2$ peut être ramenée à une variable $Z$ qui obéit à une **loi normale centrée réduite**, c'est-à-dire que $Z \sim \mathrm{N}(0 ; 1)$. On obtient alors une variable normale de moyenne 0 et de variance 1 grâce à la transformation $Z = \dfrac{X - \mu}{\sigma}$.

Par convention, on note $z_\alpha$ la valeur d'une variable normale centrée réduite telle que $P(Z > z_\alpha) = \alpha$ (figure 7.10, p. 305). On en déduit que $P\left(-z_{\alpha/2} < Z < z_{\alpha/2}\right) = 1 - \alpha$ (figure 7.11, p. 305). Ces valeurs s'obtiennent à partir de la table de la loi normale centrée réduite (tableau 7.1, p. 299).

Si une variable obéit à la loi normale, alors sa moyenne, son mode et sa médiane coïncident. De plus, 68,26 %, 95 % et 99 % des données se situent respectivement à moins de 1 écart type, à moins de 1,96 écart type et à moins de 2,575 écarts types de la moyenne.

En vertu du théorème central limite, on peut affirmer que, pour des échantillons de grande taille ($n > 30$), la série statistique des moyennes des échantillons de taille $n$ obéit à la loi normale de moyenne $\mu_{\bar{x}} = \mu$ et d'écart type $\sigma_{\bar{x}} = \dfrac{\sigma}{\sqrt{n}}$, où $\mu$ et $\sigma$ représentent respectivement la moyenne et l'écart type de la population d'origine. Par conséquent, la variable $\bar{X}$ (la moyenne échantillonnale) obéit à une loi normale: $\bar{X} \sim \mathrm{N}\left(\mu ; \dfrac{\sigma^2}{n}\right)$.

C'est le théorème central limite qui permet d'établir les intervalles de confiance pour une moyenne et pour une proportion. Ces intervalles apparaissent dans le tableau 7.5.

TABLEAU 7.5

**INTERVALLES DE CONFIANCE**

| Paramètre | Niveau de confiance de $1 - \alpha$ |
|---|---|
| $\mu$ | $\left[\bar{x} - z_{\alpha/2}\dfrac{s}{\sqrt{n}} ; \bar{x} + z_{\alpha/2}\dfrac{s}{\sqrt{n}}\right]$ |
| $\pi$ | $\left[p - z_{\alpha/2}\sqrt{\dfrac{p(1-p)}{n}} ; p + z_{\alpha/2}\sqrt{\dfrac{p(1-p)}{n}}\right]$ |

Les valeurs les plus courantes de $z_{\alpha/2}$ sont réunies dans le tableau 7.4 (p. 310).

Pour être valables, ces intervalles de confiance doivent répondre à deux conditions: d'une part, l'échantillon doit avoir été prélevé par échantillonnage aléatoire simple avec remise et, d'autre part, la taille de l'échantillon doit être suffisamment grande ($n > 30$ est généralement suffisant).

## Mots clés

Estimation par intervalle de confiance, p. 293

Estimation ponctuelle, p. 293

Loi normale, p. 294

Loi normale centrée réduite, p. 297

Marge d'erreur, p. 293

Niveau de confiance, p. 293

## Réseau de concepts

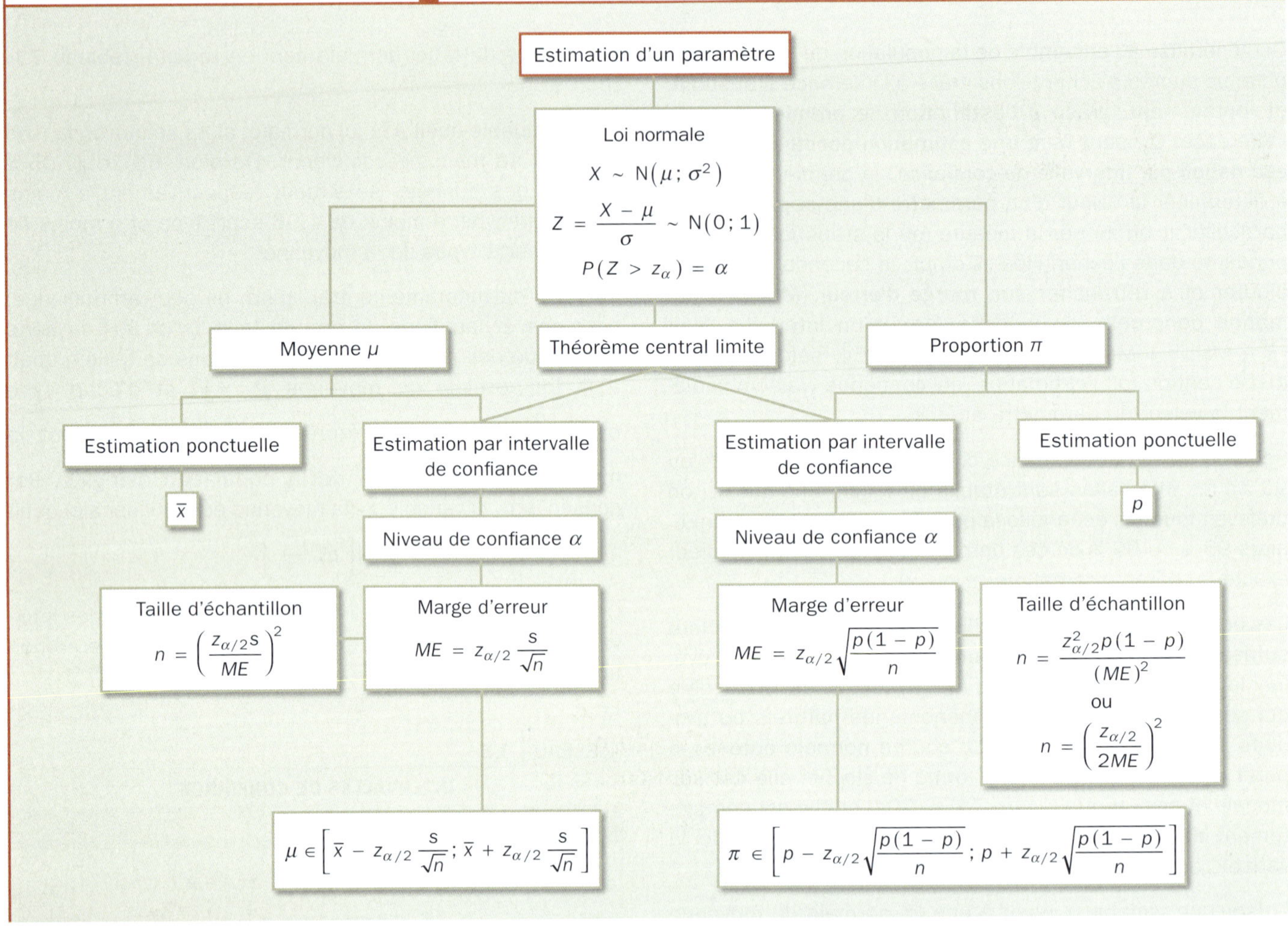


## Exercices récapitulatifs[10]

### Sections 7.1 à 7.3

**1.** Si une variable se comporte selon la loi normale de moyenne $\mu$ et d'écart type $\sigma$, alors environ _____ % des données se situent dans l'intervalle $[\mu - \sigma; \mu + \sigma]$, environ _____ % des données se situent dans l'intervalle $[\mu - 1{,}96\sigma; \mu + 1{,}96\sigma]$ et environ _____ % des données se situent dans l'intervalle $[\mu - 2{,}575\sigma; \mu + 2{,}575\sigma]$.

**2.** Lors de fouilles en Égypte, des archéologues ont mis au jour le crâne d'un hominidé dont le diamètre était de 119 mm. Si des recherches antérieures ont montré que le diamètre des crânes des hommes adultes qui vivaient dans la région des fouilles 3000 ans avant Jésus-Christ était distribué selon une loi normale de moyenne de 133 mm et d'écart type de 5 mm, est-il vraisemblable de penser que le crâne trouvé est celui d'un homme ayant vécu dans cette région 3000 ans avant Jésus-Christ? (Indice: Déterminez si le fait d'avoir un crâne dont le diamètre est inférieur ou égal à 119 mm constitue un phénomène rare en évaluant la proportion des crânes qui ont un diamètre inférieur ou égal à 119 mm.)

---

10. Dans les exercices récapitulatifs et de synthèse qui suivent, supposez que les échantillons sont de grande taille et qu'ils ont été prélevés par échantillonnage aléatoire simple avec remise.

**3.** Si $Z \sim N(0; 1)$, évaluez l'expression.

a) $P(z_{0,05} < Z < z_{0,01})$

b) $P(Z > -z_{0,02})$

c) $P(Z < -z_{0,1})$

**4.** La durée de la gestation des Québécoises enceintes est une variable qui obéit à la loi normale de moyenne de 273 jours et d'écart type de 9 jours.

a) Quel pourcentage des naissances devraient survenir après une gestation d'au plus 280 jours ?

b) Une gestation de plus de 295 jours vous paraît-elle exceptionnelle ? Justifiez votre réponse.

c) Une naissance prématurée est une naissance qui se produit avant 37 semaines complètes de gestation. Évaluez la proportion des naissances prématurées.

d) Évaluez $Q_1$. Que nous apprend ce nombre dans le contexte ?

c) Si on avait défini le concept de prématurité comme étant la durée en deçà de laquelle on observe 4 % des naissances, quelle aurait été la durée de gestation servant de critère pour déterminer la prématurité ? À quel centile correspond cette valeur ?

f) En deçà de quelle durée de gestation surviennent 90 % des naissances au Québec ? À quel décile correspond cette valeur ?

**5.** Josée doit passer un test pour être admise dans un programme d'études contingenté. Les résultats de ce test sont répartis selon la loi normale de moyenne 500 et d'écart type 100. Seuls sont acceptés les candidates et candidats dont les notes sont dans les 10 % supérieurs.

a) Si Josée obtient une note de 600, sera-t-elle acceptée ?

b) Quel est le rang centile de Josée ?

c) Quelle note devrait obtenir Josée pour être acceptée ?

**6.** Répondez aux questions à partir du tableau 7.6.

TABLEAU | **7.6**

**RÉPARTITION ET RÉPARTITION CUMULÉE DE 1 000 NOUVEAU-NÉES, SELON LA MASSE (g) À LA NAISSANCE**

| Masse (g) | Nombre de nouveau-nées | Pourcentage des nouveau-nées (%) | Pourcentage cumulé des nouveau-nées (%) |
|---|---|---|---|
| 2 500–2 600 | 1 | | |
| 2 600–2 700 | 4 | | |
| 2 700–2 800 | 8 | | |
| 2 800–2 900 | 25 | | |
| 2 900–3 000 | 47 | | |
| 3 000–3 100 | 64 | | |
| 3 100–3 200 | 75 | | |
| 3 200–3 300 | 95 | | |
| 3 300–3 400 | 112 | | |
| 3 400–3 500 | 147 | | |
| 3 500–3 600 | 109 | | |
| 3 600–3 700 | 93 | | |
| 3 700–3 800 | 88 | | |
| 3 800–3 900 | 51 | | |
| 3 900–4 000 | 40 | | |
| 4 000–4 100 | 25 | | |
| 4 100–4 200 | 9 | | |
| 4 200–4 300 | 6 | | |
| 4 300–4 400 | 1 | | |
| **Total** | **1 000** | | |

a) Complétez le tableau 7.6.
b) Quel est le mode de ces données ?
c) Tracez l'histogramme.
d) Quel type d'asymétrie observez-vous ?
e) La loi normale semble-t-elle un modèle approprié pour décrire la variable ?
f) Dans ce contexte, de quelle valeur devraient se rapprocher la médiane et la moyenne ?
g) Calculez les valeurs approximatives de la moyenne et de l'écart type.
h) Tracez la courbe des fréquences relatives cumulées.
i) Estimez la médiane à partir de cette courbe.
j) D'après cette courbe, estimez le pourcentage des nouveau-nées qui ont une masse inférieure à $\bar{x} - s$, puis à $\bar{x} + s$.
k) Quel est le pourcentage des nouveau-nées qui ont une masse comprise dans l'intervalle $[\bar{x} - s; \bar{x} + s]$ ? Dans l'intervalle $[\bar{x} - 1{,}96s; \bar{x} + 1{,}96s]$ ? Dans l'intervalle $[\bar{x} - 2{,}575s; \bar{x} + 2{,}575s]$ ?
l) Ces pourcentages correspondent-ils approximativement à la distribution de la loi normale pour les mêmes intervalles ?

**7.** L'épaisseur des feuilles d'acier produites dans une usine est une variable qui obéit à la loi normale dont la moyenne est de 20 mm et l'écart type de 0,4 mm. Le fabricant considère comme défectueuses les feuilles dont l'épaisseur excède l'épaisseur moyenne par plus de 2 écarts types (défectuosité par excès) ou est inférieure à l'épaisseur moyenne par plus de 0,5 mm (défectuosité par défaut).
a) Quel pourcentage des feuilles d'acier produites par ce fabricant ont une épaisseur inférieure à 21 mm ?
b) Quel pourcentage des feuilles produites sont défectueuses par excès ?
c) Quel pourcentage des feuilles produites ne sont pas défectueuses par défaut ?

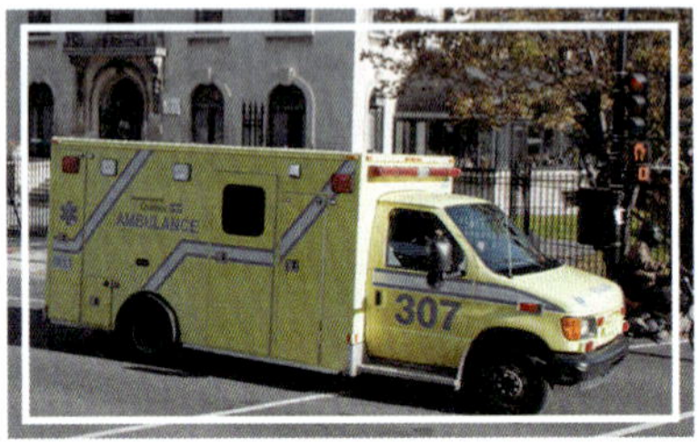


**8.** Le temps de réaction d'un service ambulancier à un appel d'urgence représente la période entre le moment où l'appel est reçu par le répartiteur et celui où un ambulancier signale qu'il est rendu sur les lieux. On a établi que le temps de réaction obéit à une loi normale dont la moyenne est de 10 min et l'écart type de 1,5 min.
a) Quelle est la probabilité que le temps de réaction à un appel quelconque soit supérieur à 12 min ?
b) Un répartiteur affirme que le temps de réaction est de moins de 13 min dans au moins 95 % des cas. Son affirmation vous semble-t-elle fondée ? Justifiez votre réponse.

## Section 7.4

**9.** Plusieurs compagnies d'assurance automobile se sont regroupées pour effectuer des tests de collision sur des automobiles afin de pouvoir estimer les coûts des dommages matériels engendrés par un accident. Un des tests effectués consistait à simuler une collision à angle dans un mur à une vitesse de 30 km/h. Le coût moyen des dommages observés sur les 36 automobiles testées a été de 4 000 $ et l'écart type, de 900 $. Estimez par un intervalle de confiance le coût moyen des dommages pour des collisions de ce type. Employez un niveau de confiance de 90 %.

**10.** Une fédération syndicale d'enseignantes et d'enseignants a mené une enquête auprès de 225 de ses membres pour estimer le temps moyen consacré aux différentes tâches liées à l'enseignement. L'enquête a montré que les enseignantes et enseignants interrogés consacraient en moyenne 18 h/semaine à la préparation de leurs cours. L'écart type observé était de 3 h/semaine.

a) Estimez par un intervalle de confiance le temps moyen consacré à la préparation de cours pour l'ensemble des membres de cette fédération d'enseignantes et d'enseignants. Employez un niveau de confiance de 99 %.

b) Quelle taille d'échantillon aurait-on dû employer pour avoir une estimation du temps moyen consacré à la préparation qui soit précise à 10 min près, 19 fois sur 20 ?

**11.** On a prélevé un échantillon aléatoire simple avec remise de 144 sujets en bonne santé (des adultes des deux sexes âgés de 18 à 65 ans). On a pris leur température corporelle à l'aide d'un thermomètre digital précis au dixième de degré. Les résultats obtenus sont réunis dans le tableau 7.7.

TABLEAU | **7.7**

**RÉPARTITION DE 144 SUJETS EN BONNE SANTÉ, SELON LEUR TEMPÉRATURE CORPORELLE (°C)**

| Température (°C) | Nombre de sujets |
|---|---|
| 36,0 | 3 |
| 36,1 | 10 |
| 36,2 | 30 |
| 36,3 | 38 |
| 36,4 | 34 |
| 36,5 | 15 |
| 36,6 | 12 |
| 36,7 | 2 |
| **Total** | **144** |

a) Calculez la température corporelle moyenne des sujets sélectionnés. Note : Inscrivez deux chiffres après la virgule décimale dans votre réponse.

b) Calculez l'écart type de la température corporelle des sujets sélectionnés. Note : Inscrivez deux chiffres après la virgule décimale dans votre réponse.

c) Estimez par un intervalle de confiance la température corporelle moyenne de l'ensemble des adultes en bonne santé âgés de 18 à 65 ans. Employez un niveau de confiance de 99 %.

d) On croit généralement que la température normale du corps humain est de 37,0 °C. Cette croyance vous semble-t-elle fondée ? Justifiez votre réponse à l'aide d'un raisonnement qui repose sur la réponse que vous avez obtenue en *c*.

e) Quelle taille d'échantillon faut-il se donner pour obtenir une marge d'erreur de 0,01 °C pour la température corporelle moyenne des adultes en bonne santé si on utilise un niveau de confiance de 95 % ?

**12.** On a prélevé un échantillon aléatoire de 100 femmes qui se sont mariées au Québec en 2010. L'âge moyen de ces femmes au moment du mariage était de 31 ans et l'écart type, de 10 ans.

a) Quelle est l'estimation ponctuelle de l'âge moyen de toutes les femmes qui se sont mariées au Québec en 2010 ?

b) Estimez par un intervalle de confiance l'âge moyen de toutes les femmes qui se sont mariées au Québec en 2010. Employez un niveau de confiance de 95 %.

c) Quelle est la marge d'erreur de cette estimation ?

d) Donnez le sens de l'intervalle de confiance obtenu en *b*.

e) Au niveau de confiance de 95 %, quelle taille d'échantillon aurait-il fallu se donner pour obtenir une marge d'erreur qui ne soit pas supérieure à un an ? Vous pouvez supposer que l'écart type de 10 ans serait encore valable pour cet échantillon.

**13.** On a construit le tableau 7.8 à partir d'un échantillon aléatoire de 86 étudiants de cégep à qui on a demandé combien de livres ils avaient lus au cours de la dernière année.

TABLEAU | **7.8**

**RÉPARTITION DE 86 ÉTUDIANTS DE CÉGEP, SELON LE NOMBRE DE LIVRES LUS**

| Nombre de livres lus | Nombre d'étudiants |
|---|---|
| 0 | 3 |
| 1 | 6 |
| 2 | 8 |
| 3 | 15 |
| 4 | 30 |
| 5 | 11 |
| 6 | 6 |
| 7 | 5 |
| 8 | 2 |
| **Total** | **86** |

a) Quelle est la population étudiée ?

b) Quelle est la variable étudiée ?

c) Quelle est la nature de cette variable ?

d) Estimez par un intervalle de confiance le nombre moyen de livres qu'ont lus les étudiants de cégep au cours de la dernière année. Employez un niveau de confiance de 95 %.

**14.** Un producteur déclare que le jus de pomme qu'il produit contient en moyenne 350 mg/L de vitamine C. Vous prélevez un échantillon de 48 bouteilles de jus et vous obtenez les concentrations (mg/L) apparaissant dans le tableau 7.9.

TABLEAU | **7.9**

**CONCENTRATION EN VITAMINE C DE 48 BOUTEILLES DE JUS**

| | | | | | | | | | | | |
|---|---|---|---|---|---|---|---|---|---|---|---|
| 345 | 345 | 345 | 346 | 346 | 346 | 346 | 347 | 348 | 348 | 348 | 348 |
| 348 | 348 | 349 | 349 | 349 | 349 | 349 | 350 | 350 | 350 | 350 | 350 |
| 350 | 350 | 350 | 350 | 350 | 350 | 350 | 350 | 350 | 350 | 351 | 351 |
| 351 | 351 | 351 | 351 | 351 | 351 | 351 | 351 | 351 | 352 | 353 | 353 |

Estimez la concentration moyenne en vitamine C de l'ensemble des bouteilles de la production à l'aide d'un intervalle de confiance, et dites si la déclaration du producteur semble être compatible avec l'intervalle obtenu. Employez un niveau de confiance de 95 %.

**15.** Des chercheurs ont établi que la consommation régulière de céréales sucrées peut provoquer la carie dentaire. Dès lors, il devient important de mesurer la quantité de sucre dans les céréales pour pouvoir faire des recommandations en matière de santé publique. On considère qu'une quantité de sucre de 15 g par portion est tolérable.

On a prélevé un échantillon aléatoire de 80 portions d'une marque populaire de céréales sucrées. La quantité moyenne de sucre observée est de 17 g, alors que l'écart type est de 2 g.

a) Estimez par un intervalle de confiance la quantité moyenne de sucre dans une portion de cette marque populaire de céréales. Employez un niveau de confiance de 99 %.

b) L'affirmation d'un fabricant selon laquelle la quantité moyenne de sucre par portion respecte la norme de 15 g vous apparaît-elle plausible ? Justifiez votre réponse en recourant au résultat obtenu en *a*.

## Sections 7.4 et 7.5

**16.** Un sondage a été mené auprès de 1 250 étudiants à l'enseignement supérieur pour évaluer l'importance du plagiat. De ce nombre, 900 ont affirmé avoir triché sérieusement au moins une fois dans leurs études. Par ailleurs, 42 % des répondants ont indiqué qu'ils avaient déjà copié un texte obtenu dans Internet.

a) Donnez une estimation ponctuelle de la proportion des étudiants à l'enseignement supérieur qui ont triché sérieusement au moins une fois dans leurs études.

b) Estimez par un intervalle de confiance la proportion des étudiants à l'enseignement supérieur qui ont triché sérieusement au moins une fois dans leurs études. Employez un niveau de confiance de 99 %.

c) Donnez le sens de l'intervalle de confiance obtenu en *b*.

d) Estimez par un intervalle de confiance la proportion des étudiants à l'enseignement supérieur qui ont déjà copié un texte obtenu dans Internet. Employez un niveau de confiance de 98 %.

**17.** On a construit le tableau 7.10 à partir d'un échantillon aléatoire de 1 230 dossiers de femmes qui ont subi une interruption volontaire de grossesse (IVG) au Canada, en 2010.

TABLEAU | **7.10**

**RÉPARTITION DE 1 230 DOSSIERS D'IVG, SELON L'ÂGE DE LA FEMME ET L'ÂGE GESTATIONNEL AU MOMENT DE L'IVG, CANADA, 2010**

| Âge (années) | Âge gestationnel (semaines) | | | | | Total |
|---|---|---|---|---|---|---|
| | 6-9 | 9-12 | 12-15 | 15-18 | 18-21 | |
| 15-20 | 42 | 105 | 30 | 32 | 6 | |
| 20-25 | 110 | 150 | 80 | 48 | 8 | |
| 25-30 | 75 | 125 | 50 | 17 | 7 | |
| 30-35 | 55 | 75 | 25 | 14 | 6 | |
| 35-40 | 30 | 40 | 18 | 9 | 3 | |
| 40-45 | 10 | 12 | 15 | 6 | 2 | |
| 45-50 | 5 | 4 | 8 | 4 | 4 | |
| Total | | | | | | 1 230 |

a) Estimez par un intervalle de confiance l'âge moyen des femmes ayant subi une IVG au Canada en 2010. Employez un niveau de confiance de 99 %.

b) Estimez par un intervalle de confiance la durée moyenne de gestation au moment de l'IVG au Canada en 2010. Employez un niveau de confiance de 95 %.

c) Estimez par un intervalle de confiance la proportion des femmes ayant subi une IVG au Canada en 2010 dont l'IVG a eu lieu avant la quinzième semaine. Employez un niveau de confiance de 98 %.

**18.** Les résultats d'un sondage mené auprès de 1 100 électeurs montrent que 450 d'entre eux voteraient pour la candidate Tremblay, que 410 voteraient pour le candidat Dupont et que les autres répondants se répartiraient entre les autres candidats.

a) Estimez par un intervalle de confiance (à un niveau de confiance de 95 %) la proportion des électeurs qui voteraient pour la candidate Tremblay.

b) Estimez par un intervalle de confiance (à un niveau de confiance de 95 %) la proportion des électeurs qui voteraient pour le candidat Dupont.

c) Expliquez pourquoi ces résultats ne permettent pas à la candidate Tremblay d'être assurée de remporter la victoire aux élections.

**19.** La cyberdépendance est un phénomène relativement nouveau. Elle peut être définie comme :

> Un désordre de contrôle des impulsions reliées à certaines applications d'Internet, accompagné de symptômes de dépendance, comme le besoin intense de se brancher, un état de manque, la personne ne pouvant s'empêcher d'y penser lorsqu'elle n'est pas branchée, et une perte de la notion du temps lorsqu'elle est branchée, ce qui entraîne des problèmes personnels et sociaux[11].

On a dénombré 63 personnes qu'on pourrait qualifier de cyberdépendants dans un échantillon de 1 575 Québécois de 20 à 45 ans.

a) Quelle est l'estimation ponctuelle de la proportion de cyberdépendants chez les Québécois de 20 à 45 ans ?

b) À un niveau de confiance de 99 %, quelle serait l'estimation par intervalle de confiance de la proportion des cyberdépendants chez les Québécois de 20 à 45 ans ?

c) À un niveau de confiance de 99 %, quelle taille d'échantillon aurait-il fallu se donner pour obtenir une marge d'erreur d'au plus 0,5 point de pourcentage dans l'estimation de la proportion de cyberdépendants ?

**20.** Un sondage a été mené auprès de 6 914 étudiantes de l'Université de Montréal sur l'usage des technologies de l'information et des communications (TIC) dans l'enseignement universitaire. Les résultats à la question portant sur le degré d'aise dans l'utilisation des logiciels de présentation sont représentés dans la figure 7.14.

FIGURE | **7.14**

**RÉPARTITION EN POURCENTAGE DE 6 914 ÉTUDIANTES DE L'UNIVERSITÉ DE MONTRÉAL, SELON LEUR DEGRÉ D'AISE DANS L'UTILISATION D'UN LOGICIEL DE PRÉSENTATION**

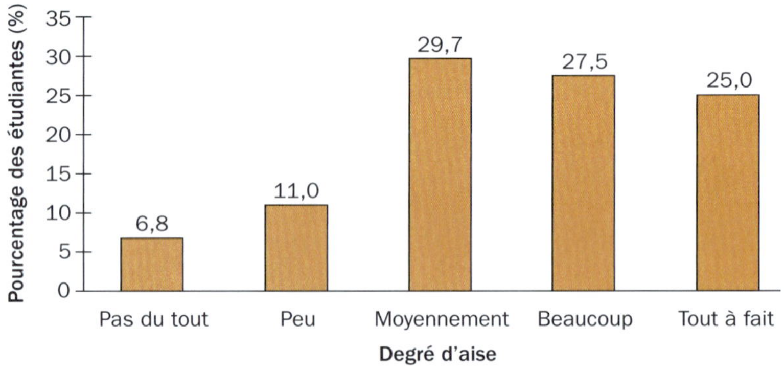


Source : http://www.profetic.org/IMG/gif/q57-presentation.gif (2010-03-01).

a) Quelle est la population étudiée ?

b) Quelle est la variable étudiée ?

c) De quelle nature est cette variable ?

d) Quelle est la taille de l'échantillon ?

e) Quel symbole utilise-t-on généralement pour représenter la proportion des individus d'un échantillon qui possèdent une certaine caractéristique, comme le fait d'être beaucoup ou tout à fait à l'aise avec un logiciel de présentation ?

f) À partir des données de la figure 7.14, donnez la proportion des étudiantes de l'échantillon qui se sont déclarées beaucoup ou tout à fait à l'aise avec l'utilisation d'un logiciel de présentation.

g) À partir des données de la figure 7.14, donnez une estimation par intervalle de confiance de la proportion des étudiantes de l'Université de Montréal qui sont beaucoup ou tout à fait à l'aise avec l'utilisation d'un logiciel de présentation. Employez un niveau de confiance de 98 %.

---

11. Benoît Ferron et Cynthia Duguay, « Utilisation d'Internet par les adolescents et phénomène de cyberdépendance », *Revue québécoise de psychologie*, 2004, p. 169.

h) Donnez le sens de l'estimation produite en *g*.

i) Quelle est la marge d'erreur de cette estimation ?

j) Qu'aurait pu faire le sondeur pour réduire la marge d'erreur à ce niveau de confiance ?

**21.** Lors d'un sondage mené auprès de 1 240 étudiants inscrits dans un programme technique au cégep, 960 se sont déclarés satisfaits de leur programme d'études.

a) Quelle est la population étudiée ?

b) Quel symbole désigne la proportion des étudiants satisfaits parmi l'ensemble des étudiants inscrits dans un programme technique au cégep ?

c) Quelle est l'estimation ponctuelle de la proportion des étudiants de cégep d'un programme technique qui sont satisfaits de leur programme d'études ?

d) Estimez par un intervalle de confiance (à un niveau de confiance de 95 %) la proportion des étudiants de cégep d'un programme technique qui sont satisfaits de leur programme d'études.

e) Un directeur des études affirme que 80 % des étudiants inscrits à un programme technique sont satisfaits de leur programme d'études. Cette affirmation est-elle compatible avec l'intervalle de confiance que vous avez obtenu ?

f) Vous décidez de rencontrer ce directeur des études pour lui faire part du résultat que vous avez obtenu en *e*. Ce dernier vous dit que vous ne mettriez pas son affirmation en doute si vous aviez utilisé un niveau de confiance de 99 %. A-t-il raison ?

**22.** Les 5 et 6 août 2009, la firme de sondage Angus Reid a mené un sondage auprès de 804 Québécois adultes. Dans son rapport publié le 11 août 2009 et intitulé *Les Québécois soutiennent fortement la légalisation de l'euthanasie*, on peut lire que 78 % des Québécois appuient la légalisation du suicide assisté.

a) Quelle est la taille de l'échantillon ? Utilisez le symbole approprié dans votre réponse.

b) Quel est le paramètre estimé dans ce sondage ?

c) Comment note-t-on généralement ce paramètre ?

d) Comment note-t-on généralement l'estimateur ponctuel de ce paramètre ?

e) Dans le contexte de cette question, quelle est l'estimation ponctuelle de ce paramètre ?

f) Si on utilise un niveau de confiance de 95 %, quelle est la marge d'erreur commise dans l'estimation de ce paramètre ?

g) Dans le contexte de cette question, quelle est l'estimation par intervalle de confiance de ce paramètre ?

h) Quel effet aurait eu une augmentation de la taille de l'échantillon sur la marge d'erreur ? (La marge d'erreur aurait-elle augmenté, diminué ou serait-elle demeurée la même ?)

i) Combien d'individus aurait-il fallu interroger pour obtenir une marge d'erreur de $\pm 1$ point de pourcentage à un niveau de confiance de 99 % ?

**23.** Une enquête a été menée dans le but d'estimer le temps que les étudiants de cégep consacrent hebdomadairement à un travail rémunéré. On a prélevé un échantillon de 200 étudiants choisis parmi l'ensemble des étudiants de cégep. On apprend que 80 % des étudiants travaillent moins de 20 h/semaine, la moyenne se situant à 10 h/semaine avec un écart type de 2 h/semaine.

a) Estimez par un intervalle de confiance la proportion des étudiants de cégep qui travaillent moins de 20 h/sem. Employez un niveau de confiance de 98 %.

b) Estimez par un intervalle de confiance le temps que les étudiants de cégep consacrent hebdomadairement, en moyenne, au travail rémunéré. Employez un niveau de confiance de 99 %.

**24.** Vrai ou faux ?

a) Toutes choses étant égales par ailleurs, la marge d'erreur dans une estimation par intervalle de confiance augmente avec la taille de l'échantillon.

b) Toutes choses étant égales par ailleurs, la marge d'erreur dans une estimation par intervalle de confiance augmente avec le niveau de confiance.

c) La série statistique des moyennes des échantillons présente la même moyenne que celle de la population d'où sont tirés les échantillons.

d) La marge d'erreur de l'estimation d'une proportion par un intervalle de confiance (à un niveau de confiance de 99 %) est :

$$ME = 1{,}96\sqrt{\frac{p(1-p)}{n}}$$

e) Pour un échantillon suffisamment grand, quadrupler sa taille a pour effet de diminuer la marge d'erreur de moitié.

## EXERCICE DE SYNTHÈSE

***Technologies de l'information :***
***réalité canadienne et comparaisons internationales***

*Les nouvelles technologies de l'information et des communications (TIC) contribuent à transformer la société et ont un impact considérable sur la vie culturelle, sociale, économique et politique au Canada. Le groupe Recherche Internet Canada (RIC) s'intéresse aux attitudes des Canadiens au regard d'Internet ainsi qu'aux tendances nationales et internationales en matière de technologies traditionnelles et émergentes. En 2007, le RIC effectuait un deuxième sondage[12] portant sur Internet, les médias et les technologies émergentes en matière d'information et de communications, le premier datant de 2004.*

*Du 25 juin au 31 juillet 2007, les sondeurs du RIC ont mené 3 150 entrevues téléphoniques auprès de Canadiens de 12 ans et plus (dont 400 auprès de jeunes de 12 à 17 ans). La durée moyenne des entrevues a été de 38 min. Les données de l'enquête de 2007 portaient sur près de 900 variables et indicateurs.*

> *L'objectif du RIC est de présenter un aperçu, une perspective canadienne éclairée, des façons dont notre monde s'est transformé depuis l'adoption de l'Internet, du maintien d'un régime de médias traditionnels et de la prolifération constante des technologies émergentes. Explorer la corrélation entre ces trois éléments et leur assimilation dans la vie quotidienne des Canadiens, qui sont parfois omniprésents et transparents, et d'autres fois implacables et perturbateurs, en révèle énormément quant aux comportements et attitudes des Canadiens dans le contexte de l'environnement en constante évolution des médias[13].*

*Comme membre du World Internet Project (WIP), le RIC a pu établir des comparaisons sur l'utilisation des TIC à partir des données compilées par ses partenaires internationaux.*

***Les utilisateurs et les non-utilisateurs d'Internet au Canada***

*À la lecture du rapport du RIC, on apprend que le taux de pénétration d'Internet (défini comme la proportion de la population ayant utilisé Internet dans les trois mois précédant le sondage) est passé de 72 % à 78 % entre 2004 et 2007.*

---

12. Charles Zamaria et Fred Fletcher, *Canada Online ! The Internet, media and emerging technologies : Uses, attitudes, trends and international comparisons 2007*, Toronto, Canadian Internet Project, 2008, 357 p.
13. Charles Zamaria et Fred Fletcher, *Le Canada en ligne ! L'Internet, les médias et les technologies émergentes : utilisateurs, attitudes, tendances et comparaisons internationales. Points saillants de la deuxième année, 2007*, Toronto, Recherche Internet Canada, 2008, p. 1.

*Aux fins de leur étude, les chercheurs ont formé quatre groupes distincts de non-usagers d'Internet (22 % de la population cible en 2007):*

- *les internautes occasionnels (30 % de tous les non-usagers): ceux qui n'utilisent pas actuellement Internet, mais qui prévoient de le faire de nouveau à l'avenir;*
- *les anciens internautes (16 % de tous les non-usagers): ceux qui n'utilisent pas actuellement Internet, mais qui l'ont fait dans le passé et ne prévoient pas de le faire de nouveau à l'avenir;*
- *les pratiquement convertis (11 % de tous les non-usagers): ceux qui n'ont jamais utilisé Internet, mais qui le feront probablement à l'avenir;*
- *les non-usagers formels (43 % de tous les non-utilisateurs): ceux qui n'ont jamais utilisé Internet et qui ont indiqué qu'ils ne le feraient jamais*[14].

*Les non-usagers (soit les pratiquement convertis et les non-usagers formels) représentaient 18 % de la population entière en 2004, contre seulement 12 % en 2007.*

***Temps consacré à la télévision et à Internet***

*D'après le rapport du RIC, en 2007, les 2 457 internautes canadiens interrogés passaient en moyenne 17 h/semaine en ligne, soit 28 % de leur consommation de médias. Ce nombre représente une augmentation de 7 points de pourcentage par rapport à 2004. De plus, en 2007, les 2 457 internautes canadiens interrogés passaient 9,7 h/semaine à regarder la télévision, contre 13,2 h/semaine pour les 693 non-internautes interrogés.*

***Ordinateurs à la maison***

*Parmi les 3 150 répondants à l'étude du RIC, 536 ont déclaré n'avoir aucun ordinateur à la maison, 1 323 ont déclaré en avoir un, 756 ont déclaré en avoir deux, 451 en avoir trois, 70 en avoir quatre et les autres en avoir cinq*[15].

***Commerce électronique et sécurité de l'information financière***

*Selon les données de l'enquête, 1 000 répondants ont déclaré avoir acheté des produits en ligne. Chez ces derniers, le nombre moyen d'achats était de 28,8 achats/année.*

*L'essor du commerce électronique peut être freiné par les craintes que les Canadiens manifestent quant à la sécurité de l'information financière transmise lors d'une transaction électronique. Ainsi, selon les données du RIC, 58 % des 2 750 Canadiens de 18 ans et plus interrogés étaient très ou extrêmement inquiets en ce qui a trait à la question de la sécurité de l'information financière sur le Web.*

***Comparaisons internationales***

*L'étude du RIC montre également que les Canadiens ont été parmi les premiers au monde à utiliser Internet, qu'ils sont nombreux à l'utiliser et qu'ils y recourent depuis plusieurs années. Le tableau 7.11 rassemble les résultats fournis par les sondages menés en 2007 dans six pays membres du WIP*[16].

---

14. Charles Zamaria et Fred Fletcher, *Le Canada en ligne ! L'Internet, les médias et les technologies émergentes : utilisateurs, attitudes, tendances et comparaisons internationales. Points saillants de la deuxième année, 2007*, Toronto, Recherche Internet Canada, 2008, p. 7.
15. Charles Zamaria et Fred Fletcher, *Canada Online ! The Internet, media and emerging technologies : Uses, attitudes, trends and international comparisons 2007*, Toronto, Canadian Internet Project, 2008, p. 100.
16. Charles Zamaria et Fred Fletcher, *Canada Online ! The Internet, media and emerging technologies : Uses, attitudes, trends and international comparisons 2007*, Toronto, Canadian Internet Project, 2008, p. 266.

TABLEAU 7.11

**COMPARAISONS INTERNATIONALES SUR L'UTILISATION D'INTERNET ET SUR L'EXPÉRIENCE MOYENNE DU WEB CHEZ LES ADULTES UTILISATEURS, 2007**

| Pays | Taille de l'échantillon (*n*) | Taux de pénétration d'Internet (%) | Expérience moyenne du Web (années) |
|---|---|---|---|
| Nouvelle-Zélande | 1 322 | 77 | 7,9 |
| Canada | 2 666 | 77 | 9,2 |
| Suède | 2 015 | 76 | 8,1 |
| Australie | 984 | 73 | 8,0 |
| États-Unis | 1 800 | 72 | 9,6 |
| Royaume-Uni | 2 336 | 66 | 5,3 |

Source : Charles Zamaria et Fred Fletcher, *Canada Online! The Internet, media and emerging technologies: Uses, attitudes, trends and international comparisons 2007*, Toronto, Canadian Internet Project, 2008, p. 266.

a) Commentez l'évolution du taux de pénétration d'Internet au Canada entre 2004 et 2007.

b) En 2007, au terme d'une enquête menée auprès de 3 150 Canadiens de 12 ans et plus, le RIC a établi que le taux de pénétration d'Internet était de 78 %. Quelle est la marge d'erreur commise sur l'estimation de ce taux pour l'ensemble des Canadiens de 12 ans et plus, au niveau de confiance de 95 % ?

c) Quelle taille d'échantillon aurait-il fallu se donner pour obtenir une estimation du taux de pénétration d'au plus 1 point de pourcentage au niveau de confiance de 99 % ?

d) Quelle est l'estimation par intervalle, au niveau de confiance de 98 %, du taux de pénétration d'Internet pour l'ensemble des Canadiens de 12 ans et plus ?

e) Consignez dans un tableau de fréquences les données concernant les différents groupes de non-usagers d'Internet. Appliquez les normes de présentation.

f) Déterminez le groupe modal de non-utilisateurs d'Internet et donnez le sens de cette mesure.

g) Selon le rapport du RIC, quel était, en 2004, le temps passé en ligne par les internautes canadiens exprimé en pourcentage du temps de consommation de médias ?

h) Si l'écart type du temps passé en ligne en 2007 était de 2 h/semaine, estimez par intervalle, au niveau de confiance de 99 %, le temps hebdomadaire moyen que les internautes canadiens ont alors passé en ligne.

i) Si l'écart type du temps passé à regarder la télévision est de 1,5 h/semaine, estimez par intervalle, au niveau de confiance de 90 %, le temps moyen que les non-internautes canadiens passent à regarder la télévision.

j) Quel serait l'effet d'une augmentation du niveau de confiance sur la marge d'erreur de l'estimation effectuée en *i* ?

k) Quelle est la nature de la variable « nombre d'ordinateurs à la maison » et quelle échelle de mesure a servi à mesurer cette variable ?

l) Consignez dans un tableau de fréquences les données sur le nombre d'ordinateurs à la maison. Appliquez les normes de présentation.

m) Représentez graphiquement les données du tableau construit en *l*. Appliquez les normes de présentation.

n) Déterminez le nombre modal d'ordinateurs chez les répondants et donnez le sens de cette mesure.

o) Déterminez le nombre médian d'ordinateurs à la maison chez les répondants et donnez le sens de cette mesure.

p) Calculez le nombre moyen d'ordinateurs à partir des données du tableau construit en *l*.

q) Calculez l'écart type à partir des données du tableau construit en *l*.

r) Estimez par un intervalle de confiance, au niveau de confiance de 95 %, le nombre moyen d'ordinateurs que les Canadiens de 12 ans et plus possèdent à la maison.

s) Estimez par un intervalle de confiance, au niveau de confiance de 99 %, la proportion des Canadiens de 12 ans et plus qui ne possèdent aucun ordinateur à la maison.

t) Si l'écart type du nombre annuel d'achats en ligne est de 10,2 achats/année, quelle taille d'échantillon aurait-il fallu se donner pour avoir une estimation du nombre moyen d'achats qui soit précise à ±0,5 achat/année au niveau de confiance de 98 % ?

u) Estimez par un intervalle de confiance, au niveau de confiance de 90 %, la proportion des Canadiens de 18 ans et plus qui sont très ou extrêmement inquiets en ce qui a trait à la sécurité de l'information financière sur le Web.

v) Représentez graphiquement l'information contenue dans le tableau 7.11 portant sur l'expérience moyenne du Web. Appliquez les normes de présentation.

w) Estimez par un intervalle de confiance, au niveau de confiance de 95 %, l'expérience moyenne du Web chez les adultes utilisateurs au Canada et aux États-Unis. Supposez que les écarts types observés pour chacun de ces deux pays sont de 1,5 an.

x) Sur la base des résultats obtenus en *w*, peut-on raisonnablement penser que l'expérience moyenne du Web est plus longue aux États-Unis qu'au Canada ? Justifiez votre réponse.

**Jusqu'à présent**, nous nous sommes contentés d'étudier une seule variable à la fois. En sciences humaines, l'étude de variables isolées a cependant beaucoup moins d'intérêt que l'étude des relations entre variables. D'ailleurs, comme nous l'avons signalé au premier chapitre, une hypothèse de recherche s'exprime souvent sous la forme d'une relation entre deux variables. (Reportez-vous à la description de la première étape de la démarche scientifique et notamment à la rubrique « La formulation d'hypothèses ».)

Lorsque deux variables sont liées, l'information sur une des variables nous renseigne sur l'autre. On peut alors atteindre deux des objectifs de la science mentionnés dans le premier chapitre, soit prédire des phénomènes, les maîtriser ou les modifier.

Après avoir formulé une ou des hypothèses, il faut les confirmer ou les infirmer en recourant au deuxième volet de l'inférence statistique, soit le test d'hypothèse. Dans le présent chapitre, nous examinerons donc les principes généraux qui régissent les tests d'hypothèses et nous les illustrerons par la mise en œuvre d'un test d'un type particulier, le test d'indépendance du khi carré ($\chi^2$).

# 8 Liens entre variables et test d'indépendance du khi carré

*Lorsque ce n'est pas en notre pouvoir de déterminer ce qui est vrai, nous devons suivre ce qui est le plus probable.*

René Descartes

# 8 Liens entre variables et test d'indépendance du khi carré

## SOMMAIRE



## OBJECTIFS

→ Expliquer en vos mots la notion de relation entre deux variables (8.1).

→ Déterminer la nature de la relation (concomitance, interdépendance, causalité, indépendance) observée entre deux variables (8.1).

→ Déterminer la variable dépendante et la variable indépendante (8.1).

→ Donner le sens de la corrélation (positive ou négative) entre deux variables données (8.1).

→ Donner les conditions nécessaires à l'établissement d'un lien de causalité et utiliser ces conditions pour vérifier si des variables présentent un tel lien (8.1).

→ Expliquer le principe fondamental qui régit les tests d'hypothèses (8.2).

→ Expliquer le rôle du carré de contingence ($\chi^2$) (8.2).

→ Calculer un carré de contingence ($\chi^2$) (8.2).

→ Distinguer les deux types d'erreurs : erreur de première espèce ($\alpha$) et erreur de deuxième espèce ($\beta$) dans un test d'hypothèse (8.2).

→ Énoncer les étapes d'un test d'hypothèse (8.3).

→ Formuler l'hypothèse nulle ($H_0$) et l'hypothèse alternative ($H_1$) dans un test d'hypothèse (8.3).

→ Effectuer un test d'indépendance du khi carré ($\chi^2$) en respectant les étapes d'un test d'hypothèse (8.3).

→ Mesurer le degré d'association entre deux variables à l'aide des coefficients de contingence ($C$) et de Cramér ($V$) (8.4).

# 8.1 Liens entre des variables

**Dans cette section :** variables indépendantes • variables corrélées • corrélation positive • corrélation négative • concomitance • interdépendance • causalité • variable indépendante • variable dépendante • variable contrôlée • test d'hypothèse.

Dans toutes les sciences, l'étude des liens entre des variables est fondamentale. Illustrons l'importance de l'étude de ces liens à l'aide de quelques exemples simples tirés des sciences humaines.

**EXEMPLE 8.1**

Un économiste cherche à vérifier l'existence d'un lien entre le revenu disponible des consommateurs et leur consommation (ou leur épargne). Il pourra ainsi estimer la variation de la consommation (ou de l'épargne) à la suite d'une variation du revenu disponible.

**EXEMPLE 8.2**

Une économiste cherche à quantifier le lien entre le prix d'un bien et la quantité qui sera consommée. Compte tenu des coûts de production, elle pourra alors déterminer le prix de vente qui maximisera les profits du producteur.

**EXEMPLE 8.3**

Un écologiste tente de montrer l'existence d'un lien entre la proportion des personnes qui présentent des problèmes de santé et le taux de pollution qui sévit dans leur environnement afin d'inciter les gouvernements à voter des lois protégeant l'environnement et, par le fait même, les citoyens.

**EXEMPLE 8.4**

Dans le cadre d'une expérience, un psychologue essaie de montrer que la privation de sommeil a un effet sur la capacité d'accomplir une tâche intellectuelle. Pour ce faire, il forme deux groupes de sujets. Il laisse dormir normalement les sujets du premier groupe et prive de sommeil ceux du second. Ensuite, il les soumet à une épreuve et compare les résultats des deux groupes. S'il observe un écart suffisamment important entre les résultats, il postulera l'existence d'un lien entre la privation de sommeil et la capacité d'accomplir une tâche intellectuelle.

**EXEMPLE 8.5**

Une sociologue qui étudie le marché du travail s'intéresse aux différences entre les hommes et les femmes quant à la rémunération, au régime de travail et au type d'emploi occupé. Elle cherche à montrer comment ces différences sont liées au sexe.

**EXEMPLE 8.6**

Le responsable d'une campagne électorale pour un parti politique veut expliquer les différences observées entre les intentions de vote des individus selon leur sexe, leur âge, leur origine ethnique, leur langue maternelle et leur niveau de scolarité. Il pourra alors mieux cibler les interventions des candidats de son parti.

**EXEMPLE 8.7**

La directrice du personnel d'une entreprise fait passer des épreuves de sélection aux candidats à un poste, car elle pense qu'il y a un lien entre les résultats à ces épreuves et le rendement au travail. D'une certaine façon, elle tente de prédire le rendement au travail d'après les résultats de ces épreuves.

**Variables indépendantes**
Variables qui ne présentent pas de lien entre elles.

Avant d'analyser les liens entre des variables, nous allons définir les termes employés pour les décrire. Lorsqu'il n'existe aucun lien entre deux **variables**, on les dit **indépendantes**. La connaissance d'une de ces variables ne renseigne alors en rien sur l'autre.

**EXEMPLE 8.8**

Il n'y a aucun lien entre la couleur des yeux d'un individu et la réussite scolaire ; la proportion de personnes qui réussissent leurs études est la même chez les personnes aux yeux bleus que chez les personnes aux yeux bruns. Connaître la couleur des yeux d'une personne ne nous apprend donc rien sur ses chances de réussite scolaire : la couleur des yeux et la réussite scolaire sont des variables indépendantes.

**Variables corrélées**
Variables qui présentent un lien entre elles.

Lorsqu'il existe un lien entre deux **variables**, on les dit **corrélées**. La connaissance d'une des deux variables peut alors renseigner sur l'autre.

**EXEMPLE 8.9**

Il y a un lien entre le sexe et la calvitie : les hommes sont plus susceptibles de devenir chauves que les femmes. Connaître le sexe d'une personne renseigne sur le risque qu'elle soit atteinte de calvitie.

**EXEMPLE 8.10**

Au Canada, le revenu disponible moyen des femmes correspond approximativement à 75 % de celui des hommes. Le revenu et le sexe sont des variables corrélées. Si ces variables étaient indépendantes, on n'observerait aucune différence entre le revenu moyen des hommes et celui des femmes.

**EXEMPLE 8.11**

Le salaire et le niveau de scolarité sont corrélés : de façon générale, plus le niveau de scolarité est élevé, plus le salaire est élevé, et plus le niveau de scolarité est faible, plus le salaire est faible.

TABLEAU | **8.8**

**TABLE DES VALEURS CRITIQUES DU KHI CARRÉ** $\left(\chi^2_{\alpha;\,\nu}\right)$

Les valeurs de la table donnent $\chi^2_{\alpha;\,\nu}$ qui délimite une région dont l'aire représente la probabilité $\alpha = P\left(\chi^2 > \chi^2_{\alpha;\,\nu}\right)$ lorsque le nombre de degrés de liberté est $\nu$.

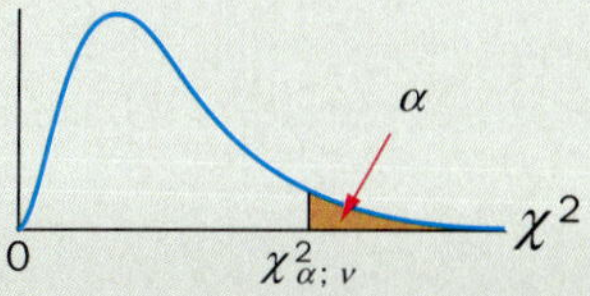


| $\nu$ | $\chi^2_{0,05;\,\nu}$ | $\chi^2_{0,02;\,\nu}$ | $\chi^2_{0,01;\,\nu}$ |
|---|---|---|---|
| 1 | 3,84 | 5,41 | 6,63 |
| 2 | 5,99 | 7,82 | 9,21 |
| 3 | 7,81 | 9,84 | 11,34 |
| 4 | 9,49 | 11,67 | 13,28 |
| 5 | 11,07 | 13,39 | 15,09 |
| 6 | 12,59 | 15,03 | 16,81 |
| 7 | 14,07 | 16,62 | 18,48 |
| 8 | 15,51 | 18,17 | 20,09 |
| 9 | 16,92 | 19,68 | 21,67 |
| 10 | 18,31 | 21,16 | 23,21 |
| 11 | 19,68 | 22,62 | 24,72 |
| 12 | 21,03 | 24,05 | 26,22 |
| 13 | 22,36 | 25,47 | 27,69 |
| 14 | 23,68 | 26,87 | 29,14 |
| 15 | 25,00 | 28,26 | 30,58 |
| 16 | 26,30 | 29,63 | 32,00 |
| 17 | 27,59 | 31,00 | 33,41 |
| 18 | 28,87 | 32,35 | 34,81 |
| 19 | 30,14 | 33,69 | 36,19 |
| 20 | 31,41 | 35,02 | 37,57 |
| 21 | 32,67 | 36,34 | 38,93 |
| 22 | 33,92 | 37,66 | 40,29 |
| 23 | 35,17 | 38,87 | 41,64 |
| 24 | 36,41 | 40,27 | 42,98 |
| 25 | 37,65 | 41,57 | 44,31 |

Ainsi, selon la table des valeurs critiques (tableau 8.8), pour $\nu = 4$, la probabilité d'obtenir une valeur $\chi^2$ supérieure à 9,49 lorsque les variables sont indépendantes est égale à 0,05, soit 5 %.

La figure 8.1 rend compte de la règle de décision qu'on applique dans un test d'indépendance.

Si, à partir de l'échantillon tiré, nous obtenons un $\chi^2$ qui correspond à une probabilité inférieure à 5 % (ou à tout autre seuil de signification $\alpha$ préalablement choisi dans le tableau 8.8), nous considérons qu'un tel échantillon est peu probable selon l'hypothèse de l'indépendance des variables, et nous rejetons cette hypothèse à ce seuil de signification.

FIGURE 8.1

**DISTRIBUTION DU $\chi^2$**

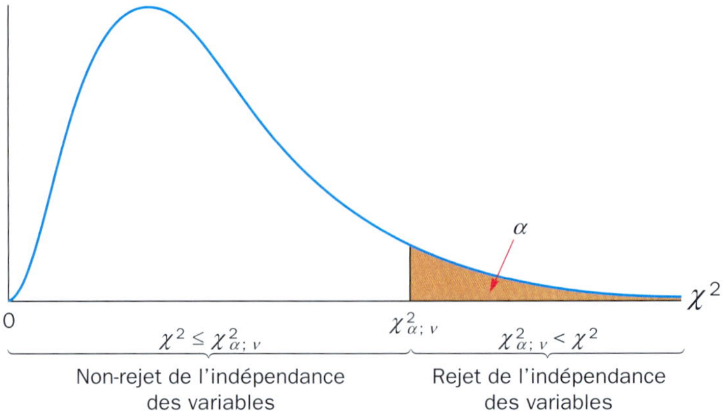


Par exemple, avec $v = 4$ et $\alpha = 5\,\%$, un $\chi^2$ de 47,75 serait plus élevé que la valeur critique $\left(\chi^2 = 47,75 > 9,49 = \chi^2_{\alpha;\,v} = \chi^2_{0,05;4}\right)$ et nous rejetterions l'hypothèse de l'indépendance des variables. La figure 8.2 illustre cette situation.

FIGURE 8.2

**RÈGLE DE DÉCISION**

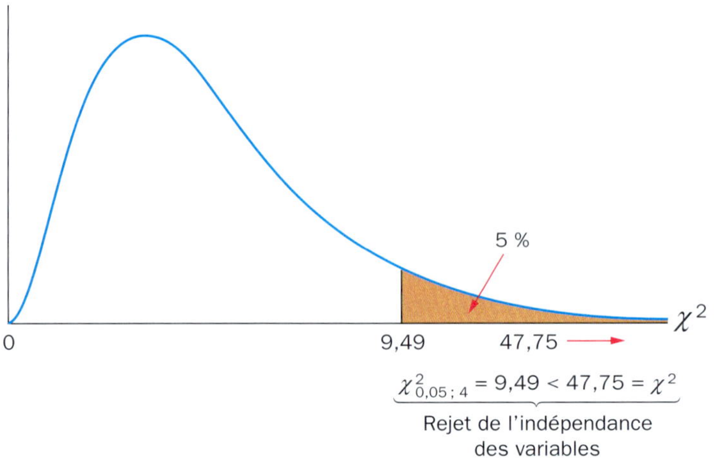


Par contre, avec $v = 3$ et $\alpha = 5\,\%$, un $\chi^2$ de 6,6 serait plus faible que la valeur critique $\left(\chi^2 = 6,6 < 7,81 = \chi^2_{\alpha;\,v} = \chi^2_{0,05;3}\right)$. Nous considérerons alors que ce dernier résultat n'est pas incompatible avec l'hypothèse de l'indépendance des variables, et nous choisirons de ne pas rejeter cette hypothèse.

Voici ce qu'a écrit à propos du choix d'un seuil de signification $(\alpha)$ le mathématicien Ronald Fisher, qui a largement contribué à l'utilisation des tests statistiques en sciences :

> [...] *it is convenient to draw the line at about the level at which we can say: "Either there is something in the treatment, or a coincidence has occurred such as does not occur more than once in twenty trials (5 %)* [...]"
>
> *If one in twenty does not seem high enough odds, we may, if we prefer it, draw the line at one in fifty (2 %), or one in a hundred (1 %). Personally, the writer*

> *prefers to set a low standard of significance at the 5 % point, and ignore entirely all results which fail to reach that level. A scientific fact should be regarded as experimentally established only if a properly designed experiment rarely fails to give this level of significance*[6].

Revenons à notre mise en situation présentée au début du chapitre et au tableau 8.1 (p. 337) portant sur les résultats à l'épreuve de sélection et à l'évaluation du rendement au travail.

Dans ce contexte, les deux variables comptent chacune trois catégories, de sorte que :

$$\begin{aligned} v &= \left(\begin{array}{c}\text{Nombre de catégories}\\ \text{de la première variable}\end{array} - 1\right) \times \left(\begin{array}{c}\text{Nombre de catégories}\\ \text{de la deuxième variable}\end{array} - 1\right) \\ &= (3-1)\times(3-1) \\ &= 4 \end{aligned}$$

Pour $v = 4$ et $\alpha = 5\,\%$, nous obtenons, dans la table des valeurs critiques (tableau 8.8, p. 343), $\chi^2_{\alpha;\,v} = \chi^2_{0,05;\,4} = 9{,}49$.

Nous avons déjà calculé, pour les données de cet exemple, que $\chi^2 = 47{,}75$. Par conséquent, comme $\chi^2 > \chi^2_{\alpha;\,v}$, nous en concluons que l'indépendance des variables n'est pas plausible.

En effet, si nos variables étaient indépendantes, la probabilité qu'un échantillon donne une valeur $\chi^2 > 9{,}49$ ne serait que de 5 %. La probabilité d'obtenir une valeur plus grande que 47,75 serait encore plus faible, et l'hypothèse de l'indépendance des variables serait encore plus invraisemblable. On pourrait évaluer à l'aide d'un logiciel de statistique ou d'un chiffrier électronique que, dans l'hypothèse d'indépendance des variables, la probabilité d'obtenir une valeur $\chi^2$ qui soit supérieure à 47,75 avec 4 degrés de liberté n'est que de 0,000 000 11 %, ce qui est incontestablement un résultat invraisemblable. Nous rejetterons donc l'idée que nos variables sont indépendantes, puisqu'elle est statistiquement incompatible avec nos observations au seuil de 5 %.

## EXERCICE 8.4

- **Vous pouvez maintenant faire les exercices récapitulatifs 4 à 8.**

À partir du tableau de l'exercice 8.2 (p. 340), on obtient $\chi^2 = 18{,}48$. En se fondant sur cette valeur, devrait-on avancer que les variables « scolarité » et « situation sur le marché du travail » sont indépendantes ? Prenez un seuil de signification de 1 %.

6. R. Fisher, dans G. McCabe et D. Moore, *Introduction to the Practice of Statistics*, 3e édition, New York, W. H. Freeman, 1999, p. 477.

# 8.3 Démarche des tests d'hypothèses et application au test d'indépendance

**Dans cette section :** hypothèse nulle • hypothèse alternative • seuil de signification • valeur critique • résultat significatif • erreur de première espèce • erreur de deuxième espèce.

## 8.3.1 Étapes d'un test d'hypothèse

Nous sommes maintenant en mesure de formaliser la démarche d'un test d'hypothèse[7]. Comme nous l'avons déjà mentionné, il existe plusieurs sortes de tests d'hypothèses, mais ils s'effectuent tous selon une démarche en sept étapes :

1. La formulation des hypothèses ;
2. Le choix d'un seuil de signification ($\alpha$) ;
3. La vérification des conditions d'application ;
4. La détermination de la valeur critique ;
5. La formulation de la règle de décision ;
6. Le calcul de la statistique appropriée au test ;
7. La décision.

Illustrons ces étapes dans le contexte d'un test d'indépendance du $\chi^2$.

### 1. La formulation des hypothèses

Dans un test d'hypothèse, il s'agit toujours de confronter deux hypothèses contraires qu'on appelle **hypothèse nulle** ($H_0$) et **hypothèse alternative**, ou *contre-hypothèse* ($H_1$). Le but du test d'hypothèse est de déterminer si l'hypothèse nulle est statistiquement incompatible avec les données provenant de l'échantillon. L'hypothèse nulle correspond à l'hypothèse que le chercheur remet en question, alors que l'hypothèse alternative est celle que le chercheur veut confirmer. C'est pourquoi on dit aussi de l'hypothèse alternative qu'elle est l'« hypothèse du chercheur ».

**Hypothèse nulle**

Selon le contexte, l'hypothèse nulle représente la norme acceptée, un critère de référence ou encore le *statu quo* par rapport au passé. Dans un test d'hypothèse, on suppose que l'hypothèse nulle est vraie jusqu'à preuve du contraire. C'est l'hypothèse que le chercheur remet en question en tentant de montrer que cette dernière est statistiquement incompatible avec les résultats obtenus dans l'échantillon. Elle est notée $H_0$. ▪

**Hypothèse alternative**

Dans un test d'hypothèse, c'est l'hypothèse qu'on retient lorsqu'on rejette l'hypothèse nulle. C'est cette hypothèse que le chercheur propose pour remplacer la norme établie dans l'hypothèse nulle. C'est pourquoi on l'appelle aussi *contre-hypothèse* ou *hypothèse du chercheur*. Elle est notée $H_1$. ▪

Dans le cas d'un test d'indépendance, l'hypothèse nulle affirme que les variables sont indépendantes, qu'il n'y a pas de lien entre elles. Évidemment, l'hypothèse alternative consiste à affirmer le contraire, soit que les variables sont liées.

### 2. Le choix d'un seuil de signification ($\alpha$)

Il s'agit ici de choisir le niveau de risque que l'on est prêt à tolérer en rejetant à tort l'hypothèse nulle. Ce risque porte le nom de **seuil de signification** et représente la probabilité de rejeter l'hypothèse nulle alors même qu'elle est vraie. Ce pourcentage est établi par le chercheur, mais il est généralement fixé à 5 %, à 2 % ou à 1 %.

**Seuil de signification**

Probabilité que l'on rejette l'hypothèse nulle alors même qu'elle est vraie. Le seuil de signification est désigné par $\alpha$. Les seuils les plus courants sont 5 %, 2 % et 1 %. ▪

### 3. La vérification des conditions d'application

Chaque test d'hypothèse a ses propres conditions d'application. Pour un test d'indépendance, il faut que les données proviennent d'un échantillon aléatoire et il faut

7. Le test d'indépendance n'est qu'un test d'hypothèse parmi d'autres. Ainsi, pour vérifier la présence d'un lien entre deux variables, on peut, selon la nature des variables et selon les échelles employées pour mesurer ces dernières, recourir au test d'indépendance du khi carré, au test sur une moyenne, au test sur une proportion, au test de la différence entre deux moyennes ou au test du coefficient de corrélation linéaire. Le choix du test constitue donc une étape préalable à tout test d'hypothèse.

s'assurer que les fréquences théoriques valent toutes au moins 5 (soit $f_t \geq 5$). Des fréquences théoriques plus faibles pourraient engendrer une distorsion causée par des écarts relatifs trop importants. À cette étape, il est donc nécessaire de calculer toutes les fréquences théoriques et de les présenter dans un tableau, conjointement avec les fréquences observées. Si certaines des fréquences théoriques sont inférieures à 5, il faut alors procéder à un regroupement judicieux des catégories d'une des deux variables avant de poursuivre le test.

### 4. La détermination de la valeur critique

**Valeur critique**

Valeur tirée d'une table statistique qui délimite les zones de rejet et de non-rejet de l'hypothèse nulle. ■

Chaque test d'hypothèse renvoie à sa propre table de **valeurs critiques**. Pour un test d'indépendance, il faut déterminer le nombre de degrés de liberté, soit :

$$v = \left(\begin{array}{c}\text{Nombre de catégories} \\ \text{de la première variable}\end{array} - 1\right) \times \left(\begin{array}{c}\text{Nombre de catégories} \\ \text{de la deuxième variable}\end{array} - 1\right)$$

Ensuite, le seuil de signification et le nombre de degrés de liberté permettent de trouver $\chi^2_{\alpha;v}$ dans la table des valeurs critiques du khi carré (tableau 8.8, p. 343).

### 5. La formulation de la règle de décision

Tout test d'hypothèse consiste à faire un choix entre deux hypothèses opposées en vertu d'une règle de décision. Pour un test d'indépendance, la règle de décision est la suivante : si $\chi^2 > \chi^2_{\alpha;v}$, c'est-à-dire si l'écart relatif entre les fréquences théoriques et les fréquences observées s'avère trop important pour être probable, on rejettera l'hypothèse nulle $(H_0)$.

### 6. Le calcul de la statistique appropriée au test

Chaque test d'hypothèse se fonde sur une statistique qui lui est propre. Dans le cas d'un test d'indépendance, il s'agit d'évaluer la valeur $\chi^2 = \sum \frac{(f_o - f_t)^2}{f_t}$. Plus les fréquences observées s'éloignent des fréquences théoriques, plus cette valeur sera grande et plus l'hypothèse de l'indépendance $(H_0)$ paraîtra invraisemblable, parce qu'improbable.

### 7. La décision

**Résultat significatif**

Résultat qui provoque le rejet de l'hypothèse nulle dans un test d'hypothèse. ■

Sur la base de l'échantillon, au seuil de signification fixé et en vertu de la règle de décision, on décide de rejeter ou de ne pas rejeter l'hypothèse nulle. Si on rejette l'hypothèse nulle, on retiendra l'hypothèse alternative et on dira qu'on a obtenu un **résultat significatif** au seuil de $\alpha$. L'hypothèse du chercheur est alors confirmée.

**EXEMPLE 8.19**

Une association de conseillers en gestion des ressources humaines a mené une enquête auprès d'un échantillon aléatoire de 500 Québécois âgés de 25 ans et plus qui occupent un emploi. Le tableau 8.9 rend compte des réponses à la question : « Êtes-vous *Très*, *Assez*, *Peu ou pas du tout* satisfait de l'emploi que vous occupez actuellement ? » La répartition des répondants s'est faite selon le niveau de scolarité atteint (variable explicative) et le degré de satisfaction (variable expliquée).

TABLEAU 8.9

**RÉPARTITION DE 500 QUÉBÉCOIS DE 25 ANS ET PLUS QUI OCCUPENT UN EMPLOI, SELON LE NIVEAU DE SCOLARITÉ ATTEINT ET LE DEGRÉ DE SATISFACTION PAR RAPPORT À L'EMPLOI OCCUPÉ**

| Degré de satisfaction | Niveau de scolarité | | | Total |
|---|---|---|---|---|
| | Secondaire | Collégial | Universitaire | |
| Peu ou pas du tout | 45 | 77 | 28 | 150 |
| Assez | 52 | 105 | 43 | 200 |
| Très | 53 | 68 | 29 | 150 |
| Total | 150 | 250 | 100 | 500 |

Grâce à ces données, nous pourrons vérifier s'il y a un lien entre la scolarité des Québécois de 25 ans et plus et le degré de satisfaction à l'égard de leur emploi. Pour cela, nous allons effectuer un test d'indépendance en suivant les étapes d'un test d'hypothèse. Nous avons choisi d'utiliser un seuil de signification de 1 %.

### 1. La formulation des hypothèses

$H_0$ : Chez les Québécois de 25 ans et plus qui occupent un emploi, il n'existe pas de lien entre le niveau de scolarité atteint et le degré de satisfaction par rapport à l'emploi occupé.

$H_1$ : Chez les Québécois de 25 ans et plus qui occupent un emploi, il existe un lien entre le niveau de scolarité atteint et le degré de satisfaction par rapport à l'emploi occupé.

### 2. Le choix d'un seuil de signification ($\alpha$)

Nous fixons le seuil de signification à 1 %.

### 3. La vérification des conditions d'application

Comme l'échantillon est aléatoire, il suffit de vérifier qu'aucune des fréquences théoriques n'est inférieure à 5. La fréquence théorique de la cellule se trouvant à l'intersection de la $i^{\text{ième}}$ ligne et de la $j^{\text{ième}}$ colonne est donnée par l'expression :

$$f_t = \frac{\text{Total de la } i^{\text{ième}} \text{ ligne} \times \text{Total de la } j^{\text{ième}} \text{ colonne}}{\text{Nombre total de données}}$$

Le tableau 8.10 montre l'ensemble des calculs que nous devons effectuer pour obtenir les fréquences théoriques correspondant à chaque cellule.

TABLEAU 8.10

**CALCUL DES FRÉQUENCES THÉORIQUES**

| Degré de satisfaction | Niveau de scolarité | | | Total |
|---|---|---|---|---|
| | Secondaire | Collégial | Universitaire | |
| Peu ou pas du tout | $\frac{150 \times 150}{500} = 45$ | $\frac{150 \times 250}{500} = 75$ | $\frac{150 \times 100}{500} = 30$ | 150 |
| Assez | $\frac{200 \times 150}{500} = 60$ | $\frac{200 \times 250}{500} = 100$ | $\frac{200 \times 100}{500} = 40$ | 200 |
| Très | $\frac{150 \times 150}{500} = 45$ | $\frac{150 \times 250}{500} = 75$ | $\frac{150 \times 100}{500} = 30$ | 150 |
| Total | 150 | 250 | 100 | 500 |

Plaçons maintenant dans le tableau 8.11 les fréquences théoriques et les fréquences observées.

TABLEAU 8.11

**COMPARAISON DES FRÉQUENCES THÉORIQUES ET DES FRÉQUENCES OBSERVÉES**

| Degré de satisfaction | Niveau de scolarité – Secondaire ($f_o$ / $f_t$) | Collégial ($f_o$ / $f_t$) | Universitaire ($f_o$ / $f_t$) | Total |
|---|---|---|---|---|
| Peu ou pas du tout | 45 / 45 | 77 / 75 | 28 / 30 | 150 |
| Assez | 52 / 60 | 105 / 100 | 43 / 40 | 200 |
| Très | 53 / 45 | 68 / 75 | 29 / 30 | 150 |
| **Total** | **150** | **250** | **100** | **500** |

Aucune des fréquences théoriques n'est donc inférieure à 5 et, de plus, l'échantillon est aléatoire. Par conséquent, on peut poursuivre le test.

### 4. La détermination de la valeur critique

Le nombre de degrés de liberté est donné par l'expression :

$$\begin{aligned} v &= \left(\begin{matrix}\text{Nombre de catégories}\\ \text{de la première variable}\end{matrix} - 1\right) \times \left(\begin{matrix}\text{Nombre de catégories}\\ \text{de la deuxième variable}\end{matrix} - 1\right) \\ &= (3-1)\times(3-1) \\ &= 4 \end{aligned}$$

On se reporte à la table des valeurs critiques (tableau 8.8, p. 343) et on obtient $\chi^2_{\alpha;v} = 13{,}28$ pour $\alpha = 1\%$ et $v = 4$, c'est-à-dire que $\chi^2_{0{,}01;4} = 13{,}28$.

### 5. La formulation de la règle de décision

Comme l'indique la figure 8.3, nous rejetterons l'hypothèse nulle $(H_0)$ lorsque $\chi^2 > \chi^2_{\alpha;v}$.

FIGURE 8.3

**RÈGLE DE DÉCISION**

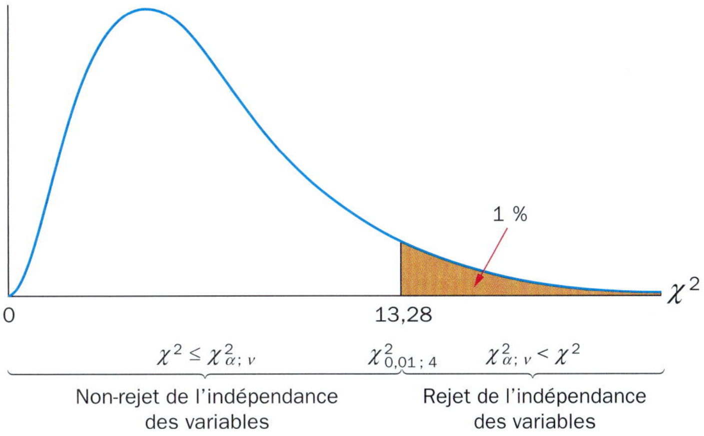


### 6. Le calcul de la statistique appropriée au test

Inscrivons dans le tableau 8.12 les écarts relatifs $\frac{(f_o - f_t)^2}{f_t}$ obtenus de chacune des cellules du tableau 8.11.

TABLEAU | 8.12

**CALCUL DES VALEURS DE $\frac{(f_o - f_t)^2}{f_t}$**

| Degré de satisfaction | Niveau de scolarité | | |
|---|---|---|---|
| | Secondaire | Collégial | Universitaire |
| Peu ou pas du tout | $\frac{(45-45)^2}{45} = 0,00$ | $\frac{(77-75)^2}{75} = 0,05$ | $\frac{(28-30)^2}{30} = 0,13$ |
| Assez | $\frac{(52-60)^2}{60} = 1,07$ | $\frac{(105-100)^2}{100} = 0,25$ | $\frac{(43-40)^2}{40} = 0,22$ |
| Très | $\frac{(53-45)^2}{45} = 1,42$ | $\frac{(68-75)^2}{75} = 0,65$ | $\frac{(29-30)^2}{30} = 0,03$ |

Effectuons la somme des écarts relatifs afin d'obtenir la valeur du carré de contingence :

$$\chi^2 = \sum \frac{(f_o - f_t)^2}{f_t}$$

$$= \frac{(45-45)^2}{45} + \frac{(77-75)^2}{75} + \frac{(28-30)^2}{30} + \frac{(52-60)^2}{60} + \frac{(105-100)^2}{100}$$

$$+ \frac{(43-40)^2}{40} + \frac{(53-45)^2}{45} + \frac{(68-75)^2}{75} + \frac{(29-30)^2}{30}$$

$$= 0,00 + 0,05 + 0,13 + 1,07 + 0,25 + 0,22 + 1,42 + 0,65 + 0,03$$

$$= 3,82$$

### 7. La décision

Ici, $\chi^2 = 3,82 \leq 13,28 = \chi^2_{\alpha;v}$. Par conséquent, on ne rejette pas l'hypothèse nulle. Sur la base de l'échantillon, au seuil de 1 %, en vertu de la règle de décision, nous ne pouvons pas affirmer qu'il y a un lien entre le degré de satisfaction par rapport à l'emploi des Québécois de 25 ans et plus qui occupent un emploi et leur niveau de scolarité[8].

## EXERCICE 8.5

Un institut de sondage a effectué une enquête sur le degré de confiance qu'accordent les Québécois de 18 ans et plus au système judiciaire en matière de délits à caractère sexuel. Les résultats apparaissent dans le tableau 8.13.

TABLEAU | 8.13

**RÉPARTITION DE 1 000 QUÉBÉCOIS DE 18 ANS ET PLUS, SELON LE SEXE ET LE DEGRÉ DE CONFIANCE ACCORDÉ AU SYSTÈME JUDICIAIRE EN MATIÈRE DE DÉLITS À CARACTÈRE SEXUEL**

| Degré de confiance | Sexe | | Total |
|---|---|---|---|
| | Masculin | Féminin | |
| Faible | 166 | 145 | 311 |
| Modéré | 259 | 154 | 413 |
| Élevé | 175 | 101 | 276 |
| **Total** | **600** | **400** | **1 000** |

8. On aurait également pu prendre cette décision sur la base de la probabilité d'obtenir une valeur $\chi^2$ plus grande que 3,82. En consultant un logiciel statistique ou un chiffrier électronique, on établit que la probabilité d'obtenir une valeur de $\chi^2$ plus grande que 3,82 est d'environ 43,1 %. Cette probabilité n'est pas suffisamment faible pour considérer que le résultat obtenu est invraisemblable. Par conséquent, il n'y a pas lieu de rejeter l'hypothèse selon laquelle les deux variables sont indépendantes.

Effectuez un test d'indépendance pour vérifier s'il y a un lien entre le sexe et le degré de confiance que les Québécois de 18 ans et plus accordent au système judiciaire en matière de délits à caractère sexuel. Utilisez un seuil de signification de 2 %.

## 8.3.2 Erreur de première espèce et erreur de deuxième espèce

**Erreur de première espèce**

Erreur commise lorsqu'on rejette l'hypothèse nulle alors même qu'elle est vraie. Le risque de commettre cette erreur est désigné par la lettre grecque $\alpha$.

**Erreur de deuxième espèce**

Erreur que l'on commet en ne rejetant pas une hypothèse nulle pourtant fausse. Le risque de commettre cette erreur est désigné par la lettre grecque $\beta$.

Le seuil de signification ($\alpha$) correspond au risque maximal de rejeter l'hypothèse selon laquelle les variables sont indépendantes alors même que cette hypothèse est vraie. Ce risque est aussi appelé **erreur de première espèce**. Depuis Fisher, on convient de fixer le seuil $\alpha$ à 5 %, à 2 % ou à 1 %. Ainsi, lorsque la valeur calculée $\chi^2$ dépasse la valeur théorique $\chi^2_{\alpha;v}$, on sait qu'on prend le risque de commettre une erreur en repoussant l'hypothèse de l'indépendance des variables, mais on considère que ce risque est inférieur à 5 %, à 2 % ou à 1 %, selon la valeur choisie pour $\alpha$.

Lorsque, au contraire, $\chi^2 \leq \chi^2_{\alpha;v}$, on ne rejette pas l'hypothèse de l'indépendance des variables, parce qu'alors elle ne paraît pas improbable. Toutefois, il n'est pas certain qu'on prenne en pareil cas la bonne décision. En effet, on risque ainsi d'accepter une hypothèse qui est pourtant fausse. On commettrait alors une **erreur de deuxième espèce**. On désigne la valeur du risque associé à cette erreur par $\beta$ (bêta). On ne connaît généralement pas la valeur de $\beta$ ; cependant, toutes choses étant égales par ailleurs, on sait qu'elle est d'autant plus élevée que le risque de commettre l'erreur de première espèce est faible. Les situations possibles dans le contexte d'un test d'indépendance sont résumées au tableau 8.14.

TABLEAU 8.14

**TYPES D'ERREUR DANS UN TEST D'HYPOTHÈSE**

| Décision | Réalité | |
|---|---|---|
| | **L'hypothèse nulle est vraie** | **L'hypothèse nulle est fausse** |
| Rejeter l'hypothèse nulle | Erreur de première espèce ($\alpha$) | Bonne décision |
| Ne pas rejeter l'hypothèse nulle | Bonne décision | Erreur de deuxième espèce ($\beta$) |

Un appareil d'usage courant, le détecteur de fumée, permet d'illustrer ces deux concepts de façon élémentaire. Associons l'hypothèse nulle à l'absence d'incendie. L'hypothèse alternative représente alors le fait d'avoir un incendie.

Lorsqu'un détecteur de fumée se déclenche, doit-on en conclure que la cause en est forcément un incendie ? Vous avez sûrement déjà entendu votre détecteur sonner l'alarme pour de simples rôties qui brûlent. Le détecteur de fumée commet alors une erreur de première espèce : il rejette l'hypothèse nulle alors qu'elle est vraie.

En revanche, si le détecteur de fumée n'est pas assez sensible, ou si ses piles sont faibles, il pourrait ne pas se déclencher en présence d'un incendie. Il commettrait alors une erreur de deuxième espèce : il diagnostiquerait une absence d'incendie alors même qu'il y en aurait un. En d'autres termes, il ne rejetterait pas l'hypothèse nulle alors même qu'elle serait fausse.

Cette illustration montre bien qu'en règle générale, on réduit le risque d'un type d'erreur en augmentant le risque de l'autre. En l'occurrence, augmenter la sensibilité du détecteur augmente l'éventualité qu'il commette une erreur de première espèce, mais réduit l'éventualité qu'il en commette une de deuxième espèce, et ce sont les éventualités inverses qu'on obtient lorsqu'on diminue la sensibilité de l'appareil.

La décision qu'on prend dans un test d'hypothèse dépend du compromis qu'on est disposé à faire entre ces deux types d'erreur. Ainsi, que l'on rejette l'hypothèse nulle ou qu'on ne la rejette pas, on demeure sujet à l'erreur. C'est là le propre d'un test d'hypothèse : il n'existe pas de certitude en statistique inférentielle. Seulement une forte présomption. Une probabilité raisonnable de prendre une bonne décision.

- **Vous pouvez maintenant faire les exercices récapitulatifs 9 à 14.**

## 8.4 Coefficient de contingence et coefficient de Cramér

**Dans cette section :** coefficient de contingence • coefficient de Cramér.

Lorsque deux variables sont liées, on peut vouloir mesurer la force du lien observé. En effet, un lien entre deux variables peut être faible ou fort. Il existe plusieurs mesures du degré d'association entre deux variables représentées dans un tableau de contingence ; elles reposent généralement sur la statistique $\chi^2$.

**Coefficient de contingence**

Mesure du degré d'association entre deux variables, lorsqu'une association a été établie par un test d'indépendance du khi carré. Le coefficient de contingence est noté $C$ et son expression est donnée par la formule $C = \sqrt{\frac{\chi^2}{n + \chi^2}}$, où $n$ représente le nombre de données.

**Coefficient de Cramér**

Mesure du degré d'association entre deux variables, lorsqu'une association a été établie par un test d'indépendance du khi carré. Le coefficient de Cramér est noté $V$ et son expression est donnée par la formule $V = \sqrt{\frac{\chi^2}{n(h-1)}}$, où $n$ représente le nombre de données et $h$, le nombre de catégories (modalités) de la variable qui en a le moins.

Les deux mesures d'association le plus fréquemment employées sont le **coefficient de contingence** ($C$) et le **coefficient de Cramér** ($V$), dont les expressions sont respectivement :

$$C = \sqrt{\frac{\chi^2}{n + \chi^2}} \text{ et } V = \sqrt{\frac{\chi^2}{n(h-1)}}$$

où

$n$ = nombre de données ;

$h$ = nombre de catégories (modalités) de la variable qui en a le moins.

La valeur de ces deux coefficients est toujours comprise entre 0 et 1. Plus la valeur de ces coefficients est élevée, plus le lien entre les variables est fort. On peut utiliser le guide d'interprétation fourni au tableau 8.15 pour qualifier l'intensité du lien mesurée par le coefficient $V$ de Cramér.

TABLEAU 8.15

**INTERPRÉTATION DE LA VALEUR DU COEFFICIENT *V* DE CRAMÉR[9]**

| Valeur du coefficient de Cramér ($V$) | Intensité du lien |
|---|---|
| 0,000–0,045 | Très faible |
| 0,045–0,090 | Faible |
| 0,090–0,180 | Moyenne |
| 0,180–0,360 | Forte |
| 0,360–1,000 | Très forte |

Le coefficient de Cramér peut prendre la valeur 1 quel que soit le nombre de lignes et de colonnes dans le tableau. En revanche, la valeur maximale du coefficient de contingence n'atteint pas nécessairement la valeur maximale de 1. En effet, la valeur maximale d'un coefficient de contingence tiré d'un tableau mettant en relation deux variables comptant le même nombre de catégories $h$ vaut $\sqrt{\frac{h-1}{h}}$. C'est pourquoi il est préférable d'utiliser le coefficient de Cramér plutôt que le coefficient de contingence.

9. R. Bénichoux *et al.*, *Guide pratique de la communication scientifique*, Paris, Gaston Lachurié, éditeur, 1985, p. 211.

**EXEMPLE 8.20**

D'après les données du tableau 8.1 (p. 337), nous avons conclu que, au seuil de 5 %, il y avait un lien entre le rendement au travail et le résultat à l'épreuve de sélection. En effet,

$$\chi^2 = 47{,}75 > 9{,}49 = \chi^2_{0{,}05;4}$$

Mesurons l'intensité de ce lien au moyen du coefficient $V$ de Cramér :

$$\begin{aligned} V &= \sqrt{\frac{\chi^2}{n(h-1)}} \\ &= \sqrt{\frac{47{,}75}{200(2)}} \\ &= 0{,}35 \end{aligned}$$

Le lien entre les deux variables est donc relativement fort.

**EXERCICE 8.6**

- **Vous pouvez maintenant faire l'exercice récapitulatif 15.**

À partir des données de l'exercice 8.2 (p. 340), on obtient $\chi^2 = 18{,}48$. Il y a donc un lien entre les variables de ce tableau au seuil de 1 %. Évaluez l'intensité de ce lien au moyen du coefficient $V$ de Cramér.

# RÉSUMÉ

L'étude des liens entre des variables se révèle très importante en sciences humaines. En effet, si deux **variables** sont **corrélées** ou liées, on peut se fonder sur l'information connue au sujet d'une des variables pour obtenir des renseignements sur l'autre. Des **variables** non corrélées sont dites **indépendantes**.

Il existe plusieurs types de liens entre des variables :
- la **concomitance** (ou *cooccurrence*) ;
- l'**interdépendance** ;
- la **causalité**.

On parle de concomitance lorsque deux phénomènes se produisent en même temps, souvent sous l'influence d'un troisième facteur. On dit que les variables sont interdépendantes lorsqu'elles influent l'une sur l'autre. On parle de causalité lorsque l'une des variables agit sur l'autre. La variable qui agit porte le nom de **variable indépendante** ou explicative, et l'autre, de **variable dépendante** ou expliquée. À strictement parler, il faut se placer dans un cadre expérimental pour établir des liens de causalité. Pour ce faire, il faut neutraliser ou écarter l'effet de tous les facteurs (à l'exception de la variable indépendante) qui pourraient exercer une influence sur la variable dépendante. On appelle **variables contrôlées** les facteurs qui ne sont pas à l'étude dans la recherche, mais dont on veut neutraliser les effets parce qu'ils pourraient fausser les résultats.

Lorsque les deux variables mises en relation sont quantitatives, on peut préciser la corrélation (le lien) entre elles. Il y a **corrélation positive** ou *corrélation directe* si les valeurs des variables augmentent ou diminuent conjointement : aux valeurs faibles de l'une sont associées les valeurs faibles de l'autre, et aux valeurs élevées de l'une, les valeurs élevées de l'autre. Il y a **corrélation négative** ou *corrélation inverse* si les valeurs des variables augmentent ou diminuent en sens contraire.

Pour déterminer l'existence d'un lien entre deux variables, on peut recourir à des **tests d'hypothèses**. Un test d'hypothèse est un procédé qui permet de choisir entre deux hypothèses contraires appelées, d'une part, **hypothèse nulle** ($H_0$) et, d'autre part, **hypothèse alternative** ($H_1$). Cette dernière est aussi appelée *contre-hypothèse* ou *hypothèse du chercheur*, puisque c'est celle que le chercheur se propose de confirmer.

Le test d'indépendance du $\chi^2$ fait partie des tests d'hypothèses. Le principe qui sous-tend le test d'indépendance est fort simple :

- On construit d'abord un tableau à double entrée, dit **tableau de contingence**. Il est d'usage de calculer le total de chaque ligne et de chaque colonne. La ligne et la colonne correspondant au total portent le nom de **marges**, parce qu'elles révèlent la **distribution marginale** des individus, soit la répartition des individus selon une seule des deux variables.
- On compare ensuite les **fréquences observées** ($f_o$), consignées dans le tableau de contingence, avec les **fréquences**

**théoriques** ($f_t$), calculées selon l'hypothèse de l'indépendance des deux variables (soit à partir de la **distribution conditionnelle** de la variable expliquée):

$$f_t = \frac{\text{Total de la } i^{\text{ème}} \text{ ligne} \times \text{Total de la } j^{\text{ème}} \text{ colonne}}{\text{Nombre total de données}}$$

- On mesure ensuite l'écart entre les fréquences observées et les fréquences théoriques, écart qui porte le nom de **carré de contingence**, que l'on désigne par $\chi^2$, et dont l'expression est:

$$\chi^2 = \sum \frac{(f_o - f_t)^2}{f_t}$$

et qui correspond à la statistique appropriée à un test d'indépendance.
- Si l'écart est trop important pour être attribué au hasard (une probabilité inférieure à 5 %, à 2 % ou à 1 %), on conclut que les variables sont liées et on dira que le **résultat** est **significatif** (au seuil de 5 %, de 2 % ou de 1 % selon le cas). On considérera que l'écart est trop important s'il dépasse une **valeur critique** désignée par $\chi^2_{\alpha;v}$ (tirée du tableau 8.8, p. 343), soit lorsque $\chi^2 > \chi^2_{\alpha;v}$.

La valeur critique dépend du **seuil de signification** ($\alpha$), qui est généralement fixé à 5 %, à 2 % ou à 1 %. Elle dépend également du **nombre de degrés de liberté** ($v$), dont l'expression est:

$$v = \left(\begin{array}{c}\text{Nombre de}\\ \text{catégories de la}\\ \text{première variable}\end{array} - 1\right) \times \left(\begin{array}{c}\text{Nombre de}\\ \text{catégories de la}\\ \text{deuxième variable}\end{array} - 1\right)$$

La décision de rejeter ou non l'hypothèse nulle ne se fonde jamais sur une certitude. Elle repose sur la probabilité que les résultats observés se réalisent selon l'hypothèse nulle. Or, un événement probable n'est jamais certain, et un événement rare est toujours possible. On peut donc commettre une erreur lorsqu'on prend une décision dans un test d'hypothèse.

Le seuil de signification ($\alpha$) correspond au risque de commettre une **erreur de première espèce**, c'est-à-dire de rejeter l'hypothèse nulle alors même qu'elle est vraie. Par ailleurs, l'**erreur de deuxième espèce** ($\beta$) représente le risque de ne pas rejeter l'hypothèse nulle alors même qu'elle est fausse. Toutes choses étant égales par ailleurs, l'erreur de deuxième espèce augmente lorsque l'erreur de première espèce diminue. Les différentes situations possibles, selon la décision prise lors du test, sont représentées dans le tableau 8.14 (p. 351).

Comme tout test d'hypothèse, le test d'indépendance du khi carré comporte sept étapes:

1. La formulation des hypothèses;
2. Le choix d'un seuil de signification ($\alpha$) ;
3. La vérification des conditions d'application;
4. La détermination de la valeur critique;
5. La formulation de la règle de décision;
6. Le calcul de la statistique appropriée au test;
7. La décision.

Le tableau 8.16 réunit tous les détails nécessaires à la réalisation d'un test d'indépendance du khi carré.

Après avoir établi, au moyen d'un test d'indépendance du khi carré, l'existence d'un lien entre deux variables, il est intéressant de mesurer la force de ce lien à l'aide du **coefficient de contingence** ($C$) ou du **coefficient de Cramér** ($V$), dont les expressions respectives sont:

$$C = \sqrt{\frac{\chi^2}{n + \chi^2}} \quad \text{et } V = \sqrt{\frac{\chi^2}{n(h-1)}}$$

où

$n$ = nombre de données;
$h$ = nombre de catégories de la variable qui en a le moins.

La valeur de ces coefficients est comprise entre 0 et 1. Plus elle est élevée, plus le lien entre les variables est fort. Le tableau 8.15 (p. 352) constitue un guide d'interprétation de la valeur du coefficient $V$ de Cramér.

TABLEAU 8.16

**DESCRIPTION DES ÉTAPES DU TEST D'INDÉPENDANCE DU KHI CARRÉ**

| | |
|---|---|
| **Hypothèse nulle ($H_0$)** | Les variables sont indépendantes. |
| **Hypothèse alternative ($H_1$)** | Les variables sont dépendantes. |
| **Seuil de signification** | $\alpha$ |
| **Conditions d'application** | L'échantillon est aléatoire et $f_t \geq 5$, où $f_t = \frac{\text{Total de la } i^{\text{ème}} \text{ ligne} \times \text{Total de la } j^{\text{ème}} \text{ colonne}}{\text{Nombre total de données}}$. |
| **Valeur critique** | $\chi^2_{\alpha;v}$, où $v = \left(\text{Nombre de catégories de la première variable} - 1\right) \times \left(\text{Nombre de catégories de la deuxième variable} - 1\right)$. |
| **Règle de décision** | Rejeter $H_0$ si $\chi^2 > \chi^2_{\alpha;v}$. |
| **Statistique appropriée au test** | $\chi^2 = \sum \frac{(f_o - f_t)^2}{f_t}$ |
| **Décision** | Rejeter ou ne pas rejeter $H_0$. |

## Mots clés



## Réseau de concepts

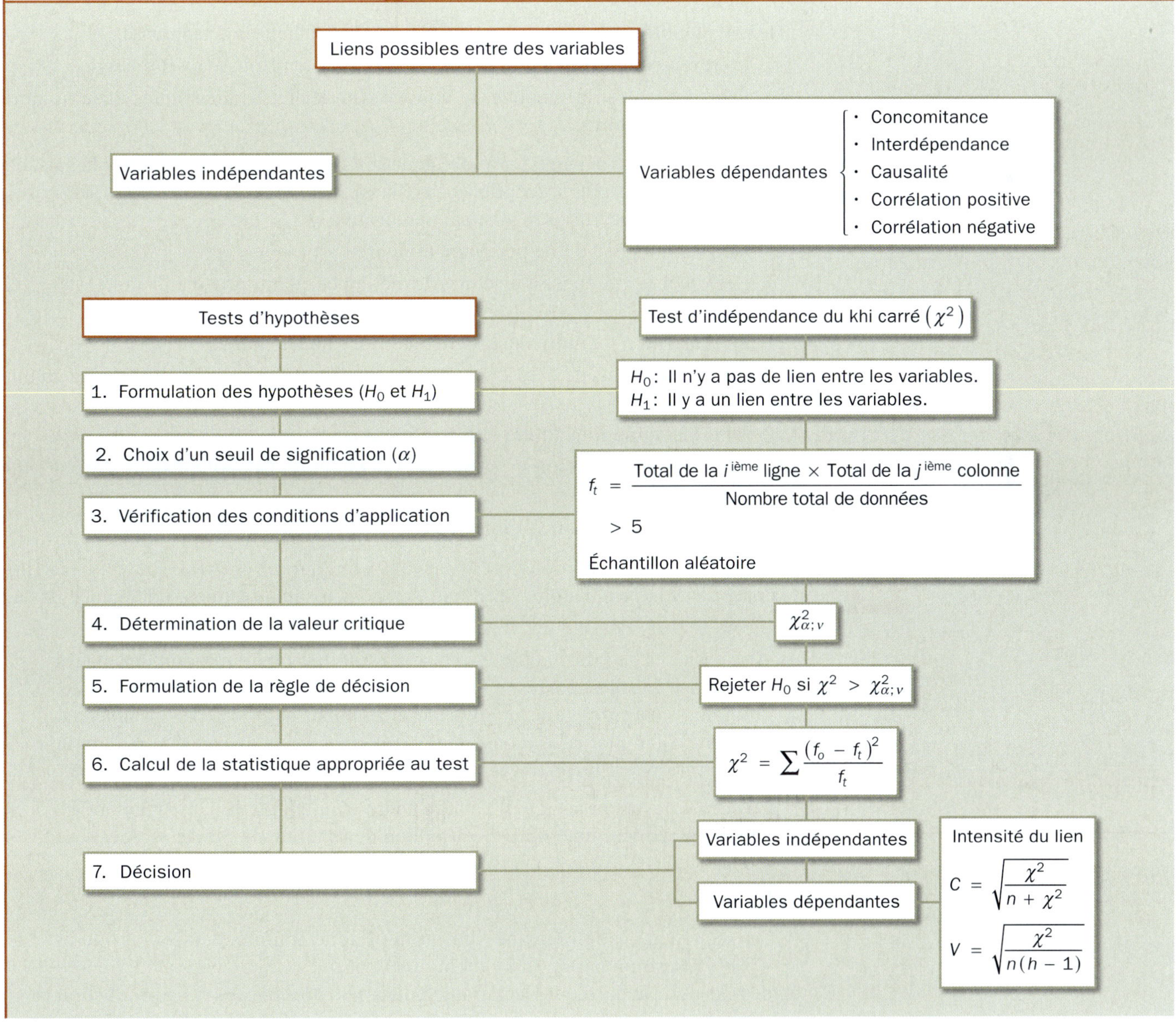

# Exercices récapitulatifs

## Section 8.1

**1.** Indiquez la relation (indépendance, concomitance, interdépendance, causalité) qui vous paraît la plus plausible entre les variables suivantes.

a) L'âge de deux conjoints.

b) La taille d'une personne âgée de plus de 30 ans et son niveau de scolarité.

c) Le nombre d'usines de produits chimiques situées sur les berges d'une rivière et le degré de pollution de cette rivière.

d) La consommation de tabac chez une femme enceinte et la masse du bébé à la naissance.

e) La pointure des chaussures d'enfants de 6 à 12 ans et la note de ces enfants à un même test de lecture.

f) La quantité de caféine absorbée et le nombre d'heures de sommeil.

g) Le revenu d'un individu et le nombre d'actions en Bourse qu'il possède.

h) Dans les villes du Québec, le volume des déchets domestiques et le nombre d'écoles primaires.

**2.** Dans les contextes suivants, sans présumer un lien de causalité, indiquez la variable qui vous semble la plus susceptible d'être la variable indépendante. Dites si la corrélation exprimée devrait être positive ou négative.

a) L'âge et la masse d'une personne mineure.

b) Le nombre d'absences à un cours de méthodes quantitatives et la note finale à ce cours.

c) La scolarité d'un individu et le risque d'être au chômage.

d) Chez des enfants de 6 à 12 ans, l'âge et la distance parcourue à la course en une minute.

e) La taille d'une fille adulte et celle de son père.

f) Le temps de réaction à un stimulus et la quantité d'alcool présente dans le sang d'un individu.

g) La quantité de caféine absorbée et le nombre d'heures de sommeil.

**3.** En pages 1 et 2 de l'édition du 20 mars 1995 du journal *FORUM*, publié par l'Université de Montréal, Daniel Baril rapportait les résultats d'une étude menée par un professeur de géographie. Voici un extrait de cet article :

> Aux périodes de faible activité solaire, c'est-à-dire de diminution des taches à la surface du soleil, correspond une augmentation de la production végétale, du moins dans les régions en altitude récemment dégagées par les glaciers. L'activité solaire faible, qui entraîne une augmentation du carbone 14 dans la haute atmosphère terrestre, se traduit donc par un réchauffement du climat.
>
> C'est la conclusion à laquelle arrive Pierre Gangloff, du Département de géographie, après une analyse du pollen des sédiments du lac Dolbeau au mont Jacques-Cartier, en Gaspésie.
>
> [...]
>
> Ses recherches montrent que, durant la période comprise entre –11 000 et –7 000 ans, soit à partir du moment où la base des Chic-Chocs a été libérée des glaces de la dernière glaciation, les hausses et les baisses de la production végétale – mesurée par la quantité de pollen – correspondent de façon inverse aux hausses et aux baisses de l'activité solaire – mesurée par le taux de carbone 14 résiduel dans les cernes de croissance des arbres.
>
> [...]

Le professeur s'appuie surtout sur la période comprise entre –8 000 et –7 500 ans, où il a mis en lumière qu'une chute brutale de la quantité de pollen accompagnait une hausse tout aussi brutale de l'activité solaire.

À partir de cet extrait, répondez aux questions suivantes.

a) Quels sont les indicateurs employés pour évaluer l'activité solaire et la production végétale ?

b) Le chercheur a vérifié une hypothèse exprimée sous la forme d'une relation entre deux variables. Quelle est cette hypothèse ?

c) Dans ce contexte, quelle est la variable indépendante ? Justifiez votre réponse.

d) La corrélation entre ces deux variables est-elle positive ou négative ? Justifiez votre réponse.

## Section 8.2

**4.** Sur quelle hypothèse repose le calcul des fréquences théoriques dans un tableau de contingence ?

**5.** On a évalué la maturité scolaire d'un échantillon de plus de 2 000 enfants de 4 et 5 ans à l'aide d'un test de vocabulaire par l'image. En fonction des résultats qu'ils obtiennent à ce test, les enfants sont classés selon un niveau de maturité scolaire : en retard, normal ou avancé.

FIGURE | **8.4**

**RÉPARTITION EN POURCENTAGE D'ENFANTS DE 4 ET 5 ANS, SELON LE NIVEAU DE MATURITÉ SCOLAIRE PAR SCOLARITÉ DU PARENT LE PLUS SCOLARISÉ**

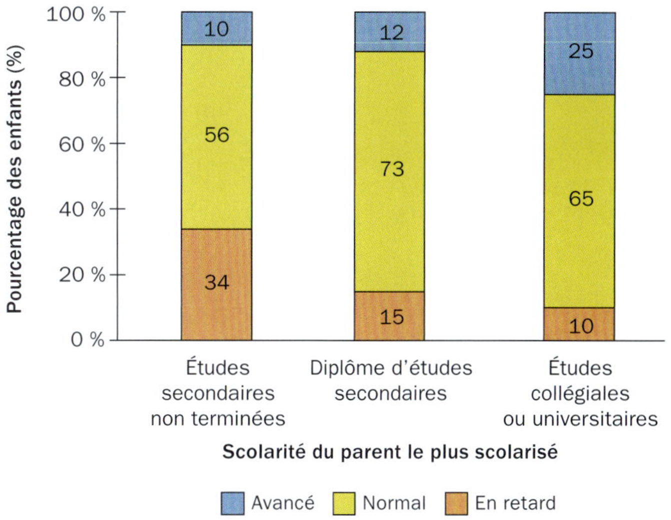


a) Quelles sont les deux variables mises en relation dans la figure 8.4 ?

b) Quelle échelle de mesure a été employée pour mesurer chacune des deux variables ?

c) Laquelle des deux variables est la variable explicative ? Justifiez votre choix.

d) Quelles sont les modalités de la variable explicative ?

e) Parmi les enfants dont le parent le plus scolarisé n'a pas terminé ses études secondaires, quel est le pourcentage de ceux qui présentent une maturité scolaire avancée ?

f) Parmi les enfants dont le parent le plus scolarisé a terminé des études collégiales ou universitaires, quel est le pourcentage de ceux qui présentent une maturité scolaire avancée ?

g) S'il n'y avait pas de lien entre les deux variables étudiées, quelle relation (égal ou différent) devrait exister entre les pourcentages trouvés en *e* et en *f*?

h) Peut-on penser qu'il existe un lien entre la maturité scolaire des enfants de 4 et 5 ans et la scolarité du parent le plus scolarisé ?

i) Quelle procédure statistique faudrait-il utiliser pour confirmer ou infirmer la réponse donnée en *h* ?

**6.** a) Complétez le tableau 8.17 mettant en relation l'âge et le sexe de 150 enseignants en inscrivant les totaux et les fréquences théoriques qu'on obtiendrait dans l'hypothèse de l'indépendance des variables. Les données contenues dans le tableau 8.17 ont été obtenues à partir d'un échantillon aléatoire.

TABLEAU | **8.17**

**COMPARAISON DES FRÉQUENCES THÉORIQUES ET DES FRÉQUENCES OBSERVÉES**

| Âge (années) | Sexe | | Total |
|---|---|---|---|
| | Masculin | Féminin | |
| 20–30 | 10 | 15 | |
| 30–40 | 15 | 15 | |
| 40–50 | 25 | 10 | |
| 50–60 | 35 | 5 | |
| 60–70 | 15 | 5 | |
| **Total** | | | |

b) Calculez la valeur $\chi^2$.

**7.** a) Complétez le tableau 8.18 mettant en relation l'âge et l'absentéisme au travail de 450 salariés d'une grande entreprise en inscrivant les totaux et les fréquences théoriques qu'on obtiendrait dans l'hypothèse de l'indépendance des variables. Les données contenues dans ce tableau ont été obtenues à partir d'un échantillon aléatoire.

TABLEAU | **8.18**

**COMPARAISON DES FRÉQUENCES THÉORIQUES ET DES FRÉQUENCES OBSERVÉES**

| Absences | Âge (années) | | | Total |
|---|---|---|---|---|
| | 20–35 | 35–50 | 50–65 | |
| Fréquentes | 20 | 85 | 95 | |
| Occasionnelles | 18 | 70 | 62 | |
| Nulles | 12 | 45 | 43 | |
| **Total** | | | | |

b) Quelle est la variable explicative ?

c) Dressez le tableau présentant les distributions conditionnelles par classe d'âge.

d) Le tableau construit en *c* vous permet-il de soupçonner un lien entre l'âge et les absences au travail ?

e) Calculez la valeur $\chi^2$.

**8.** Vrai ou faux ?

a) Lorsque $\chi^2 > \chi^2_{\alpha;\nu}$, on considère que les variables sont indépendantes.

b) Pour un $\nu$ donné, plus $\alpha$ est élevé, plus la valeur $\chi^2_{\alpha;\nu}$ est petite.

c) Pour un $\alpha$ donné, plus $\nu$ est élevé, plus $\chi^2_{\alpha;\nu}$ est grand.

d) Plus les fréquences théoriques sont voisines des fréquences observées, plus la valeur $\chi^2$ est petite.

## Section 8.3

**9.** Un chercheur est chargé par une compagnie d'assurances de déterminer si les accidents de la circulation fatals sont liés à la dimension des voitures. Le chercheur a sélectionné aléatoirement 350 dossiers d'accidents (120 accidents fatals et 230 non fatals) et a regroupé dans le tableau 8.19 les renseignements qui s'y trouvaient.

TABLEAU | **8.19**

**RÉPARTITION DE 350 ACCIDENTS DE VOITURE, SELON LA DIMENSION DE LA VOITURE ET LA NATURE DE L'ACCIDENT**

| Nature de l'accident | Dimension de la voiture | | | Total |
|---|---|---|---|---|
| | Petite | Moyenne | Grande | |
| Fatal | 68 | 36 | 16 | 120 |
| Non fatal | 122 | 74 | 34 | 230 |
| **Total** | **190** | **110** | **50** | **350** |

a) Quelles sont les variables étudiées ?

b) Laquelle des deux variables est la variable explicative ?

c) Indiquez la nature de chacune des variables.

d) Quelles sont les échelles de mesure utilisées ?

e) Les données figurant dans le tableau 8.19 révèlent-elles l'existence d'un lien entre les variables étudiées ? Prenez un seuil de signification de 5 %.

**10.** Un institut de sondage veut vérifier s'il existe un lien entre le comportement des personnes à l'égard d'un questionnaire reçu par la poste (réponse ou non-réponse) et le type d'incitation employé. Le sondeur expédie donc 500 questionnaires, dont 125 n'offrent rien à ceux qui y répondent et 375 offrent à ceux qui y répondent une récompense (échantillon d'un produit, bons de réduction ou somme d'argent). Les résultats qu'il a obtenus apparaissent dans le tableau 8.20.

TABLEAU | **8.20**

**RÉPARTITION DES SUJETS, SELON L'INCITATION EMPLOYÉE ET LE COMPORTEMENT**

| Comportement | Incitation | | | | Total |
|---|---|---|---|---|---|
| | Aucune | Échantillon | Bons | Argent | |
| Réponse | 25 | 40 | 55 | 30 | 150 |
| Non-réponse | 100 | 90 | 150 | 10 | 350 |
| **Total** | **125** | **130** | **205** | **40** | **500** |

Les données nous permettent-elles de supposer l'existence d'un lien entre le comportement et l'incitation employée ? Utilisez un seuil de signification de 1 %.

**11.** Une étude sur la santé[10] mettait en relation l'activité physique et la santé psychologique. Lors de cette étude, on a défini quatre catégories décrivant le niveau et la fréquence de l'activité physique : intense (dépense énergétique forte durant une activité physique régulière), modérée (dépense énergétique moyenne durant une activité physique régulière), légère (dépense énergétique faible durant une activité physique régulière) et sédentaire (activité physique irrégulière). On a également classé les personnes interrogées selon qu'elles avaient connu un épisode dépressif majeur (EDM) au cours des deux années précédant l'étude. Les résultats obtenus apparaissent dans le tableau 8.21.

TABLEAU | **8.21**

**RÉPARTITION DE 7 591 CANADIENS DE 12 ANS ET PLUS, SELON LA CATÉGORIE D'ACTIVITÉ PHYSIQUE ET LA PRÉSENCE OU L'ABSENCE D'EDM**

| EDM | Activité physique | | | | Total |
|---|---|---|---|---|---|
| | Sédentaire | Légère | Modérée | Intense | |
| Oui | 144 | 40 | 68 | 58 | 310 |
| Non | 2 858 | 1 149 | 1 710 | 1 564 | 7 281 |
| **Total** | **3 002** | **1 189** | **1 778** | **1 622** | **7 591** |

a) Quelle est la population étudiée ?

b) Quelles sont les deux variables étudiées ?

c) De quelle nature est chacune de ces deux variables ?

d) Quel est le pourcentage des personnes interrogées qui ont subi un épisode dépressif majeur ?

e) Si on suppose que l'échantillon a été prélevé par échantillonnage aléatoire simple avec remise, estimez par un intervalle de confiance la proportion des Canadiens de 12 ans et plus qui sont sédentaires. Utilisez un niveau de confiance de 98 %.

f) Les données présentées dans le tableau 8.21 permettent-elles d'affirmer l'existence d'un lien entre l'activité physique et la santé psychologique ? Utilisez un seuil de signification de 2 %.

**12.** Une association d'agences de voyage du Québec a mené un sondage auprès de ses clients. Lors de ce sondage, on a interrogé les répondants sur leur niveau de scolarité ainsi que sur l'usage qu'ils font des brochures touristiques fournies par l'agence. Les réponses à ces deux questions sont réunies dans le tableau 8.22.

TABLEAU | **8.22**

**RÉPARTITION DE 735 CLIENTS D'AGENCES DE VOYAGE DU QUÉBEC, SELON LEUR SCOLARITÉ ET LEUR UTILISATION DES BROCHURES TOURISTIQUES**

| Utilisation des brochures | Scolarité | | | Total |
|---|---|---|---|---|
| | Secondaire | Collégial | Universitaire | |
| Oui | 28 | 177 | 108 | 313 |
| Non | 67 | 250 | 105 | 422 |
| **Total** | **95** | **427** | **213** | **735** |

Les données figurant dans le tableau 8.22 permettent-elles d'affirmer l'existence d'un lien entre la scolarité des clients et leur usage des brochures touristiques ? Utilisez un seuil de signification de 1 %.

10. J. Chen et W. J. Millar, « Les conséquences de l'activité physique sur la santé », *Rapports sur la santé*, vol. 11, nº 1, Statistique Canada, nº 82-570-XIF au catalogue, été 1999, p. 31.

**13.** Lors du sondage cité à la question précédente, on a également interrogé les clients sur la nature de leur voyage ainsi que sur le facteur qui a déterminé le choix de leur forfait voyage. Les résultats apparaissent dans le tableau 8.23.

TABLEAU **8.23**

**RÉPARTITION DE 735 CLIENTS D'AGENCES DE VOYAGE DU QUÉBEC, SELON LA NATURE DE LEUR VOYAGE ET LE FACTEUR DÉTERMINANT**

| Nature du voyage | Facteur déterminant | | | | Total |
|---|---|---|---|---|---|
| | Hôtel | Automobile | Transporteur | Autre | |
| Affaires | 63 | 32 | 165 | 34 | 294 |
| Tourisme | 117 | 38 | 230 | 56 | 441 |
| **Total** | **180** | **70** | **395** | **90** | **735** |

Les données figurant dans le tableau 8.23 permettent-elles d'affirmer l'existence d'un lien entre la nature du voyage des clients et le facteur qui détermine le choix de leur forfait voyage ? Utilisez un seuil de signification de 1 %.

**14.** Depuis plusieurs années, trois professeurs donnent le cours de méthodes quantitatives. Certaines personnes ont fait courir la rumeur que ces trois professeurs n'avaient pas les mêmes exigences en matière d'évaluation et qu'en conséquence les notes des étudiants dépendaient du professeur avec lequel ils avaient suivi le cours. Pour mettre fin à ces rumeurs, les trois professeurs ont construit le tableau 8.24 à partir d'un échantillon aléatoire de 500 étudiants auxquels ils ont enseigné. Ces données sont-elles suffisantes pour vous permettre d'affirmer, au seuil de 5 %, que les rumeurs sont sans fondement ?

TABLEAU **8.24**

**RÉPARTITION DE 500 ÉTUDIANTS, SELON LE PROFESSEUR ET LA NOTE**

| Note | Professeur | | | Total |
|---|---|---|---|---|
| | Dupuis | Dupont | Duguay | |
| Moins de 60 | 60 | 20 | 40 | 120 |
| 60-80 | 160 | 50 | 80 | 290 |
| 80 et plus | 50 | 20 | 20 | 90 |
| **Total** | **270** | **90** | **140** | **500** |

## Section 8.4

**15.** S'il y a lieu, évaluez et qualifiez l'intensité du lien entre les variables des exercices 9 à 14.

## EXERCICE DE SYNTHÈSE

Répondez aux questions portant sur le texte suivant.

***Alimentation, santé et activité physique chez les jeunes Québécois***

*L'intérêt pour les problèmes alimentaires des Occidentaux n'est pas récent et les médias en font régulièrement état. Ainsi, on entend souvent parler de la malbouffe dans les écoles, des carences nutritionnelles chez les jeunes enfants des milieux défavorisés ou chez les personnes âgées, des troubles alimentaires (anorexie ou boulimie) chez les adolescentes, des maladies (diabète, troubles cardiaques, etc.) liées à l'embonpoint et à l'obésité, etc.*

### *Obésité chez les jeunes au Canada et au Québec*

*À titre d'exemple, l'obésité chez les jeunes est maintenant considérée comme l'un des problèmes majeurs de la santé publique.*

> *Depuis 1978 au Canada, les taux combinés d'embonpoint et d'obésité ont plus que doublé chez les adolescents de 12 à 17 ans, passant de 14 % à 29 %. Celui de l'obésité, à lui seul, a triplé, passant de 3 % en 1978 à 9 % en 2004 (Shields, 2006)*[11].

*Au Québec, la situation n'est pas tellement différente (figure 8.5).*

FIGURE **8.5**

**RÉPARTITION DES QUÉBÉCOIS DE 2 À 17 ANS, SELON LA CATÉGORIE DE MASSE CORPORELLE, QUÉBEC, 2004**

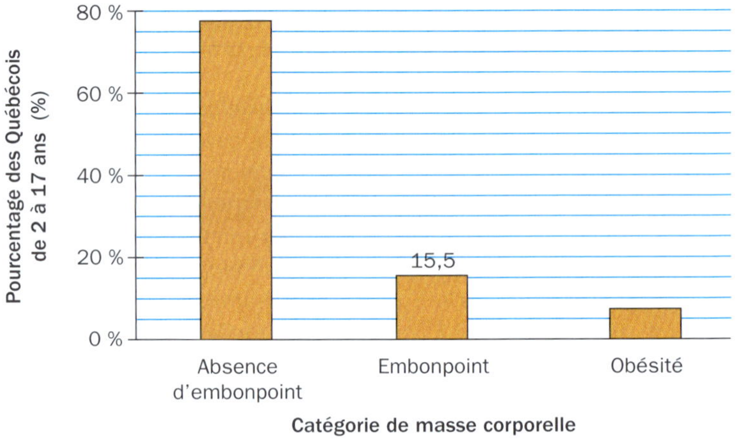


Source : B. Bédard, L. Dubois, R. Baraldi *et al.*, *L'alimentation des jeunes Québécois : un premier tour de table – Enquête sur la santé dans les collectivités canadiennes (cycle 2.2)*, Québec, 4e trimestre 2008, Institut de la statistique du Québec, p. 26.

### *Deux études de l'ISQ*

*Comme la saine alimentation joue un rôle primordial dans le développement physique, social et intellectuel des enfants, dans le maintien d'un bon état de santé de la population et dans la capacité des gens de vaquer aux activités quotidiennes de la vie, elle devient également une priorité pour la plupart des gouvernements, dont celui du Québec, qui a proposé un* Plan d'action gouvernemental de promotion des saines habitudes de vie et de prévention des problèmes reliés au poids 2006-2012 – Investir dans l'avenir.

*Afin de contribuer à ce plan d'action, l'Institut de la statistique du Québec (ISQ) a produit deux rapports sur l'alimentation des jeunes Québécois. Ces deux publications*[12] *reprennent les données de l'Enquête sur la santé des collectivités canadiennes (ESCC) qui portent de manière spécifique sur le Québec.*

---

11. Danielle Boucher et Françoise Côté, « Facteurs influençant une saine alimentation chez les adolescents : revue de littérature destinée à l'infirmière en milieu scolaire », *L'infirmière clinicienne*, vol. 5, no 1, 2008, p. 1.
12. B. Bédard, L. Dubois, R. Baraldi *et al.*, *L'alimentation des jeunes Québécois : un premier tour de table – Enquête sur la santé dans les collectivités canadiennes (cycle 2.2)*, Québec, 4e trimestre 2008, Institut de la statistique du Québec, 97 p., et B. Bédard, L. Dubois, R. Baraldi, N. Plante *et al.*, *Les jeunes Québécois à table : regard sur les repas et collations – Enquête sur la santé dans les collectivités canadiennes (cycle 2.2)*, Québec, 2e trimestre 2010, Institut de la statistique du Québec, 60 p.

*À la lecture de ces deux publications, on apprend que les jeunes Québécois ne semblent pas s'inquiéter outre mesure des problèmes associés à l'embonpoint et à l'obésité, puisque très peu d'entre eux considèrent leur état de santé comme passable ou mauvais (tableau 8.25).*

TABLEAU | **8.25**

**RÉPARTITION DES QUÉBÉCOIS DE 12 À 18 ANS, SELON L'ÉTAT DE SANTÉ PERÇU, QUÉBEC, 2004**

| État de santé perçu | Pourcentage des Québécois de 12 à 18 ans |
|---|---|
| Excellent | 31,1 |
| Très bon | 42,4 |
| Bon | 22,7 |
| Passable ou mauvais | 3,8 |
| **Total** | **100,0** |

Source : B. Bédard, L. Dubois, R. Baraldi *et al.*, *L'alimentation des jeunes Québécois : un premier tour de table – Enquête sur la santé dans les collectivités canadiennes (cycle 2.2)*, Québec, 4e trimestre 2008, Institut de la statistique du Québec, p. 21.

### *Sondage mené par des professeurs d'éducation physique*

*Les deux publications de l'ISQ traitent également du nombre de repas par jour et du niveau d'activité physique. Des professeurs d'éducation physique ont décidé de mener un sondage auprès des étudiants de cégep. Ils ont obtenu des réponses de 293 des 400 étudiants qu'ils ont tenté de joindre. Les données qu'ils ont recueillies sont consignées dans les tableaux 8.26 et 8.27.*

TABLEAU | **8.26**

**RÉPARTITION DE 293 ÉTUDIANTS DE CÉGEP, SELON LE NOMBRE DE JOURS AU COURS D'UNE SEMAINE OÙ ILS ONT PRIS 3 REPAS**

| Nombre de jours | Nombre d'étudiants |
|---|---|
| 0 | 6 |
| 1 | 8 |
| 2 | 9 |
| 3 | 22 |
| 4 | 28 |
| 5 | 51 |
| 6 | 92 |
| 7 | 77 |
| **Total** | **293** |

TABLEAU | **8.27**

**RÉPARTITION DE 293 ÉTUDIANTS DE CÉGEP, SELON LE SEXE ET LE NIVEAU D'ACTIVITÉ PHYSIQUE DÉCLARÉ**

| Sexe | Niveau d'activité physique | | | | Total |
|---|---|---|---|---|---|
| | Sédentaire | Peu actif | Actif | Très actif | |
| Masculin | 15 | 27 | 31 | 62 | 135 |
| Féminin | 28 | 46 | 51 | 33 | 158 |
| **Total** | **43** | **73** | **82** | **95** | **293** |

a) Commentez l'évolution du taux d'obésité chez les adolescents canadiens de 12 à 17 ans entre 1978 et 2004. Dans votre réponse, vous devez recourir aux concepts de variation, de variation relative et de taux de variation.

b) À partir de la figure 8.5, estimez la proportion des Québécois de 2 à 17 ans chez qui on peut constater une absence d'embonpoint.

c) Si l'échantillon qui a fourni les données consignées dans la figure 8.5 comptait 1 732 individus, quelle est l'estimation par intervalle de confiance de la proportion des Québécois de 2 à 17 ans qui souffrent d'embonpoint ? Utilisez un niveau de confiance de 99 %.

d) Quelle taille d'échantillon aurait-il fallu utiliser pour obtenir une estimation de la proportion des Québécois de 2 à 17 ans qui soit précise à ±1 point de pourcentage, 19 fois sur 20 ?

e) Quelle est la nature et quelles sont les modalités de la variable « état de santé perçu » (tableau 8.25) ?

f) Quels sont le mode et la médiane de la variable « état de santé perçu » (tableau 8.25) ? Donnez le sens de chacune de ces mesures dans le contexte.

g) Nommez trois types de graphique qui pourraient représenter les données consignées dans le tableau 8.25.

h) Selon les données publiées par l'ISQ, l'apport énergétique moyen mesuré dans l'échantillon de 339 garçons québécois de 14 à 18 ans est de 3 233 kcal/jour. Si l'écart type des données de l'échantillon est de 2 396 kcal/jour, donnez l'estimation par intervalle de confiance de l'apport énergétique quotidien moyen de l'ensemble des garçons québécois de 14 à 18 ans. Utilisez un niveau de confiance de 95 %.

i) Chez les garçons de 9 à 13 ans, l'apport énergétique moyen est de 2 767 kcal/jour et l'écart type de 1 900 kcal/jour. Lequel des deux groupes d'âge, celui des 14 à 18 ans ou celui des 9 à 13 ans, présente la distribution d'apport énergétique quotidien la plus homogène ? Justifiez votre réponse à l'aide de la mesure appropriée.

j) Quelle taille d'échantillon aurait-il fallu prélever pour que l'estimation de l'apport énergétique quotidien moyen chez les garçons de 14 à 18 ans soit précise à 100 kcal/jour à un niveau de confiance de 99 % ?

k) Chez les filles de 14 à 18 ans, l'apport énergétique moyen est de 2 139 kcal/jour. La marge d'erreur sur cette estimation au niveau de confiance de 95 % est de 133 kcal/jour. Sur la base des résultats fournis en *h* et *k*, pouvez-vous affirmer que l'apport énergétique quotidien moyen des garçons est supérieur à celui des filles ? Justifiez votre réponse en recourant à un argument probabiliste.

l) En matière d'apport énergétique, chez les garçons de 14 à 18 ans, on a que $C_{25}$ = 2 632 kcal/jour, que $C_{50}$ = 3 119 kcal/jour et que $C_{75}$ = 3 709 kcal/jour. Donnez le sens de chacune de ces mesures.

m) À partir de l'information contenue dans la question *l*, déterminez l'apport énergétique médian chez les garçons de 14 à 18 ans.

n) À partir de l'information contenue dans la question *l*, déterminez l'écart interquartile de l'apport énergétique chez les garçons de 14 à 18 ans.

o) Quel est le taux de réponse obtenu lors du sondage mené par les professeurs d'éducation physique ?

p) Quelle est la nature de la variable « nombre de jours au cours d'une semaine où un étudiant a pris 3 repas » ?

q) Quelle échelle de mesure les professeurs d'éducation physique ont-ils utilisée pour mesurer la variable « nombre de jours au cours d'une semaine où un étudiant a pris 3 repas » ? Justifiez votre réponse en énumérant les principales caractéristiques de cette échelle de mesure.

r) Représentez graphiquement les données consignées dans le tableau 8.26.

s) Quelle étape de la démarche scientifique correspond à l'exécution du graphique produit en *r* ?

t) Quel est le nombre médian de jours au cours d'une semaine où les étudiants sondés ont pris 3 repas quotidiens ? Donnez le sens de cette mesure dans le contexte.

u) Quel est le nombre moyen de jours au cours d'une semaine où les étudiants sondés ont pris 3 repas (tableau 8.26) ? Présentez une solution complète.

v) Quel est l'écart type du nombre de jours au cours d'une semaine où les étudiants sondés ont pris 3 repas (tableau 8.26) ? Présentez une solution complète.

w) Estimez par un intervalle de confiance le nombre moyen de jours au cours d'une semaine où les étudiants de cégep prennent 3 repas. Utilisez un niveau de confiance de 98 %.

x) À partir des données consignées dans le tableau 8.27, construisez un tableau dont le titre serait « Répartition en pourcentage de 293 étudiants de cégep, selon le niveau d'activité physique déclaré, par sexe ».

y) Représentez graphiquement les données du tableau construit en *x*.

z) Formulez une hypothèse à partir des réponses produites en *x* et en *y*.

aa) Les données figurant dans le tableau 8.27 permettent-elles d'affirmer l'existence d'un lien entre le sexe et le niveau d'activité physique chez les étudiants de cégep ? Utilisez un seuil de signification de 2 %. Vous pouvez supposer que l'échantillon prélevé est aléatoire.

bb) À quelle étape de la démarche scientifique correspond la question *aa* ?

cc) S'il y a lieu, qualifiez l'intensité du lien obtenu en *aa*. Justifiez votre réponse à partir de la valeur d'une mesure d'association appropriée.

**Nous avons vu au chapitre précédent** comment vérifier s'il existe un lien entre deux variables en recourant au test d'indépendance du khi carré. Nous allons maintenant aborder l'étude du lien entre deux variables quantitatives, lien qu'on peut exprimer sous la forme d'une fonction et qui permet de prédire la valeur d'une variable à partir de la valeur de l'autre variable. Nous serons dès lors en mesure d'atteindre deux des objectifs de la recherche scientifique présentés au chapitre 1, soit la description et la prédiction de phénomènes, notamment lorsque le modèle mathématique servant à représenter le lien entre les deux variables est linéaire, c'est-à-dire de la forme $y = a + bx$.

# 9 Corrélation linéaire et droite de régression

*Si la tendance se maintient...*

# 9 Corrélation linéaire et droite de régression

## SOMMAIRE



## OBJECTIFS

→ Tracer un nuage de points (9.1).

→ Estimer la nature de la corrélation entre deux variables à partir d'un nuage de points (9.1).

→ Calculer et interpréter le coefficient de corrélation linéaire (9.2).

→ Utiliser le coefficient de corrélation linéaire pour qualifier l'intensité et la nature du lien entre deux variables quantitatives (9.2).

→ Donner l'équation de la droite de régression liant deux variables (9.3).

→ Donner les conditions à respecter pour pouvoir utiliser la droite de régression comme modèle prédictif (9.3).

→ Utiliser la droite de régression comme modèle prédictif (9.3).

→ Utiliser la droite de régression comme droite de tendance (9.4).

→ Utiliser la droite de tendance comme modèle prédictif (9.4).

# 9.1 Corrélation linéaire

**Dans cette section :** nuage de points.

En mathématiques, une fonction entre deux variables $x$ et $y$ s'écrit sous la forme $y = f(x)$. On dit que $x$ est la variable indépendante, et $y$, la variable dépendante. L'équation $y = a + bx$ constitue l'exemple le plus simple d'une telle fonction. Cette équation est l'équation d'une droite de pente $b$ et d'ordonnée à l'origine $a$. Voyons comment ce modèle mathématique (le modèle linéaire : la droite) permet parfois de décrire le lien entre deux variables.

**EXEMPLE 9.1**

Un économiste croit pouvoir établir un lien entre le revenu disponible après impôts des travailleurs de moins de 30 ans et leur niveau de consommation. À cette fin, il décide d'interroger 50 travailleurs de moins de 30 ans et obtient les données consignées dans le tableau 9.1.

TABLEAU 9.1

**REVENU DISPONIBLE APRÈS IMPÔTS DE 50 TRAVAILLEURS ET LEUR CONSOMMATION (MILLIERS $)**

| Revenu | Consommation | Revenu | Consommation | Revenu | Consommation |
|---|---|---|---|---|---|
| 20,3 | 17,0 | 16,3 | 13,0 | 14,6 | 14,6 |
| 22,6 | 22,5 | 18,7 | 18,6 | 34,8 | 30,1 |
| 23,5 | 18,0 | 22,2 | 22,0 | 23,5 | 21,0 |
| 28,9 | 28,7 | 20,0 | 18,6 | 31,3 | 28,8 |
| 40,1 | 35,0 | 25,8 | 24,5 | 24,8 | 17,0 |
| 15,0 | 10,0 | 34,3 | 32,0 | 50,6 | 40,3 |
| 35,4 | 34,9 | 32,2 | 31,0 | 24,1 | 21,9 |
| 38,2 | 34,0 | 45,3 | 36,0 | 17,5 | 16,9 |
| 10,8 | 10,5 | 12,9 | 12,6 | 18,9 | 17,4 |
| 50,7 | 45,0 | 19,5 | 18,0 | 22,2 | 21,7 |
| 19,0 | 18,0 | 21,3 | 19,4 | 18,7 | 18,3 |
| 25,6 | 21,0 | 22,0 | 20,7 | 14,8 | 14,7 |
| 17,5 | 17,0 | 34,8 | 34,7 | 23,5 | 20,6 |
| 14,8 | 14,2 | 31,1 | 31,0 | 18,0 | 17,0 |
| 13,9 | 13,8 | 23,5 | 18,0 | 28,0 | 25,8 |
| 23,8 | 17,0 | 31,9 | 30,0 | 27,4 | 25,8 |
| 39,7 | 35,0 | 29,5 | 26,9 | | |

Comme il se situe en dehors d'un cadre expérimental, il sait qu'il ne pourra pas démontrer l'existence d'une relation de causalité entre ces variables. Toutefois, il aimerait exprimer la relation éventuelle entre ces dernières sous la forme d'une fonction $y = f(x)$. Il postule donc que le revenu explique, du moins partiellement, le niveau de consommation, c'est-à-dire que le niveau de consommation peut s'exprimer en fonction du revenu. Il prend le revenu après impôts $(x)$ comme variable indépendante (ou explicative) et la consommation $(y)$ comme variable dépendante (ou expliquée). S'il réussit à établir l'existence d'un lien entre la consommation et le revenu disponible, il pourra alors tenter de faire des prédictions sans pour autant avoir démontré que le revenu après impôts est la cause de la consommation.

Afin de visualiser l'existence éventuelle d'une corrélation entre les deux variables, l'économiste décide de placer les points (revenu; consommation) de chacun des travailleurs sur un graphique cartésien (figure 9.1).

FIGURE 9.1

**CONSOMMATION, SELON LE REVENU APRÈS IMPÔTS DE 50 TRAVAILLEURS DE MOINS DE 30 ANS**

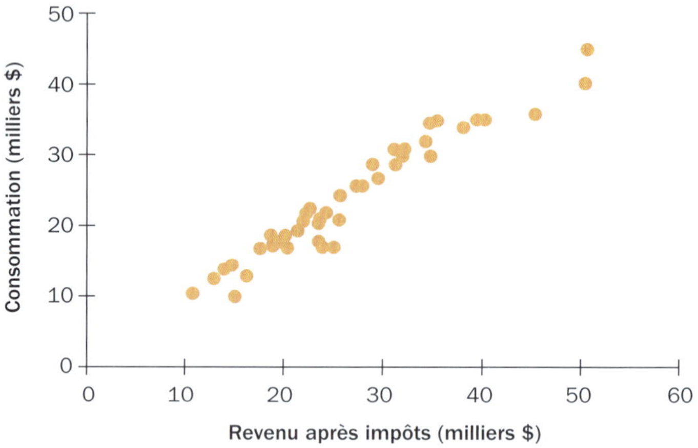


On trouve dans ce graphique 50 points qui correspondent aux 50 couples (revenu après impôts; consommation) figurant dans le tableau 9.1: (20,3; 17,0), (22,6; 22,5), (23,5; 18,0), …, (27,4; 25,8). Chaque point représente à la fois le revenu après impôts d'un individu et son niveau de consommation.

**Nuage de points**
Graphique formé de points (un par unité statistique observée) dont les coordonnées correspondent aux valeurs de deux variables quantitatives mises en relation. Le titre suggéré pour un tel graphique est «[variable dépendante], selon [variable indépendante]». Aussi appelé *diagramme de dispersion*.

Un graphique comme celui de la figure 9.1 porte le nom de **nuage de points** ou de *diagramme de dispersion*. Il est formé des points (un par unité statistique observée) dont les coordonnées correspondent aux valeurs des deux variables mises en relation. Le titre d'un tel graphique est généralement «[variable dépendante], selon [variable indépendante]». Sa lecture permet de constater si les deux variables sont susceptibles d'être liées et si le modèle linéaire permet de décrire la relation.

Sur la figure 9.1, on voit que la consommation augmente avec le revenu après impôts. Il semble donc y avoir une corrélation positive entre ces variables: un faible niveau de consommation est associé à un faible revenu, et un niveau de consommation élevé, à un revenu élevé.

Devant un nuage de points prenant cette allure, la tentation est forte de caractériser par une droite le lien entre les variables. En effet, même s'ils ne se situent pas sur une droite, ces points s'agglutinent autour d'une droite: on peut les entourer par un ovale relativement mince (figure 9.2).

En général, plus l'ovale entourant le nuage de points est étroit, plus le modèle linéaire est approprié pour décrire un ensemble de points; inversement, plus l'ovale est large (à la limite, un cercle), moins le modèle linéaire est approprié.

Dans le cas où le modèle linéaire semble convenir, on désire tracer une droite traversant le nuage de points pour représenter graphiquement le lien entre les deux variables. Il faut alors déterminer l'emplacement de la droite qui caractérise le mieux le nuage de points.

FIGURE | **9.2**

**CONSOMMATION, SELON LE REVENU APRÈS IMPÔTS DE 50 TRAVAILLEURS DE MOINS DE 30 ANS**

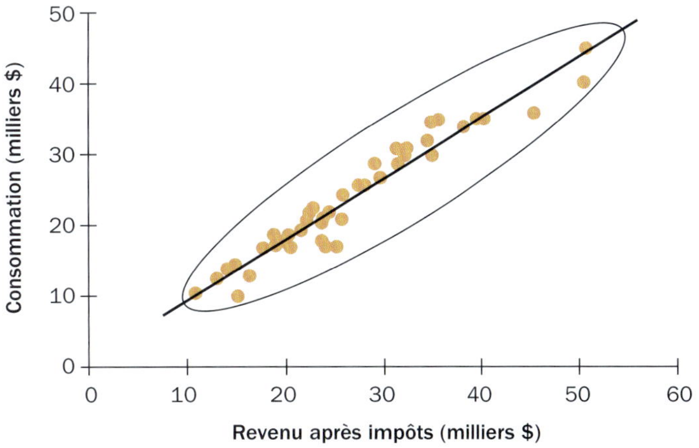


Ainsi, dans l'exemple précédent, on voudra caractériser la relation entre le revenu et la consommation par une droite $y' = a + bx$ de pente positive[1]. Dans cette équation, on écrit $y'$ plutôt que $y$ afin de distinguer des valeurs observées $(y)$ auprès des 50 travailleurs les valeurs de la variable dépendante prédites à partir de la droite.

Si nous trouvons l'équation de cette droite, c'est-à-dire les valeurs des paramètres $a$ et $b$ de la droite, nous aurons par le fait même établi un lien fonctionnel entre les deux variables et nous pourrions alors estimer le niveau de consommation à partir du revenu disponible.

## EXERCICE 9.1

À la fin d'un examen comportant 60 questions à choix multiple, un professeur demande à ses 24 étudiants combien de temps ils ont étudié au cours des deux jours précédant l'examen. Pour chaque étudiant, il associe le temps déclaré et le nombre de mauvaises réponses à l'examen. Le professeur a consigné les données dans le tableau 9.2.

TABLEAU | **9.2**

**TEMPS D'ÉTUDE DE 24 ÉTUDIANTS ET LEUR NOMBRE DE MAUVAISES RÉPONSES À L'EXAMEN**

| Temps (min) | Nombre de mauvaises réponses | Temps (min) | Nombre de mauvaises réponses | Temps (min) | Nombre de mauvaises réponses |
|---|---|---|---|---|---|
| 20 | 25 | 45 | 15 | 80 | 12 |
| 25 | 27 | 50 | 18 | 85 | 5 |
| 30 | 17 | 55 | 10 | 90 | 3 |
| 30 | 21 | 55 | 12 | 90 | 8 |
| 35 | 18 | 60 | 15 | 95 | 7 |
| 35 | 20 | 70 | 5 | 100 | 0 |
| 40 | 22 | 75 | 3 | 100 | 10 |
| 40 | 17 | 75 | 10 | 120 | 5 |

1. La corrélation est positive ou négative selon que la pente $b$ de la droite $y' = a + bx$ est positive ou négative.

a) Quelles sont les variables étudiées ?

b) Quelle serait la variable indépendante ? Justifiez votre choix.

c) Dessinez le nuage de points.

d) Le nuage de points semble-t-il indiquer un lien entre les deux variables ? Justifiez votre réponse.

e) Le modèle linéaire décrit-il bien cette relation ?

f) La corrélation entre ces deux variables est-elle positive ou négative ?

g) La corrélation entre ces deux variables paraît-elle plus forte ou plus faible que celle de l'exemple 9.1 ?

L'exercice et l'exemple précédents montrent qu'il faudrait pouvoir :

- quantifier la force de la corrélation linéaire entre deux variables étudiées, c'est-à-dire la tendance qu'ont les points d'un diagramme de dispersion à se grouper autour d'une droite ;
- déterminer, en présence d'une corrélation linéaire, l'équation de la droite qui exprime le mieux la relation entre les deux variables.

Abordons maintenant ces questions.

## 9.2 COEFFICIENT DE CORRÉLATION LINÉAIRE

**Dans cette section :** coefficient de corrélation linéaire.

**Coefficient de corrélation linéaire**
Mesure de la force de la relation linéaire entre deux variables quantitatives mesurées à l'aide d'une échelle d'intervalles ou de rapports.

La mesure de la force du lien linéaire est donnée par le **coefficient de corrélation linéaire**, désigné par $r$. Il existe plusieurs formules équivalentes pour calculer ce coefficient. La plus simple est :

$$r = \frac{\sum_{i=1}^{n} x_i y_i - n\bar{x}\,\bar{y}}{(n-1)s_x s_y}$$

où :

$n$ représente le nombre de couples $(x, y)$,

$(x_i, y_i)$ représente les coordonnées du $i^{\text{ième}}$ couple,

$\sum_{i=1}^{n} x_i y_i = x_1 y_1 + x_2 y_2 + \cdots + x_n y_n$,

$\bar{x}$ représente la moyenne de la variable indépendante,

$\bar{y}$ représente la moyenne de la variable dépendante,

$s_x$ représente l'écart type de la variable indépendante,

$s_y$ représente l'écart type de la variable dépendante.

Ce coefficient est toujours compris entre –1 et 1, c'est-à-dire que $-1 \leq r \leq 1$. Lorsque $r$ est positif, la corrélation linéaire est positive ; lorsqu'il est négatif, la corrélation linéaire est négative. Plus $r$ est proche de 1 (ou de –1), plus la corrélation linéaire est forte. Un $r$ voisin de zéro indique l'absence de corrélation linéaire entre les variables.

Comme pour le calcul de la moyenne et pour celui de l'écart type, il est avantageux d'utiliser les fonctions statistiques d'une calculatrice ou d'un chiffrier électronique afin d'obtenir le coefficient de corrélation au moyen d'une simple saisie de données. Dans ce chapitre, tous les calculs statistiques ont été effectués à l'aide des fonctions statistiques d'une calculatrice. Si vous calculez manuellement, il est possible que vous obteniez des réponses légèrement différentes à cause de l'arrondissement des résultats intermédiaires. Afin d'atténuer ce problème, il vaut mieux garder plusieurs décimales à chaque étape du calcul.

**EXEMPLE 9.2**

Le tableau 9.3 présente l'information recueillie dans les dossiers de 10 diplômés universitaires.

TABLEAU | **9.3**

**MOYENNE DES NOTES AU CÉGEP ET MOYENNE DES NOTES À L'UNIVERSITÉ DE 10 DIPLÔMÉS UNIVERSITAIRES**

| | | | | | | | | | | |
|---|---|---|---|---|---|---|---|---|---|---|
| **Moyenne des notes au cégep (sur 100)** | 70 | 80 | 62 | 74 | 87 | 95 | 90 | 77 | 66 | 85 |
| **Moyenne cumulative à l'université (sur 4,3)** | 2,3 | 3,2 | 1,8 | 2,1 | 3,5 | 3,9 | 3,6 | 2,5 | 2,7 | 3,0 |

À partir des moyennes obtenues au cégep, on tente d'expliquer celles de l'université. La moyenne des notes obtenues au cégep constitue donc la variable explicative ou indépendante $(x)$, et la moyenne des notes obtenues à l'université, la variable expliquée ou dépendante $(y)$. Le diagramme de dispersion de la figure 9.3 représente graphiquement l'information du tableau 9.3.

FIGURE | **9.3**

**MOYENNES DES NOTES À L'UNIVERSITÉ, SELON LA MOYENNE DES NOTES AU CÉGEP**

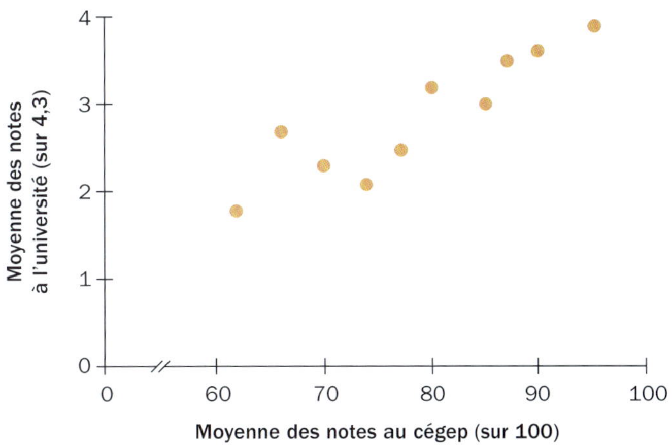


On peut entourer le nuage de points d'un ovale relativement mince (figure 9.4). De plus, les points tendent à se grouper autour d'une droite de pente positive.

Il y a donc une corrélation linéaire forte et positive entre les deux variables. Par conséquent, on devrait obtenir un coefficient de corrélation linéaire voisin de 1.

FIGURE 9.4

**MOYENNES DES NOTES À L'UNIVERSITÉ, SELON LA MOYENNE DES NOTES AU CÉGEP**

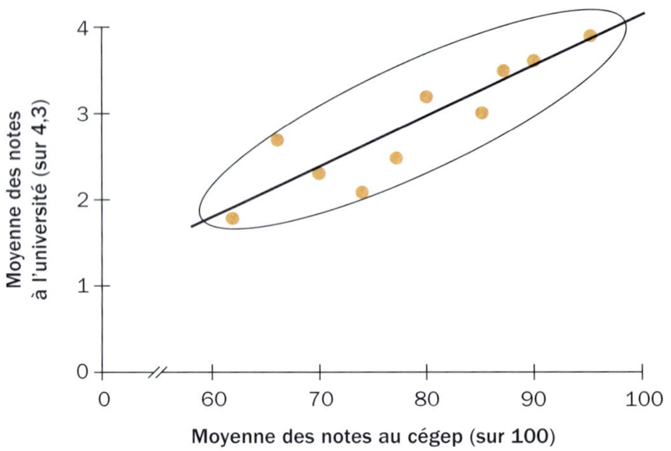


Voyons comment on calcule ce coefficient :

$$r = \frac{\sum_{i=1}^{n} x_i y_i - n\bar{x}\,\bar{y}}{(n-1)s_x s_y}$$

où :

$$n = 10$$

$$\begin{aligned}\sum_{i=1}^{n} x_i y_i &= x_1y_1 + x_2y_2 + \cdots + x_ny_n \\ &= x_1y_1 + x_2y_2 + \cdots + x_{10}y_{10} \\ &= (70 \times 2{,}3) + (80 \times 3{,}2) + \cdots + (85 \times 3{,}0) \\ &= 2\ 308{,}7\end{aligned}$$

$$\begin{aligned}\bar{x} &= \frac{\sum_{i=1}^{n} x_i}{n} \\ &= \frac{x_1 + x_2 + \cdots + x_{10}}{10} \\ &= \frac{70 + 80 + \cdots + 85}{10} \\ &= 78{,}6\end{aligned}$$

$$\begin{aligned}\bar{y} &= \frac{\sum_{i=1}^{n} y_i}{n} \\ &= \frac{y_1 + y_2 + \cdots + y_{10}}{10} \\ &= \frac{2{,}3 + 3{,}2 + \cdots + 3{,}0}{10} \\ &= 2{,}86\end{aligned}$$

$$s_x = \sqrt{\frac{\sum_{i=1}^{n}(x_i - \bar{x})^2}{n-1}}$$

$$= \sqrt{\frac{(x_1 - \bar{x})^2 + (x_2 - \bar{x})^2 + \cdots + (x_{10} - \bar{x})^2}{10-1}}$$

$$= \sqrt{\frac{(70 - 78{,}6)^2 + (80 - 78{,}6)^2 + \cdots + (85 - 78{,}6)^2}{9}}$$

$$= 10{,}77$$

$$s_y = \sqrt{\frac{\sum_{i=1}^{n}(y_i - \bar{y})^2}{n-1}}$$

$$= \sqrt{\frac{(y_1 - \bar{y})^2 + (y_2 - \bar{y})^2 + \cdots + (y_{10} - \bar{y})^2}{9}}$$

$$= \sqrt{\frac{(2{,}3 - 2{,}86)^2 + (3{,}2 - 2{,}86)^2 + \cdots + (3{,}0 - 2{,}86)^2}{9}}$$

$$= 0{,}69$$

d'où :

$$r = \frac{2\,308{,}7 - 10(78{,}6)(2{,}86)}{9(10{,}77)(0{,}69)}$$

$r = 0{,}90$ (valeur obtenue à l'aide des fonctions statistiques d'une calculatrice)

Comme nous nous y attendions, cette valeur est positive et voisine de 1. Ce résultat confirme l'existence d'une forte corrélation linéaire positive entre les deux variables. Les moyennes faibles à l'université sont généralement associées à des moyennes faibles au cégep, et les moyennes élevées à l'université, à des moyennes élevées au cégep.

## EXERCICE 9.2

À une compétition scolaire, on a demandé à des élèves d'une école primaire de courir un 100 m et on les a chronométrés. Le tableau 9.4 donne le temps, mesuré en secondes, obtenu par 12 élèves en fonction de leur âge.

TABLEAU 9.4

**ÂGE DE 12 ÉLÈVES ET TEMPS QU'ILS ONT MIS POUR COURIR UN 100 m**

| Âge (années) | 6 | 6 | 7 | 7 | 8 | 8 | 9 | 9 | 10 | 11 | 12 | 12 |
|---|---|---|---|---|---|---|---|---|---|---|---|---|
| Temps (s) | 20 | 18 | 17 | 16 | 16 | 15 | 15 | 16 | 14 | 15 | 14 | 14 |

a) Quelles sont les variables étudiées ?

b) Quelle est la variable indépendante ? Justifiez votre choix.

c) Tracez le nuage de points.

d) Le nuage de points semble-t-il indiquer un lien entre les deux variables ?

e) Le modèle linéaire décrit-il bien cette relation ?

f) La corrélation entre ces deux variables est-elle positive ou négative ?

g) La corrélation entre ces deux variables paraît-elle forte ou faible ?

h) Estimez, d'après le nuage de points, la valeur de laquelle devrait se rapprocher le coefficient de corrélation linéaire.

i) Utilisez les fonctions statistiques de votre calculatrice afin d'évaluer le coefficient de corrélation linéaire.

j) Que nous apprend ce coefficient ?

Il est maintenant nécessaire de faire le point sur les principales caractéristiques du coefficient de corrélation linéaire.

1. Le coefficient de corrélation linéaire est un nombre pur (il ne comporte pas d'unités) qui respecte toujours l'inégalité suivante : $-1 \leq r \leq 1$.
2. Un coefficient de corrélation linéaire nettement différent de zéro indique la présence d'une corrélation linéaire entre deux variables. Toutefois, comme il a été obtenu à partir d'un échantillon, on devrait confirmer si ce lien vaut également pour toute la population en effectuant un test d'hypothèse (ce que nous ne ferons pas ici).
3. Lorsque $r$ est positif, la corrélation est positive ; lorsque $r$ est négatif, la corrélation est négative.
4. Plus $r$ est voisin de 1 (ou de −1), plus la corrélation linéaire est forte, et plus l'ovale qui entoure l'ensemble des points du diagramme de dispersion devrait être mince. Lorsque les points sont situés sur une droite, $r$ égale 1 ou −1, selon que la pente de la droite est positive ou négative. On dit alors que la corrélation linéaire est parfaite.
5. Plus $r$ est proche de zéro, plus la corrélation linéaire est faible et moins les points ont tendance à se grouper autour d'une droite. Lorsque $r$ est très proche de zéro, la corrélation linéaire est presque nulle. On ne doit pas en conclure qu'il n'y a pas de corrélation entre les deux variables, mais plutôt qu'elles ne sont pas liées de façon linéaire. Il se pourrait qu'il y ait un lien quadratique, exponentiel, logarithmique ou autre. Voici deux nuages de points qui donneraient une corrélation linéaire presque nulle. À la figure 9.5, les deux variables ne semblent présenter aucun lien entre elles. À la figure 9.6, elles présentent un lien quadratique.

FIGURE | **9.5**

**CORRÉLATION NULLE**

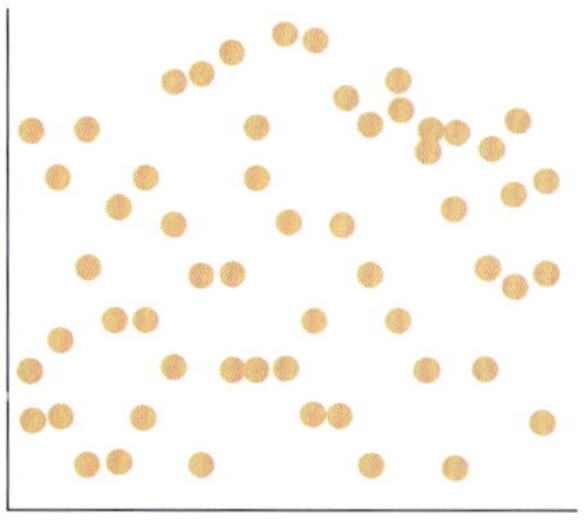

FIGURE | **9.6**

**CORRÉLATION QUADRATIQUE**

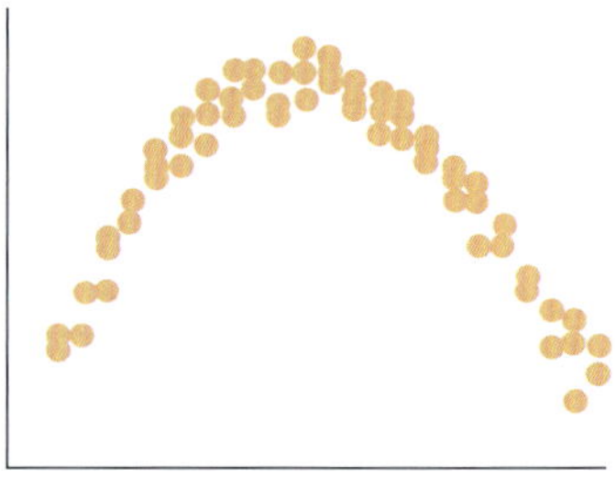

6. Une corrélation linéaire, même forte, ne permet pas d'affirmer que l'on est en présence d'une relation causale. Pour montrer qu'une relation est causale, il faut notamment manipuler la variable indépendante.

   Rappelons qu'il peut exister une relation statistique entre deux variables sans qu'on puisse même songer à y voir une relation causale. Par exemple, si on étudiait l'évolution dans le temps de la population du Québec et du prix des voitures, on constaterait probablement une corrélation positive de nature purement statistique entre ces variables. Aucune explication logique ne permettrait de comprendre comment le prix des voitures est lié à la taille de la population, sinon que les deux phénomènes varient en fonction du temps.

   Même en présence d'arguments logiques qui semblent convaincants, on ne peut pas conclure à une relation causale en se fondant sur le fait qu'on a obtenu une forte corrélation linéaire. En dehors d'un cadre expérimental, des variables non contrôlées pourraient expliquer la corrélation observée. Il peut donc y avoir corrélation sans causalité : corrélation ≠ causalité.

7. Malgré ce que nous venons de dire, on peut parfois présumer qu'il y a une relation de causalité en dehors d'un cadre expérimental à partir d'une forte corrélation linéaire entre deux variables. Ainsi, dans le domaine médical[2], on reconnaît la possibilité d'une relation causale entre deux variables lorsqu'on observe :
   - Une *constance de l'association* entre les deux variables dans des études effectuées en des lieux et en des temps différents auprès de populations différentes.
   - Une *confirmation de l'association*, notamment à partir d'expériences faites sur des animaux.
   - Une *association intense*, soit une forte corrélation.
   - Une *cohérence chronologique* entre la cause et l'effet, soit l'antériorité de la cause (la variable indépendante $x$) sur l'effet (la variable dépendante $y$).
   - La *présence d'une relation dose-effet*, soit une augmentation de l'effet lorsque la dose croît.
   - Une *explication de l'influence* de la variable indépendante sur la variable dépendante qui soit plausible et cohérente avec les connaissances scientifiques et médicales courantes.
   - Le *maintien de l'association* entre les deux variables, même quand on tient compte des autres influences possibles.

8. Il n'y a pas de critère absolu et universel pour déterminer si une corrélation linéaire est forte ou faible. Ainsi, un coefficient de corrélation linéaire de 0,4 peut être considéré comme important dans un domaine, alors qu'il se révèle négligeable dans un autre. Chaque domaine de recherche établit donc des seuils plutôt non officiels pour déterminer la force du lien linéaire.

   Toutefois, à titre indicatif, nous décrivons dans le tableau 9.5 la façon dont l'auteur d'un dictionnaire de psychologie[3] a caractérisé l'intensité d'une relation linéaire en fonction de la valeur absolue du coefficient de corrélation linéaire.

---

2. G. McCabe et D. Moore, *Introduction to the Practice of Statistics*, 3e éd., New York, W. H. Freeman, 1999, p. 211; P.-M. Bernard et C. Lapointe, *Mesures statistiques en épidémiologie*, Sillery, Presses de l'Université du Québec, 1991, p. 96.
3. J. P. Chaplin, *Dictionary of Psychology*, 2e éd., New York, Dell Publishing, 1985, p. 107.

TABLEAU 9.5

**INTERPRÉTATION DE LA VALEUR DU COEFFICIENT DE CORRÉLATION LINÉAIRE**

| Valeur absolue du coefficient de corrélation linéaire $\|r\|$ | Relation linéaire |
|---|---|
| $0 \leq \|r\| < 0{,}2$ | Nulle à faible |
| $0{,}2 \leq \|r\| < 0{,}4$ | Faible à moyenne |
| $0{,}4 \leq \|r\| < 0{,}7$ | Moyenne à forte |
| $0{,}7 \leq \|r\| < 0{,}9$ | Forte à très forte |
| $0{,}9 \leq \|r\| \leq 1$ | Très forte à parfaite |

## EXERCICE 9.3

Associez un des nuages de points de la figure 9.7 à chacun des coefficients de corrélation linéaire suivants: a) 1; b) 0; c) –1; d) 0,9; e) 0,5; f) –0,7.

FIGURE 9.7

**NUAGES DE POINTS**

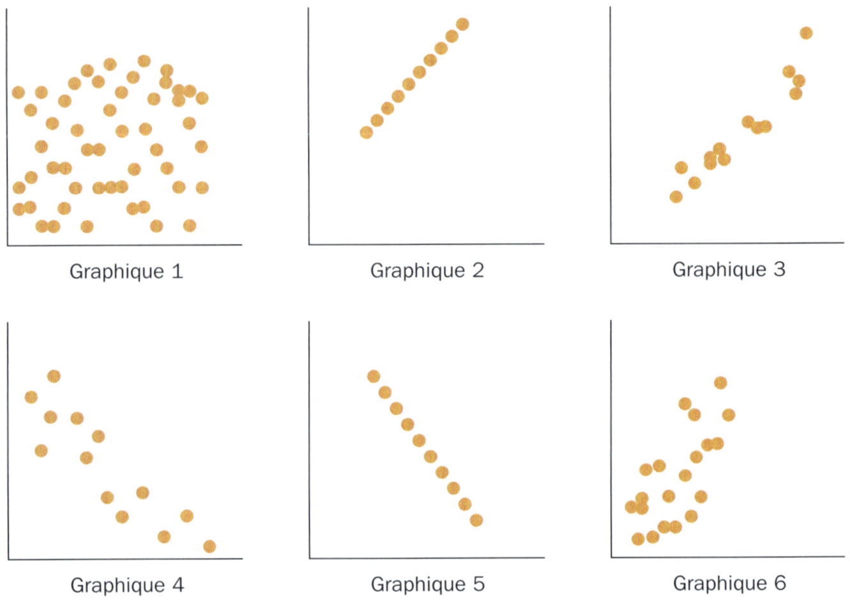


En psychologie ou en sciences de l'éducation, on recourt à des tests pour mesurer certaines habiletés verbales, arithmétiques ou motrices. On souhaite évidemment que les tests soient valides et fidèles, c'est-à-dire qu'ils mesurent adéquatement ce qu'ils doivent mesurer (la validité), et qu'ils le fassent de manière constante et stable (la fidélité). Le coefficient de corrélation linéaire peut servir à mesurer la validité et la fidélité d'un test.

## EXEMPLE 9.3

On fait passer un test aux candidats à un programme universitaire contingenté. Le test doit permettre de sélectionner les candidats qui obtiendront les meilleurs résultats universitaires; on veut prédire la capacité de réussir des études universitaires. Pour en vérifier la validité (on parle ici de validité prédictive), il suffit d'établir une corrélation entre les résultats au test et les résultats universitaires. Le tableau 9.6 révèle les résultats au test de sélection et la moyenne des notes de 10 candidats après un trimestre d'études universitaires.

TABLEAU 9.6

**RÉSULTAT DE 10 ÉTUDIANTS AU TEST ET LEUR MOYENNE APRÈS UN TRIMESTRE D'ÉTUDES**

| | | | | | | | | | | |
|---|---|---|---|---|---|---|---|---|---|---|
| **Résultat au test (sur 100)** | 70 | 75 | 80 | 90 | 85 | 60 | 65 | 80 | 78 | 88 |
| **Moyenne trimestrielle (sur 4,3)** | 3,0 | 2,8 | 3,1 | 3,7 | 2,7 | 2,5 | 2,2 | 3,2 | 3,3 | 3,5 |

On obtient un coefficient de corrélation linéaire élevé ($r = 0,79$). Il y a donc une corrélation positive relativement forte entre les résultats au test et les résultats universitaires. Le test semble être valide.

**EXEMPLE 9.4**

On a fait passer deux versions (A et B) d'un test à 10 sujets, ce qui a donné les notes consignées dans le tableau 9.7.

TABLEAU 9.7

**NOTES DE 10 CANDIDATS AUX DEUX VERSIONS DU TEST**

| | | | | | | | | | | |
|---|---|---|---|---|---|---|---|---|---|---|
| **Version A** | 35 | 42 | 58 | 95 | 98 | 75 | 80 | 62 | 77 | 79 |
| **Version B** | 39 | 37 | 65 | 87 | 90 | 78 | 86 | 58 | 83 | 74 |

Le coefficient de corrélation linéaire entre les notes est très élevé ($r = 0,96$). Le lien entre les notes obtenues est donc très fort : il y a équivalence des notes. Par conséquent, on a tendance à croire le test fidèle, puisque quelle qu'en soit la version, il donnera toujours sensiblement la même mesure pour une habileté donnée.

- **Vous pouvez maintenant faire les exercices récapitulatifs 1 à 6.**

## 9.3 Droite de régression

**Dans cette section :** droite de régression.

Lorsque le modèle linéaire décrit bien le lien entre deux variables, il est intéressant de trouver l'équation de la droite $y' = a + bx$ qui représenterait le mieux l'ensemble des points, soit la droite qui traverse le nuage de points et qui caractérise ce dernier le mieux possible.

Cette droite devrait nous permettre de faire une prédiction $(y')$ de la valeur de la variable dépendante $(y)$ à partir de la valeur de la variable indépendante $(x)$. Étant donné que la corrélation n'est généralement pas parfaite, on observera sans doute un écart entre la prédiction $(y')$ et la valeur observée $(y)$. La droite recherchée sera donc celle qui réduira au minimum la somme des carrés de ces écarts, autrement dit celle qui réduira au minimum les erreurs de prédiction ; donc, la droite qui réduira au minimum la somme de l'expression :

$$\sum_{i=1}^{n}(y_i' - y_i)^2 = \sum_{i=1}^{n}(e_i)^2$$

Celle-ci représente la somme des carrés des distances verticales entre les valeurs observées et la droite. Cette droite $y' = a + bx$, illustrée à la figure 9.8, constitue, en ce sens, le meilleur ajustement linéaire aux points. On l'appelle **droite de régression** ou *droite des moindres carrés.*

**Droite de régression**

Droite d'équation $y' = a + bx$ qui constitue le meilleur ajustement linéaire à un nuage de points $(x; y)$ sur un graphique cartésien. Cette droite réduit au minimum la somme des carrés des écarts entre les valeurs prédites $(y')$ et les valeurs observées $(y)$ de la variable dépendante. Également appelée *droite des moindres carrés.*

FIGURE 9.8

**DROITE DE RÉGRESSION ET MESURE DES ÉCARTS**

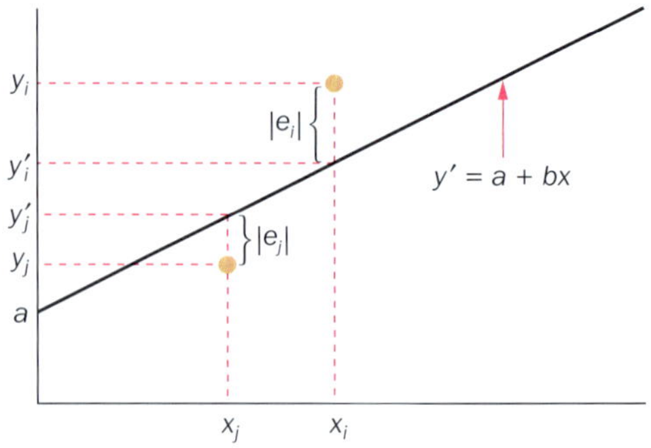


Comme toute droite, la droite de régression est entièrement déterminée par sa pente, $b$, et son ordonnée à l'origine, $a$. Ces deux coefficients sont donnés par :

$$b = r\frac{s_y}{s_x} \quad \text{et} \quad a = \overline{y} - b\overline{x}$$

**EXEMPLE 9.5**

À partir des données du tableau 9.3 de la page 373, on a obtenu les résultats suivants :

$$\overline{x} = 78{,}6 \quad \overline{y} = 2{,}86 \quad s_x = 10{,}77 \quad s_y = 0{,}69 \quad r = 0{,}90$$

Les coefficients de la droite de régression $(y' = a + bx)$ sont donc :

$$\begin{aligned} b &= r\frac{s_y}{s_x} \\ &= 0{,}90\left(\frac{0{,}69}{10{,}77}\right) \\ &= 0{,}058 \end{aligned}$$

et

$$\begin{aligned} a &= \overline{y} - b\overline{x} \\ &= 2{,}86 - 0{,}058(78{,}6) \\ &= -1{,}71 \end{aligned}$$

Par conséquent, l'équation de la droite de régression est :

$$y' = -1{,}71 + 0{,}058x$$

Cette équation est donc celle de la droite qui se rapproche le plus de l'ensemble des points. Ainsi, lorsque $x = 70$, notre prédiction[4] de la valeur de $y$ sera :

$$\begin{aligned} y' &= -1{,}71 + 0{,}058(70) \\ &= 2{,}36 \end{aligned}$$

Nous constatons un écart de la valeur observée de $y$ que nous connaissons, soit $y = 2{,}3$. Cet écart s'explique par le fait que la corrélation linéaire est imparfaite $(r \neq 1 \text{ et } r \neq -1)$.

Pour $x = 75$, nous obtenons :

$$\begin{aligned} y' &= -1{,}71 + 0{,}058(75) \\ &= 2{,}65 \end{aligned}$$

4. Les valeurs prédites ont été obtenues à partir des fonctions statistiques d'une calculatrice.

Pour $x = 92$, nous obtenons :

$$y' = -1,71 + 0,058(92)$$
$$= 3,64$$

La droite de régression permet donc de prédire la valeur d'une des deux variables à partir de l'autre. Dans le contexte de cet exemple, comme la corrélation linéaire est relativement forte, nous sommes capables de prédire de manière assez convaincante la moyenne des notes à l'université à partir de la moyenne des notes obtenues au cégep. Les résultats obtenus au cégep constituent un bon indicateur de ceux qui seront obtenus à l'université.

Nous pouvons visualiser les écarts entre les estimations et les valeurs observées à l'aide d'un diagramme de dispersion sur lequel nous avons tracé la droite de régression (figure 9.9).

FIGURE | **9.9**

**MOYENNES DES NOTES À L'UNIVERSITÉ, SELON LA MOYENNE DES NOTES AU CÉGEP**

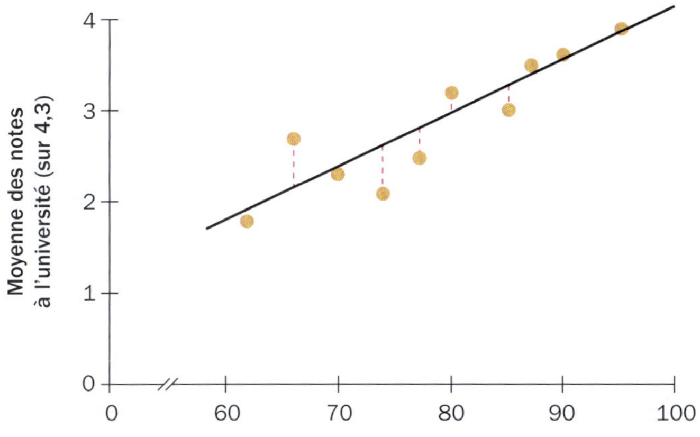


## EXERCICE 9.4

À l'issue d'une compétition scolaire, on a étudié les résultats obtenus au saut en hauteur par 10 enfants selon leur âge (tableau 9.8).

TABLEAU | **9.8**

**ÂGE DE 10 ENFANTS ET HAUTEUR DE LEUR SAUT**

| Âge (années) | 6 | 6 | 7 | 8 | 8 | 9 | 9 | 11 | 12 | 12 |
|---|---|---|---|---|---|---|---|---|---|---|
| Hauteur (m) | 0,6 | 0,8 | 0,9 | 0,7 | 1,0 | 1,1 | 1,0 | 1,2 | 1,4 | 0,9 |

a) Quelles sont les variables étudiées ?

b) Quelle serait la variable indépendante ? Justifiez votre choix.

c) Tracez le nuage de points.

d) Le nuage de points semble-t-il indiquer un lien entre les deux variables ?

e) Le modèle linéaire décrit-il bien cette relation ?

f) La corrélation entre ces deux variables est-elle positive ou négative ?

g) La corrélation entre ces deux variables paraît-elle forte ou faible ?

h) Estimez, d'après le nuage de points, la valeur de laquelle devrait se rapprocher le coefficient de corrélation linéaire.

i) Utilisez les fonctions statistiques de votre calculatrice afin d'évaluer le coefficient de corrélation linéaire. Commentez votre résultat.

j) Quelle est l'équation de la droite de régression ?

k) Si vous aviez à prédire la hauteur que devrait franchir un enfant de 10 ans, quelle serait votre prédiction ?

On peut se servir de la droite de régression à des fins de prédiction lorsque les conditions suivantes sont satisfaites :

- Le nuage de points montre que les données ont tendance à se grouper autour d'une droite, c'est-à-dire que la dispersion des points autour de la droite de régression est faible.
- La valeur du coefficient de corrélation linéaire s'éloigne suffisamment de zéro. On ne se sert d'un modèle mathématique, le modèle linéaire en l'occurrence, que s'il décrit bien les observations.

Même lorsque les calculs sont possibles, on ne devrait pas se servir de la droite de régression pour faire des prédictions à partir de valeurs qui s'éloignent trop de celles qui ont été observées. Le modèle linéaire n'est peut-être pas adéquat pour décrire la relation entre les variables pour des valeurs éloignées des observations.

**EXEMPLE 9.6**

La figure 9.10 représente le diagramme de dispersion tracé à partir des données du tableau 9.8.

FIGURE | **9.10**

**HAUTEUR DU SAUT, SELON L'ÂGE**

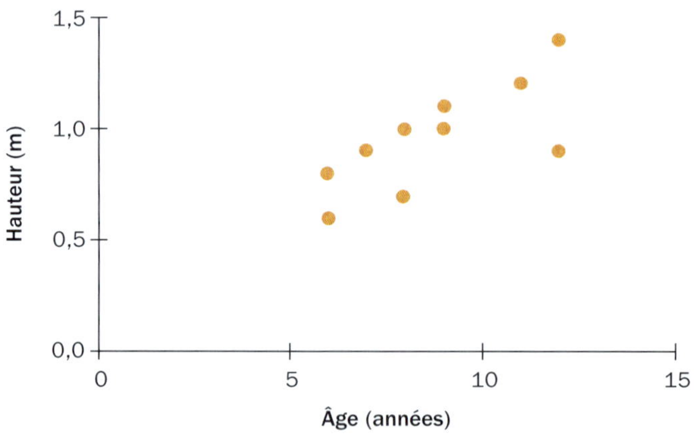


La relation entre l'âge et la hauteur du saut des élèves de 6 à 12 ans peut être décrite adéquatement par une droite ; le modèle linéaire est approprié. Nous obtenons un coefficient de corrélation assez élevé ($r = 0,73$), et l'équation de la droite de régression est $y' = 0,28 + 0,077x$.

Cependant, lorsque nous nous servons de ce modèle pour prédire la hauteur à laquelle sauteraient des personnes qui n'appartiennent pas à ce groupe d'âge, nous obtenons des résultats aberrants. En effet, pour $x = 1$ an,

$$\begin{aligned} y' &= 0,28 + 0,077(1) \\ &= 0,36 \text{ m} \end{aligned}$$

et pour $x = 50$ ans, $y' = 4{,}14$ m. Un enfant de 1 an devrait donc sauter 0,36 m, et un adulte de 50 ans, 4,14 m ! Ces prédictions ne sont évidemment pas réalistes. Cet exemple montre clairement qu'on ne doit pas, à partir du modèle linéaire, faire des prédictions pour des valeurs qui s'éloignent trop des observations.

## EXEMPLE 9.7

Le tableau 9.9 et le diagramme de dispersion correspondant de la figure 9.11 indiquent, en fonction de leur âge, la somme d'argent dépensée au cours de la dernière année par 30 consommateurs pour l'achat de vêtements.

TABLEAU 9.9

**SOMME DÉPENSÉE POUR L'ACHAT DE VÊTEMENTS, SELON L'ÂGE DU CONSOMMATEUR**

| Âge (années) | Dépense ($) | Âge (années) | Dépense ($) | Âge (années) | Dépense ($) |
|---|---|---|---|---|---|
| 23 | 1 100 | 32 | 1 300 | 43 | 800 |
| 25 | 600 | 34 | 1 150 | 45 | 1 200 |
| 26 | 1 500 | 34 | 1 200 | 45 | 1 700 |
| 28 | 700 | 35 | 750 | 46 | 1 150 |
| 29 | 900 | 35 | 900 | 47 | 1 400 |
| 29 | 550 | 36 | 1 600 | 49 | 900 |
| 30 | 1 800 | 38 | 750 | 52 | 950 |
| 30 | 850 | 40 | 1 000 | 55 | 1 700 |
| 30 | 1 000 | 41 | 1 500 | 56 | 1 050 |
| 31 | 600 | 42 | 700 | 60 | 1 150 |

FIGURE 9.11

**SOMME DÉPENSÉE POUR L'ACHAT DE VÊTEMENTS, SELON L'ÂGE DU CONSOMMATEUR**

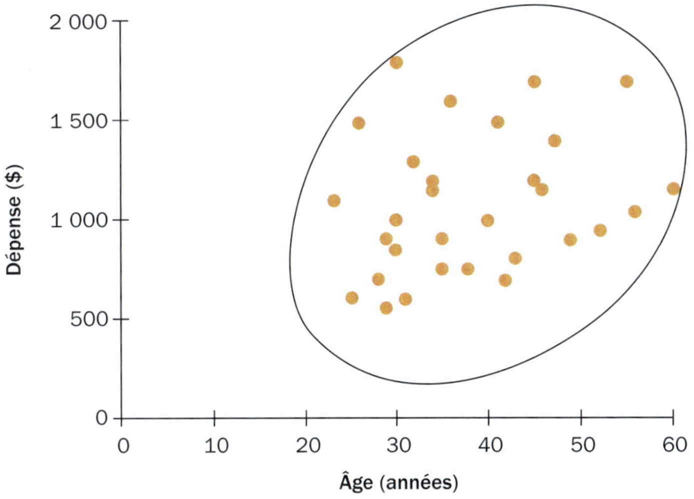


Lorsque nous traçons l'ovale encadrant ce nuage de points, nous constatons qu'il est très large. La dispersion des points autour de la droite de régression est donc forte. De plus, le calcul du coefficient de corrélation linéaire donne $r = 0{,}24$. Le nuage de points et le coefficient de corrélation linéaire indiquent qu'il n'existe qu'une faible corrélation linéaire positive entre l'âge et les dépenses effectuées

■ **Vous pouvez maintenant faire les exercices récapitulatifs 7 à 9.**

pour l'achat de vêtements. Par conséquent, il serait très hasardeux de se servir de la droite de régression en vue de prédire de manière convaincante la somme d'argent dépensée pour l'achat de vêtements en fonction de l'âge du consommateur.

# 9.4 Droite de tendance

**Dans cette section :** droite de tendance.

**Droite de tendance**
Nom de la droite de régression lorsqu'on étudie une série chronologique.

La droite de régression peut aussi servir à décrire l'évolution d'une variable dans le temps. Dans ce cas, on considère que le temps constitue la variable indépendante. La droite de régression porte alors le nom de **droite de tendance**.

**EXEMPLE 9.8**

Examinons le tableau 9.10 et le nuage de points correspondant de la figure 9.12.

TABLEAU 9.10

**ÉVOLUTION DE LA RÉMUNÉRATION HEBDOMADAIRE ($), QUÉBEC, 2000-2008**

| Année | Rémunération hebdomadaire ($) |
|---|---|
| 2000 | 579,66 |
| 2001 | 596,29 |
| 2002 | 606,06 |
| 2003 | 619,25 |
| 2004 | 641,41 |
| 2005 | 656,63 |
| 2006 | 671,97 |
| 2007 | 687,19 |
| 2008 | 711,00 |

Source : Institut de la statistique du Québec, *Annuaire québécois des statistiques du travail. Portrait des principaux indicateurs des conditions et de la dynamique du travail 2000-2008*, vol. 5, n° 2, décembre 2009, p. 87.

FIGURE 9.12

**ÉVOLUTION DE LA RÉMUNÉRATION HEBDOMADAIRE ($), QUÉBEC, 2000-2008**

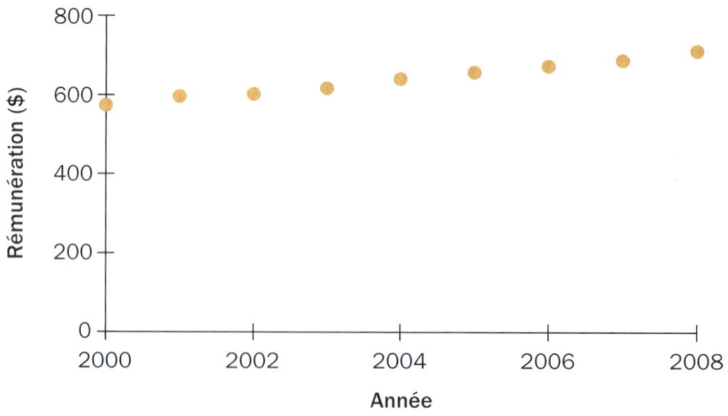


Source : Institut de la statistique du Québec, *Annuaire québécois des statistiques du travail. Portrait des principaux indicateurs des conditions et de la dynamique du travail 2000-2008*, vol. 5, n° 2, décembre 2009, p. 87.

Les points qui apparaissent sur le diagramme de dispersion tendent fortement à s'agglutiner autour d'une droite, ce qui donne un coefficient de corrélation très élevé ($r = 0{,}997$). Nous avons donc une corrélation linéaire positive très forte. Ainsi, la droite de régression permet de décrire la tendance de l'évolution de la rémunération hebdomadaire au Québec. L'équation de la droite de tendance est :

$$y' = -31\,665{,}4 + 16{,}121\,x$$

Nous pouvons nous servir de cette droite pour prédire la rémunération hebdomadaire en 2010 :

$$\begin{aligned} y' &= -31\,665{,}4 + 16{,}121(2010) \\ &= 737{,}78\ \$ \end{aligned}$$

La rémunération hebdomadaire projetée pour l'année 2010 est donc de 737,78 $.

Nous pourrions également nous demander en quelle année la rémunération hebdomadaire franchira le seuil de 750,00 $. Il suffit d'isoler la valeur de $x$ dans l'équation de la droite de tendance et de remplacer $y'$ par 750 en procédant de la façon suivante :

$$\begin{aligned} y' &= -31\,665{,}4 + 16{,}121\,x \\ x &= \frac{y' + 31\,665{,}4}{16{,}121} \\ &= \frac{750 + 31\,665{,}4}{16{,}121} \\ &= 2010{,}76 \end{aligned}$$

Par conséquent, si la tendance se maintenait, ce serait en 2011 que la rémunération hebdomadaire au Québec franchirait le seuil de 750 $.

Il serait plus hasardeux de faire une prédiction de la rémunération hebdomadaire en 2050, étant donné que nous nous éloignerions alors beaucoup trop des valeurs dont nous disposons. Le modèle linéaire s'applique aux années voisines de celles de l'intervalle allant de 2000 à 2008, mais il n'est peut-être pas adéquat pour décrire la situation en 2050.

## EXERCICE 9.5

Répondez aux questions à partir des données consignées dans le tableau 9.11.

TABLEAU 9.11

**ÉVOLUTION DU NOMBRE D'EMPLOIS (MILLIERS) OCCUPÉS PAR DES FEMMES, QUÉBEC, 2001-2009**

| Année | Nombre d'emplois (milliers) |
|---|---|
| 2001 | 1 564,8 |
| 2002 | 1 637,8 |
| 2003 | 1 689,7 |
| 2004 | 1 719,1 |
| 2005 | 1 743,5 |
| 2006 | 1 767,0 |
| 2007 | 1 834,3 |
| 2008 | 1 856,7 |
| 2009 | 1 854,0 |

Source : Institut de la statistique du Québec, *Annuaire québécois des statistiques du travail*, vol. 6, nº 1, juin 2010, p. 62.

a) Quelles ont été l'augmentation et l'augmentation relative du nombre d'emplois occupés par des femmes au cours de la période considérée ?
b) Tracez le nuage de points.
c) Le modèle linéaire décrit-il bien l'évolution du nombre d'emplois occupés par des femmes ? Justifiez votre réponse.
d) Quelle est l'équation de la droite de tendance ?
e) Si la tendance se maintient, quel serait le nombre d'emplois occupés par des femmes au Québec en 2012 ?
f) Si la tendance se maintient, en quelle année le nombre d'emplois occupés par des femmes sera-t-il de 2 millions ?
g) Le modèle linéaire peut-il servir à prédire le nombre d'emplois occupés par des femmes en 2050 ? Expliquez votre réponse.

- **Vous pouvez maintenant faire les exercices récapitulatifs 10 à 12.**

## RÉSUMÉ

En mathématiques, on exprime un lien entre deux variables à l'aide d'une fonction désignée par $y = f(x)$. Le type de fonction le plus simple est la fonction linéaire, $y = a + bx$, qui sert à décrire la relation linéaire entre deux variables et à prédire la valeur d'une d'entre elles à partir de la valeur de l'autre.

Afin de s'assurer que le modèle linéaire permet de décrire la relation entre deux variables, on trace un **nuage de points** (ou *diagramme de dispersion*). Lorsque les points se groupent autour d'une droite, on suppose que le modèle linéaire peut effectivement décrire le lien entre les deux variables.

On mesure la force de ce lien à l'aide du **coefficient de corrélation linéaire** $(r)$. Celui-ci est un nombre pur toujours compris entre –1 et 1. Le signe du coefficient indique si la corrélation est positive $(r > 0)$, négative $(r < 0)$ ou nulle $(r = 0)$. Le tableau 9.5, en page 378, permet de qualifier l'intensité du lien linéaire à partir de la valeur du coefficient de corrélation linéaire.

On calcule le coefficient de corrélation linéaire à l'aide de la formule suivante :

$$r = \frac{\sum_{i=1}^{n} x_i y_i - n\bar{x}\,\bar{y}}{(n-1)\,s_x s_y}$$

où :

$n$ représente le nombre de couples $(x, y)$,

$(x_i, y_i)$ représente les coordonnées du $i^{\text{ième}}$ couple,

$\sum_{i=1}^{n} x_i y_i = x_1 y_1 + x_2 y_2 + \cdots + x_n y_n$,

$\bar{x}$ représente la moyenne de la variable indépendante,

$\bar{y}$ représente la moyenne de la variable dépendante,

$s_x$ représente l'écart type de la variable indépendante,

$s_y$ représente l'écart type de la variable dépendante.

On peut visualiser l'intensité d'une relation linéaire en examinant le nuage de points. La figure 9.13 montre quelques nuages de points typiques pour lesquels on a indiqué la valeur du coefficient de corrélation linéaire.

FIGURE 9.13

**NUAGES DE POINTS TYPIQUES**

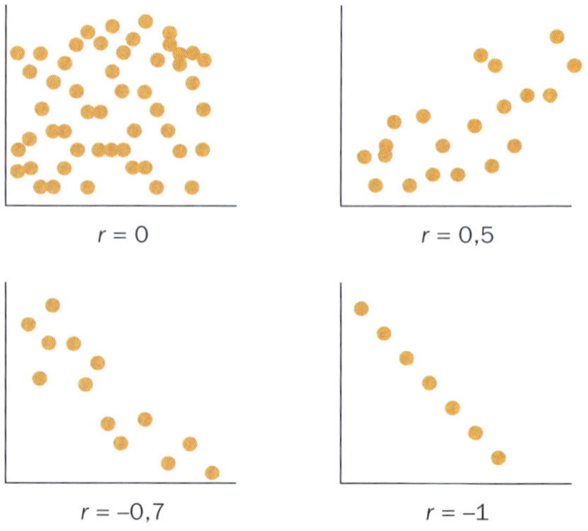


Lorsque le modèle linéaire convient, on détermine l'équation de la droite qui caractérise le mieux la relation linéaire entre les deux variables. Cette droite porte le nom de **droite de régression** ou de *droite des moindres carrés*. L'équation de cette droite est $y' = a + bx$, où la pente $b$ et l'ordonnée à l'origine $a$ de la droite sont données par les formules suivantes :

$$b = r\frac{s_y}{s_x} \text{ et } a = \bar{y} - b\bar{x}$$

Lorsque l'objet d'étude est une série chronologique, la droite de régression porte le nom de **droite de tendance**, où le temps constitue la variable indépendante.

## Mots clés

Coefficient de corrélation linéaire, p. 372

Droite de régression, p. 379

Droite de tendance, p. 384

Nuage de points, p. 370

## Réseau de concepts

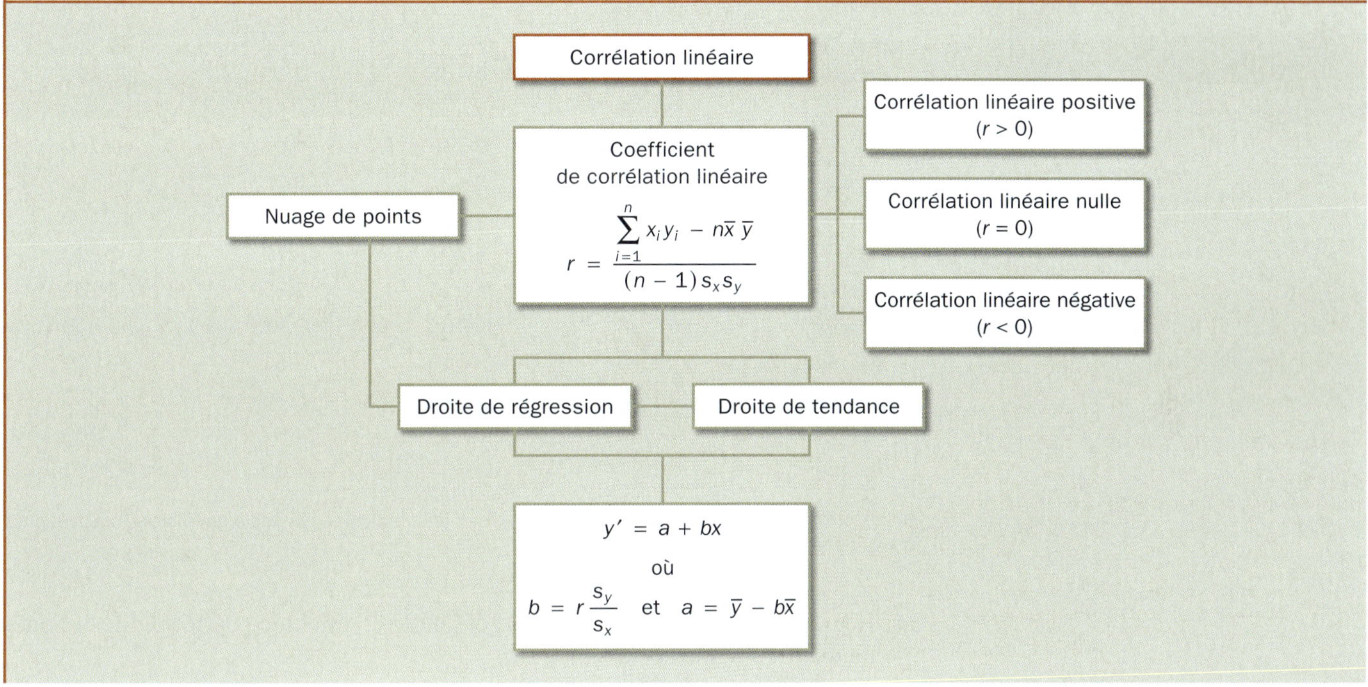


## Exercices récapitulatifs

### Sections 9.1 et 9.2

**1.** Vrai ou faux ? Justifiez votre réponse.

a) On observe une corrélation linéaire parfaite entre deux variables uniquement lorsque $r = 1$.

b) Lorsque $r$ est voisin de zéro, il n'y a pas de corrélation entre les deux variables.

c) Lorsque $r > 0$, la corrélation linéaire entre les deux variables est positive.

d) Le coefficient de corrélation linéaire $r$ vérifie toujours l'inégalité $0 \leq r \leq 1$.

e) Lorsqu'on trace un nuage de points, on place généralement la variable indépendante sur l'axe des ordonnées.

f) On peut calculer le coefficient de corrélation linéaire $r$ même lorsqu'une des deux variables est une variable qualitative nominale.

g) Lorsque $r = 1$, on observe une relation de cause à effet entre les deux variables.

h) On dit que la corrélation entre deux variables quantitatives est négative si leurs valeurs diminuent en même temps.

**2.** Répondez aux questions à partir des données consignées dans le tableau 9.12.

TABLEAU | **9.12**

**ESPÉRANCE DE VIE, TAUX DE MORTALITÉ INFANTILE, INDICE SYNTHÉTIQUE DE FÉCONDITÉ ET PRODUIT INTÉRIEUR BRUT PAR HABITANT POUR CERTAINS PAYS**

| Pays | Espérance de vie (années) | Taux de mortalité infantile (‰) | Indice synthétique de fécondité | Produit intérieur brut par habitant ($) |
|---|---|---|---|---|
| Angola | 38,48 | 178,13 | 6,05 | 8 900 |
| Argentine | 76,76 | 11,11 | 2,33 | 13 800 |
| Bangladesh | 60,63 | 57,78 | 2,65 | 1 600 |
| Canada | 81,29 | 4,99 | 1,58 | 38 400 |
| Côte-d'Ivoire | 56,19 | 66,43 | 4,01 | 1 700 |
| Égypte | 72,40 | 26,20 | 3,01 | 6 000 |
| États-Unis | 78,24 | 6,14 | 2,06 | 46 400 |
| Haïti | 61,38 | 58,07 | 3,72 | 1 300 |
| Inde | 66,46 | 49,13 | 2,65 | 3 100 |
| Mexique | 76,26 | 17,84 | 2,31 | 13 500 |
| Nicaragua | 71,78 | 24,16 | 2,51 | 2 800 |
| Pérou | 71,03 | 27,74 | 2,32 | 8 600 |
| Sierra Leone | 55,69 | 80,16 | 4,97 | 900 |
| Vietnam | 71,94 | 21,57 | 1,93 | 2 900 |

Source : CIA – The World Factbook – Country Comparison, https://www.cia.gov/library/publications/the-world-factbook/ (2010-07-12).

a) Représentez l'espérance de vie $(x)$ et l'indice synthétique de fécondité $(y)$ dans un diagramme de dispersion.

b) Calculez le coefficient de corrélation linéaire entre les deux variables considérées en *a* et commentez sa valeur.

c) Représentez l'indice synthétique de fécondité $(x)$ et le taux de mortalité infantile $(y)$ dans un diagramme de dispersion.

d) Calculez le coefficient de corrélation linéaire entre les deux variables considérées en *c* et commentez sa valeur.

e) Représentez le produit intérieur brut par habitant $(x)$ et l'espérance de vie $(y)$ dans un diagramme de dispersion.

f) Calculez le coefficient de corrélation linéaire entre les deux variables considérées en *e* et commentez sa valeur.

**3.** Répondez aux questions à partir des données consignées dans le tableau 9.13.

a) Tracez le nuage de points mettant en relation la température et les précipitations annuelles moyennes. Prenez la température comme variable indépendante.

b) Calculez le coefficient de corrélation linéaire et commentez sa valeur.

c) Semble-t-il y avoir une relation linéaire entre la température et les précipitations annuelles moyennes d'une ville ?

TABLEAU 9.13

**TEMPÉRATURE ET PRÉCIPITATIONS MOYENNES ANNUELLES POUR DES GRANDES VILLES CANADIENNES ET INTERNATIONALES**

| Ville | Température moyenne annuelle (°C) (maximum) | Précipitations moyennes annuelles (mm) |
|---|---|---|
| Beijing | 17 | 623 |
| Le Caire | 27 | 22 |
| Capetown | 21 | 652 |
| Londres | 14 | 594 |
| Los Angeles | 21 | 373 |
| Mexico | 23 | 726 |
| Montréal | 11,1 | 978,9 |
| Moscou | 8 | 575 |
| New Delhi | 31 | 715 |
| Paris | 14 | 585 |
| Québec | 9,0 | 1 230,3 |
| Rio de Janeiro | 30 | 1 093 |
| Rome | 20 | 749 |
| Sydney | 22 | 1 205 |
| Tokyo | 19 | 1 563 |
| Toronto | 12,5 | 792,7 |
| Vancouver | 13,7 | 1 199,0 |
| Washington | 19 | 991 |

Source : Adapté de Statistique Canada, http://www40.statcan.ca/l02/cst01/phys08a-fra.htm et http://www40.statcan.ca/l02/cst01/phys08b-fra.htm (2009-10-10).

**4.** Répondez aux questions à partir des données consignées dans le tableau 9.14.

TABLEAU 9.14

**MASSE ET QUOTIENT INTELLECTUEL DE 10 ADULTES**

| Masse (kg) | Quotient intellectuel |
|---|---|
| 70 | 120 |
| 65 | 95 |
| 85 | 110 |
| 90 | 100 |
| 75 | 112 |
| 70 | 100 |
| 80 | 105 |
| 75 | 95 |
| 58 | 120 |
| 47 | 98 |

a) Tracez le nuage de points mettant en relation la masse et le quotient intellectuel. Prenez la masse comme variable indépendante.

b) Le nuage de points semble-t-il indiquer un lien linéaire entre les deux variables ?

c) Calculez le coefficient de corrélation linéaire et commentez sa valeur.

**5.** Pour étudier les effets de l'hérédité et de l'environnement social et culturel sur l'intelligence, on a comparé les résultats à un test de quotient intellectuel (QI) de jumeaux identiques séparés à la naissance. Les jumeaux identiques ayant le même bagage génétique, on pourra attribuer les différences de QI à l'environnement social et culturel.

Le tableau 9.15 présente les résultats d'un test de QI qu'on a fait passer à un échantillon de neuf paires de jumeaux identiques séparés à la naissance. Le résultat du jumeau le plus vieux est noté $x$ et représente la variable indépendante, alors que celui du jumeau le plus jeune est noté $y$.

TABLEAU | **9.15**

**RÉSULTATS À UN TEST DE QI POUR NEUF PAIRES DE JUMEAUX IDENTIQUES SÉPARÉS À LA NAISSANCE**

| | | | | | | | | | |
|---|---|---|---|---|---|---|---|---|---|
| $QI_x$ | 107 | 96 | 103 | 96 | 111 | 95 | 89 | 105 | 100 |
| $QI_y$ | 111 | 97 | 114 | 99 | 115 | 92 | 94 | 104 | 106 |

a) Tracez le nuage de points mettant en relation les QI des jumeaux.

b) Le nuage de points semble-t-il indiquer un lien linéaire entre les deux variables ?

c) La corrélation entre ces deux variables est-elle positive ou négative ?

d) La corrélation entre ces deux variables paraît-elle forte ou faible ?

e) Estimez, d'après le nuage de points, la valeur de laquelle devrait se rapprocher le coefficient de corrélation linéaire.

f) Calculez le coefficient de corrélation linéaire et commentez sa valeur.

**6.** Pendant toute la durée d'une formation pour informaticiens, on a mis en relation le nombre de jours de formation et le temps requis pour diagnostiquer un problème. Répondez aux questions à partir des données consignées dans le tableau 9.16.

TABLEAU | **9.16**

**DURÉE DE LA FORMATION ET TEMPS REQUIS POUR POSER UN DIAGNOSTIC**

| | | | | | | | | | | |
|---|---|---|---|---|---|---|---|---|---|---|
| Durée de la formation (jours) | 2 | 2 | 3 | 3 | 4 | 4 | 5 | 5 | 5 | 6 |
| Temps requis pour poser le diagnostic (min) | 25 | 23 | 17 | 21 | 18 | 20 | 15 | 12 | 13 | 10 |

a) Quelle est la variable indépendante ? Justifiez votre réponse.

b) Quelle est la taille de l'échantillon ? Utilisez le symbole approprié dans votre réponse.

c) Tracez le nuage de points.

d) Si le nuage de points laisse présager un lien entre les deux variables, qualifiez ce lien (nature et intensité).

e) Estimez, d'après le nuage de points, la valeur de laquelle devrait se rapprocher le coefficient de corrélation linéaire.

f) Calculez le coefficient de corrélation linéaire et commentez sa valeur.

## Section 9.3

**7.** Un des moyens utilisés pour augmenter le taux de réponse au questionnaire d'un sondage consiste à offrir une prime en argent aux répondants. Répondez aux questions à partir des données consignées dans le tableau 9.17, qui met en relation la prime offerte aux répondants et le taux de réponse.

TABLEAU | **9.17**

**PRIME ET TAUX DE RÉPONSE**

| | | | | | | | |
|---|---|---|---|---|---|---|---|
| Prime ($) | 0 | 1 | 2 | 4 | 5 | 10 | 20 |
| Taux de réponse (%) | 10 | 15 | 25 | 30 | 40 | 60 | 70 |

a) Quelle est la variable indépendante ? Justifiez votre réponse.
b) Tracez le nuage de points.
c) Le modèle linéaire décrit-il bien la relation entre ces variables ?
d) En vertu de ce modèle, quel devrait être le taux de réponse si on offrait une prime de 15 $ ?
e) En vertu de ce modèle, quelle prime donnerait un taux de réponse de 50 % ?
f) Peut-on recourir à ce modèle pour prédire de manière fiable le taux de réponse associé à une prime de 50 $ ? Justifiez votre réponse.

**8.** Un de vos amis, serveur dans un restaurant, prétend qu'il n'existe pas de lien entre l'addition du client et le pourboire qu'il reçoit. Répondez aux questions à partir des données consignées dans le tableau 9.18, qui met en relation l'addition et le pourboire.

TABLEAU **9.18**

**ADDITION ET POURBOIRE**

| Addition ($) | 50,28 | 42,32 | 74,35 | 23,42 | 92,45 | 60,32 | 36,23 | 112,45 |
|---|---|---|---|---|---|---|---|---|
| Pourboire ($) | 8,00 | 6,50 | 9,00 | 4,50 | 12,75 | 10,00 | 5,50 | 18,00 |

a) Quelles sont les deux variables étudiées ?
b) De quelle nature sont ces deux variables ?
c) Quelle est la variable indépendante ? Justifiez votre réponse.
d) Tracez le nuage de points.
e) Le modèle linéaire décrit-il bien la relation entre ces variables ?
f) Calculez le coefficient de corrélation linéaire et commentez sa valeur.
g) À l'aide du modèle approprié, estimez le pourboire sur une addition de 100 $.
h) Peut-on se servir de ce modèle pour faire une prédiction fiable du pourboire sur une addition de 225 $ ? Justifiez votre réponse.

**9.** Répondez aux questions à partir des données consignées dans le tableau 9.19.

TABLEAU **9.19**

**ÉVOLUTION DU TAUX D'INTÉRÊT HYPOTHÉCAIRE DE UN AN ET DU TAUX D'INFLATION, CANADA, 1996-2008**

| Année | Taux d'inflation (%) | Taux d'intérêt (%) |
|---|---|---|
| 1996 | 1,5 | 4,35 |
| 1997 | 1,7 | 3,61 |
| 1998 | 1,0 | 5,05 |
| 1999 | 1,8 | 4,94 |
| 2000 | 2,7 | 5,71 |
| 2001 | 2,5 | 3,87 |
| 2002 | 2,2 | 2,66 |
| 2003 | 2,8 | 2,94 |
| 2004 | 1,8 | 2,31 |
| 2005 | 2,2 | 2,84 |
| 2006 | 2,0 | 4,20 |
| 2007 | 2,2 | 4,63 |
| 2008 | 2,3 | 3,23 |

Source : Adapté de Statistique Canada, http://www.statcan.gc.ca/pub/11-210-x/2008000/t098-fra.htm et http://www.statcan.gc.ca/pub/11-210-x/2008000/t026-fra.htm (2010-07-15).

a) Tracez le nuage de points correspondant aux variables «taux d'inflation» ($x$) et «taux d'intérêt hypothécaire» ($y$).

b) Calculez le coefficient de corrélation linéaire.

c) Peut-on utiliser le modèle linéaire pour estimer le taux d'intérêt hypothécaire à partir du taux d'inflation? Justifiez votre réponse.

## Section 9.4

**10.** Répondez aux questions à partir des données consignées dans le tableau 9.20.

TABLEAU | **9.20**

**ÉVOLUTION DE LA RÉMUNÉRATION HEBDOMADAIRE MOYENNE DES FEMMES EXPRIMÉE EN POURCENTAGE DE CELLE DES HOMMES, CHEZ LES PERSONNES TRAVAILLANT À TEMPS PLEIN, QUÉBEC, 2000–2008**

| Année | Rémunération des femmes en pourcentage (%) de celle des hommes |
|---|---|
| 2000 | 78,3 |
| 2001 | 78,1 |
| 2002 | 79,3 |
| 2003 | 80,0 |
| 2004 | 81,5 |
| 2005 | 81,8 |
| 2006 | 82,0 |
| 2007 | 83,4 |
| 2008 | 83,3 |

Source: Institut de la statistique du Québec, http://stat.gouv.qc.ca/donstat/societe/march_travl_remnr/remnr_condt_travl/index.htm (2009-10-25).

Note: Les calculs des pourcentages ont été effectués à partir de plusieurs tableaux sur le site de l'Institut de la statistique du Québec.

a) Quelles ont été la variation et la variation relative de la rémunération des femmes, exprimée en pourcentage de celle des hommes, au cours de la période considérée?

b) Tracez le nuage de points.

c) Quelle est l'équation de la droite de tendance?

d) Si la tendance se maintient, quelle devrait être la rémunération des femmes exprimée en pourcentage de celle des hommes en 2011?

e) Si la tendance se maintient, en quelle année les femmes atteindront-elles la parité salariale avec les hommes? Dans ce contexte, expliquez pourquoi l'emploi de la droite de tendance est discutable.

**11.** Répondez aux questions à partir des données consignées dans le tableau 9.21.

a) Quelles ont été la variation et la variation relative du taux de masculinité de la main-d'œuvre au cours de la période considérée?

b) Pourquoi les réponses obtenues en *a* sont-elles négatives?

c) Tracez le nuage de points.

d) Le modèle linéaire décrit-il bien l'évolution du taux de masculinité de la main-d'œuvre? Justifiez votre réponse.

e) Quelle est l'équation de la droite de tendance?

f) Si la tendance se maintient, quel serait le taux de masculinité de la main-d'œuvre en 2011?

g) Si la tendance se maintient, en quelle année le taux de masculinité de la main-d'œuvre sera-t-il de 50 %?

h) Le modèle linéaire peut-il servir à prédire le taux de masculinité de la main-d'œuvre en 2040? Expliquez votre réponse.

TABLEAU | **9.21**

**ÉVOLUTION DU TAUX DE MASCULINITÉ DE LA MAIN-D'ŒUVRE (%), QUÉBEC, 2001–2009**

| Année | Taux de masculinité (%) |
|---|---|
| 2001 | 54,5 |
| 2002 | 54,1 |
| 2003 | 53,4 |
| 2004 | 53,3 |
| 2005 | 53,1 |
| 2006 | 53,1 |
| 2007 | 52,4 |
| 2008 | 52,2 |
| 2009 | 51,8 |

Source : Institut de la statistique du Québec, *Annuaire québécois des statistiques du travail*, vol. 6, n° 1, juin 2010, p. 62.

**12.** Répondez aux questions à partir des données consignées dans le tableau 9.22.

TABLEAU | **9.22**

**ÉVOLUTION DE LA TAILLE DE LA POPULATION DU QUÉBEC, 1931–2009**

| Année | Population (milliers) |
|---|---|
| 1931 | 2 874,7 |
| 1941 | 3 331,9 |
| 1951 | 4 055,7 |
| 1961 | 5 259,2 |
| 1971 | 6 137,3 |
| 1981 | 6 547,2 |
| 1991 | 7 067,4 |
| 2001 | 7 396,3 |
| 2006 | 7 631,6 |
| 2007 | 7 687,1 |
| 2008 | 7 753,5 |
| 2009 | 7 828,9 |

Sources : Institut de la statistique du Québec, *La situation démographique au Québec. Bilan 1999. Rétrospective du 20e siècle*, 2000, p. 132, et *Le bilan démographique du Québec. Édition 2009*, décembre 2009, p. 18.

a) Quelles ont été la variation et la variation relative de la population étudiée au cours de la période considérée ?

b) Tracez le nuage de points.

c) Quelle est l'équation de la droite de tendance ?

d) Si la tendance se maintient, en quelle année la population du Québec sera-t-elle de 8 millions d'habitants ?

e) Le modèle linéaire peut-il servir à prédire la taille de la population du Québec en 2040 ? Expliquez votre réponse.

## EXERCICE DE SYNTHÈSE

Répondez aux questions portant sur le texte suivant.

### *LES SACS À DOS*

*Avez-vous déjà remarqué que les élèves qui attendent l'autobus scolaire sac au dos ressemblent à un attroupement de tortues empêtrées dans leur lourde carapace? Tant en Amérique qu'en Europe, les jeunes passent une partie importante de leurs journées à l'école. Ils y suivent des cours, y mangent, y font du sport et de nombreuses autres activités. La plupart du temps, ils transportent avec eux, sur leurs épaules, dans un sac à dos, tout le bagage que ces différentes occupations exigent: manuels et articles scolaires, nourriture, vêtements, appareils électroniques, articles d'hygiène, etc.*

*Même si le sac à dos demeure un moyen efficace de porter des choses, son poids (avec la charge qu'il contient) ne devrait pas excéder 10 % du poids de la personne qui le porte pour ne pas provoquer de problèmes musculosquelettiques. Or, des études ont permis d'établir qu'environ un élève sur trois porte, au moins une fois par semaine, une charge supérieure à 30 % de son poids. Plus précisément, une étude menée par le Département de physiothérapie du Simmons College de Boston auprès d'un échantillon aléatoire de 345 écoliers de la 5^e^ à la 8^e^ année a révélé que 55 % d'entre eux portaient un sac à dos dont le poids représentait plus de 15 % de leur propre poids. Une autre étude publiée dans* Archives of Disease in Childhood *et menée auprès d'un échantillon aléatoire de 745 écoliers de la maternelle à la 5^e^ année du primaire a montré que ceux-ci portaient des sacs à dos pesant 5 kg en moyenne, ce qui représentait près de 15 % de leur propre poids.*

*S'il est trop lourd, trop volumineux ou mal ajusté, un sac à dos peut être une cause de lésions corporelles et provoquer des douleurs. Ainsi, 66 % des 200 infirmières scolaires de Nouvelle-Angleterre ont déclaré lors d'un sondage avoir traité des douleurs attribuables à des sacs à dos trop lourds. De même, dans un sondage mené auprès de 100 membres de l'American Academy of Orthopedics, on apprend que 58 % des répondants ont déclaré avoir traité des patients souffrant de douleurs au dos attribuables à des sacs à dos. Par ailleurs, une étude de l'Université Auburn a montré que l'utilisation de sacs à dos trop lourds provoque toutes sortes de problèmes de santé: 67,2 % des enfants interrogés lors de cette étude souffraient de douleurs musculaires; 50,8 %, de douleurs au dos; 24,5 %, d'engourdissement; 14,7 %, de douleurs au cou. D'autres études ont également mis en évidence le fait que des sacs trop lourds peuvent nuire à la posture et à la démarche, surtout si le sac est mal conçu ou mal ajusté, disproportionné, ou encore si l'enfant se contente d'une seule des deux courroies pour le porter.*

*Il ne faut pas pour autant penser que les sacs à dos n'occasionnent que des blessures au dos attribuables à des charges trop lourdes. Ainsi, dans une étude publiée dans la revue* Pediatrics, *où on a analysé 247 dossiers médicaux d'enfants âgés de 6 à 18 ans qui avaient subi des blessures causées par un sac à dos, on a établi que près de 3 blessures sur 10 provenaient du fait que la personne avait tout simplement trébuché sur un sac à dos gisant par terre (tableau 9.23).*

*De plus, il importe de noter que les blessures provoquées par les sacs à dos ne touchent pas seulement le dos (figure 9.14).*

*Après avoir pris connaissance de ces données, quatre étudiants en éducation physique ont décidé, dans le cadre d'un cours d'initiation à la recherche, de mener une enquête auprès des élèves du primaire. Voici des extraits des propos qu'ils ont tenus lors d'une rencontre de planification.*

*«Afin de déterminer le poids relatif d'un sac à dos, soit son poids exprimé en pourcentage de la personne qui le porte, il faudra*

TABLEAU 9.23

**RÉPARTITION EN POURCENTAGE DE 247 ENFANTS AYANT SUBI UNE BLESSURE OCCASIONNÉE PAR UN SAC À DOS, SELON LA SOURCE DE LA BLESSURE**

| Source de la blessure | Pourcentage des enfants (%) |
|---|---|
| Trébucher sur le sac à dos | 29 |
| Porter le sac à dos | 13 |
| Être frappé par un sac à dos au cours d'une dispute | 13 |
| Soulever le sac à dos | 9 |
| Autres sources | 36 |
| **Total** | **100** |

Source : Brent M. Wiersema, Eric. J. Wall et Susan. L. Foad, « Acute backpack injuries in children », *Pediatrics*, vol. 111, nº 1, janvier 2003, p. 163 à 166.

FIGURE 9.14

**RÉPARTITION EN POURCENTAGE DE 247 ENFANTS AYANT SUBI UNE BLESSURE OCCASIONNÉE PAR UN SAC À DOS, SELON LA PARTIE DU CORPS BLESSÉE**

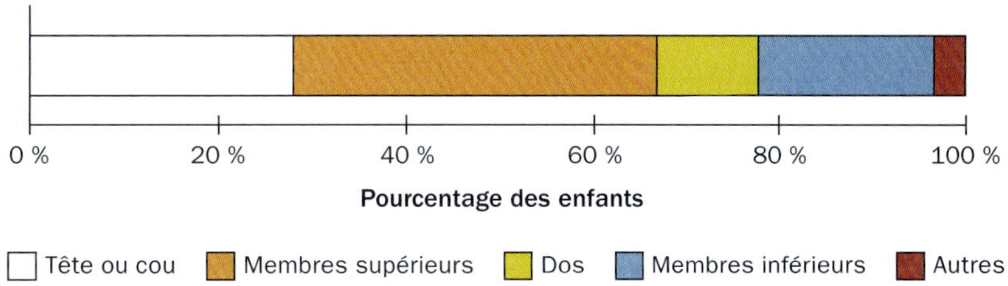


Source : Brent M. Wiersema, Eric. J. Wall et Susan. L. Foad, « Acute backpack injuries in children », *Pediatrics*, vol. 111, nº 1, janvier 2003, p. 163 à 166.

*connaître le poids des enfants et le poids du sac à dos qu'ils portent. Afin d'assurer la validité des résultats, on devra effectuer les mesures avec un pèse-personne bien calibré. Dans un premier temps, on fera monter l'élève sur le pèse-personne sans son sac à dos, puis on effectuera une pesée de l'élève avec son sac au dos. À partir de ces deux mesures, on pourra déduire le poids du sac à dos que porte l'enfant et, par la suite, calculer le poids relatif du sac à dos. » (Sophie)*

*« Je pense que les parents des élèves du premier cycle (première et deuxième années) laissent moins d'autonomie à leurs enfants dans la préparation de leur sac à dos et, de ce fait, s'assurent que ce dernier ne soit pas trop lourd. En revanche, à mesure qu'ils avancent en âge, les enfants sont moins supervisés par leurs parents et sont plus susceptibles de porter des sacs à dos trop lourdement chargés. De plus, il me semble que les élèves les plus âgés transportent plus de livres dans leur sac à dos ; et les livres, c'est lourd ! Il devrait donc y avoir un lien entre le poids relatif du sac à dos que porte un élève et le cycle d'études atteint. » (Amélie)*

*« Avez-vous déjà remarqué qu'on remplit toujours son sac à dos ? Qu'il soit petit ou grand, un sac à dos est toujours plein. Il faudrait vérifier si, effectivement, il y a un lien entre la charge que contient un sac et sa capacité. » (Pénélope)*

*« Si je résume, il faudra consigner les éléments d'information suivants pour chaque élève : sexe, âge, cycle d'études, poids, capacité du sac à dos, charge du sac à dos, contenu du sac à dos (articles scolaires, manuels, nourriture, vêtements, etc.), nombre de manuels scolaires dans le sac à dos. » (Mathieu)*

*Après plusieurs rencontres, Sophie, Amélie, Pénélope et Mathieu ont visité des écoles primaires et ont prélevé des données. Ils ont classé les sacs à dos dans trois catégories de poids relatifs. Ainsi, les sacs à dos dont le poids était inférieur à 8 % du poids de l'enfant étaient considérés comme légers, ceux dont le poids était supérieur ou égal à 8 %, mais inférieur à 12 % du poids de l'enfant, étaient considérés comme normaux et ceux dont le poids était supérieur ou égal à 12 % étaient considérés comme lourds. Les résultats des quatre étudiants apparaissent dans le tableau 9.24.*

TABLEAU | **9.24**

**RÉPARTITION DE 300 ÉLÈVES, SELON LE CYCLE D'ÉTUDES ET LE POIDS RELATIF DU SAC À DOS**

| Poids relatif du sac à dos | Cycle d'études | | | Total |
|---|---|---|---|---|
| | 1re ou 2e année | 3e ou 4e année | 5e ou 6e année | |
| Léger | 50 | 20 | 10 | 80 |
| Normal | 40 | 50 | 30 | 120 |
| Lourd | 30 | 30 | 40 | 100 |
| **Total** | **120** | **100** | **80** | **300** |

*Dans le but de vérifier une de leurs hypothèses, les quatre étudiants ont également dû mesurer la capacité (en litres) des sacs à dos portés par les élèves. Le tableau 9.25 réunit les résultats qu'ils ont obtenus.*

TABLEAU | **9.25**

**RÉPARTITION DE 300 SACS À DOS, SELON LA CAPACITÉ (L) DU SAC**

| Capacité (L) | Nombre de sacs |
|---|---|
| 20–25 | 10 |
| 25–30 | 90 |
| 30–35 | 150 |
| 35–40 | 30 |
| 40–45 | 15 |
| 45–50 | 5 |
| **Total** | **300** |

*Les quatre étudiants ont représenté les résultats du tableau 9.25 par une courbe des fréquences relatives cumulées croissantes (figure 9.15).*

FIGURE | **9.15**

**RÉPARTITION CUMULÉE DE 300 SACS À DOS, SELON LA CAPACITÉ (L) DU SAC**

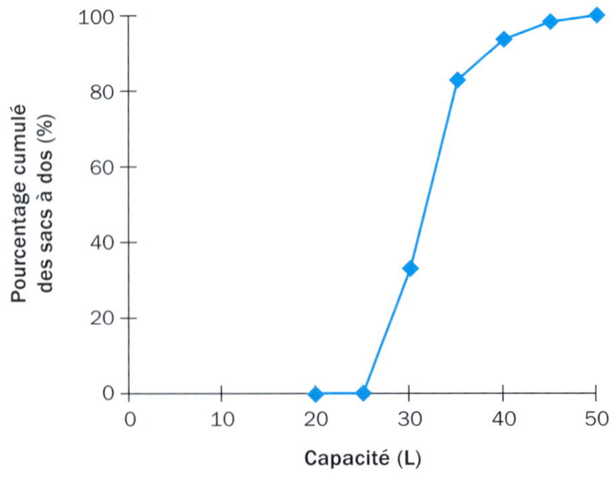

*Enfin, le tableau 9.26 présente un extrait des données recueillies par Pénélope, qui mettent en relation la capacité du sac à dos et la charge que celui-ci représente.*

TABLEAU 9.26

**CHARGE (kg) DU SAC À DOS, SELON SA CAPACITÉ (L)**

| Capacité (L) | 22 | 32 | 41 | 36 | 43 | 31 | 27 | 46 | 28 | 28 | 34 | 32 |
|---|---|---|---|---|---|---|---|---|---|---|---|---|
| Charge (kg) | 4,2 | 6,1 | 6,8 | 5,1 | 6,3 | 5,4 | 5,1 | 8,1 | 4,8 | 5,3 | 5,6 | 6,2 |

a) Dans le texte, on affirme que la charge d'un sac à dos ne devrait pas excéder 10 % du poids de la personne qui le porte. Complétez le tableau 9.27 mettant en relation le poids d'une personne et la charge maximale recommandée pour cette personne.

TABLEAU 9.27

**CHARGE (kg) MAXIMALE RECOMMANDÉE, SELON LE POIDS DE LA PERSONNE**

| Poids (kg) de la personne | Charge (kg) maximale du sac à dos |
|---|---|
| 48 | |
| | 8,4 |

b) Qualifiez (cochez la case appropriée) la nature de l'énoncé selon lequel 55 % des 345 écoliers de la 5e à la 8e année interrogés portaient un sac à dos pesant plus de 15 % de leur poids (2e paragraphe, étude du Simmons College de Boston).

| Nature de l'énoncé | |
|---|---|
| Descriptif. | |
| Inférentiel (estimation ponctuelle d'une moyenne). | |
| Inférentiel (estimation par intervalle de confiance d'une moyenne). | |
| Inférentiel (estimation ponctuelle d'une proportion). | |
| Inférentiel (estimation par intervalle de confiance d'une proportion). | |
| Inférentiel (test d'hypothèse). | |

c) À partir des données de l'étude du Département de physiothérapie du Simmons College (2e paragraphe), estimez, par un intervalle de confiance, la proportion des écoliers de la 5e à la 8e année qui portent un sac à dos pesant plus de 15 % de leur poids. Employez un niveau de confiance de 99 %.

d) Donnez le sens de l'intervalle de confiance produit en *c*.

e) À partir de l'information contenue dans le 2e paragraphe, estimez, par un intervalle de confiance, le poids moyen des sacs à dos portés par les élèves de la maternelle à la 5e année du primaire. Employez un niveau de confiance de 95 %. Supposez que l'écart type observé est de 1,2 kg.

f) Donnez le sens de l'intervalle de confiance produit en *e*.

g) Quelle taille d'échantillon aurait-il fallu utiliser pour obtenir une marge d'erreur (dans l'estimation, par intervalle de confiance, du poids moyen d'un sac à dos) qui ne soit pas supérieure à 0,05 kg si on considère que l'écart type de 1,2 kg est toujours valable et que le niveau de confiance employé est de 98 % ?

h) Au Canada, un organisme chargé de la sécurité des produits de consommation a dénombré 832 blessures attribuables à des sacs à dos en 2010 contre 327 en 2000. Calculez toutes les mesures de variation (absolue, relative et moyenne) utiles pour quantifier l'évolution du nombre de blessures au cours de cette période.

i) À quelle étape de la démarche scientifique correspond la construction du tableau 9.23 ?

j) Représentez graphiquement l'information contenue dans le tableau 9.23. Appliquez les normes de présentation.

k) Quel nom la représentation graphique de la figure 9.14 porte-t-elle ?

l) À partir de la figure 9.14, estimez le pourcentage des enfants ayant subi une blessure à la tête ou au cou.

m) Formulez une hypothèse soulevée dans les extraits des propos tenus par les quatre étudiants en éducation physique.

n) À quelle étape de la démarche scientifique associez-vous les propos tenus par :
   - Sophie ?
   - Pénélope ?

o) Donnez la nature de la variable (à partir des propos d'Amélie).

| Variable | Nature de la variable |
|---|---|
| Nombre de manuels scolaires dans le sac à dos | |
| Charge du sac à dos | |

p) Les données consignées dans le tableau 9.24 vous permettent-elles de supposer un lien entre les deux variables mises en relation ? On peut considérer que les données proviennent d'un échantillon aléatoire. Employez un seuil de signification de 1 %. Appliquez toutes les étapes d'un test d'hypothèse.

q) Calculez le coefficient de Cramér ($V$) et qualifiez l'intensité du lien entre les deux variables mises en relation à la question *p*.

r) À quelle étape de la démarche scientifique correspond la réalisation du test d'hypothèse en *p* ?

s) Estimez ponctuellement la capacité moyenne d'un sac à dos à partir des données du tableau 9.25. Présentez une solution complète.

t) Calculez l'écart type de la capacité des sacs à dos à partir des données du tableau 9.25. Présentez une solution complète.

u) La charge moyenne des sacs à dos échantillonnés par les quatre étudiants était de 6 kg et l'écart type de 1,2 kg. Laquelle des deux variables, la charge du sac à dos ou la capacité du sac à dos, présentait la répartition la plus homogène ? Justifiez votre réponse en recourant à une mesure appropriée.

v) À partir de la figure 9.15, estimez la capacité médiane d'un sac à dos et dites ce que ce résultat nous apprend.

w) À partir de la figure 9.15, estimez le pourcentage des sacs à dos dont la capacité est inférieure à 29 L.

x) Dans le tableau 9.26, Pénélope a choisi la capacité du sac à dos comme variable explicative (indépendante) et la charge du sac à dos comme variable expliquée (dépendante). Expliquez pourquoi ce choix est approprié.

y) Représentez graphiquement les données du tableau 9.26 à l'aide d'un nuage de points. Appliquez les normes de présentation.

z) Calculez le coefficient de corrélation linéaire entre la capacité d'un sac à dos et la charge qu'il représente. Présentez une solution complète.

aa) À partir du nuage de points tracé en *y* et de la valeur du coefficient de corrélation linéaire calculée en *z*, qualifiez la nature et l'intensité du lien entre les deux variables mises en relation.

bb) À l'aide du modèle fonctionnel approprié, estimez la charge d'un sac à dos dont la capacité est de 38 L. Présentez une solution complète.

**Comme nous l'avons signalé au premier chapitre**, l'un des buts de la méthode scientifique est la vérification d'une hypothèse de recherche qui s'exprime souvent sous la forme d'un lien entre deux variables. Pour atteindre cet objectif, on peut effectuer un test d'hypothèse comme le test d'indépendance du khi carré, que nous avons étudié au chapitre 8.

Il existe bien d'autres tests d'hypothèses, notamment le test sur un coefficient de corrélation linéaire, le test sur une moyenne, le test sur une différence de deux moyennes, le test sur une proportion, le test d'ajustement du khi carré, etc. Ainsi, à titre d'exemple, si on veut vérifier si une nouvelle thérapie est plus efficace que la thérapie classique, on pourrait comparer la proportion de succès de la nouvelle thérapie avec celle de la thérapie classique. On pourrait également comparer les temps moyens requis pour obtenir un résultat satisfaisant avec l'une et l'autre thérapies. On peut donc effectuer un test d'hypothèse sur une proportion ou un test d'hypothèse sur une moyenne.

Dans le présent chapitre, nous aborderons les tests d'hypothèses sur une moyenne et sur une proportion. Ces deux tests reposent sur des données provenant d'échantillons aléatoires. Les étapes de ces deux tests sont les mêmes que celles de tout test d'hypothèse, et le choix de l'hypothèse à retenir est fondé sur la vraisemblance ou l'invraisemblance du résultat obtenu à partir de l'échantillon. Ces tests permettent donc de généraliser à l'ensemble de la population le résultat fourni par l'échantillon.

# 10 Test sur une moyenne et test sur une proportion

*Une probabilité raisonnable est la seule certitude.*

E. W. Howe

# 10 Test sur une moyenne et test sur une proportion

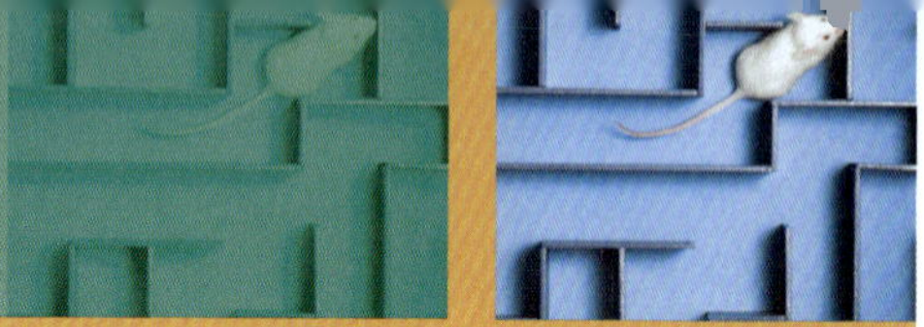

## SOMMAIRE



## OBJECTIFS

→ Formuler l'hypothèse nulle ($H_0$) et l'hypothèse alternative ($H_1$) dans un test d'hypothèse sur une moyenne ou sur une proportion (10.1).

→ Distinguer un test unilatéral d'un test bilatéral (10.2).

→ Effectuer un test d'hypothèse sur une moyenne (10.2).

→ Effectuer un test d'hypothèse sur une proportion (10.3).

# 10.1 PRINCIPES RÉGISSANT LE TEST D'HYPOTHÈSE SUR UNE MOYENNE OU SUR UNE PROPORTION

Dans un test d'hypothèse sur une moyenne ou sur une proportion, l'hypothèse nulle s'exprime sous la forme d'une égalité. Quant à l'hypothèse alternative, elle peut prendre une des trois formes suivantes : le paramètre $(\mu$ ou $\pi)$ est inférieur à la norme fixée dans l'hypothèse nulle, il est supérieur à la norme fixée dans l'hypothèse nulle ou il est différent de la norme fixée dans l'hypothèse nulle.

Ainsi, dans un test d'hypothèse sur une moyenne, l'hypothèse nulle prendra la forme $H_0\colon \mu = \mu_0$, alors que l'hypothèse alternative prendra l'une des trois formes suivantes : $H_1\colon \mu < \mu_0$, $H_1\colon \mu > \mu_0$ ou $H_1\colon \mu \neq \mu_0$. Par analogie, l'hypothèse nulle dans un test sur une proportion sera donnée par $H_0\colon \pi = \pi_0$ ; les hypothèses alternatives possibles seront alors $H_1\colon \pi < \pi_0$, $H_1\colon \pi > \pi_0$ ou $H_1\colon \pi \neq \pi_0$.

**EXEMPLE 10.1**

Au Canada, en 1953, l'âge moyen des femmes qui ont mis au monde un premier enfant était de 24,3 ans. Depuis ce temps, on a assisté à plusieurs transformations sociales importantes : changements dans les valeurs religieuses, report de l'âge au mariage, apparition de moyens de contraception efficaces, allongement de la scolarisation des femmes, présence accrue des femmes sur le marché du travail, augmentation de la précarité des emplois, etc. On peut penser que ces facteurs ont pu contribuer à déplacer le calendrier des naissances : en 2010, l'âge moyen des femmes au moment de la naissance du premier enfant devrait être vraisemblablement plus élevé que celui qui est observé en 1953. Pour vérifier cette hypothèse, on peut effectuer un test d'hypothèse dans lequel deux hypothèses seront confrontées. L'hypothèse nulle pose qu'en 2010 l'âge moyen des femmes qui ont mis au monde un premier enfant est encore de 24,3 ans : c'est le *statu quo*. L'hypothèse alternative suppose plutôt que l'âge moyen est supérieur à 24,3 ans. Si on note $\mu$ l'âge moyen des femmes qui ont mis un premier enfant au monde en 2010, on écrira les hypothèses nulle et alternative de la façon suivante :

$$H_0\colon \mu = 24{,}3 \text{ ans}$$
$$H_1\colon \mu > 24{,}3 \text{ ans}$$

Dans ce contexte, on effectuera un test d'hypothèse sur une moyenne : on comparera la moyenne observée dans un échantillon à une valeur préétablie dans l'hypothèse nulle (la norme, le critère de référence).

**EXEMPLE 10.2**

Lorsqu'on joue à pile ou face, il importe que la pièce de monnaie ne soit pas pipée : la probabilité d'obtenir « pile » doit être la même que celle d'obtenir « face » à chaque lancer de la pièce, soit de 0,5 dans les deux cas. Si on soupçonne qu'une pièce de monnaie est falsifiée, on peut effectuer un test pour vérifier cette hypothèse. L'hypothèse nulle pose que la probabilité d'obtenir « pile » vaut 0,5 : c'est la norme établie. L'hypothèse alternative suppose plutôt que la probabilité d'obtenir « pile » est différente de 0,5. Si on note $\pi$ la probabilité d'obtenir « pile », on écrira les hypothèses nulle et alternative de la façon suivante :

$$H_0\colon \pi = 0{,}5$$
$$H_1\colon \pi \neq 0{,}5$$

Dans ce contexte, on effectuera un test d'hypothèse sur une proportion.

**EXEMPLE 10.3**

En 1961, la famille québécoise comptait 4,2 personnes en moyenne. Les changements sociaux mentionnés à l'exemple 10.1 ont vraisemblablement entraîné une chute de la taille de la famille québécoise en 2010. Pour vérifier cette hypothèse, on peut effectuer un test d'hypothèse dans lequel deux hypothèses seront confrontées. L'hypothèse nulle pose qu'en 2010 la taille moyenne des familles est encore de 4,2 personnes : c'est le *statu quo*. L'hypothèse alternative suppose plutôt que la taille moyenne des familles en 2010 est inférieure à ce dernier nombre. Si on note $\mu$ la taille moyenne des familles en 2010, on écrira les hypothèses nulle et alternative de la façon suivante :

$$H_0 : \mu = 4,2$$

$$H_1 : \mu < 4,2$$

Dans ce contexte, on effectuera un test d'hypothèse sur une moyenne.

**EXERCICE 10.1**

Formulez les hypothèses nulle et alternative.

a) Vous soupçonnez qu'un dé à six faces est pipé : la face à six points semble apparaître trop souvent.

b) Un météorologue prétend que 80 % de ses prévisions météorologiques sont correctes. Vous doutez que ce taux puisse être aussi élevé.

c) Un fabricant de lecteur MP3 affirme que son produit a une durée de vie moyenne de cinq ans. Vous mettez en doute cette affirmation et croyez plutôt que la durée de vie d'un tel appareil est inférieure à cinq ans.

d) Vous voulez vérifier si le temps hebdomadaire moyen que les étudiants de cégep consacrent au travail rémunéré au cours d'un trimestre est de plus de 10,2 h.

e) Un conseiller d'orientation vous dit que neuf étudiants de cégep sur dix occupent un emploi à temps partiel au cours d'un trimestre d'études. Vous croyez qu'il exagère et que cette proportion ne peut pas être aussi élevée.

f) À titre de représentant syndical en matière de santé et de sécurité au travail, vous pensez que plus de 25 % des salariés souffrent de stress au travail.

Lorsqu'on effectue un test d'hypothèse, il faut se donner un critère pour déterminer l'hypothèse à privilégier. En pareil cas, on adopte une position probabiliste : on rejettera l'hypothèse nulle si, sur la base de cette hypothèse, les résultats obtenus dans l'échantillon sont invraisemblables ou peu probables. Par conséquent, il faudra fixer un seuil de probabilité au-delà duquel on considérera un résultat d'échantillon comme suffisamment rare pour remettre en question l'hypothèse nulle.

**EXEMPLE 10.4**

On a vu dans l'exemple 10.1 qu'en 1953, au Canada, l'âge moyen des femmes qui ont mis au monde un premier enfant était de 24,3 ans. Supposons qu'un échantillon aléatoire de 36 naissances d'un premier enfant en 2010 donne un âge moyen des mères de 26,9 ans avec un écart type de 5 ans. On veut tester l'hypothèse selon laquelle l'âge moyen des femmes au moment de la naissance de leur premier enfant a augmenté $(H_1 : \mu > \mu_0 = 24,3)$. On se demande s'il est vraisemblable d'obtenir une moyenne d'échantillon supérieure ou égale à 26,9 ans lorsqu'on suppose (c'est l'hypothèse nulle) que l'âge moyen pour l'ensemble des femmes qui ont mis un premier enfant au monde en 2010 vaut 24,3 ans $(H_0 : \mu = \mu_0 = 24,3 \text{ ans})$.

Si, sur la base de l'hypothèse nulle, il est très peu probable d'obtenir une moyenne d'échantillon plus grande ou égale à 26,9 ans, alors on privilégie l'hypothèse alternative. Sinon, on considère que les données de l'échantillon ne nous permettent pas de remettre en cause l'hypothèse nulle.

Comme on l'a vu au chapitre 7, en présence d'un échantillon de grande taille, on a que $Z = \frac{\bar{X} - \mu_0}{\sigma/\sqrt{n}} \sim N(0; 1)$. Dans le contexte de l'exemple, $\mu_0 = 24,3$ ans. Comme on ne connaît pas la valeur de l'écart type $\sigma$, on lui substitue la valeur de l'écart type obtenue dans l'échantillon, soit $s = 5$ ans. On considère donc que $Z = \frac{\bar{X} - \mu_0}{s/\sqrt{n}} \sim N(0; 1)$. Par conséquent, la probabilité d'obtenir une moyenne d'échantillon supérieure ou égale à 26,9 ans lorsque la moyenne est supposée valoir 24,3 ans est donnée par l'expression :

$$\begin{aligned} P(\bar{X} \geq 26,9) &= P\left(\frac{\bar{X} - \mu_0}{s/\sqrt{n}} \geq \frac{26,9 - \mu_0}{s/\sqrt{n}}\right) \\ &= P\left(\frac{\bar{X} - 24,3}{5/\sqrt{36}} \geq \frac{26,9 - 24,3}{5/\sqrt{36}}\right) \\ &= P(Z \geq 3,12) \\ &= 0,5 - 0,4991 \\ &= 0,0009 \end{aligned}$$

Cette probabilité est extrêmement faible ; elle est inférieure à 1 %. On reconnaît donc qu'il est invraisemblable d'obtenir un échantillon pour lequel l'âge moyen des femmes est supérieur ou égal à 26,9 ans lorsque l'échantillon est prélevé d'une population dont l'âge moyen est de 24,3 ans.

Par conséquent, on opte pour l'hypothèse alternative, et on admet que l'âge moyen des femmes qui ont mis au monde un premier enfant en 2010 est supérieur à 24,3 ans. Autrement dit, sur la base de cet échantillon, on peut penser que l'âge moyen des femmes qui ont mis au monde un premier enfant est appréciablement plus élevé en 2010 qu'en 1953.

**EXERCICE 10.2**

Un échantillon aléatoire de 49 familles québécoises prélevé en 2010 présente une taille moyenne de 3,6 personnes avec un écart type de 1,3 personne. Ce résultat permet-il de penser que la taille moyenne des familles québécoises est plus faible en 2010 qu'elle ne l'était en 1961, c'est-à-dire plus faible que 4,2 personnes ?

- **Vous pouvez maintenant faire l'exercice récapitulatif 1.**

## 10.2 TEST D'HYPOTHÈSE SUR UNE MOYENNE

**Dans cette section :** test unilatéral à gauche • test unilatéral à droite • test bilatéral.

Le test d'hypothèse sur une moyenne comporte les mêmes étapes que tout autre test d'hypothèse. Voici une description sommaire de ces étapes.

### 1. La formulation des hypothèses

Le test d'hypothèse est un procédé qui permet de faire un choix entre deux hypothèses opposées. La première étape d'un test d'hypothèse consiste à formuler ces deux hypothèses. Dans un test d'hypothèse sur une moyenne, l'hypothèse nulle prend toujours la même forme: $H_0\colon \mu = \mu_0$. On fixe la moyenne à une valeur prédéterminée qui, selon le contexte, représente la norme acceptée, le *statu quo* par rapport au passé ou le critère de référence. On suppose que cette hypothèse est vraie lorsqu'on effectue le test d'hypothèse.

On oppose à l'hypothèse nulle une hypothèse alternative – celle que le chercheur propose – qui doit prendre l'une des trois formes suivantes: $H_1\colon \mu < \mu_0$, $H_1\colon \mu > \mu_0$ ou $H_1\colon \mu \neq \mu_0$. Le choix de l'hypothèse alternative dépend du contexte.

- $H_1\colon \mu < \mu_0$

  On emploie cette hypothèse alternative lorsqu'on veut montrer que la valeur du paramètre étudié (la moyenne dans ce cas-ci) est inférieure à la norme fixée dans l'hypothèse nulle. Un test de ce genre est appelé **test unilatéral à gauche**, parce qu'il comporte une seule zone de rejet de l'hypothèse nulle et que cette zone est située à gauche sur le graphique de la loi de probabilité appropriée. La probabilité associée à la zone de rejet de l'hypothèse nulle $(H_0)$ correspond au seuil de signification du test.

**Test unilatéral à gauche**

Test d'hypothèse qui ne comporte qu'une seule zone de rejet de l'hypothèse nulle, située à gauche sur le graphique de la loi de probabilité appropriée. La probabilité associée à la zone de rejet de l'hypothèse nulle $(H_0)$ correspond au seuil de signification du test.

- $H_1\colon \mu > \mu_0$

  On emploie cette hypothèse alternative lorsqu'on veut montrer que la valeur du paramètre étudié (la moyenne dans ce cas-ci) est supérieure à la norme fixée dans l'hypothèse nulle. Un test de ce genre est appelé **test unilatéral à droite**, parce qu'il comporte une seule zone de rejet de l'hypothèse nulle et que cette zone est située à droite sur le graphique de la loi de probabilité appropriée. La probabilité associée à la zone de rejet de l'hypothèse nulle $(H_0)$ correspond au seuil de signification du test.

**Test unilatéral à droite**

Test d'hypothèse qui ne comporte qu'une seule zone de rejet de l'hypothèse nulle, située à droite sur le graphique de la loi de probabilité appropriée. La probabilité associée à la zone de rejet de l'hypothèse nulle $(H_0)$ correspond au seuil de signification du test.

- $H_1\colon \mu \neq \mu_0$

  On emploie cette hypothèse alternative lorsqu'on veut montrer que la valeur du paramètre étudié (la moyenne dans ce cas-ci) est différente de la norme fixée dans l'hypothèse nulle. Un test de ce genre est appelé **test bilatéral**, parce qu'il comporte deux zones de rejet de l'hypothèse nulle, l'une située à droite et l'autre à gauche sur le graphique de la loi de probabilité appropriée. La probabilité associée aux zones de rejet de l'hypothèse nulle $(H_0)$ correspond au seuil de signification du test.

**Test bilatéral**

Test d'hypothèse qui comporte deux zones de rejet de l'hypothèse nulle, situées l'une à gauche et l'autre à droite sur le graphique de la loi de probabilité appropriée. La probabilité associée aux zones de rejet de l'hypothèse nulle $(H_0)$ correspond au seuil de signification du test.

### 2. Le choix d'un seuil de signification ($\alpha$)

À la deuxième étape du test, il faut fixer le seuil de signification, qui correspond au risque — à la probabilité — de rejeter une hypothèse nulle vraie. Les seuils de signification habituels sont $\alpha = 1\ \%$, $\alpha = 2\ \%$ ou $\alpha = 5\ \%$.

### 3. La vérification des conditions d'application

Tout test d'hypothèse ne peut s'effectuer que dans certaines conditions. Ces conditions d'application varient d'un test à l'autre; elles peuvent avoir trait à une loi de probabilité, à la taille de l'échantillon, à la façon de sélectionner un échantillon, etc. En ce qui concerne le test d'hypothèse sur une moyenne, nous étudierons un seul cas: celui d'un échantillon aléatoire de grande taille ($n \geq 30$) tiré avec remise (ou sans remise, mais avec un faible taux de sondage). Dans ces deux cas, nous supposerons également que l'écart type de la variable, $\sigma$, est inconnu, comme cela est généralement le cas dans la pratique. Nous estimerons alors $\sigma$ par l'écart type mesuré sur les données de l'échantillon, soit $s$. Dans ce contexte, si l'échantillon prélevé est de grande taille, on a que $Z = \dfrac{\bar{X} - \mu_0}{s/\sqrt{n}} \sim N(0;1)$.

### 4. La détermination de la ou des valeurs critiques

Les valeurs critiques représentent les valeurs de la statistique qui délimitent des régions de faible probabilité correspondant au seuil de signification $\alpha$. Elles servent donc à séparer les zones de rejet et de non-rejet de l'hypothèse nulle. Les valeurs critiques dépendent de plusieurs facteurs: le seuil de signification, la taille de l'échantillon et l'hypothèse alternative employée. Le tableau 10.1 présente les situations qui peuvent se produire lorsqu'on effectue un test d'hypothèse sur une moyenne à partir d'un échantillon de grande taille.

TABLEAU 10.1

**VALEURS CRITIQUES DANS UN TEST D'HYPOTHÈSE SUR UNE MOYENNE ($n \geq 30$)**

| | Hypothèse alternative | | |
|---|---|---|---|
| | $H_1: \mu < \mu_0$ | $H_1: \mu > \mu_0$ | $H_1: \mu \neq \mu_0$ |
| **Valeur(s) critique(s) par rapport à $Z$** | $-z_\alpha$ | $z_\alpha$ | $-z_{\alpha/2}$ et $z_{\alpha/2}$ |
| **Valeur(s) critique(s) par rapport à $\bar{X}$** | $\mu_0 - z_\alpha \dfrac{s}{\sqrt{n}}$ | $\mu_0 + z_\alpha \dfrac{s}{\sqrt{n}}$ | $\mu_0 - z_{\alpha/2} \dfrac{s}{\sqrt{n}}$ et $\mu_0 + z_{\alpha/2} \dfrac{s}{\sqrt{n}}$ |

Les valeurs $z_\alpha$ et $z_{\alpha/2}$ sont tirées de la table de la loi normale centrée réduite.

### 5. La formulation de la règle de décision

La règle de décision dépend de l'hypothèse alternative retenue. La figure 10.1 illustre les trois règles de décision possibles.

Dans le cas d'un test unilatéral à gauche, on rejette l'hypothèse nulle lorsque la valeur $z$ est plus petite que la valeur critique, parce qu'il est alors invraisemblable (probabilité inférieure à $\alpha$) d'obtenir une telle valeur si l'échantillon est prélevé dans une population de moyenne $\mu_0$.

Dans le cas d'un test unilatéral à droite, on rejette l'hypothèse nulle lorsque la valeur $z$ est plus grande que la valeur critique, parce qu'il est alors invraisemblable (probabilité inférieure à $\alpha$) d'obtenir une telle valeur si l'échantillon est prélevé dans une population de moyenne $\mu_0$.

Dans le cas d'un test bilatéral, on rejette l'hypothèse nulle lorsque la valeur $z$ n'appartient pas à l'intervalle $[-z_{\alpha/2}; z_{\alpha/2}]$, parce qu'il est alors invraisemblable (probabilité inférieure à $\alpha$) d'obtenir une telle valeur si l'échantillon est prélevé dans une population de moyenne $\mu_0$.

### 6. Le calcul de la statistique appropriée au test

On évalue l'importance de l'écart entre la moyenne mesurée dans l'échantillon et la moyenne établie dans l'hypothèse nulle. Par conséquent, on calcule $z = \dfrac{\bar{x} - \mu_0}{s/\sqrt{n}}$.

FIGURE 10.1

**ZONES DE REJET ET DE NON-REJET DANS UN TEST D'HYPOTHÈSE SUR UNE MOYENNE**

**Test unilatéral à gauche**

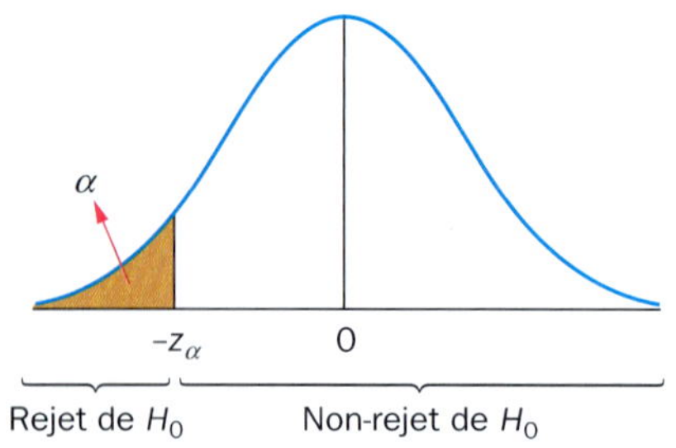


**Règle de décision**

On rejette l'hypothèse nulle quand $z < -z_\alpha$, ou quand $\bar{x} < \mu_0 - z_\alpha \dfrac{s}{\sqrt{n}}$.

**Test unilatéral à droite**

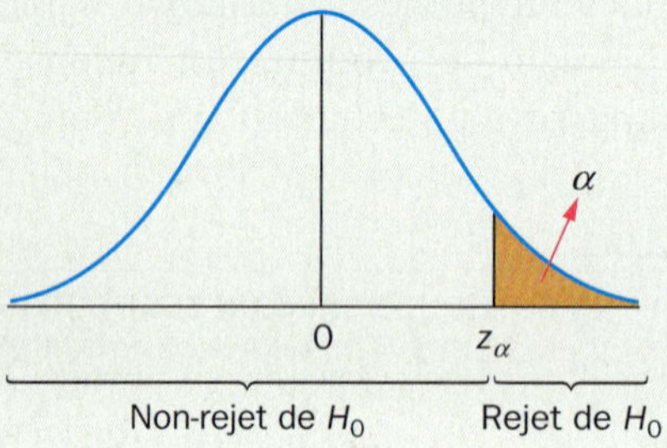


**Règle de décision**

On rejette l'hypothèse nulle quand $z > z_\alpha$, ou quand $\bar{x} > \mu_0 + z_\alpha \dfrac{s}{\sqrt{n}}$.

**Test bilatéral**

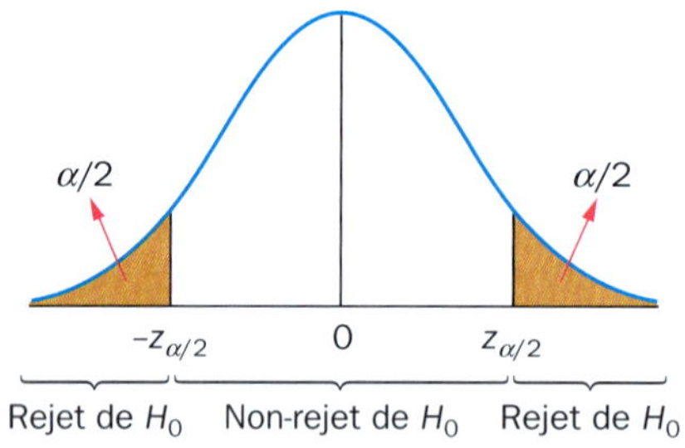


**Règle de décision**

On rejette l'hypothèse nulle quand $z \notin \left[-z_{\alpha/2}\,;\, z_{\alpha/2}\right]$, ou quand

$$\bar{x} \notin \left[\mu_0 - z_{\alpha/2} \frac{s}{\sqrt{n}}\,;\, \mu_0 + z_{\alpha/2} \frac{s}{\sqrt{n}}\right].$$

### 7. La décision

On applique la règle de décision. Sur la base de l'échantillon, au seuil de signification fixé et en vertu de la règle de décision, on décide de rejeter ou de ne pas rejeter l'hypothèse nulle. On compare la valeur $z$ (ou $\bar{x}$) avec la ou les valeurs critiques afin de déterminer si on doit rejeter ou non $H_0$. On doit exprimer la décision en fonction du contexte particulier dans lequel on a effectué le test d'hypothèse. Si on rejette l'hypothèse nulle, on retiendra l'hypothèse alternative et on dira alors qu'on a obtenu un **résultat significatif** au seuil de $\alpha$ : l'hypothèse du chercheur sera alors confirmée.

**EXEMPLE 10.5**

Le responsable des prêts et bourses d'un cégep prétend que les étudiants inscrits à temps plein en sciences humaines dépensent en moyenne 250 $ par trimestre pour l'achat de manuels. Une enquête menée par l'association étudiante auprès d'un échantillon aléatoire de 64 étudiants en sciences humaines révèle que ces derniers ont dépensé en moyenne 255 $ avec un écart type de 20 $. Le taux de sondage enregistré au cours de cette enquête était faible. Sur la base de cet échantillon, au seuil de 1 %, peut-on conclure que la dépense moyenne effectuée pour l'achat de manuels est différente de 250 $ ?

Pour répondre à cette question, il faut effectuer un test d'hypothèse bilatéral sur une moyenne.

**1. La formulation des hypothèses**

$$H_0: \mu = 250 \ \$$$
$$H_1: \mu \neq 250 \ \$$$

**2. Le choix d'un seuil de signification ($\alpha$)**

$$\alpha = 1 \ \%$$

**3. La vérification des conditions d'application**

Nous disposons d'un échantillon aléatoire de grande taille ($n = 64 \geq 30$) avec un faible taux de sondage, de sorte que $Z = \dfrac{\overline{X} - \mu_0}{s/\sqrt{n}} \sim \mathrm{N}(0; 1)$.

**4. La détermination des valeurs critiques**

On peut exprimer les valeurs critiques en fonction de $Z$ ou de $\overline{X}$. En se reportant à la table de la loi normale centrée réduite, on obtient les valeurs critiques :

$$-z_{\alpha/2} = -z_{0,005} = -2,575 \text{ et } z_{\alpha/2} = z_{0,005} = 2,575$$

ou

$$\mu_0 - z_{\alpha/2}\frac{s}{\sqrt{n}} = 250 - 2,575\frac{20}{\sqrt{64}} = 243,56$$

et

$$\mu_0 + z_{\alpha/2}\frac{s}{\sqrt{n}} = 250 + 2,575\frac{20}{\sqrt{64}} = 256,44$$

**5. La formulation de la règle de décision**

La règle de décision s'exprime dans la figure 10.2.

FIGURE | **10.2**

**ZONES DE REJET ET DE NON-REJET DE L'HYPOTHÈSE NULLE**

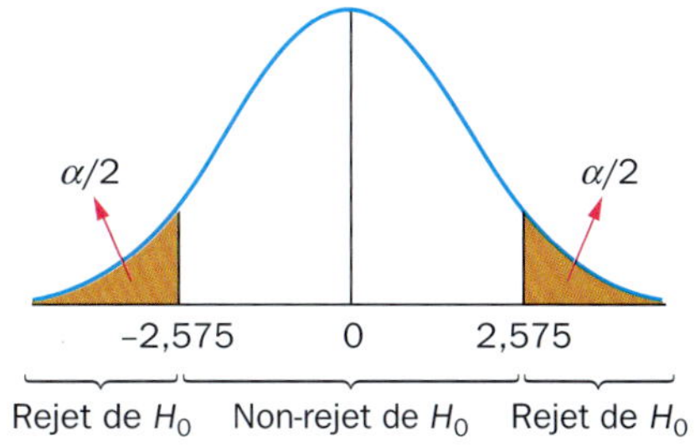


On rejette l'hypothèse nulle lorsque $z \notin \left[-z_{\alpha/2}; z_{\alpha/2}\right] = \left[-2,575; 2,575\right]$ ou, de manière équivalente, lorsque $\overline{x} \notin \left[\mu_0 - z_{\alpha/2}\dfrac{s}{\sqrt{n}}; \mu_0 + z_{\alpha/2}\dfrac{s}{\sqrt{n}}\right] = \left[243,56; 256,44\right]$.

### 6. Le calcul de la statistique appropriée au test

$$z = \frac{\bar{x} - \mu_0}{s/\sqrt{n}} = \frac{255 - 250}{20/\sqrt{64}} = 2$$

### 7. La décision

Comme $z = 2 \in [-2{,}575; 2{,}575] = [-z_{\alpha/2}; z_{\alpha/2}]$, alors, sur la base de l'échantillon, au seuil de 1 % et en vertu de la règle de décision, on ne rejette pas l'hypothèse nulle. Il n'y a pas lieu de penser que la dépense moyenne effectuée pour l'achat de manuels soit appréciablement différente de 250 \$. En fait, pour rejeter l'hypothèse nulle, il aurait fallu que la dépense moyenne observée dans l'échantillon soit inférieure à 243,56 \$ ou supérieure à 256,44 \$.

**EXERCICE 10.3**

Dans un cours d'anglais, un professeur a proposé une activité portant sur le vocabulaire. Il demande aux étudiants de découvrir le mot qu'on peut former avec une série de lettres présentées pêle-mêle, comme les lettres «ciiatttsss». Il présume que les étudiants peuvent exécuter cet exercice en 30 s. Pourtant, un échantillon aléatoire de 36 étudiants montre qu'il leur a fallu en moyenne 35 s avec un écart type de 10 s pour réussir à former le mot. Peut-on croire qu'il faille en moyenne plus de 30 s pour former le mot recherché? Justifiez votre réponse en effectuant le test d'hypothèse approprié avec un seuil de signification de 2 %.

- **Vous pouvez maintenant faire les exercices récapitulatifs 2 à 9.**

## 10.3 Test d'hypothèse sur une proportion

Dans la première section du chapitre, nous avons examiné les principes qui régissent les tests d'hypothèses. Par la suite, nous avons appliqué ces principes à un test sur une moyenne. On peut également les mettre en pratique dans un test sur une proportion moyennant quelques adaptations. Voici une brève description de chacune des étapes d'un test d'hypothèse sur la proportion ($\pi$) des unités statistiques d'une population qui possèdent une caractéristique donnée.

### 1. La formulation des hypothèses

Tout comme dans un test sur une moyenne, la première étape d'un test d'hypothèse sur une proportion consiste à formuler les hypothèses que l'on veut confronter. Dans un test d'hypothèse sur une proportion, l'hypothèse nulle prend toujours la même forme: $H_0: \pi = \pi_0$. On fixe la proportion à une valeur prédéterminée qui, selon le contexte, représente la norme acceptée, le *statu quo* par rapport au passé ou à un critère de référence. On suppose que cette hypothèse est vraie lorsqu'on effectue le test d'hypothèse.

On oppose à cette hypothèse une hypothèse alternative qui doit prendre l'une des trois formes suivantes: $H_1: \pi < \pi_0$, $H_1: \pi > \pi_0$ ou $H_1: \pi \neq \pi_0$. Le choix de l'hypothèse alternative dépend du contexte. Tout comme dans le cas d'une moyenne, on pourra donc effectuer un test d'hypothèse sur une proportion qui sera unilatéral à gauche, unilatéral à droite ou bilatéral.

### 2. Le choix d'un seuil de signification ($\alpha$)

À la deuxième étape du test, il faut fixer le seuil de signification, qui correspond au risque – à la probabilité – de rejeter une hypothèse nulle vraie. Les seuils de signification habituels sont $\alpha = 1$ %, $\alpha = 2$ % ou $\alpha = 5$ %.

### 3. La vérification des conditions d'application

Nous n'étudierons que le cas d'un échantillon aléatoire de grande taille ($n \geq 30$) tiré avec remise (ou sans remise, mais avec un faible taux de sondage). De plus, il faudra également que les conditions suivantes soient remplies: $n\pi_0 \geq 5$ et $n(1 - \pi_0) \geq 5$. Dans ce contexte, $Z = \dfrac{P - \pi_0}{\sqrt{\dfrac{\pi_0(1 - \pi_0)}{n}}} \sim N(0; 1)$.

### 4. La détermination de la ou des valeurs critiques

Les valeurs critiques représentent les valeurs de la statistique qui délimitent des régions de faible probabilité correspondant au seuil de signification $\alpha$. Elles servent donc à séparer les zones de rejet et de non-rejet de l'hypothèse nulle. Les valeurs critiques dépendent de plusieurs facteurs: le seuil de signification, la taille de l'échantillon et l'hypothèse alternative employée. Le tableau 10.2 donne les différentes valeurs critiques possibles dans le cas d'un test d'hypothèse sur une proportion.

TABLEAU **10.2**

**VALEURS CRITIQUES DANS UN TEST D'HYPOTHÈSE SUR UNE PROPORTION**
**($n \geq 30$; $n\pi_0 \geq 5$; $n(1 - \pi_0) \geq 5$)**

| | Hypothèse alternative | | |
|---|---|---|---|
| | $H_1: \pi < \pi_0$ | $H_1: \pi > \pi_0$ | $H_1: \pi \neq \pi_0$ |
| **Valeur(s) critique(s) par rapport à $Z$** | $-z_\alpha$ | $z_\alpha$ | $-z_{\alpha/2}$ et $z_{\alpha/2}$ |
| **Valeur(s) critique(s) par rapport à $P$** | $\pi_0 - z_\alpha\sqrt{\dfrac{\pi_0(1 - \pi_0)}{n}}$ | $\pi_0 + z_\alpha\sqrt{\dfrac{\pi_0(1 - \pi_0)}{n}}$ | $\pi_0 - z_{\alpha/2}\sqrt{\dfrac{\pi_0(1 - \pi_0)}{n}}$ et $\pi_0 + z_{\alpha/2}\sqrt{\dfrac{\pi_0(1 - \pi_0)}{n}}$ |

### 5. La formulation de la règle de décision

La règle de décision dépend de l'hypothèse alternative retenue. La figure 10.3 illustre les trois règles de décision possibles.

Dans le cas d'un test unilatéral à gauche, on rejette l'hypothèse nulle lorsque la valeur $z$ est plus petite que la valeur critique, parce qu'il est alors invraisemblable (probabilité inférieure à $\alpha$) d'obtenir une telle valeur si l'échantillon est prélevé dans une population dans laquelle la proportion est $\pi_0$.

Dans le cas d'un test unilatéral à droite, on rejette l'hypothèse nulle lorsque la valeur $z$ est plus grande que la valeur critique, parce qu'il est alors invraisemblable (probabilité inférieure à $\alpha$) d'obtenir une telle valeur si l'échantillon est prélevé dans une population dans laquelle la proportion est $\pi_0$.

Dans le cas d'un test bilatéral, on rejette l'hypothèse nulle lorsque la valeur $z$ n'appartient pas à l'intervalle $[-z_{\alpha/2}; z_{\alpha/2}]$, parce qu'il est alors invraisemblable (probabilité inférieure à $\alpha$) d'obtenir une telle valeur si l'échantillon est prélevé dans une population dans laquelle la proportion est $\pi_0$.

FIGURE | **10.3**

**ZONES DE REJET ET DE NON-REJET DANS UN TEST D'HYPOTHÈSE SUR UNE PROPORTION**

**Test unilatéral à gauche**

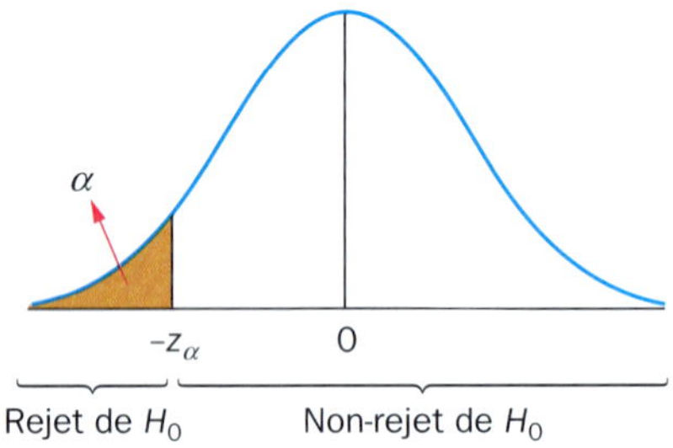


**Règle de décision**

On rejette l'hypothèse nulle lorsque $z < -z_\alpha$ ou, de manière équivalente, lorsque

$$p < \pi_0 - z_\alpha \sqrt{\frac{\pi_0(1-\pi_0)}{n}}.$$

**Test unilatéral à droite**

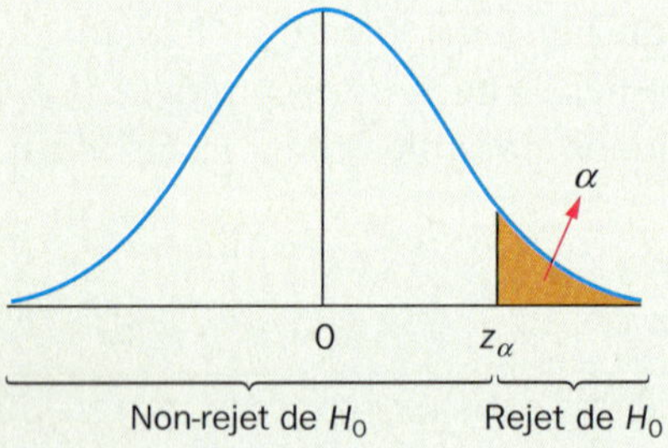


**Règle de décision**

On rejette l'hypothèse nulle lorsque $z > z_\alpha$ ou, de manière équivalente, lorsque

$$p > \pi_0 + z_\alpha \sqrt{\frac{\pi_0(1-\pi_0)}{n}}.$$

**Test bilatéral**

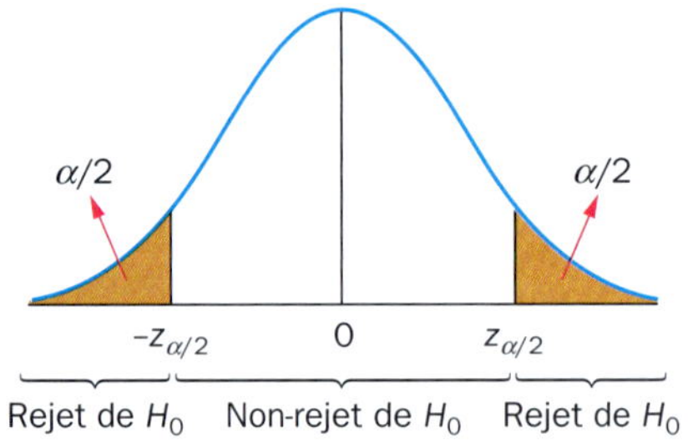


**Règle de décision**

On rejette l'hypothèse nulle lorsque $z \notin [-z_{\alpha/2}; z_{\alpha/2}]$ ou, de manière équivalente, lorsque

$$p \notin \left[\pi_0 - z_{\alpha/2}\sqrt{\frac{\pi_0(1-\pi_0)}{n}}; \pi_0 + z_{\alpha/2}\sqrt{\frac{\pi_0(1-\pi_0)}{n}}\right].$$

### 6. Le calcul de la statistique appropriée au test

À cette étape, on veut mesurer l'importance de l'écart entre la proportion mesurée dans l'échantillon et la proportion établie dans l'hypothèse nulle.

La proportion mesurée dans l'échantillon est donnée par l'expression:

$$p = \frac{\text{Nombre d'unités statistiques de l'échantillon qui possèdent la caractéristique étudiée}}{\text{Nombre d'unités statistiques dans l'échantillon}}$$

Il suffit ensuite de calculer $z = \dfrac{p - \pi_0}{\sqrt{\dfrac{\pi_0(1 - \pi_0)}{n}}}$.

**7. La décision**

À cette étape, on applique la règle de décision. Sur la base de l'échantillon, au seuil de signification fixé et en vertu de la règle de décision, on décide de rejeter ou de ne pas rejeter l'hypothèse nulle. On compare la valeur de $z$ (ou de $p$) avec la ou les valeurs critiques afin de déterminer si on doit rejeter ou non $H_0$. On doit exprimer la décision en fonction du contexte particulier dans lequel on a effectué le test d'hypothèse. Si on rejette l'hypothèse nulle, on retiendra l'hypothèse alternative et on dira alors qu'on a obtenu un résultat significatif au seuil de $\alpha$ : l'hypothèse du chercheur sera alors confirmée.

**EXEMPLE 10.6**

Un récent sondage mené auprès d'un échantillon aléatoire de 1 500 ménages québécois nous apprend que 900 d'entre eux ont un branchement Internet haute vitesse. Peut-on conclure, au seuil de 2 %, que la proportion des ménages québécois abonnés à Internet haute vitesse est supérieure à 55 % ?

Pour répondre à cette question, il faut effectuer un test d'hypothèse unilatéral à droite sur une proportion.

**1. La formulation des hypothèses**

$$H_0: \pi = 0,55$$
$$H_1: \pi > 0,55$$

**2. Le choix d'un seuil de signification ($\alpha$)**

$$\alpha = 2\%$$

**3. La vérification des conditions d'application**

Nous disposons d'un échantillon aléatoire de grande taille $(n = 1\,500 \geq 30)$. De plus, les autres conditions exigées pour effectuer un test sur une proportion sont remplies. En effet,

$$n\pi_0 = 1\,500 \times 0{,}55 = 825 \geq 5 \text{ et } n(1 - \pi_0) = 1\,500 \times (1 - 0{,}55) = 675 \geq 5$$

Par conséquent, $Z = \dfrac{P - \pi_0}{\sqrt{\dfrac{\pi_0(1 - \pi_0)}{n}}} \sim N(0; 1)$.

**4. La détermination de la valeur critique**

La valeur critique vaut $z_\alpha = z_{0,02} = 2{,}05$ ou

$$\pi_0 + z_\alpha\sqrt{\frac{\pi_0(1 - \pi_0)}{n}} = 0,55 + 2,05\sqrt{\frac{0,55(1 - 0,55)}{1\,500}}$$
$$= 0,576$$

**5. La formulation de la règle de décision**

La règle de décision s'exprime dans la figure 10.4.

FIGURE 10.4

**ZONE DE REJET ET DE NON-REJET DE L'HYPOTHÈSE NULLE**

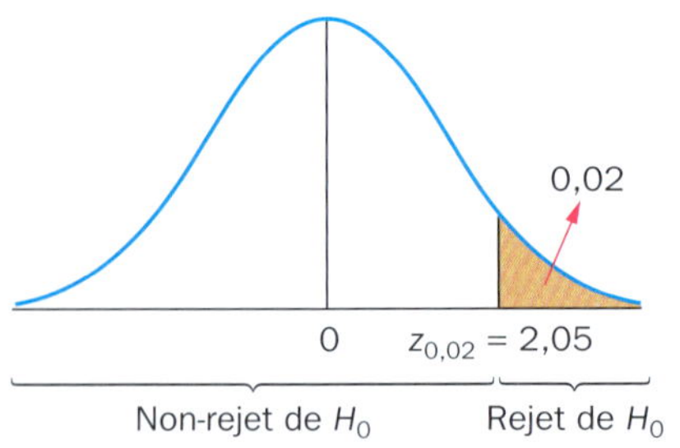


On rejette l'hypothèse nulle lorsque $z > 2,05$ ou lorsque $p > 0,576$.

### 6. Le calcul de la statistique appropriée au test

La proportion des ménages ayant un branchement Internet haute vitesse dans l'échantillon est donnée par :

$$\begin{aligned} p &= \frac{\text{Nombre de ménages branchés}}{\text{Nombre de ménages dans l'échantillon}} \\ &= \frac{900}{1\,500} \\ &= 0,6 \end{aligned}$$

de sorte que :

$$\begin{aligned} z &= \frac{p - \pi_0}{\sqrt{\frac{\pi_0(1-\pi_0)}{n}}} \\ &= \frac{0,6 - 0,55}{\sqrt{\frac{0,55(1-0,55)}{1\,500}}} \\ &= 3,89 \end{aligned}$$

### 7. La décision

Comme $z = 3,89 > 2,05 = z_\alpha$, alors, sur la base de l'échantillon, au seuil de 2 % et en vertu de la règle de décision, on rejette l'hypothèse nulle. Il y a tout lieu de penser que la proportion des ménages québécois qui ont un branchement Internet haute vitesse est supérieure à 55 %. En fait, pour ne pas rejeter l'hypothèse nulle, il aurait fallu que la proportion observée dans l'échantillon soit inférieure à 57,6 %.

## EXERCICE 10.4

Selon les données de l'Institut de la statistique du Québec, les naissances multiples (par exemple les naissances de jumeaux ou de triplets) représentaient 2,1 % des naissances en 1990. En vertu de la politique récente du gouvernement du Québec, les couples infertiles devraient être plus nombreux à recourir aux nouvelles techniques de reproduction, comme la

fécondation *in vitro*. On pense que le recours à ces techniques peut occasionner une augmentation des naissances multiples. En 2010, on a dénombré 93 naissances multiples dans un échantillon aléatoire de 3 000 naissances observées au Québec. Peut-on en conclure que la proportion des naissances multiples parmi toutes les naissances au Québec en 2010 est supérieure à celle qui a été observée en 1990? Employez un seuil de 5 %.

- **Vous pouvez maintenant faire les exercices récapitulatifs 10 à 16.**

## Résumé

Il existe de nombreux tests d'hypothèses, dont ceux portant sur une moyenne ou sur une proportion. Comme tous les tests d'hypothèses, la démarche du test d'hypothèse sur une moyenne et du test d'hypothèse sur une proportion compte sept étapes:

1. La formulation des hypothèses;
2. Le choix d'un seuil de signification ($\alpha$);
3. La vérification des conditions d'application;
4. La détermination de la ou des valeurs critiques;
5. La formulation de la règle de décision;
6. Le calcul de la statistique appropriée au test;
7. La décision.

Dans un test d'hypothèse, on rejette l'hypothèse nulle lorsque, dans cette hypothèse, les résultats fournis par l'échantillon paraissent invraisemblables (de probabilité inférieure à 5 %, à 2 % ou à 1 %, selon le seuil de signification choisi).

Dans un test sur une moyenne, on oppose l'hypothèse nulle $H_0: \mu = \mu_0$ à l'une des hypothèses alternatives suivantes: $H_1: \mu < \mu_0$ (**test unilatéral à gauche**), $H_1: \mu > \mu_0$ (**test unilatéral à droite**), $H_1: \mu \neq \mu_0$ (**test bilatéral**).

Un test unilatéral à gauche comporte une seule zone de rejet de l'hypothèse nulle, située à gauche sur le graphique de la loi de probabilité appropriée; un test unilatéral à droite comporte une seule zone de rejet de l'hypothèse nulle, située à droite sur le graphique de la loi de probabilité appropriée; enfin, un test bilatéral comporte deux zones de rejet de l'hypothèse nulle, l'une située à droite et l'autre à gauche sur le graphique de la loi de probabilité appropriée. Le tableau 10.3 présente les principaux éléments d'information utiles à la réalisation d'un test d'hypothèse sur une moyenne.

Par analogie, l'hypothèse nulle dans un test sur une proportion sera donnée par $H_0: \pi = \pi_0$; les hypothèses alternatives possibles seront alors $H_1: \pi < \pi_0$ (test unilatéral à gauche), $H_1: \pi > \pi_0$ (test unilatéral à droite) ou $H_1: \pi \neq \pi_0$ (test bilatéral). L'information nécessaire à ce test est contenue dans le tableau 10.4.

TABLEAU **10.3**

**DESCRIPTION DES ÉTAPES DU TEST D'HYPOTHÈSE SUR UNE MOYENNE**

| | | | |
|---|---|---|---|
| **Hypothèse nulle** | $H_0: \mu = \mu_0$ | | |
| **Hypothèse alternative** | Test unilatéral à gauche<br>$H_1: \mu < \mu_0$ | Test unilatéral à droite<br>$H_1: \mu > \mu_0$ | Test bilatéral<br>$H_1: \mu \neq \mu_0$ |
| **Seuil de signification** | $\alpha$ | | |
| **Conditions d'application** | L'échantillon doit être aléatoire et de grande taille ($n \geq 30$). | | |
| **Valeur(s) critique(s)** | Test unilatéral à gauche<br>$-z_\alpha$ | Test unilatéral à droite<br>$z_\alpha$ | Test bilatéral<br>$-z_{\alpha/2}$ et $z_{\alpha/2}$ |
| **Règles de décision par rapport à $Z$** | Test unilatéral à gauche<br>Rejeter $H_0$ lorsque $z < -z_\alpha$. | Test unilatéral à droite<br>Rejeter $H_0$ lorsque $z > z_\alpha$. | Test bilatéral<br>Rejeter $H_0$ lorsque $z \notin \left[-z_{\alpha/2}\,;\, z_{\alpha/2}\right]$. |
| **Règles de décision par rapport à $\overline{X}$** | Test unilatéral à gauche<br>Rejeter $H_0$ lorsque $\overline{x} < \mu_0 - z_\alpha \frac{s}{\sqrt{n}}$. | Test unilatéral à droite<br>Rejeter $H_0$ lorsque $\overline{x} > \mu_0 + z_\alpha \frac{s}{\sqrt{n}}$. | Test bilatéral<br>Rejeter $H_0$ lorsque $\overline{x} \notin \left[\mu_0 - z_{\alpha/2}\frac{s}{\sqrt{n}}\,;\, \mu_0 + z_{\alpha/2}\frac{s}{\sqrt{n}}\right]$. |
| **Statistique appropriée au test** | $z = \frac{\overline{x} - \mu_0}{s/\sqrt{n}}$ | | |
| **Décision** | On rejette $H_0$ ou on ne rejette pas $H_0$. | | |

TABLEAU 10.4

**DESCRIPTION DES ÉTAPES DU TEST D'HYPOTHÈSE SUR UNE PROPORTION**

| | | | |
|---|---|---|---|
| **Hypothèse nulle** | $H_0 : \pi = \pi_0$ | | |
| **Hypothèse alternative** | Test unilatéral à gauche<br>$H_1 : \pi < \pi_0$ | Test unilatéral à droite<br>$H_1 : \pi > \pi_0$ | Test bilatéral<br>$H_1 : \pi \neq \pi_0$ |
| **Seuil de signification** | $\alpha$ | | |
| **Conditions d'application** | L'échantillon doit être aléatoire et de grande taille $[n \geq 30 ; n\pi_0 \geq 5 ; n(1 - \pi_0) \geq 5]$. | | |
| **Valeur(s) critique(s)** | Test unilatéral à gauche<br>$-z_\alpha$ | Test unilatéral à droite<br>$z_\alpha$ | Test bilatéral<br>$-z_{\alpha/2}$ et $z_{\alpha/2}$ |
| **Règles de décision par rapport à *Z*** | Test unilatéral à gauche<br>Rejeter $H_0$ lorsque<br>$z < -z_\alpha$. | Test unilatéral à droite<br>Rejeter $H_0$ lorsque<br>$z > z_\alpha$. | Test bilatéral<br>Rejeter $H_0$ lorsque<br>$z \notin [-z_{\alpha/2} ; z_{\alpha/2}]$. |
| **Règles de décision par rapport à *P*** | Test unilatéral à gauche<br>Rejeter $H_0$ lorsque<br>$p < \pi_0 - z_\alpha\sqrt{\frac{\pi_0(1-\pi_0)}{n}}$.<br>Test unilatéral à droite<br>Rejeter $H_0$ lorsque<br>$p > \pi_0 + z_\alpha\sqrt{\frac{\pi_0(1-\pi_0)}{n}}$.<br>Test bilatéral<br>Rejeter $H_0$ lorsque<br>$p \notin \left[\pi_0 - z_{\alpha/2}\sqrt{\frac{\pi_0(1-\pi_0)}{n}} ; \pi_0 + z_{\alpha/2}\sqrt{\frac{\pi_0(1-\pi_0)}{n}}\right]$. | | |
| **Statistique appropriée au test** | $z = \dfrac{p - \pi_0}{\sqrt{\frac{\pi_0(1-\pi_0)}{n}}}$ | | |
| **Décision** | On rejette $H_0$ ou on ne rejette pas $H_0$. | | |

On emploie un seuil de signification de $\alpha$. Les valeurs $z_{\alpha/2}$ et $z_\alpha$ sont tirées de la table de la loi normale centrée réduite.

## MOTS CLÉS

## Réseau de concepts

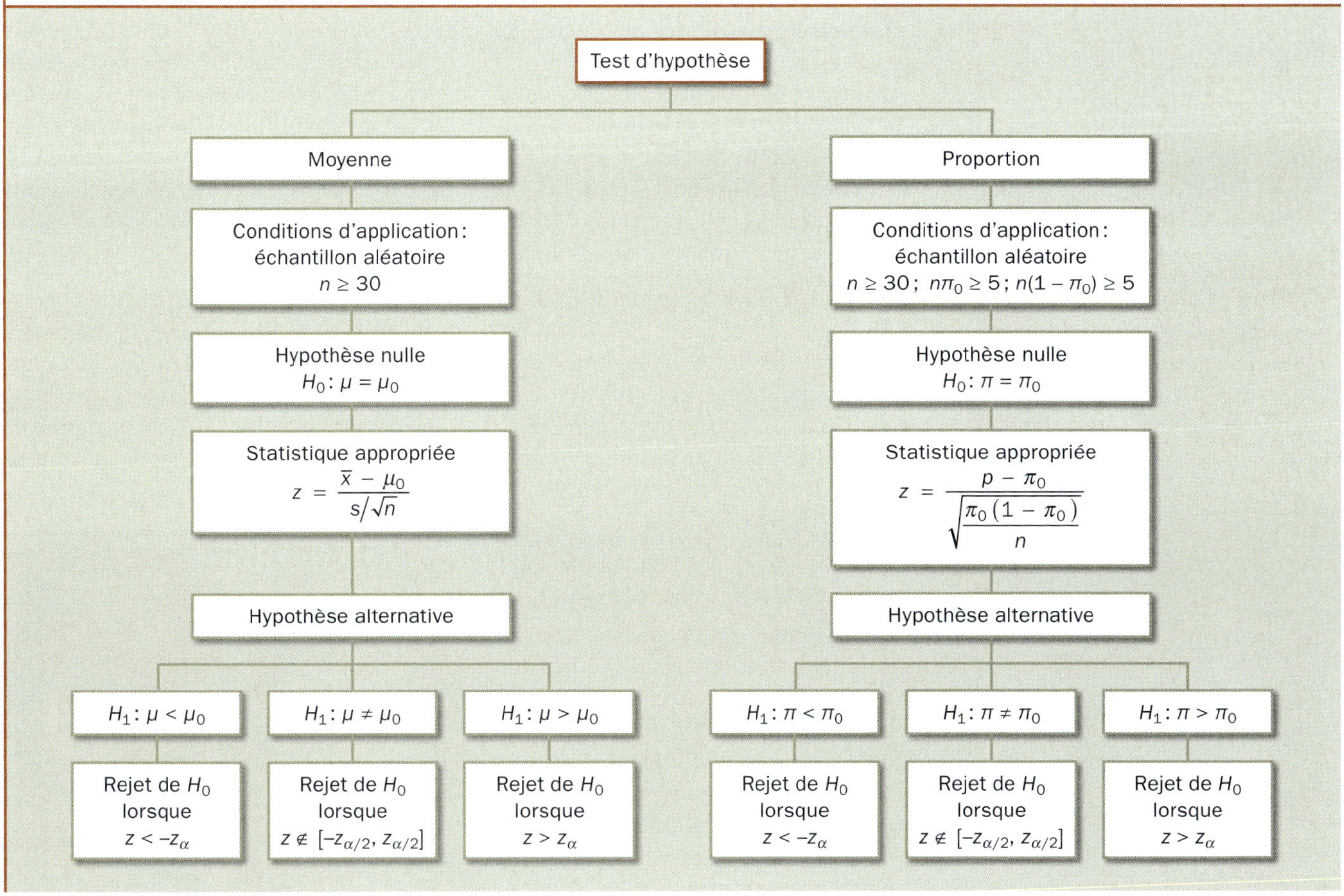


## Exercices récapitulatifs

### Section 10.1

**1.** Dans le contexte de l'affirmation, formulez les hypothèses nulle et alternative.

a) Le temps moyen qu'ont mis les diplômés de doctorat de 2010 pour obtenir leur diplôme est différent de celui des diplômés de 2000, qui était de 15 trimestres d'études.

b) Plus de 20 % des Québécois de 25 ans et plus sont titulaires d'un grade universitaire.

c) Le temps moyen pris par des adultes pour résoudre le problème du *tangram* du chat est inférieur à 7 min.

d) La proportion de fumeurs chez les Québécois de 15 ans et plus est de 18 %.

e) Par suite de l'adoption d'une nouvelle politique d'encadrement des étudiants dans un cours de méthodes quantitatives, le taux d'échec dans ce cours est tombé sous les 15 %.

f) Le revenu moyen d'un nouveau diplômé en sciences de l'éducation est supérieur à 35 000 $.

g) La mémoire n'est pas infaillible : on peut persuader plus de 25 % des gens d'avoir vécu dans leur enfance un événement précis qui n'a jamais eu lieu.

## Section 10.2

**2.** Un fournisseur d'essence a décidé d'établir un système de fidélisation de la clientèle sous forme de points échangeables pour chaque achat effectué avec la carte de crédit de la maison. Avant l'établissement de ce système, la valeur mensuelle moyenne des achats portés à la carte de crédit était de 150 $. Un échantillon aléatoire de 400 relevés de compte distribués depuis l'instauration de la nouvelle politique donne une valeur mensuelle moyenne de 175 $ avec un écart type de 10 $. Peut-on conclure que la valeur mensuelle moyenne des achats portés à la carte de crédit de ce fournisseur a augmenté ? Employez un seuil de 5 %.

**3.** Un professeur de géographie prétend que les étudiants du cours « Carte du monde » prennent en moyenne 30 min pour trouver 40 données de nature géographique, démographique ou économique dans Internet. Pourtant, 36 étudiants de ce cours, sélectionnés au hasard, ont déclaré avoir pris en moyenne 25 min pour effectuer cette recherche. L'écart type observé est de 8 min. Peut-on penser qu'il faut moins de temps que ce que le professeur avance pour mener ce genre de recherche documentaire ? Employez un seuil de 1 %.

**4.** Une association de consommateurs a mené une étude sur des jouets destinés aux enfants de trois à six ans. Cette étude portait notamment sur la capacité des jouets de retenir l'intérêt des enfants. On a invité un groupe de 64 enfants âgés de trois à six ans auxquels on a présenté le même jouet et on a mesuré combien de temps les enfants se sont amusés avec le jouet avant de manifester des signes d'ennui. Le temps moyen observé a été de 24 min et l'écart type de 8 min. Sur la base de cette expérience, peut-on penser que le temps moyen pendant lequel des enfants de trois à six ans s'amusent avec ce jouet avant de manifester des signes d'ennui diffère significativement $(\alpha = 5\%)$ de 25 min ?

**5.** Le propriétaire d'une station-service qui souhaite se départir de son commerce affirme à un acheteur potentiel que l'achalandage moyen entre 7 h et 9 h est de 60 clients. Il prétend également que la recette moyenne au cours de cette période est de 2 000 $. L'acheteur potentiel décide de vérifier l'affirmation du vendeur. Au cours d'une période de 49 jours, il observe un achalandage moyen de 55 clients et une recette moyenne de 1 980 $. Les écarts types sont de 4 clients et de 75 $ respectivement. S'il traite cet échantillon comme un échantillon aléatoire, peut-il penser que le propriétaire a exagéré la performance de son commerce afin d'améliorer ses chances de le vendre ? Employez un seuil de 2 %.

**6.** Un psychologue a mis au point un programme d'apprentissage qui devrait améliorer la capacité de résoudre des problèmes chez des enfants de 8 ans. Pour vérifier l'efficacité du programme, 33 enfants de 8 ans sélectionnés aléatoirement y ont été inscrits. On a ensuite soumis ces enfants à un test mesurant la capacité de résoudre des problèmes dont le résultat moyen pour des enfants de 8 ans est de 100. Les résultats des 33 sujets au test apparaissent dans le tableau 10.5.

TABLEAU **10.5**

**RÉSULTATS DES 33 ENFANTS SOUMIS AU TEST**

| | | | | | | | | | | |
|---|---|---|---|---|---|---|---|---|---|---|
| 98 | 102 | 106 | 103 | 102 | 108 | 96 | 97 | 106 | 95 | 104 |
| 105 | 107 | 97 | 104 | 105 | 101 | 102 | 98 | 105 | 96 | 102 |
| 110 | 95 | 103 | 97 | 100 | 99 | 98 | 97 | 107 | 98 | 101 |

Peut-on en conclure, au seuil de 1 %, que le programme d'apprentissage permet d'améliorer la capacité de résoudre des problèmes chez des enfants de 8 ans ?

**7.** Un psychologue croit qu'en présence d'un bruit intense, les souris parcourent un labyrinthe plus rapidement que les 25 s observées en moyenne dans un environnement sans bruit. Pour vérifier son hypothèse, il fait parcourir le labyrinthe en présence d'un bruit intense à 100 souris et obtient un temps moyen de 22,5 s et un écart type de 7 s. Ces résultats permettent-ils de confirmer l'hypothèse du psychologue au seuil de 1 % ?

**8.** L'humérus des animaux d'une même espèce présente un même rapport Longueur:Diamètre. Un archéologue croit que ce rapport pour l'espèce A est différent de 8,5. Il dispose d'un échantillon de 50 fossiles d'animaux de l'espèce A et, après des mesures précises, il obtient un rapport moyen de 8,1 avec un écart type de 0,5. Ces résultats permettent-ils de confirmer l'hypothèse de l'archéologue au seuil de 1 % ?

**9.** Un psychologue croit que la privation de sommeil a un effet négatif sur la créativité. Afin de confirmer son hypothèse, il a fait passer un test de créativité à 40 étudiants qu'on avait privé de sommeil pour une durée de 24 heures. La note moyenne des 40 étudiants à ce test est de 94 avec un écart type de 8, alors que la note moyenne attendue chez les personnes qui ne sont pas privées de sommeil est de 100. Ces données confirment-elles l'hypothèse du psychologue ? Employez un seuil de 1 %.

## Section 10.3

**10.** Une enquête menée auprès d'un échantillon aléatoire de 1 200 ménages québécois nous apprend que 6 % d'entre eux ont l'intention d'acheter une voiture neuve au cours de la prochaine année. Peut-on conclure que la proportion de l'ensemble des ménages québécois qui ont l'intention d'acheter une nouvelle voiture au cours de la prochaine année est différente de 5 % ? Employez un seuil de signification de 2 %.

**11.** Des psychologues ont mené une recherche sur le degré de fiabilité de la mémoire. Les responsables de la recherche prétendent avoir démontré la malléabilité et la faillibilité des souvenirs. Dans une de leurs expériences, ils ont demandé à des parents de répertorier une série d'incidents arrivés à leurs enfants. Ils ont ensuite parlé aux enfants. Ils ont introduit dans la conversation de vrais incidents rapportés par les parents, mais également de faux incidents créés de toutes pièces. Selon une des chercheuses, 25 % des sujets se sont laissé berner et ont accepté les faux incidents ; certains ont même donné des détails supplémentaires. De plus, les faux souvenirs deviennent tellement ancrés que les sujets refusent de les remettre en question, même lorsqu'on leur dit la vérité à la fin de l'expérience. Pour cette chercheuse, les techniques de certains thérapeutes qui visent à faire revenir en mémoire des souvenirs oubliés, et qui ressemblent à celles qui sont employées dans cette expérience, sont donc très contestables, puisque la mémoire des patients est malléable et faillible. Un thérapeute dont les techniques recourent aux souvenirs refoulés des patients met en doute les résultats de cette recherche. Il prétend qu'une proportion beaucoup plus faible de personnes peuvent se laisser influencer. Il reprend donc l'expérience décrite plus haut auprès de 100 sujets. Parmi ces derniers, 15 seulement se sont laissé prendre. Ce thérapeute peut-il en conclure, au seuil de 5 %, que la proportion de personnes influençables est inférieure à 25 % ?

**12.** On a présenté à 75 nourrissons deux hochets, l'un de couleur rose et l'autre de couleur bleue. Parmi ceux-ci, 50 ont choisi le hochet bleu. Peut-on en conclure, au seuil de 1 %, que les nourrissons manifestent une préférence pour le bleu ?

**13.** On a demandé à un échantillon aléatoire de 640 consommateurs leur préférence quant à deux marques connues de boisson gazeuse. Parmi ceux-ci, 315 ont déclaré préférer la marque A à la marque B. Peut-on conclure, au seuil de 5 %, que les consommateurs n'ont pas de préférence pour l'une ou l'autre des deux marques ?

**14.** Vous aviez toujours cru qu'il naissait autant de garçons que de filles. Une de vos amies qui étudie en soins infirmiers vient d'effectuer un stage à la pouponnière d'un hôpital, et elle a constaté qu'il y avait plus de bébés de sexe masculin que de bébés de sexe féminin. Sur la base de cette expérience de travail, elle prétend qu'il naît plus de garçons que de filles. Vous disposez d'un échantillon aléatoire de 10 000 naissances qui compte 5 140 naissances masculines. Sur la base de cet échantillon, laquelle des deux positions, celle de votre amie ou la vôtre, semble la plus vraisemblable ? Employez un seuil de 2 %.

**15.** Robert est ennuyé par les sonneries des téléphones cellulaires dans son cours. Il affirme à Judith, une des enseignantes de son département, que 75 % des étudiants ont un téléphone cellulaire sur eux lorsqu'ils se présentent en classe. Judith croit que cette proportion est plus forte. Les deux enseignants décident donc de mener un sondage auprès d'un échantillon aléatoire de 400 étudiants de cégep. De ce nombre, 310 ont déclaré qu'ils apportent un cellulaire en classe. Ce résultat confirme-t-il l'hypothèse de Judith ? Employez un seuil de 5 %.

**16.** On croyait que 20 % des comptables accepteraient une réduction de leur temps de travail et de salaire pour pouvoir consacrer plus de temps à leur vie personnelle. Un sondage mené auprès de 324 comptables montre que 50 d'entre eux accepteraient une réduction de leur temps de travail et de salaire pour pouvoir consacrer plus de temps à leur vie personnelle.

a) Ce résultat permet-il de conclure que la proportion des comptables qui accepteraient une réduction de leur temps de travail et de salaire pour consacrer plus de temps à leur vie personnelle est différente de 20 % ? Employez un seuil de 5 %.

b) Votre conclusion aurait-elle été la même si vous aviez employé un seuil de 1 % ?

# Réponses aux exercices récapitulatifs

## Chapitre 1

**1.** Une hypothèse est une proposition théorique que l'on avance à titre de réponse provisoire à une question de recherche et que l'on projette de vérifier.

**2.** a) L'opérationnalisation d'un concept consiste à définir un concept abstrait par un indicateur, soit une manifestation quantifiable et mesurable de ce concept.

b) L'organisation et le traitement des données est l'étape de la démarche scientifique qui consiste à présenter les données à l'aide de tableaux, de figures (graphiques) ou de mesures.

c) L'analyse et l'interprétation des résultats est l'étape de la démarche scientifique qui consiste à tirer des conclusions à partir des données recueillies. Il s'agit essentiellement de déterminer si les résultats obtenus infirment ou confirment les hypothèses de départ.

**3.** Un indicateur est une manifestation quantifiable et mesurable d'un concept abstrait, souvent multidimensionnel.

**4.** a) Prix des repas, variété du menu, rapidité du service, propreté des lieux, etc.

b) Nombre de livres disponibles, nombre de nouvelles acquisitions de volumes au cours de la dernière année, nombre de personnes au service des usagers, durée des prêts, etc.

**5.** a) La population représente l'ensemble de tous les individus, de tous les objets ou de tous les groupes, c'est-à-dire toutes les unités statistiques sur lesquelles on peut effectuer des mesures ou sur lesquelles porte une recherche, et duquel on peut prélever un échantillon.

b) Un échantillon est un sous-ensemble d'une population formé des unités statistiques prélevées pour être analysées ou observées.

c) Une unité statistique est un élément de la population, sur lequel on mesure une variable.

**6.** a) Indicateur.

b) Variable.

c) Méthode expérimentale (expérience).

**7.** a) Un recensement est un dénombrement complet ou un inventaire exhaustif d'une population.

b) Un sondage est un prélèvement d'un échantillon d'une population. On emploie aussi couramment le mot *sondage* pour désigner une enquête effectuée auprès d'un échantillon de la population ; on parle d'ailleurs d'enquête par sondage ou de sondage d'opinion.

**8.** Le recensement n'est pas toujours souhaitable ou réalisable pour les motifs suivants :

- Les coûts en sont généralement très élevés ;
- La population étudiée est souvent très grande, ce qui a pour conséquence de prolonger indûment les délais de réalisation et le traitement des données ;
- Une étude peut comporter des tests destructifs (comme dans une étude sur la durée de vie d'ampoules électriques). Le recours au recensement aurait alors pour effet de détruire la population observée ;
- L'organisation d'un recensement peut être très complexe et exiger des procédures et des contrôles très poussés ;
- Les sondages sont généralement d'une précision comparable à celle des recensements.

**9.** Les deux volets de l'inférence statistique sont l'estimation (déterminer le pourcentage des électeurs qui vont voter pour le parti *X* aux prochaines élections) et le test d'hypothèse (le médicament *X* est plus efficace que le médicament *Y* pour traiter une maladie).

**10.** Il s'agit d'inférence, puisqu'on généralise à l'ensemble de la population (tous les étudiants des cégeps) les résultats d'une enquête portant sur un échantillon (1 000 cégépiens et cégépiennes).

**11.** L'estimation est le volet de l'inférence statistique qui consiste à déterminer la valeur d'un paramètre d'une population d'après la mesure correspondante provenant d'un échantillon.

**12.** a) Inférence statistique.
b) Statistique descriptive.
c) Test d'hypothèse.

**13.** Cette comparaison n'est pas fondée. Le nombre de naissances est beaucoup plus élevé aux États-Unis qu'au Canada. Il n'est donc pas surprenant d'observer plus de décès d'enfants de moins de un an aux États-Unis qu'au Canada. Pour rendre la comparaison juste, il aurait fallu comparer les taux de mortalité infantile, soit le nombre de décès de nouveau-nés pour 1 000 naissances.

**14.** La comparaison n'est pas juste, car c'est la bureautique qui a accru la productivité des secrétaires. C'est donc l'amélioration de l'équipement plus que celle des habiletés des individus qui explique l'augmentation de la productivité.

**15.** Une règle mal graduée pose un problème de validité, parce qu'elle ne permet pas de mesurer correctement ce qu'on doit mesurer. Elle ne pose toutefois pas de problème de fidélité, parce qu'elle donne des mesures constantes.

**16.** Cette mesure n'est pas valide, parce qu'elle dénombre des individus qui ne sont pas des étudiants (par exemple des enseignants, des cadres, des visiteurs) et qu'elle ne dénombre pas les étudiants qui entrent par une autre porte. On mesure donc autre chose que ce qu'on voulait mesurer. Cette mesure n'est pas fidèle, puisqu'elle n'est pas constante d'une journée à l'autre alors que le nombre d'étudiants inscrits est constant.

**17.** La mesure n'est ni valide ni fidèle. Les résultats risquent d'être « contaminés » par la proximité d'un examen difficile. Ainsi, les résultats ne sont pas fidèles, puisqu'ils auraient été vraisemblablement différents en d'autres moments du trimestre. De plus, les résultats ne sont pas valides, puisqu'ils reflètent probablement plus l'état de frustration des étudiants que leur degré de satisfaction à l'égard de leur professeure.

**18.** a) Quantitative continue.
b) Quantitative discrète.
c) Qualitative ordinale.
d) Quantitative discrète.
e) Qualitative nominale.
f) Qualitative nominale.
g) Qualitative ordinale.
h) Quantitative continue.
i) Qualitative nominale.
j) Qualitative ordinale.

**19.**

| | Unité statistique | Variable | Nature de la variable | Modalités ou valeurs |
|---|---|---|---|---|
| a) | Un étudiant | Nombre d'échecs au dernier trimestre | Quantitative discrète | 0, 1, 2, 3, 4, 5, 6 |
| b) | Un Québécois âgé de 15 à 29 ans | Degré de satisfaction à l'égard des cours et des programmes d'études | Qualitative ordinale | Très satisfait, Assez satisfait, Peu satisfait, Pas du tout satisfait |
| c) | Un Québécois | Sexe | Qualitative nominale | Féminin, Masculin |

**20.** a) Une variable est une caractéristique qui peut présenter des formes différentes pour chaque unité statistique observée.

b) Une modalité est une forme que peut revêtir une variable qualitative.

c) Une valeur est une forme prise par une variable quantitative.

d) Une donnée est le résultat d'une mesure effectuée sur une unité statistique.

**21.** a) Variable quantitative continue.

b) Modalités exhaustives.

c) Caractère ou facteur.

d) Variable qualitative nominale.

e) Variable.

**22.**

| | Échelle | Relations | Opérations |
|---|---|---|---|
| a) | Nominale | =, ≠ | Aucune |
| b) | Ordinale | =, ≠, >, < | Aucune |
| c) | D'intervalles | =, ≠, >, < | +, − |
| d) | De rapports | =, ≠, >, < | +, −, ×, ÷ |

**23.** a) Une échelle ordinale permet de faire des comparaisons entre les modalités d'une variable (relation d'ordre), ce qui n'est pas possible pour les modalités d'une variable mesurée selon une échelle nominale.

b) Une échelle d'intervalles se caractérise par la présence d'une unité de mesure normalisée qui rend possibles les opérations d'addition et de soustraction entre les valeurs de la variable ainsi mesurée. De telles opérations ne sont pas possibles dans le cas d'une variable mesurée selon une échelle ordinale, étant donné l'absence d'une unité de mesure normalisée.

c) Une échelle de rapports présente un zéro absolu, alors qu'une échelle d'intervalles présente un zéro relatif (fixé arbitrairement). Les valeurs d'une variable mesurée selon une échelle de rapports pourront être additionnées, soustraites, multipliées et divisées entre elles, alors que celles qui sont mesurées selon une échelle d'intervalles ne pourront être qu'additionnées et soustraites entre elles.

**24.** a) Échelle de rapports.

b) Zéro absolu.

c) Zéro relatif.

d) Échelle nominale.

**25.** a) Une échelle d'intervalles : l'équateur constitue un zéro relatif.

b) Sur l'équateur.

c) Une échelle d'intervalles : le méridien de Greenwich constitue le zéro relatif.

**26.** Un zéro relatif est un point de référence fixé de manière arbitraire, alors qu'un zéro absolu dénote l'absence totale de la caractéristique mesurée.

**27.** a) Échelle d'intervalles : l'an zéro est un zéro relatif.

b) Échelle de rapports : le zéro est absolu.

c) Échelle d'intervalles : l'altitude de 0 m est un zéro relatif.

d) Échelle ordinale.

e) Échelle nominale : le numéro d'assurance sociale n'est qu'un code servant à identifier les Canadiens.

**28.** a) Tous les mois d'octobre de 1941 à 2009 à Montréal.

b)

| Variable | Nature de la variable | Valeurs possibles | Échelle de mesure | Origine de l'échelle | Relations possibles | Opérations permises |
|---|---|---|---|---|---|---|
| Année | Quantitative discrète | 1941, …, 2009 | D'intervalles | Zéro relatif | =, ≠, >, < | +, − |
| Nombre de jours avec 1 mm ou plus de précipitations | Quantitative discrète | 0, 1, …, 31 | De rapports | Zéro absolu | =, ≠, >, < | +, −, ×, ÷ |
| Quantité de précipitations (mm) | Quantitative continue | 0−250 | De rapports | Zéro absolu | =, ≠, >, < | +, −, ×, ÷ |
| Température moyenne (°C) | Quantitative continue | 0−15 | D'intervalles | Zéro relatif | =, ≠, >, < | +, − |

Note : Pour la variable « Quantité de précipitations », nous tenons pour acquis qu'il ne peut pas y avoir plus de 250 mm de précipitations en octobre. Pour la variable « Température moyenne », nous supposons que l'intervalle de 0 à 15 °C couvre toutes les possibilités.

**29.** a) Tous les étudiants de cégep.
b) Un étudiant de cégep.
c) Les 200 étudiants auxquels on a soumis le questionnaire.
d) Variable : sexe ; nature : qualitative nominale ; échelle : nominale.
e) Variable : fréquence du déjeuner ; nature : qualitative ordinale ; échelle : ordinale.
f) Variable : dépenses pour l'alimentation au cours de la dernière semaine ; nature : quantitative discrète ; échelle : ordinale.
g) Variable : nombre d'animaux domestiques ; nature : quantitative discrète ; échelle : ordinale.
h) Variable : masse (dans le langage courant, on parle du poids) ; nature : quantitative continue ; échelle : de rapports.
i) Variable : rang dans la famille ; nature : qualitative ordinale ; échelle : ordinale.

**30.** a) Variable : nombre de passagers au départ de Montréal ; nature : quantitative discrète ; valeurs : 0, 1, 2, …, 60 ; échelle : de rapports.
b) Variable : ponctualité ; nature : qualitative nominale ; modalités : oui ou non ; échelle : nominale.
c) Variable : conditions climatiques au départ de Montréal ; nature : qualitative nominale ; modalités : soleil, ciel couvert, pluie, neige, autre ; échelle : nominale.
d) Variable : durée du trajet ; nature : quantitative continue ; valeurs : une valeur comprise entre 120 et 200 minutes ; échelle : de rapports.
e) Variable : conditions de circulation sur l'autoroute ; nature : qualitative ordinale ; modalités : très bonnes, bonnes, mauvaises, très mauvaises ; échelle : ordinale.

# CHAPITRE 2

**1.** La représentativité.

**2.** Un échantillon aléatoire est un échantillon dont les éléments ont été sélectionnés selon une technique basée sur le hasard qui donne à chaque élément de la population une chance connue et non nulle d'être choisi.

**3.** a) Prélèvement d'un échantillon tel qu'une même unité statistique ne peut être choisie plus d'une fois.
b) Le poids du sondage correspond au nombre d'individus de la population que représente chaque unité statistique de l'échantillon. Il est donné par le quotient $N/n$.
c) Le taux de sondage représente la proportion de la population qui fait partie de l'échantillon. Il est donné par le quotient $n/N$. On l'exprime généralement en pourcentage.

**4.** 5 245 786.

**5.** Il faut posséder une base de sondage. Il est possible que la base de sondage ne représente pas adéquatement la population cible : certains individus ne s'y trouvent pas et d'autres ne devraient pas y figurer. Ainsi, la base de sondage peut être incomplète, désuète ou inexacte.

**6.** a) On devrait procéder à un échantillonnage stratifié, parce qu'on veut comparer les habitudes de consommation des sous-populations.
b) 20.

**7.** Toutes choses étant égales par ailleurs, l'échantillonnage stratifié engendre une marge d'erreur plus faible que l'échantillonnage aléatoire simple. De plus, il permet de comparer des sous-populations par rapport aux variables étudiées. Cependant, il est beaucoup plus coûteux et plus complexe à réaliser : il exige qu'on puisse décomposer la population en strates relativement homogènes et qu'on dispose d'une liste des individus pour chacune des strates de la population, afin d'être en mesure de prélever un échantillon dans chacune d'elles.

**8.** a) Échantillonnage par grappes (ou par amas).
b) Non. On peut penser que les élèves fréquentant une même école primaire demeurent près de leur école et présentent des ressemblances sur le plan des principales caractéristiques socioéconomiques. On peut donc supposer que les grappes (les écoles) sont homogènes quant aux habitudes alimentaires des éléments de la grappe. Dans un tel contexte, si l'ensemble de la population des écoles est plus hétérogène que celle d'une seule école, la technique d'échantillonnage par grappes ne fournira pas un échantillon représentatif : il risque fort d'y avoir surreprésentation de certains groupes socioéconomiques dans l'échantillon.

**9.** Idéalement, les grappes doivent être hétérogènes et les strates, homogènes.

**10.** La proximité géographique s'accompagne souvent d'une ressemblance des individus quant aux principales caractéristiques socioéconomiques : l'emploi d'une base aréolaire aurait pour effet de produire des grappes homogènes, alors que cette technique d'échantillonnage exigerait plutôt des grappes hétérogènes.

**11.** a) Échantillonnage systématique.
b) Échantillonnage au jugé.
c) Échantillonnage par grappes (ou par amas).
d) Échantillonnage systématique aléatoire.
e) Échantillonnage stratifié.
f) Échantillonnage stratifié.
g) Échantillonnage par grappes (base aréolaire).

**12.** a) Échantillonnage par quotas ; non probabiliste.
b) Échantillonnage à l'aveuglette ; non probabiliste.
c) Échantillonnage systématique ; non probabiliste.
d) Échantillonnage par grappes (ou par amas) ; probabiliste.
e) Échantillonnage de volontaires ; non probabiliste.
f) Échantillonnage à l'aveuglette ; non probabiliste.
g) Échantillonnage aléatoire simple ; probabiliste.

**13.** a) Non, il ne possède pas une liste des personnes qui ont vu le film au festival.
b) On risque d'obtenir une surreprésentation de certains groupes dans l'échantillon : des personnes qui ont aimé ou qui ont détesté le film, des personnes qui ont intérêt à ce que le film se vende bien, etc. Par conséquent, l'échantillon ne serait pas représentatif.
c) Les personnes qui sortent les premières seront probablement celles qui ont le moins aimé le film ; l'échantillon obtenu ne serait pas représentatif.
d) L'échantillonnage systématique non aléatoire avec un pas de sondage de 5.
e) Les personnes qui fréquentent un festival de cinéma n'ont pas nécessairement les mêmes goûts que le grand public : l'échantillon choisi n'était pas tiré de la population cible et risquait de ne pas être représentatif de cette dernière.

**14.** Il peut être utilisé dans les études exploratoires lorsqu'on veut réduire les coûts, lorsque la population étudiée est relativement homogène, lorsqu'une expérimentation comporte des risques pour la santé ou encore lorsqu'il est impossible de disposer d'une base de sondage.

**15.** Le niveau de confiance : une augmentation du niveau de confiance provoque une augmentation de la marge d'erreur. La taille de l'échantillon : pour un niveau de confiance donné, plus la taille de l'échantillon est grande, plus la marge d'erreur est faible. La technique d'échantillonnage : l'échantillonnage stratifié est généralement plus précis que l'échantillonnage aléatoire simple, qui est plus précis que l'échantillonnage par grappes. La marge d'erreur est donc plus faible pour une taille d'échantillon et un niveau de confiance donnés lorsqu'on emploie l'échantillonnage stratifié.

**16.** a) La méthode est aléatoire : « … 1 100 résidants du Québec âgés de plus de 19 ans ont été choisis ***au hasard*** à partir… tous les membres de la population cible ont une ***probabilité identique*** de faire… ».

b) Les résidants du Québec âgés de plus de 19 ans.

c) Le CD-ROM de la société InfoCanada.

d) $n$ = 1 100.

e) 5,7 %.

f) La proportion des Québécois de plus de 19 ans ayant été victimes d'un vol d'identité se situe entre 2,8 % (soit 5,7 − 2,9) et 8,6 % (soit 5,7 + 2,9).

g) La proportion des Québécois de plus de 19 ans qui font confiance aux institutions financières pour prévenir et réprimer la cybercriminalité et le vol d'identité se situe entre 65,6 % (soit 68,5 − 2,9) et 71,4 % (soit 68,5 + 2,9).

h) Chez les Québécois de plus de 19 ans, le nombre annuel moyen d'incidents de vol d'identité par victime se situe entre 1,2 (soit 1,4 − 0,2) et 1,6 (soit 1,4 + 0,2).

# CHAPITRE 3

**1.** a) Les femmes ayant subi un avortement thérapeutique au Canada en 2005.

b) La province de résidence.

c) Variable qualitative nominale.

d) 96 015.

e) TABLEAU 3

**RÉPARTITION DES FEMMES AYANT SUBI UN AVORTEMENT THÉRAPEUTIQUE, SELON LA PROVINCE DE RÉSIDENCE, CANADA, 2005**

| Province de résidence | Nombre de femmes | Pourcentage des femmes (%) |
|---|---|---|
| Terre-Neuve-et-Labrador | 883 | 0,9 |
| Île-du-Prince-Édouard | 126 | 0,1 |
| Nouvelle-Écosse | 1 897 | 2,0 |
| Nouveau-Brunswick | 941 | 1,0 |
| Québec | 29 259 | 30,5 |
| Ontario | 33 546 | 34,9 |
| Manitoba | 2 236 | 2,3 |
| Saskatchewan | 1 824 | 1,9 |
| Alberta | 10 859 | 11,3 |
| Colombie-Britannique | 14 444 | 15,0 |
| **Total** | **96 015** | **100,0** |

Source : Statistique Canada, *Statistiques sur les avortements provoqués 2005*, nº 82-223-X au catalogue, mai 2008, p. 10.

Note : En raison de l'arrondissement des données, le total ne correspond pas nécessairement à la somme des parties.

**2.** a) Une personne inscrite au cours.
b) La langue maternelle.
c) Variable qualitative nominale.
d) Échelle nominale.
e) 70 données.
f) La langue maternelle d'une personne inscrite au cours.
g) 6 modalités.
h) TABLEAU **ER 3.1**

**RÉPARTITION DES 70 PERSONNES INSCRITES À UN COURS, SELON LA LANGUE MATERNELLE**

| Langue maternelle | Nombre d'inscrits | Pourcentage des inscrits (%) |
|---|---|---|
| Français | 38 | 54,3 |
| Anglais | 15 | 21,4 |
| Allemand | 7 | 10,0 |
| Italien | 4 | 5,7 |
| Espagnol | 4 | 5,7 |
| Autre | 2 | 2,9 |
| **Total** | **70** | **100,0** |

i) 54,3 % ; 21,4 % ; 5,7 %.
j) Les fréquences relatives.
k) On peut utiliser un diagramme à secteurs, un diagramme linéaire ou un diagramme à bandes rectangulaires. Nous avons choisi de tracer un diagramme à bandes rectangulaires horizontales avec les fréquences absolues. On aurait également pu utiliser les fréquences relatives.

FIGURE **ER 3.1**

**RÉPARTITION DES 70 PERSONNES INSCRITES À UN COURS, SELON LA LANGUE MATERNELLE**

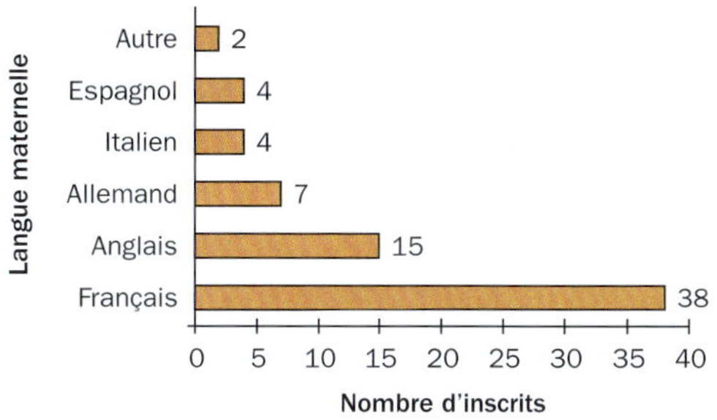


**3.** a) Un étudiant inscrit au cours de philosophie.
b) Le degré de satisfaction à l'égard de l'enseignement reçu.
c) Variable qualitative ordinale.
d) Échelle ordinale.
e) Quatre modalités.
f) TABLEAU **ER 3.2**

**RÉPARTITION EN POURCENTAGE DES 28 ÉTUDIANTS INSCRITS À UN COURS DE PHILOSOPHIE, SELON LEUR DEGRÉ DE SATISFACTION À L'ÉGARD DE L'ENSEIGNEMENT REÇU**

| Degré de satisfaction | Pourcentage des étudiants (%) |
|---|---|
| Très insatisfait | 35,7 |
| Insatisfait | 39,3 |
| Satisfait | 17,9 |
| Très satisfait | 7,1 |
| **Total** | **100,0** |

g) Ce tableau montre que les étudiants inscrits à ce cours de philosophie présentent un fort degré d'insatisfaction par rapport au cours : 75 % des étudiants (soit 35,7 + 39,3) sont insatisfaits ou très insatisfaits. Il faudrait, par une analyse plus poussée, tenter de déterminer les causes de l'insatisfaction : le professeur, la matière, les évaluations, l'horaire des cours, etc.

h) On peut utiliser un diagramme à secteurs, un diagramme linéaire ou un diagramme à bandes rectangulaires. Nous avons choisi de tracer un diagramme à bandes rectangulaires verticales.

FIGURE | **ER 3.2**

**RÉPARTITION EN POURCENTAGE DES 28 ÉTUDIANTS INSCRITS À UN COURS DE PHILOSOPHIE, SELON LEUR DEGRÉ DE SATISFACTION À L'ÉGARD DE L'ENSEIGNEMENT REÇU**

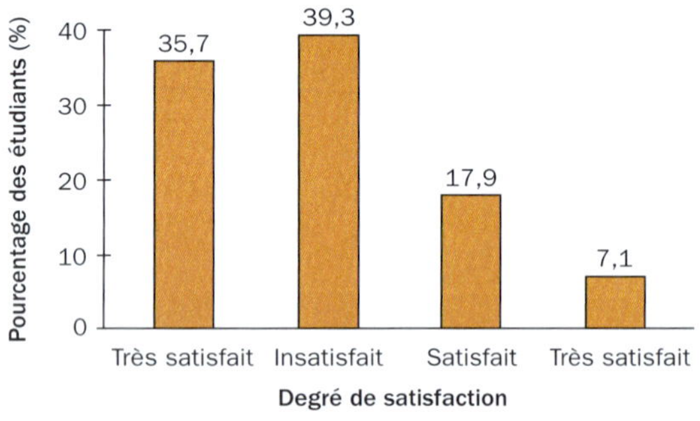


**4.** a) 23,1 %.

b) 4 986.

**5.** FIGURE | **ER 3.3**

**RÉPARTITION EN POURCENTAGE DES RÉPONDANTS, PAR SEXE, SELON LE DEGRÉ DE CONFIANCE ACCORDÉ AU SYSTÈME JUDICIAIRE EN MATIÈRE DE DÉLITS À CARACTÈRE SEXUEL**

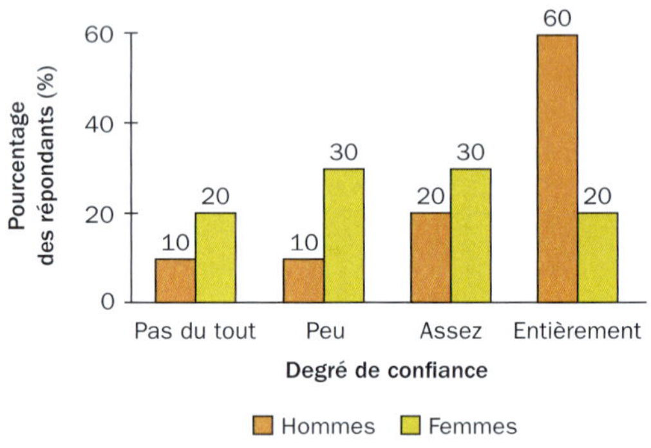


Les hommes semblent avoir davantage confiance dans le système judiciaire que les femmes en matière de délits à caractère sexuel ; 80 % des hommes interrogés disent avoir entièrement ou assez confiance dans le système judiciaire, alors que seulement 50 % des femmes ont la même opinion.

**6.** a) La méthode expérimentale.

b) Une échelle ordinale.

c) Le fait de diviser un texte en parties et de poser des questions après chaque partie favorise la rétention des éléments du texte.

d) 12 étudiants.

CHAPITRE 3

e) TABLEAU | **ER 3.3**

**RÉPARTITION EN POURCENTAGE DES ÉTUDIANTS, PAR GROUPE, SELON LE RÉSULTAT OBTENU**

| Résultat | Premier groupe (%) | Deuxième groupe (%) |
|---|---|---|
| A | 16 | 20 |
| B | 20 | 30 |
| C | 44 | 40 |
| D | 16 | 8 |
| E | 4 | 2 |
| **Total** | **100** | **100** |

f) Les étudiants du deuxième groupe semblent avoir eu une performance supérieure à celle des étudiants du premier groupe. En effet, 50 % des étudiants du deuxième groupe ont obtenu une note de A ou de B, contre seulement 36 % des étudiants du premier groupe.

g) L'inférence statistique et notamment un test d'hypothèse.

h) Nous pourrions utiliser un diagramme linéaire ou un diagramme à bandes rectangulaires pour représenter graphiquement le tableau dressé en *e*. Nous avons choisi de construire un diagramme à bandes rectangulaires.

FIGURE | **ER 3.4**

**RÉPARTITION EN POURCENTAGE DES ÉTUDIANTS, PAR GROUPE, SELON LE RÉSULTAT OBTENU**

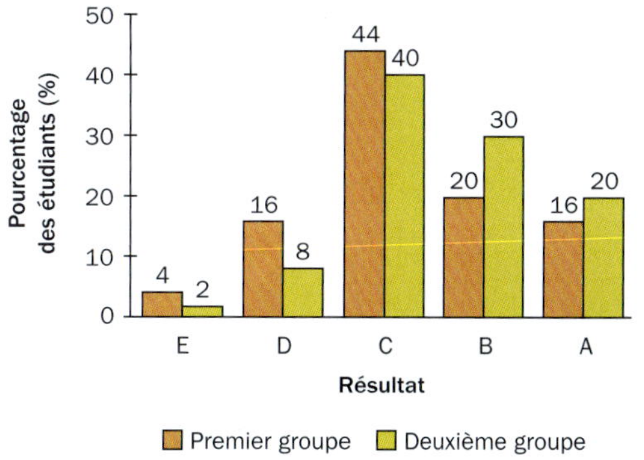


i) Diagramme à bandes rectangulaires verticales chevauchées.

**7.** a) $n = 11\,000$.

b) $N = 13{,}9$ millions.

c) 0,08 %.

d) Variable qualitative nominale.

e) Incivilité physique et incivilité sociale.

f) TABLEAU | **ER 3.4**

**RÉPARTITION EN POURCENTAGE DES RÉSIDANTS DE LA RMR DE MONTRÉAL, SELON LE NOMBRE DE TYPES D'INCIVILITÉS PERÇUES COMME PROBLÉMATIQUES**

| Nombre de types d'incivilités | Pourcentage des résidants (%) |
|---|---|
| 0 | 71 |
| 1 | 17 |
| 2 | 12 |
| **Total** | **100** |

Source : Statistique Canada, ESG.

g) FIGURE | **ER 3.5**

**RÉPARTITION EN POURCENTAGE DES RÉSIDANTS DE LA RMR DE MONTRÉAL, SELON LE NOMBRE DE TYPES D'INCIVILITÉS PERÇUES COMME PROBLÉMATIQUES**

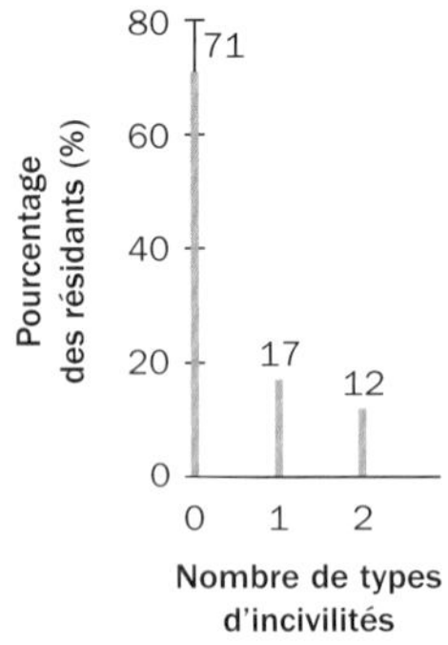


Source : Statistique Canada, ESG.

h) TABLEAU | **ER 3.5**

**RÉPARTITION EN POURCENTAGE DES RÉSIDANTS DE LA ZONE CENTRE DE LA RMR DE MONTRÉAL, SELON LE NOMBRE DE TYPES D'INCIVILITÉS PERÇUES COMME PROBLÉMATIQUES**

| Nombre de types d'incivilités | Pourcentage des résidants (%) |
|---|---|
| 0 | 50 |
| 1 | 20 |
| 2 | 30 |
| Total | 100 |

Source : Statistique Canada, ESG.

i) FIGURE | **ER 3.6**

**RÉPARTITION EN POURCENTAGE DES RÉSIDANTS DE LA ZONE CENTRE DE LA RMR DE MONTRÉAL, SELON LE NOMBRE DE TYPES D'INCIVILITÉS PERÇUES COMME PROBLÉMATIQUES**

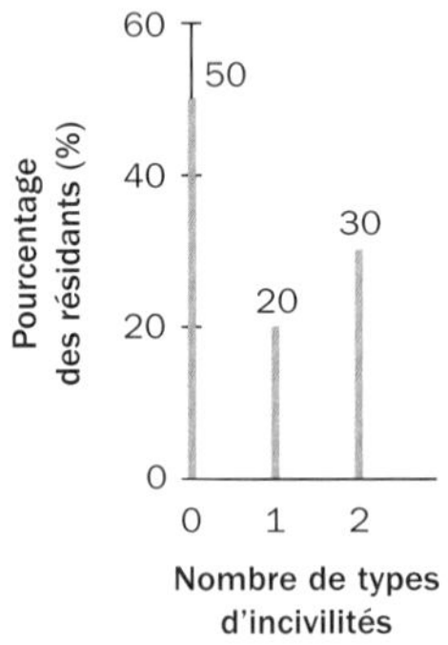


Source : Statistique Canada, ESG.

**8.** a) Les diplômés de l'année 2010 du secteur préuniversitaire de ce cégep.

b) Il s'agit d'un échantillon.

c) TABLEAU | ER 3.6

RÉPARTITION DE 56 DIPLÔMÉS DE 2010, SELON LE NOMBRE D'ÉCHECS

| Nombre d'échecs | Nombre de diplômés | Pourcentage des diplômés (%) |
|---|---|---|
| 0 | 25 | 44,6 |
| 1 | 13 | 23,2 |
| 2 | 6 | 10,7 |
| 3 | 5 | 8,9 |
| 4 | 4 | 7,1 |
| 5 | 3 | 5,4 |
| Total | 56 | 100,0 |

Note : En raison de l'arrondissement des données, le total ne correspond pas nécessairement à la somme des parties.

d) FIGURE | ER 3.7

RÉPARTITION DE 56 DIPLÔMÉS DE 2010, SELON LE NOMBRE D'ÉCHECS

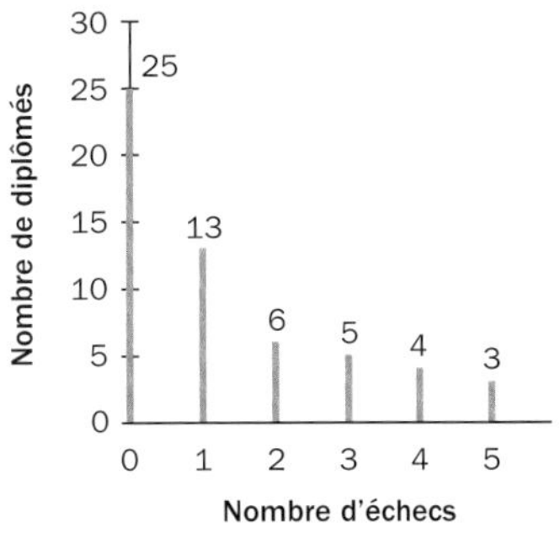


9. a) Série statistique.
b) Le nombre de consultations au bureau du professeur.
c) Variable quantitative discrète.
d) Échelle de rapports.
e) TABLEAU | ER 3.7

RÉPARTITION DE 70 ÉTUDIANTS, SELON LE NOMBRE DE CONSULTATIONS AU BUREAU DU PROFESSEUR

| Nombre de consultations | Nombre d'étudiants |
|---|---|
| 0 | 25 |
| 1 | 14 |
| 2 | 9 |
| 3 | 7 |
| 4 | 8 |
| 5 | 5 |
| 6 | 2 |
| Total | 70 |

f) FIGURE | **ER 3.8**

**RÉPARTITION DE 70 ÉTUDIANTS, SELON LE NOMBRE DE CONSULTATIONS AU BUREAU DU PROFESSEUR**

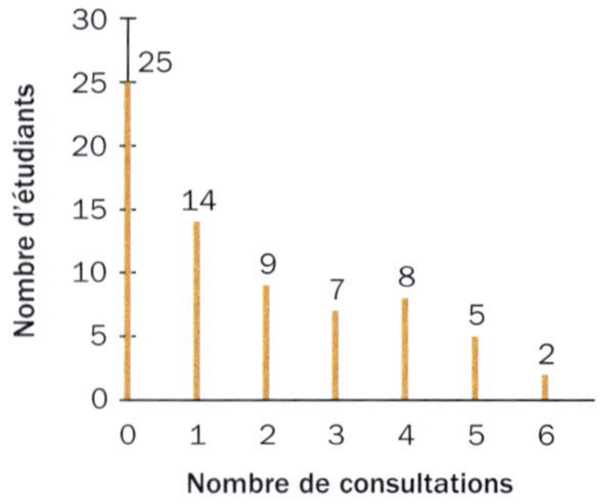


**10.** a) TABLEAU | **ER 3.8**

**RÉPARTITION DE 50 ÉTUDIANTS DE CÉGEP, SELON LE TEMPS (h) CONSACRÉ HEBDOMADAIREMENT AUX ÉTUDES**

| Temps (h) | Nombre d'étudiants |
|---|---|
| 4–6 | 5 |
| 6–8 | 10 |
| 8–10 | 20 |
| 10–12 | 10 |
| 12–14 | 5 |
| **Total** | **50** |

b) FIGURE | **ER 3.9**

**RÉPARTITION DE 50 ÉTUDIANTS DE CÉGEP, SELON LE TEMPS (h) CONSACRÉ HEBDOMADAIREMENT AUX ÉTUDES**

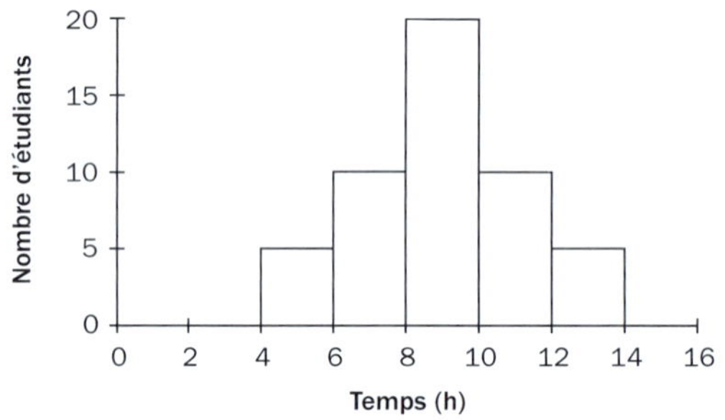


FIGURE | **ER 3.10**

**RÉPARTITION DE 50 ÉTUDIANTS DE CÉGEP, SELON LE TEMPS (h) CONSACRÉ HEBDOMADAIREMENT AUX ÉTUDES**

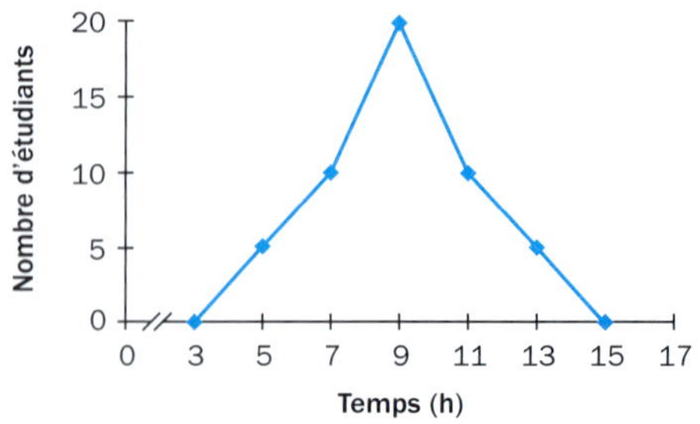


CHAPITRE 3

**11.** a) Les résidences sur le territoire de la municipalité.

b) FIGURE | **ER 3.11**

**RÉPARTITION EN POURCENTAGE DES RÉSIDENCES, SELON L'ÉVALUATION**

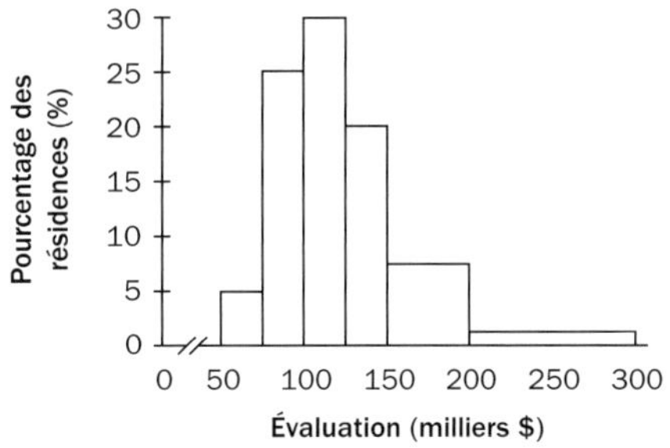


**12.** a) 15. b) 65. c) 50. d) 40 %. e) 48.

**13.** a) Le temps (en secondes) mis par un sujet pour accomplir une tâche.

b) Variable quantitative continue.

c) Échelle de rapports.

d) 74 s.

e) Comme il y a 52 données, on devrait utiliser 7 classes. L'étendue étant de 74, on devrait utiliser une amplitude de classe voisine de $74 \div 7 \approx 10{,}6$. On choisit 50 comme limite inférieure du tableau et 10 comme amplitude.

TABLEAU | **ER 3.9**

**RÉPARTITION DE 52 SUJETS, SELON LE TEMPS (s) MIS POUR ACCOMPLIR UNE TÂCHE**

| Temps (s) | Nombre de sujets |
|---|---|
| 50–60 | 4 |
| 60–70 | 5 |
| 70–80 | 7 |
| 80–90 | 10 |
| 90–100 | 10 |
| 100–110 | 7 |
| 110–120 | 5 |
| 120–130 | 4 |
| **Total** | **52** |

f) FIGURE | **ER 3.12**

**RÉPARTITION DE 52 SUJETS, SELON LE TEMPS (s) MIS POUR ACCOMPLIR UNE TÂCHE**

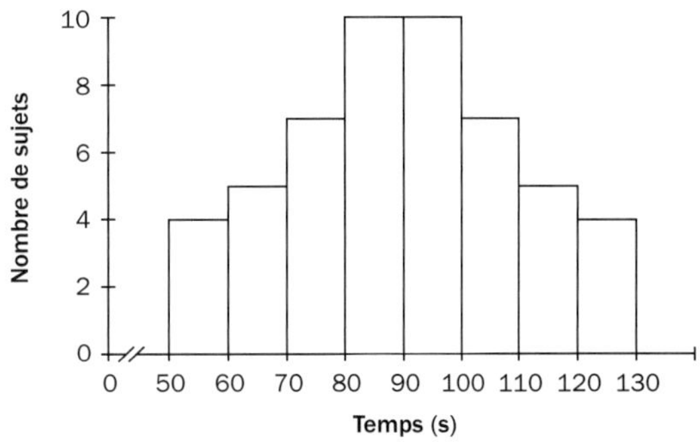


CHAPITRE 3

FIGURE | **ER 3.13**

**RÉPARTITION DE 52 SUJETS, SELON LE TEMPS (s) MIS POUR ACCOMPLIR UNE TÂCHE**

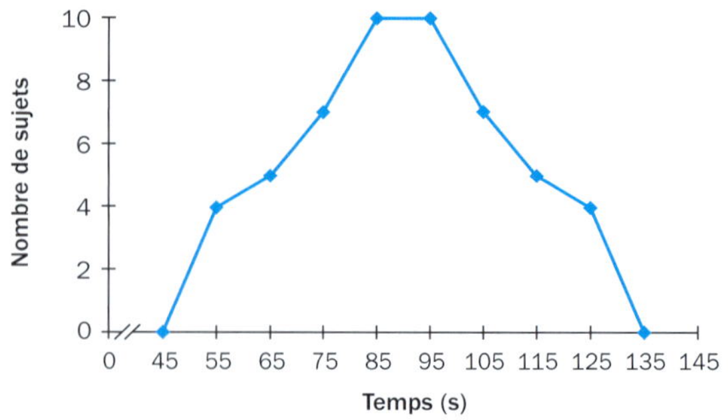


**14.** a) Une municipalité régionale de comté (MRC) du Québec.

b) Variable quantitative continue.

c) Échelle de rapports.

d) TABLEAU | **ER 3.10**

**RÉPARTITION DE 71 MRC, SELON LEUR SUPERFICIE ($km^2$), QUÉBEC, 2010**

| Superficie ($km^2$) | Nombre de MRC |
|---|---|
| 0–500 | 11 |
| 500–1 000 | 13 |
| 1 000–1 500 | 12 |
| 1 500–2 000 | 8 |
| 2 000–2 500 | 9 |
| 2 500–3 000 | 4 |
| 3 000–3 500 | 5 |
| 3 500–4 000 | 2 |
| 4 000–4 500 | 3 |
| 4 500–5 000 | 1 |
| 5 000–5 500 | 2 |
| 5 500–6 000 | 1 |
| **Total** | **71** |

Source : Ministère des Affaires municipales, Régions et Occupation du territoire, http://www2.mamrot.gouv.qc.ca/cgi-bin/repert1.pl (2010-10-24).

e) FIGURE | **ER 3.14**

**RÉPARTITION DE 71 MRC, SELON LEUR SUPERFICIE ($km^2$), QUÉBEC, 2010**

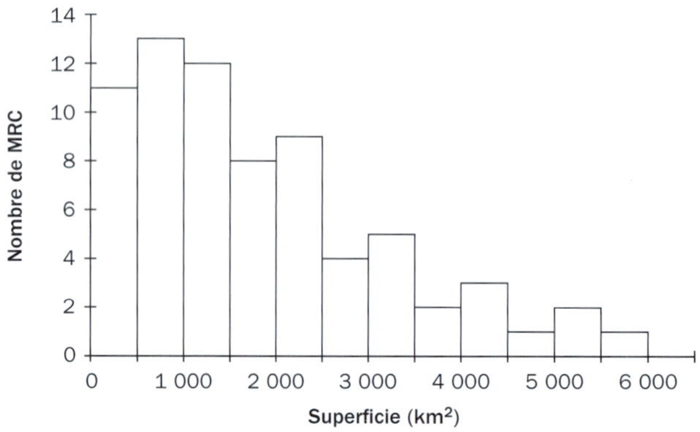


Source : Ministère des Affaires municipales, Régions et Occupation du territoire, http://www2.mamrot.gouv.qc.ca/cgi-bin/repert1.pl (2010-10-24).

CHAPITRE 3

f) FIGURE | ER 3.15

**RÉPARTITION CUMULÉE DE 71 MRC, SELON LEUR SUPERFICIE (km²), QUÉBEC, 2010**

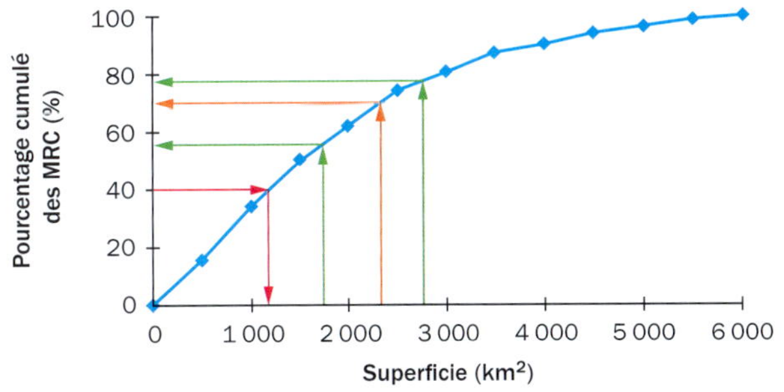


Source : Ministère des Affaires municipales, Régions et Occupation du territoire, http://www2.mamrot.gouv.qc.ca/cgi-bin/repert1.pl (2010-10-24).

g) Environ 70 %.

h) 1 100.

i) Environ 20 %.

**15.** a) Les députés québécois à la Chambre des communes (1er novembre 2009).

b) L'âge.

c) Variable quantitative continue.

d) 53 ans.

e) TABLEAU | ER 3.11

**RÉPARTITION DE 70 DÉPUTÉS QUÉBÉCOIS À LA CHAMBRE DES COMMUNES, SELON L'ÂGE, 1er NOVEMBRE 2009**

| Âge (années) | Nombre de députés |
|---|---|
| 20–30 | 1 |
| 30–40 | 8 |
| 40–50 | 15 |
| 50–60 | 23 |
| 60–70 | 22 |
| 70–80 | 1 |
| **Total** | **70** |

Source : http://www2.parl.gc.ca/Parlinfo/Files/Parliamentarian.aspx (2009-11-01).

f) 65,7 %.

g) FIGURE | ER 3.16

**RÉPARTITION DE 70 DÉPUTÉS QUÉBÉCOIS À LA CHAMBRE DES COMMUNES, SELON L'ÂGE, 1er NOVEMBRE 2009**

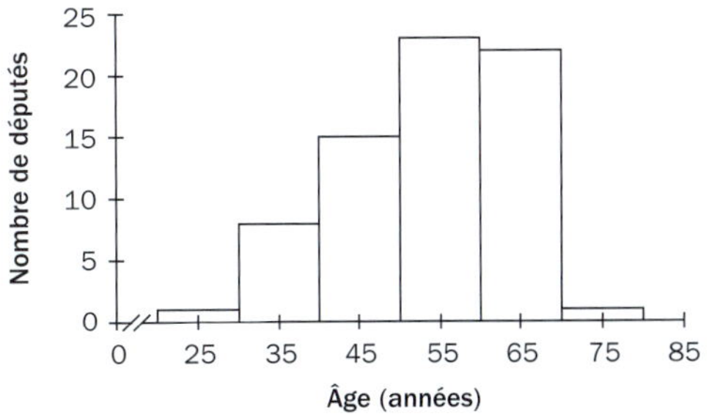


Source : http://www2.parl.gc.ca/Parlinfo/Files/Parliamentarian.aspx (2009-11-01).

CHAPITRE 3

FIGURE | **ER 3.17**

**RÉPARTITION DE 70 DÉPUTÉS QUÉBÉCOIS À LA CHAMBRE DES COMMUNES, SELON L'ÂGE, 1er NOVEMBRE 2009**

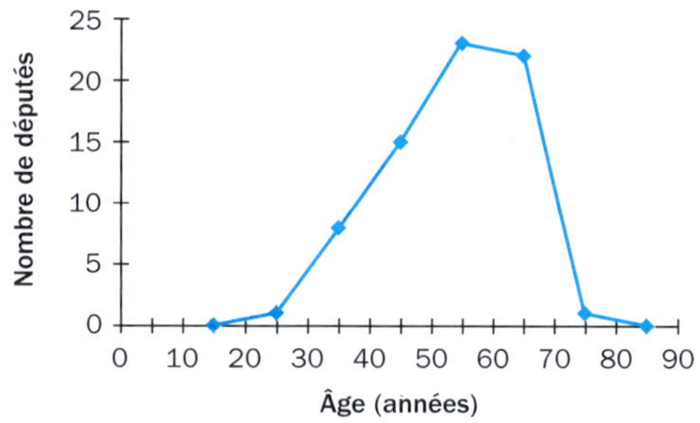


Source : http://www2.parl.gc.ca/Parlinfo/Files/Parliamentarian.aspx (2009-11-01).

h) Le groupe des 50–60 ans, suivi de très près du groupe des 60–70 ans.

i) C'est l'intervalle sur lequel on a tracé le rectangle le plus haut.

j) Il faut d'abord s'interroger sur l'âge auquel commence la vieillesse selon votre ami. Est-on vieux à partir de 40 ans ? De 50 ans ? De 60 ans ? Si votre ami considère qu'on commence à être vieux à compter de 50 ans, alors vous aurez tendance à partager son opinion, puisque 65,7 % des députés, soit près de 2 députés sur 3, sont âgés de 50 ans et plus, que 12,9 % des députés sont âgés de moins de 40 ans, et que seulement 1,4 % des députés sont âgés de moins de 30 ans. Quant à savoir si les politiciens comprennent ou non les problèmes des jeunes, c'est une question à laquelle les données ne peuvent pas apporter de réponse.

k) Variable qualitative nominale.

l) TABLEAU | **ER 3.12**

**RÉPARTITION DE 73 DÉPUTÉS QUÉBÉCOIS À LA CHAMBRE DES COMMUNES, SELON L'AFFILIATION POLITIQUE, 1er NOVEMBRE 2009**

| Affiliation politique | Nombre de députés |
|---|---|
| Bloc québécois | 47 |
| Parti libéral du Canada | 14 |
| Parti conservateur du Canada | 10 |
| Nouveau parti démocratique | 1 |
| Député indépendant | 1 |
| **Total** | **73** |

Source : http://www2.parl.gc.ca/Parlinfo/Files/Parliamentarian.aspx (2009-11-01).

m) FIGURE | **ER 3.18**

**RÉPARTITION DE 73 DÉPUTÉS QUÉBÉCOIS À LA CHAMBRE DES COMMUNES, SELON L'AFFILIATION POLITIQUE, 1er NOVEMBRE 2009**

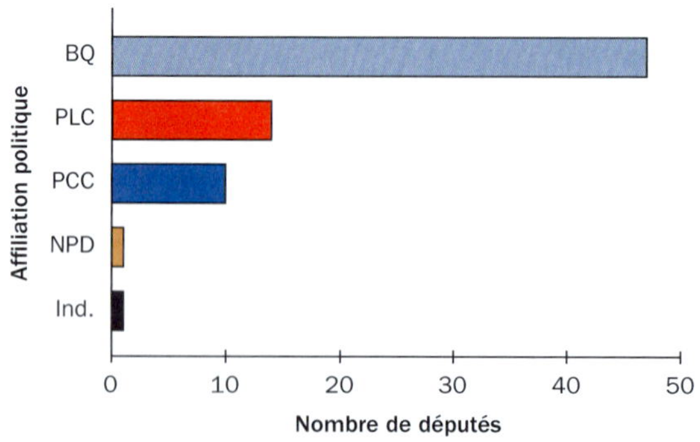


Source : http://www2.parl.gc.ca/Parlinfo/Files/Parliamentarian.aspx (2009-11-01).

Note : Nous avons employé les couleurs des partis pour les bandes rectangulaires, même si cela n'est pas conventionnel dans un tel graphique.

n) Variable quantitative discrète.

o) TABLEAU | ER 3.13

**RÉPARTITION DE 73 DÉPUTÉS QUÉBÉCOIS À LA CHAMBRE DES COMMUNES, SELON LE NOMBRE D'ÉLECTIONS FÉDÉRALES REMPORTÉES, 1er NOVEMBRE 2009**

| Nombre d'élections fédérales remportées | Nombre de députés |
|---|---|
| 1 | 10 |
| 2 | 21 |
| 3 | 18 |
| 4 | 7 |
| 5 | 7 |
| 6 | 8 |
| 7 | 1 |
| 8 | 1 |
| **Total** | **73** |

Source : http://www2.parl.gc.ca/Parlinfo/Files/Parliamentarian.aspx (2009-11-01).

p) FIGURE | ER 3.19

**RÉPARTITION DE 73 DÉPUTÉS QUÉBÉCOIS À LA CHAMBRE DES COMMUNES, SELON LE NOMBRE D'ÉLECTIONS FÉDÉRALES REMPORTÉES, 1er NOVEMBRE 2009**

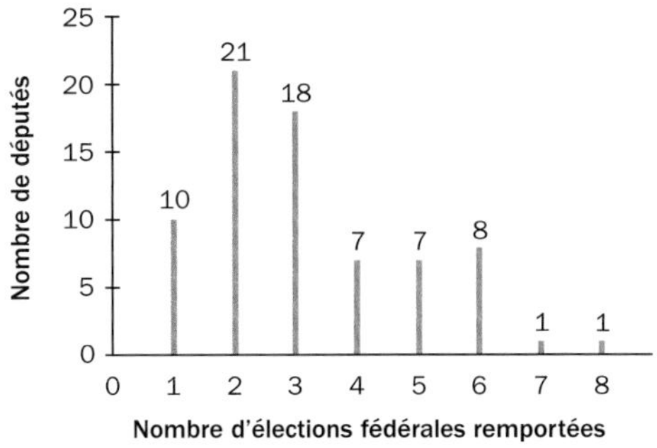


Source : http://www2.parl.gc.ca/Parlinfo/Files/Parliamentarian.aspx (2009-11-01).

q) Parce que plusieurs députés sont élus en même temps lors d'une élection générale, de sorte que plusieurs d'entre eux ont la même expérience parlementaire.

r) TABLEAU | ER 3.14

**RÉPARTITION DE 73 DÉPUTÉS QUÉBÉCOIS À LA CHAMBRE DES COMMUNES, SELON L'EXPÉRIENCE AU PARLEMENT FÉDÉRAL, 1er NOVEMBRE 2009**

| Expérience (jours) | Nombre de députés |
|---|---|
| 0–1 000 | 13 |
| 1 000–2 000 | 36 |
| 2 000–3 000 | 2 |
| 3 000–4 000 | 6 |
| 4 000–5 000 | 7 |
| 5 000–6 000 | 7 |
| 6 000–7 000 | 0 |
| 7 000–8 000 | 1 |
| 8 000–9 000 | 0 |
| 9 000–10 000 | 1 |
| **Total** | **73** |

Source : http://www2.parl.gc.ca/Parlinfo/Files/Parliamentarian.aspx (2009-11-01).

s) FIGURE | **ER 3.20**

**RÉPARTITION DE 73 DÉPUTÉS QUÉBÉCOIS À LA CHAMBRE DES COMMUNES, SELON L'EXPÉRIENCE AU PARLEMENT FÉDÉRAL, 1er NOVEMBRE 2009**

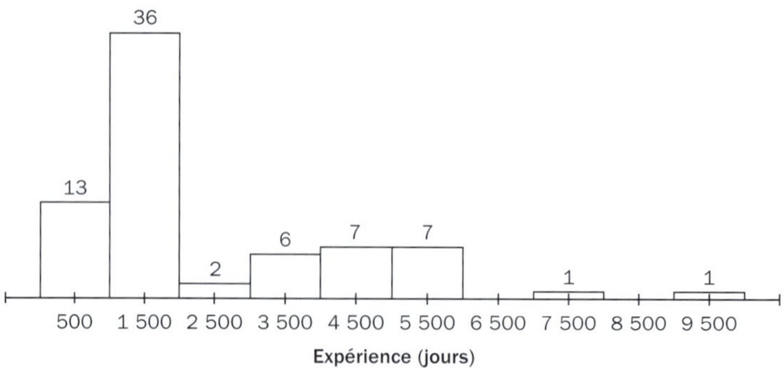


Source : http://www2.parl.gc.ca/Parlinfo/Files/Parliamentarian.aspx (2009-11-01).

**16.** a) Non, puisque Josée n'est pas âgée de 19 à 64 ans.

b) 0,07 %.

c) Les bourreaux de travail et les autres travailleurs.

d) Variable qualitative nominale.

e) Variable qualitative ordinale.

f) Diplôme d'études secondaires ou moins, diplôme d'études collégiales ou études postsecondaires partielles, grade universitaire.

g) TABLEAU | **ER 3.15**

**RÉPARTITION EN POURCENTAGE DES TRAVAILLEURS, SELON LEUR NIVEAU DE SCOLARITÉ, PAR CATÉGORIE DE TRAVAILLEURS**

| Niveau de scolarité | Catégorie de travailleurs | |
|---|---|---|
| | Bourreaux de travail (%) | Autres travailleurs (%) |
| Diplôme d'études secondaires ou moins | 27 | 29 |
| Diplôme d'études collégiales ou études postsecondaires partielles | 45 | 45 |
| Grade universitaire | 28 | 26 |
| **Total** | **100** | **100** |

Source : Statistique Canada, ESG.

h) FIGURE | **ER 3.21**

**RÉPARTITION EN POURCENTAGE DES TRAVAILLEURS, SELON LEUR NIVEAU DE SCOLARITÉ, PAR CATÉGORIE DE TRAVAILLEURS**

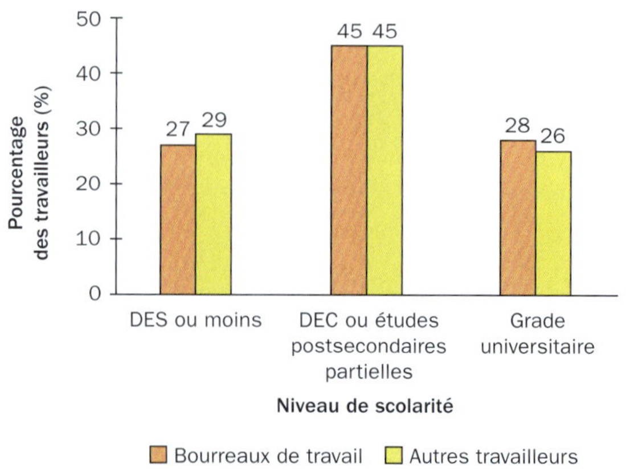


Source : Statistique Canada, ESG.

CHAPITRE 3

i) À la lecture du graphique, il ne semble pas y avoir de lien entre le niveau de scolarité et la catégorie de travailleurs, puisque les proportions observées sont similaires pour chacun des niveaux de scolarité.

j) Variable qualitative ordinale.

k) Habituellement, occasionnellement et jamais.

l) TABLEAU | **ER 3.16**

**RÉPARTITION EN POURCENTAGE DES TRAVAILLEURS, SELON LA FRÉQUENCE À LAQUELLE ILS SE SENTENT PRESSÉS PAR LE TEMPS, PAR CATÉGORIE DE TRAVAILLEURS**

| Fréquence | Catégorie de travailleurs | |
|---|---|---|
| | Bourreaux de travail | Autres travailleurs |
| Habituellement | 86 % | 73 % |
| Occasionnellement | 12 % | 24 % |
| Jamais | 2 % | 3 % |
| **Total** | **100 %** | **100 %** |

Source : Statistique Canada, ESG.

m) FIGURE | **ER 3.22**

**RÉPARTITION EN POURCENTAGE DES TRAVAILLEURS, SELON LA FRÉQUENCE À LAQUELLE ILS SE SENTENT PRESSÉS PAR LE TEMPS, PAR CATÉGORIE DE TRAVAILLEURS**

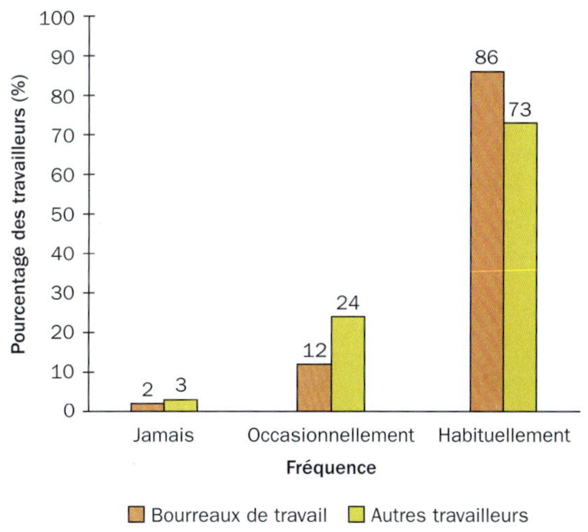


Source : Statistique Canada, ESG.

n) À la lecture du graphique, il semble y avoir un lien entre la fréquence à laquelle les travailleurs se sentent pressés par le temps et la catégorie de travailleurs. Ainsi, on observe une proportion plus forte de travailleurs qui se sentent pressés par le temps chez les bourreaux de travail que chez les autres travailleurs, soit 86 % chez les bourreaux de travail, contre seulement 73 % chez les autres travailleurs. Cependant, pour confirmer ou infirmer cette hypothèse, il faudrait effectuer un test d'hypothèse.

**17.** a) Il y a un lien entre la scolarité des Québécoises de 20 ans et plus et celle de leur mère.

b) Les Québécoises qui étaient âgées de 20 ans et plus en 2010.

c) La scolarité de la mère et celle de la fille.

d) Ce sont des variables qualitatives ordinales.

e) Niveau 1, Niveau 2 et Niveau 3.

f) $n = 250$.

g) 51,6 %.

h) 35,7 %.

i) Dressons d'abord le tableau de fréquences de la mobilité scolaire intergénérationnelle.

TABLEAU | **ER 3.17**

**RÉPARTITION DE 250 QUÉBÉCOISES DE 20 ANS ET PLUS, SELON LA MOBILITÉ SCOLAIRE INTERGÉNÉRATIONNELLE, QUÉBEC, 2010**

| Mobilité scolaire | Nombre de Québécoises |
|---|---|
| Descendante | 9 |
| Nulle | 90 |
| Ascendante | 151 |
| **Total** | **250** |

Il existe plusieurs façons de représenter graphiquement les données contenues dans ce tableau : diagramme à secteurs, diagramme linéaire, diagramme à bandes rectangulaires. Nous avons choisi d'utiliser un diagramme à bandes rectangulaires.

FIGURE | **ER 3.23**

**RÉPARTITION DE 250 QUÉBÉCOISES DE 20 ANS ET PLUS, SELON LA MOBILITÉ SCOLAIRE INTERGÉNÉRATIONNELLE, QUÉBEC, 2010**

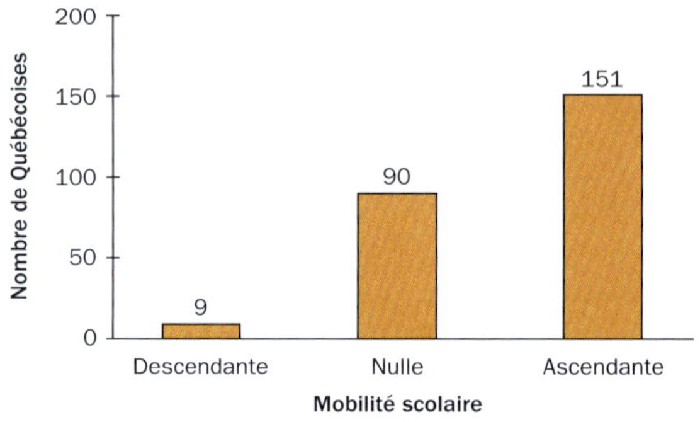


**18.** a) Le sexe, la masse et la longueur.

b) Le sexe est une variable qualitative nominale, la masse et la longueur sont des variables quantitatives continues.

c) Une échelle nominale pour le sexe et une échelle de rapports pour la masse et la longueur.

d) TABLEAU | **3.75**

**RÉPARTITION DE 52 NOUVEAU-NÉS À LA NAISSANCE, SELON LA MASSE ET LE SEXE, QUÉBEC, 2010**

| Masse (g) | Sexe | | Total |
|---|---|---|---|
| | Masculin | Féminin | |
| Moins de 2 500 | 0 | 1 | 1 |
| 2 500–3 500 | 11 | 15 | 26 |
| 3 500–4 500 | 14 | 10 | 24 |
| 4 500 et plus | 1 | 0 | 1 |
| **Total** | **26** | **26** | **52** |

e) 50 %.

f) 42,3 % des nouveau-nés dont la masse à la naissance se situe dans la catégorie « 2 500–3 500 » sont de sexe masculin, les autres (57,7 %) étant de sexe féminin.

g) 38,5 %.

CHAPITRE 3

**19.** TABLEAU | **ER 3.18**

**RÉPARTITION DE 1 085 TRAVAILLEUSES, MARIÉES OU VIVANT EN UNION DE FAIT, AVEC UN ENFANT À LA MAISON, SELON LE RÉGIME DE TRAVAIL ET L'ÂGE DU PLUS JEUNE ENFANT**

| Régime de travail | Âge de l'enfant (années) | | | Total |
|---|---|---|---|---|
| | Moins de 6 | 6-15 | 16 et plus | |
| Temps partiel | 152 | 140 | 13 | 305 |
| Temps plein | 339 | 359 | 82 | 780 |
| **Total** | **491** | **499** | **95** | **1 085** |

**20.** TABLEAU | **ER 3.19**

**RÉPARTITION DE 500 ÉTUDIANTS, SELON LE SECTEUR D'ÉTUDES ET L'OPINION SUR UNE POLITIQUE D'ÉVALUATION DU PERSONNEL ENSEIGNANT**

| Opinion | Secteur d'études | | | Total |
|---|---|---|---|---|
| | Sciences de la nature | Sciences humaines | Arts, lettres et langues | |
| Favorable | 120 | 200 | 80 | 400 |
| Défavorable | 15 | 25 | 10 | 50 |
| Sans opinion | 15 | 25 | 10 | 50 |
| **Total** | **150** | **250** | **100** | **500** |

**21.** a) La variation, soit l'augmentation ou la diminution de la valeur d'une variable entre deux moments donnés.

b) La variation relative, soit le pourcentage d'augmentation ou de diminution de la valeur d'une variable entre deux moments donnés.

c) La variation moyenne, soit l'augmentation ou la diminution de la valeur d'une variable entre deux moments donnés, par unité de temps.

**22.** a) Points ou points de pourcentage.

b) Augmenté.

c) Pourcentage.

**23.** a) Au Canada, entre 1956 et 2006, le taux d'urbanisation a augmenté de façon systématique. Ainsi, il est passé de 67 % en 1956 à 80 % en 2006, ce qui représente une augmentation de 13 points en 50 ans ou de 19,4 %. Le taux d'urbanisation a donc augmenté d'environ 0,26 point par an, en moyenne.

b) Entre 1981 et 2006, la proportion de titulaires d'un certificat, d'un diplôme ou d'un grade universitaire dans la population des 15 ans et plus a augmenté de façon importante tant au Québec qu'en Ontario. Ainsi, au Québec, entre 1981 et 2006, la proportion de titulaires d'un certificat, d'un diplôme ou d'un grade universitaire chez les 15 ans et plus est passée de 9,1 % à 21,3 %, ce qui représente une augmentation de 12,2 points ou de 134,1 %. Malgré tout, le Québec accuse un retard par rapport à l'Ontario en la matière. En effet, en Ontario, au cours de la même période, la proportion de titulaires d'un certificat, d'un diplôme ou d'un grade universitaire est passée de 10,4 % à 24,6 %, augmentant ainsi de 14,2 points ou de 136,5 %, de sorte que l'écart entre les proportions des deux provinces s'est même accru au cours de la période, passant de 1,3 point en 1981 à 3,3 points en 2006.

**24.** a) FIGURE | **ER 3.24**

**ÉVOLUTION DU NOMBRE DE NAISSANCES MULTIPLES, QUÉBEC, 2000-2008**

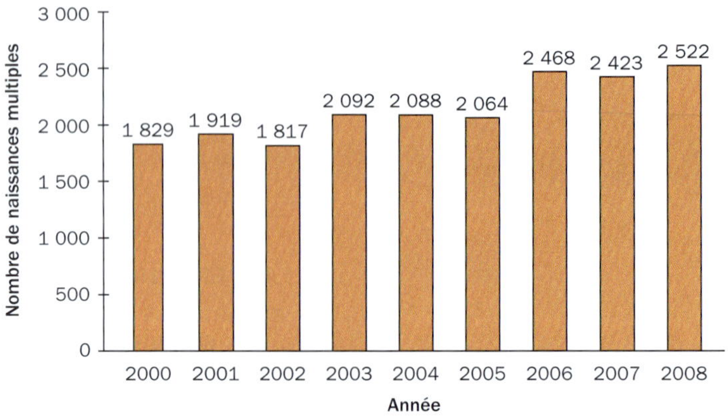


Source : Institut de la statistique du Québec, http://www.stat.gouv.qc.ca/donstat/societe/demographie/naisn_deces/naissance/450_type.htm (2009-10-19).

b) Au Québec, entre 2000 et 2008, le nombre de naissances multiples a augmenté, malgré qu'entre deux années consécutives on ait pu observer de légères baisses. Ainsi, on a dénombré 1 829 naissances multiples en 2000, contre 2 522 en 2008, ce qui représente une augmentation du nombre annuel de naissances multiples de 693, soit de 37,9 %. Au cours de la période considérée, on a donc assisté à une augmentation annuelle moyenne de 86,6 naissances multiples.

**25.** a) Au Québec, entre 1958 et 2008, le nombre de naissances chez les couples mariés a diminué de façon importante alors que le nombre de naissances hors mariage a augmenté, à tel point qu'à compter de 1998 le nombre de naissances hors mariage dépassait celui des naissances chez les couples mariés. Ainsi, le nombre de naissances chez les couples mariés est passé de 138 910 en 1958 à 32 434 en 2008, ce qui représente une diminution de 106 476 naissances, soit de 76,7 %, ou une baisse moyenne de 2 129,5 naissances/an au cours de la période. Pendant ce temps, le nombre de naissances hors mariage passait de 4 800 à 55 166, ce qui représente une augmentation de 50 366 naissances, soit de 1 049,3 %, ou une hausse moyenne de 1 007,3 naissances/an.

b) FIGURE | **ER 3.25**

**ÉVOLUTION DU NOMBRE DE NAISSANCES, SELON L'ÉTAT MATRIMONIAL DES PARENTS, QUÉBEC, 1958-2008**

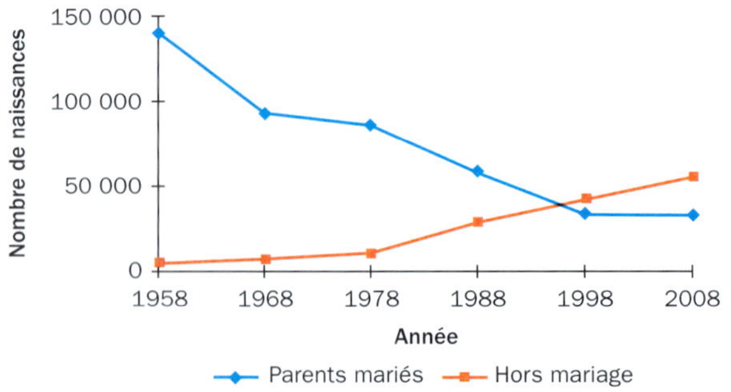


Source : Institut de la statistique du Québec, http://www.stat.gouv.qc.ca/donstat/societe/demographie/naisn_deces/naissance/410.htm (2009-10-19).

c) Les deux lignes se croisent lorsque le nombre de naissances chez les couples mariés correspond au nombre de naissances hors mariage.

d) 143 710.

e) 87 600.

f) Pour construire ce tableau, il faut additionner les naissances hors mariage et les naissances chez les couples mariés.

TABLEAU | **ER 3.20**

**ÉVOLUTION DU NOMBRE DE NAISSANCES, QUÉBEC, 1958-2008**

| Année | Nombre de naissances |
|---|---|
| 1958 | 143 710 |
| 1968 | 100 548 |
| 1978 | 96 202 |
| 1988 | 86 358 |
| 1998 | 75 865 |
| 2008 | 87 600 |

Source : Institut de la statistique du Québec, http://www.stat.gouv.qc.ca/donstat/societe/demographie/naisn_deces/naissance/410.htm (2009-10-19).

g) Au Québec, le nombre de naissances a diminué de 56 110.

h) Au Québec, le nombre de naissances a diminué de 39,0 %.

i) 3,3 %.

j) 63,0 %.

k) TABLEAU | **ER 3.21**

**ÉVOLUTION DE LA PROPORTION DES NAISSANCES HORS MARIAGE, QUÉBEC, 1958-2008**

| Année | Proportion des naissances hors mariage (%) |
|---|---|
| 1958 | 3,3 |
| 1968 | 7,4 |
| 1978 | 11,2 |
| 1988 | 33,1 |
| 1998 | 56,1 |
| 2008 | 63,0 |

Source : Institut de la statistique du Québec, http://www.stat.gouv.qc.ca/donstat/societe/demographie/naisn_deces/naissance/410.htm (2009-10-19).

Au Québec, entre 1958 et 2008, la proportion des naissances hors mariage n'a cessé de croître. En 2008, les naissances hors mariage comptaient pour près de 2 naissances sur 3 (63,0 %), alors qu'en 1958 elles ne représentaient qu'un peu moins de 1 naissance sur 25 (3,3 %). La proportion des naissances hors mariage dans l'ensemble des naissances a donc progressé de 59,7 points, soit de 1 809,1 % au cours du demi-siècle compris entre 1958 et 2008.

**26.** a) Tant au Québec qu'en Ontario, la répartition des familles avec enfants a changé de manière importante dans le quart de siècle compris entre 1981 et 2006. En 1981, au Québec, la répartition observée des familles selon la structure était similaire à celle qui était observée en Ontario. Ainsi, en 1981, dans les deux provinces, un peu plus de 8 familles avec enfants sur 10 étaient formées d'un couple marié, alors que les familles formées d'un couple en union libre représentaient moins de 1 famille sur 25.

Cette transformation de la structure des familles est particulièrement radicale au Québec. Ainsi, dans cette province, les couples mariés qui représentaient 81,6 % des familles avec enfants en 1981 n'en représentaient plus que 47,2 % en 2006. La proportion des familles formées d'un couple marié avec enfants a donc subi une baisse de 34,4 points, soit de 42,2 %. Par ailleurs, en passant de 3,2 % à 27,9 %, la proportion des familles formées d'un couple en union libre avec enfants a augmenté de 24,7 points, soit de 771,9 %.

Au cours de la même période, on a observé un phénomène similaire mais de moins grande amplitude en Ontario. Ainsi, en Ontario, les familles avec enfants formées d'un couple marié constituent encore la majorité des familles, même si la proportion de ce type de famille a chuté de 18 points, ou de 21,8 %, en passant de 82,4 % à 64,4 % des familles.

Enfin, au cours de la période considérée, la proportion des familles monoparentales a augmenté de façon similaire dans les deux provinces. Ainsi, au Québec, la proportion des familles monoparentales a augmenté de 9,7 points, soit de 63,8 %, contre 8,3 points, soit 56,5 %, en Ontario.

b) FIGURE | **ER 3.26**

**RÉPARTITION EN POURCENTAGE DES FAMILLES AVEC ENFANTS DE MOINS DE 25 ANS, SELON LA STRUCTURE DE LA FAMILLE, QUÉBEC, 1981 ET 2006**

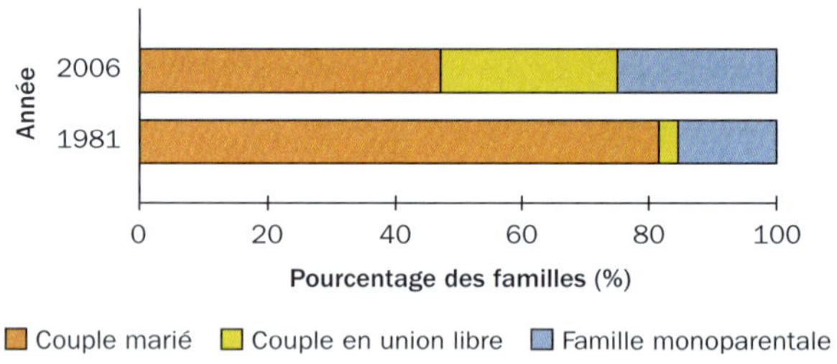


Source: Institut de la statistique du Québec, *Données sociales du Québec. Édition 2009*, janvier 2009, p. 40.



**27.** a) 7 418.

b) Au Québec, entre 2000 et 2005, le nombre d'avortements provoqués chez des adolescentes de 15 à 19 ans a diminué chaque année ou presque, passant de 5 852 à 5 004. Il s'agit donc d'une diminution de 848 du nombre d'avortements provoqués, soit de 14,5 %, ce qui donne une diminution annuelle moyenne de près de 170 avortements/an.

c) En 2000, 63,6 % des grossesses d'adolescentes se terminaient par un avortement provoqué, alors que ce pourcentage passait à 67,5 % en 2005. On a obtenu ces résultats en divisant le nombre d'avortements provoqués (deuxième colonne) par la somme des grossesses (la somme des trois colonnes). Ainsi, même si le nombre d'avortements provoqués a diminué au cours de la période considérée, le taux d'avortements provoqués, soit la proportion des grossesses qui se terminent par un avortement provoqué, a augmenté.

d) Variation: 3,9 points; variation relative: 6,1 %.

e) FIGURE | **ER 3.27**

**ISSUES DES GROSSESSES D'ADOLESCENTES (15–19 ANS), QUÉBEC, 2000–2005**

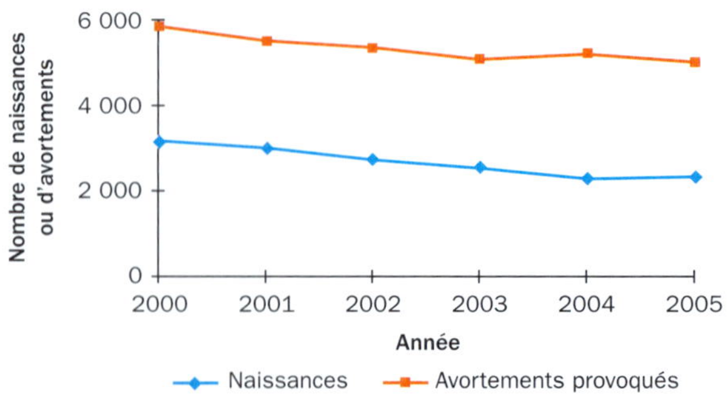


Source: Statistique Canada, *Issues de la grossesse 2005*, 82-224-XWF2005000 2005, paru le 20 octobre 2008.

**28.** FIGURE | **ER 3.28**

**ÉVOLUTION DE LA RÉMUNÉRATION HEBDOMADAIRE MOYENNE, QUÉBEC, ONTARIO ET COLOMBIE-BRITANNIQUE, 2001–2007**

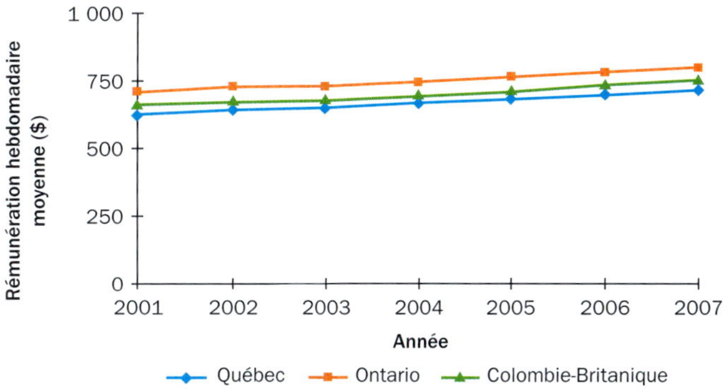


Source : Adapté de Statistique Canada, *L'observateur économique canadien*, 11-010-XIB2003003 vol. 16, n° 3, paru le 20 mars 2003 ; 11-010-XIB2004009 vol. 17, n° 9, paru le 23 septembre 2004 ; 11-010-XIB2006004 vol. 19, n° 4, paru le 13 avril 2006 ; 11-010-XIB2008012 vol. 21, n° 12, paru le 11 décembre 2008.

Entre 2001 et 2007, au Québec, en Ontario et en Colombie-Britannique, la rémunération hebdomadaire moyenne des travailleurs a augmenté. Quelle que soit l'année considérée, c'est en Ontario que la rémunération hebdomadaire moyenne est la plus élevée et au Québec qu'elle est la plus faible.

En Ontario, entre 2001 et 2007, la rémunération hebdomadaire moyenne augmentait de 92,42 $, soit de 13,0 %, passant de 711,04 $ à 803,46 $. La rémunération hebdomadaire moyenne a donc augmenté en moyenne de 15,40 $/an.

Pendant ce temps, au Québec, la rémunération hebdomadaire moyenne passait de 623,90 $ à 725,29 $, ce qui représente une augmentation de 101,39 $, soit de 16,3 %. La rémunération hebdomadaire moyenne a donc augmenté en moyenne de 16,90 $/an. Au cours de la même période, l'écart salarial entre l'Ontario et le Québec s'est résorbé quelque peu, passant de 87,14 $ à 78,17 $. Sur le graphique, les courbes représentant le Québec et l'Ontario se rapprochent légèrement l'une de l'autre, ce qui traduit cette diminution des écarts.

Tout comme la courbe représentant le Québec, celle représentant la Colombie-Britannique progresse à un rythme légèrement supérieur à celui de la courbe représentant l'Ontario. Ainsi, entre 2001 et 2007, la rémunération hebdomadaire moyenne passait de 665,33 $ à 761,01 $ en Colombie-Britannique, ce qui représente une augmentation de 95,68 $, soit de 14,4 %. Les travailleurs de cette province ont donc vu leur rémunération hebdomadaire moyenne augmenter en moyenne de 15,95 $/an.

**29.** a) Historigramme.
b) Courbe des fréquences relatives cumulées.
c) Histogramme.
d) Diagramme à secteurs.
e) Diagramme à bâtons.
f) Diagramme à bandes rectangulaires.

**30.** Entre 1995 et 2007, tant au Canada qu'au Québec, le nombre de décès consécutifs à une collision routière mettant en cause un conducteur ivre a diminué, bien qu'il ait connu quelques augmentations entre deux années consécutives. Ainsi, au Canada, entre 1995 et 2007, le nombre d'accidents mortels mettant en cause un conducteur ivre est passé de 1 296 à 863, ce qui représente une diminution de 433 décès, soit de 33,4 %, c'est-à-dire une diminution annuelle moyenne de 36,1 accidents mortels. Au Québec, au cours de la même période, le nombre d'accidents mortels de ce type est passé de 255 à 111, ce qui représente une diminution de 144, soit de 56,5 %, c'est-à-dire une diminution annuelle moyenne de 12 accidents mortels.

Entre 2001 et 2009, au Canada, le pourcentage des personnes qui, au cours d'une période de 30 jours, ont conduit leur véhicule après avoir consommé de l'alcool a augmenté. Ainsi, il est passé de 16,7 % à 19,0 %, ce qui représente une augmentation de 2,3 points, soit de 13,8 %, c'est-à-dire une augmentation annuelle moyenne de 0,3 point. Toutefois, cette augmentation s'est accompagnée d'une diminution du pourcentage des personnes qui, au cours d'une période de 12 mois, croyaient avoir dépassé la limite permise. Ainsi, entre 2001 et 2007, le pourcentage des conducteurs qui croyaient avoir dépassé la limite permise est passé de 7,3 % à 5,6 %, ce qui représente une baisse de 1,7 point, soit de 23,3 %, c'est-à-dire une diminution annuelle moyenne de 0,2 point.

Ces deux tableaux nous permettent de penser que même si la consommation d'alcool avant de prendre le volant est en augmentation, elle est plus responsable. On peut également penser que la chute de la consommation au-delà de la limite permise a eu pour effet de faire diminuer le nombre d'accidents mortels impliquant un conducteur ivre.

**31.** a) FIGURE | **ER 3.29**

**ÉVOLUTION DE LA TAILLE MOYENNE AUTODÉCLARÉE, POPULATION DE 20 ANS ET PLUS, SELON LE SEXE, QUÉBEC, 1987, 1998 ET 2005**

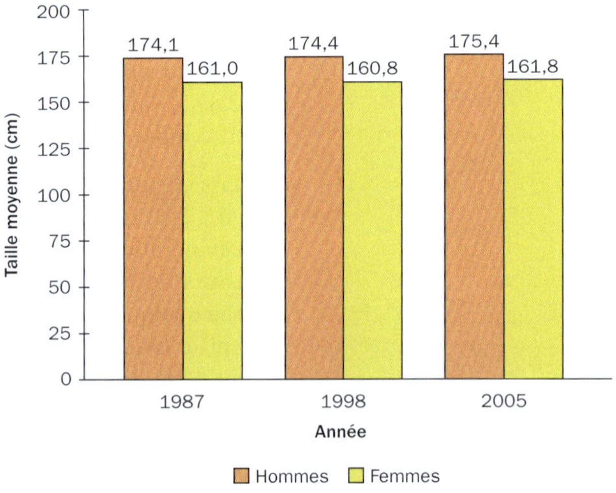


Source : Patrick Laprise et Brigitte Beauvais, « Les Québécois de plus en plus grands », *Portraits et trajectoires*, novembre 2007.

b) Au Québec, entre 1987 et 2005, la taille des hommes et des femmes de 20 ans et plus a augmenté. Ainsi, chez les hommes de 20 ans et plus, la taille moyenne est passée de 174,1 cm à 175,4 cm. Il s'agit d'une augmentation de 1,3 cm, soit de 0,7 %, ce qui représente une augmentation moyenne de 0,07 cm/an au cours de cette période. La taille des femmes de 20 ans et plus a augmenté moins rapidement. Elle est passée de 161,0 cm en 1987 à 161,8 cm en 2005. Il s'agit tout de même d'une augmentation de 0,8 cm en 18 ans, soit de 0,5 % ou de 0,04 cm/an.

c) FIGURE | **ER 3.30**

**TAILLE MOYENNE AUTODÉCLARÉE DES HOMMES, SELON LE GROUPE D'ÂGE, QUÉBEC, 2005**

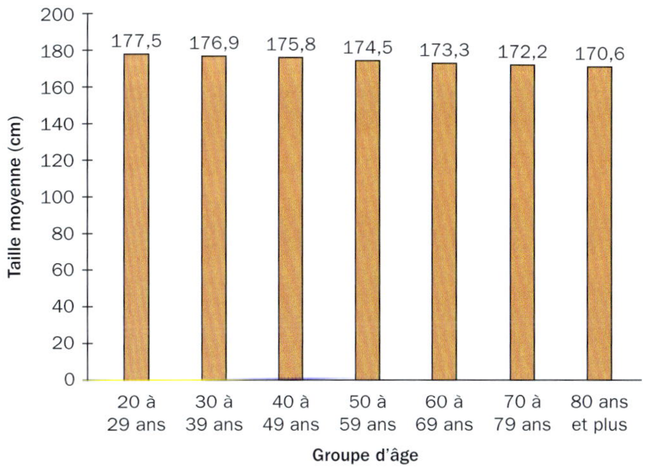


Source : Patrick Laprise et Brigitte Beauvais, « Les Québécois de plus en plus grands », *Portraits et trajectoires*, novembre 2007.

d) Le groupe d'âge étant un indicateur de la génération à laquelle appartient un homme, on peut penser que la taille des Québécois augmente avec les générations, c'est-à-dire que les Québécois sont plus grands que leurs parents ou leurs grands-parents. Ces données semblent confirmer qu'au fil des ans, les Québécois sont de plus en plus grands.

e) Polygone de fréquences.

f) FIGURE | **ER 3.31**

**RÉPARTITION EN POURCENTAGE DES QUÉBÉCOIS DE 20 ANS ET PLUS, PAR SEXE, SELON LA TAILLE, 2005**

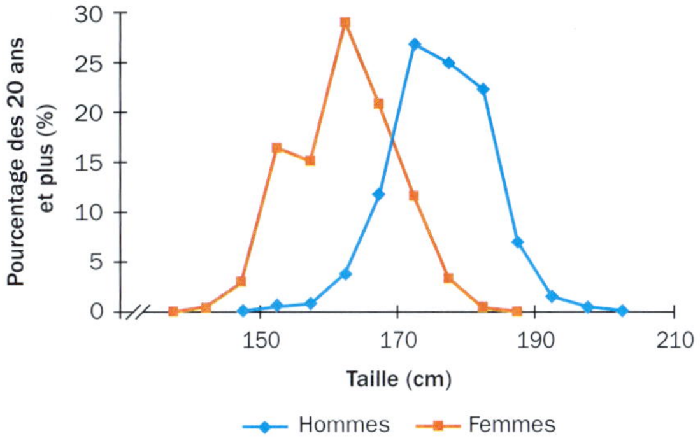


Source : Patrick Laprise et Brigitte Beauvais, « Les Québécois de plus en plus grands », *Portraits et trajectoires*, novembre 2007.

**32.** a) TABLEAU | **3.90**

**DONS PAR PROGRAMME D'ÉTUDES**

| Programme d'études | Dons ($) |
|---|---|
| Administration | 500 000 |
| Arts et lettres | 90 000 |
| Éducation | 300 000 |
| Ingénierie | 250 000 |
| Sciences humaines | 210 000 |
| Sciences pures | 150 000 |
| **Total** | **1 500 000** |

b) 33,3 % des dons proviennent des diplômés d'administration et 14 % des dons, des diplômés des sciences humaines.

c) FIGURE | **ER 3.32**

**DONS PAR PROGRAMME D'ÉTUDES**

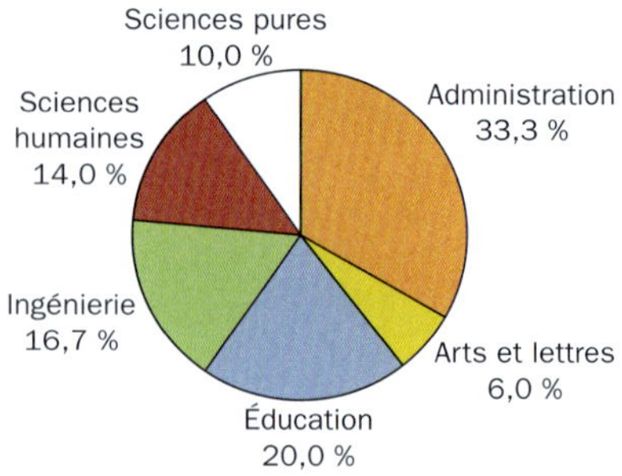


Les dons reçus varient selon les programmes d'études. Ainsi, ce sont les diplômés d'administration qui ont le plus contribué à la campagne de financement: leurs dons totalisaient 500 000 $, montant qui représente 33,3 % de l'ensemble des dons. En revanche, les diplômés d'arts et lettres n'ont donné que 90 000 $, ce qui représente tout de même 6 % de l'ensemble des dons.

**33.** TABLEAU | **ER 3.22**

**POURCENTAGE DU PIB CONSACRÉ AUX DÉPENSES DE SANTÉ, PAYS DU G-7, 2006**

| Pays | Pourcentage du PIB (%) |
|---|---|
| États-Unis | 15,8 |
| Allemagne | 10,5 |
| France | 11,0 |
| Canada | 10,0 |
| Italie | 9,0 |
| Japon | 8,1 |
| Royaume-Uni | 8,5 |

Source: http://stats.oecd.org/Index.aspx?DataSetCode=DECOMP&Lang=fr (2009-11-01).

Note: Les pourcentages inscrits dans le tableau sont ceux à partir desquels le graphique a été construit. Les pourcentages que vous avez obtenus peuvent différer de ceux du tableau, puisque vous faites une approximation.

**34.** a) La catégorie de revenu et le sexe.

b) Faible, Moyen inférieur, Moyen supérieur, Élevé.

c) 77 %.

d) 51 %.

e) Tant chez les femmes que chez les hommes, la proportion des gens se déclarant en excellente ou en très bonne santé augmente selon le niveau de revenu.

f) Dans chacune des catégories de revenu, les femmes sont proportionnellement moins nombreuses que les hommes à se déclarer en très bonne ou en excellente santé.

**35.** Les énoncés *i*, *v* et *viii*.

**36.** Sur le plan de la température, on peut noter que Montréal est une ville plus froide que Vancouver en hiver. En effet, la température moyenne ne tombe jamais sous le point de congélation à Vancouver, alors qu'à Montréal elle demeure sous le point de congélation de décembre à mars inclusivement. Par contre, les étés sont plus chauds à Montréal qu'à Vancouver. La température moyenne du mois le plus chaud n'atteint pas 18 °C à Vancouver, alors qu'elle dépasse légèrement 20 °C à Montréal. Les variations (les écarts) de température mensuelle moyenne au cours d'une année sont donc beaucoup plus importantes à Montréal qu'à Vancouver.

b) FIGURE | **ER 4.1**

**PRIX EN DOLLARS COURANTS ET EN DOLLARS CONSTANTS (2002 = 100) D'UN MANUEL DE PSYCHOLOGIE**

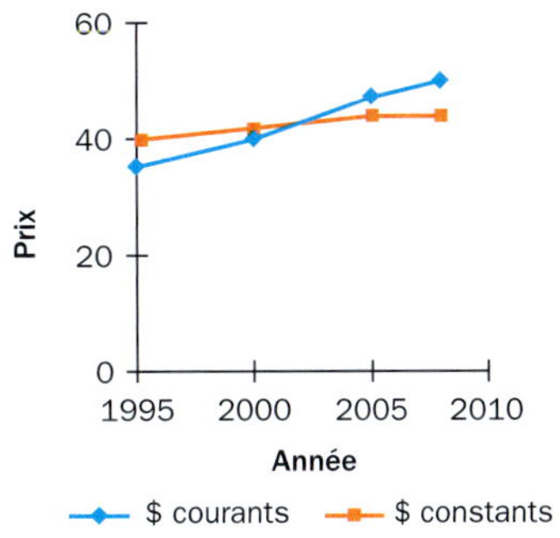


c) Entre 1995 et 2008, l'indice des prix a augmenté de 30,3 % alors que le prix du manuel a augmenté de 42,9 %. Par conséquent, l'augmentation relative du prix du manuel a été plus forte que celle de l'indice des prix.

d) Entre 1995 et 2008, l'IPC a augmenté de 30,3 %, de sorte que le prix en dollars courants de 2008 aurait dû être de 45,54 $ s'il avait augmenté au même rythme que l'IPC.

# CHAPITRE 5

**1.** Les mesures de tendance centrale servent à caractériser une série statistique au moyen d'une valeur ou d'une modalité typique.

**2.** Le mode est la mesure de tendance centrale qui représente la valeur ou la modalité la plus courante, la plus fréquente d'une variable.

**3.** 50 %.

**4.** a) *Mo* = R.

b) *Mo* = 0 billet gagnant.

c) *Mo* = défavorable (ou 2).

**5.** TABLEAU | **ER 5.1**

**VARIABLE, NATURE, MODE ET SENS**

| | Variable | Nature | Mode | Sens |
|---|---|---|---|---|
| a) | Opinion sur un énoncé | Qualitative ordinale | En désaccord | L'opinion la plus répandue est « En désaccord ». |
| b) | Groupe sanguin | Qualitative nominale | $O^+$ et $A^+$ | Les groupes sanguins $O^+$ et $A^+$ sont les plus communs. |
| c) | Temps requis pour effectuer une simulation | Quantitative continue | L'intervalle de 4 à 6 min, ou 5 min | Le temps requis pour effectuer une simulation le plus fréquemment observé chez ces candidats se situe entre 4 et 6 min. |
| d) | Nombre de fautes | Quantitative discrète | 2 et 3 fautes | Les nombres de fautes les plus fréquemment observés chez ces candidats sont 2 et 3. |
| e) | Quantité annuelle de neige | Quantitative continue | L'intervalle de 150 à 200 cm, ou 175 cm | La quantité de neige la plus fréquemment observée à Montréal entre 1960 et 2008 se situe entre 150 et 200 cm. |

**6.** TABLEAU **ER 5.2**

**VARIABLE, NATURE, MODE ET SENS**

| | Variable | Nature | Mode | Sens |
|---|---|---|---|---|
| a) | Fréquence de somnolence au volant | Qualitative ordinale | Jamais | La fréquence de somnolence au volant la plus couramment observée au États-Unis en 2008 est « Jamais ». |
| b) | Type de milieu familial | Qualitative nominale | Père et mère | Le type de milieu familial le plus couramment observé chez les élèves québécois en 2008 est une famille avec un père et une mère. |
| c) | Fréquence de présence lors d'un contrôle routier des chauffeurs avec des facultés affaiblies | Quantitative discrète | 0 | Le nombre le plus courant de fois au cours d'une année où un conducteur canadien était présent dans une automobile lors d'un contrôle routier est de 0. |
| d) | Nombre d'amis ayant conduit avec les facultés affaiblies | Qualitative ordinale | Aucun | Chez les conducteurs canadiens, le nombre le plus courant d'amis ayant conduit avec les facultés affaiblies est « Aucun ». |
| e) | Âge des députés québécois à la Chambre des communes au 1er novembre 2009 | Quantitative continue | Les intervalles 50–60 ans et 60–70 ans | Au 1er novembre 2009, les âges les plus fréquemment observés chez les députés québécois à la Chambre des communes se situent entre 50 et 60 ans et entre 60 et 70 ans. |
| f) | État matrimonial des hommes au moment du mariage | Qualitative nominale | Célibataire | L'état matrimonial le plus courant des hommes (qui se sont mariés en 2008) au moment de leur mariage est « Célibataire ». |
| g) | Durée du séjour à l'étranger | Quantitative continue | 0–20 et 140–160 (ou 10 et 150 jours) | Les durées de séjour à l'étranger les plus fréquentes varient entre 0 et 20 jours et entre 140 et 160 jours. |

**7.** a) Faux. c) Vrai. e) Vrai.
b) Faux. d) Vrai. f) Faux.

**8.** La présence de deux sous-populations. Il est alors préférable d'étudier de manière distincte chacune de ces sous-populations.

**9.** ***Exercice 4***

a) La médiane n'est pas définie pour la variable « résultat au cours d'histoire » : échelle nominale.

b) $Md$ = 1 billet gagnant du gros lot. Le gros lot est remporté dans au moins 50 % des tirages.

c) $Md$ = « Défavorable » ou 2. Au moins 50 % des individus sont défavorables ou très défavorables à l'égard de la nouvelle politique.

***Exercice 5***

a) $Md$ = « En désaccord ». Au moins 50 % des Canadiens de 16 ans et plus ont montré une forme de désaccord par rapport à l'énoncé suivant : « La prison ne devrait être utilisée que pour les jeunes violents et les récidivistes. »

b) La médiane n'est pas définie pour la variable « groupe sanguin » : échelle nominale.

c) $Md \approx 5{,}0$ min. Environ 50 % des individus ont effectué la simulation en moins de 5,0 min.

d) $Md$ = 2 fautes. Au moins 50 % des individus ont commis 2 fautes ou moins au cours de la simulation.

e) $Md \approx 208{,}9$ cm. À Montréal, dans environ 50 % des années, on a observé moins de 208,9 cm de neige.

***Exercice 6***

a) $Md$ = « Rarement ». Aux États-Unis, en 2008, au moins 50 % des conducteurs n'ont jamais ou ont rarement conduit en étant somnolents au volant.

b) La médiane n'est pas définie pour la variable « type de milieu familial » : échelle nominale.

c) $Md$ = 0 fois. Au cours des 12 derniers mois, au moins 50 % des conducteurs canadiens ne se sont jamais trouvés dans un véhicule arrêté lors d'un contrôle routier des chauffeurs avec facultés affaiblies.

d) $Md$ = « Très peu ». Au cours de la dernière année, au moins 50 % des conducteurs canadiens n'ont eu aucun ou ont eu très peu d'amis qui ont conduit avec les facultés affaiblies.

e) $Md \approx$ 54,8 ans. Au 1^er^ novembre 2009, environ 50 % des députés québécois étaient âgés de moins de 54,8 ans.

f) La médiane n'est pas définie pour la variable « état matrimonial » : échelle nominale.

g) $Md \approx$ 60 jours. Environ 50 % des voyageurs ont passé moins de 60 jours à l'étranger.

**10.** a) Faux, il faut d'abord classer les données de façon croissante ou décroissante.

b) Faux.

c) Faux.

d) Vrai.

e) Vrai.

**11.** a) L'inclusion de ces deux étudiants fera augmenter la moyenne, puisque leurs notes sont supérieures à la moyenne des 28 autres étudiants.

b) 70,5.

**12.** $v_i$ représente la $i^{\text{ième}}$ valeur, $f_i$ représente la fréquence de la $i^{\text{ième}}$ valeur, $k$ représente le nombre de valeurs et $n$ représente le nombre de données.

**13.** a) Que toutes les données à l'intérieur d'une classe sont concentrées au milieu de la classe.

b) La taille de l'échantillon, soit $n$.

c) Le nombre de classes.

d) Le milieu de la $i^{\text{ième}}$ classe.

**14.** ***Exercice 4***

a) La moyenne n'est pas définie pour la variable « résultat au cours d'histoire » : échelle nominale.

b) $\bar{x}$ = 1,5 billet gagnant.

c) La moyenne n'est pas définie pour la variable « degré d'adhésion » : échelle ordinale.

***Exercice 5***

a) La moyenne n'est pas définie pour la variable « opinion sur l'énoncé » : échelle ordinale.

b) La moyenne n'est pas définie pour la variable « groupe sanguin » : échelle nominale.

c) $\bar{x} \approx$ 5,1 min.

d) $\bar{x}$ = 2,3 fautes.

e) $\bar{x} \approx$ 219,9 cm.

***Exercice 6***

a) La moyenne n'est pas définie pour la variable « fréquence de somnolence » : échelle ordinale.

b) La moyenne n'est pas définie pour la variable « type de milieu familial » : échelle nominale.

c) $\bar{x}$ = 0,4 contrôle.

d) La moyenne n'est pas définie pour la variable « nombre d'amis » : échelle ordinale.

e) $\bar{x} \approx$ 53,6 ans.

f) La moyenne n'est pas définie pour la variable «état matrimonial»: échelle nominale.

g) $\bar{x} \approx 74{,}4$ jours.

**15.** Il y a tout lieu de penser que la distribution des revenus présente une asymétrie positive. Par conséquent, des revenus nettement plus élevés ont pour effet de faire augmenter la moyenne sans pour autant influer sur la médiane. Dans un tel cas, comme l'indique la figure 5.9 du manuel, la moyenne est plus grande que la médiane. Autrement dit, le revenu moyen est supérieur au revenu médian.

**16.** a) Les hommes adultes.

b) Un échantillon.

c) L'évaluation de la durée d'une période de 60 s.

d) Variable quantitative continue.

e) Échelle de rapports.

f) TABLEAU | **ER 5.3**

**RÉPARTITION ET RÉPARTITION CUMULÉE DES SUJETS, SELON L'ÉVALUATION DE LA DURÉE D'UNE PÉRIODE DE 60 s**

| Temps (s) | Nombre de sujets | Pourcentage des sujets (%) | Pourcentage cumulé (%) |
|---|---|---|---|
| 45–50 | 3 | 7,5 | 7,5 |
| 50–55 | 4 | 10,0 | 17,5 |
| 55–60 | 10 | 25,0 | 42,5 |
| 60–65 | 11 | 27,5 | 70,0 |
| 65–70 | 3 | 7,5 | 77,5 |
| 70–75 | 5 | 12,5 | 90,0 |
| 75–80 | 4 | 10,0 | 100,0 |
| **Total** | **40** | **100,0** | |

g) Il y a deux classes modales: «55–60» et «60–65». L'évaluation la plus courante varie donc entre 55 et 65 s. On a que $Md \approx 61{,}4$ s. Environ 50 % des sujets ont évalué la durée de 60 s à moins de 61,4 s. On a que $\bar{x} \approx 62{,}25$ s. L'évaluation moyenne de 60 s a donc été de 62,25 s.

**17.** a) Le nombre de locations au cours de la dernière semaine.

b) Variable quantitative discrète.

c) Échelle de rapports.

d) FIGURE | **ER 5.1**

**RÉPARTITION DE 90 MEMBRES D'UN CLUB VIDÉO, SELON LE NOMBRE DE LOCATIONS AU COURS DE LA DERNIÈRE SEMAINE**

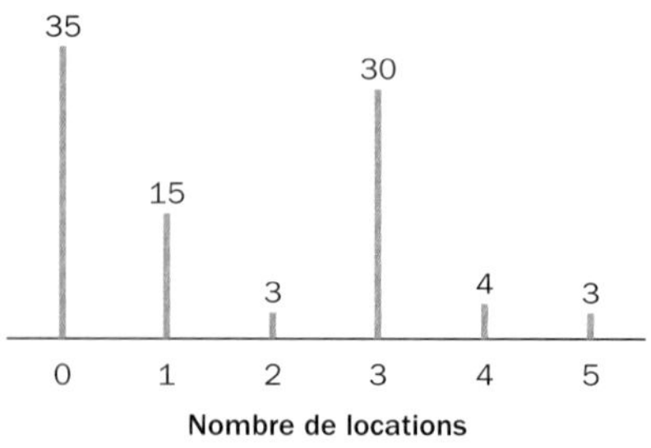


e) Distribution bimodale.

f) La présence de deux sous-populations.

g) Il y a deux modes: 0 et 3 locations.

h) Les nombres de locations les plus courants, chez les 90 membres du club vidéo, sont 0 et 3.

i) Trois locations pour le prix de deux, ce qui pourrait expliquer le faible nombre de clients qui n'ont loué que deux films.

j) $Md = 1$ location.

k) Au moins 50 % des membres de l'échantillon ont loué un film ou moins au cours de la dernière semaine. On aurait également pu dire qu'au moins 50 % des membres de l'échantillon ont loué au moins un film au cours de la dernière semaine.

l) $f_2 = 15$ et $f_4 = 30$.

m) $v_1 = 0$ et $v_5 = 4$.

n) $n = 90$.

o) $\bar{x} = 1{,}6$ location.

p) Puisque la distribution est bimodale, il semble préférable d'utiliser les modes pour décrire le client type : une personne qui n'a loué aucun film ou qui en a loué trois au cours de la dernière semaine.

**18.** Il est possible que des données s'écartent sensiblement de la moyenne. Un salaire de 80 000 $ n'est donc pas incompatible avec une moyenne de 32 300 $. Ce salaire constitue une valeur extrême qui peut être contrebalancée par un grand nombre de valeurs inférieures à la moyenne.

**19.** a) $Md = 28{,}50$ $.

b) $\bar{x} = 29{,}36$ $.

c) TABLEAU | **ER 5.4**

**RÉPARTITION ET RÉPARTITION CUMULÉE DE 50 RÉPONDANTS, SELON LA SOMME DÉPENSÉE POUR L'ACHAT DE MÉDICAMENTS DESTINÉS À COMBATTRE LES SYMPTÔMES DE L'ASTHME**

| Dépense ($) | Nombre de répondants | Pourcentage des répondants (%) | Pourcentage cumulé (%) |
|---|---|---|---|
| 5–15 | 7 | 14 | 14 |
| 15–25 | 11 | 22 | 36 |
| 25–35 | 14 | 28 | 64 |
| 35–45 | 10 | 20 | 84 |
| 45–55 | 8 | 16 | 100 |
| **Total** | **50** | **100** | |

d) $\bar{x} \approx 30{,}20$ $.

e) Cette valeur est différente, parce qu'elle constitue une approximation de la valeur calculée en *b* ; on a supposé que toutes les données étaient concentrées au milieu de chaque classe, alors que ce n'est pas le cas.

f) FIGURE | **ER 5.2**

**RÉPARTITION CUMULÉE DES RÉPONDANTS, SELON LE MONTANT DÉPENSÉ POUR DES MÉDICAMENTS DESTINÉS À COMBATTRE LES SYMPTÔMES DE L'ASTHME**

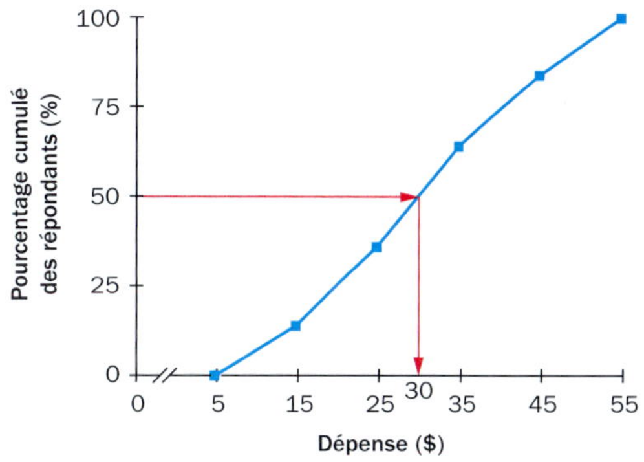

g) $Md \approx 30$ $. Environ 50 % des répondants ont dépensé moins de 30 $ au cours des deux dernières semaines pour l'achat de médicaments destinés à combattre les symptômes de l'asthme.

h) $Md \approx 30$ $. Quelle que soit la méthode utilisée, on obtient que la dépense médiane est voisine de 30 $.

i) FIGURE | **ER 5.3**

**RÉPARTITION DES RÉPONDANTS, SELON LA SOMME DÉPENSÉE POUR DES MÉDICAMENTS DESTINÉS À COMBATTRE LES SYMPTÔMES DE L'ASTHME**

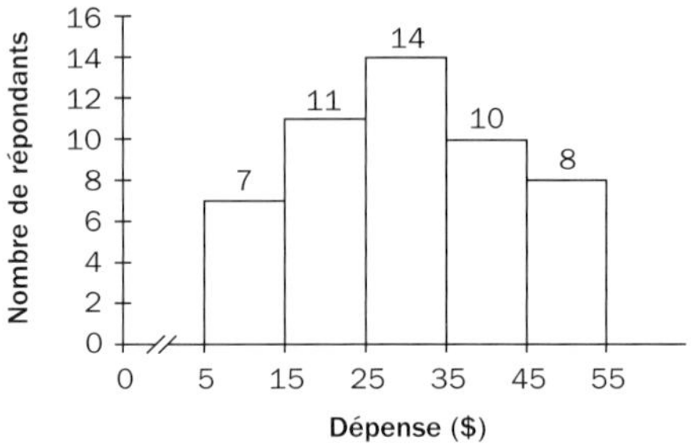


j) $Mo = 30$ $.

k) Asymétrie nulle.

l) Ces trois mesures de tendance centrale sont approximativement égales.

**20.** a) Faux. b) Vrai. c) Faux. d) Faux.

**21.** a) Nombre de mots retenus.

b) Variable quantitative discrète.

c) Échelle de rapports.

d) TABLEAU | **ER 5.5**

**RÉPARTITION DES SUJETS, SELON LE NOMBRE DE MOTS RETENUS**

**Groupe de contrôle**

| Nombre de mots | Nombre de sujets |
|---|---|
| 15 | 1 |
| 16 | 6 |
| 17 | 5 |
| 18 | 7 |
| 19 | 2 |
| 20 | 2 |
| 21 | 2 |
| Total | 25 |

**Groupe expérimental**

| Nombre de mots | Nombre de sujets |
|---|---|
| 14 | 1 |
| 15 | 6 |
| 16 | 6 |
| 17 | 5 |
| 18 | 3 |
| 19 | 2 |
| 20 | 2 |
| Total | 25 |

e) Les sujets du groupe de contrôle ont retenu, en moyenne, 17,7 mots, alors que ceux du groupe expérimental en ont retenu 16,7.

f) Non, il s'agit de données provenant d'échantillons. Pour faire une telle affirmation, il faudrait effectuer un test d'hypothèse.

**22.** a) Les naissances en milieu hospitalier au Québec en 2010.

b) Non.

c) Oui, parce qu'il s'agit d'une étude préliminaire.

d) Non, parce que la chercheuse n'a pas employé une technique d'échantillonnage probabiliste.

e) Sexe, masse et longueur des nouveau-nés.

f) Sexe : qualitative nominale ; masse : quantitative continue ; longueur : quantitative continue.

g) Sexe : nominale ; masse : de rapports ; longueur : de rapports.

h) TABLEAU **ER 5.6**

**RÉPARTITION ET RÉPARTITION CUMULÉE DE 52 NOUVEAU-NÉS, SELON LA MASSE**

| Masse (g) | Nombre de nouveau-nés | Pourcentage des nouveau-nés (%) | Pourcentage cumulé (%) |
|---|---|---|---|
| 2 300–2 700 | 2 | 3,8 | 3,8 |
| 2 700–3 100 | 10 | 19,2 | 23,1 |
| 3 100–3 500 | 15 | 28,8 | 51,9 |
| 3 500–3 900 | 13 | 25,0 | 76,9 |
| 3 900–4 300 | 11 | 21,2 | 98,1 |
| 4 300–4 700 | 1 | 1,9 | 100,0 |
| **Total** | **52** | **100,0** | |

Note : En raison de l'arrondissement des données, le total ne correspond pas nécessairement à la somme des parties.

i) La classe modale est « 3 100–3 500 g » et la masse modale est de 3 300 g.

j) FIGURE **ER 5.4**

**RÉPARTITION DES NOUVEAU-NÉS, SELON LA MASSE**

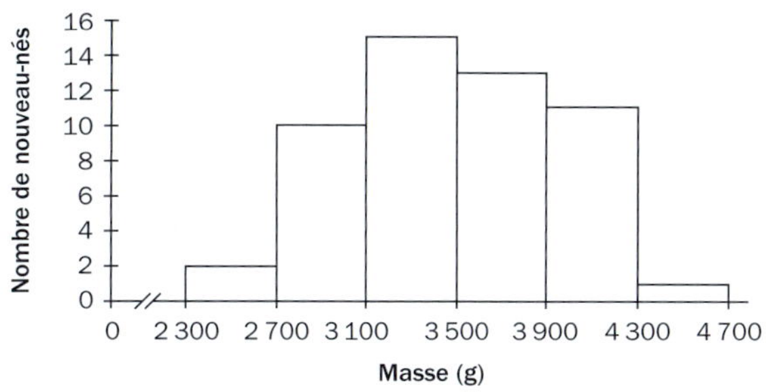


FIGURE **ER 5.5**

**RÉPARTITION CUMULÉE DES NOUVEAU-NÉS SELON LA MASSE**

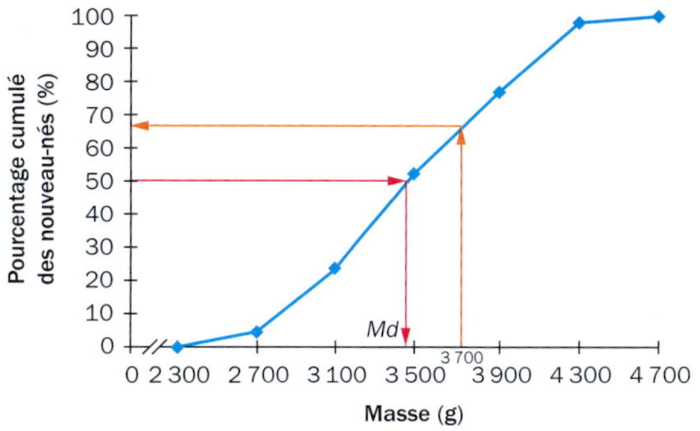


k) Environ 68 %.

l) $Md \approx 3\,450$ g.

m) Environ 50 % des nouveau-nés sélectionnés ont une masse inférieure à 3 450 g.

n) $\bar{x} \approx 3\,484{,}6$ g.

o) TABLEAU | **ER 5.7**

**RÉPARTITION ET RÉPARTITION CUMULÉE DES NOUVEAU-NÉS, SELON LA LONGUEUR**

| Longueur (cm) | Nombre de nouveau-nés | Pourcentage des nouveau-nés (%) | Pourcentage cumulé (%) |
|---|---|---|---|
| 44–46 | 1 | 1,9 | 1,9 |
| 46–48 | 2 | 3,8 | 5,8 |
| 48–50 | 9 | 17,3 | 23,1 |
| 50–52 | 13 | 25,0 | 48,1 |
| 52–54 | 20 | 38,5 | 86,5 |
| 54–56 | 5 | 9,6 | 96,2 |
| 56–58 | 2 | 3,8 | 100,0 |
| **Total** | **52** | **100,0** | |

Note: En raison de l'arrondissement des données, le total ne correspond pas nécessairement à la somme des parties.

p) «52–54» cm.

q) $Md \approx 52{,}1$ cm.

r) $\bar{x} \approx 51{,}8$ cm.

**23.** En faisant la moyenne des âges moyens, votre ami suppose que toutes les régions considérées comptent le même nombre d'individus. Or, tel n'est pas le cas. Ainsi, l'Ontario compte plus de personnes que le Québec ou que le Yukon, le Nunavut et les Territoires du Nord-Ouest réunis. Pour trouver l'âge moyen de l'ensemble des Canadiens, il faudrait d'abord multiplier l'âge moyen de chaque région par le nombre de personnes qui y résident, ensuite faire la somme de ces produits, puis diviser ce résultat par le nombre total de Canadiens.

**24.** a) $\mu_{2010} = 48\,000$ $.

b) $M = 13\,440\,000$ $.

c) $N = 265$.

d) $\mu = 50\,716{,}98$ $.

# CHAPITRE 6

**1.** Deux séries statistiques quantitatives peuvent se caractériser par des mesures de tendance centrale de valeurs semblables tout en ne présentant pas le même étalement. Les mesures de dispersion permettent d'évaluer l'étalement ou l'homogénéité d'une série statistique.

**2.** L'étendue correspond à la différence entre la valeur maximale et la valeur minimale d'une série: $E = V_{max} - V_{min}$.

**3.** L'étendue correspond approximativement à la différence entre la limite supérieure de la dernière classe et la limite inférieure de la première: $E \approx \text{Lim}_{sup} - \text{Lim}_{inf}$.

**4.** $\sigma^2$ (population); $s^2$ (échantillon).

**5.** a) Faux. c) Vrai. e) Vrai.
b) Faux. d) Faux. f) Vrai.

**6.** 0 mm.

**7.** a) Ces mesures de dispersion ne sont pas définies pour une variable qualitative nominale.

b) Ces mesures de dispersion ne sont pas définies pour une variable qualitative ordinale.

c) $E \approx 10$ min, $s^2 \approx 1{,}85$ min$^2$ et $s \approx 1{,}36$ min.

d) $E = 5$ fautes, $s^2 = 1{,}17$ faute$^2$ et $s = 1{,}08$ faute.

e) $E$ = 5 enfants, $s^2$ = 1,8 enfant$^2$ et $s$ = 1,3 enfant.
f) Ces mesures de dispersion ne sont pas définies pour une variable qualitative ordinale.
g) $E$ = 5 mots, $s^2$ = 1,87 mot$^2$ et $s$ = 1,37 mot.
h) Ces mesures de dispersion ne sont pas définies pour une variable qualitative nominale.
i) $E \approx 25$ h, $s^2 \approx 29{,}5$ h$^2$ et $s \approx 5{,}4$ h.

**8.** a) 40 ans. b) 0,75 ans. c) 1,9 %.

**9.** a) La vitesse de conduite sur une autoroute du Québec.
b) Variable quantitative continue.
c) Échelle de rapports.
d) 34.
e) 34,0 km/h.
f) TABLEAU | **ER 6.1**

**RÉPARTITION DE 34 AUTOMOBILES, SELON LA VITESSE ENREGISTRÉE**

| Vitesse (km/h) | Nombre d'automobiles |
|---|---|
| 95–100 | 2 |
| 100–105 | 6 |
| 105–110 | 8 |
| 110–115 | 12 |
| 115–120 | 3 |
| 120–125 | 2 |
| 125–130 | 1 |
| Total | 34 |

g) 110,1 km/h.
h) 6,9 km/h.
i) Le coefficient de variation des mesures effectuées sur l'autoroute $(c.v._a = 6{,}3\ \%)$ est plus faible que celui $(c.v._r = 11{,}1\ \%)$ des mesures effectuées dans le quartier résidentiel, de sorte que la série d'observations sur l'autoroute est plus homogène.

**10.** On emploie le coefficient de variation plutôt que l'écart type pour comparer la variabilité de deux séries qui ont des moyennes très différentes ou qui ne sont pas mesurées dans les mêmes unités.

**11.** Comme le coefficient de variation des résultats de Luc $(c.v._L = 1{,}8\ \%)$ est plus faible que celui des résultats de Carole $(c.v._C = 2{,}6\ \%)$, les résultats de Luc sont plus stables.

**12.** La méthode A présente la plus faible variabilité relative $(c.v._\text{A} = 5{,}3\ \% < 6{,}7\ \% = c.v._\text{B})$ ; elle est donc plus fiable.

**13.** Pour déterminer la durée de trajet la plus homogène, il suffit de trouver lequel présente le coefficient de variation le plus faible :

| | Hippolyte-Lafontaine | Jacques-Cartier | Champlain | Victoria |
|---|---|---|---|---|
| c.v. | 18,5 % | 20,0 % | 34,3 % | 22,2 % |

C'est Hippolyte-Lafontaine qui offre la durée de trajet la plus homogène.

**14.** a) Centiles. c) 3 ; 4 ; 25 %.
b) 10 ; 10. d) 80.

**15.** a) Environ 51 %.
b) $C_{95} \approx 39$ ans. Au Québec, en 2008, environ 95 % des femmes qui ont donné naissance à un enfant étaient âgées de moins de 39 ans.
c) $E \approx 35$ ans.
d) $Q_3 - Q_1 \approx 8$ ans.

**16.** a) TABLEAU | **6.24**

**RÉPARTITION ET RÉPARTITION CUMULÉE DES AUTOMOBILES, SELON LA DISTANCE PARCOURUE ENTRE DEUX VIDANGES D'HUILE**

| Distance (km) | Pourcentage des automobiles (%) | Pourcentage cumulé des automobiles (%) |
|---|---|---|
| 5 000–5 500 | 5 | 5 |
| 5 500–6 000 | 8 | 13 |
| 6 000–6 500 | 10 | 23 |
| 6 500–7 000 | 22 | 45 |
| 7 000–7 500 | 35 | 80 |
| 7 500–8 000 | 20 | 100 |
| **Total** | **100** | |

b) FIGURE | **ER 6.1**

**RÉPARTITION EN POURCENTAGE DES AUTOMOBILES, SELON LA DISTANCE PARCOURUE ENTRE DEUX VIDANGES D'HUILE**

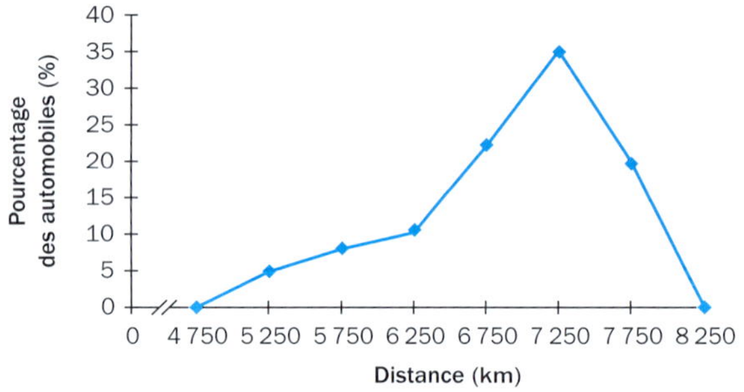


c) Asymétrie négative.

d) Moyenne < médiane < mode.

e) La classe modale est « 7 000–7 500 » et le mode est de 7 250 km.

f) La distance la plus couramment parcourue entre deux vidanges d'huile se situe entre 7 000 et 7 500 km (ou elle est de 7 250 km).

g) $Md \approx 7\,071{,}4$ km.

h) Environ 50 % des vidanges d'huile sont effectuées après que l'automobile a parcouru une distance de moins de 7 071,4 km.

i) FIGURE | **ER 6.2**

**RÉPARTITION CUMULÉE DES AUTOMOBILES, SELON LA DISTANCE PARCOURUE ENTRE DEUX VIDANGES D'HUILE**

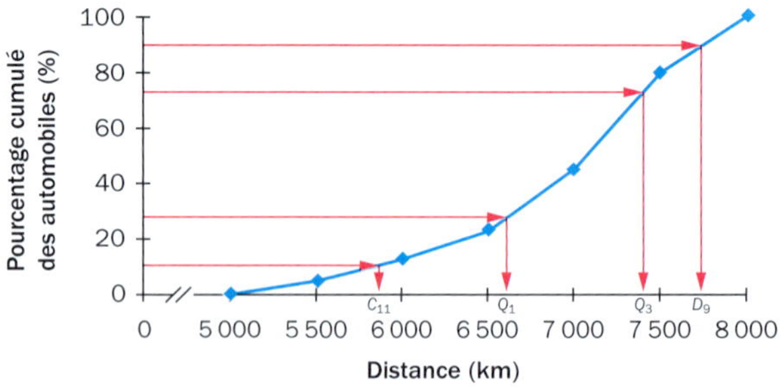


j) $Q_1 \approx 6\,600$ km, $Q_3 \approx 7\,400$ km, $D_9 \approx 7\,750$ km et $C_{11} \approx 5\,800$ km.

k) Environ 25 % des vidanges d'huile sont effectuées après que l'automobile a parcouru moins de 6 600 km ; environ 75 % des vidanges, après moins de 7 400 km ; environ 90 % des vidanges, après moins de 7 750 km ; et environ 11 % des vidanges, après moins de 5 800 km.

l) 800 km.

**17.** a) FIGURE | **ER 6.3**

**RÉPARTITION CUMULÉE DES CONTREVENANTS AU CODE DE LA ROUTE, SELON L'ÂGE DU CONTREVENANT**

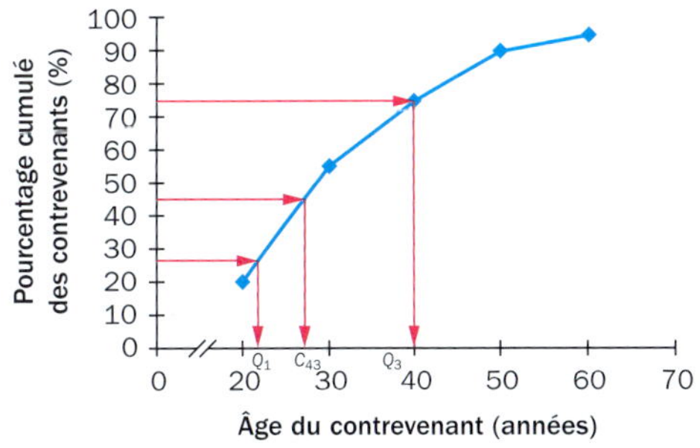


b) Non, cette valeur appartient à une classe ouverte.

c) $Q_1 \approx 22$ ans, $Q_3 \approx 40$ ans et $C_{43} \approx 27$ ans. Environ 25 % des contrevenants sont âgés de moins de 22 ans ; environ 75 % des contrevenants sont âgés de moins de 40 ans ; environ 43 % des contrevenants sont âgés de moins de 27 ans.

d) En raison des classes ouvertes, nous ne pouvons évaluer que l'écart interquartile : $Q_3 - Q_1 \approx 18$ ans.

**18.** TABLEAU | **ER 6.2**

**RANG BRUT DES VILLES PAR RAPPORT À LA TEMPÉRATURE ET AUX PRÉCIPITATIONS**

| Ville | Rang, selon la température (ordre décroissant) | Rang, selon les précipitations (ordre décroissant) |
|---|---|---|
| St. John's | 25 | 2 |
| Charlottetown | 22 | 7 |
| Halifax | 19 | 3 |
| Fredericton | 17 | 8 |
| Québec | 24 | 4 |
| Montréal | 18 | 11 |
| Ottawa | 20 | 12 |
| Toronto | 16 | 14 |
| Winnipeg | 27 | 23 |
| Regina | 23 | 26 |
| Edmonton | 26 | 24 |
| Calgary | 21 | 25 |
| Vancouver | 15 | 6 |
| Victoria | 12 | 13 |
| Whitehorse | 29 | 28 |
| Beijing | 11 | 19 |
| Le Caire | 3 | 29 |
| Capetown | 6 | 18 |
| Londres | 13 | 20 |
| Los Angeles | 6 | 27 |
| Mexico | 4 | 16 |
| Moscou | 28 | 22 |
| New Delhi | 1 | 17 |
| Paris | 13 | 21 |
| Rio de Janeiro | 2 | 9 |
| Rome | 8 | 15 |
| Sydney | 5 | 5 |
| Tokyo | 9 | 1 |
| Washington | 9 | 10 |

Source : Adapté de Statistique Canada, http://www40.statcan.ca/l02/cst01/phys08a-fra.htm, et http://www40.statcan.ca/l02/cst01/phys08b-fra.htm (2009-10-10).

**19.** a) TABLEAU | **6.27**

**RANG BRUT DES FLEUVES**

| Fleuve | Longueur (km) | Fleuve | Longueur (km) |
|---|---|---|---|
| Amazone | 1 | Niger | 8 |
| Amour | 10 | Nil | 2 |
| Brahmapoutre | 16 | Ob | 14 |
| Congo | 5 | Orénoque | 22 |
| Danube | 17 | Oural | 21 |
| Don | 23 | Parana | 9 |
| Èbre | 30 | Rhin | 26 |
| Euphrate | 18 | Rhône | 31 |
| Gange | 20 | Saint-Laurent | 27 |
| Huang He | 4 | Seine | 32 |
| Indus | 15 | Tigre | 24 |
| Lena | 6 | Vistule | 28 |
| Loire | 29 | Volga | 12 |
| Mackenzie | 25 | Yangzi Jiang | 3 |
| Mékong | 7 | Yukon | 12 |
| Mississippi | 11 | Zambèze | 19 |

Source : http://mediawikirfrc.cetmef.equipement.gouv.fr/mediawiki/index.php/Liste_des_principaux_fleuves (2010-01-31).

b) $R_5$ (Saint-Laurent) = 5, $R_5$ (Mackenzie) = 4 et $R_5$ (Danube) = 3.

**20.** a) 45. b) 3. c) Environ 65 %.

**21.** Il faut comparer les cotes $z$ : $z_1 = 1{,}67$ et $z_2 = 1$. Le candidat a eu des résultats qui sont relativement plus éloignés de la moyenne lors de la première étape. Par conséquent, sa performance est donc relativement meilleure à cette étape.

**22.** a) Les différents rangs et la cote $z$ d'un résultat de 7 au test A sont $R_b(7) = 45$, $R_5(7) = 2$, $R_{100}(7) = 76$ et $z_A = 0{,}67$. Les différents rangs au test B sont $R_b(3) = 41$, $R_5(3) = 2$, $R_{100}(3) = 70$ et $z_B = 0{,}52$.

b) Avec un résultat de 7 au test A, le candidat occupait le 45e rang parmi les 250 candidats. Il avait un rang cinquième de 2, ce qui indique que son résultat est parmi les 40 % supérieurs sans être dans les 20 % supérieurs. Son rang centile de 76 nous apprend qu'environ 76 % des candidats avaient un résultat inférieur ou égal au sien. Enfin, la cote $z$ de 0,67 nous indique que, avec un résultat de 7, le candidat se trouve à 0,67 écart type au-dessus de la moyenne du groupe.

Par ailleurs, avec un résultat de 3 au test B, le candidat occupe le 41e rang des 250 candidats, soit un rang légèrement supérieur à celui qui a été obtenu au test A. Tout comme au test A, son rang cinquième est de 2. Par contre, le rang centile de 70 obtenu au test B est légèrement inférieur à celui qui a été obtenu au test A. Enfin, la cote $z$ obtenue au test B montre que le résultat est situé à seulement 0,52 écart type au-dessus de la moyenne, soit une performance moins bonne qu'au test A.

Selon l'indicateur retenu (rang brut, rang cinquième, rang centile, cote $z$), on obtient des résultats divergents : tantôt légèrement supérieurs, tantôt égaux, tantôt légèrement inférieurs. Par conséquent, on serait tenté de conclure que les deux performances sont relativement similaires.

**23.** Comme le point A est situé à 2 écarts types au-dessous de la moyenne, sa cote $z$ est de –2. Comme la moyenne se trouve en B, la cote $z$ de B vaut 0. Comme le point C est situé à 2,5 écarts types au-dessus de la moyenne, sa cote $z$ est de 2,5. Les points D et E sont représentés dans le graphique suivant :

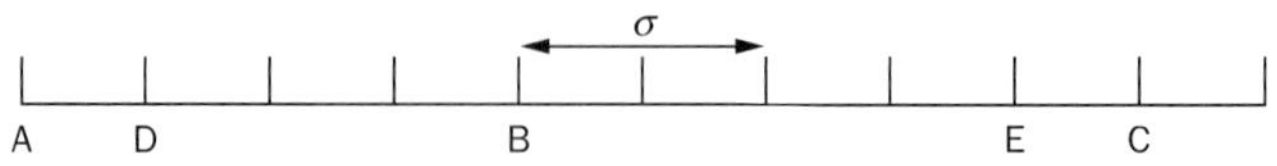

**24.** a) TABLEAU | **6.30**

**CALCUL DE LA CRC DE JO-ANNIE**

| | Cours 1 | Cours 2 | Cours 3 | Cours 4 | Cours 5 | Cours 6 | Cours 7 |
|---|---|---|---|---|---|---|---|
| Note | 85 | 88 | 79 | 95 | 76 | 93 | 81 |
| $\mu$ | 75 | 81 | 69 | 69 | 79 | 80 | 65 |
| $\sigma$ | 6 | 10 | 14 | 13 | 8 | 9 | 12 |
| $z$ | **1,67** | **0,70** | **0,71** | **2,00** | **-0,38** | **1,44** | **1,33** |
| $\mu_s$ | 72 | 77 | 72 | 70 | 73 | 75 | 71 |
| $c$ | **-0,21** | **0,14** | **-0,21** | **-0,36** | **-0,14** | **0** | **-0,29** |
| $R$ | **32,3** | **29,2** | **27,5** | **33,2** | **22,4** | **32,2** | **30,2** |
| Unités | $2^2/_3$ | 2 | $1^2/_3$ | $1^2/_3$ | $2^2/_3$ | $1^1/_3$ | $2^1/_3$ |

b) CRC = 29,2.

# CHAPITRE 7



**1.** 68,26; 95; 99.

**2.** Si $X$ est la variable représentant le diamètre du crâne d'un homme adulte ayant vécu en Égypte 3 000 ans avant Jésus-Christ, alors $X \sim N(133; 25)$. Évaluons la proportion des crânes dont le diamètre est inférieur ou égal à 119 mm. Si cette proportion est faible, on pourra penser que ce crâne n'est pas celui d'un homme adulte ayant vécu dans la région des fouilles 3 000 ans avant Jésus-Christ.

$$\begin{aligned} P(X < 119) &= P\left(\frac{X-133}{5} < \frac{119-133}{5}\right) \\ &= P(Z < -2{,}8) \\ &= 0{,}5 - P(0 < Z \leq 2{,}8) \\ &= 0{,}0026 \end{aligned}$$

Seulement 0,26 % des hommes de la région considérée avaient un crâne dont le diamètre était inférieur ou égal à 119 mm. Par conséquent, il est très invraisemblable, mais pas impossible, que le crâne trouvé soit celui d'un homme adulte ayant vécu 3 000 ans avant Jésus-Christ dans la région des fouilles.

**3.** a) 0,04 ou 4 %.
b) 0,98 ou 98 %.
c) 0,1 ou 10 %.

**4.** a) 78,23 %.
b) On a que :

$$\begin{aligned} P(X > 295) &= P\left(\frac{X-273}{9} > \frac{295-273}{9}\right) \\ &= P(Z > 2{,}44) \\ &= 0{,}5 - P(0 < Z \leq 2{,}44) \\ &= 0{,}0073 \end{aligned}$$

de sorte que moins de 1 % des naissances surviennent après une période de gestation de plus de 295 jours. Par conséquent, il est plutôt exceptionnel qu'une gestation dure plus de 295 jours.

c) 5,94 %.

d) $Q_1$ = 267 jours. Par conséquent, environ 25 % des naissances surviennent après une gestation de moins de 267 jours.

e) En vertu de ce nouveau critère, une naissance qui survient après moins de 257 jours de gestation serait considérée comme prématurée. Comme 4 % des naissances surviennent après une grossesse de moins de 257 jours, on peut écrire que $C_4 = 257$ jours.

f) Comme 90 % des naissances surviennent après une grossesse de moins de 285 jours, on peut écrire que $D_9 = 285$ jours.

**5.** a) Un peu plus de 15 % des candidats ayant une note supérieure ou égale à 600, il s'ensuit que Josée ne serait pas acceptée.

b) Comme environ 84 % des candidats ont une note inférieure à 600, le rang centile de Josée est de 84.

c) 628.

**6.** a) TABLEAU | **7.6**

**RÉPARTITION ET RÉPARTITION CUMULÉE DE 1 000 NOUVEAU-NÉES, SELON LA MASSE (g) À LA NAISSANCE**

| Masse (g) | Nombre de nouveau-nées | Pourcentage des nouveau-nées (%) | Pourcentage cumulé des nouveau-nées (%) |
|---|---|---|---|
| 2 500–2 600 | 1 | 0,1 | 0,1 |
| 2 600–2 700 | 4 | 0,4 | 0,5 |
| 2 700–2 800 | 8 | 0,8 | 1,3 |
| 2 800–2 900 | 25 | 2,5 | 3,8 |
| 2 900–3 000 | 47 | 4,7 | 8,5 |
| 3 000–3 100 | 64 | 6,4 | 14,9 |
| 3 100–3 200 | 75 | 7,5 | 22,4 |
| 3 200–3 300 | 95 | 9,5 | 31,9 |
| 3 300–3 400 | 112 | 11,2 | 43,1 |
| 3 400–3 500 | 147 | 14,7 | 57,8 |
| 3 500–3 600 | 109 | 10,9 | 68,7 |
| 3 600–3 700 | 93 | 9,3 | 78,0 |
| 3 700–3 800 | 88 | 8,8 | 86,8 |
| 3 800–3 900 | 51 | 5,1 | 91,9 |
| 3 900–4 000 | 40 | 4,0 | 95,9 |
| 4 000–4 100 | 25 | 2,5 | 98,4 |
| 4 100–4 200 | 9 | 0,9 | 99,3 |
| 4 200–4 300 | 6 | 0,6 | 99,9 |
| 4 300–4 400 | 1 | 0,1 | 100,0 |
| **Total** | **1 000** | **100,0** | |

b) La classe modale est « 3 400–3 500 » ; le mode est donc de 3 450 g.

c) FIGURE | **ER 7.1**

**RÉPARTITION DE 1 000 NOUVEAU-NÉES, SELON LA MASSE (g) À LA NAISSANCE**

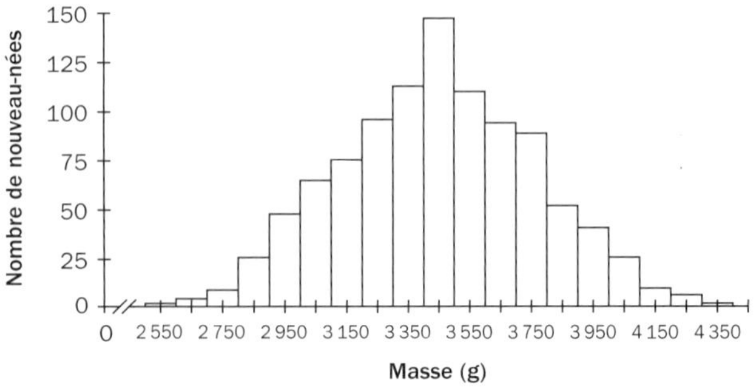


d) Asymétrie nulle.

e) Oui.

f) Elles devraient être voisines du mode, soit de 3 450 g.

g) $\bar{x} \approx 3\,446{,}8$ g et $s \approx 314{,}6$ g.

h) FIGURE | **ER 7.2**

**RÉPARTITION CUMULÉE DE 1 000 NOUVEAU-NÉES, SELON LA MASSE (g) À LA NAISSANCE**

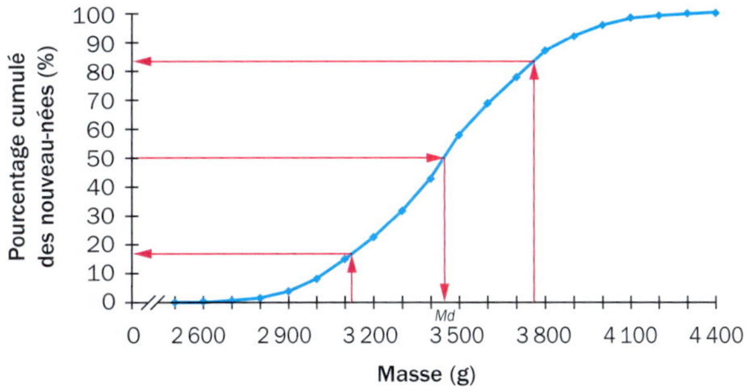


i) $Md \approx 3\,450$ g.

j) Environ 18 % et 83 % respectivement.

k) 65 % ; 96 % ; près de 100 %.

l) Oui, ces pourcentages sont voisins des pourcentages correspondants qu'on obtiendrait à partir de la loi normale, soit 68,26 %, 95 % et 99 %.

**7.** a) 99,38 %. b) 2,28 %. c) 89,44 %.

**8.** a) 0,0918.

b) On a que :

$$
\begin{aligned}
P(X < 13) &= P\left(\frac{X-10}{1{,}5} < \frac{13-10}{1{,}5}\right) \\
&= P(Z < 2) \\
&= P(Z < 0) + P(0 < Z < 2) \\
&= 0{,}5 + 0{,}4772 \\
&= 0{,}9772
\end{aligned}
$$

de sorte que le temps de réaction est inférieur à 13 min dans 97,72 % des cas. L'affirmation du répartiteur est donc fondée.

**9.** $\mu \in [3\,753{,}25 ; 4\,246{,}75]$.

**10.** a) $\mu \in [17{,}5 ; 18{,}5]$.

b) 1 245.

**11.** a) $\bar{x} = 36{,}33$ °C.

b) $s = 0{,}15$ °C.

c) $\mu \in [36{,}30 ; 36{,}36]$.

d) On vient de montrer en *c* qu'il y a une probabilité de 99 % que l'intervalle $[36{,}30 ;\ 36{,}36]$ recouvre la véritable température corporelle moyenne. Il est donc hautement invraisemblable (probabilité inférieure à 1 %) que la température corporelle « normale » se situe à l'extérieur de cet intervalle. Par conséquent, on peut raisonnablement penser que la température normale du corps humain n'est pas de 37,0 °C.

e) 865.

**12.** a) 31 ans.

b) $\mu \in [29{,}04 ; 32{,}96]$.

c) 1,96 an.

d) On affirme, avec un niveau de confiance de 95 %, que l'âge moyen des femmes (au moment du mariage) qui se sont mariées au Québec en 2010 se situe entre 29 et 33 ans.

e) 385.

**13.** a) L'ensemble des étudiants de cégep.

b) Le nombre de livres lus au cours de la dernière année.

c) Variable quantitative discrète.

d) On a que $\bar{x} = 3{,}8$ livres et que $s = 1{,}7$ livre, de sorte que $\mu \in [3{,}44; 4{,}16]$. On peut affirmer, avec un niveau de confiance de 95 %, que le nombre moyen de livres lus par des étudiants de cégep au cours de la dernière année est compris entre 3,44 et 4,16.

**14.** $\mu \in [348{,}73; 349{,}87]$. Puisque l'intervalle de confiance ne contient pas la valeur avancée par le producteur, on peut mettre en doute son affirmation. Si la concentration moyenne est réellement de 350 mg/L, 95 % des échantillons de taille 48 auraient vu leur intervalle de confiance contenir cette valeur. De deux choses l'une, soit l'échantillon obtenu fait partie des 5 % (un résultat rare, parce qu'il ne se produit qu'une fois sur vingt) dont l'intervalle ne contiendrait pas la moyenne de la population, soit la concentration moyenne n'est pas de 350 mg/L. Dans un tel contexte, nous serions plutôt enclins à penser que la véritable concentration moyenne n'est pas de 350 mg/L en raison de l'improbabilité de l'autre situation.

**15.** a) $\mu \in [16{,}4; 17{,}6]$.

b) Puisque l'intervalle de confiance ne contient pas la valeur de la norme (soit 15 g), l'affirmation du fabricant est peu plausible. Si la teneur en sucre est réellement de 15 g, 99 % des échantillons de taille 80 auraient vu leur intervalle de confiance contenir cette valeur. De deux choses l'une, soit l'échantillon obtenu fait partie du 1 % (un résultat rare, parce qu'il ne se produit qu'une fois sur 100) dont l'intervalle ne contiendrait pas la moyenne de la population, soit la quantité moyenne n'est pas de 15 g. Dans un tel contexte, nous serions plutôt enclins à penser que la véritable quantité moyenne n'est pas de 15 g en raison de l'improbabilité de l'autre situation.

**16.** a) 72 %.

b) $\pi \in [0{,}687; 0{,}753]$.

c) On peut affirmer, avec un niveau de confiance de 99 %, qu'entre 68,7 % et 75,3 % des étudiants à l'enseignement supérieur ont triché sérieusement au moins une fois dans leurs études.

d) $\pi \in [0{,}387; 0{,}453]$. On peut affirmer, avec un niveau de confiance de 98 %, qu'entre 38,7 % et 45,3 % des étudiants à l'enseignement supérieur ont déjà copié un texte obtenu dans Internet.

**17.** a) $\mu \in [26{,}06; 27{,}14]$.

b) $\mu \in [11{,}03; 11{,}37]$.

c) $\pi \in [0{,}842; 0{,}888]$.

**18.** a) On peut affirmer, avec un niveau de confiance de 95 %, que la proportion de l'ensemble des électeurs favorables à la candidate Tremblay se situe entre 38,0 % et 43,8 %.

b) On peut affirmer, avec un niveau de confiance de 95 %, que la proportion de l'ensemble des électeurs favorables au candidat Dupont se situe entre 34,4 % et 40,2 %.

c) Les deux intervalles de confiance se chevauchent. Si on tient compte de la marge d'erreur, un résultat où 39 % des votes iraient à la candidate Tremblay et 40 % au candidat Dupont n'est pas incompatible avec ces intervalles. Par conséquent, la victoire de la candidate Tremblay n'est pas assurée au niveau de confiance de 95 %. Pour que la candidate ait confiance à 95 % à une avance lui assurant une victoire, il aurait fallu que la borne inférieure de son intervalle de confiance soit supérieure à la borne supérieure de l'intervalle du candidat Dupont.

**19.** a) $p = \frac{63}{1\,575} \times 100\,\% = 4\,\%$.

b) $\pi \in [0{,}027\,; 0{,}053]$.

c) 10 185.

**20.** a) L'ensemble des étudiantes de l'Université de Montréal.

b) Le degré d'aise dans l'utilisation d'un logiciel de présentation.

c) Variable qualitative ordinale.

d) $n = 6\,914$.

e) $p$.

f) $p = 52{,}5\,\%\ (\text{soit } 27{,}5 + 25{,}0)$.

g) $\pi \in [0{,}511\,; 0{,}539]$.

h) On peut affirmer, avec un niveau de confiance de 98 %, qu'entre 51,1 % et 53,9 % des étudiantes de l'Université de Montréal sont beaucoup ou tout à fait à l'aise avec l'utilisation d'un logiciel de présentation.

i) La marge d'erreur est de 1,4 point de pourcentage sur l'estimation de la proportion exprimée en pourcentage.

j) Il aurait pu augmenter la taille de l'échantillon.

**21.** a) Les étudiants inscrits dans un programme technique au cégep.

b) On utilise le symbole $\pi$.

c) $p = 0{,}774$.

d) $\pi \in [0{,}751\,; 0{,}797]$.

e) Le pourcentage mentionné par le directeur des études se situe hors de l'intervalle de confiance. Si le pourcentage de satisfaction réel est de 80 %, l'intervalle de confiance des échantillons de taille 1 240 aurait compris ce pourcentage dans 95 % des cas. De deux choses l'une, soit notre échantillon fait partie des 5 % dont l'intervalle de confiance ne contiendrait pas la proportion réelle (ce qui est peu plausible, parce que cela ne se produit qu'une fois sur vingt), soit la proportion n'est pas 80 %. Dans un tel contexte, nous serions enclins à penser que la véritable proportion n'est pas 80 %.

f) L'estimation par intervalle de confiance (avec un niveau de confiance de 99 %) de la proportion de l'ensemble des étudiants inscrits dans un programme technique au cégep qui sont satisfaits de leur programme d'études est donc $\pi \in [0{,}743\,; 0{,}805]$. Le directeur a raison, puisque le pourcentage qu'il avance est compris à l'intérieur de l'intervalle de confiance. Notez qu'en augmentant le niveau de confiance, on augmente également la marge d'erreur.

**22.** a) $n = 804$.

b) La proportion des adultes québécois qui considèrent que le suicide assisté devrait être légalisé.

c) $\pi$.

d) $p$.

e) 78 %.

f) ±2,9 points de pourcentage.

g) $\pi \in [0{,}751\,; 0{,}809]$.

h) Une augmentation de la taille de l'échantillon a pour effet de diminuer la marge d'erreur.

i) 11 319.

**23.** a) $\pi \in [0{,}734\,; 0{,}866]$.

b) $\mu \in [9{,}6\,; 10{,}4]$.

**24.** a) Faux. b) Vrai. c) Vrai. d) Faux. e) Vrai.

# Chapitre 8

1. a) Interdépendance.
   b) Indépendance.
   c) Causalité.
   d) Causalité.
   e) Concomitance.
   f) Causalité.
   g) Interdépendance.
   h) Concomitance.

2. a) Âge : variable indépendante ; corrélation positive.
   b) Nombre d'absences : variable indépendante ; corrélation négative.
   c) Scolarité : variable indépendante ; corrélation négative.
   d) Âge : variable indépendante ; corrélation positive.
   e) Taille du père : variable indépendante ; corrélation positive.
   f) Quantité d'alcool : variable indépendante ; corrélation positive.
   g) Quantité de caféine : variable indépendante ; corrélation négative.

3. a) L'activité solaire a été mesurée par le taux de carbone 14 résiduel dans les cernes de croissance des arbres. La production végétale a été mesurée par la quantité de pollen.
   b) Les hausses et les baisses de la production végétale correspondent de façon inverse aux hausses et aux baisses de l'activité solaire : une faible activité solaire est associée à une forte production végétale, et une forte activité solaire à une faible production végétale.
   c) L'activité solaire ; c'est l'activité solaire qui pourrait avoir un effet sur la production végétale et non l'inverse.
   d) La corrélation est négative : une faible activité solaire est associée à une forte production végétale, et une forte activité solaire à une faible production végétale.

4. L'indépendance des variables.

5. a) La scolarité du parent le plus scolarisé et le niveau de maturité scolaire des enfants de 4 et 5 ans.
   b) Échelle ordinale.
   c) La scolarité du parent le plus scolarisé : les chercheurs avancent l'hypothèse que le degré de maturité scolaire des enfants dépend du niveau de scolarité du parent le plus scolarisé.
   d) « Études secondaires non terminées », « Diplôme d'études secondaires », « Études collégiales ou universitaires ».
   e) 10 %.
   f) 25 %.
   g) Ces pourcentages devraient être égaux.
   h) Oui. Le degré de maturité scolaire des enfants semble dépendre du niveau de scolarité du parent le plus scolarisé. Ainsi, à titre d'exemple, la proportion d'enfants présentant une maturité scolaire avancée augmente avec le niveau de scolarité du parent le plus scolarisé. Par ailleurs, la proportion d'enfants présentant un retard de maturité scolaire diminue lorsque le niveau de scolarité du parent le plus scolarisé augmente.
   i) Pour valider cette hypothèse, il faudrait effectuer un test d'hypothèse.

**6.** a) TABLEAU | **8.17**

**COMPARAISON DES FRÉQUENCES THÉORIQUES ET DES FRÉQUENCES OBSERVÉES**

| Âge (années) | Sexe | | Total |
|---|---|---|---|
| | Masculin | Féminin | |
| 20–30 | 10 / 16,7 | 15 / 8,3 | 25 |
| 30–40 | 15 / 20 | 15 / 10 | 30 |
| 40–50 | 25 / 23,3 | 10 / 11,7 | 35 |
| 50–60 | 35 / 26,7 | 5 / 13,3 | 40 |
| 60–70 | 15 / 13,3 | 5 / 6,7 | 20 |
| **Total** | **100** | **50** | **150** |

b) $\chi^2 = \sum \frac{(f_o - f_t)^2}{f_t}$

$$= \frac{(10 - 16{,}7)^2}{16{,}7} + \frac{(15 - 8{,}3)^2}{8{,}3} + \frac{(15 - 20)^2}{20} + \frac{(15 - 10)^2}{10}$$

$$+ \frac{(25 - 23{,}3)^2}{23{,}3} + \frac{(10 - 11{,}7)^2}{11{,}7} + \frac{(35 - 26{,}7)^2}{26{,}7}$$

$$+ \frac{(5 - 13{,}3)^2}{13{,}3} + \frac{(15 - 13{,}3)^2}{13{,}3} + \frac{(5 - 6{,}7)^2}{6{,}7}$$

$= 2{,}69 + 5{,}41 + 1{,}25 + 2{,}50 + 0{,}12 + 0{,}25 + 2{,}58 + 5{,}18 + 0{,}22 + 0{,}43$

$= 20{,}63$

**7.** a) TABLEAU | **8.18**

**COMPARAISON DES FRÉQUENCES THÉORIQUES ET DES FRÉQUENCES OBSERVÉES**

| Absences | Âge (années) | | | Total |
|---|---|---|---|---|
| | 20–35 | 35–50 | 50–65 | |
| Fréquentes | 20 / 22,2 | 85 / 88,9 | 95 / 88,9 | 200 |
| Occasionnelles | 18 / 16,7 | 70 / 66,7 | 62 / 66,7 | 150 |
| Nulles | 12 / 11,1 | 45 / 44,4 | 43 / 44,4 | 100 |
| **Total** | **50** | **200** | **200** | **450** |

b) L'âge : on émet l'hypothèse que les absences au travail varient en fonction de l'âge.

c) TABLEAU | **ER 8.1**

**RÉPARTITION EN POURCENTAGE DE 450 SALARIÉS D'UNE GRANDE ENTREPRISE SELON LES ABSENCES AU TRAVAIL PAR GROUPE D'ÂGE**

| Absences | Âge (années) | | | Tous |
|---|---|---|---|---|
| | 20–35 | 35–50 | 50–65 | |
| Fréquentes | 40,0 | 42,5 | 47,5 | 44,4 |
| Occasionnelles | 36,0 | 35,0 | 31,0 | 33,3 |
| Nulles | 24,0 | 22,5 | 21,5 | 22,2 |
| **Total** | **100,0** | **100,0** | **100,0** | **100,0** |

Note : En raison de l'arrondissement des données, le total ne correspond pas nécessairement à la somme des parties.

d) On constate que les distributions conditionnelles diffèrent les unes des autres et de la distribution marginale, mais, à première vue, ces écarts ne paraissent pas considérables et pourraient être attribuables au hasard (du fait qu'il s'agit de données provenant d'un échantillon). Par conséquent, on ne peut pas, *a priori*, penser qu'il y a un lien entre les variables. Seul un test d'hypothèse nous permettrait de confirmer ou d'infirmer l'hypothèse avancée.

e) $\chi^2 = \sum \frac{(f_o - f_t)^2}{f_t}$

$$= \frac{(20-22{,}2)^2}{22{,}2} + \frac{(85-88{,}9)^2}{88{,}9} + \frac{(95-88{,}9)^2}{88{,}9} + \frac{(18-16{,}7)^2}{16{,}7} + \frac{(70-66{,}7)^2}{66{,}7}$$

$$+ \frac{(62-66{,}7)^2}{66{,}7} + \frac{(12-11{,}1)^2}{11{,}1} + \frac{(45-44{,}4)^2}{44{,}4} + \frac{(43-44{,}4)^2}{44{,}4}$$

$= 0{,}22 + 0{,}17 + 0{,}42 + 0{,}10 + 0{,}16 + 0{,}33 + 0{,}07 + 0{,}01 + 0{,}04$

$= 1{,}52$

**8.** a) Faux. b) Vrai. c) Vrai. d) Vrai.

**9.** a) La dimension de la voiture et la nature de l'accident.

b) La dimension de la voiture : on veut expliquer la nature de l'accident par la dimension de la voiture. On veut déterminer si la dimension de la voiture constitue un facteur explicatif de la nature de l'accident.

c) Dimension : variable qualitative ordinale ; nature de l'accident : variable qualitative nominale.

d) Dimension : échelle ordinale ; nature de l'accident : échelle nominale.

e) Il faut effectuer un test d'indépendance.

**1. La formulation des hypothèses**

$H_0$ : Les variables « dimension de la voiture » et « nature de l'accident » sont indépendantes.

$H_1$ : Les variables « dimension de la voiture » et « nature de l'accident » sont liées.

**2. Le choix d'un seuil de signification ($\alpha$)**

$\alpha = 5\%$

**3. La vérification des conditions d'application**

Il faut s'assurer qu'aucune des fréquences théoriques n'est inférieure à 5.

TABLEAU | **ER 8.2**

**COMPARAISON DES FRÉQUENCES THÉORIQUES ET DES FRÉQUENCES OBSERVÉES**

| Nature de l'accident | Dimension de la voiture | | | Total |
|---|---|---|---|---|
| | Petite | Moyenne | Grande | |
| Fatal | 68 / 65,1 | 36 / 37,7 | 16 / 17,1 | 120 |
| Non fatal | 122 / 124,9 | 74 / 72,3 | 34 / 32,9 | 230 |
| **Total** | **190** | **110** | **50** | **350** |

Aucune des fréquences théoriques n'est donc inférieure à 5 et, de plus, l'échantillon est aléatoire. Par conséquent, on peut poursuivre le test.

**4. La détermination de la valeur critique**

$\nu = (3-1) \times (2-1) = 2$ et $\chi^2_{\alpha;\nu} = \chi^2_{0{,}05;2} = 5{,}99$

5. **La formulation de la règle de décision**

   Rejeter l'hypothèse nulle ($H_0$) lorsque $\chi^2 > \chi^2_{\alpha;v}$.

6. **Le calcul de la statistique appropriée au test**

$$\chi^2 = \sum \frac{(f_o - f_t)^2}{f_t}$$

$$= \frac{(68 - 65{,}1)^2}{65{,}1} + \frac{(36 - 37{,}7)^2}{37{,}7} + \frac{(16 - 17{,}1)^2}{17{,}1} + \frac{(122 - 124{,}9)^2}{124{,}9} + \frac{(74 - 72{,}3)^2}{72{,}3} + \frac{(34 - 32{,}9)^2}{32{,}9}$$

$$= 0{,}13 + 0{,}08 + 0{,}07 + 0{,}07 + 0{,}04 + 0{,}04$$

$$= 0{,}43$$

7. **La décision**

   Ici, $\chi^2 = 0{,}43 < 5{,}99 = \chi^2_{\alpha;v}$. Par conséquent, on ne rejette pas l'hypothèse nulle. Sur la base de notre échantillon, au seuil de 5 %, en vertu de la règle de décision, il n'y a pas lieu de croire qu'il existe un lien entre la dimension de la voiture et la nature de l'accident.

**10.** Il faut effectuer un test d'indépendance.

1. **La formulation des hypothèses**

   $H_0$ : Les variables «comportement à l'égard d'un questionnaire reçu par la poste» et «type d'incitation» sont indépendantes.

   $H_1$ : Les variables «comportement à l'égard d'un questionnaire reçu par la poste» et «type d'incitation» sont liées.

2. **Le choix d'un seuil de signification ($\alpha$)**

$$\alpha = 1\%$$

3. **La vérification des conditions d'application**

   Il faut s'assurer qu'aucune des fréquences théoriques n'est inférieure à 5.

TABLEAU | **ER 8.3**

**COMPARAISON DES FRÉQUENCES THÉORIQUES ET DES FRÉQUENCES OBSERVÉES**

| Comportement | Incitation | | | | Total |
|---|---|---|---|---|---|
| | Aucune | Échantillon | Coupons | Argent | |
| Réponse | 25 / 37,5 | 40 / 39,0 | 55 / 61,5 | 30 / 12,0 | 150 |
| Non-réponse | 100 / 87,5 | 90 / 91,0 | 150 / 143,5 | 10 / 28,0 | 350 |
| Total | 125 | 130 | 205 | 40 | 500 |

Aucune des fréquences théoriques n'est donc inférieure à 5. Par conséquent, si on considère que l'échantillon est aléatoire, on peut poursuivre le test.

4. **La détermination de la valeur critique**

$$v = (4 - 1) \times (2 - 1) = 3 \text{ et } \chi^2_{\alpha;v} = \chi^2_{0{,}01;3} = 11{,}34$$

5. **La formulation de la règle de décision**

   Rejeter l'hypothèse nulle ($H_0$) lorsque $\chi^2 > \chi^2_{\alpha;v}$.

CHAPITRE 8

**6. Le calcul de la statistique appropriée au test**

$$\chi^2 = \sum \frac{(f_o - f_t)^2}{f_t}$$

$$= \frac{(25 - 37{,}5)^2}{37{,}5} + \frac{(40 - 39{,}0)^2}{39{,}0} + \frac{(55 - 61{,}5)^2}{61{,}5} + \frac{(30 - 12{,}0)^2}{12{,}0} + \frac{(100 - 87{,}5)^2}{87{,}5}$$

$$+ \frac{(90 - 91{,}0)^2}{91{,}0} + \frac{(150 - 143{,}5)^2}{143{,}5} + \frac{(10 - 28{,}0)^2}{28{,}0}$$

$$= 4{,}17 + 0{,}03 + 0{,}69 + 27{,}00 + 1{,}79 + 0{,}01 + 0{,}29 + 11{,}57$$

$$= 45{,}55$$

**7. La décision**

Ici, $\chi^2 = 45{,}55 > 11{,}34 = \chi^2_{\alpha;\nu}$. Par conséquent, on rejette l'hypothèse nulle. Sur la base de notre échantillon, au seuil de 1 %, en vertu de la règle de décision, il y a tout lieu de croire qu'il existe un lien entre l'incitation employée et le comportement à l'égard d'un questionnaire reçu par la poste.

**11.** a) Les Canadiens de 12 ans et plus.

b) La catégorie d'activité physique et la présence ou l'absence d'EDM.

c) Catégorie d'activité physique : variable qualitative ordinale ; absence ou présence d'EDM : variable qualitative nominale.

d) 4,1 %, soit $\frac{310}{7\,591} \times 100\,\%$.

e) La proportion de Canadiens de 12 ans et plus qui sont sédentaires dans l'échantillon est de 39,5 %, soit $\frac{3\,002}{7\,591} \times 100\,\%$. L'estimation par intervalle de confiance de la proportion de l'ensemble des Canadiens de 12 ans et plus qui sont sédentaires est donnée par :

$$\pi \in \left[p - z_{\alpha/2}\sqrt{\frac{p(1-p)}{n}}\,;\, p + z_{\alpha/2}\sqrt{\frac{p(1-p)}{n}}\right]$$

$$\pi \in \left[0{,}395 - 2{,}33\sqrt{\frac{0{,}395(1-0{,}395)}{7\,591}}\,;\, 0{,}395 + 2{,}33\sqrt{\frac{0{,}395(1-0{,}395)}{7\,591}}\right]$$

$$\pi \in [0{,}395 - 0{,}013 ; 0{,}395 + 0{,}013]$$

$$\pi \in [0{,}382 ; 0{,}408]$$

En se fondant sur cet échantillon, on estime que 39,5 % de tous les Canadiens âgés de 12 ans et plus sont sédentaires. La marge d'erreur de cette estimation à un niveau de confiance de 98 % est de 1,3 point de pourcentage. On peut affirmer, avec un niveau de confiance de 98 %, qu'entre 38,2 % et 40,8 % des Canadiens de 12 ans et plus sont sédentaires.

f) Il faut effectuer un test d'indépendance. Comme $\chi^2 = 6{,}84 < 9{,}84 = \chi^2_{0{,}02;3}$, on ne rejette pas l'hypothèse nulle. Sur la base de notre échantillon, au seuil de 2 %, en vertu de la règle de décision, il n'y a pas lieu de croire que, chez les Canadiens de 12 ans et plus, il existe un lien entre la fréquence de l'activité physique et la présence ou l'absence d'EDM.

**12.** Il faut effectuer un test d'indépendance. Comme $\chi^2 = 12{,}70 > 9{,}21 = \chi^2_{0{,}01;2}$, on rejette l'hypothèse nulle. Sur la base de notre échantillon, au seuil de 1 %, en vertu de la règle de décision, il y a tout lieu de croire qu'il existe un lien entre la scolarité des clients des agences de voyage du Québec et l'usage qu'ils font des brochures touristiques.

**13.** Il faut effectuer un test d'indépendance. Comme $\chi^2 = 3{,}52 < 11{,}34 = \chi^2_{0{,}01;3}$, on ne rejette pas l'hypothèse nulle. Sur la base de notre échantillon, au seuil de 1 %, en vertu de la règle de décision, il n'y a pas lieu de croire qu'il existe un lien entre la nature du voyage des clients des agences de voyage du Québec et le facteur qui détermine le choix de leur forfait voyage.

**14.** Il faut effectuer un test d'indépendance. Comme $\chi^2 = 3{,}88 < 9{,}49 = \chi^2_{0{,}05;4}$, on ne rejette pas l'hypothèse nulle. Sur la base de notre échantillon, au seuil de 5 %, en vertu de la règle de décision, il n'y a pas lieu d'adhérer à la rumeur selon laquelle les notes sont fonction du professeur.

**15.** Nous avons confirmé la présence d'un lien pour les variables des exercices 10 et 12.

Dans le cas de l'exercice 10, $C = 0{,}29$ et $V = 0{,}30$, de sorte que le lien entre le «comportement à l'égard d'un questionnaire reçu par la poste» et le «type d'incitation» est fort.

Dans le cas de l'exercice 12, $C = 0{,}13$ et $V = 0{,}13$, de sorte que le lien entre l'«utilisation de brochures» et la «scolarité des clients» est moyen.

# CHAPITRE 9

**1.** a) Faux. b) Faux. c) Vrai. d) Faux. e) Faux. f) Faux. g) Faux. h) Faux.

**2.** a) FIGURE | **ER 9.1**

**INDICE SYNTHÉTIQUE DE FÉCONDITÉ, SELON L'ESPÉRANCE DE VIE**

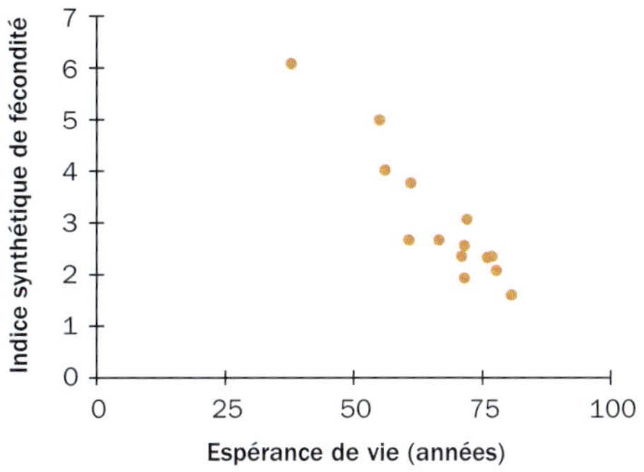


Source : CIA – The World Factbook – Country Comparison, https://www.cia.gov/library/publications/the-world-factbook/ (2010-07-12).

b) $r = -0{,}93$. Il y a une corrélation linéaire négative très forte entre l'espérance de vie et l'indice synthétique de fécondité. Ainsi, on observe des indices synthétiques de fécondité élevés lorsque l'espérance de vie est faible et des indices faibles lorsque l'espérance de vie est élevée : l'indice synthétique de fécondité et l'espérance de vie varient en sens contraire.

c) FIGURE | **ER 9.2**

**TAUX DE MORTALITÉ INFANTILE, SELON L'INDICE SYNTHÉTIQUE DE FÉCONDITÉ**

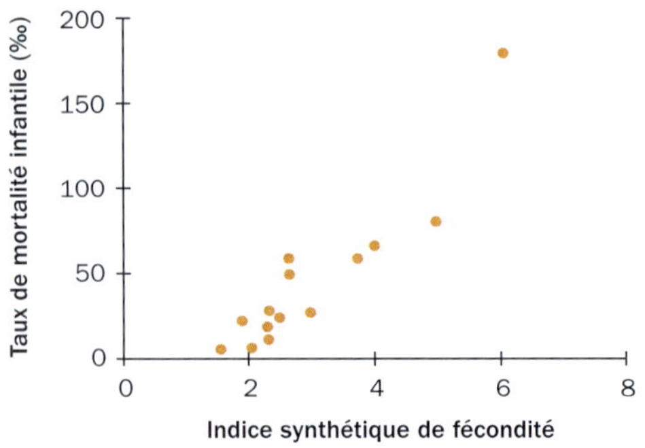


Source : CIA – The World Factbook – Country Comparison, https://www.cia.gov/library/publications/the-world-factbook/ (2010-07-12).

d) $r$ = 0,92. Il y a une corrélation linéaire positive très forte entre l'indice synthétique de fécondité et le taux de mortalité infantile. Ainsi, on observe une mortalité infantile élevée lorsque l'indice synthétique de fécondité l'est également, et vice et versa, étant donné que l'indice synthétique de fécondité et le taux de mortalité infantile vont de pair.

e) FIGURE | **ER 9.3**

**ESPÉRANCE DE VIE, SELON LE PRODUIT INTÉRIEUR BRUT PAR HABITANT**

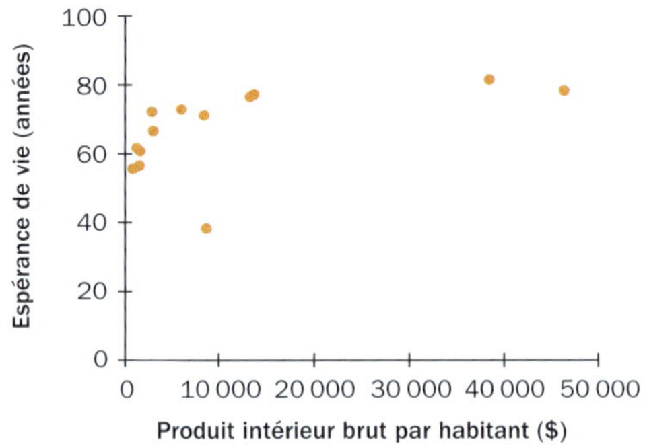


Source : CIA – The World Factbook – Country Comparison, https://www.cia.gov/library/publications/the-world-factbook/ (2010-07-12).

f) $r$ = 0,52. Le coefficient de corrélation linéaire entre le PIB par habitant et l'espérance de vie est positif et moyen.

**3.** a) FIGURE | **ER 9.4**

**PRÉCIPITATIONS MOYENNES ANNUELLES, SELON LA TEMPÉRATURE ANNUELLE MOYENNE POUR DES GRANDES VILLES CANADIENNES ET INTERNATIONALES**

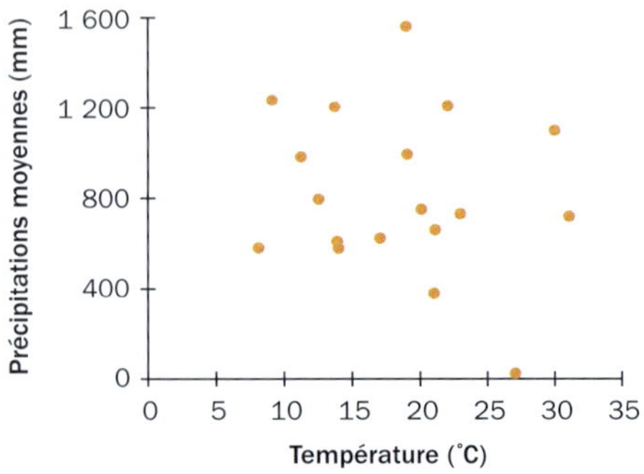


Source : Adapté de Statistique Canada, http://www40.statcan.ca/l02/cst01/phys08a-fra.htm et http://www40.statcan.ca/l02/cst01/phys08b-fra.htm (2009-10-10).

b) $r = -0,17$. Le coefficient de corrélation linaire est négatif et faible, ce qui semble indiquer une absence de corrélation linéaire entre les deux variables.

c) Le nuage de points et la valeur du coefficient de corrélation linéaire semblent indiquer qu'il n'y a pas de corrélation linéaire entre la température annuelle moyenne et les précipitations annuelles moyennes d'une ville.

**4.** a) FIGURE | **ER 9.5**

**QUOTIENT INTELLECTUEL, SELON LA MASSE**

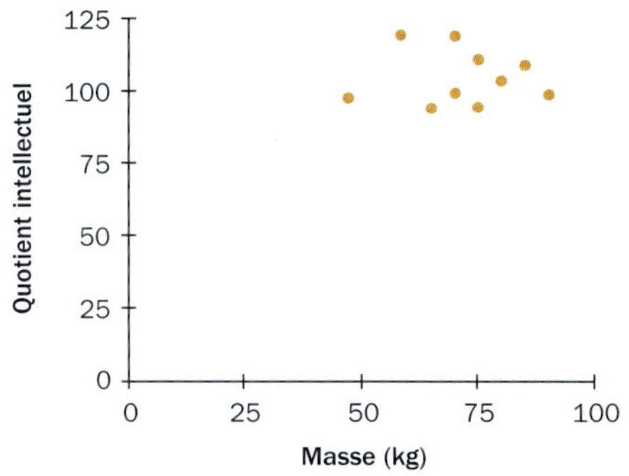


b) Le nuage de points ne semble pas indiquer de lien linéaire entre les deux variables.

c) $r = -0,015$. Le coefficient de corrélation linéaire étant voisin de 0, la corrélation linéaire entre les deux variables est presque nulle.

**5.** a) FIGURE | **ER 9.6**

**QI DU JUMEAU LE PLUS JEUNE, SELON LE QI DU JUMEAU LE PLUS VIEUX**

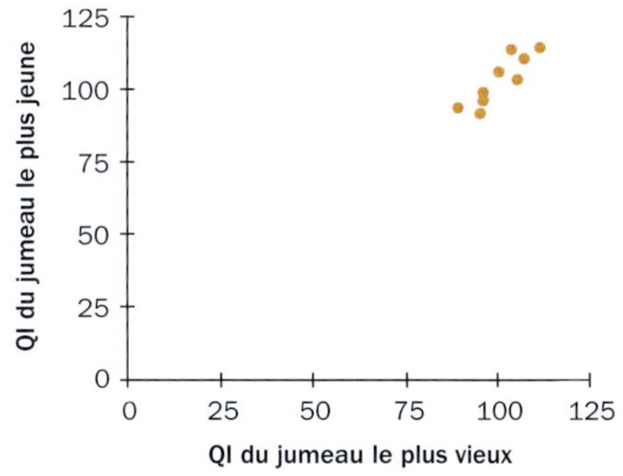


b) Les points du nuage de points semblent s'agglutiner autour d'une droite de pente positive, de sorte qu'on peut penser qu'il existe un lien linéaire entre ces deux variables.

c) La corrélation est positive, puisque la pente de la droite de régression semble positive.

d) La corrélation est forte, puisque les points sont fortement concentrés autour d'une droite.

e) 0,9.

f) $r = 0,88$. Il y a une forte corrélation linéaire positive entre les QI des jumeaux identiques.

**6.** a) La durée de la formation représente la variable indépendante, puisqu'on mesure le temps requis pour poser un diagnostic après la formation.

b) $n = 10$.

c) FIGURE | ER 9.7

TEMPS REQUIS POUR POSER UN DIAGNOSTIC, SELON LA DURÉE DE LA FORMATION

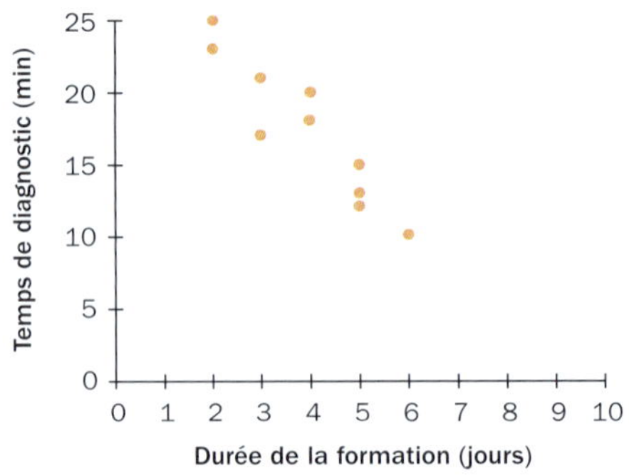


d) Le nuage de points nous porte à penser qu'il existe un lien linéaire négatif fort entre les deux variables.

e) −0,9.

f) $r = -0{,}93$. Il y a une forte corrélation linéaire négative entre la durée de la formation et le temps requis pour poser un diagnostic : plus la durée de la formation est longue, moins il faut de temps pour poser un diagnostic, et vice et versa.

**7.** a) La prime. On postule que le taux de réponse augmente avec la prime : le taux de réponse dépend de la prime.

b) FIGURE | ER 9.8

TAUX DE RÉPONSE, SELON LA PRIME

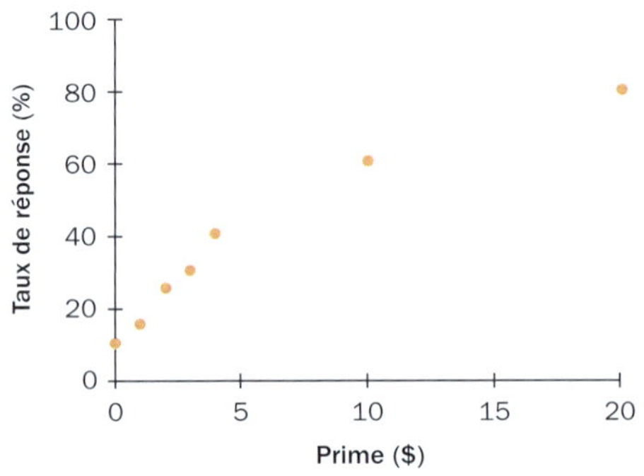


c) La valeur du coefficient de corrélation linéaire $(r = 0{,}94)$ et la forme du nuage de points indiquent une forte corrélation linéaire positive : le modèle linéaire semble approprié.

d) L'équation de la droite de régression est $y' = 17{,}65 + 3{,}01\,x$. Par conséquent, si on offre une prime de 15 \$ (soit $x = 15$), on devrait obtenir un taux de réponse de 62,8 %.

e) Si on pose $y' = 50$ dans l'équation de la droite de régression, on obtient une prime de 10,75 \$.

f) Non, puisque cette valeur s'éloigne trop des observations.

**8.** a) L'addition et le pourboire.

b) Ce sont des variables quantitatives discrètes.

c) L'addition représente la variable indépendante. On postule que le pourboire est fonction de l'addition : le pourboire est donné après la réception de l'addition.

CHAPITRE 9

d) FIGURE | **ER 9.9**

**POURBOIRE, SELON L'ADDITION**

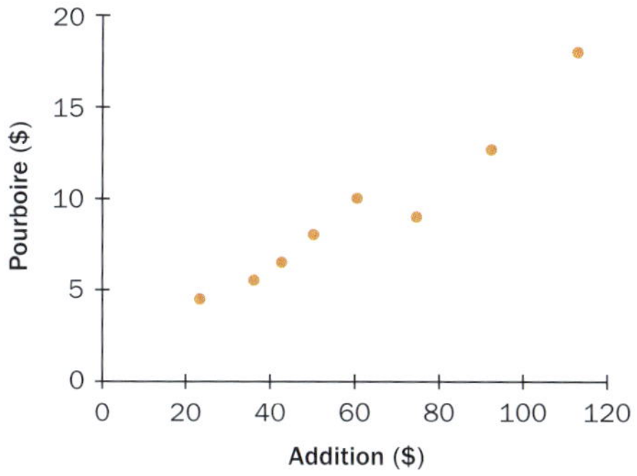


e) Oui. Les points ont tendance à s'agglutiner autour d'une droite.

f) $r = 0{,}97$. Il y a une très forte corrélation linéaire positive entre l'addition et le pourboire : aux valeurs fortes d'addition correspondent des pourboires élevés, et aux valeurs faibles d'addition correspondent des pourboires faibles.

g) L'équation de la droite de régression est $y' = 0{,}58 + 0{,}14x$. La valeur estimée du pourboire s'obtient par le remplacement de $x$ par 100 dans cette équation : $y' = 14{,}74\,\$$.

h) Non, puisque cette valeur s'éloigne trop des observations.

**9.** a) FIGURE | **ER 9.10**

**TAUX D'INTÉRÊT, SELON LE TAUX D'INFLATION, CANADA, 1996–2008**

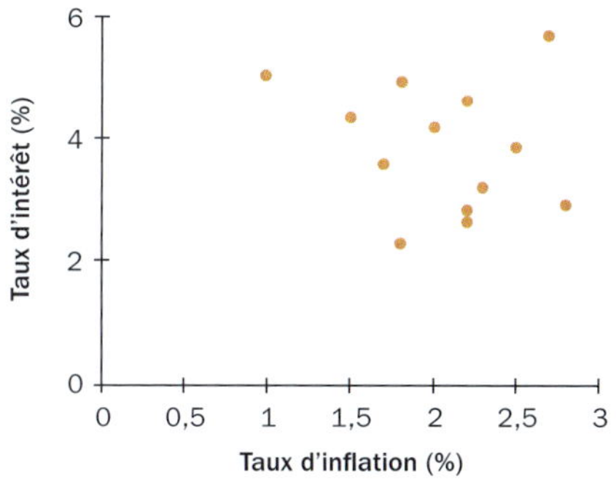


Source : Adapté de Statistique Canada, http://www.statcan.gc.ca/pub/11-210-x/2008000/t098-fra.htm et http://www.statcan.gc.ca/pub/11-210-x/2008000/t026-fra.htm (2010-07-15).

b) $r = -0{,}19$.

c) Comme le nuage de points présente une grande dispersion et que la valeur absolue du coefficient de corrélation nous indique une faible corrélation linéaire, il serait très hasardeux de tenter de prédire le taux d'intérêt hypothécaire à partir du taux d'inflation.

**10.** a) $\Delta V = 5$ points de pourcentage et $\Delta V\,\% = 6{,}4\,\%$. Au Québec, entre 2000 et 2008, la rémunération hebdomadaire moyenne des femmes exprimée en pourcentage de celle des hommes, chez les personnes travaillant à temps plein, a augmenté. Elle est passée de 78,3 % à 83,3 %, ce qui représente une augmentation de 5 points de pourcentage, soit de 6,4 % au cours de cette période.

b) FIGURE | **ER 9.11**

**ÉVOLUTION DE LA RÉMUNÉRATION HEBDOMADAIRE MOYENNE DES FEMMES EXPRIMÉE EN POURCENTAGE DE CELLE DES HOMMES, CHEZ LES PERSONNES TRAVAILLANT À TEMPS PLEIN, QUÉBEC, 2000–2008**

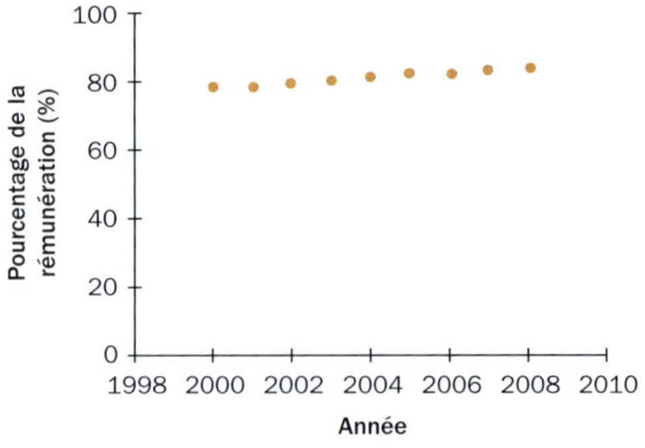


Source : Institut de la statistique du Québec, http://stat.gouv.qc.ca/donstat/societe/march_travl_remnr/remnr_condt_travl/index.htm (2009-10-25).

Note : Les calculs des pourcentages ont été effectués à partir de plusieurs tableaux sur le site de l'Institut de la statistique du Québec.

c) $y' = -1\ 358{,}68 + 0{,}72\,x$.

d) 85,9 %.

e) La parité serait atteinte en 2031. Dans ce contexte, l'emploi de la droite de tendance est discutable, puisque la valeur $y' = 100$ s'éloigne beaucoup trop des observations.

**11.** a) $\Delta V = -2{,}7$ points de pourcentage et $\Delta V\,\% = -5{,}0\,\%$. Au Québec, entre 2001 et 2009, le taux de masculinité de la main-d'œuvre a diminué. Il est passé de 54,5 % à 51,8 %, ce qui représente une diminution de 2,7 points de pourcentage, soit de 5 % au cours de cette période.

b) Les réponses sont négatives, puisque le taux de masculinité de la main-d'oeuvre a diminué au cours de la période considérée.

c) FIGURE | **ER 9.12**

**ÉVOLUTION DU TAUX DE MASCULINITÉ DE LA MAIN-D'ŒUVRE (%), QUÉBEC, 2001–2009**

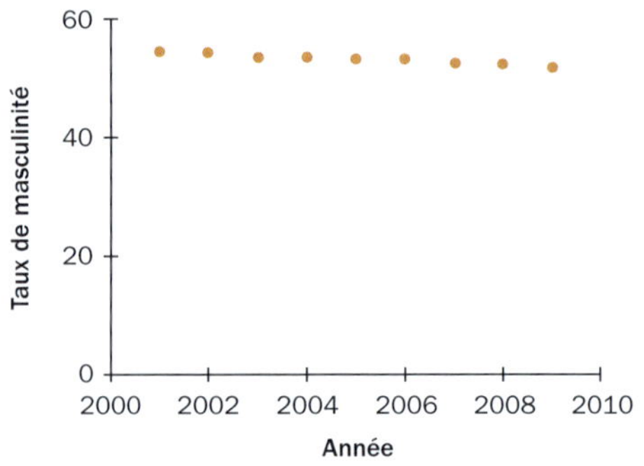


Source : Institut de la statistique du Québec, *Annuaire québécois des statistiques du travail*, vol. 6, n° 1, juin 2010, p. 62.

d) Le modèle linéaire décrit bien la situation, puisque les points s'agglutinent autour d'une droite et que le coefficient de corrélation $r$ vaut $-0{,}98$.

e) $y' = 677{,}99 - 0{,}31\,x$.

f) 51,23 %.

g) 2015.

h) Non, puisque cette valeur s'éloigne trop des observations.

# Glossaire

**Amplitude de classe** (p. 94)

Largeur de l'intervalle que délimite une classe fermée. Elle correspond à la différence entre la borne supérieure et la borne inférieure de la classe.

**Asymétrie négative** (p. 226)

Se dit d'une distribution de données dans laquelle quelques valeurs nettement inférieures aux autres déplacent la moyenne vers la gauche de la médiane.

**Asymétrie nulle** (p. 226)

Se dit d'une distribution de données dans laquelle la médiane et la moyenne coïncident.

**Asymétrie positive** (p. 226)

Se dit d'une distribution de données dans laquelle quelques valeurs nettement supérieures aux autres déplacent la moyenne vers la droite de la médiane.

**Base** (p. 165)

Référence temporelle ou géographique à partir de laquelle on calcule des indices à base.

**Base aréolaire** (p. 52)

Base de sondage issue d'un découpage géographique de la population.

**Base de sondage** (p. 45)

Liste des individus à partir de laquelle on prélève un échantillon. Cette liste représente la population observée.

**Carré de contingence** (p. 341)

Mesure de l'écart relatif entre les fréquences théoriques $(f_t)$ et les fréquences observées $(f_o)$ dans un test d'indépendance du khi carré. Le carré de contingence est désigné par $\chi^2$ et est donné par l'expression :

$$\chi^2 = \sum \frac{(f_o - f_t)^2}{f_t}$$

Toutes choses étant égales par ailleurs, plus la valeur $\chi^2$ est grande, moins l'hypothèse de l'indépendance des variables est plausible.

**Causalité** (p. 333)

Nature du lien constaté entre deux variables lorsqu'une de celles-ci (la cause) agit directement sur l'autre et provoque un effet.

**Centiles** (p. 260)

Les centiles sont 99 valeurs $(C_1, C_2, \ldots, C_{99})$ qui divisent une série statistique ordonnée en 100 groupes comprenant chacun environ 1 % des données.

**Chômeur** (p. 176)

Personne disponible pour travailler, qui est sans emploi et qui se cherche activement un emploi.

**Classe** (p. 91)

Intervalle utilisé pour le groupement des données d'une variable quantitative continue ou discrète. La classe est fermée si les deux bornes de l'intervalle sont déterminées. Sinon, elle est ouverte.

**Classe médiane** (p. 214)

Classe qui contient la médiane.

**Classe modale** (p. 202)

Classe qui présente la plus forte fréquence lorsque les données ont été groupées par classes de même amplitude. Le milieu de la classe modale est souvent utilisé comme mode.

**Coefficient de contingence** (p. 352)

Mesure du degré d'association entre deux variables, lorsqu'une association a été établie par un test d'indépendance du khi carré. Le coefficient de contingence est noté $C$ et son expression est donnée par la formule $C = \sqrt{\frac{\chi^2}{n + \chi^2}}$, où $n$ représente le nombre de données.

**Coefficient de corrélation linéaire** (p. 372)

Mesure de la force de la relation linéaire entre deux variables quantitatives mesurées à l'aide d'une échelle d'intervalles ou de rapports.

**Coefficient de Cramér** (p. 352)

Mesure du degré d'association entre deux variables, lorsqu'une association a été établie par un test d'indépendance du khi carré. Le coefficient de Cramér est noté $V$ et son expression est donnée par la formule $V = \sqrt{\frac{\chi^2}{n(h-1)}}$, où $n$ représente le nombre de données et $h$, le nombre de catégories (modalités) de la variable qui en a le moins.

**Coefficient de variation** (p. 257)

Mesure relative de dispersion symbolisée par *c.v.* Le coefficient de variation exprime l'écart type en pourcentage de la moyenne.

**Concept** (p. 7)

Représentation mentale d'un objet, d'une réalité ou d'un phénomène.

**Concomitance** (p. 333)

Nature du lien entre deux variables présentant un rapport de simultanéité, souvent sous l'influence d'une troisième variable. Également appelé *cooccurrence.*

**Corrélation négative** (p. 333)

Lien entre deux variables qui varient en sens contraire : aux valeurs élevées de la première correspondent les valeurs faibles de l'autre ; aux valeurs faibles de la première correspondent les valeurs élevées de la seconde. Également appelée *corrélation inverse.*

**Corrélation positive** (p. 333)

Lien entre deux variables qui augmentent ou diminuent conjointement : les valeurs faibles de l'une sont associées aux valeurs faibles de l'autre ; les valeurs élevées de l'une, aux valeurs élevées de l'autre. Également appelée *corrélation directe.*

**Cote *R*** (p. 268)

Mesure établie à partir de la cote *z*. Les établissements universitaires québécois s'en servent pour sélectionner les candidatures reçues, notamment dans les programmes contingentés.

**Cote z** (p. 267)

Mesure de position qui indique à combien d'écarts types au-dessus ou au-dessous de la moyenne se situe une donnée. Également appelée *cote standard.*

**Courbe des fréquences relatives cumulées** (p. 100)

Également appelée *ogive*, la courbe des fréquences relatives cumulées est une représentation graphique employée pour des données groupées par classes. On la trace en reliant, dans un graphique cartésien, les points dont les coordonnées sont données par (borne supérieure ; fréquence relative cumulée associée à la borne supérieure d'une classe). Il ne faut pas oublier de fermer la courbe sur l'axe des abscisses en ajoutant le point (borne inférieure de la première classe ; 0). Le titre d'un tel graphique est « Répartition cumulée [des unités statistiques], selon [la variable étudiée] ». Le titre de l'axe des ordonnées est « Pourcentage cumulé [des unités statistiques] (%) ». Cette courbe sert notamment à estimer le pourcentage des données qui sont inférieures à une valeur particulière.

**Déciles** (p. 260)

Les déciles sont neuf valeurs $\left(D_1, D_2, \ldots, D_9\right)$ qui divisent une série statistique ordonnée en 10 groupes comprenant chacun environ 10 % des données.

**Diagramme à bandes rectangulaires** (p. 82)

Représentation graphique employée notamment pour des données groupées par modalités. On le forme en élevant, en face de chaque modalité dans un graphique cartésien, un rectangle dont la hauteur (ou la longueur) correspond à la fréquence absolue ou relative de cette modalité. Selon la ou les variables étudiées, on utilisera des rectangles horizontaux (pour une variable qualitative nominale), verticaux (pour une variable qualitative ordinale) ou chevauchés (pour la comparaison de deux groupes).

**Diagramme à bâtons** (p. 89)

Représentation graphique employée pour des données groupées par valeurs. Dans un graphique cartésien, on élève, au-dessus de chaque valeur placée en abscisse, un segment de droite dont la hauteur correspond à la fréquence absolue ou à la fréquence relative associée à cette valeur.

**Diagramme à secteurs** (p. 78)

Représentation graphique employée notamment pour des données groupées par modalités. Elle est formée d'une surface circulaire qu'on a divisée en autant de secteurs que la variable présente de modalités. La part de chaque secteur par rapport à l'ensemble du disque correspond à la fréquence relative de la modalité que le secteur représente.

**Diagramme linéaire** (p. 80)

Représentation graphique employée notamment pour des données groupées par modalités. Elle est formée d'un rectangle qu'on divise en autant de parties que la variable présente de modalités, chaque partie occupant une proportion du rectangle correspondant à la fréquence relative de la modalité qu'elle représente. On peut se servir de cette représentation graphique pour comparer plusieurs groupes par rapport aux mêmes modalités ; on trace alors autant de rectangles qu'il y a de groupes.

**Distribution conditionnelle** (p. 338)

Dans un tableau à double entrée, une distribution conditionnelle est une répartition des unités statistiques selon une variable pour une catégorie (une modalité) de l'autre variable.

**Distribution marginale** (p. 337)

Dans un tableau à double entrée, une distribution marginale est une répartition des unités statistiques selon une seule variable.

**Dollar constant** (p. 182)

Mesure de la valeur réelle de la monnaie, c'est-à-dire de la capacité d'acquérir des biens et des services.

**Dollar courant** (p. 182)

Valeur nominale de la monnaie, soit la valeur imprimée sur le billet de banque ou la pièce de monnaie.

**Donnée** (p. 19)

Résultat d'une mesure effectuée sur une unité statistique.

**Droite de régression** (p. 379)

Droite d'équation $y' = a + bx$ qui constitue le meilleur ajustement linéaire à un nuage de points $(x; y)$ sur un graphique cartésien. Cette droite réduit au minimum la somme des carrés des écarts entre les valeurs prédites $(y')$ et les valeurs observées $(y)$ de la variable dépendante. Également appelée *droite des moindres carrés.*

**Droite de tendance** (p. 384)

Nom de la droite de régression lorsqu'on étudie une série chronologique.

**Écart interquartile** (p. 262)

Mesure de dispersion qui correspond à l'écart entre $Q_3$ et $Q_1$, soit l'écart entre les extrémités du groupe de données occupant les 50 % du centre de la série statistique ordonnée.

**Écart type** (p. 255)

Mesure de dispersion symbolisée par $\sigma$ ou $s$ selon qu'elle a été évaluée à partir de l'ensemble d'une population ou à partir d'un échantillon. L'écart type correspond à la racine carrée de la variance. Il s'exprime dans les mêmes unités que la variable.

**Échantillon** (p. 5)

Sous-ensemble d'une population formé des éléments de cette population (les unités statistiques) prélevés pour être analysés ou observés.

**Échantillon représentatif** (p. 41)

Échantillon qui rend compte de la diversité de la population d'où il a été tiré et qui en reproduit les principales caractéristiques.

**Échantillonnage aléatoire** (p. 42)

Technique d'échantillonnage qui recourt au hasard afin que chaque élément de la population ait une probabilité connue et non nulle de faire partie de l'échantillon. Également appelé *échantillonnage probabiliste.* Il existe plusieurs techniques de sélection d'un échantillon aléatoire, notamment l'échantillonnage aléatoire simple, l'échantillonnage aléatoire systématique, l'échantillonnage stratifié et l'échantillonnage par grappes.

**Échantillonnage exhaustif** (p. 43)

Prélèvement d'un échantillon tel qu'une même unité statistique ne peut pas être choisie plus d'une fois. Également appelé *échantillonnage sans remise.*

**Échantillonnage non aléatoire** (p. 53)

Technique d'échantillonnage qui consiste à prélever un échantillon de manière arbitraire. Il existe plusieurs façons de former un échantillon non aléatoire, notamment l'échantillonnage à l'aveuglette, l'échantillonnage de volontaires, l'échantillonnage par quotas, l'échantillonnage au jugé et l'échantillonnage systématique non aléatoire. On parle aussi d'*échantillonnage non probabiliste.*

**Échelle de rapports** (p. 24)

Échelle de mesure caractérisée par la présence d'un zéro absolu. Outre qu'elle possède toutes les propriétés des autres échelles de mesure, l'échelle de rapports permet la multiplication et la division. C'est l'échelle de mesure la plus précise, donc la plus puissante.

**Échelle d'intervalles** (p. 23)

Échelle de mesure caractérisée par la présence d'une unité de mesure normalisée et d'un zéro relatif. Cette échelle permet de distinguer et de comparer des valeurs; elle permet également d'évaluer des écarts. Seules les opérations d'addition et de soustraction sont possibles avec cette échelle.

**Échelle nominale** (p. 21)

Échelle de mesure qui attribue des codes arbitraires distincts aux différentes formes d'une variable. Cette échelle ne sert qu'à distinguer les formes de la variable; c'est l'échelle de mesure la plus faible.

**Échelle ordinale** (p. 22)

Échelle de mesure qui classe selon une hiérarchie les différentes formes d'une variable. Elle distingue et ordonne ces formes.

**Enquête par sondage** (p. 14)

Méthode d'investigation fondée sur l'étude des réponses à un questionnaire soumis à un échantillon prélevé dans une population.

**Erreur de deuxième espèce** (p. 351)

Erreur que l'on commet en ne rejetant pas une hypothèse nulle pourtant fausse. Le risque de commettre cette erreur est désigné par la lettre grecque $\beta$.

**Erreur de première espèce** (p. 351)

Erreur commise lorsqu'on rejette l'hypothèse nulle alors même qu'elle est vraie. Le risque de commettre cette erreur est désigné par la lettre grecque $\alpha$.

**Estimation** (p. 15)

Volet de l'inférence statistique qui consiste à déterminer la valeur d'un paramètre d'une population d'après la mesure correspondante (la statistique) provenant d'un échantillon.

**Estimation par intervalle de confiance** (p. 55)

Estimation de la valeur d'un paramètre d'une population au moyen d'un intervalle construit autour de la statistique correspondante de l'échantillon. La probabilité qu'un intervalle de confiance englobe la valeur réelle du paramètre correspond au niveau de confiance.

**Estimation ponctuelle** (p. 55)

Estimation de la valeur d'un paramètre d'une population faite à partir de la statistique correspondante mesurée sur un échantillon.

**Étendue** (p. 248)

Mesure de dispersion symbolisée par $E$. Elle mesure l'écart entre la plus grande et la plus petite valeur d'une série statistique quantitative, soit $E = V_{\text{max}} - V_{\text{min}}$. Elle s'exprime dans les mêmes unités que la variable.

**Fidélité** (p. 16)

Constance qu'on obtient dans les résultats lorsqu'on effectue la même mesure sur le même objet à plusieurs reprises.

**Fréquence absolue** (p. 75)

Nombre de données qui présentent une modalité, qui prennent une valeur ou qui appartiennent à une classe. On l'appelle aussi l'*effectif*.

**Fréquence relative** (p. 75)

Proportion des données qui présentent une modalité, qui prennent une valeur ou qui appartiennent à une classe. Elle s'exprime le plus souvent en pourcentage.

**Fréquences observées** (p. 338)

Fréquences obtenues lors de la collecte des données (prélèvement d'un échantillon) et consignées dans un tableau de contingence. Elles sont désignées par $f_o$.

**Fréquences théoriques** (p. 338)

Fréquences que contiendrait un tableau de contingence si les variables étudiées étaient indépendantes. Elles sont désignées par $f_t$.

**Grappe** (p. 51)

Sous-groupe d'une population défini selon la proximité (dans la base de sondage) des éléments qui en font partie. On cherche généralement à former des grappes hétérogènes.

**Histogramme** (p. 97)

Représentation graphique employée pour des données groupées par classes. On la construit en élevant, dans un graphique cartésien, des rectangles juxtaposés, dressés sur les intervalles de classes. La hauteur du rectangle correspond à la fréquence absolue ou relative de la classe.

**Historigramme** (p. 117)

Représentation graphique d'une série chronologique. On l'appelle également *chronogramme*. Pour construire un historigramme, on peut se servir d'un diagramme à bandes rectangulaires ou d'une ligne brisée.

**Hypothèse** (p. 6)

Proposition théorique que l'on avance à titre de réponse provisoire à une question de recherche et que l'on projette de vérifier.

**Hypothèse alternative** (p. 346)

Dans un test d'hypothèse, c'est l'hypothèse qu'on retient lorsqu'on rejette l'hypothèse nulle. C'est cette hypothèse que le chercheur propose pour remplacer la norme établie dans l'hypothèse nulle. C'est pourquoi on l'appelle aussi *contre-hypothèse* ou *hypothèse du chercheur*. Elle est notée $H_1$.

**Hypothèse nulle** (p. 346)

Selon le contexte, l'hypothèse nulle représente la norme acceptée, un critère de référence ou encore le *statu quo* par rapport au passé. Dans un test d'hypothèse, on suppose que l'hypothèse nulle est vraie jusqu'à preuve du contraire. C'est l'hypothèse que le chercheur remet en question en tentant de montrer que cette dernière est statistiquement incompatible avec les résultats obtenus dans l'échantillon. Elle est notée $H_0$.

**Inactifs** (p. 176)

Membres de la population civile, âgés de 15 ans ou plus, qui ne sont ni occupés ni chômeurs.

**Indicateur** (p. 7)

Manifestation quantifiable et mesurable d'un concept abstrait, souvent multidimensionnel. L'indicateur est une variable.

**Indice à base** (p. 165)

Comparaison entre la valeur d'une variable à une période ou en un lieu donné et la valeur de cette même variable à une période ou en lieu de référence appelé base. Par convention, la base a un indice fixé à 100. Les indices à base temporelle permettent de mesurer la variation relative d'une variable dans le temps.

**Indice des prix à la consommation** (p. 180)

Mesure de l'évolution des prix qu'on obtient en comparant, dans le temps, le prix d'un panier fixe de biens et de services de consommation courante avec son prix à une période de référence.

**Indice élémentaire** (p. 165)

Indice calculé pour une variable composée d'un seul élément.

**Indice synthétique** (p. 165)

Indice calculé pour une variable composée de plusieurs éléments. Également appelé *indice composite*.

**Indice synthétique de fécondité** (p. 171)

Valeur prédictive du nombre d'enfants qu'aurait une femme au cours de sa vie si, en matière de reproduction, elle se comportait, entre 15 et 49 ans, comme se comportent, au cours d'une année, toutes les femmes âgées de 15 à 49 ans. Cet indice mesure la productivité d'une génération fictive de femmes, soit le nombre moyen d'enfants par femme dans une génération qui connaîtrait, au cours de sa vie féconde, les taux de fécondité observés une année donnée. On le calcule à partir des taux de fécondité de toutes les femmes âgées de 15 à 49 ans au cours d'une année.

**Inférence statistique** (p. 15)

Branche de la statistique qui a pour objet de généraliser à l'ensemble de la population les résultats tirés des échantillons. L'estimation et le test d'hypothèse sont les deux volets de l'inférence statistique.

**Interdépendance** (p. 333)

Nature du lien entre deux variables qui influent l'une sur l'autre.

**Ligne brisée** (p. 119)

Représentation graphique de l'évolution d'une variable dans le temps (historigramme). On forme une ligne brisée en reliant, dans un graphique cartésien, les points dont les coordonnées sont (temps; valeur de la variable).

**Loi normale** (p. 294)

Expression mathématique d'une courbe normale (ou *courbe de Laplace-Gauss*) dont la forme ressemble à une cloche. La moyenne, le mode et la médiane d'une variable soumise à la loi normale coïncident. La loi normale permet de décrire de nombreux phénomènes naturels ou produits par l'activité humaine. Elle est d'usage courant en inférence statistique. Toute loi normale est déterminée par sa moyenne et son écart type. On écrit $X \sim \mathrm{N}(\mu; \sigma^2)$ pour indiquer que la variable $X$ obéit à la loi normale de moyenne $\mu$ et d'écart type $\sigma$.

**Loi normale centrée réduite** (p. 297)

Loi normale de moyenne 0 et de variance 1. On écrit $X \sim \mathrm{N}(0; 1)$ pour indiquer que la variable $X$ obéit à une loi normale centrée réduite.

**Marge** (p. 337)

Dans un tableau de contingence, la marge présente la répartition des unités statistiques selon une des deux variables. C'est la ligne ou la colonne correspondant aux totaux.

**Marge d'erreur** (p. 293)

Dans une estimation par intervalle de confiance d'une moyenne ou d'une proportion, la marge d'erreur, notée $ME$, correspond à la moitié de la largeur de l'intervalle de confiance, puisque ce dernier est centré autour de l'estimation ponctuelle du paramètre.

**Médiane** (p. 201)

Mesure de tendance centrale qui divise une série statistique ordonnée en deux groupes comptant chacun environ 50 % des données. La médiane est symbolisée par $Md$.

**Méthode scientifique** (p. 4)

Démarche logique d'une science, c'est-à-dire l'ensemble des moyens mis en œuvre afin de répondre à une question. Il s'agit d'un procédé explicite et reproductible, d'une série de règles à observer dans l'étude d'un problème précis.

**Modalité** (p. 20)

Forme que peut revêtir une variable qualitative.

**Modalités exhaustives** (p. 20)

Modalités qui représentent toutes les formes que peut prendre une variable qualitative.

**Modalités mutuellement exclusives** (p. 20)

Modalités qui garantissent qu'aucune des données ne peut figurer dans plus d'une modalité.

**Mode** (p. 201)

Mesure de tendance centrale qui correspond à la valeur ou à la modalité la plus fréquente. Il peut y avoir plus d'un mode si plusieurs valeurs ou modalités sont nettement plus courantes que les autres. On dit alors que la distribution est bimodale (deux modes) ou multimodale (plusieurs modes). Le mode est symbolisé par $Mo$.

**Moyenne** (p. 201)

Mesure de tendance centrale qui correspond à la somme des valeurs de chaque donnée divisée par le nombre de données. La moyenne est symbolisée par $\overline{x}$ ou $\mu$ selon qu'il s'agit de la moyenne de données provenant d'un échantillon ou d'une population.

**Niveau de confiance** (p. 55)

Probabilité qu'un intervalle de confiance contienne la valeur réelle d'un paramètre d'une population.

**Nombre de degrés de liberté** (p. 342)

Valeur, désignée par $v$, nécessaire à la détermination de la valeur critique dans certains tests d'hypothèses. Dans le cas du test d'indépendance,

$$v = \left(\begin{matrix}\text{Nombre de} \\ \text{catégories de la} \\ \text{première variable}\end{matrix} - 1\right) \times \left(\begin{matrix}\text{Nombre de} \\ \text{catégories de la} \\ \text{deuxième variable}\end{matrix} - 1\right).$$

**Nuage de points** (p. 370)

Graphique formé de points (un par unité statistique observée) dont les coordonnées correspondent aux valeurs de deux variables quantitatives mises en relation. Le titre suggéré pour un tel graphique est «[variable dépendante], selon [variable indépendante]». Aussi appelé *diagramme de dispersion*.

**Opérationnalisation d'un concept** (p. 7)

Définition d'un concept abstrait par un indicateur mesurable.

**Paramètre** (p. 55)

Mesure – par exemple une moyenne ou une proportion – tirée d'une population. Dans un sondage, on estime généralement un paramètre par la mesure correspondante (la statistique) effectuée sur l'échantillon.

**Pas du sondage** (p. 48)

Distance entre deux unités statistiques consécutives dans la base de sondage lorsqu'on effectue un échantillonnage systématique. Le pas du sondage ($d$) est un entier voisin du quotient de la taille de la population par la taille de l'échantillon, soit $N/n$.

**Poids du sondage** (p. 46)

Nombre d'éléments de la population que représente chaque unité statistique de l'échantillon. On l'obtient en faisant le quotient de la taille de la population par la taille de l'échantillon, soit $N/n$.

**Polygone de fréquences** (p. 98)

Représentation graphique employée pour des données groupées par classes. On la construit en reliant, dans un graphique cartésien, les points dont les coordonnées sont données par (milieu de classe; fréquence de la classe). Il ne faut pas oublier de fermer le polygone, aux deux extrémités, sur l'axe des abscisses.

**Population** (p. 5)

Ensemble de tous les individus, de tous les objets ou de tous les groupes, c'est-à-dire de toutes les unités statistiques sur lesquelles on peut effectuer des mesures ou sur lesquelles porte une recherche, et duquel on peut prélever un échantillon.

**Population active** (p. 176)

Membres de la population civile, hors institution, âgés de 15 ans ou plus, qui occupent un emploi (personnes occupées) ou sont chômeurs.

**Pouvoir d'achat** (p. 182)

Quantité de biens et de services qu'on peut acheter avec un dollar exprimé en dollars constants.

**Problématique** (p. 5)

Formulation détaillée des questions auxquelles un chercheur désire apporter une réponse, des hypothèses que ce dernier propose comme réponses aux questions de recherche et des moyens mis en œuvre pour confirmer ou infirmer ces hypothèses.

**Proportion** (p. 161)

Comparaison numérique entre une partie et le tout, autrement dit entre la taille d'un sous-ensemble et celle de l'ensemble. On l'obtient en divisant la taille du sous-ensemble par la taille du tout. On l'exprime souvent en pourcentage.

**Pyramide des âges** (p. 174)

Représentation graphique de la composition d'une population selon le sexe et l'âge. Elle est formée de deux histogrammes (un pour les hommes et un autre pour les femmes) adossés l'un à l'autre.

**Quantiles** (p. 259)

Mesures de position qui divisent une série statistique ordonnée en plusieurs groupes comportant sensiblement la même proportion de données. Les quantiles les plus courants sont les quartiles, les quintiles, les déciles et les centiles.

**Quartiles** (p. 260)

Les quartiles sont trois valeurs ($Q_1$, $Q_2$, $Q_3$) qui divisent une série statistique ordonnée en quatre groupes comprenant chacun environ 25 % des données.

**Quintiles** (p. 260)

Les quintiles sont quatre valeurs ($V_1$, $V_2$, $V_3$, $V_4$) qui divisent une série statistique ordonnée en cinq groupes comprenant chacun environ 20 % des données.

**Rang brut** (p. 263)
Position d'une donnée dans une série statistique ordonnée.

**Rang centile** (p. 266)
Mesure de position qui indique essentiellement le pourcentage, arrondi à l'entier, des données qui ont une valeur inférieure ou égale à la valeur d'une donnée.

**Rang cinquième** (p. 264)
Mesure de position qui indique essentiellement le rang (classement par ordre décroissant des valeurs) qu'occuperait une donnée dans un groupe de cinq données.

**Rapport** (p. 164)
Expression de la taille d'un ensemble par comparaison avec la taille d'un autre ensemble servant de référence. Également appelé *ratio*.

**Rapport de dépendance** (p. 175)
Nombre de personnes dépendantes (celles de moins de 15 ans et celles de 65 ans et plus) pour 100 personnes du groupe des 15 à 64 ans.

**Rapport de masculinité** (p. 165)
Rapport qui représente le nombre d'hommes pour 100 femmes.

**Recensement** (p. 13)
Dénombrement complet ou inventaire exhaustif d'une population.

**Résultat significatif** (p. 347)
Résultat qui provoque le rejet de l'hypothèse nulle dans un test d'hypothèse.

**Série chronologique** (p. 112)
Tableau décrivant l'évolution d'une variable dans le temps.

**Série statistique** (p. 73)
Liste des données brutes relatives à une variable recueillies au cours d'une étude.

**Seuil de signification** (p. 346)
Probabilité que l'on rejette l'hypothèse nulle alors même qu'elle est vraie. Le seuil de signification est désigné par $\alpha$. Les seuils les plus courants sont 5 %, 2 % et 1 %.

**Sondage** (p. 14)
Prélèvement d'un échantillon dans une population. On utilise aussi couramment le mot *sondage* pour désigner une enquête effectuée auprès d'un échantillon de la population ; on parle d'ailleurs d'*enquête par sondage* ou de *sondage d'opinion*.

**Statistique** (p. 55)
Mesure tirée d'un échantillon. Une statistique sert notamment à estimer la valeur d'un paramètre d'une population.

**Statistique descriptive** (p. 15)
Branche de la statistique qui a pour objet de représenter des données par des tableaux, des graphiques et des mesures, que ces données proviennent d'un échantillon ou de la population.

**Strate** (p. 49)
Groupe d'individus relativement homogène au sein d'une population, défini par une ou plusieurs caractéristiques communes et précises.

**Tableau à double entrée** (p. 107)
Tableau de fréquences qui met en relation deux variables. Aussi appelé *tableau à deux entrées* ou *tableau de contingence*.

**Tableau de contingence** (p. 337)
Tableau de répartition des unités statistiques selon deux variables. Également appelé *tableau à double entrée*.

**Tableau de fréquences** (p. 74)
Tableau, aussi appelé *tableau de distribution*, qui sert à grouper des données selon leur fréquence d'apparition dans une série statistique. On groupe les données par modalités lorsqu'on étudie une variable qualitative nominale ou ordinale ; par valeurs lorsqu'on étudie une variable quantitative discrète qui présente un petit nombre de valeurs distinctes ; par classes lorsqu'on étudie une variable quantitative continue ou une variable quantitative discrète qui présente un grand nombre de valeurs distinctes.

**Taux** (p. 162)
Un taux donne la valeur relative d'une quantité en fonction d'une autre. On l'obtient en divisant les deux quantités et en multipliant le résultat par une puissance de 10. Un taux s'exprime souvent en « pour cent » (%), en « pour mille » (‰) ou en « pour dix mille » ($^{o}/_{ooo}$), selon que le quotient est multiplié par 100, par 1 000 ou par 10 000. Le choix du multiplicateur dépend de la fréquence du phénomène mesuré : plus le phénomène est rare, plus le multiplicateur est grand.

**Taux d'accroissement naturel** (p. 173)
Mesure de l'augmentation de la taille de chaque groupe de 1 000 habitants au cours d'une année, en l'absence d'apports migratoires. Le taux d'accroissement naturel s'exprime en « pour mille » (‰).

**Taux d'activité** (p. 176)

Population active exprimée en pourcentage de la population de 15 ans et plus.

**Taux de chômage** (p. 176)

Nombre de chômeurs exprimé en pourcentage de la population active.

**Taux de fécondité** (p. 170)

Nombre de naissances vivantes au cours d'une année pour 1 000 femmes âgées de 15 à 49 ans. On peut également calculer le taux de fécondité par groupe d'âge, qui représente le nombre de naissances vivantes au cours d'une année pour 1 000 femmes d'un groupe d'âge donné. Le taux de fécondité s'exprime en «pour mille» (‰).

**Taux de mortalité** (p. 173)

Nombre de décès pour 1 000 habitants au cours d'une année. Le taux de mortalité s'exprime en «pour mille» (‰).

**Taux d'emploi** (p. 176)

Nombre de personnes occupées exprimé en pourcentage de la population de 15 ans et plus.

**Taux d'inflation** (p. 183)

Variation relative de l'indice des prix à la consommation (IPC) entre deux mois consécutifs ou deux années consécutives.

**Taux de natalité** (p. 169)

Nombre de naissances vivantes au cours d'une année pour 1 000 habitants. Ce taux s'exprime en «pour mille» (‰).

**Taux de réponse** (p. 58)

Proportion des personnes sélectionnées dans une enquête par sondage et qui ont accepté d'y participer.

**Taux de sondage** (p. 46)

Proportion de la population qui fait partie de l'échantillon. Il correspond au quotient de la taille de l'échantillon par la taille de la population, soit $n/N$. On l'exprime généralement en pourcentage.

**Test bilatéral** (p. 404)

Test d'hypothèse qui comporte deux zones de rejet de l'hypothèse nulle, situées l'une à gauche et l'autre à droite sur le graphique de la loi de probabilité appropriée. La probabilité associée aux zones de rejet de l'hypothèse nulle $(H_0)$ correspond au seuil de signification du test.

**Test d'hypothèse** (p. 336)

Procédé employé en inférence statistique pour opérer un choix entre deux hypothèses sur la base d'un ou de plusieurs échantillons aléatoires.

**Test unilatéral à droite** (p. 404)

Test d'hypothèse qui ne comporte qu'une seule zone de rejet de l'hypothèse nulle, située à droite sur le graphique de la loi de probabilité appropriée. La probabilité associée à la zone de rejet de l'hypothèse nulle $(H_0)$ correspond au seuil de signification du test.

**Test unilatéral à gauche** (p. 404)

Test d'hypothèse qui ne comporte qu'une seule zone de rejet de l'hypothèse nulle, située à gauche sur le graphique de la loi de probabilité appropriée. La probabilité associée à la zone de rejet de l'hypothèse nulle $(H_0)$ correspond au seuil de signification du test.

**Unité statistique** (p. 5)

Élément de la population étudiée, sur lequel on mesure une variable.

**Valeur** (p. 20)

Forme prise par une variable quantitative.

**Valeur critique** (p. 347)

Valeur tirée d'une table statistique qui délimite les zones de rejet et de non-rejet de l'hypothèse nulle.

**Valeur nominale** (p. 182)

Valeur exprimée en unités monétaires courantes. La valeur nominale de la monnaie s'exprime en dollars courants.

**Valeur réelle** (p. 182)

Valeur corrigée pour tenir compte de l'évolution du niveau général des prix. La valeur réelle de la monnaie s'exprime en dollars constants.

**Validité** (p. 16)

Représentation conforme d'un concept qu'on veut mesurer.

**Variable** (p. 5)

Caractéristique pouvant présenter des formes différentes pour chaque unité statistique observée. Également appelée *caractère* ou *facteur*.

**Variable contrôlée** (p. 334)

Variable qui pourrait fausser les résultats d'une expérience et dont on veut neutraliser les effets.

**Variable dépendante** (p. 333)

Variable qu'on exprime en fonction d'une autre variable. Lorsqu'on utilise l'équation $y = f(x)$ pour décrire le lien entre deux variables, le terme $y$ désigne la variable dépendante. Dans une relation causale, la variable dépendante est celle sur laquelle l'autre agit.

**Variable indépendante** (p. 333)

Lorsque deux variables sont corrélées, la variable indépendante est celle des deux variables qui influe sur l'autre. Lorsqu'on utilise l'équation $y = f(x)$ pour décrire le lien entre les deux variables, le terme $x$ désigne la variable indépendante. Dans un contexte expérimental, la variable indépendante est également appelée *variable manipulée*, puisque c'est elle qu'on fait varier pour observer l'influence qu'elle exerce sur la variable dépendante. Étant donné que dans une relation causale, la variable indépendante représente la cause, elle doit être antérieure à la variable dépendante.

**Variable qualitative** (p. 19)

Variable dont les différentes formes sont des catégories ou des attributs.

**Variable qualitative nominale** (p. 20)

Variable qualitative dont les modalités ne peuvent pas être ordonnées.

**Variable qualitative ordinale** (p. 20)

Variable qualitative dont les modalités peuvent être ordonnées.

**Variable quantitative** (p. 20)

Variable qui s'exprime sous la forme d'une valeur numérique.

**Variable quantitative continue** (p. 20)

Variable quantitative qui peut, en théorie, couvrir toutes les valeurs d'un intervalle.

**Variable quantitative discrète** (p. 20)

Variable quantitative qui ne peut pas, en théorie, couvrir toutes les valeurs d'un intervalle.

**Variables corrélées** (p. 332)

Variables qui présentent un lien entre elles.

**Variance** (p. 251)

Mesure de dispersion symbolisée par $\sigma^2$ ou $s^2$ selon qu'elle a été évaluée à partir de l'ensemble d'une population ou à partir d'un échantillon. Elle correspond essentiellement à la moyenne des carrés des écarts des valeurs des données par rapport à la moyenne de la série.

**Variation** (p. 113)

Mesure de l'augmentation ou de la diminution de la valeur d'une variable entre deux moments donnés. La variation est notée $\Delta V$ et est donnée par $\Delta V = V(b) - V(a)$. Elle s'exprime en points (ou points de pourcentage) lorsque la variable est exprimée en pourcentage, sinon elle s'exprime dans les mêmes unités que la variable.

**Variation moyenne** (p. 115)

Mesure de l'augmentation ou de la diminution de la valeur d'une variable par unité de temps. La variation moyenne, notée $\frac{\Delta V}{\Delta t}$, est donnée par $\frac{\Delta V}{\Delta t} = \frac{V(b) - V(a)}{b - a}$. Elle s'exprime en points (ou points de pourcentage) par unité de temps lorsque la variable est exprimée en pourcentage, sinon elle s'exprime dans les unités de la variable par unité de temps.

**Variation relative** (p. 114)

Mesure du pourcentage d'augmentation ou de diminution de la valeur d'une variable entre deux moments donnés. La variation relative, notée $\Delta V\,\%$, est donnée par: $\Delta V\,\% = \frac{V(b) - V(a)}{V(a)} \times 100\,\%$.

**Zéro absolu** (p. 24)

Zéro qui indique une absence totale de la caractéristique mesurée.

**Zéro relatif** (p. 23)

Point de référence fixé de manière arbitraire, par convention. Également appelé *zéro conventionnel*.

# Bibliographie


ABERCROMBIE, Nicholas, *et al. Dictionary of Sociology*, Londres, Penguin Books, 1988, 320 p.

BÉNICHOUX, Roger, Jean MICHEL et Daniel PAJAUD. *Guide pratique de la communication scientifique*, Paris, Gaston Lachurié, éditeur, 1985, 266 p.

CHAPLIN, J. P. *Dictionary of Psychology*, New York, 2e éd., Dell Publishing, 1985, 499 p.

GAUTHIER, Benoît, *et al. Recherche sociale, de la problématique à la collecte de données*, 5e édition, Québec, Presses de l'Université du Québec, 2009, 753 p.

GIROUX, Sylvain, et Ginette TREMBLAY. *Méthodologie des sciences humaines. La recherche en action*, 3e édition, Saint-Laurent, Éditions du Renouveau Pédagogique, 2009, 324 p.

GRAWITZ, Madeleine. *Méthodes des sciences sociales,* 11e édition, Paris, Dalloz, 2001, 1019 p.

LESSARD, Sabin, et Ernest MONGA. *Statistique : concepts et méthodes*, Montréal, Les Presses de l'Université de Montréal, 1993, 421 p.

MOORE, David S., et George P. MCCABE. *Introduction to the Practice of Statistics,* 3e edition, New York, W. H. Freeman, 1999, 825 p.

OUELLET, Gilles, Dominic ROY, Alain HUOT et Ariel FRANCO. *Méthodes quantitatives en sciences humaines*, 3e édition, Mont-Royal, Modulo, 2010, 296 p.

PARENT, Guy. *Méthodes quantitatives en sciences humaines*, 2e édition, Anjou, CEC, 2010, 458 p.

PORKESS, Roger. *Dictionary of Statistics*, Londres, Collins, 1988, 267 p.

SATIN, Alvin, et Wilma SHASTRY. *L'échantillonnage, un guide non mathématique*, Ottawa, Statistique Canada, 1983, 70 p.

SIMARD, Christiane. *Méthodes quantitatives. Approche progressive pour les sciences humaines*, 4e édition, Mont-Royal, Modulo, 2008, 302 p.

SINCICH, Terry. *Statistics by Example*, 5e édition, New York, Dellen Macmillan, 1993, 1006 p.

STIGLER, Stephen M. *The History of Statistics. The Measurement of Uncertainty Before 1900*, Cambridge, Belknap Press of Havard University Press, 1986, 410 p.

THÉRIAULT, Yves. *Vocabulaire de la statistique et des enquêtes*, Ministère des Approvisionnements et Services, Canada, 1992, 555 p.

TREMBLAY, Diane-Gabrielle. *Travail et société. Évolution et enjeux*, Québec, Télé-université, 2004, 640 p.

TRIOLA, Mario F., William M. GOODMAN et Richard LAW. *Elementary Statistics*, 1re édition canadienne, Don Mills, Addison-Wesley, 1999, 852 p.

WEISS, Neil A. *Introductory Statistics*, 8e édition, Boston, Addison-Wesley, 2008, 848 p.

# Sources des photographies

**Page couverture:** HBSS/Corbis.

**Chapitre 1**
Ouverture de chapitre, pages 2 et 32: Antares614/Dreamstime. Page 3: R. Mansi/iStockphoto. Page 9: Annedde/iStockphoto. Page 19: R. Mansi/iStockphoto. Page 23: A. Gabalis/Shutterstock. Page 26: Niderlander/Shutterstock. Page 30: L. Gough/Shutterstock. Page 36: Photos 12/Alamy.

**Chapitre 2**
Ouverture de chapitre, pages 40 et 42: S. M./Shutterstock. Page 41: R. Kneschke/iStockphoto. Page 50: Dmac/Alamy. Page 53: Wdstock/iStockphoto. Page 60: Arena Creative/Shutterstock. Page 62: Slobo/iStockphoto. Page 64: M. Malyshev/Shutterstock. Page 67: Megapress/Alamy.

**Chapitre 3**
Ouverture de chapitre, pages 72 et 82: R. Sulgan/Corbis. Page 73: Wdstock/iStockphoto. Page 77: C. Wattie/Reuters/Corbis. Page 86: P. Spears/iStockphoto. Page 90: M. G. Kaya/iStockphoto. Page 99: GoodMood Photo/iStockphoto. Page 104: F. É. Du Plessis/Shutterstock. Page 112: W. Cuddington, Ottawa Citizen/CP Images. Page 120: Megapress.ca. Page 134: A. Worthy/Shutterstock. Page 135: K. Hurst/Shutterstock. Page 138: C. Wattie/Reuters/Corbis. Page 143: Megapress.ca. Page 151: (haut) SF Photo/Shutterstock; (bas) E. Verin/Shutterstock.

**Chapitre 4**
Ouverture de chapitre, pages 160 et 171: BlueOrange Studio/Shutterstock. Page 162: Photothèque ERPI. Page 163: Auremar/Shutterstock. Page 169: ER Productions/Corbis. Page 173: C. Dewald/iStockphoto. Page 180: Monkey Business Images/Shutterstock. Page 182: J. Blit/Shutterstock. Page 187: Icyimage/Shutterstock. Page 188: C. Yeulet/iStockphoto.

**Chapitre 5**
Ouverture de chapitre, pages 200 et 213: 1971 yes/Shutterstock. Page 203: P. Chiasson/CP Images. Page 204: D. Shironosov/Shutterstock. Page 206: Mediaphotos/iStockphoto. Page 221: Sculpies/iStockphoto. Page 232: withGod/Shutterstock. Page 233: M. Stout Photography/Shutterstock. Page 237: Iofoto/Shutterstock. Page 240: M. Paternoster/iStockphoto.

**Chapitre 6**
Ouverture de chapitre, pages 246 et 274: Darklight/Shutterstock. Page 247: M. Lane Photography/Shutterstock. Page 248: StillFX/Shutterstock. Page 259: Shotgun/Shutterstock. Page 277: DanielW/Shutterstock. Page 278: Sculpies/Shutterstock. Page 280: L. Konuk/Shutterstock. Page 284: Le Nouvelliste.

**Chapitre 7**
Ouverture de chapitre, pages 292 et 316: D. Mikhail/Shutterstock. Page 301: Pearson Education/PH College. Page 303: Zakharoff/Shutterstock. Page 318: Megapress/Alamy. Page 320: (haut) Lightpoet/Shutterstock; (bas) G. Shapira/Shutterstock. Page 322: ARENA Creative/Shutterstock.

**Chapitre 8**
Ouverture de chapitre, pages 330 et 363: Kzenon/Shutterstock. Page 332: P. McCabe/CP Images. Page 333: S. White/CP Images. Page 335: P. McCabe/CP Images. Page 350: Ene/Shutterstock. Page 357: Monkey Business Images/Shutterstock. Page 360: D. R. Frazier, Photolibrary, Inc./Alamy. Page 362: Wavebreakmedia ltd/Shutterstock.

**Chapitre 9**
Ouverture de chapitre, pages 368 et 370: J. Solomon/Shutterstock. Page 371: Y. Arcurs/Shutterstock. Page 376: N. Wongrat/Shutterstock. Page 383: Y. Arcurs/Shutterstock. Page 390: C. Richards/Shutterstock. Page 391: Corepics/Shutterstock. Page 392: Bobbeio/iStockphoto.

**Chapitre 10**
Ouverture de chapitre, pages 400 et 417 (haut): RubberBall/Alamy. Page 401: Guitar75/Shutterstock. Page 408: SharpShooter/Shutterstock. Page 412: M. King/Shutterstock. Page 416: A. Ozerova/Shutterstock. Page 417: (centre) aGinger/Shutterstock; (bas) Photothèque ERPI.

# Index

Note: Les nombres en **caractères gras** renvoient à la page où le terme est défini.

## M



## N



## O



## P



## Q



## R

## Z